# HANDBUCH DER GESAMTEN AUGENHEILKUNDE

BEGRÜNDET VON A. GRAEFE UND TH. SAEMISCH

FORTGEFÜHRT VON C. HESS

HERAUSGEGEBEN VON

TH. AXENFELD UND A. ELSCHNIG

DRITTE NEUBEARBEITETE AUFLAGE

BERLIN

VERLAG VON JULIUS SPRINGER

1930

# DAS GLAUKOM

VON

**A. PETERS**
PROFESSOR IN ROSTOCK

MIT 35 ABBILDUNGEN

BERLIN
VERLAG VON JULIUS SPRINGER
1930

ISBN-13: 978-3-642-88880-9 e-ISBN-13: 978-3-642-90735-7
DOI: 10.1007/978-3-642-90735-7


Softcover reprint of the hardcover 3rd edition 1930

# Vorwort.

Als ich die Aufforderung erhielt, für das Handbuch der Augenheilkunde die Bearbeitung des Glaukoms zu übernehmen, war es von vornherein klar, daß dieses große Gebiet eine Einschränkung erfahren könnte, zunächst, weil die Operationslehre, sowohl die Technik, wie die Indikationen und die üblen Zufälle und Folgen, in ausführlicher Weise in diesem Handbuch von KÖLLNER, HEINE und von WESSELY behandelt worden sind. Da diese Arbeiten jedoch nur bis zum Jahre 1921 reichen, erschien es notwendig, das seit dieser Zeit aufgelaufene Material zu berücksichtigen. Eine weitere Einschränkung des Stoffes war dadurch gegeben, daß erst kürzlich A. ELSCHNIG in dem Handbuch der speziellen pathologischen Anatomie und Histologie von HENKE-LUBARSCH eine erschöpfende, mit vielen Illustrationen versehene Darstellung der pathologischen Anatomie des Glaukoms gebracht hat, so daß ich zunächst nach dieser Richtung hin auf Abbildungen verzichten konnte. Andererseits ließ es sich jedoch nicht vermeiden, z. B. beim Hydrophthalmus, bei der Exkavation und bei den Veränderungen im Kammerwinkel kurz auf die anatomischen Verhältnisse einzugehen.

Meine Arbeit knüpft an die von SCHMIDT-RIMPLER an, die in der 2. Auflage des Handbuches der gesamten Augenheilkunde von GRAEFE-SAEMISCH im Jahre 1908 erschienen ist (Bd. VI/1, Kap. VII). Da auf dem Gebiete der Symptomatologie nur wenige Ergänzungen zu bringen waren, so habe ich mich im wesentlichen in Bezug auf diesen Punkt an die Darstellung SCHMIDT-RIMPLERs gehalten, wobei öfters seine Äusserungen wiedergegeben wurden, die weniger als Originalarbeit zu gelten haben als den Stand unseres damaligen Wissens wiederspiegeln. Auch habe ich darauf verzichtet, ein besonderes Kapitel der Geschichte des Glaukoms zu widmen, weil seit 1908 nur ganz vereinzelte Daten hinzugekommen sind, die im Texte, so weit es notwendig erschien, Berücksichtigung gefunden haben.

Aus diesen Gründen ließ es sich nicht vermeiden, daß diese Arbeit gewissermaßen den Charakter eines Torsos, eines Supplementes in sich trägt. Nichtsdestoweniger hoffe ich auch für diejenigen, die die früheren Zeiten nicht miterlebt haben, ein so abgerundetes Bild der klinischen Verhältnisse gegeben zu haben, daß sie nicht genötigt sind, bei jedem

Kapitel auch noch die obenerwähnten Bücher zu Rate zu ziehen. Der wissenschaftliche Arbeiter wird freilich nicht umhin können, sich auch nach anderen Stützpunkten für seine Studien umzusehen.

Alles in allem genommen, handelt es sich trotz dieser Einschränkungen um eine sehr reichhaltige Literatur, welche Zeugnis davon ablegt, daß die Wissenschaft bestrebt gewesen ist, sich alle Errungenschaften der Neuzeit zu Nutze zu machen. Wenn wir auch heute die Lösung eines der schwierigsten Probleme, der Pathogenese des Primärglaukoms, noch nicht erreicht haben, so ist doch manche fruchtbare Arbeit geleistet worden, die eine Grundlage geschaffen hat, auf der weiter gebaut werden kann.

Die in- und ausländische *Literatur* ist *vom Jahre 1908 ab* bis zum 1. Januar 1930 so vollständig wie möglich zusammengestellt worden und schließt auch darin an das SCHMIDT-RIMPLERsche Werk an. Die Literaturangaben *bis zum Jahre 1908* sind bei den entsprechenden Abschnitten der Abhandlung von SCHMIDT-RIMPLER zu finden. Bei den *nach* diesem Jahre erschienenen Arbeiten steht hinter den Autorennamen *im Text* die Jahreszahl des Erscheinens; sie sind in dem Literaturverzeichnis des betreffenden Abschnittes meiner Abhandlung durch die alphabetische Anordnung nach den Autorennamen zu finden.

Für die Überlassung der charakteristischen Gesichtsfeldzeichnungen und der Abbildungen der Variationen der Exkavation usw. (Abb. 3, 5—8, 10, 14—30, 34 und 35) bin ich Herrn Kollegen ELSCHNIG zu großem Dank verpflichtet.

Rostock, März 1930.

A. PETERS.

# Inhaltsverzeichnis.

# I. Die Einteilung der Glaukome.

Das Wesen des Glaukoms besteht in einer Steigerung des intraokularen Druckes über dasjenige Maß hinaus, welches das Auge vertragen kann, ohne an seiner inneren Struktur und damit auch am Sehvermögen Schaden zu nehmen. Erkennt man diese Definition an, dann ist es begreiflich, daß die zuerst von ALBRECHT V. GRAEFE vertretene Lehre von der Opticusatrophie mit Exkavation nicht aufrecht erhalten werden konnte und von ihm selbst aufgegeben wurde, als die Exkavation als Folge der Drucksteigerung erkannt wurde.

Wir haben zunächst zwei Formen des Glaukoms zu unterscheiden, das primäre und das sekundäre Glaukom. Sie unterscheiden sich dadurch, daß beim primären Glaukom im Einzelfalle wohl auslösende Momente für einen Anfall zutage treten oder z. B. die Erblichkeit eine Rolle spielt, ohne daß jedoch in Bezug auf letzteren Punkt Klarheit darüber besteht, worin das Substrat der Vererbung zu suchen ist, während beim sekundären Glaukom die verschiedenen Ursachen im Einzelfalle klar zutage liegen. Würde es z. B. einmal möglich sein, auf Grund genauerer anatomischer Untersuchungen von Augen aus Glaukomfamilien die auf der Grundlage der Variation des Keimplasma entstandenen und für eine Familie charakteristischen Veränderungen festzustellen, dann würde eine weitere Schranke, die zwischen beiden Formen besteht, fallen. Einstweilen wird man sich an diese Trennung, besonders auch aus praktisch-therapeutischen Gründen halten müssen.

Die Primärglaukome stimmen mit den Sekundärglaukomen darin überein, daß man akute und chronische Formen unterscheiden muß, an die sich die verschiedenartigsten Übergangsformen anschließen können, oder richtiger gesagt, die ganz chronischen Glaukomformen können gelegentlich Anklänge an die Symptome akuter Formen zeigen und umgekehrt diese allmählich ihre Merkmale mehr und mehr verlieren, so daß sie den chronischen Formen sich nähern. Das eine muß aber im Vordergrund stehen, daß das ganz chronische Glaukom in der Form des Glaucoma simplex von den akuten Formen weitgehend verschieden ist.

Es ist angesichts dieser Verschiedenheit der beiden Formen begreiflich, wenn man bestrebt war, hierfür ganz verschiedene ätiologische Momente ausfindig zu machen. So hat HEERFORDT (1911) es mit eingehender klinischer und anatomischer Begründung versucht, das „lymphostatische“ dem „hämostatischen“ Glaukom gegenüberzustellen, was auch Löhlein (1912) für gerechtfertigt hält. Im Gegensatz hierzu empfahl Elschnig (1913, 1928) die Trennung der beiden Formen in der Weise vorzunehmen, daß man von einem „kompensierten“ und einem „inkompensierten“ Glaukom sprechen sollte, wobei er auf die lange Zeit hindurch kompensiert bleibenden Herzfehler hinweist, bei denen später plötzliche Kompensationsstörungen auftreten können. Geleitet war Elschnig bei diesem Vorschlag durch die Erwägung, daß es wohl an der Zeit sei, den zwar altehrwürdigen, aber irreführenden Begriff des Glaucoma inflammatorium zu beseitigen, welches dem Glaucoma simplex gegenübergestellt wurde. Hierin kann ich Elschnig nur recht geben, weil die weitere Forschung deutlich bewies, daß entzündliche Veränderungen, wenn sie überhaupt vorkommen, als Folge und nicht als Ursache der Drucksteigerung betrachtet werden müssen. Der akademische Lehrer wird es dankbar begrüßen, wenn er bei der Demonstration anatomischer Präparate nicht mehr genötigt ist, auf den Widerspruch hinzuweisen, der in der Bezeichnung „inflammatorisch“ gegenüber dem fast ständigen und fast völligen Fehlen von Entzündungserscheinungen begründet ist.

Gegen die von Elschnig vorgeschlagene Einteilung habe ich nur das eine Bedenken, daß die Bezeichnung: „kompensiertes Glaukom“ die falsche Meinung erwecken könnte, als ob das bisher sogenannte Glaucoma simplex eine vorläufig unschädliche Form sei, die sich eines Tages jedoch in eine gefährliche Form umwandeln könnte, was ja nicht zutrifft, weil auch ohne das Hinzukommen von Erscheinungen der „Inkompensation“ der Ruin des Auges langsam aber sicher zu erwarten ist, wenn keine entsprechende Behandlung einsetzt.

Neuerdings macht Elschnig (1928) folgenden Vorschlag zur Unterscheidung der einzelnen Glaukomformen. Er versteht unter „Hypertonia bulbi“ die dauernde Drucksteigerung ohne Schädigung des Gewebes oder des Sehnerven, unter „Glaucoma compensatum“ die mit Tensionserhöhung verbundene Sehnervexkavation, und stellt diesem gegenüber das „inkompensierte Glaukom“ mit folgenden Unterabteilungen:

1. Die spontan zur normalen Tension zurückkehrenden Prodromalanfälle.

2. Das nicht spontan zurückgehende und Spuren hinterlassende akute Glaukom, bei dem nach Beendigung des Anfalles die Tension normal sein kann. Bleibt sie im Intervall hoch, dann sollte man von einem Glaucoma compensatum mit intermittierenden Kompensationsstörungen sprechen.

3. Das chronisch inkompensierte Glaukom ist eine Dauererscheinung, die durch Miotica beseitigt werden kann, aber nach deren Weglassen wieder erscheint.

Die beiden letzteren Gruppen gehen allmählich in das absolute Glaukom über und wenn die besonders sich zur 2. Gruppe gesellenden degenerativen Erscheinungen im Bereiche der Linse und der Hornhaut hinzugesellen, dann ist es ein inkompensiertes degeneratives Glaukom.

Gegen Heerfordt macht Elschnig geltend, daß es falsch sei, wenn dieser angäbe, daß der Anfall des inflammatorischen Glaukoms fast immer im Anschluß an ein nicht inflammatorisches Glaukom auftrete. Es sei falsch, daß die akute Drucksteigerung durch Hämostase erzeugt werde, der eine Lymphostase vorausginge. Es sei auch nicht richtig, daß beim lymphostatischen Glaukom der Druck nicht höher als 55 mm sein könne. Auch die Angaben über den Blutdruck in den Gefäßen des Augeninnern seien durch neuere Arbeiten widerlegt. Die neue Entwicklung der Glaukomfrage spricht sicherlich zugunsten der Elschnigschen Auffassung. Ich würde mir seine Einteilung gerne zu eigen machen, wenn das oben geäußerte Bedenken nicht bestände. Andererseits ist es sehr schwer, eine kurze prägnante Bezeichnung für die einzelnen Glaukomformen zu finden. Ich pflege in der Vorlesung den Typus der chronischen Formen, das Glaucoma simplex, dem akuten Glaukom gegenüberzustellen und zu betonen, daß zwischen beiden Formen zahlreiche Übergänge bestehen, welche mehr die Züge des akuten oder aber des Glaucoma simplex an sich tragen. Man könnte fast versucht sein, das mit bloßem Auge erkennbare Glaukom dem anderen Extrem gegenüberzustellen, bei dem mit bloßem Auge die Diagnose nicht gestellt werden und die Drucksteigerung sich bei der Palpation dem Nachweis entziehen kann, während sie bei akuten Formen bei dieser Probe wohl niemals vermißt wird. Diesem Gedanken entspricht auch der Vorschlag von Czermak (1897), die akuten Formen als irritatives Glaukom zu bezeichnen.

Eine andere Einteilung der Glaukome wird von Raeder (1923) mit der verschiedenen Vorderkammertiefe beim Primär- und Sekundärglaukom begründet.

I. Die Primärglaukome mit flacher Vorderkammer, bei der die von ihm sogenannte primäre Expansion vom hinteren Teile ausgeht, oder sekundär periphere Synechien entstehen:

1. Das Glaucoma inflammatorium acutum.
2. Das chronische Glaukom mit oder ohne Inflammation.

II. Primärglaukome mit normaler oder tiefer Vorderkammer, bei denen eine primäre Expansion stattfindet, die vom vorderen Teile des Bulbus ausgeht. Hierunter gehört:

1. Das Glaucoma infantum, Hydrophthalmus.
2. Das Glaucoma simplex juvenile.
3. Das Glaucoma simplex senile.

Mit dieser Einteilung ist auch im wesentlichen eine Trennung der akuten und subakuten Glaukome von den ganz chronischen Formen zum Ausdruck gebracht.

Wenn Stock (1927), um eine bessere Prognosenstellung für die einzelnen Glaukomformen gewinnen zu können, den Vorschlag macht, daß man Glaukome auf der Basis endokriner Störungen oder mit Capillarveränderungen von den anderen Formen abtrennen müsse, so erscheint mir das noch etwas verfrüht. Nach dem Gesagten ziehe ich es vor, das akute dem chronischen Glaukom gegenüberzustellen. Daran schließt sich an das absolute Glaukom, welches entsteht, wenn der Glaukomprozeß zur völligen Erblindung geführt hat, die durch irgendwelche therapeutische Maßnahmen nicht mehr zu beheben ist, und das degenerative Glaukom, bei welchem nach eingetretener Erblindung mehr oder weniger schwere Veränderungen besonders in Hornhaut und Linse zutage treten.

# II. Das primäre Glaukom.

## A. Das akute Glaukom (inflammatorisches, irritatives oder inkompensiertes Glaukom).

### 1. Subjektive Beschwerden.

**a) Schmerzen.** Im Vordergrunde der subjektiven Beschwerden beim akuten Glaukom stehen die Schmerzen, die sowohl im Auge als auch in der angrenzenden Schädelgegend empfunden werden. Sie können außerordentlich heftig auftreten, so daß selbst Morphium versagen kann. Diese Schmerzen werden ausgelöst durch den infolge von Stauungserscheinungen ausgelösten Druck auf die sensiblen Nervenendigungen des Augeninnern und vielleicht auch der Bindehaut. Mit diesen Schmerzen kann sich verbinden ein allgemeines Gefühl der Abgeschlagenheit, wobei auch leichte Temperatursteigerungen vorkommen können. Auffallend ist im Gegensatz zu anderen schmerzhaften Augenerkrankungen, z. B. der Iritis, die Kombination mit Erbrechen. In diesem ganzen Symptomenkomplex liegt die Gefahr begründet, daß sie als selbständige Allgemeinerkrankung und nicht als Folge der am Auge sichtbaren Veränderungen angesehen wird. Derartige Fälle hat wohl schon jeder beschäftigte Augenarzt unter Händen gehabt, wo von ärztlicher Seite eine Verdauungsstörung oder eine Influenza angenommen wurde, wie auch Wessely (1919) einen Fall berichtet, wo fälschlicherweise Grippe angenommen war. In vielen früheren Zusammenstellungen über die Pathologie und Therapie des Glaukoms betonen die Autoren, z. B. SPENCER (1908), ELLIOT (1922), FUCHS (1924) und SACHS (1926), das eigenartige Auftreten des Erbrechens, und FABRITIUS (1918) fügt noch als Zeichen einer reflektorischen Trigeminus-Vagus-Affektion die Pulsverlangsamung hinzu, eine Beobachtung, die von FUCHS (1924) bestätigt wird, als Ausdruck eines oculo-cardialen Reflexes. Es ist begreiflich, daß die Kopfschmerzen ebenfalls oft auf andere Ursachen bezogen werden, worauf PICK (1909), ELLIOT (1922), LEWIS (1926), FUCHS (1928) und SACHS (1926, 1927, 1928) und andere Autoren nachdrücklich hinweisen. Nach meinen Erfahrungen lokalisiert sich ein gewisses Druckgefühl öfters in der Supraorbitalisgegend und verschwindet sofort nach Pilocarpingebrauch. Auch WESSELY (1919) weist auf diese Form der Neuralgie hin, und MORAX (1918) gibt an, daß die Schmerzen von der Orbita oft bis über das ganze Gesicht reichen und von Tränenträufeln begleitet sind. Begünstigend für das Auftreten der Schmerzen wirkt auch nach ELLIOT (1922) die Akkommodation, die auch durch Hyperämie dem zum Glaukom disponierten Auge gefährlich werden kann. Nach SCOTT-LAMB (1916) soll das Glaukom auch echte Migräne erzeugen, wobei allerdings die Möglichkeit besteht, daß vasomotorische Störungen gleichzeitig zwei verschiedene Bilder erzeugen. Auch LEWIS (1916) empfiehlt auf migräneartige Kopfschmerzen zu achten, und KRAEMER (1924) betont daß das beim Flimmerskotom stets doppelseitig auftretende Flimmern auch bei geschlossenen Augen bestehen bliebe.

**b) Sehstörungen.** Je akuter das Glaukom auftritt, desto rascher pflegt das Sehvermögen herabgesetzt zu werden und der Grad der Sehstörung wechselt von anfänglicher Verschleierung der Gegenstände bis zur Reduktion auf quantitative Lichtempfindung. Wenn auch diese erloschen ist, wird man an weitgehende präexistierende Veränderungen des Augeninnern denken müssen, die ein sogenanntes Glaucoma fulminans in der Form des Glaucoma malignum auslösen können. Auch betont SCHMIDT-RIMPLER, daß bei der Prüfung des Sehvermögens gelegentlich zu beachten sei, daß eine Lampenflamme in nächster Nähe nicht erkannt wurde, während dies bei Handbewegungen in größerer Entfernung der Fall war, wenn der Patient mit dem Rücken gegen das Fenster stand. Gegenüber der Bemerkung v. GRAEFEs, daß hier Blendungserscheinungen die Schuld trugen, betont SCHMIDT-RIMPLER, daß es sich in solchen Fällen gelegentlich um einen kleinen Gesichtsfeldrest handelt, bei dem die Objekte in größerer Entfernung, wenn auch undeutlich, besser erkannt würden. Dieser an Blindheit grenzende Funktionsausfall kann auch neben der Trübung der brechenden Medien eine ischämische Veränderung der Netzhautgefäße zur Ursache haben, wobei auch das Netzhautgewebe durch Stauungen leiden, wie auch nach SCHMIDT-RIMPLER die Drucksteigerung direkt die Funktion der Netzhaut nachteilig beeinflussen kann. Während mit dem Nachlassen des Druckes das Sehvermögen sich zu heben pflegt, erwähnt SCHMIDT-RIMPLER einen Fall von RYDEL, bei dem dauernde Erblindung eintrat, ohne daß sich pathologische Veränderungen fanden, die sie erklärten. Geringere Grade der Sehstörung bei mäßiger Drucksteigerung sind in erster Linie auf die Trübungen der Hornhaut zurückzuführen, die sich auch bei den prodromalen Anfällen sehr frühzeitig geltend machen können. Die Sehstörungen sind bei akuten Formen reversibel. Je chronischer das Glaukom, um so weniger ist Besserung des Sehvermögens zu erwarten. Wenn in einem Falle von RISLEY (1912) beim Erwachen Erblindung festgestellt wurde und das Sehvermögen sich bis zum Mittag erheblich besserte, so handelte es sich eben um einen Glaukomanfall heftigster Art. Eine Ausnahme ist der Fall von MINOR (1909), wo nach einmonatlicher Dauer der Erblindung das Sehvermögen wiederkehrte, ebenso wenn nach jahrelanger Dauer eines unbehandelten Glaukoms, wie YOUNG (1926) mitteilt, nach Pilocarpinanwendung das Sehvermögen noch erheblich gebessert wurde.

Was das Gesichtsfeld betrifft, so kann man beim akuten Anfall gelegentlich bei gröberer Prüfung eine Einschränkung nachweisen; die Regel ist jedoch, daß bei akut einsetzenden Glaukomen das Gesichtsfeld anfangs normal ist. Nach SCHMIDT-RIMPLER können diese Einschränkungen auch bei prodromalen Anfällen als Ausfall des exzentrischen Sehens oder als sektoren- oder ringförmige Defekte im Gesichtsfeld auftreten.

Diese Änderung des Sehvermögens für Ferne und Nähe kann durch das akute, speziell das prodromale Glaukom dadurch geschaffen werden, daß die Akkommodation und der Refraktionszustand Veränderungen erfahren, z. B. ist von SCHMIDT-RIMPLER infolge von Akkommodationsverringerung das Hinausrücken des Nahepunktes direkt beobachtet worden, indem der Nahepunkt von 10 cm auf 15 cm hinausrückte, während die bestehende Myopie gleichblieb. In anderen Fällen beobachtete SCHMIDT-RIMPLER, daß die Akkommodation unverändert blieb. Diese Beschränkung der Akkommodationsbreite kann wohl in den frühesten Perioden der Krankheit kaum auf eine direkte Schädigung der Innervation zurückgeführt werden. SCHMIDT-RIMPLER macht vielmehr einen vermehrten Glaskörperdruck dafür verantwortlich, der eine Erschlaffung der Zonulafasern verhindert. Ein Fall von CABANNES (1910) stellt eine Ausnahme dar, in dem die plötzlich entstandene Akkommodationslähmung einige Tage nach dem operativen Eingriff zurückging.

Was nun die Abnahme der Refraktion angeht, so darf man nach SCHMIDT-RIMPLER diejenigen Fälle nicht als beweiskräftig ansehen, bei denen eine Iridektomie gemacht wurde, weil dadurch die Hornhautkrümmung verändert wird. Wenn man auch bei Hypermetropie, wie LAQUEUR beobachtete, keine Zunahme der Refraktion, in einem Falle sogar Abnahme der Hypermetropie feststellen konnte, so hat man doch häufig die relative Häufigkeit der Hypermetropie für das Hinausrücken des Fernpunktes verantwortlich gemacht. So fand HAFFMANNS in 75%, LAQUEUR in 50%, SCHMIDT-RIMPLER in 60% Hypermetropie bei Glaukomatösen. Es liegen keine Anhaltspunkte dafür vor, daß die Hypermetropie eine Folge des Glaukoms ist, im Gegenteil, es ist das hypermetropische Auge mehr zum Glaukom disponiert. Während HELMHOLTZ betonte, daß bei gesteigertem Druck das Auge sich mehr der Kugelgestalt nähere und SCHELSKE durch das Tierexperiment eine Vergrößerung des Hornhautradius in einem Fall nachweisen konnte, stellte KOSTER fest, daß die Formveränderung des Augapfels sich nicht auf den vorderen Abschnitt des Auges erstreckt. Ausnahmefälle, in denen bei Menschen eine Vergrößerung des Hornhautradius auftrete, bestätigen die Regel, daß bei Glaukomatösen davon nicht die Rede ist, auch nicht im akuten Anfall. Wenn Hypermetropie auftritt beruht sie auf Veränderung der Linsenform. Von neueren Arbeiten sei erwähnt, daß PERCIVAL (1911) in zwei Fällen bei Glaukom eine Vergrößerung des Hornhautradius feststellte und MAGGIORE (1928) betont auf Grund seiner experimentellen Untersuchungen, daß Refraktionsveränderungen im Glaukomauge sehr gering seien, so daß sie nicht wahrgenommen werden. Gegensätzlich wirkende Faktoren könnten eine Refraktionsveränderung ausgleichen. Beim Hydrophthalums bewirkt nach SEEFELDER (1905) die Drucksteigerung eine Abflachung der Hornhaut.

Was die Zunahme der Refraktion durch Glaukom angeht, so kann z. B. der Fall von LAQUEUR, wo eine Hypermetropie in eine Emmetropie übergeht, ungezwungen durch ein „Nach-vornerücken" der Linse erklärt werden. Die Entstehung einer Myopie von 10 D. bei einem emmetropen Auge führte PUECH auf eine Krümmungsveränderung der Sklera zurück. Auffallend ist die Zunahme der Refraktion nach Iridektomie, wie dies LAQUEUR in zwölf Fällen beobachtete und in der Selbstbeobachtung von JAVAL nach Sklerotomie festgestellt wurde. Von ISCHREYT (1909) ist aus der neueren Literatur ein Fall bekannt, in welchem eine Zunahme der Myopie beobachtet wurde und BRUNETIÈRE u. AUBARET (1910) geben an, daß Myopie in einzelnen Fällen durch ein Glaukom entstanden sei.

SCHMIDT-RIMPLER geht auch ausführlicher auf die Ansichten ein, nach welchen bei Glaukom das Auftreten eines inversen Astigmatismus zu beobachten sei. Besonders MARTIN, der diese Änderung in 50% der Fälle beobachtete, tritt dafür ein, daß das Glaukom die Ursache sei, welche zu einer Abflachung des senkrechten Meridians führe und auch THEOBALD, SCHÖN und PFALZ hielten diese Erscheinung für häufig, denen sich neuerdings EPPENSTEIN (1912), ROSSI (1928) und LÖHLEIN (1912) anschließen. SCHMIDT-RIMPLER selbst konstatierte unter 35 Glaukomfällen 16mal inversen Astigmatismus, der nach seinen Erfahrungen bei älteren Leuten an sich häufiger sei und häufiger zutage trete, weil kein Akkommodationsausgleich mehr stattfindet. Dieser letztere Punkt wird auch von PFALZ zur Erklärung herangezogen, was jedoch auf Grund der Forschungen von HESS und von HEINE abgelehnt werden muß, die eine partielle Linsenveränderung leugnen. Nach PFALZ ist der gesteigerte Druck die Ursache der Krümmungsabnahme im senkrechten Meridian, die LAQUEUR überhaupt nicht und SCHMIDT-RIMPLER nur in einem Falle fand. CALENDOLI (1912) gibt an, daß er öfters eine Änderung des Krümmungsradius gefunden habe. Der vertikale Meridian sei stärker betroffen und zwar in 16% der Fälle. Auch TEN DOENSCHATE (1918) gibt an, daß Formveränderungen der Hornhaut mit größerem oder kleinerem Krümmungsradius vorkommen, die sich aus den Gesetzen der Mechanik nicht ganz erklären lassen. Daß an sich die verschiedenen Refraktionsanomalien keinen Einfluß auf die Höhe des intraocularen Druckes ausüben, geht aus den tonometrischen Messungen von BRUNS, MARPLE und GJESSING hervor (siehe Kapitel IX). ERGGELET (1925) macht darauf aufmerksam, daß bei Refraktionsänderungen besonders bei älteren Leuten Diabetes vorliegen kann, der durch Änderung der Blutalkalescenz oder durch Veränderungen der Linsendicke auf die Refraktion Einfluß hat.

**c) Das Sehen von Regenbogenfarben.** Schon v. GRAEFE wies darauf hin, daß beim Glaukom Farbenringe gesehen werden, wie sie beim Sehen durch mit Eisblumen bedeckte Fensterscheiben erscheinen, oder auch dadurch erzeugt werden können, wenn man eine Glasplatte mit Lycopodiumsamen oder mit einer dünnen Lösung von salzsaurem Erythrophlein überzieht. Nach SCHMIDT-RIMPLER ist für diese fast stets bei prodromalen Fällen auftretenden Farben charakteristisch, daß der je nach der Entfernung in verschiedener Breite, auftretende Ring für gewöhnlich außen violett, dann gelb und innen grün erscheint. Bei Glaukomkranken soll vor allen Dingen auf diesen Zwischenraum und auf die Deutlichkeit geachtet werden, wobei die Pupillenweite mitspielt. Diese Farbenringe sind zu unterscheiden von anderen Diffraktionserscheinungen, z. B. wenn bei Bindehautkatarrhen die Hornhaut mit zelligen Elementen bedeckt ist oder bestimmte Formen von Linsentrübungen vorliegen, bei denen die Erscheinung durch partielle Verdeckung der erweiterten Pupille zum Verschwinden gebracht werden kann, worauf neuerdings TJUMJENZEW (1913) hinweist. Als Ursache der beim Glaukom auftretenden farbigen Ringe bezeichnet SCHMIDT-RIMPLER eine ödematöse Trübung der zentral gelegenen Hornhautteile, speziell der tieferen Epithelschichten, was auch FUCHS annimmt; jedoch sind zur Zeit dieser optischen Erscheinungen diese Trübungen mit den gewöhnlichen Hilfsmitteln nicht zu konstatieren und bei verstärkten Trübungen wurden sie vermißt. Demgegenüber weist KOEPPE (1920) darauf hin, daß es sich bei den Glaukomfarbenringen um eine sogenannte Raumgitterwirkung handelt, die nach Beobachtungen mit der Spaltlampe von dem bei Glaukom stärker getrübten Glaskörper ausgeht, während an den übrigen brechenden Medien diese Gitterwirkung nicht zu beobachten ist, was gegenüber den bei Linsentrübungen gesehenen Farbenringen differentialdiagnostisch wichtig ist.

Auch ELLIOT (1921), der sich sehr eingehend mit dem Sehen von Farbenringen beschäftigt, die als Kennzeichen des bevorstehenden Glaukomanfalles zu gelten hätten, führt diese Erscheinungen ebenso wie das Nebelsehen auf ein Ödem der vordersten Hornhautlamellen zurück, das auch anatomisch durch stärkere Durchtränkung des Gewebes nachzuweisen sei. Die Größe der Farbenringe soll je nach der Stärke der Durchtränkung des Gewebes wechseln. Differentialdiagnostisch sei zu beobachten, daß bei nebligem Wetter und bei nervösen Menschen auch bei geschlossenen Lidern Farbenzerstreuungen vorkommen können.

Auch DRUAULT (1923) beschäftigte sich schon früher und neuerdings wieder eingehend mit diesem Problem. Er verwirft die von KOEPPE vorgeschlagene Bezeichnung „Gitter“ und setzt an dessen Stelle das beugende System. Diese Beugungserscheinungen werden gelegentlich von normalen Augen wahrgenommen und erzeugt durch Linsenfasern, Linsenepithel, Hornhaut und Auflagerungen auf die Hornhaut, besonders aber durch die Drucksteigerung. DRUAULT, der ebenso wie FUCHS eine Tröpfchenbildung in den tieferen Hornhautschichten verantwortlich macht, spricht dem Glaskörper in dieser Hinsicht keinerlei Bedeutung zu. Um die Breite der Ringe genau zu messen, wird eine optische Prüfungsvorrichtung angegeben, bezüglich deren Konstruktion auf die Originalarbeit verwiesen wird.

DUKE-ELDER (1927) sieht die Ursache der Ringe in einer durch Hornhautödem bedingten Diffraktionserscheinung, die, wie der Autor nach intensiver Bestrahlung mit einer Quecksilberlampe an sich selbst beobachten konnte, auch bei Hornhautödem anderweitiger Herkunft ohne Drucksteigerung vorkommt.

Demgegenüber ist hervorzuheben, daß A. ELSCHNIG (1928) das Vorkommen eines Ödems der Hornhautschichten beim Glaukom durchaus leugnet und für die noch zu schildernden Epithelveränderungen trophische Störungen annimmt, die zu einer Durchtränkung der Zellen und ihrer Interstitien mit Flüssigkeit führt (siehe objektive Symptome). Daß das Sehen farbiger Ringe nicht auf das akute Glaukom beschränkt ist, hebt SCHMIDT-RIMPLER ausdrücklich SCHWEIGGER gegenüber hervor und ich kann das nur bestätigen. Jedenfalls verdient die Erscheinung volle Beachtung wegen ihrer Bedeutung für die Glaukomdiagnostik.

Weniger bedeutsam sind die Photopsien, welche gelegentlich durch die Druckwirkung auf die Netzhaut oder durch Zirkulationsstörungen erzeugt werden.

**d) Lichtsinn und Farbensinn.** SCHMIDT-RIMPLER gibt an, daß Alterationen des Lichtsinnes beim Glaukom nicht selten seien und auch schon bei prodromalen Glaukomen vorkämen, jedoch könnten sie auch bei entwickelten Glaukomen fehlen. Er berichtet über einen Fall, wo sowohl die Reizschwelle als die Unterschiedsschwelle Veränderungen im Sinne einer Herabsetzung des Lichtsinnes zeigten, und in einem anderen Falle war die Sehschärfe, die am Tage noch gut war, im Halbdunkel erheblich schlechter. JANEL (1910), der 37 Fälle mit dem NAGELschen Adaptationsapparat untersuchte, fand keine besondere Störung der Dunkeladaptation; zwar war sie bei sehr engem Gesichtsfelde herabgesetzt, jedoch nicht so wie z. B. bei Retinitis pigmentosa. Nach BEAUVIEUX u. DELORME (1913) wird die Unterschiedsempfindlichkeit zuerst betroffen, und zwar ist die Störung unabhängig von der Sehschärfe und vom Gesichtsfeld. Bei fortgeschrittenem chronischen Glaukom ist die Reizschwelle erhöht und die Störung, die von der Atrophie des Opticus abhängig ist, bleibt auch nach der Operation bestehen. Bei intakter Reizschwelle sei die Unterschiedsempfindlichkeit nur bei Papillenstauung vermindert. Bei der Atrophie sei die Reizschwelle zuerst verändert; die Prognose sei günstig, wenn die Unterschiedsempfindlichkeit nach Pilocarpin sich bessert. BLATT (1921) dagegen fand bei Glaukom starke Hemeralopie, die er prognostisch für ungünstig hält. TSCHENZOW (1922) stellte mit Hilfe des NAGELschen Apparates fest, daß bei fortgeschrittenem Glaukom der Beginn der Adaptation stark verzögert war, dann zunehme wie beim normalen Auge; jedoch sei die Anfangs- und Endgröße geringer; beim Glaukom mit herabgesetzter Sehschärfe und normalem Gesichtsfeld dagegen wenig ausgeprägt, und in den Anfangsstadien wird die Höhe nicht erreicht.

Der Autor hält diese Feststellung für wichtig in bezug auf die Differentialdiagnose. DERBY, WAITE u. KIRK (1926) stellten einen verzögerten Beginn der Adaptation fest. Das Helligkeitsminimum sei erhöht, die Unterschiedsempfindlichkeit nicht gestört. In einer weiteren Arbeit betonen diese Autoren, daß in einer Reihe von früher einseitigen Glaukomen später das zweite Auge eine höhere Lage der Adaptationskurve aufwies. In einigen Fällen von Papillenödem lag das Lichtminimum anscheinend höher als normal. Fortgesetzte Untersuchungen von DERBY, CHAUDLER u. O'BRIEN (1929) ergaben, daß sich die Bestimmung des Lichtminimums als sehr wertvoll für die Frühdiagnose des Glaukoms erwiesen habe. Die Untersuchungen von MÖLLER (1925) mit der photometrischen Methode von TSCHERNING ergaben bei neun Glaukomkranken, daß die eine Hälfte stärkere, die andere Hälfte geringere Grade einer Hemeralopie aufwies, was prognostisch ein schlechtes Zeichen sei. Eine neuere Untersuchung von FEIGENBAUM (1928) mit Hilfe des NAGELschen Apparates ergab, daß die Dunkeladaptation bei anhaltend gesteigertem intraokularem Druck mehr oder weniger gestört ist. Mit der Verminderung der Drucksteigerung nimmt die Lichtsinnstörung ab. Es handelt sich um eine Absperrung der die Sinneselemente versorgenden Gefäße, oder um direkte Schädigung der nervösen Endorgane oder ihrer Leitung. Auch FEIGENBAUM betont die Unabhängigkeit der Dunkeladaptation vom zentralen und peripheren Sehen. Die Feststellung einer verzögerten Adaptation kann ein sicheres Mittel für die Frühdiagnose beim Glaukom sein. Auch AMMANN 1921 betont, daß hemeralopische Erscheinungen im Sinne einer Erhöhung der Reizschwelle bei den Sehprüfungen für die Frühdiagnose von Wichtigkeit sein könnten. Wichtig ist auch, daß man sich durch eine bestehende Hemeralopie, die man bei einem Myopen antrifft, nicht abhalten läßt, auf Glaukom zu fahnden.

SCHMIDT-RIMPLER gibt an, daß sich beim Glaukom der *Farbensinn* im Gegensatz zur Atrophie lange erhält, die Farben auch noch bei stark eingeengtem Gesichtsfelde erkannt werden, und das Farbengesichtsfeld, was Reihenfolge der Farben angeht, erhalten bleibt. Ist dies nicht der Fall, so ist es eine Ausnahme, wie auch der von ihm angeführte Fall von SIMON eine Ausnahme ist, wo blau und grün verwechselt wurde und Violettblindheit vorlag. Bezüglich des Farbensinnes bemerken ferner BEAUVIEUX u. DELORME (1913), daß er normal sei, solange die Reizschwelle nicht erhöht sei. Mit fortschreitender Opticusatrophie treten Verwechselungen zwischen Blau und Grün auf und Rot wird nicht mehr wahrgenommen. SPEZIALE PICCICHE (1927) fand bei 15 Glaukomkranken eine Herabsetzung der Rot- und Grünschwelle, welche unabhängig vom zentralen und peripheren Sehen war. Je stärker der Druck, desto stärker war die Herabsetzung der Farbenschwelle. Je älter die Fälle waren, um so mehr war die Rotempfindlichkeit gestört.

Die in den voraufgehenden Kapiteln besprochenen subjektiven Störungen treten zum Teil bei den prodromalen Anfällen, zum Teil bei akutem Glaukom deutlicher in die Erscheinung. So sind die Schmerzen um und über dem Auge bei jenen Anfällen viel geringer, während das Regenbogenfarbensehen deutlicher hervortritt und die Sehstörungen viel weniger ausgesprochen sind. Im Prinzip jedoch sind beide Formen gleichartig.

## 2. Objektive Symptome.

**a) Die Injektion der Bindehaut.** Ein hervorstehendes Symptom des akuten Glaukoms ist die Injektion der Bindehaut, die mit leichter Lidschwellung und gelegentlich auch mit Chemosis einhergeht. Die Injektion erstreckt sich in der Form eines Gefäßringes um den Hornhautrand herum und betrifft in erster Linie die aus dem vorderen Ciliargefäßen stammenden Verzweigungen. Auch die oberflächlichen Skleralvenen sind geschlängelt und stärker gefüllt. Daß jedoch bei akutem Glaukom die Injektion fehlen kann, beweist ein Fall von FLIRINGA (1926). Andererseits konnte A. FUCHS (1924) ebenso wie sein Vater E. FUCHS (1925), eine Schlängelung der vorderen Ciliar- und Bindehautgefäße beobachten, ohne daß Glaukomsymptome sonstiger Art vorlagen. Bei andauernder Drucksteigerung kann in fortgeschrittenen Fällen die Conjunctiva atrophisch werden, wobei es oft unentschieden ist, ob es sich um eine senile Erscheinung handelt. In älteren Fällen jedoch kann nach A. ELSCHNIG (1928) auch eine mächtige Hyperplasie des episkleralen Gewebes eintreten, wobei es zur Ansammlung von Rundzellen kommt (s. a. Abb. 34, S. 83).

Bezüglich der Klassifikation der vorderen Ciliargefäße sind in neuerer Zeit Ansichten veröffentlicht worden, die im Gegensatz zu früheren Anschauungen stehen.

Nach HEERFORDT (1914) sind beim chronischen Glaukom die vorderen Ciliargefäße nicht als Venen, sondern als Arterien anzusprechen, von denen sie sich durch ihren geschlängelten Verlauf und das Fehlen plexiformer Verzweigungen unterscheiden. Es kommen jedoch vordere perforierende Ciliarvenenstämme vor, die beim Ausbruch eines Glaukoms sich erweitern. Bei Erhöhung des intraokularen Druckes wäre der Abfluß in den Vortexvenen behindert, aber es fände ein erhöhter arterieller Zufluß statt. In einer weiteren Arbeit spricht HEERFORDT von vorderen Ciliarvenen von arteriellem Typus, die sehr häufig vorkommen und durch Kompression immer sicher von den Arterien zu unterscheiden sind. Aus diesen Venen kann eine beträchtliche Blutmenge das Auge verlassen. Der Venenabfluß aus diesem Typus vollzieht sich nach der Lehre von ZINN (siehe LEBER). Die Untersuchungen von KOEPPE (1917) mit Hilfe der Spaltlampe ergaben, daß die Ciliargefäße, die erweitert und geschlängelt sind, beim Glaukom Arterien sind, jedoch können auch die „unechten“ Ciliarvenen geschlängelt oder erweitert sein; die „echten“ können verengt oder erweitert sein und bilden je nach Anastomosen einen episkleralen Ring. Beim Glaukom strömt das Venenblut in veränderter Menge aus dem Auge heraus, weshalb eine Sperre der Vortexvenen auch Veränderungen im vorderen Augapfelabschnitt erzeugt, wofür auch die erweiterten Irisvenen beim vorgeschrittenen Glaukom sprechen. Erst bei dauerndem Fortschreiten tritt Erweiterung des episkleralen Ringes auf. Eine ausführliche Arbeit von KÖLLNER (1922) weist darauf hin, daß LEBER späterhin eine Behinderung des venösen Abflusses durch Vortexvenen infolge chronischer Drucksteigerung nicht mehr annahm. Ebenso glaubte BARTELS (1905), daß der Abfluß durch die Vortexvenen bei Drucksteigerung nicht behindert wäre. Die Unterschiede in der Auffassung von HEERFORDT u. KOEPPE, welche bei einer Drucksteigerung eine Behinderung des Abflusses der Vortexvenen und vorderen Ciliarvenen annahmen, seien dadurch zu erklären, daß akute Drucksteigerungen andere Bilder hervorrufen als chronische. Nach KÖLLNER besteht ein weitgehender Parallelismus zwischen Irisgefäßen und sogenanntem Medusenhaupt. Die an der Iris und am Ciliarkörper auftretenden Veränderungen bedingen das Auftreten eines vorderen kollateralen Abflusses. Bei Drucksteigerung ohne entzündliche Erscheinungen, z. B. bei Linsendiscisionen am Kaninchenauge sind nach WESSELY (1909) die Irisvenen stark gefüllt; es geht dieses Venennetz in Skleralvenen über, und es bildet sich auch hier ein kollateraler Abfluß in die vorderen Ciliarvenen aus. Es entsteht bei fortgeschrittenem Glaukom das Medusenhaupt infolge von Veränderungen an der Iriswurzel und dem Ciliarkörper. Wie kompliziert die Zirkulationsverhältnisse sind, und besonders ihre Deutung bei Entzündungen geht u. a. aus einer Diskussion zwischen LEHNER (1924) und RICKER (1924) hervor.

Die Versuche von SEIDEL (1924) mit akut einsetzender Drucksteigerung beim Kaninchen erzielten bei Drucksteigerungen auf 40 mm eine Blutdruckerhöhung in den Episkleral- und Vortexvenen, die bald zurück ging; bei 60 mm sank der Druck in den Vortexvenen weit unter die Norm, während der Blutdruck in den vorderen Ciliarvenen sich auf seine physiologische Höhe einstellte. Diese Versuche sind imstande eine Erklärung für das Zustandekommen der erweiterten vorderen Ciliarvenen und des sogenannten Medusenhauptes zu geben. Die Beobachtungen von THIEL (1928) an den vorderen Ciliargefäßen beim Glaukom mit Hilfe der Spaltlampe ergaben eine Erweiterung der Gefäßöffnung in der Sklera; dabei füllt die Cilliararterie das Lumen nicht mehr aus; es wird die darüberliegende Conjunctiva cystenartig vorgewölbt, und in der Wandung der Cyste liegt Pigment, wie auch im Gewebe neben der Arterie; Kammerwasser und inneres Pigment können durch die Öffnung hindurchtreten. Derartige Befunde können zur Frühdiagnose des Glaukoms Verwendung finden. Eine Mitteilung von KOBY (1926) über einen Fall von vascularisiertem Leucoma adhaerens mit Drucksteigerung, die zur Erblindung führte, beschreibt ein Gefäß, das, aus der Mitte des Leukoms kommend, sich nach dem Limbus zu verzweigt, dort Anastomosen bildet und am Limbus in eine größere Vene einmündet, wobei die Blutrichtung nach dem Limbus gerichtet ist. Durch Hypertension sei die frühere Strömung vom Limbus her umgekehrt geworden, wofür nach Ansicht des Referenten ein Beweis nicht erbracht wurde.

Eine Beobachtung von ROSENTHAL (1929) betraf eine cystische Geschwulst am Limbus, bei der eine starke Hypotonie durch ständigen Kammerwasserabfluß aus zwei kleinen Kanälchen, die mit dem SCHLEMMschen Kanal in Verbindung standen, entlang den Vortexvenen erzeugt wurde.

Über die vorderen Ciliararterien beim Kaninchen bemerkt ISHIKAWA (1927), daß nach R. SALUS die Drucksenkung durch Zyklodialyse auf Verödung vorderer Ciliararterien beruhe, wie auch KRAUSS Atrophie der Iris und des Ciliarkörpers gefunden habe. Auf Grund eigener Untersuchungen bestätigt ISHIKAWA die Angaben von LEBER, daß die Muskelarterien keine Äste durch die Sklera ins Augeninnere entsenden, eine Feststellung, die zur Entscheidung der Frage von Wichtigkeit war, ob und inwieweit die Tenotomie der äußeren Augenmuskeln den intraokulären Druck beeinflußt.

**b) Die Trübung der Hornhaut.** Schon bei geringfügigen Prodromalanfällen kann das Zentrum der Hornhaut leichte Trübungen aufweisen, die beim Glaucoma evolutum und auch beim Glaucoma absolutum erheblich stärker aufzutreten pflegen, wobei das Zentrum immer mehr beteiligt ist als die Peripherie. Bei fokaler Beleuchtung treten hauchige Trübungen deutlich hervor. Die Oberfläche sieht an manchen Stellen wie mit feinem Sand bestreut aus. Diese Epithelveränderungen sind außerordentlich flüchtig, gehen gelegentlich spontan, immer aber nach Einträufelung von Eserin oder Pilocarpin oder durch Eröffnung der vorderen Kammer zurück. Bei stärkeren Graden der Hornhauttrübung ist diese schon in den Randpartien mit bloßem Auge als graue Verfärbung erkennbar und bei Ausbreitung über die ganze Hornhaut erinnert das Bild an eine Keratitis parenchymatosa, die so oft mit Stippung der Hornhautoberfläche einhergeht. Nur selten vermißt man in diesen Fällen eine Anzahl rundlicher klarer Stellen im Zentrum, die als minimal blasenförmige Epithelabhebungen anzusehen sind und sich nur graduell von den schwappenden, bei absoluten oder degenerativen Glaukomen vorkommenden Blasen unterscheiden. Dabei können schon in den Randteilen der Cornea Gefäßbildungen auftreten, die die Ursache der später zu erwähnenden Blutblasen abgeben.

Daß man diese Oberflächenveränderungen auch sehr schön mit der von Fischer (1928) bei Hornhauterkrankungen angewandten Reflexphotographie zur Darstellung bringen kann, geht aus Abb. 1 u. 2 (S. 16, 17) hervor, die mir Herr Kollege Fischer freundlichst zur Verfügung stellte.

Auch die Spaltlampenuntersuchung läßt diese Veränderungen, speziell die Flüssigkeitsdurchtränkung, wie u. a. aus dem Atlas von Vogt (1921) hervorgeht, deutlich erkennen.

In selteneren Fällen finden sich auch Beschläge auf der hinteren Hornhautfläche, die einer mit der Spaltlampe deutlich nachweisbaren Trübung des Kammerwassers entsprechen, welches nach Fuchs auch als eiweißreicher befunden wird und nach Testelin, wie Schmidt-Rimpler angibt, auch zellige Elemente enthalten kann.

Daß diese Hornhautveränderungen Folge der Drucksteigerungen sind, ist wohl niemals bestritten worden, wohl aber ist dies der Fall bei dem Sitze und der näheren Ursache der Veränderungen.

Es lag nahe, für die Trübungen ein Ödem der Cornea verantwortlich zu machen. Jedoch widersprach dieser Annahme Silex, der ein solches Ödem anatomisch nicht feststellen konnte und gestützt auf Versuche von Fleischl, wie Schmidt-Rimpler anführt, eine zur Doppelbrechung der Hornhautfasern führende Anspannung der Lamellen verantwortlich macht. Gegenüber dem negativen anatomischen Befunde von Ziem weist Schmidt-Rimpler darauf hin, daß man schon bei geringfügiger Drucksteigerung Trübungen sehen könne, und eine Anspannung der Fasern von solcher Stärke müsse zu Krümmungsveränderungen der Cornea führen, was nicht der Fall sei, wie auch Einspritzungen von Flüssigkeit in Tieraugen erst bei enormen Druckhöhen zu Hornhautveränderungen führten. Die Sehstörungen, speziell das Regenbogenfarbensehen, könnten nicht auf Faserveränderungen, sondern nur auf Diffraktionserscheinungen zurückgeführt werden.

Die Ursache des Hornhautödems würde in einem Eindringen des Kammerwassers von der Descemetschen Membran her oder in einem Durchdringen durch die Maschen des Ligamentum pectinatum erblickt, wie STÖLTING annimmt, der durch Unterbindung der Vortexvenen schwere Stauungen und Blutungen erzeugte.

Die von v. HIPPEL angegebene Fluorescinfärbung soll nach SCHMIDT-RIMPLER nicht durch Endotheldefekte, sondern nur vom Epithel aus zustande kommen, welches jedoch für gewöhnlich bei glaukomatösen Hornhauttrübungen keine Färbung zeigt.

Die mit den Trübungen einhergehenden Sensibilitätsstörungen, die für die Glaukomdiagnose verwertbar sein sollen, wie KRÜCKMANN an-

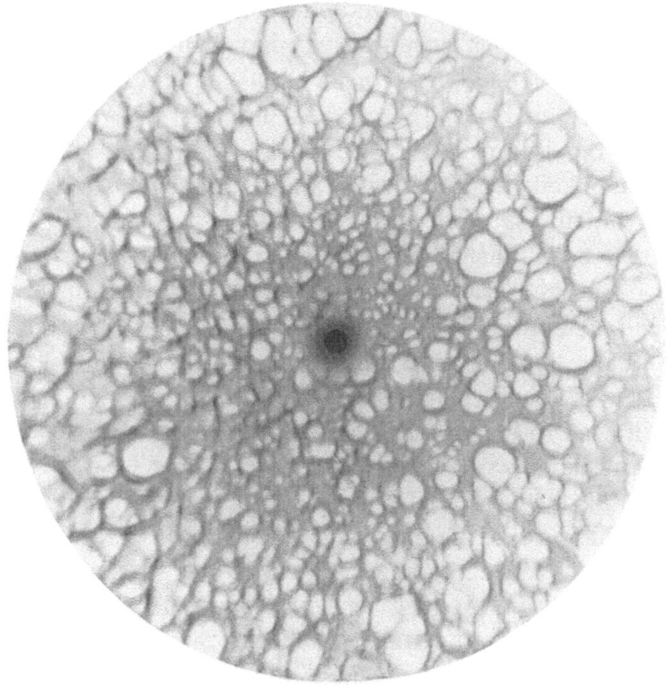

Abb. 1. Reflexbild der Cornea I. (Fall von FISCHER-Leipzig.) Druck 68 mm. Blasenbildung.

gab, sind bei prodromalen Anfällen weniger deutlich und weniger häufig, und sie können auf einzelne Bezirke beschränkt sein. Erklärt wird die Erscheinung mit dem Ödem, welches nach FUCHS besonders die Nervenfasern begleiten und sich im Epithel ausbreiten soll. Nach SCHMIDT-RIMPLER kann das Ödem von der Hinterfläche und vom Randschlingennetz ausgehen und bei längerer Dauer zu schwerer Schädigung der Nervensubstanz führen.

Das Verschwinden der Trübung nach Punktion oder sonstigen operativen Eingriffen wird von SCHMIDT-RIMPLER mit dem Abfluß des getrübten Kammerwassers erklärt, was nun jedoch für die Plötzlichkeit des Verschwindens nicht zu genügen scheint, so daß ich doch der Entspannung des Gewebes einen Anteil zuschreiben möchte.

In ausführlicher Weise beschäftigt sich A. ELSCHNIG (1928) mit den anatomischen Verhältnissen bei glaukomatösen Hornhautveränderungen. Es bestehen schwere Veränderungen im Epithel und im Endothel, während das Parenchym, solange keine Degenerationserscheinungen bestehen, fast gänzlich intakt bleibt. Die Befunde von FUCHS konnte ELSCHNIG nicht bestätigen; sie werden zum Teil als Härtungseffekte

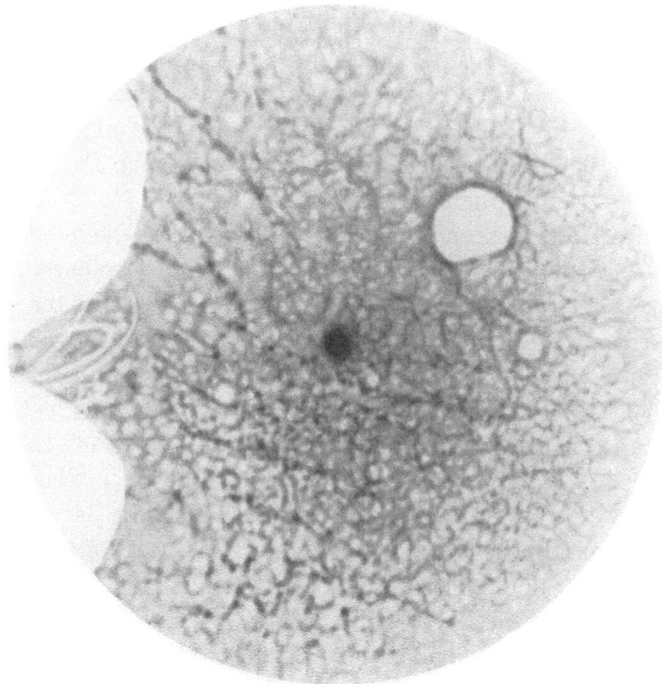

Abb. 2. Reflexbild der Cornea II. (Derselbe Fall von FISCHER.) Nach Einwirkung von Mioticis, Druck von 32 mm. Ersatz der Blasenbildung durch höckerige Unebenheiten.

bezeichnet; der von FLEISCHL (siehe ELSCHNIG) angenommene Einfluß der Überspannung der Fasern kann beteiligt, aber nicht, wie SILEX (siehe ELSCHNIG) meint, die alleinige Ursache der Trübungen sein, die ELSCHNIG auf trophische Störungen zurückführt. Durch diese Nervenschädigungen werden in der Struktur und im Chemismus der Epithelzellen Störungen herbeigeführt, und aus den Zellen stammende Flüssigkeit kann in dem von MANS (1924) beschriebenen Epithelfasersystem angesammelt werden oder zur Abhebung des Epithels führen. Durch Druckentlastung wird die Zellfunktion rasch wieder normal. Die trophischen Störungen selbst gehen keineswegs den Drucksteigerungen parallel, sondern können dort fehlen, wo sie stark sind und auftreten, wo sie gering sind.

Aus neuerer Zeit finden sich nur wenige neuere klinische Beobachtungen über die Hornhautveränderungen beim Glaukom. POOLEY (1908) beobachtete bei einem absoluten Glaukom einen rötlichen Punkt auf der Hornhaut, über welchem das Epithel intakt hinwegzog, vermutlich Gefäßschlingen. Anatomische Untersuchungen waren wegen Läsion des Epithels nicht möglich. Zu einem Vortrag von ALLEN (1927) über die Keratitis bemerkt FUCHS in der Diskussion, daß sich unter der Epithelblase ein neues Häutchen bildet, welches weniger Widerstand zeigt; dadurch wurde die Wiederkehr der Blasenbildung begünstigt. Die Keratitis punctata, welche MAY (1904) beschreibt, ist wohl von der Iritis serosa mit Sicherheit nicht zu trennen, wie auch in einem Fall von BROWN (1924) derartige Hornhauttrübungen nach Parazentese verschwanden. In einem neueren Fall von NICOLETTI (1926) fand sich in der Nähe des Hornhautrandes eine Blase im Epithel, die mit roten Blutkörperchen gefüllt war. Sie stammten aus feinen Capillaren, die vom Hornhautrande hineingewachsen waren. In einem zweiten Fall, wo ein chronisches Glaukom mit eitriger Keratitis vorlag, war eine mit Blut gefüllte Blase von normalem Epithel gebildet; die Rückwand bildete die BOWMANsche Membran. Zur Blasenbildung gehört nach Verfasser eine Lymphstauung und in diesem Fall auch eine Erkrankung der Gefäßwände. Er verweist auf die Arbeiten von TARTUFERI, SCALINCI, FUCHS, HEYMANN und SAEMISCH, die sich mit der Entstehung der Keratitis bullosa befaßten. Die Arbeit von SCALINCI (1909) betont, daß die Wandung der Blasen allein vom Epithel gebildet werden kann, ohne daß eine neue Membran gebildet wird, wie sie FUCHS (1881) beschrieb, nur daß die Zellwandung aus degenerierten Zellen besteht. Auch YOUNG (1925) beschreibt einen Fall mit Blutblasenbildung in der Gegend des Hornhautrandes. In einem Falle von LIÉGARD (1914) war eine blasenförmige Abhebung des Hornhautepithels das einzige Glaukomsymptom trotz enormer Drucksteigerung.

**c) Die Verengerung der Vorderkammer.** Beim akuten Glaukom pflegt durch Vorrücken der Iris und der Linse die Tiefe der Vorderkammer erheblich verringert zu werden. Die Ursache muß gesucht werden in einer Volumenvermehrung des Glaskörpers, dann aber auch in vermehrter Absonderung und Schwellung der Ciliarfortsätze. Eine Verminderung der Sekretion kommt nach SCHMIDT-RIMPLER nicht in Frage, eher vielleicht eine anfängliche Hypersekretion, welche bald zurückgeht, weil die Drucksteigerung im Verein mit der Pupillendilatation die arteriellen Gefäße der Iris verändert, in der auch Stauungen in den Venen durch Anastomosen mit den subconjunctivalen Venen ausgeglichen würden. Das Nachvornerücken des Linsenzonuladiaphragma wird auch von NORDENSON (1924) angenommen, der durch Flüssigkeitsinjektion in den Glaskörper mehrfach an enucleierten Augen eine solche Veränderung nachweisen konnte. Durch das Nachvornerücken des Diaphragma soll nach MELANOWSKI (1924) ein Druck auf die Ciliarfortsätze ausgeübt werden, der die Funktion hemmt. In zwei Staphylomaugen wurde der Druck dadurch erhöht, während in einem Fall, wo die Zonula eingerissen war, dadurch eine Verdünnung der Cornea und ein Ausgleich herbeigeführt wurde. Die geringe Tiefe der Vorderkammer tritt nach RAEDER (1923) beim Primärglaukom nur bei den sogenannten inflammatorischen Formen auf und diese gehen vom hinteren Teile des Bulbus aus.

Das Verfahren von WESSELY (1927) mit Hilfe der Stereophotometrie ist geeignet, die Tiefe der Vorderkammer exakt zu messen, sodaß man den Einfluß der Drucksteigerung und Miotica direkt registrieren kann. Nach ROSENGREEN (1929), der mit einem von LIMSTEDT konstruierten Instrument arbeitete, ist die Kammertiefe bei einseitigem Glaukom hin und wieder größer; war die Druckdifferenz zwischen beiden glaukomatösen Augen eine große, bestanden keine nennenswerten Unterschiede.

**d) Die Pupille.** Im Prodromalanfall ist gelegentlich eine gewisse Trägheit der Pupillenreaktion auf Licht zu beobachten. Diagnostischen Wert hat diese Erscheinung nur, wenn man bei fokaler Beleuchtung im Vergleich zum anderen Auge einen Unterschied feststellen kann, weil eine trägere Bewegung der Pupille bei älteren Leuten auch sonst vorkommen kann. Auch die stärkere Erweiterung der glaukomatösen Pupille ist nur dann von diagnostischer Wichtigkeit, wenn andere Pupillenanomalien mit Bestimmtheit auszuschließen sind. Diese Erweiterung muß nach SCHMIDT-RIMPLER als eine leichte Parese der Ciliarnerven aufgefaßt werden, während ARLT und MICHEL sie auf eine Parese der Sphinkterfasern durch Exudationsdruck und SCHNABEL auf eine Sympathicusreizung zurückführen wollen. Die Erweiterung wird erst dann maximal, wenn der Prozeß länger gedauert hat, und zu Wurzelsynechien und Irisatrophie geführt hat. Die Pupillenerweiterung kann ungleichmäßig sein, auch ohne daß Verwachsungen bestehen und zwar wenn schon frühzeitig die charakteristische Irisatrophie, immer im Sphinkterteil zuerst lokalisiert, mitunter herdweise an verschiedenen Stellen auftritt (s. Abb. 3).

In der Iris zeigen sich bei älteren Fällen Veränderungen in Gestalt von mehr oder weniger ausgedehnten Atrophien des vorderen Irisblattes und erst später schließt sich daran die Atrophie des Pigmentepithels.

In seltenen Fällen kommt es zu Lückenbildungen in der Iris, die differentialdiagnostisch gegen die Narbenbildung nach Tuberkulose abzugrenzen sind, während nach luetischen Papeln Wucherung des Gewebes die Atrophie verdeckt.

Nur ausnahmsweise bleibt die Pupille im Glaukomanfall eng. Wichtig ist die Farbe der Pupille, die gelegentlich einen etwas grünlich-bläulichen Ton annehmen kann, die auf eine Trübung der brechenden Medien zurückzuführen ist, wobei die Linse stärker Licht reflektiert. Daß die Linse dabei hervorragend beteiligt ist, konnte SCHMIDT-RIMPLER bei einer partiellen Linsenluxation beobachten, wo der linsenlose Teil der Pupille ganz schwarz erschien. Auch kann der Glaskörper an dieser Verfärbung der Pupille beteiligt sein. Oft erscheint bei akuten Glaukomen die Iris etwas gequollen und hyperämisch. In differentialdiagnostischer Hinsicht kann auch, worauf VON HIPPEL (1912) hinweist, nicht eindringlich genug darauf aufmerksam gemacht werden, daß dieser grau-grünliche Schein, der aus der Pupille kommt und der dem Glaukom den Namen gab, nicht ohne weiteres als Kennzeichen eines vorhandenen Glaukoms angesehen werden darf. Andererseits wird jeder Augenarzt wohl Fälle erlebt haben, wo einem Patienten der Rat gegeben wurde, mit der Operation des grauen Stars zu warten, bis er reif sei, und es nachher zu spät war, weil inzwischen neben der Startrübung ein Glaukom aufgetreten war.

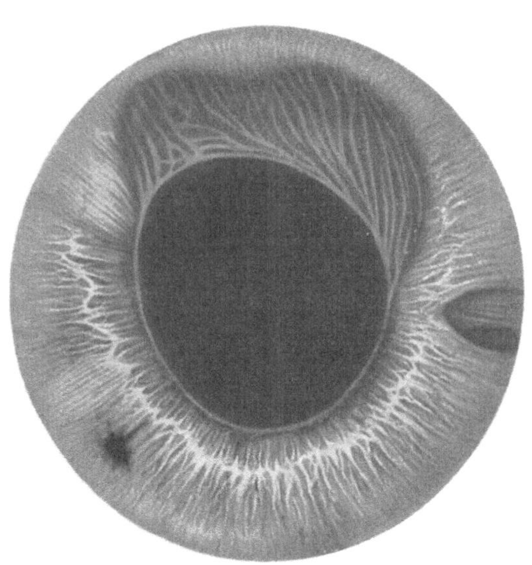

Abb. 3. Glaukomatöse Atrophie im Sphinkterteil, lateral eine durch Atrophie erweiterte Krypte.

**e) Die Trübung der brechenden Medien.** Bei ausgeprägten Fällen von akuten Glaukomen pflegt der Einblick in das Augeninnere stärker behindert zu sein, als man es nach Maßgabe der Hornhauttrübung erwarten sollte. Es kann die nebelige Trübung derartig zunehmen, daß man mit dem Spiegel kaum rotes Licht erhält. Diese starke Lichtabsorption, die durch die Beschaffenheit der übrigen brechenden Medien nicht erklärt wird, wird im Gegensatz zu SCHNABEL und SCHWEIGGER von Schmidt-Rimpler auf eine diffuse Glaskörpertrübung zurückgeführt, die gelegentlich nach Ablauf des Anfalles zu konstatieren war, und es wird ein weiterer Fall mitgeteilt, wo auch nur der Glaskörper beschuldigt werden konnte. Sehr anfechtbar ist es, wenn Schmidt-Rimpler mit Jacobson bei solchen Anfällen auch eine seröse Durchtränkung der Linse annimmt.

**f) Arterien- und Venenpuls.** Wenn die Untersuchung mit dem Augenspiegel noch nicht durch die Trübung der brechenden Medien beeinträchtigt ist, lassen sich an den Netzhautgefäßen Pulsationserscheinungen feststellen, die im Bereiche der Arterien auf pathologische Vorgänge hindeuten. Der intraokulare Druck komprimiert die Netzhaut arterie so weit, daß nur eine Blutzufuhr in der Systole möglich ist. Dieses Pulsphänomen, welches nach von Graefe auch am normalen Auge auftritt, wenn es starken Fingerdruck erfährt, tritt im Bereiche der Papille auf, in einzelnen oder allen Ästen, wobei gleichzeitig eine starke venöse Stauung besteht, was nach Schmidt-Rimpler bei der durch Druck auf den Bulbus entstehenden Pulsation nicht der Fall ist, und er nimmt mit Schnabel an, daß nicht die Drucksteigerung allein genügt, um das Phänomen hervorzubringen, sondern daß auch Gefäßveränderungen eine Rolle spielen, weil diese Erscheinung häufig trotz starker Drucksteigerung fehlen kann. Beim Prodromalglaukom bedarf es zur Auslösung meistens des Fingerdruckes. Die wenigen Fälle von spontanem Arterienpuls bei nicht glaukomatösen Augen, über die von Graefe berichtet, waren dadurch bedingt, daß hier vor dem Eintritt in den Bulbus ein Druck auf die Arterie ausgeübt wurde. Die Pulsation, die Rydel in 110 Fällen nur 17mal fand, war nach Baillart (1923) bei 17 Glaukomkranken 11mal zu sehen. Es beweist, daß der intraokulare Druck dem diastolischen Netzhautarterienpuls gleich oder überlegen ist. Beim akuten Glaukom ist der Arteriendruck die Ursache der Pulsation: der Druck ist aber nicht nur vom Blutdruck, sondern auch vom Augendruck abhängig. Bei gleichem Druck in den Venen und im Auge tritt spontaner Venenpuls auf. Bei gleichem intraokularem Druck ist die Zirkulationsstörung um so größer, je niedriger der arterielle Druck ist. Der Netzhautarterienpuls ist ein Alarmzeichen; der Venenpuls beweist, daß die Capillaren noch durchgängig sind. Nach Priestley-Smith ist der Druck in den Netzhautvenen nahe der Austrittsstelle fast gleich hoch wie der Binnendruck. Das Venenkaliber ist von der Pulsation benachbarter Arterien abhängig. Ist in diesen der Druck im Augapfel größer als außerhalb, so entsteht der Venenpuls, der durch äußeren Druck vergrößert werden kann.

Das Auftreten des Venenpulses ist nach Ausführungen von Leber nicht an den Arterienpuls gebunden, weil zwar durch den erhöhten Augendruck der Abfluß des Venenblutes aufhört, aber die Vene wird nicht blutleer. Erst bei verstärkter Drucksteigerung wird das Blut stoßweise ausfließen, wenn eine vermehrte Kompression des Gefäßes stattfindet. Es ist auch zu beachten, daß Arterienpulsationen bei Herz- und Gefäßstörungen und bei Anämie gelegentlich beobachtet worden sind, wobei die Arterien auch in der Peripherie rhythmische Anschwellungen und kleine Lokomotionen zeigen, die nur bei starker Vergrößerung sichtbar sind. Nach SCHMIDT-RIMPLER ist der diagnostische Wert der spontanen Arterienpulsationen anzuerkennen, weniger aber das Auftreten nach Fingerdruck auf den Bulbus. Die Netzhautvenen sollen während der Anfälle stärker gefüllt und geschlängelt sein, wobei die Vene an ihrer Austrittsstelle sich verengt, und diese Verengerung peripherwärts fortschreitet, während die Wiederfüllung von der Peripherie nach dem Zentrum erfolgt. Einen diagnostischen Wert besitzt der Venenpuls an sich nicht[1].

**g) Die Drucksteigerung.** Bei den akuten Glaukomformen pflegt der intraokulare Druck so erheblich anzusteigen, daß schon die Fingerpalpation genügt, um die Steigerung festzustellen, besonders dann, wie es in der überwiegenden Mehrzahl der Fälle zutrifft, wenn nur ein Auge von der Steigerung betroffen ist Der Druck pflegt um so höher zu sein, je heftiger die Schmerzen und die Störungen des Allgemeinbefindens sich geltend machen. Für wissenschaftlich exakte Messungen, vor allem bei Änderungen des Druckes, ist jedoch die Fingerpalpation nicht ausreichend, und es muß von der *Tonometrie* Gebrauch gemacht werden, auf die nach der Schilderung des Glaucoma simplex näher eingegangen werden soll.

## 3. Differentialdiagnose des akuten Glaukoms.

Differentialdiagnostisch ist schon betont, daß bei den akuten Formen Erbrechen und Allgemeinstörungen die Aufmerksamkeit des Arztes ablenken können. Bezüglich der Pupille ist darauf zu achten, daß sie weiter als in der Norm ist, während bei Iritis die Pupille meistens enger ist; auch ist die Irisfarbe stark verändert; ferner stehen beim Glaukom die Enge der Vorderkammer und die Trübung der brechenden Medien im Vordergrund. Die bei Iritis serosa vorkommende Drucksteigerung kann unter Umständen so stark sein, daß man an ein wirkliches Glaukom denken müßte, und es hat STOCK neuerdings speziell auf diese iritischen Glaukome und ihre Behandlung hingewiesen (siehe Kapitel XIII b).

[1] Es sei hier noch erwähnt, daß nach GUTMANN (1914) bei akutem Glaukom die Verschieblichkeit des Bulbus in der Orbita abnimmt.

Das Glaukom ist in diesen Fällen als ein Sekundärglaukom anzusehen. Fälle von Iridocyclitis können ebenfalls mit starker Drucksteigerung einhergehen; Exsudatbildungen im Kammerwinkel oder ein Hypopyon führen hier zur richtigen Diagnose. Auch das durch intraokulare Tumoren bedingte Sekundärglaukom kann öfters ein akutes Primärglaukom vortäuschen, während eine einfache Netzhautablösung für gewöhnlich nicht zu Drucksteigerungen führt. Das subakute Glaukom ist im allgemeinen leicht zu erkennen; nur dann wenn eine reife Katarakt aufgetreten ist, wird die Sache schwieriger. Wie SCHMIDT-RIMPLER hervorhebt, ist dabei die eigentümliche Gefäßinjektion und Enge der Vorderkammer zu beachten. Wesentlich für die Differentialdiagnose ist, daß die beim Glaukom injizierten Gefäße sich nicht mit der Bindehaut verschieben lassen. Die Komplikation mit Katarakt bedingt nach SCHMIDT-RIMPLER eine eingehende Prüfung der Sehschärfe. Liegt eine Glaukomkatarakt vor, dann pflegt die Lichtempfindung ganz erloschen zu sein. Entwickelt sich die Katarakt nicht auf der Basis eines Glaukoms, so ist auch hier die genaue Prüfung des Gesichtsfeldes und der Sehschärfe imstande, zu entscheiden, ob das Glaukom schon zu wesentlichen Veränderungen im Augeninnern geführt hat.

## 4. Die einzelnen Formen des akuten Glaukoms.

Nach SCHMIDT-RIMPLER soll dem Ausbruch des Glaukoms meistens ein *Prodromalstadium* vorausgehen, auch beim Glaucoma simplex, was mit meinen Erfahrungen nicht übereinstimmt. Die Anfälle treten in unbestimmten Intervallen auf, können sich in kürzerer Zeit wiederholen oder längere Zeit ausbleiben. Herausrücken des Nahpunktes, Regenbogenfarbensehen und leichte Schmerzempfindung stehen dabei im Vordergrund der Beschwerden. Sehschärfe und Gesichtsfeld pflegen lange Zeit hindurch normal zu bleiben. So beobachte ich seit mehreren Jahren eine Dame, die fast jeden Abend zu manchen Zeiten einen solchen Anfall bekommt, ohne daß Sehschärfe und Gesichtsfeld nach Abklingen des Anfalles irgendwelche Störungen zeigen. Solche Störungen pflegen, wie SCHMIDT-RIMPLER hervorhebt, nur ausnahmsweise vorzukommen. Objektiv finden sich leichte Drucksteigerungen neben leichter Trübung der Hornhaut und des Kammerwassers und leichte Injektionen der Gefäße. Ein Seichterwerden der Vorderkammer habe ich selbst noch nicht im Anfall beobachtet. Wenn SCHMIDT-RIMPLER und VON GRAEFE im Gegensatz zu DE WECKER und LEBER annehmen, daß ungefähr in dreiviertel der akuten Glaukomfälle ein Stadium der Prodromalanfälle vorausgeht, so trifft das nach meinen Erfahrungen auch nicht zu.

Wie später noch bei den Ursachen des Glaukoms und speziell der Anfälle auseinandergesetzt werden wird, spielen hier Gemütserregungen und körperliche Indispositionen eine Rolle; in anderen Fällen entstehen die Anfälle ohne nachweisbare Ursache; ihre Dauer ist durchaus verschieden, und es ist bemerkenswert, daß in manchen Fällen die Erscheinung im Schlafe, wohl durch Pupillenverengerung, völlig verschwand. Daß das Stadium der Prodromalanfälle sich durch lange Jahre erstrecken kann, beweisen die von SCHMIDT-RIMPLER angeführten Fälle von VON GRAEFE, KOLLER, JACOBSON und JAVAL, wie ich selbst auch vor einigen Monaten einen Patienten operierte, bei dem die Prodromalanfälle seit 6 Jahren aufgetreten waren. Geht der Anfall nicht vorüber, so entsteht entweder ein ausgeprägtes akutes Glaukom oder es bildet sich ein subakutes Glaukom (Glaucoma inflammatorium chronicum der früheren Nomenklatur) aus, bei dem allmählich immer deutlicher die dauernden Schädigungen des Auges in subjektiver und objektiver Hinsicht zutage treten. Auch ist zu beachten, daß die Anfälle noch auftreten können, wenn sich bereits ein solcher chronischer Zustand dauernd etabliert hat, wie dies nach SCHMIDT-RIMPLER auch beim Glaucoma simplex der Fall sein soll (kompensiertes Glaukom mit intermittierender Inkompensation nach ELSCHNIG). Entsteht ein akuter Glaukomanfall, so kommt es in erster Linie darauf an, ob eine therapeutische Intervention stattfindet; dann kann sich wieder ein äußerlich normal aussehendes Auge und brauchbares Sehvermögen herstellen. Bleibt der Prozeß sich selbst überlassen, dann klingt die Injektion ab, und es kann sich auch das Sehvermögen bessern, jedoch ist die Vorderkammer meistens eng, die Pupillenreaktion verändert und der intraokulare Druck erhöht. In solchen Augen pflegt auch allmählich die Linse sich zu trüben. Begünstigt wird nach WHEELER (1923) die Starbildung, wenn die Patienten hereditär disponiert sind oder toxische oder zirkuläre Störungen zugrunde liegen. Eine Ausnahme ist es wohl, wenn KOSTER (1916) bei einem akuten Glaukom eine diffuse vordere Corticaltrübung auftreten sah, welche nach Pilocarpin völlig zurückging. Eigene Erfahrungen über ein derartiges Zurückgehen von Linsentrübungen in Glaukomaugen stehen mir nicht zu Gebote.

Ist ein solcher Anfall spontan abgeklungen, so kann er sich jederzeit wiederholen. Es bildet sich allmählich eine Exkavation aus und das Auge verfällt der Erblindung; in anderen Fällen resultiert aus dem Anfall das Bild des sogenannten chronischen inflammatorischen Glaukoms, wobei das Sehvermögen sich etwas bessern kann; gelegentlich kann auch das Bild eines einfachen chronischen Glaukoms aus dem Anfall resultieren, der glücklicherweise nur in seltenen Fällen beide

Augen betrifft. Da auf diese Weise sehr rasch Erblindung eintreten kann, sogar doppelseitig, wie PAGENSTECHER es erlebte, hat VON GRAEFE diese Form mit dem Namen Glaucoma fulminans bezeichnet, wobei bemerkenswert war, daß in mehreren Fällen dieser Art die Injektionserscheinungen am Bulbus anfänglich fehlten, während die übrigen Glaukomsymptome um so deutlicher hervortraten. Auf dem anderen Auge war schon ein Glaukom in mehr oder weniger fortgeschrittenem Stadium vorhanden. In den von SCHMIDT-RIMPLER angeführten Fällen von LANDSBERG und anderen wurde durch entsprechende Behandlung die Erblindung beseitigt, d. h. ein gewisses Sehvermögen erzielt. Es handelt sich hier um eine Variation sehr akuter Glaukomanfälle, während ich in meiner Vorlesung den Namen Glaucoma fulminans für diejenigen Fälle reserviere, in denen auf Grund einer oder mehrerer vorausgegangener Glaukomanfälle das Auge dauernd blind bleibt, weil schwere intraokulare Gefäßstörungen mit Blutungen vorliegen. Nach SCHMIDT-RIMPLER entwickelt sich das chronisch entzündliche Glaukom allmählich, ohne daß ein akuter Anfall aufgetreten war, wobei kleine Prodromalanfälle vorübergehend subjektive und objektive Störungen hervorrufen können, die, wenn sie nicht beachtet werden, allmählich den Ruin des Auges herbeiführen. Vor allen Dingen dann, wenn die Patienten auf dem einen Auge noch gut sehen können und gelegentlich leichte Schmerzen empfinden und erst beim Beginn der Erkrankung des zweiten Auges ärztliche Hilfe nachsuchen, wenn bereits Gesichtsfeld und Sehschärfe auf dem anderen Auge sehr defekt geworden sind. Wie beim Glaucoma simplex wäre es besser, wenn die Schmerzen so stark aufträten, daß sie den Patienten früher zum Arzte hintrieben. Charakteristisch für diese Form des subakuten Glaukoms ist die eigenartige Gefäßentwicklung im Bereiche der vorderen Ciliargefäße. Durch die stärkere Füllung der von vorne nach hinten verlaufenden Skleralvenen, die ihre feinen Ästchen bis zum Hornhautrande hinschicken und zum Unterschied von erweiterten Conjunctivalvenen nicht mit der Conjunctiva verschiebbar sind, entsteht der sogenannte „Annulus arthriticus“ oder das „Medusenhaupt“.

Außer der Exkavation sind besonders bei den akuten Glaukomformen anderweitige Veränderungen im Bereiche der *Papille* zu beobachten, womit sich eine ausführliche Arbeit von CORDS 1921 beschäftigt. Die frühere Ansicht von BITZOS, daß beim Glaukom sich im Sehnerven entzündliche Prozesse abspielen, hielt der Kritik nicht stand, ebensowenig die Angaben von BRAILEY u. EDMONDS, die histologische Veränderungen im Sehnerven fälschlich als glaukomatöse Veränderungen gedeutet haben. Gelegentlich kommt es zu einem Ödem der Papille, wofür CORDS (1921) Fälle von ZIRM, ELSCHNIG, SCHMIDT-RIMPLER und KÜMMELL anführt. Daß hierbei Stauungserscheinungen wirksam sind und es sich nicht um eine Entzündung handelt, steht fest. Auch BROWN (1919) und PUSEY (1908) beobachteten klinisch und anatomisch eine Exkavation der Lamina und eine Papillitis, die zu einer fast völligen Ausfüllung mit dem geschwollenen Gewebe führte. Ähnlich war ein Fall von BIETTI (1912), und in dem von MORETTI (1928) bestand in dem Papillengewebe eine umschriebene Knochenbildung.

Nach SCHMIDT-RIMPLER ist die Erweiterung der venösen Gefäße auf den infolge der Drucksteigerung behinderten Abfluß aus den Vortexvenen zurückzuführen, was von LEBER mit dem Hinweis bestritten wurde, daß es sich um einen entzündlichen Prozeß handelt. Nach SCHMIDT-RIMPLER ist aber dieses Bild bei chronischen Entzündungen keineswegs zu sehen. Bemerkenswert ist, daß allmählich in solchen Fällen die Gefäßfüllung durch eine gewisse Verdünnung des subconjunctivalen und conjunctivalen Gewebes noch deutlicher hervortritt. Wenn in diesen Fällen mit erweiterten Gefäßen die Drucksteigerung fehlt, kann diese nach SCHMIDT-RIMPLER doch intermittierend auftreten. Dadurch, daß die Venen, die die Sklera passieren, verengt und abgeknickt sind, entstehen Zirkulationsstörungen. Im übrigen verweise ich auf das Kapitel der Gefäßinjektionen bei den akuten Glaukomformen hin, worin auf weitere Bedenken hingewiesen wird, die gegen die Bedeutung der Kompression der Vortexvenen geäußert wurden. Die übrigen objektiven Symptome im Bereiche der Hornhaut, der Vorderkammer, des Glaskörpers und der Pupille sind meistens sämtlich vorhanden; gelegentlich kann das eine oder andere vermißt werden. Je länger der Prozeß dauert, desto deutlicher sind die Veränderungen im Bereiche der Iris, die neben Veränderungen ihrer Grundfarbe auch Anzeichen der Atrophie erkennen läßt zuerst nur im Sphinkterteil, und später ganz diffus (s. Abbildung). Wenn sich hierzu noch allmählich eine Membranschrumpfung auf der Oberfläche entwickelt, kann es zu einer starken Pupillenerweiterung und Schrumpfung der Iris kommen, die nicht gleichmäßig zu sein braucht, wobei sich das Pigmentblatt der Iris als Ektropium Uveae umschlagen kann. Je länger der Prozeß dauert, desto deutlicher ist die Exkavation der Papille. Die Verschlechterung des Sehvermögens geht unaufhaltsam weiter, gleichgültig, ob der Prozeß akute Exacerbationen hervorruft oder nicht.

Da in dieser Bearbeitung des Glaukoms die *pathologische Anatomie* nicht Gegenstand einer besonderen Abhandlung sein soll, so beschränke ich mich auch an dieser Stelle auf das Wesentlichste, was an Veränderungen beim akuten und subakuten Glaukom im Bereiche des Augapfels auftritt. Dabei wird die Exkavation, insbesondere ihre Entstehung, beim Glaucoma simplex genauer besprochen werden, wobei die pathologische Anatomie berücksichtigt werden muß. Die Veränderung im Bereiche der Hornhaut wurden schon, soweit sie zum Verständnis der klinisch erkennbaren Veränderungen notwendig waren, besprochen.

Einen breiten Raum nehmen in der Darstellung ELSCHNIGs (1928) die Veränderungen der Kammerbucht, insbesondere die der Iriswurzelsynechie ein, auf die bei der Pathogenese des Glaukoms noch näher eingegangen wird, wie auch hier auf die ausführliche Arbeit von CZERMAK (1897) über die Bedeutung des Kammerwinkels für die Entstehung des Glaukomanfalles verwiesen werden muß. Die mehr oder weniger schweren Veränderungen der Iris und des Ciliarkörpers sind ebenfalls eingehend gewürdigt. Bezüglich der Linse im Glaukomauge geht ELSCHNIG auf die Größenverhältnisse ein, und es wird hervorgehoben, daß die im Glaukomauge zu findende Katarakt keine Besonderheiten aufweist. Zu den an der Aderhaut gefundenen Veränderungen füge ich die Beobachtungen von LOCKWOOD (1927) hinzu, der in einem Glaukomauge neben Peri- und Endophlebitis der Vortexvenen hyaline Veränderungen der Aderhautgefäße fand. In der Netzhaut findet man nach MUNOZ (1923) kleine weiße Herde, bevor die Exkavation auftritt. Anatomische Veränderungen treten zuerst in der inneren Netzhautschicht auf; allmählich tritt Verminderung der Ganglien- und der Gliazellen auf. Frühzeitig wird auch die Macula bis auf die Körnerschicht zerstört. Die Pigmentepithelien halten sich noch längere Zeit hindurch normal. PASTORE (1927) berichtet über die Resultate von CATTANEO (1926) von acht Glaukomaugen, die zum Zweck der Analyse der Druckveränderungen untersucht wurden. Konstant sei die Gefäßverengung und der Schwund der inneren Schichten, die Gefäßverengung, speziell der Capillaren, die für die Entstehung des Glaukoms von Bedeutung sind. Bei der Entstehung der Staphylome macht ELSCHNIG (1928) darauf aufmerksam, daß die Durchtränkung mit dem Kammerwasser zur Schädigung der Sklerallamelle führen könne.

## B. Das Glaucoma simplex.

Seitdem VON GRAEFE das Krankheitsbild der Amaurose mit Sehnervenexkavation zugunsten seiner Einreihung unter die Gruppe der Glaukomformen aufgegeben hatte, ist ein ernsthafter Widerspruch gegen diese Auffassung des Glaucoma simplex nicht mehr laut geworden nnd es herrscht heute wohl darüber Übereinstimmung, daß es sich hier um eine chronische Form des Glaukoms handelt, bei der die äußerlich sichtbaren Erscheinungen des akuten Glaukoms zu fehlen pflegen.

Wenn SCHMIDT-RIMPLER für das Glaucoma simplex die Bezeichnung chronisches Glaukom perhorreziert, weil diese Form mit den chronisch entzündlichen Glaukomen verwechselt werden könnte, so ist das meines Erachtens unrichtig, weil die Bezeichnung „simplex“ völlig eindeutig ist. Ich kann auf Grund meiner langjährigen Erfahrungen auch dem nicht zustimmen, daß beim Glaucoma simplex die periodischen Anfälle des Prodromalglaukoms fortbestehen sollen, wie auch in dreiviertel aller Glaukomanfälle, gleichgültig welcher Form, Prodromalanfälle vorausgegangen sein sollen. Leider kann man sagen, ist es so, daß das Glaucoma simplex in der Mehrzahl der Fälle völlig ohne Schmerzen, ohne Nebelsehen, ohne Farbenringe, verläuft, bis erst ein Nachlassen des Sehvermögens im peripheren oder zentralen Teil des Gesichtsfeldes den Patienten zum Arzte treibt, was auch dann noch oft genug solange unterlassen wird, bis das zweite Auge erkrankt. Vom subakuten Glaukom unterscheidet sich das Glaucoma simplex durch das Fehlen der Trübung der brechenden Medien, der Injektion und durch den meist geringen Grad der Drucksteigerung.

Einem mit Glaucoma simplex behafteten Auge läßt sich äußerlich nichts ansehen, insbesondere ist, wie auch RAEDER (1923) hervorhebt, keine Verengerung der Vorderkammer vorhanden. Maßgebend für die Diagnose des Glaucoma simplex sind in erster Linie Drucksteigerung, Exkavation des Sehnerven und die durch die Drucksteigerung bewirkte Sehstörung. Da die Drucksteigerung sich dem Nachweise durch die Fingerpalpation entziehen kann, so ist diese für die Diagnose nur in wenigen Fällen brauchbar, insbesondere nur dann, wenn zwischen beiden Augen eine Druckdifferenz festgestellt werden kann. Wie aus der Darstellung von SCHMIDT-RIMPLER hervorgeht, sind schon vor langen Jahren Druckschwankungen, insbesondere Schwankungen nach Tageszeiten und nach gewissen prädisponierenden Momenten konstatiert worden. Sicherheit und Klarheit auf diesem Gebiete sind jedoch erst gewonnen worden, seitdem die Tonometrie besonders durch SCHIÖTZ weiter ausgebaut worden ist. Die genauen Druckmessungen, die Druckschwankungen, die experimentelle und medikamentöse Beeinflussung des Augendruckes sollen einem besonderen Kapitel vorbehalten bleiben.

Ein unbehandeltes Glaucoma simplex kann später Übergänge zu den anderen Formen zeigen, insofern als durch Zunahme der Drucksteigerung leichte Gefäßinjektion auftritt, und es kann die Vorderkammer enger werden, wobei sich die Pupillenweite nicht merklich ändert. Wenn FUCHS häufig periphere Chorioidalveränderungen in Form von weißen und schwarzen Flecken und SCHMIDT-RIMPLER ebenfalls, wenn auch nicht so häufig, gesehen hat, so habe ich demgegenüber keine weiteren Erfahrungen, weil ich die zur genauen ophthalmoskopischen Untersuchung notwendige Mydriasis nach Möglichkeit vermeide. Zu berücksichtigen ist nach SCHMIDT-RIMPLER, daß ähnliche Erscheinungen auch sonst bei älteren Leuten zu finden sind.

Bei längerem Bestande des Leidens treten im Bereiche der Papille Veränderungen auf, die sehr charakteristisch sind; in Form der Aushöhlung des Sehnervenkopfes, die frühzeitiger sich zeigen kann, ehe das Sehvermögen schon erheblich gelitten hat, während bei den akuten Formen umgekehrt der Verlust des Sehvermögens der Exkavation der Papille vorangeht. Beim Glaucoma simplex pflegt der Verfall des Sehvermögens sehr langsam sich zu vollziehen und es sind Ausnahmen, wenn HAFFMANNS, nach SCHMIDT-RIMPLER, bei einem Fall nach 13 Wochen Erblindung feststellen konnte. Andererseits kann das Sehvermögen noch normal sein, wenn das Gesichtsfeld schon erhebliche Einschränkungen zeigt.

Glaucoma simplex kann, ohne daß sichtbare Veränderungen am Auge auftreten, zur Erblindung führen. Es können jedoch später bei längerem Bestande Injektionserscheinungen in mehr oder weniger ausgeprägtem Grade auftreten, wobei auch intermittierend stärkere Drucksteigerungen vorkommen können. Die Erkrankung tritt meistens doppelseitig auf, wobei es für das einzelne Auge keine Gesetzmäßigkeit des Sehnervenverfalles gibt, andererseits kann aber auch das Glaucoma simplex nur auf ein Auge beschränkt bleiben. Ebenso ist es eine Ausnahme, wenn bei ein und demselben Patienten zwei ganz verschiedene Formen auftreten. Auch ist es nach meiner Erfahrung selten, daß intermittierende akute Anfälle zu einem ganz chronischen Glaukom hinzutreten. In diesen Fällen gesellt sich zu den bekannten Erscheinungen des akuten oder subakuten Glaukoms noch Exkavation und eventuell Arterienpuls hinzu, und es sind auch deren subjektive Erscheinungen, besonders die Schmerzen, ausgeprägt. Nach SCHMIDT-RIMPLER soll aus den bald vorübergehendenAnfällen das reine Bild des Glaucoma simplex resultieren, was ich noch nicht beobachtet habe. Auch soll aus diesen Fällen gelegentlich das sogenannte chronische, dauernd entzündliche Glaukom entstehen, welches ebenso zur Erblindung führt, wie das unbehandelte Glaucoma simplex.

## 1. Gesichtsfeld.

Die Ursachen der Sehstörungen liegen in erster Linie in der Läsion, die die Netzhaut und speziell die Sehnervenfasern, die um den Rand der exkavierten Papille herumliegen, durch den gesteigerten Druck erfahren, und es können auch die peripheren Netzhautteile, die für die Perzeption weniger in Betracht kommen, schon infolge der Zirkulationsstörung leiden. Zur Erklärung der nasalen Gesichtsfelddefekte führt Schmidt-Rimpler an, daß, nach Ansicht von Rydel, der Gefäßverlauf bzw. die schlechtere Gefäßversorgung der äußeren Netzhauthälfte für die nasalwärts gelegenen Defekte verantwortlich ist, während die innere Netzhauthälfte besser versorgt ist. Die äußeren Teile der Netzhaut werden von den Gefäßen auf Umwegen erreicht, weshalb ihre Ernährung eine ungünstigere ist, womit nach Schmidt-Rimpler übereinstimmt, daß nach Embolie der Zentralarterie ein Teil des temporalen Gesichtsfeldes intakt bleibt. Bei temporaler Gesichtsfeldeinengung versagen diese Erklärungen. Auch die Verdrängung der Gefäße nach dem inneren Papillen-

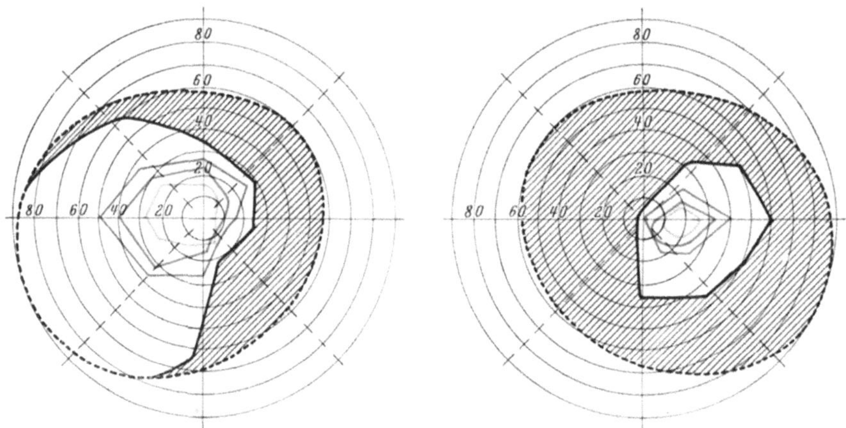


Abb. 4. Nasale Gesichtsfelddefekte bei chronischem Glaukom.

rande zu kann bei der Entstehung der nasalen Gesichtsfelddefekte mitwirken, wodurch auch die mit den Gefäßen temporal ziehenden Nerven mehr gezerrt werden, als die nasal verlaufenden, so daß die Gefäße die Stelle anzeigen, wo die stärkste Einwirkung auf die Nervenfasern ausgeübt wird, wofür nach Schmidt-Rimpler Jacobson u. Gama Pinto entsprechend der Lage der Exkavation beweisende Beispiele brachten. Der Tiefe der glaukomatösen Exkavation braucht der Verfall der Sehschärfe nicht zu entsprechen. Auch hierfür führt Schmidt-Rimpler beweisende Beobachtungen von von Graefe u. Mauthner an, wie auch Schmidt-Rimpler bei typischer Exkavation das Gesichtsfeld und die Sehschärfe normal fand, wobei die langsamere Ausbildung der Exkavation eine gewisse Toleranz des Gewebes bedingt. Ophthalmoskopisch sind die spärlichen, über den Rand der Exkavation verlaufenden Nervenfasern nicht sichtbar, sondern sie treten unter Umständen nur bei der anatomischen Untersuchung zutage, wobei die Steilheit der

Exkavation keine Rolle spielt. Jedenfalls darf aus der Randständigkeit der Exkavation nicht ohne weiteres auf das Fehlen von Nervenfasern geschlossen werden.

Auffallend ist, daß beim Glaukom der Farbensinn auch beim reduzierten Gesichtsfeld meistens intakt bleibt im Gegensatz zu den Störungen, die bei Sehnervenatrophie auftreten. Nach SCHMIDT-RIMPLER kann auch ausnahmsweise die Blaugrenze erheblich verändert sein, und ebenso ist es eine Ausnahme, wenn SIMON Violettblindheit sah.

## 2. Die Variationen der Gesichtsfeldveränderungen.

Die ersten peripheren Gesichtsfeldeinengungen finden sich an der nasalen Seite und oben, worauf neuerdings auch PROKSCH (1927) besonderen Wert legt; daß die Defekte zuerst oben und nicht unten auftreten, sei darauf zurückzuführen, daß unten die physiologische Exkavation dem Pupillarrand am nächsten sei, wie auch beim Conus. An dieser Stelle würden die Nervenfasern zuerst geschädigt. Die weitere Einengung des Gesichtsfeldes erfolgt konzentrisch unter gleichzeitigem Eindringen der meist sektorenförmigen Einengung innen und unten, bis das Zentrum erreicht wird und damit das zentrale Sehen aufhört. In diesem Falle kann in der Nachbarschaft des Fixierpunktes ein kleiner schmaler Streifen im Gesichtsfeld übrig bleiben. Über die Variationen der Gesichtsfelddefekte finden sich bei SCHMIDT-RIMPLER verschiedene Angaben, wonach die Defekte in der Mehrzahl der Fälle nach Innen gelegen waren. Erfolgt die Gesamteinengung konzentrisch, so bleibt nach SCHMIDT-RIMPLER meistens ein Queroval übrig, bei dem der nach außen gelegene Teil größer als der innere Teil ist. Das Verhältnis der Sehschärfe zu der Gesichtsfeldeinengung ist sehr wechselnd, indem man bei hochgradiger Einengung relativ gutes Sehvermögen finden kann, und bei erhaltenem Fixierpunkt und geringer Einengung relativ schlechte Sehschärfe findet. Im allgemeinen finden sich die Gesichtsfelddefekte bei den chronischen Formen ausgedehnter und häufiger als bei akuten Formen. Nach LAQUEUR war in etwa ein Drittel der Fälle das Gesichtsfeld intakt, bei der Hälfte der Fälle in der inneren Hälfte eingeengt. Seine Zahlen stimmen bezüglich der Einengung mit den von SCHMIDT-RIMPLER gut überein. Statistiken von ZENTMAYER, POSEY und DE SCHWEINITZ wollen auffällige Unterschiede im Verhalten des Gesichtsfeldes beim Glaucoma simplex und anderen Formen gefunden haben, was SCHMIDT-RIMPLER nicht bestätigen kann. In seltenen Fällen ist das Gesichtsfeld, z. B. in einem Fall von KORTH (1910) nasal hemianopisch eingeengt. Auch THOMASSON (1927) beobachtete einen solchen Fall. PRIESTLEY-SMITH fand in 73% der Fälle bei chronischem Glaukom im Gesichtsfeld sektorenförmige Defekte, die in der Peripherie breit beginnend, in Form eines Keiles auf den Fixierpunkt liefen, was besonders dadurch ermittelt wird, daß die Objekte auch horizontal ge-

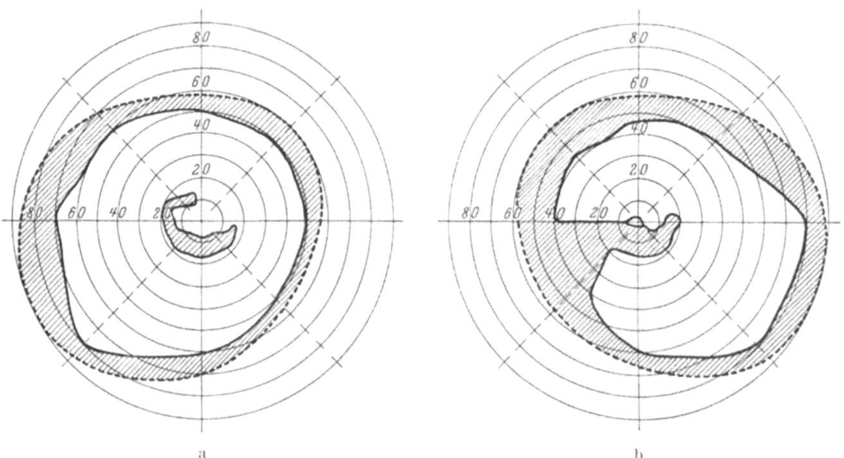


Abb. 5. a Vergrößerung des blinden Fleckes, b bogenförmiges Skotom nasal eindringend.

führt werden. Auch Agnantis (1925) betont im Gegensatz zu Lagrange, daß Gesichtsfeldeinschränkungen des zentralen Teiles auch beim Sekundärglaukom vorkämen, und daß er das noch zu erwähnende Bjer-

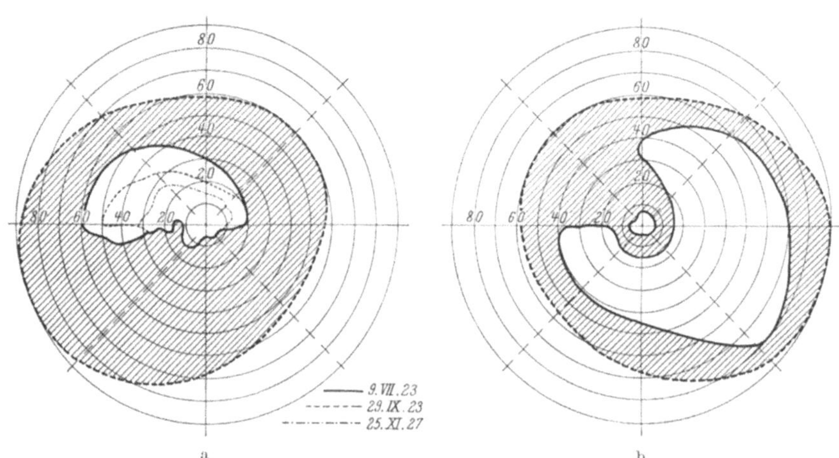


Abb. 6. a Allmähliche Reduktion des Gesichtsfeldes, b bogenförmiger Ausfall mit Erhaltung des Fixierproduktes.

rumsche Zeichen vermißte. Auf die Wichtigkeit genauer peripherer Gesichtsfelduntersuchungen bei hochgradiger Myopie weist Axenfeld (1905) hin, denn gelegentlich werden Einengungen, die temporal stärker sind, auf den Dehnungsprozeß bezogen. Genaue Prüfungen des peripheren Gesichtsfeldes führten jedoch öfters auf die Spur von Glaukomen, und hierbei kommt das BJERRUMsche Zeichen nicht in Frage, weil ähnliche Erscheinungen auf Grund der Dehnung auch bei Myopie vorkommt.

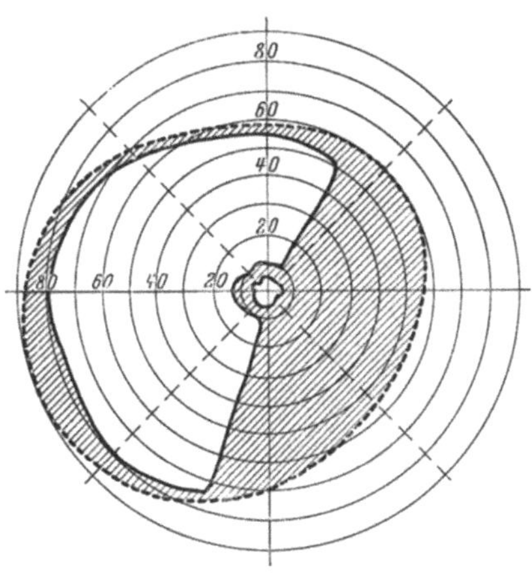


Abb. 7a. Bogenförmiger Gesichtsfeldausfall mit Erhaltung des Fixierpunktes.

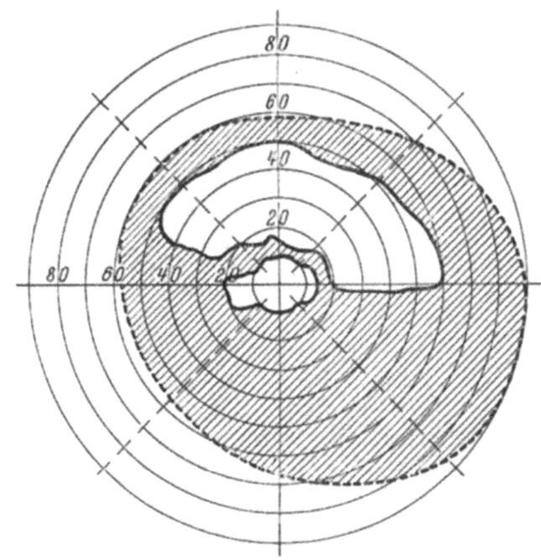


Abb. 7b. Dasselbe wie Abb. 7a. Gesichtsfeldausfall nach außen.

Außer diesen peripheren Einengungen spielen nun in der Diagnostik des Glaukoms die *zentralen und parazentralen Skotome* eine große Rolle (s. Abb. 5a—8). Von SCHMIDT-RIMPLER wird angegeben, daß er sie nur bei hämorrhagischem Glaukom und SCHWEIGGER, daß er sie überhaupt nicht beobachtet habe; er bezweifelt, daß es sich bei den in der Literatur angegebenen Fällen um wirkliche zentrale Skotome gehandelt habe. Dagegen erkennt SCHMIDT-RIMPLER an, daß parazentrale dem blinden Fleck sich anschließende Skotome häufiger mit der BJERRUMschen (1889, 1900) Methode zu konstatieren seien, einer verfeinerten Methode, die darin besteht, daß kleine weiße Scheibchen an einem dünnen schwarzen Metallstab befestigt sind, die auf einer schwarzen Grundlage bewegt werden. Auch eignet sich hierzu, wie wir erprobt haben, das große Perimeter von IGERSHEIMER. Mit Hilfe dieses Verfahrens werden Defekte von verschiedenen Formen und

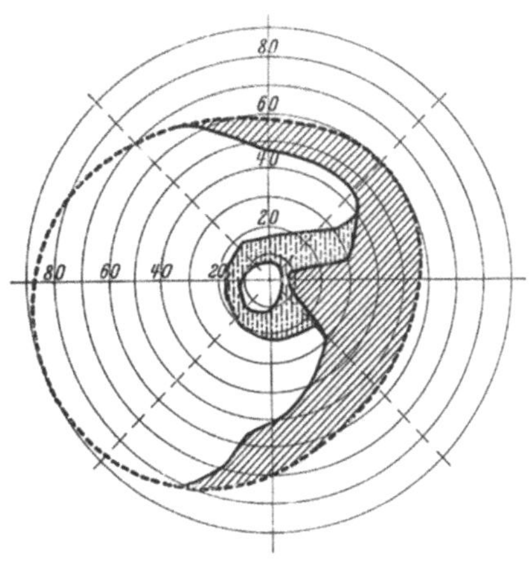


Abb. 8. Bogenförmiges relatives Skotom mit Erhaltung des Fixierpunktes.

Größen in der Umgebung des blinden Fleckes festgestellt, innerhalb deren größere Objekte noch erkannt werden. Auch das von PRIESTLEY-SCHMIDT angegebene und von SCHMIDT-RIMPLER beschriebene Skotometer kann für diese Zwecke verwendet werden. In einer Arbeit von SATTLER finden sich ältere Beobachtungen von LANDESBERG, BUNGE, PFLÜGER, SACHS, SCHNABEL, BASEVI und BAAS angeführt, die sich mit dem parazentralen Skotom beim Glaukom beschäftigen. Die Mitteilungen von BJERRUM (1889, 1900) löste nun eine große Zahl von Mitteilungen aus, so von DE SCHWEINITZ, HANSEN GRUT, BERRY, SINCLAIR, SYM, PRIESTLEY-SMITH und MEISLING, welche im großen und ganzen die Resultate von BJERRUM bestätigen. Es wurde jedoch von SCHMIDT-RIMPLER bestritten, daß diese Skotome für das Glaukom pathognomonisch seien und auch GALLUS ist dieser Meinung. Daher ist wohl der Umstand zu erklären, daß sich anfangs in die augenärztliche Praxis das BJERRUMsche Verfahren nicht einbürgerte. Erst als 1909 RÖNNE mit einer ausführlichen Arbeit hervortrat, ist man auf diese Methode mehr aufmerksam geworden. Diese Arbeit brachte an der Hand des Materials von BJERRUM eine Bestätigung der früheren Befunde und RÖNNE (1915) fügte als Variation den „*nasalen Sprung im Gesichtsfeld*" hinzu, der darin besteht, daß die annäherungsweise senkrechte Grenze im horizontalen Meridian sprungweise um ein Stück zum senkrechten Meridian rückt und dort aufs neue ihren senkrechten Gang fortsetzt, wodurch eine Terasse entsteht. An dieser bilden die Nervenfasern, die von oben und unten kommen, eine Art „*Raphe*". Nach RÖNNE können diese Resultate nur erreicht werden, wenn auf die Untersuchung mit dem gewöhnlichen Perimeter verzichtet wird. Diese Mitteilung von RÖNNE gab Veranlassung zu eingehenden Untersuchungen an den verschiedensten Kliniken. So bestätigte FLEISCHER (1922) seine Resultate in vollem Umfange, auch bezüglich des nasalen Sprunges und führt dies mit BJERRUM auf eine Nervenfasererkrankung zurück. Bestätigungen brachten ferner SATTLER (1912), GRÜTER (1914), und NAKAMURA (1913). Nachdem SCHMIDT-RIMPLER, wie schon ausgeführt, die diagnostische Bedeutung dieser Skotome angezweifelt hatte, schloß sich LÖHLEIN (1914) dieser Ansicht insofern an, als er davor warnte, das Vorkommen dieses Symptoms zu hoch einzuschätzen; es könne beim Glaukom fehlen, oder z. B. bei Nervenstörungen anderer Art, z. B. bei Sehnervenatrophie, vorkommen. Es handelt sich schon aus dem Grunde nicht, wie SCHNABEL es verfocht, um eine spezielle Sehnervenerkrankung, weil sie auch beim Sekundärglaukom vorkommt. SEIDEL (1914) ermittelte mit einer Verfeinerung dieser Methode von BJERRUM kleine Skotome oben und unten vom blinden Fleck. Sie wurden bei gesunden Augen konstatiert, wenn das andere Auge an Glaukom litt. Darum hält SEIDEL das Auffinden dieser Skotome als ein Frühsymptom des Glaukoms für wichtig, wenn die Drucksteigerung noch nicht da sei. Es sei das Frühstadium des BJERRUMschen Skotoms, das mit der Drucksenkung verschwinden könne. Weitere Bestätigungen der BJERRUMschen Anschauung brachte VAN DER HOEVE (1919), der das Zeichen am blinden Fleck, aber auch an anderen Stellen sah. DELORME (1919) fand unter 180 chronischen Glaukomen 68mal das BJERRUMsche Zeichen, 23mal parazentrale Skotome und 2mal Einkerbungen; diese gingen nach operativen Eingriffen und Pilocarpin zurück. Die Prognose sei gut, wenn nach Drucksenkung der Lichtsinn sich hebt. SAMOILOFF (1924) legt großen Wert darauf, daß die Skotome reversibel sind, was für das Glaukom spricht, während FLEROFF (1923) das Symptom von BJERRUM auch für rückbildungsfähig hält, aber seine diagnostische Bedeutung im Sinne von LÖHLEIN nicht so hoch einschätzt, weil es beim Glaukom fehlen, dagegen bei anderen Krankheiten vorkommen kann, eine Ansicht, die auch nachdrücklich von SALZER (1928) verfochten wird, der die auf Zirkulations- und Ernährungsstörungen an den Nervenfasern beruhenden Skotome auch bei Stauungspapille, Myopie, Chorioiditis und anderen Affektionen sah. In einer anderen Arbeit bemerkt SAMOILOFF (1926), daß die Skotome nicht mehr reparabel sind, wenn beim Glaukom der Sehnerv atrophisch ist. Wenn das Perimeter Intaktheit des Sehfeldes angibt, dann handelt es sich nicht um eine primäre Nervenstörung, sondern um eine „Stase" in den perivasculären Lymphräumen der Netzhaut, die die innen gelegenen Fasern schädigt. Weiterhin wird auf den Umstand hingewiesen, daß die durch Kochsalzinjektion hervorgerufene Drucksteigerung Vergrößerung des blinden Fleckes im Gefolge habe. Demgegenüber betont WEGNER (1925), daß er mit Druckbelastung durch die von BLIEDUNG angegebene Kapsel keine Vergrößerung des blinden Fleckes beobachtete und bei niederem Druck ohne Stauungserscheinungen keine und bei starkem Druck reversible Skotome sah. SAMOILOFF (1926) entgegnet darauf, daß der Druck mit der Kapsel zu stark sei; daher könne in den Lymphräumen keine „Stase" auftreten, und im übrigen sei nicht der Augendruck die Ursache der Skotome. Bezüglich des BJERRUMschen Zeichens äußert sich JAENSCH (1926) dahin, daß die Prognose um so schlechter ist, je näher das Skotom dem Fixierpunkt liegt. Er weist auf die Wichtigkeit genauerer Untersuchungen vor operativen Eingriffen, speziell der ELLIOTschen Trepanation hin. PETER (1927), der die Erfahrungen von BJERRUM, RÖNNE und SEIDEL bestätigt, nimmt nicht nur eine direkte Schädigung der Nervenfasern an, sondern auch eine Störung in der Netzhaut, die die Einengung des Gesichtsfeldes und Skotome hervorrufen. THOMASSON (1927) hält auch das BJERRUMsche Zeichen für die Diagnose und den Verlauf für wichtig und bezweifelt, daß es durch Einträufelung von Mioticis verschwinden könnte. Eine Statistik von DE LUGO (1928) zeigt, daß unter 53 Fällen von Glaucoma simplex das BJERRUMsche Zeichen 36mal und in 17 Fällen von sog. entzündlichem Glaukom nur einmal vorhanden war. In einigen diagnostisch schwierigen Fällen, die HEINE (1927) und Frl. MEYER-STEINEGG (1928) aus der Kieler Klinik berichten, lagen angeborene Veränderungen speziell Kolobome vor, die sich später mit Glaukom kombinierten; einmal wurde eine zentrale Einengung, zweimal zentrale Skotome und zweimal Vergrößerungen des blinden Fleckes festgestellt. Daß die Skotome auch Ringform annehmen können, gibt NICOLETTI (1926) an, und zwar unter 60 Fällen zweimal, und auch LANGDON (1927) beobachtete einen solchen Fall. Auch LAUBER (1928) hält die genaue Untersuchung des Gesichtsfeldes für außerordentlich wichtig, besonders im Hinblick auf die Prognose und gibt an, daß man im rotfreien Licht den Ausfall von Nervenfaserbündeln erkennen könnte, welche die Gesichtsfelddefekte erzeugen.

Neuerdings gibt LAUBER (1929) eine raumsparende Anbringung des BJERRUMschen Vorhanges und eine Verbesserung des im Jahre 1922 von ELLIOT angegebenen Skotometers an.

WESSELY (1927) stellte fest, daß beim chronischen Glaukom nicht selten vom blinden Fleck ausgehende Skotome nur für Rot vorhanden sind, ehe sie für Weiß und Grau nachweisbar sind und diese folgen später langsam dem sich weiter ausdehnenden Skotom für Rot. Die frühzeitige Auffindung der Skotome ist wichtig für die Prognose.

## 3. Die Exkavation des Sehnerven.

**a) Klinisches Bild.** Die ersten Anfänge der Aushöhlung des Sehnervenkopfes werden selten als solche erkannt. Sie beginnt an der Eintrittsstelle der Gefäße im temporalen Teil der Papille, wobei ebenso wie bei der physiologischen Exkavation diese Stelle etwas heller erscheint. SCHMIDT-RIMPLER gibt an, daß in den Anfangsstadien leichte Rötung und Verschwommenheit der Papille auftreten könne; insbesondere seien die Gefäßkonturen nicht deutlich, und es sei auch die benachbarte Netzhaut etwas ödematös geschwollen. Das Bild der Aushöhlung wird erst deutlich, wenn die Gefäße am Papillenrande geknickt erscheinen, was temporal zuerst geschieht, seltener oben und unten; zuletzt wird der nasale Rand betroffen, wobei die Gefäße eine Verdrängung erfahren, so daß sie etwas bogenförmig gegen die Makulagegend verlaufen. Nach SCHMIDT-RIMPLER verschwinden die temporal verlaufenden kleinen Gefäße fast gänzlich, die Venen werden enger, die Arterien verlaufen geschlängelt, sind stärker gefüllt, und in späteren Stadien sind die Venen noch etwas enger. Die Gefäßpforte erscheint leicht nasalwärts verschoben, die Deutlichkeit der Gefäße ist bei tiefer Exkavation verschieden. Sie erscheinen auf dem Grunde der Papille blasser und heller, wobei die beiden Gefäßarten schwer voneinander zu unterscheiden sind. Die um den steilen Rand der Papille ziehenden Gefäße erscheinen unterbrochen; durch parallaktische Verschiebungen sind sie in der steilen Wand gelegentlich zu erkennen. Je weiter die Exkavation vorschreitet, desto mehr verliert die Papille die normale Farbe, indem sie blasser wird, wobei sich ein gewisser bläulicher Farbenton einmischen kann. Bei fortgeschrittener Atrophie wird hier eine Tüpfelung sichtbar, die von den durch die Lamina cribrosa durchtretenden Nervenbündeln stammt (s. Abb. 9). Der Schilderung von SCHMIDT-RIMPLER vom Halo glaucomatosus, der als schmaler meist heller Ring die Sehnervenexkavation umgibt, ist kaum etwas hinzuzusetzen. Dieser Autor macht auf die Ähnlichkeit mit dem Skleralring aufmerksam und hebt hervor, daß bei der Myopie der Ring nach der makularen Seite besonders stark verbreitert ist und Pigmentreste enthält. Die Diagnose der Aushöhlung wird gesichert durch die Untersuchung im aufrechten Bild, wobei der Papillenrand und Grund nicht gleich deutlich erscheinen; im umgekehrten Bilde läßt sich durch die parallaktische Verschiebung eine Bewegung des Papillenrandes über den Papillengrund sehen. Sehr schön läßt sich auch an Photographien des Sehnervenbezirkes mit dem Stereoskop die Exkavation erkennen. Auf die Möglichkeit der Erkennung von Niveaudifferenzen hat zuerst, wie SCHMIDT-RIMPLER hervorhebt, ADOLF WEBER hingewiesen. Augenscheinlich aber hat er ein Glaukom nicht unter den Händen gehabt, und er spricht von der von v. GRAEFE angenommenen glaukomatösen Hervorwölbung der Sehnervenpapille. Als H. MÜLLER die Exkavation anatomisch festgestellt hatte, gab v. GRAEFE seinen Irrtum zu.

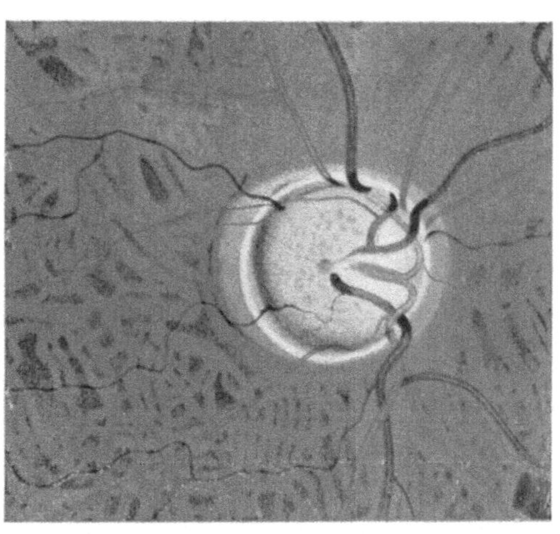

Abb. 9. Exkavation mit Tüpfelung des Papillengrundes. (Aus OELLER: Atlas.)

Von alters her hat man an der Papille drei verschiedene Arten der Exkavation unterschieden, die physiologische, atrophische und glaukomatöse. Die physiologische Exkavation (s. Abb. 10) stellt dar eine Verbreiterung der meist trichterförmigen Gefäßpforte, niemals aber kann die physiologische Exkavation einen solchen Grad erreichen, daß die Gefäße am Rande der Papille umgeknickt erscheinen. Wohl kann die Vertiefung exzentrisch gelegen sein, zuweilen so stark, daß fast der äußere Rand der Papille erreicht wird; dann fehlt aber die knieförmige Abbiegung der Gefäße, die für die Druckexkavation charakteristisch ist. Schon bei v. JÄGER findet sich eine Abbildung (Abb. 11), welche zeigt, daß bei präexistierender physiologischer Exkavation und später hinzutretender glaukomatöser Exkavation eine doppelte Abknickung der Gefäße zustande kommen könne; ich selbst habe dieses nur andeutungsweise ganz wenige Male gesehen. Wie ELSCHNIG mir mitteilt, wird das Bild der Exkavation von einer größeren physiologischen Exkavation weitgehend beeinflußt. Dann werden die Gefäße medialwärts verdrängt, so daß immer noch ein schmaler Randteil der Papille im früheren Niveau bleibt, wenn lateral die Exkavation schon randständig ist. Randständig wird sie nach ELSCHNIGs Beobachtungen zuerst unten und außen, so daß besonders die Abknickung der temporalen Vene auffällt. Die physiologische Exkavation ist meistens doppelseitig und unterscheidet sich von der glaukomatösen dadurch,

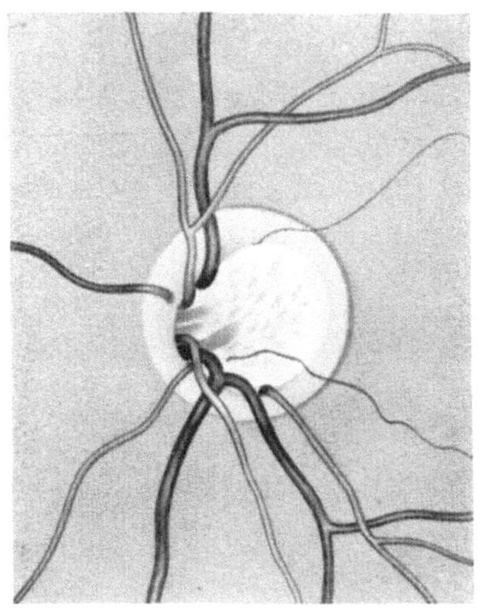

Abb. 10. Große physiologische Exkavation. (54 jähr. Frau, Hypermetropie.)

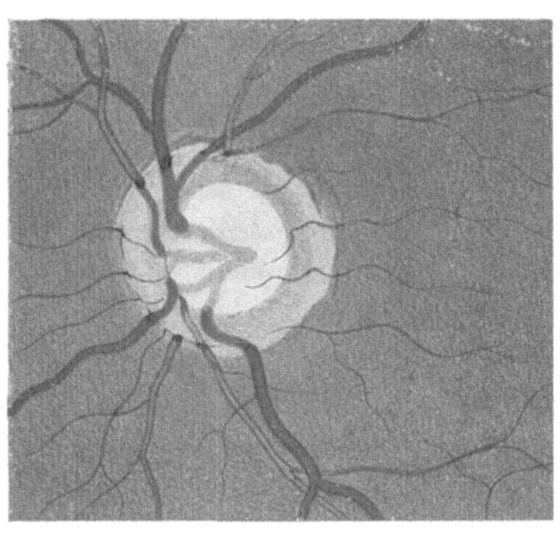

Abb. 11. Doppelte Abknickung der Gefäße. (Aus JÄGER: Atlas.)

daß nie die Papille eine ganz gleichmäßige Färbung zeigt, die bei glaukomatöser Exkavation, je weiter der Fall fortschreitet, eine helle gleichmäßige Färbung annimmt, im Gegensatz zu der physiologischen, wo die Gefäßpforte und die umschriebene Aushöhlung heller gefärbt erscheint, während die Randteile die rötliche normale Farbe beibehalten. Auch dort, wo eine kleine besser gefärbte Stelle noch vorhanden ist, am temporalen Papillenrande, entscheidet über das Vorliegen einer Druckexkavation die Abknickung der Gefäße. SCHMIDT-RIMPLER hebt mit Recht die Möglichkeit einer Verwechselung mit der physiologischen hervor, die dadurch entstehen kann, daß die Gefäße über einen Halo verlaufen und dadurch der Eindruck einer vergrößerten physiologischen Exkavation hervorgerufen wird. Über die Variationen des Pupillenbildes geben die Abbildungen 12—29 (S. 40—44) Aufschluß.

Die atrophische Exkavation ist im ganzen eine seltene Erscheinung in Form einer flachen Aushöhlung des Sehnervenkopfes, welche SCHMIDT-RIMPLER mit dem Schwund der Sehnervenfasern erklärt, wenn die Lamina nicht nach rückwärts gedrängt wird, während ELSCHNIG bezweifelt, daß man etwas derartiges sehen könnte, weil die angrenzende Netzhaut verdünnt sei. SCHREIBER dagegen hebt hervor, daß die Atrophie in der Papille stärker sei als in der Netzhaut, und SCHMIDT-RIMPLER bestätigt, daß hier in der Tat Niveaudifferenzen bis zu zwei Dioptrien vorkommen können. Entscheidend ist vor allem auch hier der Verlauf der Gefäße und eventuell eine durch den Schwund der Sehnervenfasern auftretende größere Deutlichkeit des sogenannten Skleralringes gegenüber dem mehr gelblich gefärbten Halo glaucomatosus, jedoch ist hierauf keine sichere Differentialdiagnose zu gründen. Nach GALEZOWSKI (1913) gibt es noch zwei Variationen der Exkavation, denen man Beachtung schenken muß. Zunächst die papillo-sklerale Exkavation, die bei Myopie und Glaukom vorkommt und eine Excavatio infundibiliformis, die dem Keratokonus analog sein soll. In einem Fall von HÖNIG (1910) entstand auf dem Boden der Papille ein Gefäßknäuel. Mehrere Beobachtungen stellten fest, daß trotz hochgradiger Drucksteigerung die Exkavation fehlte, so bei v. HIPPEL (1910), FUCHS (1924) und NEDON (1913), ELSCHNIG (1924, 1928), NIPPE (1927) und NEUHAEUSER (1922), während in den Fällen von MORAX (1916), ELSCHNIG (1924, 1928), KÖLLNER (1921), BEARD u. BROWN (1926), AUGSTEIN (1928), STOCK (1920), GRADLE (1918), VOM HOFE (1929) und THOMPSON (1921) eine Exkavation ohne Glaukom konstatiert wurde, wie auch WEILL (1918) eine Exkavation bei guter Sehschärfe angibt, und im Fall von MEYER (1928) fehlte ebenfalls die Drucksteigerung. VOM HOFE (1929) beobachtete 4 Fälle dieser Art; in zweien konnte

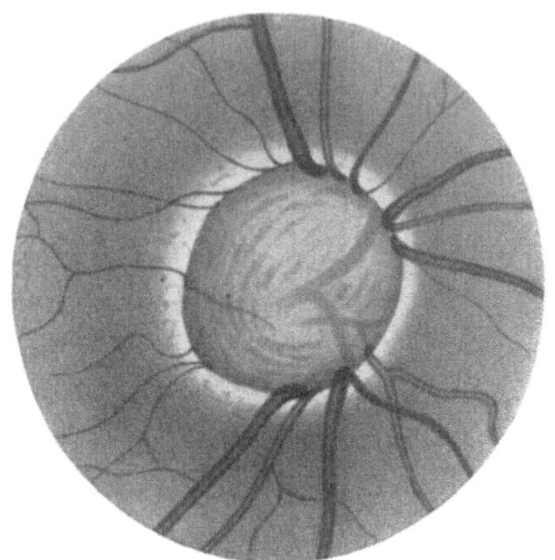

Abb. 12. Glaukomatöse Exkavation, fast ringsum überhängend. (Nach JÄGER: Einstellung des dioptrischen Apparates, Wien 1861.)

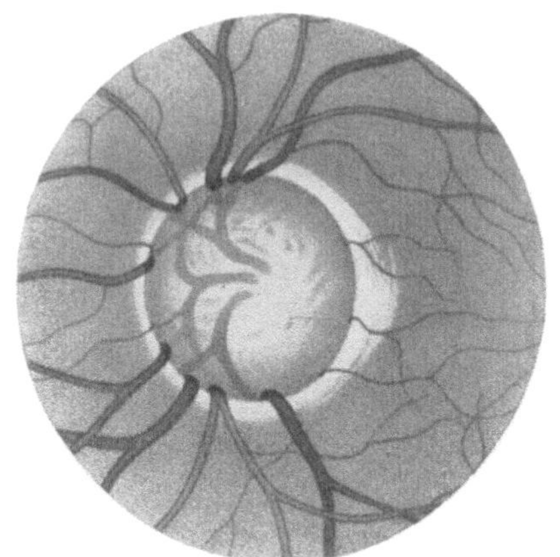

Abb. 13. Glaukomatöse Exkavation. (Nach JÄGER.)

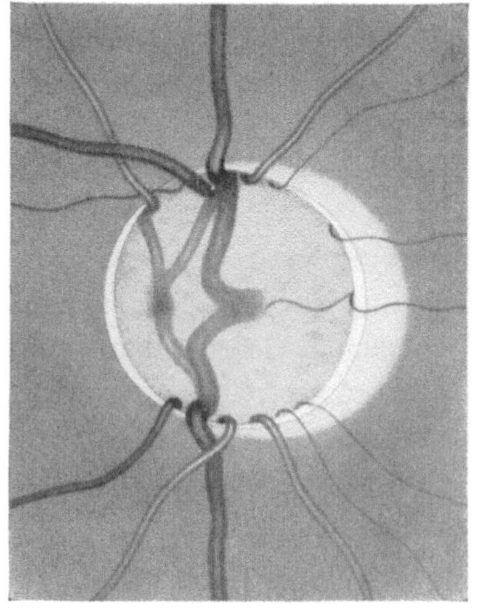

Abb. 14. Glaucoma compensatum. (48jährige Frau.)

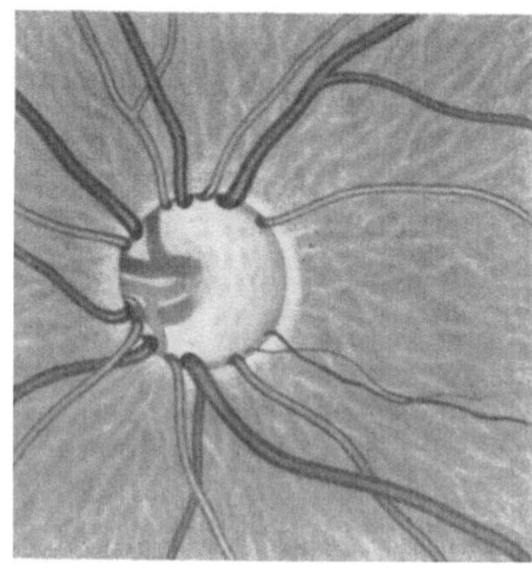

Abb. 15. Totale glaukomatöse Exkavation, überall überhängend.

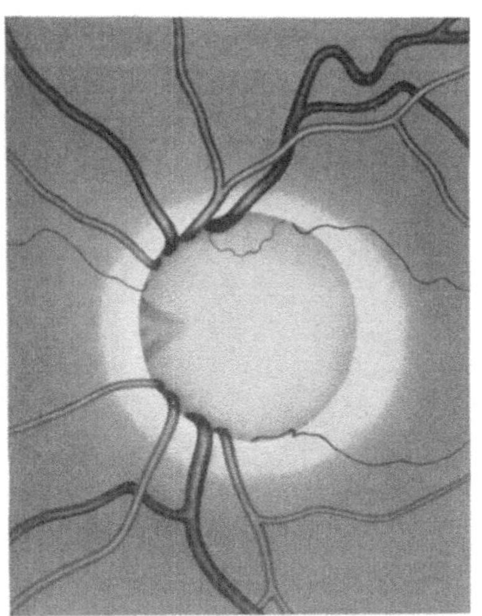

Abb. 16. Totale glaukomatöse Exkavation, Verdrängung der Zentralgefäße medialwärts.

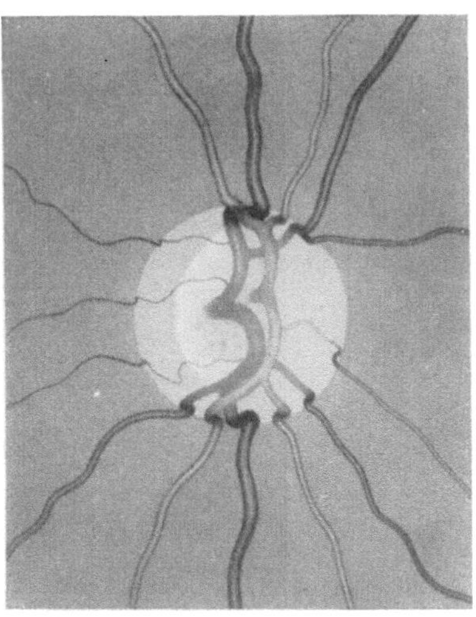

Abb. 17. Flache glaukomatöse Exkavation bei vorbestehender großer physiologischer Exkavation und angedeutetem Typus inversus.

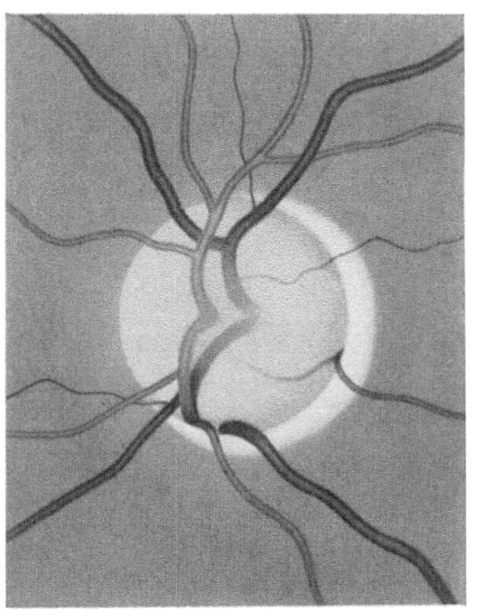

Abb. 18. Partielle glaukomatöse Exkavation, nur unten und außen randständig.

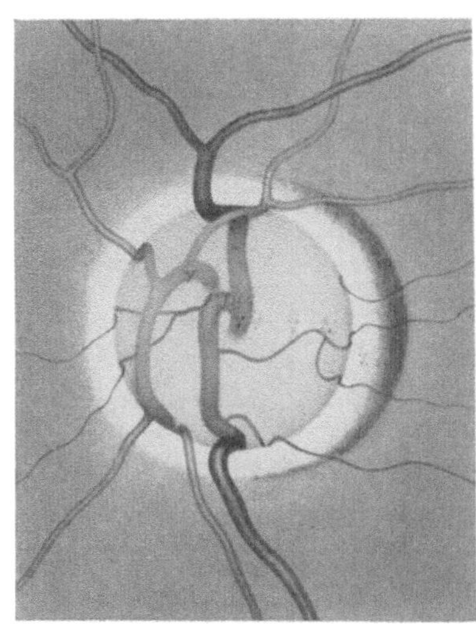

Abb. 19. Atypische glaukomatöse Exkavation bei angeborener abnormer Gefäßverteilung. Emmetropie. (L. Auge; R. Auge: s. Abb. 20.)

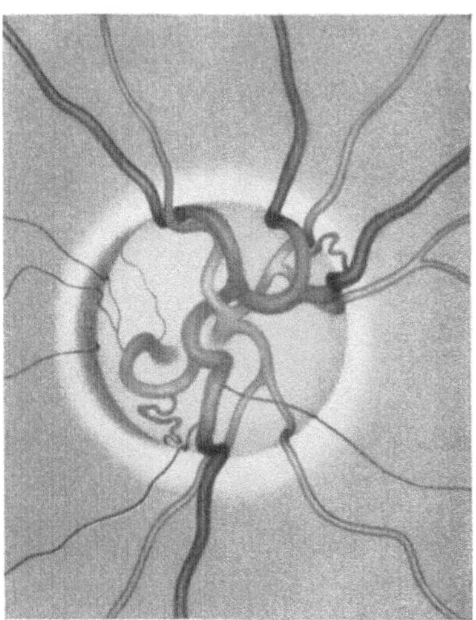

Abb. 20. Atypische glaukomatöse Exkavation bei angeborener abnormer Gefäßverteilung. Außen und innen oben venöse Venenanastomosen. (Rechtes Auge von Abb. 19.)

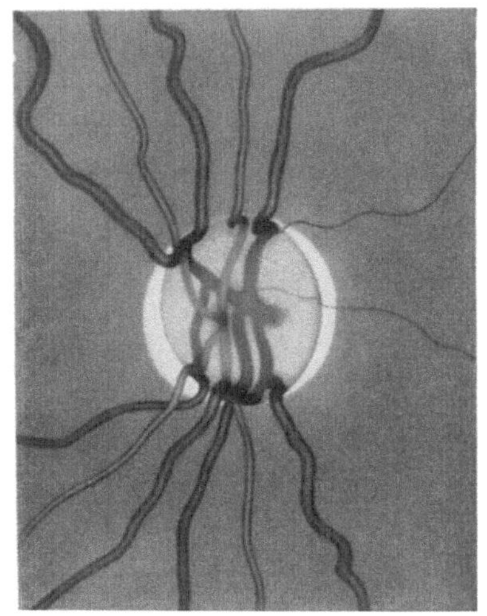

Abb. 21. Tiefe glaukomatöse Exkavation bei unregelmäßiger Gefäßverteilung.

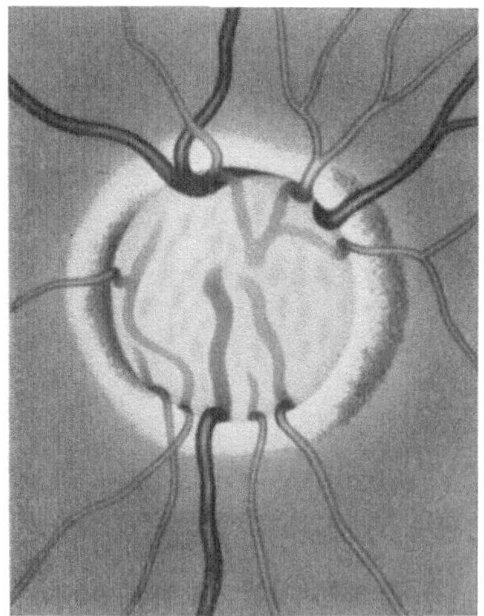

Abb. 22. Kongenitale atypische Gefäßverteilung, totale glaukomatöse Exkavation. Höhergradiger hypermetroper Astigmatismus. (R. A. 63 jähriger Mann.)

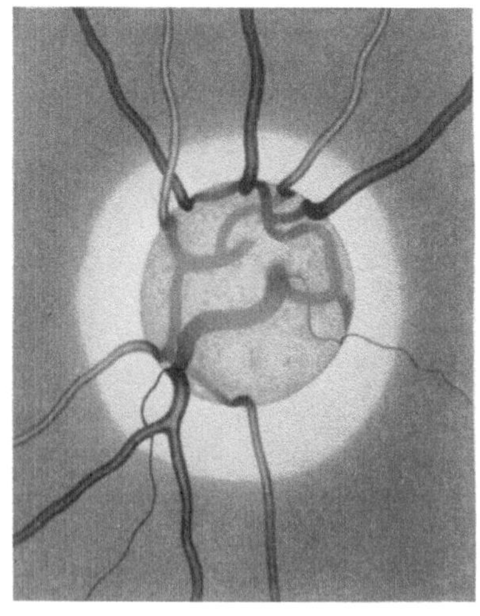

Abb. 23. Glaukomatöse Exkavation, atypische Gefäßverteilung, Venenanastomosen. (Optico-ciliares Gefäß lateral.)

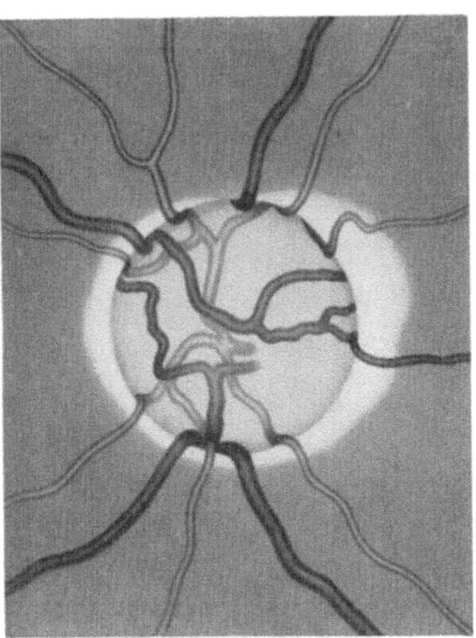

Abb. 24. Totale glaukomatöse Exkavation, atypische Gefäßverteilung und neugebildete optico-ciliare Venen.

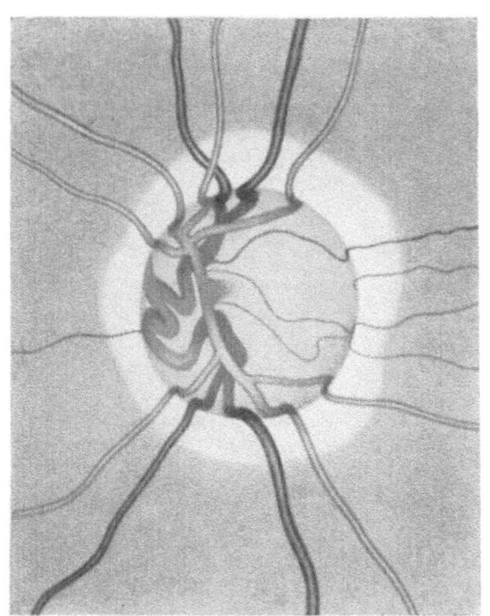

Abb. 25. Glaucoma absolutum. Obliteration der Zentralvene, optico-ciliare Vene führt das Blut in die Sehnervenscheiden.

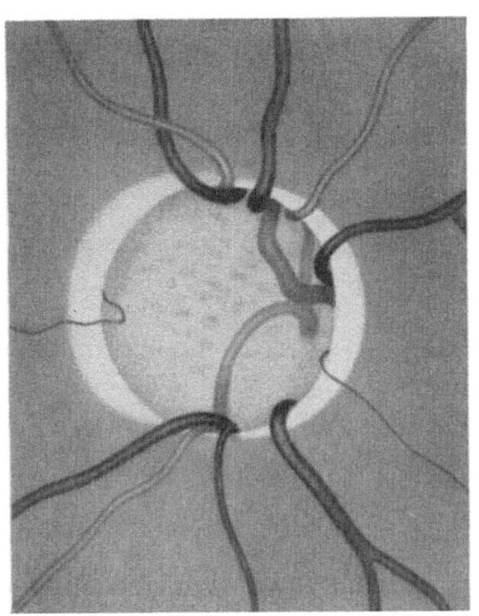

Abb. 26. Glaucoma compensatum. Beiderseits Emmetropie. (R. Auge, 48jährige Frau.)

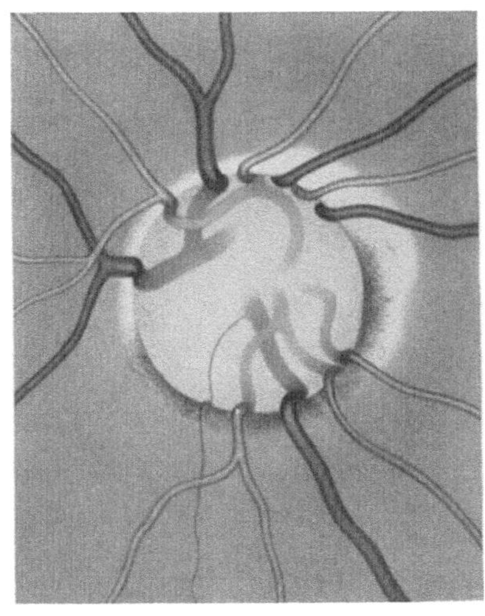

Abb. 27. Linkes Auge von Abb. 26.

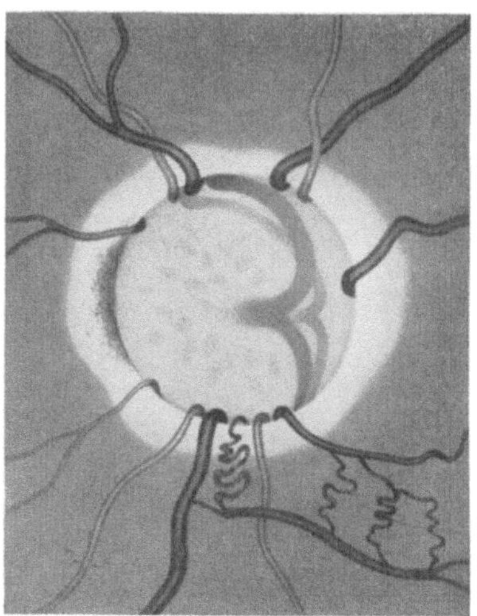

Abb. 28. Glaukom. Angeborene retinociliare und cilioretinale Gefäße, Venenanastomosen in der Retina.

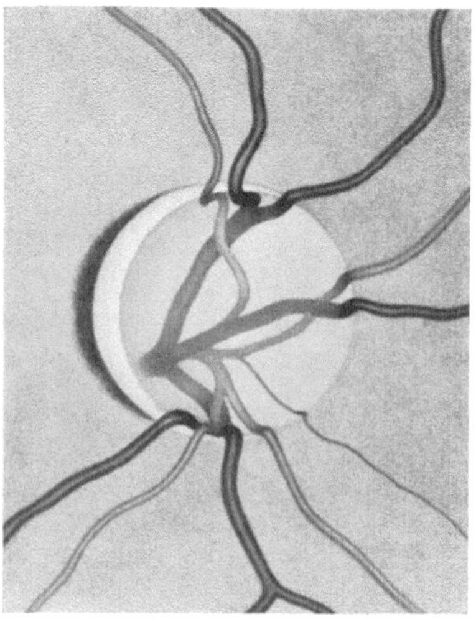

Abb. 29. Angeborener Konus temporal. Hochgradige Verlagerung der Zentralgefäße, Typus inversus totale glaukomatöse Exkavation. Geringgradige Myopie. (Rechtes Auge.)

späterhin jedoch eine Drucksteigerung festgestellt werden, weshalb solche Fälle verdächtig bleiben. Es sollen dabei Gefäßveränderungen und retrolaminare Zerfallsherde im Spiele sein. Nach DVORZEC (1929) kann das Fehlen der Exkavation durch Quellung des prälaminaren Teiles des Sehnerven bedingt sein. Im Gegensatz zu SEIDEL (1914), der bei Prodromalanfällen ein Blasserwerden der Papille beobachtet haben wollte, bemerkt FUCHS (1916), daß die Papille in diesen Fällen eher rot als blaß sei.

In differentialdiagnostischer Hinsicht ist nach SACHS (1927) wichtig, daß bei Opticusatrophie durch Tabes die Blaßfärbung eine völlig gleichmäßige ist. Ausnahmsweise kann auch nach Atrophie, wie SCHMIDT-RIMPLER betont, die Exkavation steilwandig sein. In einem von ihm beobachteten Fall war die Exkavation anfangs sehr flach und wurde nach einer Neuritis optica später steilrandig, ohne daß glaukomatöse Erscheinungen auftraten.

**b) Myopie und Exkavation.** In Fällen, wo myopische Augen von Glaukom befallen werden, können wie FUCHS (1919) zeigt, sehr auffallende Veränderungen der Exkavation entstehen, die durch die Schrägstellung des Sehnervenkopfes bedingt sind und AXENFELD (1910) weist darauf hin, daß das Glaucoma simplex bei Myopie keineswegs das typische Bild der Exkavation zu erzeugen brauche, weshalb die Exkavation oft übersehen werde. Auch SCHMIDT-RIMPLER hatte schon darauf hingewiesen, daß der Charakter der Exkavation in Einzelfällen verändert sei; sie sei weniger steil und tief, z. B. besonders bei ringförmiger Aderhautatrophie, weil dabei auch die Sklera weniger widerstandsfähig ist. Deshalb könne man in diesen Fällen nicht die Forderung aufrecht erhalten, daß bei diesen glaukomatösen Exkavationen eine Abknickung der Gefäße vorhanden sein müsse. v. GRAEFE hat hervorgehoben, daß eine physiologische Exkavation durch die Dehnbarkeit der Sklera zum Verschwinden gebracht werden könne. Auch SCHEERER (1928) weist kurz auf die bei Myopie am glaukomatösen Auge sich findenden Veränderungen hin.

**c) Rückbildung der Exkavation.** Daß es sich bei der Rückbildung der Exkavation um ein seltenes Vorkommnis handelt, geht daraus hervor, daß seit A. v. GRAEFE, KUGEL, GAMA PINTO und LANGE erst 1902 AXENFELD weitere Fälle beschrieb. In einer 1910 erschienenen Arbeit wurden 15 Fälle geschildert. Eine vollständige Rückbildung ist selten; häufig ist sie partiell, nasal zuerst. Eine flache Exkavation kann flach bleiben oder sie wird tiefer; die Lage der Lamina ist beim Glaukom nicht konstant. Nach operativen Eingriffen kann eine Verschlechterung eintreten durch Blutung und Abreißung von Nervenfasern. Bei einigen

Personen erwies sich die Rückbildung als andauernd. In der Diskussion wird diese Beobachtung von AXENFELD bestätigt. BEHR (1914), der solche Fälle anatomisch untersuchte, stellte fest, daß die Exkavation durch Entspannung der Lamina und Auflockerung des nervösen gliösen Gewebes angefüllt werde, wie dies auch ELSCHNIG (1928) in mehreren Fällen beobachtete. In den Fällen von GAMA PINTO, SATTLER, WEEKERS, KAMPHERSTEIN, BIETTI, RÖNNE und ROSCHER traf diese Beobachtung von ELSCHNIG zu. Während BEHR das Gewebe in der Aushöhlung als gliös ansieht, hebt ELSCHNIG (1928) hervor, daß es sich neben leichten entzündlichen Veränderungen um bindegewebige Neubildung handelt, die von der Nachbarschaft der Gefäße ausgeht und eine Membran gegen den Glaskörper hin bilden kann. Weiterhin kann nach BEHR das restierende Nervengewebe, das vor der Lamina liegt, entzündlich infiltriert sein; außerdem gäbe es Fälle, bei denen nach Kompression des Gewebes später eine Volumenzunahme stattfände, wobei auch die Lamina wieder nach vorne rückte. In diesen Fällen stellt sich jedoch das normale Papillenniveau selten wieder her. Auch ELSCHNIG konnte Ähnliches an seinen Präparaten sehen und er glaubt, daß die von ihm geschilderten Spaltbildungen im Bereiche der Lamina damit übereinstimmen. Er hält es für möglich, daß die Lamina wieder in ihre Lage zurückkehrt, solange nicht durch den glaukomatösen Schwund die Elastizität des Gewebes verloren gegangen ist. Nach ELSCHNIG sprechen anatomische Befunde dafür. Ebenfalls hält HOLTH (1913) eine Rückbildung der Exkavation für möglich. Auch A. FUCHS (1916) hält eine Rückbildung der Exkavation durch Vorwärtsbiegen der Lamina und gliöser Bestandteile für möglich. In einem Fall von MORETTI (1928) war in dem die frühere Exkavation ausfüllenden Gewebe eine Knochenbildung eingetreten. Klinische Beobachtungen über die Rückbildung einer Exkavation veröffentlichte WESSELY (1919), der nach ELLIOTscher Trepanation eine Rückbildung erlebte, die aber nach einigen Wochen ihre frühere Ausdehnung erlangte. Er erklärt diesen Wechsel nicht durch Verlagerung der Lamina, sondern durch Auflockerung und Durchtränkung des Gewebes. Vielleicht lag auch dies der Beobachtung von PICKARD (1920) zugrunde, der acht Tage nach einer Trepanation im Papillengrunde einen Gefäßstamm auftreten sah. Zu erwähnen ist ferner die Beobachtung von TERTSCH (1911), der nach einer Sklerotomie eine Exkavation sich zurückbilden sah.

**d) Differentialdiagnose.** In differentialdiagnostischer Hinsicht hat man außer den verschiedenen Formen der Exkavation noch besonders zu unterscheiden die Fälle, in denen ein *Opticuskolobom* vorliegen kann, wofür DOR u. KOSTER (1910) Beispiele beibrachten. RÖNNE (1910), der einen einschlägigen Fall beobachtete, weist auf einen ähnlichen Fall von ZADE (1907) hin und erinnert daran, daß die von ihm auf dem Boden der Exkavation gesehenen Gewebsmassen auch im Makulakolobom zu sehen sind. In einem Fall von WEILL (1918) war ringsherum noch normales funktionelles Gewebe vorhanden. In den Fällen von STOCK (1920) und HILLION (1911) war nur nasalwärts noch etwas vorhanden und bei BJERRUM (1905) nur temporal. In den Fällen von ZADE, GLAUNIG, SCHMIDT-RIMPLER, SAMELSON und RÖNNE war die Exkavation vollständig randständig. In den Fällen von STADTFELD (1908) und von TERRIEN und PETIT (1909) erreichte sie eine besondere Größe. Ein Fall von MCRAE (1929) scheint auch hierher zu gehören. Auch auf die umschriebenen Grubenbildungen, die in der Papille als kongenitale Veränderungen vorkommen, ist zu achten, wie z. B. im Fall von MOHR (1908). HAGEDORN (1928) weist auf Grund anatomischer Untersuchungen darauf hin, daß diese umschriebenen Grubenbildungen zu Täuschung Veranlassung geben können. Ebenso muß nach RÖNNE (1910, 1921) damit gerechnet werden, daß gelegentlich die Papille eine Grube darstellt, ohne daß Veränderungen der Papille vorliegen, oder aber papillenähnliche Bestandteile am Boden liegen, die sichtbar sind, Fälle, die von v. SZILY als peripapilläres Staphyloma verum bezeichnet wurden. Auch muß darauf geachtet werden, wie SATTLER (1923) betont, ob hier nicht eine Drusenbildung am Sehnervenkopfe eine Exkavation zum Teil verdecken kann.

Weiterhin gibt häufig eine atrophische Verfärbung des Opticus Anlaß zu Fehldiagnosen, worauf besonders HAAB hinweist und SATTLER (1923) warnt davor, bei alter Lues ohne weiteres Opticusatrophie anzunehmen. Daß im Anfangsstadium des akuten Glaukoms eine leichte Neuritis bestehen kann, beobachtete auch MENACHO (1910).

Die Frage Opticusatrophie oder Glaukom wird auch von VELHAGEN (1908) erörtert und FUCHS (1924) weist auf einen Fall hin, in welchem bei frühzeitigem Sinken der Sehschärfe keine Exkavation wegen der Resistenz der Lamina cribrosa aufgetreten sei. KAYSER (1921) streift die Frage, ob die Rückwärtsbewegung der Lamina schon durch den normalen Augendruck zustande kommen kann. Wenn MORAX (1916) bei geringer Tensionssteigerung atrophische Verfärbung und leichte Exkavation fand, so ist hier das Glaukom wohl nicht hinreichend sicher gestellt.

**e) Die Entstehung der Exkavation.** Die glaukomatöse Exkavation wurde in früheren Zeiten in erster Linie auf eine Steigerung des intraokulären Druckes bezogen, der die Lamina nach hinten drängte, falls nicht eine besondere Resistenz vorlag und diese Druckwirkung muß eine länger dauernde sein. Für die Druckwirkung sprechen die Fälle, wo eine Exkavation nach drucksenkenden operativen Eingriffen zurückging, ferner die Ausbildung einer Exkavation nach Hämophthalmus traumatischer Herkunft; vor allem aber lehren auch die experimentellen Untersuchungen von ERDMANN (siehe Kapitel X), daß die Drucksteigerung Exkavation erzeugen kann.

Jedoch hatte schon früher SCHMIDT-RIMPLER darauf hingewiesen, daß der gesteigerte Druck auch eine Zirkulationsänderung herbeiführen kann, die zu einer Schädigung des Papillengewebes Veranlassung gibt. Dafür spräche ferner die Lakunenbildung, auf deren Bedeutung SCHNABEL zuerst hingewiesen hat. Für Zirkulationseinflüsse sprechen nach SCHMIDT-RIMPLER auch die Beobachtungen, wo eine Andeutung von Papillitis nach Drucksteigerung beobachtet wurde. Die weiteren Fälle, die SCHMIDT-RIMPLER angibt, von WEINBAUM, KRUKENBERG und BISTIS sprechen für eine Beteiligung des Papillengewebes. Nach SCHMIDT-RIMPLER spricht auch für eine primäre Einwirkung der Drucksteigerung der Umstand, daß gelegentlich bei Myopie eine Ausbuchtung der hinteren Skleralpartien erfolgt und daß die elastischen Fasern in der Umgebung des Sehnerveneintrittes zum Verschwinden gebracht werden.

Das Verhältnis zwischen Sehnervenatrophie und Glaukom ist besonders nach der anatomischen Seite hin Gegenstand zahlreicher Kontroversen gewesen. Es ist die alte Lehre, daß die Lamina cribrosa beim Glaukom nach hinten gedrückt wird, zuerst von SCHNABEL angefochten worden, der auf das öftere Fehlen der Exkavation beim Glaukom und auf die Verschleierung der Papillengrenzen hinweist. Es handele sich um Schwund der nervösen und bindegewebigen Elemente im Nerven nach dem Austritt aus der Lamina und um eine interstitielle Neuritis im rückwärts gelegenen Sehnervenabschnitt. Auch ELSCHNIG (1907) sprach sich auf Grund anatomischer Untersuchungen im gleichen Sinne aus. 1905 legt SCHNABEL auf die interstitielle Neuritis kein Gewicht mehr, sondern betont die Lacunenbildung im Sehnerven, die die primäre Ursache der Opticusatrophie beim Glaukom sei. Die Dislokation der Lamina cribrosa ist nach SCHNABEL nur eine Sekundärerscheinung, welche auf der Lacunenbildung beruht. Bei anderen Augenerkrankungen käme diese Lakunenbildung nicht vor. SCHNAUDIGEL (1928) führt dagegen neuerdings die Lacunenbildung nicht auf eine primäre Alteration der Sehnervenfasern zurück, sondern faßt sie als Folge einer Blutung auf, die zur Höhlenbildung führt, ähnlich wie bei Syringomyelie. Gegen die Ansicht von SCHNABEL, daß Lakunenbildung nur beim Glaukom vorkomme, wandte sich zuerst AXENFELD (1905) an der Hand von Präparaten von kavernöser Sehnervenatrophie bei hochgradiger Myopie. Daß es sich nicht um Einzelerscheinungen handelt, geht daraus hervor, daß STOCK (1920) in 8 Fällen von Myopie 2mal eine lacunäre Atrophie und 2mal eine Andeutung fand. Er führt diese Atrophie auf eine Zugwirkung zurück; die Lamina werde nach hinten gedrückt und könne sich nicht über die markhaltigen Fasern verschieben, so würden die in ihr verlaufenden Fasern gezerrt und zerrissen, während bei Myopie die gedehnte Netzhaut gespannt würde, wodurch die marklosen Opticusfasern nach vorne gezogen und gezerrt würden. AXENFELD (1924) berichtet späterhin, daß ihm die myopische Natur der kavernösen Sehnervenatrophie zweifelhaft geworden sei und bezeichnet ihr Vorkommen als offene Frage, nachdem FLEISCHER (1912) sich nach den ersten Mitteilungen von AXENFELD ebenfalls für das Vorkommen myopischer Cavernen ausgesprochen hatte. Auch FUCHS (1924) konnte Lacunenbildung infolge von Zerrungserscheinungen feststellen. OGAWA (1912) sah eine Sehnervendegeneration und fand, daß die Kaverne von feinsten Fasern gebildet wurde, die als Gliafasern gedeutet werden. Auch SCHREIBER (1906) spricht sich an der Hand weiterer anatomischer Untersuchungen gegen die SCHNABELsche Lehre aus, weil er die Höhlenbildung nicht nur im Opticus, sondern auch in der Retina fand. Nach ELSCHNIG (1028) kann gleichzeitig ein Schwund von Fasern und Bindegewebe sich nur beim Glaukom ausbilden und wie schon erwähnt, kann nach ELSCHNIG bei einer einfachen Atrophie keine Exkavation entstehen. Die Rückwärtslage der Lamina ist diagnostisch nicht wichtig, sondern die Lacunenbildung. DE VRIES (1909) äußert sich im gleichen Sinne wie SCHNABEL. Das Auftreten von Papillitis bei Kavernenbildung im Sehnervenstamme spräche gegen ätiologische Bedeutung der Druckexkavation. Hier handelte es sich um Zirkulations störungen, die auf die Nervenfasern einwirkten. Nach MARKBREITER (1910) handelt es sich nicht um entzündliche Vorgänge und um Gliabildung, sondern um lokale Ernährungsstörungen durch Zirkulationsverhältnisse. v. HIPPEL (1910) kommt auf Grund eingehender Studien zu dem Resultat, daß die Kavernen kein konstanter Befund sind; ohne Glaukom könne eine einfache Atrophie keine Exkavation erzeugen. Die Feststellungen des Kavernenschwundes besagten nichts gegen die Drucktheorie, Blutungen kämen als Ursache nicht in Frage. Wichtig war auch, daß in der aus der hiesigen Klinik stammenden Arbeit von NEHL (1913) der Nachweis geführt werden konnte, daß auch bei den Präparaten, die ERDMANN bei seinen Versuchen über das experimentelle Glaukom gewann, Lakunen gefunden wurden. Auch SCHREIBER u. WENGLER (1909, 1910) konnten auf experimentellem Wege Kavernen und Lakunen erzeugen.

Weitere Beobachtungen über Lacunenbildungen liegen vor von Opin (1910), Weitbrecht (1912) und Kambe (1912), der nach expulsiver Blutung infolge von Staroperation Lacunenbildung auftreten sah, die er im Sinne von Stock (1927) erklärt. Nach Ischreyt (1912) hat die Lacunenbildung keinen Einfluß auf die Lamina. In einem Falle von Holth (1913) war die Lamina nach vorn gerückt, in einem anderen enthielt die Exkavation Stützgewebe. Nach Gilbert (1913) beruht die Entstehung der Kavernen auf Blutungen; Rolandi (1914) spricht sich dagegen im Sinne der Schnabelschen Lehre aus. Nach Verhoeff (1925) handelt es sich um anatomische Veränderungen der Venen der Lamina durch toxische Einflüsse der Augenflüssigkeit und Zugwirkung der Lamina. Goldenburg (1920) gibt an, daß beim Glaucoma simplex entzündliche Erscheinungen fehlen, weil die Lamina nachgiebig ist. Nach Lagrange u. Beauvieux (1925) stehen die Gefäße der Lamina nicht, wie Leber meint, durch Anastomosen mit der Arteria centralis retinae in Verbindung, sondern werden nur durch die kurzen hinteren Ciliararterien gespeist. Nach Pickard (1920, 1925) kann die kavernöse Sehnervenerkrankung ohne Drucksteigerung vorkommen. Koyanagi u. Takahaschi (1925) erzeugten Lacunen nach Überimpfung von Sarkom in die Orbita. Cattaneo (1926) hält ebenfalls die Kavernen nicht für spezifisch. Zugunsten seiner früheren Anschauung führt Stock (1927) das Resultat einer anatomischen Untersuchung an, bei der neben der Papille sich ein Netzhautriß befand, durch welchen Flüssigkeit eingepreßt werden konnte; es sei dadurch die Zerrung an den Sehnervenfasern auch anatomisch erwiesen. Zu den Arbeiten von Koyanagi bemerkt Elschnig (1928), daß bei dem Druck durch den Tumor Lacunenbildung vorgetäuscht wird; die Nerven sind nicht abgerissen; ein kavernöser Schwund sei ganz anders; bei Orbitaltumoren kann eine Drucksteigerung an sich sehr wohl vorkommen. Kubik (1927) gibt Koyanagi zu, daß Kavernen auch anderweitig bedingt sein können, betont jedoch, daß sie aber nicht durch Risse, sondern durch Durchtränkung der Fasern infolge von Zirkulationsstörungen entstehen. In einer neueren Arbeit spricht sich Koyanagi (1929) nochmals dahin aus, daß es ihm sehr unwahrscheinlich sei, daß im Sinne von Elschnig die Dislokation des Netzhautrandes in die Papille immer das restlose Schwinden des prälaminären Sehnervenstückes zur Voraussetzung habe. In seinem Falle wurde eine Abreißung der Netzhaut festgestellt, die durch cystoide Degeneration und subretinalen Erguß begünstigt wurde. Auch die neueren an Kaninchen gewonnenen Resultate sprechen nach Mita (1929) im Sinne von Stock und von Koyanagi.

Eine weitere Untersuchung über die Bildung der Höhlen im Sehnerven rührt her von SCHNAUDIGEL (1928), der angibt, daß es eine genuine vakuoläre Sehnervenerkrankung nicht gäbe; die Vakuolen entstehen durch verschiedenartige pathologische Verhältnisse im Bulbusinnern, mit und ohne Drucksteigerung. Der Ausgangspunkt seien die Ganglienzellen in der Netzhaut. Es sei ferner noch erwähnt, daß MIYAKE (1927) auf Grund einer Wiederholung der Experimente von ERDMANN über artefizielles Glaukom bei Tieren Kavernen erzeugte und daß nach Resektion des Opticus eine randständige Aushöhlung des Sehnerven erzielt werden konnte.

Seine Ansichten über die glaukomatöse Exkavation faßt ELSCHNIG (1927, 1928) kürzlich zusammen: Er weist darauf hin, daß, nachdem HEINRICH MÜLLER zuerst das Verschwinden des prälaminären Papillengewebes auf Kompression der Nervenfasern an den scharfen Chorioidalrändern und ihre Dehnung infolge der Verlagerung der Lamina zurückführte, die Entstehung der Exkavation auf Drucksteigerung zurück zuführen sei. SCHNABEL gibt den kavernösen Schwund als die Ursache der Auflösung der Nervenfasern und des Stützgewebes an, und meint, daß diese Gewebsschädigung durch das Eindringen pathologischer Flüssigkeiten in den Sehnerven entstehe. Die von beiden Forschern angeführten Tatsachen konnte ELSCHNIG anatomisch erhärten. Jede akute Drucksteigerung bewirkt eine neuritische Schwellung des papillären Gewebes infolge von Gefäßerweiterung, Auflockerung des Gewebes und Quellung der Nervenfasern, ohne daß Kompression und Lageveränderung der Lamina erkennbar ist; dagegen ist schon frühzeitig neben der Auflösung der Nervenfasern eine Auflösung von Laminabalken, also kavernöser Schwund sichtbar. Diese neuritisartige Schwellung erklärt sich durch eine Steigerung des Lymphdruckes im prälaminären Teil, der zunächst die Kompression des Gewebes und die Ausbuchtung nach hinten verhindert. Mit der Quellung der Sehnervenfasern im intrabulbären Teil verändern sich auch die retrobulbären Teile mit nachfolgender Beteiligung der Glia und des Bindegewebes. Fehlt der die Kompression verhindernde Gewebsdruck, so wird das intraokuläre Sehnervenende komprimiert und die intralaminaren Nervenfasern werden verkrümmt und in den retrobulbären Teil gepreßt; dabei kommt es zum Schwund von Nervenfasern und Bindegewebe, so daß nur verdichtetes Gliagewebe bleibt. Für die Kompression sprechen die vom kavernösen Schwund zu unterscheidenden Parallelspalten, die beim Nachlassen des Druckes oder im Tode entstehen. Nervenfasern und Stützgewebe unterliegen der Auflösung durch kavernösen Schwund, wie auch bei absolutem Glaukom das völlige Fehlen der Lamina zur Vorstülpung des Glaskörpers Veranlassung geben kann. Neben dieser Art von Exkavation, die man als Folge der Drucksteigerung und der Kompression auffassen kann, gibt es nach ELSCHNIG Fälle, wo bei sog. kompensiertem Glaukom der intralaminäre Teil intakt ist, und

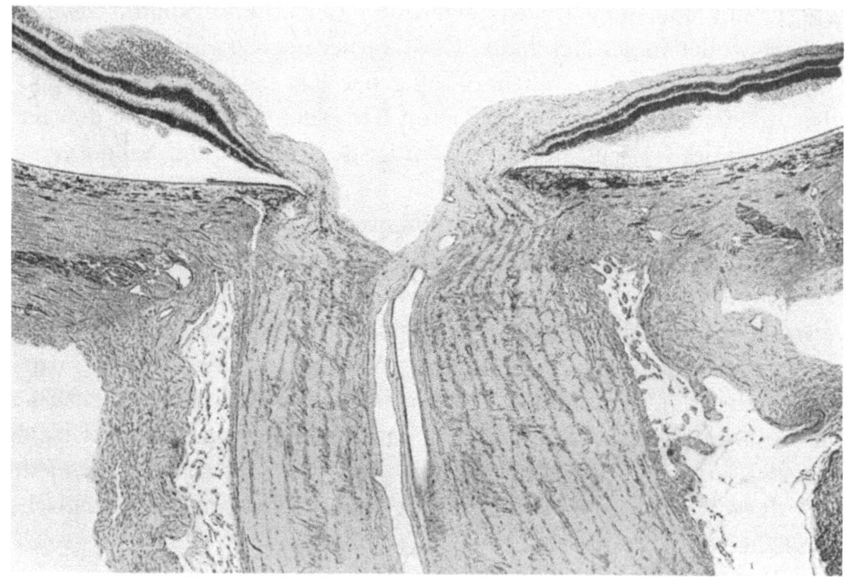

Abb. 30. Physiologische Exkavation.

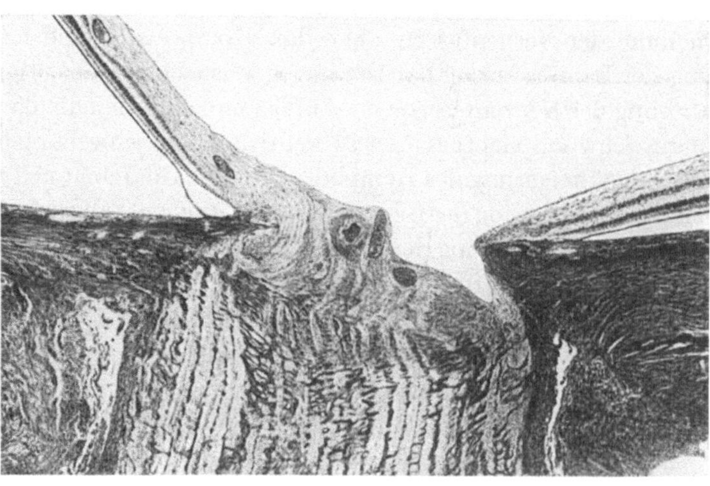

Abb. 31. Partielle randständige glaukomatöse Exkavation mit teilweiser Destruktion, Rarefaktion und Verlagerung der Lamina cribrosa. Nach einem Präparat Prof. L. SCHREIBER-Heidelberg (s. Arch. f. Ophth. **64**, 237 (1906) [Beob. XIII] und A. ELSCHNIG, Arch. f. Ophth. **73**, 1 (1908).

die Balken nicht nach hinten ausgedehnt sind; trotzdem führt der kavernöse Schwund des Nervensystems zu typischer Exkavation, die vor und hinter der Lamina erkennbar sein kann. In alten Glaukomfällen verschwinden die retrobulbären Kavernen, deren Vorkommen wegen Fehlens des Gewebes vorn nicht mehr möglich ist. Erklärt wird dies

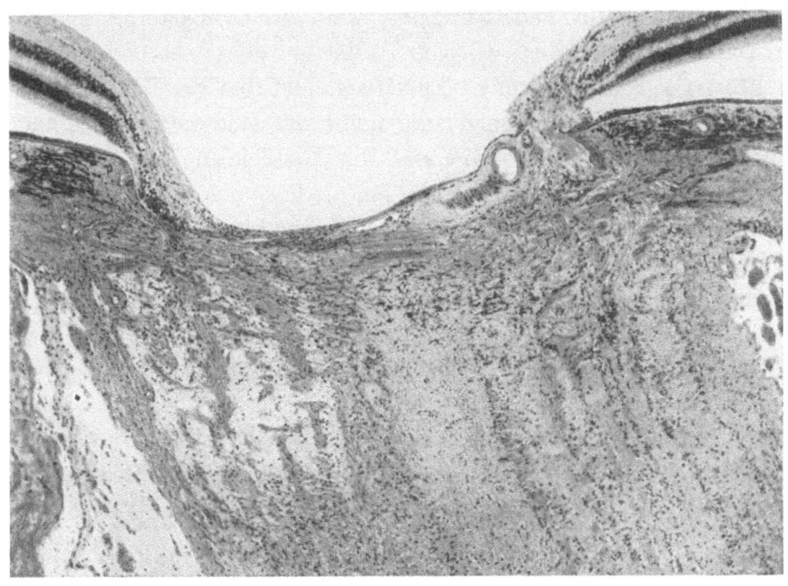

Abb. 32. Dauernd kompensiertes Glaukom. Horizontalschnitt. Bei normaler Laminalage fast totaler Schwund des prälaminaren Gewebes, Netzhaut lateral in die Exkavation hineingezogen. Kavernöser Schwund besonders lateral im Sehnerven. (64jährige Frau, rechtes Auge.) (Nach A. ELSCHNIG).

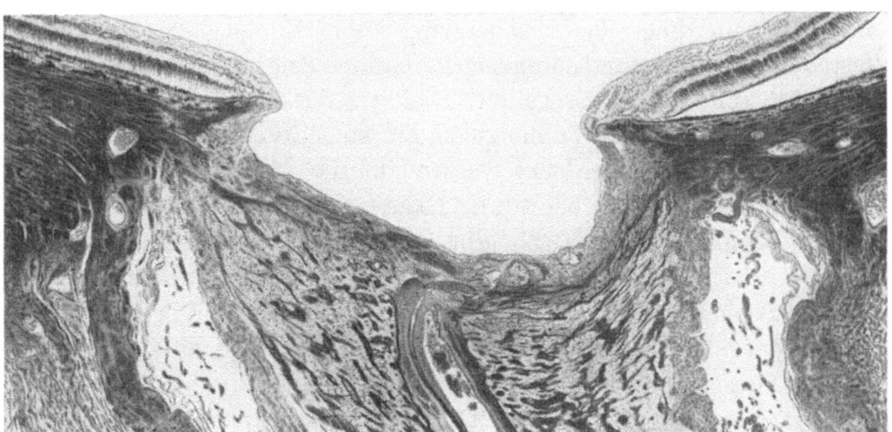

Abb. 33. Absolutes inkompletes Glaukom seit 2 Jahren, überhängende totale glaukomatöse Exkavation, lateral viel tiefer, starke Kompression auch retrolaminär. Einfacher Sehnervenschwund ohne Lückenbildung. Halo glaucomatosus (van Gieson-Färbung). (57jährige Frau.) (Nach A. ELSCHNIG.)

damit, daß die Glaskörperflüssigkeit freien Abfluß bei Glaskörperhernien hat, und beim Fehlen des Sehnervenstückes direkt mit den Kavernen kommunizieren kann, die gefüllt erhalten werden. Dann gesellen sich gliöse und bindegewebige Wucherungen hinzu, die zu einem Abschluß gegen den Glaskörper führen und es verschwinden die Kavernen durch Schrumpfung. ELSCHNIG hält im Gegensatz zu SCHNABEL die Drucksteigerung nicht für bedeutungslos, weil die Drucksteigerung zu Ernährungsstörungen führt, die sich zu der gewebszerstörenden Wirkung der Flüssigkeit hinzugesellt. Es entscheidet bei der Entstehung der Exkavation ohne Drucksteigerung nicht die Widerstandslosigkeit der Lamina, sondern der Umstand, daß die Auskleidung der Papillenoberfläche so durchlässig ist, daß schon bei niedrigem Augendruck die Glaskörperflüssigkeit in die Sehnerven eindringen kann, und es kann gerade dadurch der Eintritt der Drucksteigerung verhindert werden. Es ist die intraokuläre Drucksteigerung keine ,,Conditio sine qua non" für die Entstehung der Exkavation, aber keineswegs bedeutungslos.

Anschließend sei bemerkt, daß schon GOLDZIEHER (1907) gegen die SCHNABELsche Lehre den Einwand erhoben hatte, daß es sich bei der Exkavation nicht um eine primäre Opticusatrophie handeln könne, weil in der Pathologie eine Zersetzung der Nervenfasern ohne Beteiligung des Bindegewebes unbekannt sei; daher könne die Exkavation nicht als primäre Erkrankung angesehen werden.

Zu der Exkavation ohne Drucksteigerung berichtet ELSCHNIG (1924, 1928) über fünf Fälle, wo bei Hochdruck die Exkavation fehlte, was durch eine abnorme Wirkung der durchströmenden Flüssigkeit auf die Nervenfasern und das Stützgewebe erklärt wird. Auch DVORZEC (1929) berichtet neuerdings über zwei derartige Fälle. FUCHS (1924) hält daran fest, daß bei Widerstandsfähigkeit der Lamina eine einfache Exkavation entsteht, während bei mangelnder Rigidität der Sclera dieser Umstand von Einfluß sei und die Lamina nach hinten gedrückt wird. Tüpfel der Lamina, durch Glia verdeckt, weisen auf die Ähnlichkeit mit einem Kolobom hin, wie auch bei totaler Exkavation gutes Sehvermögen bestehen kann. WIPPER (1922) gibt an, daß das Glaukom durch eine Cyclitis infolge des auf die Ciliarfortsätze ausgeübten Druckes entstehe und der Sehnerv in Mitleidenschaft gezogen würde, womit er wohl keine Anhänger finden wird, ebensowenig wie PICKART (1925), der der Ansicht ist, daß die glaukomatöse Exkavation stets aus der physiologischen hervorgeht, oder wie WERNICKE (1921), der der multiplen Sklerose einen Einfluß zuerkennen will. Die Annahme von SCHÖN (1899), daß die physiologische Exkavation der Vorläufer des glaukomatösen sei und durch Ciliarmuskelkontraktionen in ihrer Entstehung begünstigt werde, konnte HESS (in der Diskussion) damit widerlegen, daß er die von SCHÖN bei Glaukom beschriebenen Veränderungen schon im Neugeborenen-Auge finden konnte.

## 4. Differentialdiagnose des Glaucoma simplex.

In vielen Fällen kann man anfangs schwanken, ob ein Glaucoma simplex oder eine Opticusatrophie vorliegt. Wo dieser Zweifel überhaupt auftaucht, ist in allererster Linie tonometrisch die Tension und zwar zu verschiedenen Tageszeiten zu prüfen; andererseits können intermittierend auftretende Sehstörungen und neuralgiforme Schmerzen den Verdacht auf Glaukom gegenüber der Atrophie begründen. Bezüglich der Exkavation ist zu bemerken, daß wenn sie gänzlich fehlt, ein Glaucoma simplex unwahrscheinlich ist. Daß eine tiefe physiologische Exkavation besonders bei Hellfärbung des zentralen Bezirkes Zweifel wachrufen kann, ist verständlich, aber hier muß eben auch die Tensionsprüfung entscheiden. SCHMIDT-RIMPLER bemerkt fernerhin, daß SCHWEIGGER u. HORSTMANN zu Unrecht ein Glaucoma simplex ausschließen wollten, wenn das Regenbogenfarbensehen fehlte. Ich habe selbst eine ganze Reihe von Fällen unter den Händen gehabt, bei denen dies der Fall war. Verdächtig wird auch eine nicht sehr ausgeprägte Exkavation, wenn das andere Auge an einer anderen Glaukomform erkrankt ist. Eine vorhandene Tabes darf nicht ohne weiteres den Grund abgeben, daß eine atrophische Verfärbung auf eine tabische Atrophie zurückgeführt wird. Für ein Glaukom sprechen in zweifelhaften Fällen auch die meist nasal gelegenen Gesichtsfelddefekte, und es ist in allen zweifelhaften Fällen auf das BJERRUMsche Zeichen zu achten. Gut erhaltener Farbensinn im restierenden Gesichtsfeld spricht für ein Glaukom und gegen Atrophie. Nach SCHMIDT-RIMPLER soll auch beim Glaucoma simplex das Cocain eine stärkere Mydriasis erzielen, als es sonst bei älteren Leuten der Fall ist.

Das ganz chronische Glaukom mit intermittierenden akuten Schüben wird wohl recht selten verkannt werden können, weil hier zu den subjektiven Sehstörungen auch objektive Veränderungen im vorderen Bulbusabschnitt auftreten.

## Literatur.

*Die Einteilung der Glaukome. Das primäre Glaukom.*

AGNANTIS: Gesichtsfeld bei sekundärem Glaukom. Zbl. Ophthalm. **16**, 52 (1925). — ALLEN: Keratitis bullosa. Glaukom. Amer. J. Ophthalm. **1927**, 727. — ALT: Ruptur der DESCEMETschen Membran bei Glaukom. Klin. Mbl. Augenheilk. **45**, 2, 347 (1907). — AMMANN: Sehen der Glaukomatösen. Ebenda **67**, 546. — AUGSTEIN: Tiefe Exkavation ohne Drucksteigerung. Z. Augenheilk. **66**, 403 (1928). — AXENFELD: Myopische Sehnervenatrophie. Sitzgsber. Ophth. Ges. Heidelb. **1905**. — Über Rückbildung der glaukomatösen Exkavation. Kl. Mbl. Augenheilk. **48** (2), 260 (1910). — Hochgradige Myopie und Glaukom. Sitzgsber. Ophth. Ges. Heidelberg. (1920). — Kavernöse Exkavation. Ebenda **1924**.

BAILLART: Arterienpuls. Zbl. Ophthalm. **20**, 288 (1923). — BARTELS: Vortixvenen. Z. Augenheilk. **14** (1905). — BEARD and BROWN: Exkavation und Skotom ohne Glaukom. Amer. J. Ophthalm. **1926**, 9, 47. — BECKER: Topographie des Sehnervenkopfes nach ELLIOT. Z. Augenheilk. **66**, 256 (1928). — BEHR: Rückbildung der Exkavation. Klin. Mbl. Augenheilk. **52**, 790 (1914). — BIETTI: Glaukomatöse Exkavation der Papille und Neuritis optici. Ebenda **50** (2), 532 (1912). — BILGER: Gefäßsystem bei primärem Glaukom. Diss. Tübingen 1923. — BJERRUM: Gesichtsfeld bei Glaukom. Nord. ophthalm. Tidskr. **141** (1889). Internat. Kongr. Berlin **1900**. — Kongenitale Opticusveränderung. Jber. Ophthalm. **1905**. — BLATT: Hemeralopie als prognostisches Symptom bei Glaukom. Wien. klin. Wschr. **34**, 403 (1921). — BROWN: Glaucome chronique simple méconnu. Annales d'Ocul. **156**, 431 (1919). — Glaukomauge mit trüber Cornea und tiefer V. K. Zbl. Ophthalm. **13**, 230 (1924). — BRUNNETIÈRE et AUBARET: Refraktionsänderung bei Glaukom. Annales d'Ocul. **144**, 161 (1910).

CALENDOLI: Hornhautkrümmung. Ann. Oftalm. **41**, 775 (1912). — CABANNES: Akkommodationslähmung bei Glaukom. Ref. Jber. Ophthalm. **1910**, 651. — CATTANEO: Opticus und Papille beim Glaukom. Zbl. Ophthalm. **16**, 532 (1926). — CAVKA: Glaukom. Klin. Mbl. **82**, 256 (1929). — COMBERG: Arterien und Venenpuls bei Glaukom. Ebenda **74**, 233 (1925). — CORDS: Papillitis bei bestehender Exkavation. Graefes Arch. **105**, 924 (1921). — COUSIN u. KALT: Bilateral esclero-corneale Ektasie und Glaukom. Ophthalm. Yb. **1927**, 114 (1925). — CZERMAK: Entstehung des Glaukomanfalles. Prag. med. Wschr. 1897.

DELORME: Die Skotome beim chronischen Glaukom. Arch. d'Ophthalm. **36**, 577 (1919). — DELORME et BEAUVIEUX: Sens luminieux et sens chromatiquedans le glaucome chronique. Ebenda **33**, 93 (1913). — DERBY: Einschränkung des Verlustes des Sehvermögens bei Glaukom. Zbl. Ophthalm. **18**, 288 (1927). — DERBY, CHANDLER u. BRIEN: Lichtsinn bei Glaukom. Ebenda **22**, 326 (1929). — DERBY, WAITE u. KIRK: Lichtsinn bei Glaukom. Ebenda **18**, 548 (1926). — TEN DOESSCHATE: Glaukom und Hornhautwölbung. Klin. Mbl. Augenheilk. **61**, 413 (1918). — DOR: Excavation congénitale ou colobome du nerf optique droit. Clin. ophthalm. **1912**, 504. — DRUAULT: Farbige Ringe usw. Zbl. Ophthalm. **12**, 215 (1923). — DUKE-ELDER: Pathologische Diffraktionsringe. Brit. J. Ophthalm. **11**, 342 (1927). Zbl. Ophthalm. **18**, 816 (192). — DVORZEC: Glaukom ohne Exkavation. Zbl. Ophthalm. **21**, 359 1929.

ELLIOT: Diagnose des Glaukoms. Zbl. Ophthalm. **3**, 43 (1920). — Die farbigen Ringe beim Glaukom. Brit. J. Ophthalm. **1921**, 500. — Nachgiebigkeit des Sehnervenkopfes beim Glaukom. Ebenda **1921**, 307. — Nebelsehen und farbige Ringe beim Glaukom. Zbl. Ophthalm. **9**, 528 (1923). — Diagnose des Glaukoms. Amer. J. Ophthalm. **1922**, 811. — A treatise on Glaucoma. London 1922. — ELSCHNIG: Exkavation. Sitzgsber. Ophth. Ges. Heidelberg. **1907**. — Einteilung der Glaukome. Klin. Mbl. Augenheilk. **48** (1913), Beilageheft. — Primärglaukome, Einteilung. Prag. med. Wschr. **1913**, 377. — Glaukom ohne Hochdruck und Hochdruck ohne Glaukom. Z. Augenheilk. **52**, 287 (1924). Graefes Arch. **120** (1928). — Entstehung der glaukomatösen Exkavation. Sitzgsber. Ophth. Ges. Heidelberg 1927. — Pathologische Anatomie des Glaukoms. Handbuch VON HENKE-LUBARSCH 1928. — Glaukomeinteilung. Graefes Arch. **120**, 94 (1928). — EPPENSTEIN: Perimetrie parazentraler Skotome. Klin. Mbl. Augenheilk. **53**, 224. — Senkrecht-ovale Hornhautform. Z. Augenheilk. **27**, 257 (1912). — ERGGELET: Refraktion bei Glaukom. Sitzgsber. Ophth. Ges. Heidelberg 1925.

FABRITIUS: Erbrechen und Pulsverlangsamung beim Glaukom. Klin. Mbl. Augenheilk. **80**, 668 (1928). — FEIGENBAUM: Störungen der Dunkeladaptation beim Glaukom. Ebenda **80**, 596 (1928). — FISCHER: Darstellung der Hornhautoberfläche im Reflexbild. Arch. f. Augenh., Erg.-Bd. zu **98**, 1 (1928). — FLEISCHER: Glaucoma simplex. Sitzgsber. Ophth. Ges. Heidelberg **1911**. — Über das Wesen der SCHNABELschen Kavernen und ihre Bedeutung für die Entstehung der glaukomatösen Exkavation. Ebenda **1912**, 110. — Über die BJERRUMsche Methode der Gesichtsfelduntersuchung und über ihre Resultate beim Glaukom. Klin. Mbl. Augenheilk. **50** (2), 62, 103 (1922). — FLEROFF, G. F.: Untersuchung nach BJERRUM. Zbl. Ophthalm. **13**, 60 (1923).

— FLIRINGA: Zwei seltene Glaukomfälle. Ebenda **27**, 318 (1926). — FUCHS: Hornhauttrübung bei Glaukom. Graefes Arch. **27**, 3 (1881). — Glaucoma simplex. Klin. Mbl. Augenheilk. **49** (1), 514 (1911). — Über die Lamina cribrosa. Graefes Arch. **91**, 435 (1916). — Myopie und Glaukom. Klin. Mbl. Augenheilk. **62**, 439 (1919). — Papillenveränderung bei Glaukom. Zbl. Ophthalm. **13**, 395 (1924). — Glaukom. Ebenda **14**, 793 (1925). — Glaukomfehldiagnose. Ebenda **14**, 793 (1925). — Pseudoglaukom. Brit. J. Ophthalm. **12**, 65 (1928). Zbl. Ophthalm. **19**, 653.

GALEZOWSKI: États préglaucomateux. Excavation physiologique et pathologique. Traitement préventif du glaucome. Arch. d'Ophthalm. **33**, 433 (1913). — GALLENGA: Sehnervenscheide bei Glaukom. Zbl. Ophthalm. **19**, 261 (1927). — GILBERT: Demonstration aus dem Gebiete des Glaukoms. Ophthalm. Ges. Heidelberg **1913**. — GLAUNIG: Pseudocolobom. Exkavation. Arch. f. Augenh. **45**, 164 1902. — GOLDENBURG: A glaucoma question. Klin. Mbl. Augenheilk. **65**, 948 1920. — GOLDZIEHER: Glaukomgenese. Z. Augenheilk. **18**, 476 (1907). — GONIN: Komplexe Formen des chronischen Glaukoms. Klin. Mbl. Augenheilk. **72**, 805 (1924). — GRADLE: Glaucoma simplex ohne merkbare Drucksteigerung. Jber. Ophthalm. **1918**, 337. — GRÜTER: Über neuere Methoden der Gesichtsfelduntersuchung. Münch. med. Wschr. **1914**, 447. Med. Klin. S. 1999. — GUNNUFSEN: Klinisches und Statistisches über Ulcus serpens corneae mit besonderer Berücksichtigung des intraokularen Druckes. Klin. Mbl. Augenheilk. **50** (1), 717 (1912). — GURWITSCH: Stauungspapille beim Glaukom. Jber. Ophthalm. **1912**, 801. — GUTMANN: Verschieblichkeit des Bulbus bei Glaukom. Z. Augenheilk. **31**, 109 (1914).

HAAB: Über Glaukom, seine Diagnose und Behandlung. Korresp.bl. Schweiz. Ärzte **39** (1909). — HAGEDORN: Umschriebene Grubenbildung der Papille. Arch. f. Augenheilk. **99**, 387 (1928). — HAIST: Lacunenbildung im Sehnerven bei Myopie. Diss. Tübingen 1912. — HART: Glaukom und Opticusatrophie. Zbl. Ophthalm. **17**, 653 (1926). — HEERFORDT: Erweiterung der vorderen Ciliargefäße. Graefes Arch. **87**, 494 (1914). — Über Glaukom (zwei Formen). Ebenda **78**, 413 (1911). — Über die glaukomatöse Erweiterung der perforierenden Ciliargefäße. Sitzgsber. Ophth. Ges. Heidelberg **1913**, 322. — Glaukom, Vortexvenen (anat.). Graefes Arch. **83**, 149 (1912). — Vordere Ciliargefäße, Artbestimmung. Ebenda **87**, 494, 514 (1914). — HEILBRUN: Exkavation und Drucksteigerung. Ebenda **79**, 256 (1911). — HEINE: Angeborene Gesichtsfelddefekte. Arch. Augenheilk. **98**, 108 (1927). — HILLION: Große Exkavation der Papille. Graefes Arch. **1911**, 247. — v. HIPPEL: Exkavation (SCHNABEL). Ebenda **74**, 101 (1910). — Glaukom (Anfälle, simplex). Klin. Mbl. Augenheilk. **49** (1), 744 (1911). — Die Aufgaben des praktischen Arztes bei der Behandlung des Glaukoms. Z. ärztl. Fortbildg **9**, Jg. 6 (1912). — HÖNIG: Gefäßschlängelungen an der Papille bei Glaucoma simplex. Zbl. Ophthalm. **34**, 296 (1910). — VAN DER HOEVE: Gesichtsfelddefekte und Operationsmethoden beim Glaukom. Z. Augenheilk. **34**, 277 (1919). — VOM HOFE: Hypotonie beim primären Glaukom. Arch. Augenheilk. **99**, 410 (1928). — Exkavation ohne Drucksteigerung. Ebenda **100/101**, 414 (1929). — HOLTH: Anatomische Untersuchungen der Operationsnarben und applanierten Papillenexkavation nach erfolgreichen Glaukomoperationen. Sitzgsber. Ophth. Ges. Heidelberg **1913**, 355. — Iridencleisis antiglaucomatosa. Zit. bei SATTLER 1908. — HONG TJOEN YAP: Gesichtsfeldeinengung und Prognose der Iridectomie beim Glaukom. Jber. Augenheilk. **1919**, 185. — HOTZ: Degeneration der Hornhaut bei absolutem Glaukom. Diss. Heidelberg 1919.

ISCHREYT: Glaukom und Myopie. Arch. Augenheilk. **64**, 125, 244 (1909); **65**, 101 (1909). — Kavernöse Sehnervenatrophie. Ebenda **70**, 319 (1912). — ISHIKAWA: Die SCHNABELschen Kavernen. Graefes Arch. **87**, 429 (1914). — Vordere Ciliargefäße beim Kaninchen. Ebenda **114**, 386 (1927).

JAENSCH: Parazentrale Skotome beim Glaukom (Prognose). Klin. Mbl. Augenheilk. **77**, 339 (1926). — JANEL: Dunkeladaptation beim chronischen Glaukom. Diss. Berlin 1910.

KAMBE: Über einen Fall von expulsiver Blutung nach Staroperation mit Lacunenbildung im Sehnerven. Klin. Mbl. Augenheilk. **50** (1), 543 (1912). — KAYSER: Atrophia opt. oder Exkavation. Ebenda **66**, 923 (1921). — KOBY: Leucoma adhaerens und Glaukom. Zbl. Ophthalm. **16**, 837 (1926). — KÖLLNER: Exkavation und Augendruck. Arch. Augenheilk. **88**, 192. — Venöser Blutausfluß aus Iris und Ciliarkörper beim chronischen Glaukom. Arch. Augenheilk. **91**, 181. — KOEPPE: Ciliargefäße beim Glaukom. Graefes Arch. **94** (1917). — Fortschritte der Glaukomdiagnostik. Münch. med. Wschr. **1917**, 1113. — Spaltlampe, Pigmentzerstreuung. Graefes Arch. **97**, 34 (1918). — Regenbogenfarbensehen. Spaltlampe. Klin. Mbl. Augenheilk. **65**, 556 (1920). — KORTH: Glaucoma simplex. Diss. Rostock 1910. — KOSTER: Pseudoglaucome simple. Arch. d'Ophthalm. **35**, 444 (1916). — Akute Linsentrübung bei akutem entzündlichem Glaukom. Z. Augenheilk. **36**, 66 (1916). — KOYANAGI: Sehnervenkavernen in nicht glaukomatösen Augen. Klin. Mbl. Augenheilk. **81**, 499 (1928). — Verlagerung der Netzhaut in die Pupille bei Glaukom. Ebenda **82**, 317 (1929). — KOYANAGI u. TAKAHASCHI: Kavernöse Sehnervenatrophie bei Orbitaltumoren. Graefes Arch. **115**, 598 (1925). — KREBS: Glaucoma simplex. Amer. J. Ophthalm. **12**, 222 (1929). — KRÄMER: Flimmerskotom. Differentialdiagnose gegen Glaukom. Zbl. Ophthalm. **14**, 421 (1924). — KUBIK: Bulbuskompression und Glaukom. Klin. Mbl. Augenheilk. **80**, 513 (1927). — KUSCHEL: Das Glaucoma chronicum simplex als der nächsthöhere Steigerungsgrad der glaukomatösen Disposition. Z. Augenheilk. **20**, 426 (1908). — Gesichtsfeldformen bei Glaukom. Ebenda **20**, 443 (1908).

LAGRANGE et BEAUVIEUX: Entstehung der Exkavation. Zbl. Ophthalm. **15**, 155 (1925). — LANGDON: Ringskotom bei Glaukom. Ebenda **17**, 377 (1927). — LANGE: Zur Lehre vom Glaukom. Klin. Mbl. Augenheilk. **50** (2), 540 (1912). — LAQUEUR: Geschichte meiner Glaukomerkrankung. Ebenda **47** (1), 639 (1909). — LAUBER, G. F.: Untersuchung bei Glaukom. Zbl. Ophthalm. **20**, 246 (1928). — BJERRUMscher Vorhang und ELLIOTsches Skotometer. Klin. Mbl. Augenheilk. **83**, 310 (1929). — LEHNER: Zirkulation im Randschlingennetz. Graefes Arch. **113**, 16 (1924). — LEWIS: Incipient Glaucoma. Amer. J. Ophthalm. **9**, 836 (1926). — LIÉGARD: Atypisches Glaukom. Klin. Mbl. Augenheilk. **52**, 540 (1914). — LOCKWOOD: Hyaline Thrombose in den Chorioidalgefäßen bei Glaukom. Zbl. Ophthalm. **19**, 68 (1927). — LÖHLEIN: Glaukom. Abh. a. d. ges. Geb. d. prakt. Med. **12**, H. 6. Kabitsch, Würzburg 1912. — Gesichtsfelduntersuchung bei Glaukom. Arch. Augenheilk. **76**, 165 (1914). — DE LUGO: Gesichtsfeld und Sehschärfe bei Glaukom. Zbl. Ophthalm. **20**, 122 (1928).

MAGGIORE: Refraktion bei Glaukom. Klin. Mbl. Augenheilk. **72**, 248 (1924). — MALLING: Über Glaukom. Ebenda **14**, 794. — MANS: Epithelfasersystem der Hornhaut. Klin. Mbl. Augenheilk. **73**, 289 (1924). — MARKBREITER: Histologisches zur Entstehung der Exkavation. Arch. Augenheilk. **66**, 147 (1910). — MAY: Keratitis punctata bei Glaukom. Z. Augenheilk. **12** (1904). — MELANOWSKI: Zonula bei Glaukom. Zbl. Ophthalm. **12**, 459 (1924). — MENACHO: Optic. neuritis as initial lesion of Glaukoma. Ophthalmoscope **1910**, 369. — MEYER: Atrophia optici und Exkavation ohne Glaukom. Klin. Mbl. Augenheilk. **80**, 421 (1928). — MEYER-STEINEGG: Angeborene Gesichtsfelddefekte. Arch. Augenheilk. **99**, 501 (1928). — MIYAKE: Experimentelles über Exkavation. Zbl. Ophthalm. **9**, 87 (1927). — MINOR: Restoration of sight after nearly a month's blindness from glaucoma. N. Y. med. J. **1909**, Dez. — MITA: Kavernenbildung im übermäßig gedehnten Sehnerven. Graefes Arch. **123**, 258 (1929). — MOELLER: Dunkeladaptation bei Glaukom. Acta ophthalm. **3**, 170 (1925). — MOHR: Exkavation. Z. Augenheilk. **20**, 270 (1908). — MORAX: Glaucoma simplex oder Opticusatrophie. Annales d'Ocul. **1916**. Klin. Mbl. Augenheilk. **56**, 582. — Atypische Anfangssymptome des subakuten Glaukoms. Annales d'Ocul. **155**, 100 (1918). — MORETTI: Knochenbildung in einer glaukomatösen Exkavation. Z. Augenheilk. **66**, 239 (1928). — MUNOZ: Netzhautdegeneration beim einfachen Glaukom. Zbl. Ophthalm. **10**, 244 (1923).

NAKAMURA: S. F. bei Glaukom. Klin. Mbl. Augenheilk. **51** (1), 742 (1913). — NEDON: Exkavation ohne Drucksteigerung und Drucksteigerung ohne Exkavation. Diss. Kiel 1913. — NEHL: Lacunäre Sehnervenatrophie und glaukomatöse Exkavation. Diss. Rostock 1913. — NEUHÄUSER: Chronisches Glaukom ohne Exkavation. Arch. Augenheilk. **92**, 235 (1922). — NICOLETTI: Ringskotom bei Glaukom. Zbl. Ophthalm. **17**, 461 (1926). — Hämorrhagisch-bullöse Keratitis. Ebenda **18**, 46 (1926). — NIPPE: Drucksteigerung ohne Exkavation. Amer. J. Ophthalm. **1927**. — NOIZEWSKY: Excavation skleropapillaris et excavatio infundibiliformis bulbi. Postep. Ocul. **1913**, Nr 9—10. — NORDENSON: Verengerung der vorderen Kammer. Ref. Zbl. Ophthalm. **12**, 229 (1924).

OGAWA: Kavernöse Degeneration des Sehnerven. Arch. Augenheilk. **72**, 10 (1912). — OGUCHI: Eigentümliche Exkavation bei sekundärem Glaukom. Arch. of Ophthalm. **70**, 88 (1910). — OPIN: Atrophie des Opticus mit Exkavation. Arch. d'Ophthalm. **30**, 520 (1910).

PARRISIUS: Anomalien des periphersten Gefäßsystems bei Glaukom. Zbl. Ophthalm. **13**, 63 (1924). — PASTORE: Netzhautveränderungen bei Glaukom. Saggi di Oftalmologia. Clin. Marzio **1927**, 204. — PERCIVAL: Erworbene Hypermetropie bei Glaukom. Ophthalmoscope **1911**. — PESME: Spaltlampenbeobachtung an der Iris bei Glaukom. Zbl. Ophthalm. **14**, 70 (1924). — PETER: G. F. bei chronischem Glaukom. Ebenda **19**, 69 (1927). — PICK: Diagnose und Therapie des Glaukoms. Ther. Mh. **1909**. — PICKARD: Variationen der Exkavation. Zbl. Ophthalm. **5**, 416 (1920). — Kavernöse Opticusatrophie und Glaukom. Ebenda **15**, 707 (1925). — POOLEY: Hemorrhage from the cornea in glaucoma. Trans. amer. ophthalm. Soc., Part III, 716 (1908). — PROKSCH: Glaukomgesichtsfeld. Z. Augenheilk. **61**, 344 (1927). — PUSEY: Exkavation der Lamina Arch. of Ophthalm. **37**, 160 (1908). Klin. Mbl. Augenheilk. **46** (1), 665.

McRAE: Pseudoglaucoma. Brit. J. Ophthalm. **13** (1929). — RAEDER: Einteilung der Glaukome. Graefes Arch. **112**, 29 (1923). — RICKER: Randschlingennetz. Ebenda **113**, 421 (1924). — RISLEY: An unusual example of recurring transient failure of vision. Ophthalm. Record **1912**, 558. — RÖNNE: Gesichtsfeld bei Glaukom. Klin. Mbl. Augenheilk. **47** (1), 12 (1909). — Om genesen af de patologske exkavationer. Hosp.tid. (dän.) **1910**, 223. — Zur Theorie und Technik der BJERRUMschen Gesichtsfelduntersuchung. Arch. Augenheilk. **78**, 284 (1915). — Sekundärglaukomatöse Exkavation. Graefes Arch. **105**, 465. — ROLANDI: Glaucoma chron. simplex. Klin. Mbl. Augenheilk. **53**, 438 (1914). — ROSENGREN: Tiefe der vorderen Kammer. Ref. Zbl. Ophthalm. **22**, 202 (1929). — ROSENTHAL: Vordere Kammer in Verbindung mit dem submukösen Gewebe. Klin. Mbl. Augenheilk. **82**, 88 (1929). — ROSSI: Perverser Astigmatismus bei Glaukom. Boll. Ocul. **7**, 1047 (1928).

SACHS: Fehldiagnosen beim Glaukom. Klin. Mbl. Augenheilk. **76**, 746 (1926). Z. Augenheilk. **62**, 104 (1927). — Ein Fall von beginnendem Glaukom. Klin. Mbl. Augenheilk. **78**, 418 (1927). — SALZER: Gesichtsfeld bei Glaukom. Münch. med. Wschr. **18** (1928). — SAMELSOHN: Aniridie und Exkavation. Klin. Mbl. Augenheilk. **189** (1877). — SAMOILOFF: Skotom bei Druckschwankung. Ebenda **69**, 59 (1922). — Skotomstudien am Glaukomauge. Annales d'Ocul. **161**, 523 (1924). Zbl. Ophthalm. **13**, 426. — Zu WEGNER: Skotombildung. Z. Augenheilk. **58**, 214 (1926). — SATTLER: Über das Gesichtsfeld bei Glaukom. Ebenda **27**, 33 (1912). — Zur Diagnose des Glaukoms. Klin. Mbl. Augenheilk. **71**, 223 (1923). — SCALINCI: Keratitis bullosa bei Glaukom. Ann. Ottalm. **1909**. — SCHEERER: Klinisch-Statistisches zur Glaukomfrage. Klin. Mbl. Augenheilk. **71**, 218 (1923). — Netzhautrand an der Papille bei Hydrophthalmus. Z. Augenheilk. **66**, 131 (1928). — SCHEERER, PARRISIUS u. MEYER: Capillarmikroskopische Untersuchungen bei Augenkranken. Klin. Mbl. Augenheilk. **73**, 29 (1924). — SCHMIDT-RIMPLER: Druckexkavation und Sehnervenatrophie. Arch. Augenheilk. **59**, 1 (1908). — Chorioidalkolobom und Druckexkavation. Handb., 2. Aufl. 1908, 27. — SCHNABEL: Klinische Daten zur Entwicklung der glaukomatösen Exkavation. Z. Augenheilk. **19**, 335 (1908). — SCHNAUDIGEL: Höhlenbildung im Sehnerven. Sitzgsber. Ophth. Ges. Heidelberg. **1928**. — SCHOEN: Entstehung der Exkavation. Kongr. Utrecht 1899. — SCHREIBER: Degeneration des Sehnerven. Graefes Arch. **64**, 237 (1906). — SCHREIBER u. WENGLER: Experimentelles Glaukom. Ebenda **71**, 99 (1909); **74**, 1 (1910). — SCOTT-LAMB: Migräne als Vorläufer des Glaukoms? Klin. Mbl. Augenheilk. **56**, 318 (1916). — SEEFELDER: Hornhaut bei Hydrophthalmus. Ebenda **43** (2), 332 (1905). — SEIDEL: Frühdiagnose des Glaukoms. Graefes Arch. 88, 102 (1914). — Blutzirkulation und Ciliargefäßsystem. Sitzgsber. Ophth. Ges. Heidelberg **1924**, 79. — SINCLAIR: Case of glaucoma with remarkable restriction of both fields. Trans. ophthalm. Soc. United Kingd. **27**, 261 (1907). — SMITH: Centripetal fan scotoma in glaucoma. Zbl. Ophthalm. **15**, 362 (1925). — SPECIALE PICCICHI: Farbensinn bei Glaukom. Ann. Ottalm. **55**, 884 (1927). — SPENCER: Glaucoma with vomiting. Ophthalm. Record **1908**, 252. — STADTFELD: Opticuskolobom. Hosp.tid. (dän.) **1908**. — STAHLMANN: Glaukom. Amer. J. Ophthalm. **1922**, 561. — STOCK: Exkavation. Klin. Mbl. Augenheilk. **78**, 121 (1920). — Einteilung des Glaukoms. Sitzgsber. Ophth. Ges. Heidelberg **1927**. — Entstehung der lacunären Sehnervenatrophie beim Glaukom. Klin. Mbl. Augenheilk. **78**, 61 (1927), Beil. 61. — STOCK u. v. SZILY: Kongenitale Anomalie des Augengrundes. Ebenda **48** (1) (1906). — STOOD: Mißbildung der Papille. Ebenda **1884**, 285.

TERRIEN et PÉTIT: Große Exkavation. Arch. d'Ophthalm. **1901**, 405. — TERTSCH: Chronisches Glaukom mit Niveaudiffer. im Augenhintergrund. Wschr. Ther. u. Hyg. d. Auges **1911**, 108. — THIEL: Vordere Ciliargefäße bei Glaukom. Klin. Mbl. Augenheilk. **81**, 338 (1928). — THOMASSON: Entwicklung der Skotome bei Glaukom. Zbl. Ophthalm. **19**, 774 (1927). — THOMPSON: Große Exkavation ohne Glaukom. Ebenda **5**, 502 (1921). — TJUMJÄNZEW: Zur Untersuchung zwischen Glaukom und Star im Anfangsstadium. Westn. Ophthalm. **1913**, 348. — TOPOLANSKI: Le cristallin glaucomateux. Annales d'Ocul. **137**, 74 (1907). — TRAQUAIR: An introduction to clinical perimetry. London, Harry Kimptom 1927. — TSCHENZOW: Dunkeladaptation bei Glaukom. Zbl. Ophthalm. **11**, 123.

VÉLEZ: Diagnostico diferencial entre esta afeccion y la atrofia del nervio optico con excavacion. Ann. Oftalm. **10**, Nr 10 (1908). — VELHAGEN: Opticusatrophie oder Glaukom? Münch. med. Wschr. **1908**, 1948. — VERHOEFF: The effect of chronic glaucoma on the central retinal vessels. Arch. of Ophthalm. **1913**, March. — Exkavation. Zbl. Ophthalm. **16**, 51 (1925). — VOGT: Atlas der Spaltlampenmikroskopie. Berlin, Julius Springer 1921. — DE VRIES: Exkavation. Z. Augenheilk. **22**, 159 (1909).

WAARDENBURG: Gesichtsfelduntersuchung bei Glaukom. Klin. Mbl. Augenheilk. **58**, 674 (1917). — WATANABE: Verschluß des Kammerwinkels und Exkavation. Z. Augenheilk. **19**, 109 (1908). — WEGNER: Kann Skotombildung allein durch Drucksteigerung entstehen? Ebenda **56**, 48 (1925). — WEILL: Tiefe Exkavation mit voller Sehschärfe. Diss. München 1918. — WEITBRECHT: Anatomische Untersuchungen bei 12 Fällen von Glaucoma sec. im Hinblick auf das Vorhandensein von SCHNABELschen Kavernen im Sehnerven. Diss. Tübingen 1912. — WERNICKE: Glaukom und multiple Sklerose. Klin. Mbl. Augenheilk. **1921**. — WESSELY: Wachstumsstörungen im Auge nach Linsendiszission. — Einige Besonderheiten. Münch. med. Wschr. **1919**, 280. — Farbenperimetrie bei Glaukom. Klin. Mbl. Augenheilk. **79**, 811 (1927). — Messung der Tiefe der vorderen Kammer. Ebenda **78**, 893 (1927). — WHEELER: Katarakt nach Glaukom. Zbl. Ophthalm. **12**, 489 (1923). — WHITE, DERBY u. KIRK: Lichtsinn bei Glaukom. Ebenda **17**, 127 (1925). — WIPPER: Glaukom als Entzündung von Ciliarnerven. Amer. J. Ophthalm. **1922**, 368. — WÜRDEMANN: Exkavation und Gesichtsfeld bei Glaukom. Zbl. Ophthalm. **19**, 477 (1927).

YOUNG: Wiederherstellung des Sehvermögens bei chronischem Glaukom. Zbl. Ophthalm. **18**, 549 (1926). — YOUNG et D'OMBRAIN: Haematome of the cornea. Ebenda **15**, 502 (1925).

ZADE: Kongenitale Anomalie des Sehnerveneintrittes. Klin. Mbl. Augenheilk. **45** (2), 435.

# III. Hydrophthalmus. Megalocornea. Haut- und Gefäßveränderungen bei Hydrophthalmus.

## A. Hydrophthalmus.

Unter Hydrophthalmus verstehen wir die Vergrößerung des Augapfels durch Drucksteigerung bei Nachgiebigkeit der Bulbushüllen. Die Bezeichnung infantiles Glaukom muß zweckmäßig für diejenigen Fälle reserviert bleiben, wo bei den im Kindesalter auftretenden Primärglaukomen diese Vergrößerung des Augapfels nicht beobachtet wird. Es ist klar, daß durch diese Vergrößerung des Augapfels das klinische Bild des Glaukomauges ein ganz anderes werden muß als dort, wo es sich um das Primärglaukom eines Erwachsenen handelt. Die Vergrößerung des Augapfels setzt wohl eine gewisse Verdünnung der Bulbushüllen voraus, wobei freilich zu berücksichtigen ist, daß der auf diese Weise ausgeübte Reiz zu sekundären Gewebsveränderungen im Sinne einer Verdickung führen kann, wie auch die Aderhaut auf diese Weise voluminöser erscheinen kann, als man bei bestehender Drucksteigerung vermuten sollte. Aus der Dicke der Sclera zu schließen, daß es sich hier um eine Art Riesenwachstum handelt, wie MARSCHKE (1905) annimmt, ist daher unrichtig. Auch die Tatsache, daß die Linse im hydrophthalmischen Auge niemals vergrößert gefunden wird, spricht gegen die Annahme eines Riesenwuchses. Wenn wirklich eine abnorme Vergrößerung der Hornhaut auf der Grundlage eines derartigen Riesenwuchses vorliegt, so spricht man von einem *Gigantophthalmus* bzw. von „*Megalocornea*“. Es handelt sich also beim Hydrophthalmus nicht um abnorme Wachstumsverhältnisse, sondern um das Resultat einer Drucksteigerung, die nun wiederum die verschiedensten Ursachen haben kann, so daß man versucht sein könnte, auch hier primäre und sekundäre Glaukome zu unterscheiden. Da jedoch der Hydrophthalmus vielfach mit anderweitigen Entwicklungsstörungen einherzugehen pflegt und andererseits erworbene Störungen zur Vergrößerung des Auges führen können, so ist eine scharfe Grenze zwischen primären und sekundären Formen dieser Art nicht zu ziehen.

Wenn wir nun zunächst das Bild des unkomplizierten Hydrophthalmus schildern wollen, so fällt zuerst die Vergrößerung des Augapfels auf, wie sie hauptsächlich durch die Vergrößerung des Hornhautdurchmessers markiert wird, die bis zu 7 mm betragen kann. Gleichzeitig verschwindet die Rinne zwischen Sclera und Cornea, und die Hornhaut wird im allgemeinen dünner, wobei, wie SCHMIDT-RIMPLER angibt, die Sensibilität verringert sein kann.

In vielen Fällen von Hydrophthalmus findet man auch *Trübungen der Hornhaut*, besonders im Zentrum, und es müssen hier, wenn wir von den unkomplizierten Fällen sprechen, in erster Linie ausgeschlossen werden die angeborenen Horhauttrübungen auf der Grundlage einer Defektbildung der DESCEMETschen Membran, wie sie *Verfasser* (1906) als Mißbildung gekennzeichnet hat, während sie VON HIPPEL (1899) als das Resultat eines auf entzündlicher Grundlage beruhenden Ulcus corneae internum auffassen wollte. Die durch Defektbildung der Hornhauthinterfläche hervorgerufene Trübung kann sehr intensive Grade erreichen, wie z. B. in einem Falle von BUCK (1918), und zur Vergrößerung des Augapfels führen, wenn, wie es in einer Reihe von Fällen erwiesen wurde, gleichzeitig angeborene Störungen im Bereiche der Kammerbucht und Iris vorliegen, auf die später eingegangen werden muß. Durch den Kontakt des Kammerwassers mit der vom Endothel entblößten Hornhaut entsteht eine Trübung, die sich nach provisorischer Deckung des Defektes wieder weitgehend zurückbildet. Prägnante Beispiele dieser Art von Hornhauttrübungen beim Hydrophthalmus bringt eine neuere Arbeit von MEISNER (1923), der auch anderweitige Mißbildungen, z. B. das Fehlen der Linse, konstatierte, was vom Verfasser als Beweis dafür angesehen wird, daß die Defektbildung der DESCEMETschen Membran und angeborene Staphylombildung auf eine fehlerhafte Abschnürung des Linsenbläschens hindeutet, wobei die Linse normal groß sein oder fehlen oder rudimentär entwickelt sein kann. Wenn wir von diesen Formen der Hornhauttrübungen absehen, kommen beim sonst unkomplizierten Hydrophthalmus im Laufe der weiteren Entwicklung des Leidens Trübungen der Hornhaut vor, welche der Überdehnung zur Last gelegt werden; es sind dies Rißbildungen im Bereiche der DESCEMETschen Membran, wodurch das Kammerwasser mit der Hornhautsubstanz in Berührung kommt und diese trübt. Trübungen wechselnder Grade bilden sich zurück unter Hinterlassung von sogenannten Glasleisten, die in Form von Strichen und Figuren besonders mit der Spaltlampe als solche kenntlich sind. Diese Form der Trübung, die zuerst von HAAB (1901) und dann von AXENFELD (1905) näher beschrieben wurde, wird von STÄHLI (1915) eingehend behandelt. Es handelt sich um flache Risse, bei denen der Defekt durch Endothel oder proliferiertes Hornhautparenchym überkleidet wurde, oder die Descemetrisse können sich aufrollen, wobei es zur Neubildung von glashäutiger Substanz kommen kann. Nach den Befunden von MELLER (1916) und von JAENSCH (1927) kann es keinem Zweifel unterliegen, daß hier eine Quellung des Hornhautgewebes vorliegt, welche dasselbe Aussehen haben kann, wie die von v. HIPPEL angegebenen Erscheinungen bei Defektbildung der DESCEMETschen Membran. In eingehender Weise befaßt sich mit diesem Problem H. H. ELSCHNIG (1924), der beweist, daß diese Risse schon sehr früh, d. h. vor oder bei der Geburt entstehen, da eine spätere Bildung nicht beobachtet sei. Er schließt sich der Erklärung an, die diese Trübung der Hornhaut auf Quellung der Hornsubstanz zurückführt. Im Falle von WAARDENBURG (1921) erreichte sie einen so hohen Grad, daß es zweifelhaft bleiben muß, ob hier nicht gleichzeitig eine Defektbildung der Hornhauthinterfläche vorlag. Auch eine neuere Arbeit von GALLEMAERTS (1925) schildert ausführlich diese Rißbildungen. Die von STÄHLI (1915) genau geschilderten Risse der DESCEMETschen Membran waren auch schon vorher von LANDOLT (1911), TAKASHIMA (1913) und von BÖHM (1913, 1914) gefunden, später von GUIST (1920) nochmals genauer untersucht worden, der auf einer Seite bandförmige Hornhauttrübungen feststellte, die rechts aus welligen Linien zusammengesetzt waren, während links zwei zirkuläre Trübungen mit Glasleisten bestanden. Diese waren schon früher von HAAB (1901) als Bändertrübungen beschrieben worden.

Es scheint, als ob die Ausdehnung der Hornhaut durch diese Ruptur begünstigt würde, die nur selten fehlt und keineswegs durch den Prozeß des Hydrophthalmus allein erzeugt wird, weil sie z. B. auch bei intraokularen Tumoren und beim Keratokonus beobachtet worden ist (ERDMANN 1910). Das Auftreten der Risse der DESCEMETschen Membran ist durch die Drucksteigerung bedingt und fehlt bei Megalocornea, so daß man aus ihrem Vorhandensein auf einen zum Stillstand gekommenen Hydrophthalmus in Einzelfällen schließen kann. Gerade diese Fälle von sogenanntem Hydrophthalmus sanatus sind früher der Megalocornea gleichgestellt worden, wie es z. B. WARLOMONT (1913) tut, was jedoch nach den Ergebnissen der Erblichkeitsforschung nicht mehr zulässig ist.

Auch an der Hornhautvorderfläche kommt es zu sekundären Veränderungen, bei denen die oberflächlichen Schichten der Hornhaut und die BOWMANsche Membran einreißen können. Die so entstandenen Defekte werden von fibrillärem Bindegewebe ausgefüllt, wie dies von SEEFELDER (1916), später von BÖHM (1915) und neuerdings von JAENSCH (1927) festgestellt worden ist. Das Epithel selbst kann Veränderungen zeigen. Neuerdings hat *Verfasser* (1928) in zwei Fällen von Buphthalmus eigenartige Veränderungen gefunden, und zwar Einlagerungen von Kolloid in den subepithelialen Schichten.

Was nun die Veränderungen der *Sclera* angeht, so sind die Befunde, wie schon gesagt wurde, wechselnd. TAKASHIMA (1913) gibt an, daß im Bereiche des hinteren Augapfels die Sclera in mehreren Fällen nicht verdünnt gewesen sei. Würde sie an diesen Stellen überdehnt, dann käme Myopie zustande, welche auf die durch die Dehnung bewirkte Achsenverlängerung bezogen wird, und es soll, wie v. HIPPEL (1899) angibt, auch ein Staphyloma posticum in solchen Augen vorkommen. Nach SEEFELDER (1916) ist jedoch die so entstandene Kurzsichtigkeit keineswegs die Regel, ja es war sogar in solchen Fällen mehrmals und bei GALLENGA (1885) unter zehn Fällen neunmal Hypermetropie vorhanden. PARSONS (1920) stellt fest, daß durch den Dehnungsprozeß nicht ein solcher Grad von Myopie erzeugt würde, wie er einer Achsenverlängerung zukäme. Dieser Umstand ist wohl dadurch zu erklären, daß die Achsenverlängerung durch Abflachung der Hornhaut und Rückwärtsverschiebung der Linse kompensiert wird. Nach KOSTER (1916) soll es eine Form der Myopie bei stationärem Buphthalmus geben, welche wegen der vorhandenen Exkavation auf ein geheiltes infantiles Glaukom hindeuten soll. In einigen Familien sei diese Form der Myopie abwechselnd für sich oder mit Buphthalmus aufgetreten. Nach SEE FELDER (1905) wurde auch häufig perverser Astigmatismus beobachtet- und SCHOUTE (1902) gibt an, daß beim kindlichen Auge die sagittale, Achse verlängert würde, während bei längerem Bestehen eines später auftretenden Glaukoms das Auge die Kugelform zeige.

Die Iris kann ebenfalls eine Reihe von Veränderungen zeigen. Daß sie in frischen Fällen wohl kernreicher gefunden wurde, ist wohl als Folge des Reizes aufzufassen. Das Fehlen der Krypten und die geringe Entwicklung der Iris im Vergleich zum Ciliarkörper ist nach MELLER (1916) für die Entstehung der Drucksteigerung nicht unwichtig. Andererseits sah JAENSCH (1927) große Krypten der Iris mit Pigmentansammlung und in vorgeschrittenen Fällen eine Atrophie der peripheren Iristeile. Nach ZIERL (1911) sollen diese Lücken vorzugsweise im oberen und unteren Abschnitte vorkommen, wobei der Druck der Lider auf die vergrößerte Hornhaut eine Rolle spielen soll. Auffallend ist die von FUCHS (1918) und von v. HIPPEL (1899) gefundene mächtige Entwicklung des Sphincter pupillae, der verdickt und verlängert sein kann. FUCHS glaubt diese Hypertrophie auf die gesteigerte Tätigkeit des Sphincter zurückführen zu müssen, weil er der Überdehnung des Irisansatzes Widerstand leisten müsse; jedoch sagt ELSCHNIG (1928), es sei darauf zu achten, ob nicht eine Überanstrengung des Sphincter durch Miosis in Frage käme.

Bezüglich der Linse, die öfter kataraktös gefunden ist, wird von mehreren Autoren, z. B. von LÖHLEIN (1913) und von CHRISTEL (1912) angegeben, daß hier auch Epithel an der hinteren Linsenkapsel angelagert gewesen sei. Wenn CHRISTEL diese Erscheinung als frühzeitige Entwicklungsstörung auffassen will, steht dem entgegen, daß in diesen

Fällen Katarakt vorlag, und gerade bei Katarakt das Hineinwachsen von Epithel auf die Hinterfläche der Linse als Folge des Kataraktprozesses vorkommt. Der Ciliarkörper zeigt nach SEEFELDER (1920) fetalen Bau, bei guter Entwicklung. Spätere Kernvermehrung und Hyperplasie seien als Folge des Glaukomprozesses aufzufassen, ebenso wie Blutungen und Neubildung glashäutiger Substanz in der Aderhaut. Die Befunde an den Vortexvenen sind nicht eindeutig, indem die von SACHSALBER gefundene Periphlebitis von FUCHS vermißt wurde. Nach ELSCHNIG (1928) geht die Exkavation des Sehnerven meistens mit völliger Atrophie der Nervenfasern einher, wobei weder Lückenbildung noch bindegewebige Ausfüllungen in der Exkavation vorkommen, in deren Bereich der Sehnervendurchmesser vergrößert sein kann. In den späteren Stadien wird öfter eine Netzhautablösung beobachtet, welche sich aus dem Überdehnungsprozeß erklärt und mit einem Sinken des intraokulären Druckes einhergehen kann.

Wenn wir somit die wesentlichen Folgen des Dehnungsprozesses in klinischer und anatomischer Beziehung kennengelernt haben, müssen wir nunmehr eingehen auf die Veränderungen, welche den unkomplizierten Formen des Hydrophthalmus ihr besonderes Gepräge geben und ihnen den Charakter eines Bildungsfehlers verleihen. Das klinische Symptom, welches hier am meisten in die Augen fällt, ist die starke Vertiefung der vorderen Kammer. Die Farbe der Iris pflegt nicht verändert zu sein. Die Iris selbst zeigt öfter ein Ectropium uveae, welches gelegentlich ein Kolobom vortäuschen kann. Bei älteren Fällen tritt häufig wegen der Zonularisse Irisschlottern auf. Die Pupille ist normal weit, reagiert träge; das Kammerwasser scheint klar. Die Linse nimmt an dem Vergrößerungsprozeß nicht teil und zeigt häufig Subluxation und Luxation, ohne daß Katarakt zu entstehen braucht. Eine besondere Injektion des Bulbus besteht zuerst nicht, erst später kommt es zur Entwicklung stärkerer Gefäßfüllung auch im Bereiche der Episclera.

Das Wichtigste neben diesen klinischen Erscheinungsformen sind jedoch die anatomischen Veränderungen im Bereiche des vorderen Bulbusabschnittes, speziell der Kammerbucht. REIS (1905) und SEEFELDER (1906, 1920) haben das Verdienst, den früheren Anschauungen, nach welchen fetale Entzündungen eine Rolle spielen sollen, den Boden dadurch entzogen zu haben, daß sie nachwiesen, daß der SCHLEMMsche Kanal vollständig fehlen oder mangelhaft entwickelt sein kann, wie auch das Trabekelwerk, Erscheinungen, die ebenso wie die Veränderung im Ciliarkörper als ein Stehenbleiben auf einer früheren Entwicklungsstufe angesehen werden können. Diese Befunde wurden weiterhin von einer

Reihe von Autoren bestätigt, so von LAGRANGE, v. HIPPEL, RÖMER, SIEGRIST, NAHMMACHER, SEEFELDER, CHRISTEL, SPIELBERG, STIMMEL und ROTTER, die ELSCHNIG (1928) anführt, der seinerseits auch besonders hervorhebt, daß von JAENSCH (1927) in entzündungsfreien Frühstadien diese Veränderungen gefunden werden, zu denen sich noch bei dieser Untersuchung abnorme Enge und rückwärtige Lage des SCHLEMMschen Kanales, rudimentäre Entwicklung des Scleralwulstes und abnorme Persistenz des Ligamentum pectinatum hinzugesellte.

Auf Grund dieser pathologisch-anatomischen Untersuchungen sind die früheren Anschauungen über die Pathogenese des unkomplizierten Hydrophthalmus verlassen worden. Insbesondere sind auch die Beziehungen zur Megalocornea und zur Myopie geklärt worden. Von ANGELUCCI (1895) wurde als Ursache eine vasomotorische Störung angesehen, die sich klinisch in Erregbarkeit auch des Herzmuskelsystems, plötzlicher Rötung des Gesichtes und starker Reizbarkeit kundtat. Diese Theorie konnte an der Hand klinischer Fälle von REIS, SEEFELDER u. a. nicht bestätigt werden. Man suchte daher die Ursache des Leidens im Auge selbst und es wurde von MANZ und GOLDZIEHER angenommen, daß eine entzündliche Erkrankung der Aderhaut die Ursache sei, wie auch v. HIPPEL eine entzündliche Erkrankung als Ursache in einem Falle angibt. Durch die Arbeiten von REIS und von SEEFELDER werden nun die angeborenen Veränderungen im Kammerwinkel in den Vordergrund gerückt, die von nachfolgenden Untersuchungen bestätigt wurden; jedoch wird deren Bedeutung wieder eingeschränkt durch die Tatsache, daß die Blockierung des Kammerwinkels nicht in allen Fällen gefunden wurde, weshalb TAKASHIMA (1913) sich dahin ausspricht, daß dem Hydrophthalmus keine einheitliche Ätiologie zugrunde liege, weil der SCHLEMMsche Kanal öfters offen gefunden wurde. Nach COLOMB (1913) kommt der SCHLEMMsche Kanal als Ursache in den Fällen nicht in Frage, bei denen das Glaukom erst im Laufe des ersten Lebensjahrzehntes beobachtet wurde, eine Ansicht, die wohl etwas zu weit geht, da die Entwicklung des Hydrophthalmus doch langsam erfolgen kann, wenn die Abflußwege nicht gänzlich fehlen, sondern nur insuffizient sind. Bestätigungen aus neuerer Zeit liefern die Arbeiten von PANICO (1928) und von CUCCO (1922), der speziell Stellung nimmt gegen die Anschauung von MAGITOT (1912), der der anatomisch gefundenen Verlegung des Kammerwinkels keine Bedeutung beilegt, weil endophlebitische Prozesse auf der Grundlage endogener Veränderungen im vorderen Bulbusabschnitt das auslösende Moment seien. In der Ablehnung dieser Anschauung wird man CUCCO nur zustimmen können.

Die Anschauung von der Bedeutung des Kammerwinkels wurde nicht in vollem Umfange anerkannt von MELLER (1916), der die Wichtigkeit der von ihm gefundenen Irisveränderungen für die Entstehung des Hydrophthalmus betont, weil die Iris auch an dem Abfluß des Kammerwassers beteiligt sei. Die Verdichtung des Gewebes und das Fehlen der Iriskrypten, die hochgradige Atrophie der Iris und einige Bildungsanomalien sind sicherlich imstande eine schwere Funktionsstörung im Bereiche dieses Gewebes zu erklären. ELSCHNIG (1928) hebt aber mit Recht hervor, daß in MELLERs Fall, wie auch bei früheren Untersuchungen, der Kammerwinkel verändert war durch Verdichtung des Ligamentum pectinatum und Übergang des Epithels auf die hintere Fläche der Hornhaut, wobei die SCHLEMMschen Venen rückwärts gelagert und undeutlich waren, wie auch ROTTER zur Demonstration von Präparaten, die BEST (1929) zur Illustration von Irisveränderungen zeigte, bemerkt, daß der SCHLEMMsche Kanal weit nach vorn gelagert und offen sei, was gegen Hydrophthalmus spräche. Diese Befunde von MELLER konnte SEEFELDER (1916) nicht bestätigen, der wieder ausschließlich Veränderungen in der Kammerbucht feststellte, ebenso wie JAENSCH (1927). In dieser neueren Arbeit von JAENSCH, in der besonders auf diese von MELLER angegebenen Veränderungen der Iris geachtet wurde, wird an Hand von neuen Fällen nachgewiesen, daß nur einmal klinische Veränderungen im Sinne von MELLER, anatomisch aber lediglich Veränderungen in der Kammerbucht gefunden wurden. Es sei hier ferner noch bemerkt, daß HEINE (1923) in seiner Arbeit über das Septum frontale in zwei Fällen von Buphthalmus bei stark gedehnter Zonula eine Wucherung der unpigmentierten Ciliarepithelien fand, die sich in der Richtung der Zonulafasern schlauchartig entwickelt hatten.

Eine neuere Arbeit von COSMETTATOS (1928), der in einem Falle einen aus der Fetalzeit stammenden Fehler in der Ausbildung der vorderen Kammer, Anlagerung der Iris und der Pupillarmembran an die Cornea, konstatierte, kommt zu dem Schlusse, daß der Hydrophthalmus auf eine in der Fetalzeit auftretende Hypersekretion zurückzuführen sei, die ihrerseits Veränderungen in den Abschlußwegen hervorriefe.

An dieser Stelle sei auch das eingehende Referat erwähnt, welches LAGRANGE (1925) auf dem Kongreß der französischen Ophthalmologischen Gesellschaft über die Behandlung des kindlichen Glaukoms erstattete. In der Einleitung geht LAGRANGE auch auf die Pathogenese ein.

Es war zu erwarten, daß in neuerer Zeit auch Stimmen laut würden, welche endokrinen Einflüssen einen Einfluß einräumen wollen. So konnte MAZZEI (1925) bei drei Fällen durch die Adrenalinprobe sympathische Einflüsse feststellen, die ihm für die Theorie von ANGELUCCI zu sprechen scheinen, wobei er der Thymusdrüse eine gewisse Rolle zuschreibt. Auch WÜRDEMANN (1927), der in der Thymusdrüse zahlreiche HASSALsche Körperchen fand, betont die Möglichkeit einer endokrinen Störung. Wenn ROHR (1919) der exsudativen Diathese eine Bedeutung für die Entstehung oder Entwicklung des Leidens beimißt, wird man ihm auf diesem Wege nicht folgen können.

Eine weitere Stütze erhält die Auffassung, daß der Hydrophthalmus letzten Endes auf der Grundlage einer *Entwicklungsstörung* beruht, dadurch, daß der Hydrophthalmus häufig mit *anderweitigen Mißbildungen* der Augen vergesellschaftet ist, wie auch die Fälle von gleichzeitigem Vorhandensein von *Neurofibromatose* und *Naevus flammeus* dafür sprechen. Aus der Zusammenstellung von FERBER (1913) erwähne ich hier den Fall von PFLÜGER und BRUNHUBER, wo gleichzeitig Aniridie beobachtet wurde, was ja, worauf SEEFELDER hinweist, kein völliges Fehlen der Iris bedeutet, weshalb sehr wohl Veränderungen im Kammerwinkel vorhanden sein können. Iriskolobome fanden GALLENGA (1885) und v. HIPPEL (1899); MAYOU (1910) ein Pseudogliom neben mangelhafter Entwicklung der Kammerbucht. Kataraktbildung fand TAKASHIMA (1913). Im Falle von SCHLAEFKE (1913) fehlte die Linse mit ihrer Kapsel und es bestand eine ausgedehnte vordere Synechie. Außer in dem Fall von SCHLÄFKE (1913) bestanden vordere Synechien in den Fällen von REIS (1905), MAYOU (1910) und BÖHM (1913, 1914). In der Zusammenstellung von SCHMIDT-RIMPLER werden noch die Fälle von CABANNES und VENNEMANN erwähnt.

Aus der neueren Literatur möchte ich noch folgende Fälle anführen. Ebenso wie SCHLAEFKE fand MAYOU (1910) eine vordere Irissynechie. In der anschließenden Diskussion wird von PARSONS bezweifelt, daß es sich um einen Buphthalmus gehandelt habe; es sei wohl ein Staphylom gewesen. Diese Unterscheidung ist stellenweise nicht ganz leicht, wie auch ein neuerer Fall von CLAUSEN (1922) lehrt, bei dem ich (1923) für das Vorhandensein eines Buphthalmus neben anderen Entwicklungsstörungen plädierte, während der Autor ein Staphylom annahm. Die von HOSFORD (1908) geschilderten Irismißbildungen werden von TREACHER COLLINS (1913) als angeborene Mißbildungen der Uvea erklärt, und ZENTMAYER (1913) fand in einem Falle ein Iriskolobom. FARINO (1924) sah an der einen Seite eine partielle Irideremie und an der anderen Seite Corectopie. MARSCHALL (1924) fand eine Persistenz der Tunica vasculosa lentis, und ebenso BÖHM (1913, 1914) neben Polarkatarakt Reste der Pupillarmembran, WÜRDEMANN (1927) eine Aniridie und DAWENPORT (1924) neben Heterochromie ein Iriskolobom, Iridoplegie und Pupillarmembran, BEST (1929) eine starke Verdickung des Sphincterteiles der Iris. FRACASSI (1929) beobachtete bei einem Kaninchenwurfe bei 9 Jungen zweimal Hydrophthalmus und einmal Kolobom der Iris und des Opticus.

Auch Mißbildungen im Bereiche des übrigen Körpers spielen eine Rolle. So fand PINKUS eine halbseitige Alopecie. SCHMIDT-RIMPLER erwähnt einen Fall von HIMLY mit Polydaktylie und einen Fall von Mikrognathie und Gaumenspalte von SEEFELDER; hierzu kommt noch ein Fall von FERBERS (1913), der bei Exencephalie Hydrophthalmus feststellte und von JAENSCH (1923), wo gleichzeitig eine hintere Encephalocele vorlag.

Eine weitere Stütze findet die Annahme einer Mißbildung in den Fällen, wo *Heredität* oder Blutsverwandschaft vorlag. Aus der Zusammenstellung von SCHMIDT-RIMPLER führe ich an die Fälle von ARGYLL ROBERTSON, bei Mutter und zwei Kindern, von VENNEMANN bei Mutter und einem Kind, von BONDI bei Mutter und zwei Kindern. Häufiger ist die kollaterale Vererbung, die mehrere Geschwister befällt, wie bei ANGELUCCI, RAMPOLDI, PASTILLO, GUYOT, WALLENBERG, GALLENGA, JOHNSON und CARLOTTI, die in meiner Monographie (1909) angeführt sind, wozu noch Fälle von STEINHEIL und JÜNCKEN kommen, die von FERBERS angeführt werden. Ferner die Fälle von REIS, PFLÜGER, SCHLEGTENDAL, ZAHN und WARLOMONT, die SCHMIDT-RIMPLER anführt, wozu sich noch neuere Fälle von COLOMB (1913) und KALASCHNIKOFF (1911) gesellen. Von mehreren Autoren wird der Einfluß der Blutsverwandtschaft betont (siehe SCHMIDT-RIMPLER), die von LAQUEUR in 13 Fällen fünfmal festgestellt wurde, während sie ZAHN in 10% der Fälle und SEEFELDER unter 47 Fällen nur einmal konstatierte. Die Frage nach dem Substrat der Vererbung wird sich wohl schwer beantworten lassen, weil nur selten Gelegenheit gegeben wird, Fälle von Geschwistern anatomisch zu untersuchen. So sind wir auf die Vermutung angewiesen, daß hier die geschilderten Verhältnisse im Bereiche der Iris und Kammerbucht eine Rolle spielen.

Nachdem wir somit die Verhältnisse, d. h. das klinische und anatomische Bild sowie die Entstehung des Leidens geschildert haben, ist noch ein Eingehen auf verschiedene Momente notwendig, die zur Ergänzung hinzugefügt werden müssen. Was zunächst die Häufigkeit des Leidens angeht, so finden sich in den Statistiken von GROS, ZAHN, KUNSTMANN und von SEEFELDER, wie SCHMIDT-RIMPLER anführt, die Angabe, daß das männliche Geschlecht öfter befallen als das weibliche, meistens trete das Leiden doppelseitig auf. Auch örtliche Verschiedenheiten kommen vor, indem z. B. in Tübingen doppelt soviel

Fälle vorkommen als in Leipzig und in Breslau, wie KAMINSKI (1913) angibt. Weiterhin differieren die Angaben über die Zeit des Auftretens des Leidens sehr erheblich; wohl deshalb, weil gewisse Vergrößerungen des Augapfels bei Neugeborenen noch als in das Bereich des Normalen fallend angesehen werden. Nach SCHMIDT-RIMPLER gibt ZAHN an, daß in 57 Fällen das Leiden 24mal, GROS daß unter 45 Fällen 27mal und SEEFELDER daß unter 47 Fällen 9mal das Leiden gleich nach der Geburt festgestellt wurde, wobei er allerdings von dem Zeitpunkt des Auftretens akuter Erscheinungen ausgegangen ist. Nach SEEFELDER tritt meist in dem ersten Jahren und nicht nach dem 7. Lebensjahr diese Erscheinung auf.

Der Verlauf des Leidens ist derart, daß wie beim Glaukom der Erwachsenen, Sehschärfe und Gesichtsfeld weitgehend reduziert werden können, während der Farbensinn erhalten bleibt; dagegen fand SEEFELDER den Lichtsinn bei älteren Personen herabgesetzt. Wie SCHMIDT-RIMPLER anführt, können nach MAYERHAUSEN und BERGMEISTER in der Periode des Zahnens entzündliche Erscheinungen intermittierend auftreten.

Wird das Leiden nicht behandelt, so tritt Erblindung ein, aber auch nach Behandlung ist die Prognose unsicher. Es finden sich in späteren Stadien Intercalarstaphylome, Hornhauttrübungen mit Gefäßbildungen, Katarakt und Linsenluxation, wie z. B. in einem Falle von MARLOW (1905). In einer Reihe von Fällen platzte nach geringfügigen Traumen der Augapfel in der Nähe des Hornhautrandes, z. B. in den Fällen von HÖEG (1911) und von GAST (1902), wo der ganze Bulbusinhalt entleert wurde; ebenso im Falle von BLAIR (1910). In vielen Fällen gesellte sich später eine Netzhautablösung und Drucksenkung hinzu. Daß das Sehvermögen längere Zeit gut bleiben kann, beweisen die von SCHMIDT-RIMPLER angeführten Fälle von HAAB, BIJLSMA, ZAHN, WARLOMONT und EPINATJEW, wo auch die Exkavation vermißt wurde, wobei kein Unterschied gegenüber der Megalocornea gemacht wird, worauf ganz speziell in Zukunft geachtet werden muß. Was nun die Drucksteigerung angeht, so ist es klar, daß exakte Druckmessungen mit dem Tonometer, da es sich meist um schreiende Kinder handelt, schwer und selten ausführbar ist, weshalb AXENFELD (1911) die Chloroformnarkose benutzte, und eine Tension von 40—50 mm feststellte, wie auch ELSCHNIG (1910) in einem Falle 40 mm messen konnte. Auch GILBERT (1912) stellte in 3 Fällen von Hydrophthalmus Drucksteigerungen von 55—100 fest, und in einem Falle, der als einfacher Hydrophthalmus bezeichnet wurde, betrug die Tension 15 mm. KAMINSKI (1913) stellte ebenfalls ziemlich erhebliche Drucksteigerungen fest, und GILBERT (1912) fand 60—65 gegenüber

20—25 auf dem nicht befallenen Auge. Weiterhin sei noch bemerkt, daß CUCCO (1922) bei Kaninchenfeten, die aus dem Uterus entnommen und wieder reimplantiert wurden, durch mechanische Reizmittel im Bereiche des vorderen und hinteren Abschnittes vergeblich versuchte, einen Hydrophthalmus zu erzeugen, was ebensowenig gelang wie bei Kauterisation des Limbus bei neugeborenen Kaninchen, während er bei einem Hunde einen Hydrophthalmus entstehen sah. Diese Experimente leiten hinüber zu der Frage, wie es sich mit dem Vorkommen des Hydrophthalmus bei Tieren verhält.

Hierüber gibt eine Studie von PICHLER (1909) Auskunft, der bei einem albinotischen Kaninchen einen Hydrophthalmus feststellte. Er erwähnt die Arbeit von STILLING, der nach Beobachtungen an Fischen und Hunden die Frage erörtert, ob Hydrophthalmus nicht die allgemeine Glaukomform des Tierauges sei. Daß die Exkavation fehlt, beruhe nach MÖLLER und BAYER häufig darauf, daß die Lamina cribrosa bei Tieren mehr Widerstand leistet. EVERSBUSCH sah bei Hunden Exkavation, ohne daß die Spannung und Größe des Auges verändert war, wobei er selbst bezweifelt, ob Glaukom im Spiele gewesen sei. v. PFLUGK macht darauf aufmerksam, daß bei Tieren erhebliche Druckschwankungen vorkommen. Jedenfalls entsteht die Ausdehnung des Augapfels unter Umständen sehr rasch. PICHLER führt weiter an, daß die Mehrzahl der bei Tieren beobachteten Fälle Sekundärglaukome gewesen seien. Fälle von MÖLLER, von STILLING und von v. PFLUGK seien irritative Glaukome gewesen und ein Fall von DEXLER war mit einer anderen krankhaften Veränderung verbunden. Weitere Einzelbeobachtungen über Glaukome sind die von ROSENTHAL bei Kaninchen, von KOBY (1929) beim Schwein, von BAYER beim Hund, von KÖNIGSHÖFER beim Tiger und von WILLACH sah bei zwei Fischen einseitigen Hydrophthalmus. Eine einheitliche Erklärung ist nach PICHLER für diese verschiedenartigen Glaukome wohl nicht zu geben. Eine Mitteilung von VOGT (1919) betrifft drei einjährige Kaninchengeschwister, die alle drei beiderseits hochgradigen Hydrophthalmus hatten, der schon ein 3/4 Jahr zuvor beobachtet wurde. Nach Kreuzung zweier dieser Kaninchen wurde bei drei Nachkommen beiderseits hochgradiger Hydrophthalmus mit bandförmiger Keratitis der Lidspaltenzonen beobachtet. Die Vergrößerung des Auges wird nicht als eine angeborene betrachtet. Eine Arbeit von KIPSHAGEN (1924) berichtet über einen doppelseitigen angeborenen Hydrophthalmus bei einem Küken mit staphylomartiger Vorwölbung der Hornhaut; eine Exkavation bestand nicht. Im zweiten Falle wurde ein Hydrophthalmus bei einer alten Katze als Folge einer doppelseitigen Iridocyclitis nach Diabetes infolge von Pankreasnekrose beobachtet;

hierbei war starke Exkavation vorhanden. KIPSHAGEN weist auf GRIEDER hin, der angibt, daß die Drucksteigerungen im Tierauge sehr verschieden seien. Insbesondere sei bei Pferden und Rindern die Lamina cribrosa widerstandsfähiger als die Hornhaut und Sclera. Mit Recht bemerkt der Referent BERGMEISTER zu dieser Erklärung, daß man bei einem Sekundärglaukom nach Iridocyclitis nicht von einem Hydrophthalmus sprechen sollte, wie z. B. in einem Falle von Tuberkulose, den WORTHINGTON (1911) beschreibt.

Derartige Sekundärformen des Hydrophthalmus kommen auch beim Menschen vor, insbesondere auch nach Verletzungen. SÉDAN (1925) berichtet über einen Buphthalmus, der sich bei einem $3^1/_4$jährigen Jungen nach perforierender Verletzung entwickelte. Auch GUIRE (1915) sah, daß sich nach einer geheilten Cornealruptur ein Buphthalmus entwickelte. In gleicher Weise disponiert hierzu die Keratitis parenchymatosa und es muß auch der im hydrophthalmischen Auge später infolge der Überdehnung auftretenden Luxation der Linse eine Mitwirkung an einer Steigerung des intraokularen Druckes beigemessen werden. Daß die Keratitis parenchymatosa durch Beteiligung der Iris und des Ciliarkörpers ein Sekundärglaukom erzeugen kann, ist bekannt; z. B. berichtet IGERSHEIMER (1911), daß er bei 32 Fällen von parenchymatöser Keratitis in frischen Fällen Drucksenkung, in älteren dagegen Drucksteigerung beobachtet habe. SCHUMWAY (1912) berichtet über einen solchen Fall, der erfolgreich operiert wurde, und STANFORD (1926) warnt davor, bei diesen langdauernden Prozessen die Kinder längere Zeit unbeobachtet zu lassen, weil bei der medikamentösen Behandlung inzwischen Glaukom auftreten kann. Ich selbst habe einen Fall von schwerem Intacalarstaphylom von Keratititis parenchymatosa beobachtet, welches erst einige Jahre nach Abklingen der Hornhauterkrankung auf einem Auge auftrat. Daß auch anderweitige Formen von Keratitis Intacalarstaphylome hervorrufen können, zeigt ein Fall von SEGAL (1909). Daß die angeborenen Hornhauttrübungen Hydrophthalmus im Gefolge haben können wurde bereits erwähnt, und es ist verwunderlich, daß AUBARET u. SEDAN (1925) neuerdings wieder solche Fälle auf eine intrauterine Entzündung zurückführen wollen. Über einen Fall von WYGODSKY (1911) habe ich Notizen nicht finden können. Eine Ausnahmestellung nimmt der Fall von ONFRAY u. PLIQUE (1924) ein, die bei einem drei Wochen alten Kinde beiderseits Hydrophthalmus beobachteten, wobei das Kind im Bereiche der Hornhaut rezidivierende Perforationen davontrug, bis der Prozeß auf antiluetische Behandlung zum Stillstand kam. Weiterhin wurden Sekundärglaukome beobachtet bei intraokularen Geschwülsten, speziell beim Gliom, bei dem wegen des jugendlichen Alters die Dehnbarkeit der Bulbushüllen eine größere ist. Es kommt zur erheblichen Drucksteigerung und besonders zu Ausbuchtungen in der Ciliarkörpergegend, schweren Trübungen der Hornhaut und Stauungserscheinungen im vorderen Bulbusabschnitt. In einem Fall von WAGENMANN (1900) wird ein kongenitales Angiom der Aderhaut als Ursache des Hydrophthalmus angesehen. Es sei ferner noch bemerkt, daß bei diesen Ektasien der Bulbushüllen auch noch ein Staphyloma verum neben der Exkavation auftreten kann, wie TERTSCH (1911) beobachtete, welches auf eine abnorme Gefäßverteilung im Hintergrunde zurückzuführen ist, wie ja auch beim Hydrophthalmus myopische Refraktion gefunden wird, wie schon oben ausgeführt ist. In allen diesen Fällen liegt, wie beim Sekundärglaukom, die Ursache klar zutage, während bei dem eigentlichen Hydrophthalmus die klinischen Untersuchungen auch mit Hilfe der Spaltlampe die Ursachen nicht aufzudecken vermögen, so daß erst die anatomische Untersuchung imstande ist, die am meisten in Betracht kommenden Veränderungen im Bereiche der Kammerbucht nachzuweisen.

Schließlich seien noch die Versuche von WESSELY (1909) am wachsenden Kaninchenauge erwähnt, bei denen durch Iridencleisis Volumenzunahme des Bulbus oder durch wiederholte Discissionen Buphthalmus erzeugt wurde.

Bei längerem Bestehen eines Buphthalmus kann plötzlich Hypotonie auftreten. Zu einem Falle von HÜHN (1929) bemerkt AXENFELD, daß es sich dabei um Netzhautablösung handeln kann.

## B. Megalocornea.

In differentialdiagnostischer Hinsicht bleibt noch einzugehen auf die sogenannte Megalocornea, deren Klassifikation Gegenstand eingehender Diskussionen gewesen ist. Es handelt sich um eine Erscheinung, bei der der Hornhautdurchmesser eben so stark vergrößert sein kann, wie beim Hydrophthalmus. Genaueres über die Entwicklung dieser Frage ist in der aus der hiesigen Klinik (1916) stammenden Dissertation von BOAS (1916) zusammengestellt, aus welcher ich nur das Wichtigste hervorheben will. Schon HORNER war dafür eingetreten, daß bei einem Teil der Fälle von Hornhautvergrößerung das Krankheitsbild der Megalocornea Selbständigkeit beanspruchen müsse, ein Standpunkt, der auch von seinen Schülern, von MICHEL, HAAB und PFLÜGER vertreten wurde. Es wurde dann von EPINATZEW und anderen die Anschauung vertreten, daß die mit Megalocornea behafteten Augen früh geheilte oder zum Stillstand gekommene Hydrophthalmi repräsentieren, wofür die von HAAB, AXENFELD und anderen festgestellte Rißbildung der DESCEMETschen Membran als beweisend angesehen wurde. Die Ansichten über die Zusammengehörigkeit oder Trennung der beiden Formen wurden erst geklärt, als zunächst FERBERS (1913) aus der Leipziger Klinik einen Fall mitteilte, bei dem es sich um einen fetalen Megalophthalmus handelte. Bald darauf berichtete KAYSER (1913), der die Megalocornea als selbständige Krankheitsform anerkennt, über die Vererbung bei 17 Fällen in einer Familie. Auch GERTZ (1915) berichtet über zwei Fälle von vererbbarer Megalocornea. STÄHLI (1914) nimmt für die Megalocornea einen partiellen Riesenwuchs an, während SALZMANN einen Unterschied zwischen Megalocornea und Hydrophthalmus nicht finden kann. Durch SEEFELDER (1916) wird jedoch neuerdings wieder auf die Wichtigkeit der Vererbbarkeit der Megalocornea hingewiesen, die auch BERG (1928) bestätigte. Es erhält diese Ansicht eine weitere Stütze durch eine Arbeit von KESTENBAUM (1919), der sich dahin ausspricht, daß überall wo Drucksteigerungen zu finden sind, es sich um Hydrophthalmus handelt, der in seltenen Fällen früh heilen kann. Die Megalocornea ist aber klinisch und pathogenetisch vom Hydrophthalmus zu trennen, weil hier Glaukomsymptome und Risse der DESCEMETschen Membran fehlen und in der Mehrzahl der Fälle familiäres Auftreten zu finden ist. Auch GALA (1925) erkennt die Wichtigkeit des Vorhandenseins oder Fehlens der DESCEMET-Risse an. KRAUPA (1921) spricht sich dahin aus, daß es Mißbildungen im Sinne eines Riesenwuchses des Auges sind, die sich nach bestimmten Gesetzen vererben. Das Megalocornea-Auge sei eine idiogene, der Hydrophthalmus eine peristatisch bedingte Mißbildung. Weitere Einzelfälle finden sich noch bei MUSIAL (1924), WEIZENBLATT (1928) und von PETRES (1929), der bei Vater und zwei Söhnen Megalocornea, Verfärbung der Iris und Pigmentablagerungen auf der Linsenkapsel beobachtete. Wir müssen feststellen, daß auch auf diesem Gebiete die Vererbungslehre eine alte Streitfrage beseitigt hat, indem wir nunmehr die Megalocornea als wesensverschieden vom Hydrophthalmus ansehen müssen.

Eine neuere Arbeit von WENGER u. SALMON (1929) beschäftigt sich speziell mit der geschlechtsgebundenen Vererbung der Megalocornea und es wird die Möglichkeit betont, daß es sich um einen Atavismus handelt, weil bei gewissen Affen ein ähnliches Verhältnis zwischen Hornhaut und Bulbusdurchmesser bestehe.

## C. Haut- und Gefäßveränderungen bei Hydrophthalmus.

Sehr auffallend sind die besonders in der Nachbarschaft des Auges oder auch an anderen Stellen auftretenden Veränderungen der Haut, die auf kongenitaler Grundlage beruhen. In erster Linie kommt in Betracht die Neurofibromatose. Von Schmidt-Rimpler werden angeführt Fälle von Schiess-Gemuseus, Snell, Treacher Collins, Batten, Siegrist und ein Fall von Sachsalber, in welchem es sich um eine Vergrößerung der linken Gesichtshälfte und Tumorbildung in der linken Orbita und Schläfengegend durch *Neurofibrom* handelte und gleichzeitig ein Buphthalmus vorhanden war. Die die verdünnte Sclera durchsetzenden Nerven waren weitgehend verändert, und an den Vortexvenen traten Endothelwucherungen hervor, vor allem waren die perivasculären Lymphräume durch Wandverdickungen verändert. Die Vorderkammer war tief, jedoch fehlten Entzündungserscheinungen. Sachsalber hält eine primäre Erkrankung der Lymphbahnen der Nerven für die Ursache sekundärer Ernährungsstörungen, die zu Bindegewebswucherungen und Gefäßobliterationen führten, welche eine Lymphstauung bewirkten. Weiterhin berichtet Michel (1908) über drei Fälle, welche anatomisch untersucht wurden. Auf Grund seiner Befunde, die auch fibromatöse Veränderungen in den Ciliarnerven ergaben, glaubt von Michel, daß es sich nicht um sekundäre vasomotorische Störungen, sondern um koordinierte Vorgänge handelt, wobei die Fibromatose des Kammerwinkels die Ursache der Drucksteigerung sei. Der isolierte Buphthalmus könne sogar als einziges Zeichen einer halbseitigen Gesichtsfibromatose aufgefaßt werden. In einem Falle von Michelsohn u. Rabinowitsch (1906) fanden sich allgemeine Hyperämie und Verlötung des Kammerwinkels; entzündliche Veränderungen dagegen fehlten. Die Abflußwege im Kammerwinkel waren insuffizient, die Ciliarnerven weitgehend verändert, und es werden Zirkulationsstörungen der Drucksteigerung zugrunde gelegt. Diese Hyperämie und Gefäßstörungen bewirkten indirekt den Verschluß des Kammerwinkels. Auch im Fall von Murakami (1913) war starke Hyperämie und Veränderung im Perineurium der Ciliarnerven festgestellt. Das Fehlen des Schlemmschen Kanals und die Veränderungen im Kammerwinkel hält Murakami für Sekundärerscheinungen, dagegen betont Wagenmann im Anschluß an einen Fall von Lezius (1899), daß es sich hier um koordinierte Veränderungen handelt, während Seefelder (1920), der keine neurofibromatösen Veränderungen feststellen konnte, annimmt, daß die Gewebsveränderungen im Kammerwinkel als Ursache der Drucksteigerung anzusehen seien, was von Wiener (1925) in einem histologisch untersuchten Fall bestätigt wird. Weitere Fälle werden beschrieben von: Sutherland u. Majou (1907), Weinstein (1909), Komoto (1921), Pomplun (1921), Mintschewa (1926), Rosenmayer (1906) und Panico (1928). In dem Falle von Mintschewa fand sich bei einseitiger Elephantiasis der Lider eine Erweiterung der Sella turcica, welche als Teilerscheinung einer

Hypophysenerkrankung aufgefaßt wird, und diese soll das Endokrine- und Knochensystem in gleicher Weise befallen. Einen ähnlichen Fall beschreibt METZGER (1925). Auffallend ist, daß in einem Falle von enormer Neurofibromatose der Lider, der Orbita und des Gehirns, den HEINE (1927) genauer beschreibt, der Augapfel, den MANS (1927) untersuchte, weitgehende neurofibromatöse Veränderungen aufwies, aber normale Größe besaß. Auf Grund seiner Untersuchung von zwei weiteren Fällen kommt NITSCH (1929) zu dem Schluß, daß Neurofibromatose des Auges mit einer solchen des übrigen Körpers einhergehen kann, aber nicht muß. In beiden Fällen lag Hydrophthalmus vor. Im ersten wurde die Neurofibromatose erst aus dem histologischen Befunde erschlossen, während der zweite dem Falle von HEINE-MANS darin glich, daß im Auge tumorartige Veränderungen mit allgemeiner Neurofibromatose einhergingen. In dem Falle von CABANNES (1909) handelt es sich nicht um eine Fibromatose, sondern um Hemihyperthrophie des Gesichtes, wie im Falle von SÜSS (1926). Diese einseitige Hypertrophie beschränkte sich im Falle von ABRAMOWICZ u. WASOWSKI (1926) auf die gleichseitige Ohrmuschel, wofür ein hypophysaerer Ursprung angenommen wird. Wenn CORONAT (1913) in einem Fall von Hydrophthalmus eine Pseudoelephantiasis, besonders der unteren Extremitäten bei einem dreijährigen Kinde mit ödematösen Veränderungen erklärt, die im Auge Drucksteigerung erzeugen sollen, so erscheint das wohl nicht hinreichend begründet, und wenn ADDARIO (1929) bei einem Xanthelasma eine Steatose, eine Lipoidinfiltration der Iris für die Atrophie des vorderen Irisblattes verantwortlich macht, wie auch eine Lipämie des Glaskörpers beteiligt sein soll, so ist dieser Einzelfall im Hinblick auf die Häufigkeit des Xanthelasma wohl nur als eine zufällige Erscheinung zu betrachten. Eine interessante neuere Beobachtung von ACHTERMANN (1929) sei hier noch angeführt. Es bestand bei einem Manne eine Neurofibromatose und früher war Buphthalmus vorhanden gewesen. Der Sohn hatte beiderseits chronisches Glaukom bei RECKLINGHAUSENscher Krankheit und es wurde festgestellt, daß die Mutter an chronischem Glaukom gelitten hatte.

Die zweite Erscheinung die im Bereiche der Haut bei Hydrophthalmus beobachtet wurde, ist der *Naevus flammeus*, bei dem wohl auch im Augeninnern angeborene Gefäßerweiterungen bestehen, die den Augen Gefahr bringen können. Die bisher publizierten Fälle sind die von: SCHIRMER (1860), BELTMANN (1904), HORROCKS (1883), MACKENZIE (1879), CUPERUS (1909), ELSCHNIG (1918), NAKAMURA, SAFAR (1923, 1929), KRAUSE (1929), FREESE (1920), KOMOTO (1928) und KAISER (1928). Hierbei muß bemerkt werden, daß es sich in den Fällen von:

DUSCHNITZ (1923), SALUS (1923), BÄR (1925), WAARDENBURG (1929), GINZBURG (1926), YAMANAGA (1927), KNAPP (1928), ORLOW (1924), DE HAAS (1928), ZVEREVA (1928) KRAUSE (1929) und von OHNO (1929) um ein Glaucoma simplex im nicht vergrößerten Auge handelte, was das Zusammenvorkommen mit Naevus flammeus nur noch interessanter macht. Ein weiterer Fall von MCRAE (1929) scheint mir auch hierherzugehören, obwohl der Autor angibt, der Druck sei normal gewesen. Genauere Angaben, speziell über Druckschwankungen, liegen nicht vor, und des Zusammenvorkommens von Glaucoma simplex in diesen anderen Fällen ist mit keinem Worte gedacht. In jenen Fällen zeigten die Netzhautgefäße stärkere Füllung und im Falle von BELTMANN war bemerkenswert, daß die Drucksteigerung intermittierend auftrat und der Menstruation vorausging. Auch im Falle von ZAUN (1924) wechselte die Drucksteigerung und der Füllungszustand der Gefäße im Bereiche der Hautanomalien, wie auch von ELSCHNIG (1918) in seinem Falle nach Kompression der Carotis eine erhebliche Drucksenkung beobachtet wurde, woraus auf ähnliche Gefäßerweiterungen im Ciliarkörper und der Aderhaut, vielleicht auch auf gesteigerte Sekretion geschlossen wird. Der Fall von BÄR (1925) ist dadurch ausgezeichnet, daß sich die Gefäßveränderungen nicht nur auf die Aderhaut, sondern auch auf die Netzhaut erstreckten. Die anatomische Untersuchung eines Falles von SAFAR (1923, 1929) ergab, daß Gefäßerweiterungen keine Rolle spielen; es fanden sich dagegen Veränderungen im Kammerwinkel, speziell in der Gegend des SCHLEMMschen Kanales, wo sich Pigmentanschwemmungen zeigten, wie sie von anderen Autoren bei jugendlichem Glaukom beschrieben sind, weshalb diese Form des Hydrophthalmus nicht als direkte Folge von Gefäßveränderungen im Auge angesehen werden kann. Auch MARCHESANI (1925) schließt sich dieser Erklärung an. Im Falle von v. RÖTTH (1928) wird der Zusammenhang zwischen Naevus und Glaukom in einer Störung des Kopfsympathicus gesucht, die wie v. CZAPODY bemerkt, auch endokriner Natur sein kann. Jedoch weist v. RÖTTH darauf hin, daß die Hypophyse bei Angiomen nicht verändert war. Im Anschluß an einen Fall von VOEGELE (1928) teilt CLAUSEN mit, daß in einem anatomisch untersuchten Falle Veränderungen in der Gegend des SCHLEMMschen Kanales nicht vorhanden waren, wohl aber Gefäßerweiterungen im Bereiche der Iris, die als plethorisch im Sinne von ELSCHNIG aufgefaßt werden. Im Fall von KNAPP (1928) zeigte ein excidiertes Irisstückchen eine Verdickung der Iris durch neugebildete Gefäße und Proliferation von Endothelzellen, die wie beim Hautnaevus als Ursache der Obliteration des Kammerwinkels angesehen werden. Die Fälle in denen die Drucksteigerung erst in späteren Jahren auftrat, erklärt SALUS (1923) damit, daß die intraokulären Gefäßerkrankungen lange Zeit latent bleiben können. Sehr auffallend ist nach ELSCHNIG die Tatsache, daß bei Hämangiom und Lymphangiom der Orbita bisher eine Drucksteigerung nicht beobachtet wurde. Es ist nach ELSCHNIG der Zusammenhang zwischen Naevus flammeus und Glaukom so zu erklären, daß entweder Gefäßerweiterung in der Uvea oder Bildungsanomalien im Kammerwinkel vorhanden sind, die frühzeitig zu Drucksteigerung und Vergrößerung des Auges führen.

WAARDENBURG (1929), der mehrere Fälle von Glaukom bei Naevus flammeus beobachtete, ist der Meinung, daß die wiederholt beobachteten Irisveränderungen, besonders Heterochromie, eine koordinierte Asymmetrie darstellten, die zu Gefäßveränderungen und damit zur Drucksteigerung führe. (Siehe auch die Diskussionsbemerkungen zu diesem Vortrag von THIEL, v. RÖTTH, HAMBURGER u. a.) Auch die neuere Arbeit von HUDELO (1929) beschäftigt sich eingehend mit diesen Symptomkomplexen. Von großem Interesse sind auch die Fälle, in denen ein Hämangiom der Meningen zusammen mit Hydrophthalmus beobachtet wurde. MOORE (1929), der ein Hämangiom der Sehsphäre sah, führt acht derartige Fälle an (CUSHING drei Fälle, BOUCHFIELDT-WYATT zwei Fälle, AEYNSLEY zwei Fälle und PARKES-WEBER). Im letzteren Falle konnten anatomisch im Augeninnern keine Gefäßanomalien nachgewiesen werden. AEYNSLEY (1929) bringt neuerdings zwei weitere Fälle und stellt die früheren zusammen, in denen gleichzeitig cerebrale Veränderungen bestanden, wie auch in dem Falle von OHNO motorische und sensible Störungen in einer Körperhälfte bestanden hatten.

## Literatur.

*Hydrophthalmus. Megalocornea. Haut- und Gefäßveränderungen bei Hydrophthalmus.*

ABRAMOWITZ u. WASOWSKI: Buphthalmus und einseitige Hypertrophie der Ohrmuschel hypophysären Ursprungs. Zbl. Ophthalm. **18**, 233 (1926). — ACHERMANN: Zur Vererbung der RECKLINGHAUSENschen Krankheit. Z. Augenheilk. **67**, 141 (1929). — ADDARIO: Chronisches Glaukom mit Xanthelasma usw. Zbl. Ophthalm. **16**, 52 (1925). — AEYNSLEY: Buphthalmus und Naevus. Brit. J. Ophthalm. **1929**, 612. — ANGELUCCI: Hydrophthalmus. Arch. Ottalm. **1**, 333; **2**, 24 (1895). — AUBARET et SÉDAN: Angeborene Hornhauttrübungen und Glaukom. Jber. Ophthalm. **1922**, 182. — AURAND: Glaucome infantile chez deux frères. Arch. d'Ophthalm. **42**, 630 (1925). — AXENFELD: Dehiscenzen der Descemet. Klin. Mbl. Augenheilk. **43**, 160 (1905). — Bemerkungen über Hydrophthalmus und den Einfluß der Chloroformnarkose auf die intraokulare Spannung. Ebenda **49** (2), 503 (1911).

BACH: Ein Fall von chronisch-entzündlichem Glaukom. Münch. med. Wschr. **1912**, 1250. — BÄR: Feuermal und Glaukom. Z. Augenheilk. **57**, 628 (1925). — BELTMANN: Teleangiektasie und Glaukom. Graefes Arch. **59**, 1925. — BERG: Megalocornea.

Erblichkeit. Acta ophthalm. 6, 487 (1928). — BEST: Hydrophthalmus mit Entwicklungsstörung der Iris. Ref. Klin. Mbl. Augenheilk. **82**, 525 (1929). — BLAIR: Ruptur bei Buphthalmus durch Trauma. Ebenda **48** (2), 507 (1910). — BOAS: Über Megalocornea. Diss. Rostock 1916. — BÖHM: Hydrophthalmus congenitus. Klin. Mbl. Augenheilk. **51** (2), 251 (1913). **52**, 831 (1914). — Hydrophthalmus und Pupillarmembran. Ebenda **53**, 75 (1914). — Anatomie und Therapie des Hydrophthalmus. Ebenda **55**, 556 (1915). — BUCK: Hydrophthalmus. Amer. J. Ophthalm. **1**, 683 (1918).

CABANNES: Buphthalmus und Hemihypertrophie des Gesichts. Arch. d'Ophthalm. **1909**, 368. — CHRISTEL: Einseitiger angeborener Buphthalmus haemorrhagicus. Diss. Erlangen 1912. — CLAUSEN: Angeborenes Staphylom. Arch. Augenheilk. **91**, 198 (1922). — Buphthalmus und Naevus flammeus. Klin. Mbl. Augenheilk. **81**, 393 (1928). — COLLINS: Buphthalmus mit gutem Visus. Ophthalmoscope **1913**, 550. — COLOMB: Zur Ätiologie, Pathogenese und Therapie des Hydrophthalmus congenitus. Diss. Berlin 1913. — CORONAT: Elephantiasis congenitale et glaucome infantile. Clin. ophthalm. **1913**, 85. — CORONAT et AURAND: Un cas rare de buphthalmie géante. Ebenda **18**, 498 (1912). — COSMETTATOS: Genèse de l'Hydrophthalmie congenitale. Annales d'Ocul. **165**, 752 (1928). — CUCCO: Ätiologie und Pathogenese des Hydrophthalmus. Ann. Ottalm. **50**, 621 (1922). — CUPERUS: Teleangiektasie bei Glaukom. Klin. Mbl. Augenheilk. 47 (1), 334 (1909).

DAVENPORT: Congenital Anomalies. Zbl. Ophthalm. **13**, 403 (1924). — DETERMANN: Ein Fall von Buphthalmus. Diss. Heidelberg 1923. — Intraokularer Druck bei syphilitischer Keratitis der Kaninchen. Zbl. Ophthalm. **17**, 277 (1926). — DUSCHNITZ: Jugendliches Glaukom und Naevus flammeus. Klin. Mbl. Augenheilk. **70**, 404 (1923).

EHRLER: Hautkomplikationen bei Hydrophthalmus congenitus. Diss. Rostock 1927. — ELLET: Hydrophthalmus. Trans. amer. ophthalm. Soc. **21** (1923). — ELLIOT: Angeborenes Glaukom usw. Klin. Mbl. Augenheilk. **58**, 639 (1917). — A. ELSCHNIG: Druck bei Hydrophthalmus. Ebenda 48 (2) (1910), Beilageh. — Naevus vasculosus mit Hydrophthalmus. Z. Augenheilk. **39**, 189 (1918). — Glaukom. Hdb. HENKE-LUBARSCH 1928. — H. H. ELSCHNIG: Risse der Descemet bei Hydrophthalmus. Klin. Mbl. Augenheilk. **73**, 395 (1924). — ERDMANN: Keratoconus. Buphthalmus. Graefes Arch. 75 (1910).

FARINO: Hydrophthalmus mit Korektopie und Aniridie. Boll. Ocul. **1924**, 294. — FERBERS: Hydrophthalmus und Megalophthalmus. Diss. Leipzig 1913. — FRACASSI: Hydrophthalmus und Kolobom. Internat. Kongr. Amsterdam 1929. — FRANKE: Buphthalmus usw. Münch. med. Wschr. **1909**, 2344. — FREESE: Hydrophtalmus beim Erwachsenen. Klin. Mbl. Augenheilk. **65**, 922 (1920). — FUCHS: Sphincter pupillae. Ebenda **61**, 1.

GALA: Hydrophthalmus und Megalocornea. Zbl. Ophthalm. 8, 415. — Kammerwinkel bei Hydrophthalmus. Ebenda **14**, 792. — GALLEMAERTS: Glaukom und Spaltlampe. Ebenda **16**, 779 (1923). — GALLENGA: Refraktion bei Hydrophthalmus. Ann. Ottalm. **14** (1885). — GÄRTNER: Angeborener einseitiger Buphthalmus. Dtsch. med. Wschr. **1919**, 101. — GAST: Verletzungen krankhaft veränderter Augen. Diss. Jena 1902. — GERTZ: Megalocornea. Klin. Mbl. Augenheilk. **55** (2), 331 (1915). — GILBERT: Tonometrie bei Hydrophthalmus. Graefes Arch. **82**, 396 (1912). — GINZBURG: Glaukom, Feuermal und Acromegalie. Klin. Mbl. Augenheilk. **76**, 393 (1926). — GUIRE: Hydrophthalmus nach Trauma. Ebenda **54**, 707 (1915). — GUIST: Hydrophthalmus mit bänderförmigen Trübungen. Ebenda **65**, 114 (1920).

HAAB: Bändertrübungen. Klin. Mbl. Augenheilk. **1901**. — DE HAAS: Glaukom und Gefäßvermehrung der Aderhaut. Ebenda **80**, 830 (1928). — L. HEINE: Bulbus septatus. Z. Augenheilk. **51**, 285 (1923). — J. HEINE: Mißbildung bei Neurofibromatose. ZIEGLERS Beitr. path. Anat. **78** (1927). — v. HIPPEL: Geschwür der Hornhauthinterfläche. Festschr. f. A. v. HIPPEL 1899. — HÖEG: Traumatische Skleralruptur bei Buphthalmus. Z. Augenheilk. **25**, 191 (1911). — HORROCKS: Trans. United Kingdom **3** (1883). —

HOSFORD: Buphthalmus mit Irismißbildung. Klin. Mbl. Augenheilk. **46** (1), 561 (1908). — HUDELO: Glaucome et naevus facial. Annales d'Ocul. **166**, 889 (1929). — HUDSON: Neurofibromatose und Buphthalmus usw. Jber. Ophthalm. **1926**, 234. — HÜHN: Akute Hypotonie bei Buphthalmus. Klin. Mbl. Augenheilk. **82**, 254 (1929).

IGERSHEIMER: zu STOCK, Klin. Mbl. Augenheilk. **50** (1), 115 (1911).

JAENSCH: Anatomische und klinische Untersuchung bei Hydrophthalmus congenitus. Graefes Arch. **118**, 21 (1927). — Encephalocele und Hydrophthalmus. Sitzgsber. Ophth. Ges. Heidelberg **1923**.

KAISER: Hydrophthalmus und Feuermal. Z. Augenheilk. **63**, 318 (1927). — Hydrophthalmus und Feuermal. Dtsch. med. Wschr. **1928**, 996. — KALASCHNIKOFF: Buphthalmus. Z. Augenheilk. **25**, 300 (1911). — KAMINSKY: Klinisches über Hydrophthalmus congenitus. Diss. Breslau 1913. — KAYSER: Über Vererbung von Hydrophthalmus bzw. Megalocornea. Stammbaum mit rezessiver Vererbung in sechs Generationen. Klin. Mbl. Augenheilk. **52** (1), 142 (1913). — Megalocornea oder Hydrophthalmus. Ebenda **52**, 266 (1914). — KESTENBAUM: Über Megalocornea. Ebenda **62**, 733 (1919). — KILLIK: A case of congenital glaucoma. Trans. ophthalm. Soc. U. Kingd. **33**, 194 (1913). — KIPSHAGEN: Hydrophthalmus bei Küken und Katze. Zbl. Ophthalm. **12**, 445 (1924). — KIRANOFF: Glaukom und Naevus flammeus. Klin. Mbl. Augenheilk. **74**, 502 (1925). — KNAPP: Glaukom mit generalisiertem Hautnaevus. Ebenda **81**, 128 (1928). — KOBY: Hydrophthalmus beim Schwein. Annales d'Ocul. **166**, 208 (1929). — KOMOTO: Neurofibromatose mit Buphthalmus. Klin. Mbl. Augenheilk. **47** (1), 635 (1909). — Angioma faciei und Glaukom. Ebenda **69**, 158 (1921). — KOSTER: Stationärer Buphthalmus. Z. Augenheilk. **35**, 17 (1916). — KRAUPA: Megalocornea und Hydrophthalmus. Graefes Arch. **107**, 30 (1921). — KRAUSE: Naevus flammeus und Hydrophthalmus. Z. Augenheilk. **68**, 244 (1929).

LAGRANGE: Hydrophthalmus. Zbl. Ophthalm. **16**, 772 (1925). — LAMB: Hydrophthalmus. Ebenda **16**, 661 (1925). — LANDOLT: Veränderungen der M. Descemeti bei Buphthalmus. Klin. Mbl. Augenheilk. **49** (2), 538 (1911). — LARSSEN: Neurofibrom und Buphthalmus. Acta ophthalm. **3**, 220 (1926). — LEBER: Geschwulstbildungen der Netzhaut. Folgen der Drucksteigerung. Handb. d. ges. Augenheilk., 2. Aufl. **7**, 1089 (1916). — LEZIUS: Hauthypertrophie und Buphthalmus. Diss. Jena 1899. — v. LODBERG: Demonstration af präparater og fotografier af et tilfälde af hydrophthalmus og glioma retinae med orbitarecidiv. Hosp.tid. (dän) **1913**, 245. — LÖHLEIN: Glaukom der Jugendlichen. Graefes Arch. **95**, 393 (1913).

MACKENZIE: Naevus und Hydrophthalmus. Clin. Soc. Trans. **135**, 12 (1879). — MAGITOT: Etude anatomique sur le glaucome infantile. Annales d'Ocul. **147**, 214 (1912). — MANS: Bulbus bei exzessiver Neurofibromatose. Klin. Mbl. Augenheilk. **79** (1927). — MARCHESANI: Hydrophthalmus und Naevus flammeus. Zbl. Ophthalm. **16**, 237 (1925). — MARLOW: Buphthalmus mit Linsenluxation. Arch. of Ophthalm. **1905**. — MARSCHKE: Hydrophthalmus. Klin. Mbl. Augenheilk. **39**, (2), 705 (1901). — MARSHALL: Buphthalmus. Persistenz der Tunica vasculosa. Zbl. Ophthalm. **15**, 708 (1924). — MAYOU: Angeborene vordere Synechie und Buphthalmus. Klin. Mbl. Augenheilk. **48** (1), 509 (1910). — MAZZEI: Buphthalmus und endokrine Störungen. Zbl. Ophthalm. **16**, 412 (1925). — MELLER: Hydrophthalmus Folge einer Entwicklungsanomalie der Iris. Graefes Arch. **92**, 34 (1916). — MEISNER: Hydrophthalmus und angeborene Hornhauttrübungen. Ebenda **112**, 433 (1923). — METZGER: Elephantiasis der Lider Hydrophthalmus und Erweiterung der Sella turcica. Klin. Mbl. Augenheilk. **75**, 248 (1925). — v. MICHEL: Buphthalmus und Neurofibromatose. Sitzgsber. Ophth. Ges. Heidelberg **1908**. — MICHELSON-RABINOWITSCH: Hydrophthalmus congenitus. Arch. Augenheilk. **1906**, 55. — MINTSCHEWA: Erweiterung der Sella turcica, Elephantiasis der Lider und Hydrophthalmus. Klin. Mbl. Augenheilk. **76**, 403 (1926). — MOORE: Hämangiom der Meningen und Hydrophthalmus. Brit. J. Ophthalm. **1929**, Mai. — MORGAN: A case of Buphthalmus. Zbl. Ophthalm. **16**, 53 (1925). — MURAKAMI: Zur pathologischen Anatomie und Pathogenese des Buphthalmus bei Neurofibromatosis.

Klin. Mbl. Augenheilk. 51 (2), 514 (1913). — MUSIAL: Megalocornea und Hydrophthalmus. Zbl. Ophthalm. 15, 54, 643 (1924).

NAHMMACHER: Buphthalmus. Diss. Rostock 1910. — NAKAMURA: Hydrophthalmus, Naevus flammeus und Knochenverdickung. Klin. Mbl. Augenheilk. 69, 312 (1922). — NITSCH: Neurofibromatose des Auges. Z. Augenheilk. 69, 117 (1929).

OHNO: Angioma faciei und Glaukom. Ref. Zbl. Ophthalm. 22, 213 (1929). — ONFRAY et PLIQUE: Glaukom mit Rezidiv. Hornhautperforation. Ebenda 15, 116 (1924). — ORLOW: Pathogenese des Glaukoms. Ebenda 16, 661 (1924).

PANICO: Hydrophthalmus. Klin. Mbl. Augenheilk. 80, 706 (1928). — PARSONS: Refraktion bei Buphthalmus. Zbl. Ophthalm. 3, 281 (1920). — PETERS: Die angeborenen Fehler und Erkrankungen des Auges. Bonn: Fr. Cohen 1909. — Zu CLAUSEN: Buphthalmus. Klin. Mbl. Augenheilk. 70, 629 (1923). — Kolloideinlagerungen in die Hornhaut bei Buphthalmus. Arch. Augenheilk. 99 (1928). — v. PETRES: Megalocornea. Klin. Mbl. Augenheilk. 81, 404 (1928). — Megalocornea. Ebenda 82, 403 (1929). — PICHLER: Spontanes Glaukom beim Kaninchen. Arch. vergl. Ophthalm. 1, 175 (1909). — POMPLUN: Hydrophthalmus und Rankenneurom. Klin. Mbl. Augenheilk. 67, 242 (1921).

McRAE: Pseudoglaukom. Brit. J. ophthalm. 13, 63 (1929). — RAULT: Complications et prognostic de la buphthalmie. Rev. gén. Ophthalm. 1913, 513. — REIS: Hydrophthalmus. Graefes Arch. 60 (1905). — RICHUR: SCHLEMMscher Kanal bei Hydrophthalmus. Diss. Halle 1923. — RISLEY: Angeborener Hydrophthalmus. Iridocyclitis. Lues. Klin. Mbl. Augenheilk. 46 (2), 495 (1908). — v. RÖTTH: Glaukom und Feuermal. Ebenda 80, 405 (1928). — ROHR: Infantiles Glaukom und exsudative Diathese. Jber. Augenheilk. 1919, 260. — ROSENMEYER: Rankenneurose und Hydrophthalmus. Zbl. prakt. Augenheilk. 1906. — RUMSZEWICZ: Hydrophthalmus. Jber. Ophthalm. 1907, 174.

SAFAR: Hydrophthalmus und Naevus flammeus. Z. Augenheilk. 51, 501 (1923). Kl. Mbl. Augenheilk. 82, 534 (1929). — SALUS: Glaukom und Feuermal. Klin. Mbl. Augenheilk. 71, 305 (1923). — SANDMANN: Einseitiger sehr hochgradiger Hydrophthalmus. Münch. med. Wschr. 1913, 1801. — SCHIRMER: Ein Fall von Teleangiektasie. Graefes Arch. 7, 119 (1860). — SCHLAEFKE: Über einen Fall von Hydrophthalmus mit vorderer Synechie und Fehlen der Linse. Ebenda 86, 106 (1913). — SCHOUTE: Form des glaukomatösen Auges. Z. Augenheilk. 7, 263 (1902). — SÉDAN: Buphthalmus nach Trauma. Zbl. Ophthalm. 15, 361 (1925). — SEEFELDER: Hornhautradius bei Hydrophthalmus. Klin. Mbl. Augenheilk. 43 (2), 332 (1905). — Megalophthalmus und Hydrophthalmus. Ebenda 56, 227 (1916). — Hydrophthalmus. Graefes Arch. 63 (1906). — Hydrophthalmus als eine Anomalie der Kammerbucht. Ebenda 103, 1 (1920). — SEGAL: Eine seltene Form von subakutem Glaukom mit Staphyl. interoculare. Wratsch. Gaz. 1909, Nr 8. — SHUMWAY: Secondary glaucoma in interstitial keratitis with report of case. Ann. of Ophthalm. 21, Nr 3 (1912), July. — SIDVELL: Buphthalmus. Amer. J. Ophthalm. 1925, 569. — SPIELBERG: Hydrophthalmus congenitus. Klin. Mbl. Augenheilk. 49 (2), 313 (1911). — STÄHLI: HAABsche Bändertrübungen bei Hydrophthalmus. Arch. Augenheilk. 79, 141 (1915). — Megalocornea. Klin. Mbl. Augenheilk. 53, 83 (1914). — STANFORD: Atypisches Glaukom. Zbl. Ophthalm. 18, 83 (1926). — STIMMEL u. ROTTER: Fall von Hydrophthalmus. Berl. klin. Wschr. 1912, 1450. — SÜSS: Hemihypertrophia facialis mit Buphthalmus. Zbl. Ophthalm. 18, 379 (1926). — SUTHERLAND u. MAYOU: Neurofibromatose mit Buphthalmus. Klin. Mbl. Augenheilk. 45 (2), 297 (1907).

TAKASHIMA: Fünf Fälle von Hydrophthalmus congenitus mit besonderer Berücksichtigung des pathologisch-anatomischen Befundes. Klin. Mbl. Augenheilk. 51 (2), 48, 180 (1913). — TAKE: L'hydrophthalmie et son traitement. Bull. Soc. belge Ophthalm. 1913, Nr 35, 28. — TERTSCH: Staphyloma verum und Glaukom. Klin. Mbl. Augenheilk. 50 (1), 121 (1911). — TREACHER COLLINS: A case of Buphthalmus with full vision and without any cupping of the optic disc. Trans. ophthalm. Soc. U. Kingd. **1913**, 193.

VITA: Hydrophthalmus und Naevus vasculosus. Zbl. Ophthalm. **17**, 555 (1926). — VOEGELE: Naevus vasculosus und Glaukom. Klin. Mbl. Augenheilk. **74**, 775 (1925). — Glaukom und Naevus flammeus. Ebenda **81**, 393 (1928). — VOGT: Vererbter Hydrophthalmus beim Kaninchen. Ebenda **63**, 233 (1919).

WAARDENBURG: Glaukom, Naevus flammeus und Heterochromie. Internat. Kongr. Amsterdam 1929. — Buphthalmie und Hornhauttrübung. Klin, Mbl. Augenheilk. **67**, 652 (1921). — WAGENMANN: Hydrophthalmus mit Angiom der Aderhaut. Graefes Arch. **51**, 532 (1900). — WARLOMONT: Buphthalmi mit gutem Visus. Ophthalmoscope **1913**, 550. — PARKES WEBER: Cerebrales Hämangiom und Hydrophthalmus. Ref. Z. Augenheilk. **68**, 212. — WEINSTEIN: Buphthalmus und Neurofibromatose. Klin. Mbl. Augenheilk. **47** (2), 577 (1909). — WEIZENBLATT: Megalocornea. Ebenda **81**, 113 (1928). — WENGER u. SALMON: Vererbung der Megalocornea. Ref. Zbl. Ophthalm. **22**, 271 (1929). — WERNICKE: Glaukom und Sclerosis disseminata. Ref. Klin. Mbl. Augenheilk. **1921**. — WESSELY: Glaukom (Versuche am wachsenden Auge). Dtsch. med. Wschr. **1909**, Nr. 30. — WIENER: Neurofibromatosis with Buphthalmus. Zbl. Ophthalm. **16**, 58 (1925). — WORTHINGTON: Unusual case of buphthalmus. Ophthalm. Record **1911**, 212. — WÜRDEMANN: Buphthalmus. Amer. J. Ophthalm. **1927**, 881. — WYGODSKY: Staphyloma intercalare und sekundäres Glaukom. Z. Augenheilk. **65**, 300 (1911).

YAMANAGA: Naevus flammeus mit einseitigem Glaukom. Klin. Mbl. Augenheilk. **78**, 372 (1927).

ZAUN: Naevus flammeus und angeborenes Glaukom. Klin. Mbl. Augenheilk. **72**, 57 (1924). — ZENTMAYER: Bilateraler Buphthalmus. Ophthalm. Record **1913**, 25. — Hydrophthalmus with a histologic report of two cases, one of which presented a congenital coloboma. Jber. Ophthalm. **1913**, 475. — ZIERL: Über Atrophie der Iris. Diss. München 1911. — ZVEREVA: Naevus vascularis und Glaukom. Zbl. Ophthalm. **20**, 847 (1928).

# IV. Glaucoma absolutum und degenerativum.

Die völlige Vernichtung des Sehvermögens, die sich in dem Verlust auch der quantitativen Lichtempfindung kundgibt, kann an einem Auge beobachtet werden, das wie beim Bestehen eines Glaucoma simplex äußerlich keinerlei Veränderungen zeigt, wobei die ophthalmoskopische Untersuchung und Tensionsprüfung den Ausschlag geben; aber es können auch in solchen, an Glaucoma simplex erblindeten Augen sich Anklänge an die Veränderungen finden, die besonders an ein subakutes oder akutes Glaukom erinnern. Charakteristisch für diese Fälle ist die eigenartige Gefäßinjektion, der Ausgleich der Rinne zwischen Cornea und Sclera; Trübung und Sensibilitätsstörungen, ferner Epithelblasen und Pannus degenerativus (s. Abb. 34) der Hornhaut finden sich neben einer Enge der Vorderkammer, die sehr hochgradig werden kann. Oft zeigt sich auch maximale Pupillenerweiterung, wobei der pupillare Teil der Iris weitgehend atrophisch sein kann, zuweilen so unregelmäßig, daß scheinbar ein Kolobom vorliegt. In diesem Stadium kommen auch Gefäßbildungen auf der Irisoberfläche vor, feine Schlingenbildungen, wie sie besonders ELSCHNIG (1928) beschrieben hat. Später tritt dann hochgradige Schrumpfung und Eversion des Pigmentblattes auf. Ophthalmoskopisch finden sich außer der Exkavation Venenanastomosen und optico-ciliare Gefäße, sowie gelegentlich Netzhautblutungen und Pigmentveränderungen in der Aderhaut. Nach SCHMIDT-RIMPLER sind Netzhautablösungen im normal groß gebliebenen Auge erheblich seltener als in degenerierten phthisisch gewordenen Glaukomaugen. Die häufig beim Glaucoma absolutum zu findenden Linsentrübungen sind entweder vom Aussehen gewöhnlicher Altersstare, oder sie erinnern an die Cataracta complicata. Daß ein an absolutem Glaukom erblindetes Auge lange Zeit hindurch völlig beschwerdefrei sein kann, kommt öfters vor. In vielen Fällen treten aber schwere Schmerzanfälle mit starker Drucksteigerung des Augapfels auf, die das Allgemeinbefinden erheblich stören können

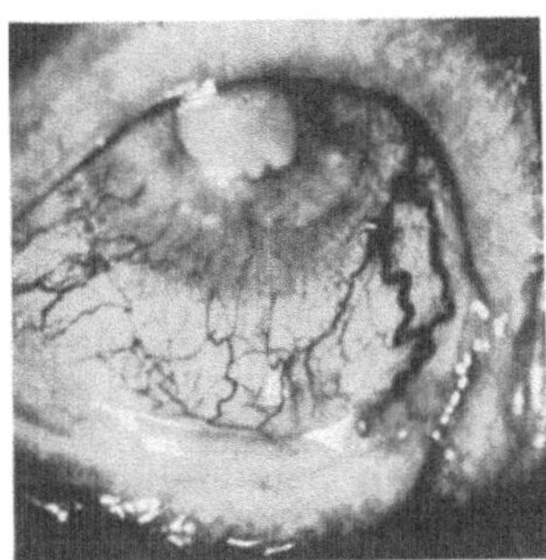

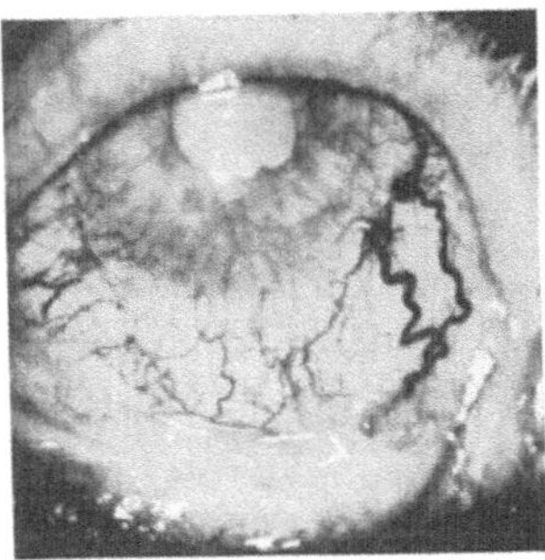

Abb. 34. Glaucoma absolutum. Cataracta glaucomatosa. Pannus degenerativus. Enorme Erweiterung der bulbären Gefäße. (Stereoskopische Abbildung.)

und schließlich einen drucksenkenden Eingriff erfordern, und, falls dieser erfolglos bleibt, die Enucleation bedingen. SCHMIDT-RIMPLER weist auf die periodisch auftretenden subjektiven Lichterscheinungen in solchen Fällen hin, die zu bestimmten Stunden wie z. B. in einem Fall von ARLT auftreten können, eine Erscheinung, die RYDEL auf Zirkulations- und Druckschwankungen im Augeninnern zurückführte.

In vielen Fällen treten nach längerem Bestande eines Glaucoma absolutum am Augapfel weitere Veränderungen auf; insbesondere handelt es sich dann um Bildung von Blasen im Hornhautepithel, die häufig platzen und unregelmäßige Epitheldefekte hinterlassen; auch kommt es zu bandförmiger Degeneration. Randständige Trübungen und mehr zentral gelegene Ulcerationen können schwere Komplikationen schaffen. Kommt es zur Perforation eines solchen Hornhautgeschwürs infolge der schlechten Ernährung der Hornhaut, so entsteht ein nekrotischer Zerfall in so großer Ausdehnung, daß Linse, Glaskörper und unter

Umständen auch die Netzhaut sich nach außen entleren können und eine starke Blutung auftritt. Diese Veränderungen sind zweifellos die Ursache für die spontane Berstung glaukomatöser Augen. SCHMIDT-RIMPLER erwähnt den Fall des holländischen Arztes BASTER, bei dem entsetzliche Schmerzen der Berstung des Auges vorausgingen, und es werden Fälle von RYDEL und von TERSON angeführt. Weitere Beobachtungen finden sich in der Arbeit von MELLER (1910), der einen Fall von ANDREW anführt, bei welchem jedoch ausdrücklich hervorgehoben wird, daß das Auge weich gewesen ist, obwohl eine Exkavation vorlag. Vielleicht ist in diesem Fall wie in einem solchen von HAUENSCHILD das Auge durch ein Trauma zum Bersten gebracht worden. In einem Fall von GOLDZIEHER (1914) kam es zur Berstung der vorher normalen Sclera. Ein Fall von CARLING (1909) wurde als nicht hierhergehörig bezeichnet, weil es sich hier um ein Gumma handelte, das durch die Sclera durchbrochen war. Häufiger ist das Auge im Bereiche der Cornea geborsten, wofür MELLER die Fälle von MILLIKIN und von INGALLS anführt, der seinerseits noch drei Fälle von TERSON, GILFILLAN und BALL hinzufügt. VERHOEFF habe diese Fälle als nicht ungewöhnlich bezeichnet, weil außer der Perforation eine Hornhautulceration vorlag, während beim Fall von INGALLS die Hornhaut normal war; ebenso wird dies von SWEET berichtet. JUDIN (1909), der eine Berstung der Hornhaut beobachten konnte, die von starker Blutung gefolgt war, stellte 18 Fälle von spontaner Berstung zusammen, bei denen 15mal Glaukom vorlag, und ELLET (1910) will unter 22 Fällen aus der Literatur dieses 21mal festgestellt haben, daß der Riß fast immer bei dem Glaukomauge in der Hornhaut und die Primärursache eine Blutung aus den Aderhautgefäßen gewesen war. Auch CHARDIN (1910) hält vorausgehende Hornhautulcerationen für ein begünstigendes Moment, welches auch fehlen kann. Meistens handelt es sich um schwere Aderhautblutungen, wobei ein Trauma mitgewirkt haben kann. Bei der Durchsicht der Literatur habe ich noch folgende Fälle gefunden. In dem Fall von COPPEZ (1908) gingen der mit starker Blutung einhergehenden Berstung des mit Hornhautgeschwüren behafteten Auges schwere Gemütsbewegungen voraus. In drei Fällen von VILLARD (1908) handelte es sich um Hornhautgeschwüre. Ein Fall von WIBO (1908) war mir nicht zugänglich. DOLGANOFF (1911) berichtet über fünf Fälle, von denen nur zwei bei älteren Leuten mit absolutem Glaukom reine Berstungen vorstellten, während bei einem anderen Fall wegen schwerer Betrunkenheit eine Verletzung nicht ausgeschlossen war, bei dem anderen Fall war ein Staroperationsschnitt geplatzt. Auch in einem Fall von Buphthalmus ist ein vorausgegangenes Trauma nicht unwahrscheinlich. Intraokulare Blutungen und ein Hornhautgeschwür waren auch im

Falle von CHANCE (1911) vorhanden. Im Falle von LACOMPTE (1912) bestand eine Arteriosklerose, in dem von GOLDZIEHER (1914) eine Blutung bei Cyanosis retinae. SIWZEW (1912) sah expulsive Blutungen bei Hornhautstaphylom; in einem Fall bei absolutem Glaukom mit Hornhautfistel eine Ruptur der Hornhaut. Im dritten Fall brachte eine Aderhautblutung ein frisches Hornhautgeschwür zum Bersten. Weiter gehört ein Fall von BIALETTI (1908) hierher, wo eine luxierte Katarakt das Glaukom verursachte und ein Fall von ANDREW (1917), wo ein peripheres Hornhautgeschwür vorhanden war, woraus sich die Linse entleerte. Weitere Fälle schildern RUTHERFORD (1920), wo ein seit 5 Jahren an Glaukom erblindetes Auge in der Mitte der Hornhaut platzte, ferner TERRIEN (1921), wo drei Monate nach der Erblindung eine große Blutung auftrat, die die degenerierte Sclera und Cornea zum Platzen brachte, ähnlich wie in einem Fall von HOWARD (1928). Der Fall von MELLER wurde anatomisch untersucht und ergab, daß die ganze Hornhaut durch ein Staphylom ersetzt war. Es folgte eine retrochorioidale Blutung, wobei ein Trauma mit Sicherheit auszuschließen war. Die Erfahrungen bei einem durchgebrochenen Ulcus serpens an einem an Glaukom erblindeten Auge lehren, daß durch die plötzliche Druckherabsetzung eine chorioidale Blutung ausgelöst werden kann, wie auch nach operativer Eröffnung eines alten Glaukomauges eine solche Blutung auftreten kann. In der Mehrzahl der Fälle ist eine intraokulare Blutung Ursache der Berstung gewesen und solche spontanen Blutungen sind ja immer wieder in degenerierten Augen möglich. Jede Beschädigung der Hornhaut im Sinne einer Ulceration oder Erweichung ist als begünstigendes Moment aufzufassen. In diesen Fällen hören die vorher unerträglichen Schmerzen nach der Berstung des Auges auf. Nachträglich können in dem geschrumpften Auge noch Schmerzen auftreten, welche die Enucleation bedingen, die auch sonst bei diesen geborstenen Augäpfeln vorgenommen werden muß, wenn man sie nicht durch eine Exenteration ersetzt.

Auch ohne daß eine Eiterung hinzutritt, resultiert aus diesem Prozeß die Schrumpfung des Augapfels. Den gleichen Folgezustand sieht man auftreten in Fällen, wo die Hornhaut intakt bleibt aber der Augapfel infolge von schweren Veränderungen der hinteren Uvealpartien und Atrophie des Ciliarkörpers vollständig weich wird und im Augeninnern Blutungs- und Schrumpfungsvorgänge sich abspielen, die zur Netzhautablösung führen. Auch hier wird man genötigt sein, durch die Entfernung des kranken Auges den unter Umständen heftigen Schmerzen ein Ende zu machen. Andererseits kann aber auch an einem erblindeten Glaukomauge später eine Vergrößerung seines Volumens resultieren, indem sich Intercalar- oder Äquatorialstaphylome ausbilden, die ziemlich ausgedehnt sein können. Dabei kann der Augapfel in allen Durchmessern vergrößert werden, der Scleralfalz verstreicht und die stark mit Gefäßstämmen durchsetzte Sklera erhält einen bläulich-weißen Farbenton. Auch ein solches Auge kann schmerzhaft werden, solange nicht durch die Drucksteigerung eine Degeneration der sensiblen Nerven eingetreten ist.

Ein absolutes Glaukom lag in einem Falle von v. HIPPEL (1929) vor, wo die enorme Pigmentierung der Sklera die Durchleuchtbarkeit so weit herabsetzte, daß an Tumor gedacht werden mußte.

## Literatur.

*Glaucoma absolutum und degenerativum.*

ANDREW: Spontanruptur eines Glaukomauges. Klin. Mbl. Augenheilk. **59**, 180 (1917).

BIALETTI: Spontanruptur des Bulbus und Glaukom. Arch. Augenheilk. **1908**, 108.

CARLING: Spontane Berstung des Augapfels. Colorado ophthalm. Soc. **1909**. — CHANCE: Spontaneous rupture of a glaucomatous eyeball. Ophthalm. Record **1911**, 41. — CHARDIN: Rupture spontanée de la cornée dans le glaucome. Thèse de Paris **1910**. Jber. **1910**, 655. — COPPEZ: Spontanruptur des Bulbus bei Glaukom. Klin. Mbl. Augenheilk. **46** (1), 658 (1908).

DOLGANOFF: Zur spontanen Bulbusruptur. Prakt. Wratsch. **1911**, Nr 20, 331.

ELLET: Rupture of the eyeball. Ophthalm. Record **1910**, 535.

GOLDZIEHER: Spontanruptur des Augapfels. Zbl. Augenheilk. **38**, 42 (1914).

v. HIPPEL: Absolutes Glaukom. Klin. Mbl. Augenheilk. **83**, 114 (1929). — HOWARD: Spontaneous Trephining in glaucoma (Ruptur, Staphylom). Amer. J. Ophthalm. **1928**, 336.

JUDIN: Berstung des Augapfels. Jber. Augenheilk. **1909**, 663.

LACONYTE: Un cas extraordinaire de glaucome hémorrhagique avec rupture du globe oculaire. 16. Congr. flam. Sci. nat. et méd. 1912.

MELLER: Spontane Berstung des Augapfels. Klin. Mbl. Augenheilk. **60**, 458 (1910).

RUTHERFORD: Spontanruptur des Bulbus. Zbl. Ophthalm. **3**, 584 (1920).

SINZEW: Über spontane Hornhautruptur mit expulsiver Blutung bei absolutem Glaukom. Westn. Ophthalm. **1912**, 485.

TERRIEN: Spontane Berstung des Augapfels. Arch. d'Ophthalm. **38**, 205 (1921).

VILLARD: Spontanruptur von Bulbus und Glaukom. Arch. Augenheilk. **1908**, 229.

WIBO: Spontanruptur bei Glaukom. Rec. Ophthalm. **1908**.

# V. Das Sekundärglaukom.

Mit diesem Namen werden diejenigen Fälle bezeichnet, bei denen sich die Drucksteigerung sekundär zu anderen Veränderungen des Auges hinzugesellt und solange dauert, daß Schädigungen des Augeninnern eintreten. In der Regel ist die Drucksteigerung so ausgesprochen, daß sie schon ohne weiteres durch die Palpation zu erkennen ist. Auch herrschen hierbei die Symptome subjektiver und objektiver Art vor, die wir bei akuten und subakuten Glaukomen kennengelernt haben.

Es gibt jedoch auch Fälle, bei denen die Drucksteigerung sehr gering sein kann, so daß die Fälle an ein Glaucoma simplex erinnern. Differentialdiagnostisch ist immer im Auge zu behalten, daß ein vor längerer Zeit anderweitig erkrankt gewesenes Auge später auch noch an einem Primärglaukom erkranken kann.

## 1. Ektasien der Hornhaut und vordere Irissynechien.

Wenn ein chronisch entzündlicher Prozeß der Hornhaut mit narbiger Ektasie oder Staphylombildung zur Ausheilung kommt, können Lageveränderungen der Linse eine Reizung der Iris und partielle Verlegung des Kammerwinkels herbeiführen, oder aber es heilt die Iris ein, so daß eine Zerrung an den Ciliarfortsätzen ausgeübt wird, die zu einer Zunahme der Sekretion führt. Ein Sekundärglaukom ist in solchen Fällen eher zu erwarten, wenn, wie es bei älteren Leuten der Fall ist, die Scleralkapsel weniger nachgiebig ist, während bei jüngeren Individuen unter Verstreichen der Rinne zwischen Cornea und Sclera eine Vergrößerung des gesamten Bulbus auftreten kann, wobei die verdünnte Sklera den Uvealtraktus bläulich durchschimmern läßt. Wenn vordere Synechien fehlen, können Wurzelsynechien dieselbe Wirkung haben, was besonders nach schweren Hornhautulcerationen der Fall ist. Hierher gehört wohl ein Fall von Libby (1918), in welchem eine vordere Synechie gerissen war und trotzdem Glaukom auftrat. Daß auch bei diffuser Keratitis Drucksteigerungen auftreten können, wurde nach Schmidt-Rimpler von v. Graefe an einigen Fällen beobachtet und ich selbst habe ebenso wie bei den von Schmidt-Rimpler angeführten Fällen nach parenchymatoser Keratitis Skleralektasie und schweres Sekundärglaukom gesehen. Daß eine Tuberkulose des vorderen Augapfelabschnittes mit sklerosierender Infiltration zu Iriswurzelsynechien und damit zu Sekundärglaukom führen kann, ist begreiflich, wobei das Bild durch eine Iritis serosa kompliziert werden und der Prozeß zur Bildung tiefliegender Gefäße führen kann. Wenn auch nach Bläschenbildung auf der Cornea Sekundärglaukom beobachtet wurde, so hat es sich hier vermutlich um Herpesvariationen gehandelt, denn wir wissen, daß, worauf Erdmann (1910) hingewiesen hat, bei der als Herpesvariation zu deutenden Keratitis disciformis Drucksteigerungen vorkommen, wie auch Herpes zoster als auslösendes Moment in Betracht kommt. Wenn bei den schwer veränderten Augen das Auftreten von bandförmigen Hornhauttrübungen nach Schmidt-Rimpler gelegentlich beim Glaukom beobachtet wird, so wird man hier wohl für diese Erscheinung anderweitige schwere Veränderungen des Augeninneren verantwortlich machen müssen. Bezüglich der Hornhautveränderungen sei noch bemerkt, daß, wie nach Staroperationen gelegentlich beobachtet wird, Epithel durch die Wunde in die Vorderkammer hinein wuchern und hier zu einer vollständigen Auskleidung auch der Hinterkammer führen kann. Es liegt nahe auch für diese Erscheinung eine Behinderung des Abflusses im Kammerwinkel als Ursache zu suchen, wobei auch die Möglichkeit besteht, daß die Zellen selbst die Zusammensetzung des Kammerwassers verändern. Ganz analog dürften die Verhältnisse liegen, wenn im Bereiche der Vorderkammer epitheliale und anderweitige Cysten auftreten, die den Abfluß im Kammerwinkel beeinträchtigen können. Auch nach Verschluß einer lange Zeit bestandenen Hornhautfistel kann ein Sekundärglaukom entstehen.

## 2. Synechien der Iris.

Eine schwere Zirkulationsstörung wird dadurch geschaffen, daß der Pupillarrand der Iris rings mit der vorderen Iriskapsel ringförmig verwachsen ist, was zur Folge hat, daß die mittleren Partien der Iris sehr weit nach vorne getrieben werden, so daß sie unter Umständen die Hornhaut berühren. Diese als Iris bombé oder Napfkucheniris bezeichnete Erscheinungsform hat fast durchweg Glaukom zur Folge und zwar dann, wenn wirklich die Kommunikation zwischen Hinter- und Vorderkammer vollständig aufgehoben ist. Daß aber hierbei trotzdem noch eine Passage für die Flüssigkeit bestehen bleiben kann, wurde durch D'Oswaldo (1925) bewiesen, der durch interne Fluoresceindarreichung den Nachweis erbrachte, daß der Abschluß trotz der Vorbuckelung der Iris kein absoluter ist. Die Folgeerscheinung derartiger Glaukome besteht in ausgeprägter Exkavation, Stauungserscheinungen in den Skleralgefäßen und Glaskörpertrübungen, und wenn die Rigidität der Sklera zur Folge hat, daß ältere Leute eher zur Exkavation neigen, so kann sie doch auch, wie Schmidt-Rimpler sagt, bei jüngeren Individuen vorkommen. Als Ursache dieser Drucksteigerung hat man gesteigerte Sekretion durch Zerrung des Gewebes angenommen, wobei auch nach Galezowski (1872) Stauungserscheinungen im Ciliarkörper vorkommen können. Ob aber dabei der Kammerwinkel filtrationsunfähig war, ist wenigstens für den Beginn der Fälle nicht sichergestellt. Wenn, wie Schmidt-Rimpler hervorhebt, bei flächenhafter totaler Synechienbildung in der Regel eher Hypotonie besteht, so beruht dies wohl darauf, daß durch die schweren entzündlichen Vorgänge, wofür die sympathische Ophthalmie ein gutes Beispiel liefert, allmählich eine sekretionsvermindernde Atrophie des Ciliarkörpers eintritt.

Sind die Synechien nicht zirkulär, so ist dennoch das Auftreten glaukomatöser Zustände möglich. Insbesondere sprechen, wie Schmidt-Rimpler hervorhebt, auch die Fälle dafür, bei denen ein Ulcus serpens vorausgegangen war. Auch hier spielen Zerrungserscheinungen eine gewisse Rolle, was vor allen Dingen daraus hervorgeht, daß bei Durchtrennung solcher Synechien bei Gelegenheit einer Iridektomie oder mit dem Schmalmesser die Drucksteigerung zum Verschwinden gebracht werden kann. Wenn OSBORNE und HOCK, wie SCHMIDT-RIMPLER anführt, nach Tätowierung eines Leucoma adhaerens ein Glaukom auftreten sahen, ist dies wohl nur dadurch zu erklären; daß sich hier eine Entzündung hinzugesellte, welche durch ihre Produkte den Kammerwinkel verlegte. Daß der glaukomatöse Prozeß selbst hintere Synechien erzeuge, ist für gewöhnlich nicht anzunehmen; sie kommen aber nach operativen Eingriffen vor. Bezüglich der Entstehung dieser Glaukomformen hebt FUCHS (1908) hervor, daß wenn Hornhautgeschwüre perforieren und die Iris an die Hornhaut angedrückt wird, es an den vom Endothel entblößten Stellen zu Verwachsungen kommen kann, die wieder gelöst werden, wenn der Sphincter pupillae in Tätigkeit tritt. Eine Synechie verhindert jedoch die Befreiung des Kammerwinkels durch dessen Tätigkeit. Daß mechanische Einwirkungen seitens des Pupillenspiels eine Rolle spielen, beweist auch die Beobachtung von KUHLEFELD (1911), nach welcher der Druck normal blieb, wenn die Pupille sich weder erweiterte oder verengte; der Zug bewirkt auf mechanischem Wege eine Hvpersekretion. Daß die Bildung vorderer Synechien nicht ohne weiteres als die Ursache eines vorhandenen Sekundärglaukoms angesehen werden darf, lehrt ein Fall von MORAX u. DUREYER (1922), bei dem sich herausstellte, daß eine Epithelauskleidung der vorderen Kammer zustande gekommen war. Auch muß auf Grund der anatomischen Untersuchungen von FUCHS (1909) angenommen werden, daß trotz ausgedehnter Wurzelsynechien der Iris eine Drucksteigerung fehlen kann, was dadurch erklärt werden kann, daß das Kammerwasser dennoch einen Weg in die Gegend des SCHLEMMschen Kanals findet oder aber zum Teil durch die Venen der Iris abgeleitet wird. Auch bei ELSCHNIG (1928) findet sich Material zu dieser Frage.

Therapeutisch wird man bestrebt sein müssen, durch eine Iridektomie den Druck herabzusetzen, der man bei der sog. Napfkucheniris eine Transfixion nach FUCHS vorausschicken kann. Auch bei vorderen Synechien wird man deren Lösung oft durch eine Durchtrennung mit einem feinen Messer oder durch Iridektomie herbeiführen können.

## 3. Iritis und Iridochorioiditis.

Die mit Exsudation einhergehenden Entzündungsvorgänge im Bereiche des Uvealtraktus können nach zwei Richtungen hin von Einfluß sein, indem sie entzündliche Hyperämie, Stauungserscheinungen und

Zirkulationsstörungen veranlassen, oder aber dadurch wirken, daß die von ihnen gelieferten, dem Kammerwasser beigemengten Produkte den Kammerwinkel verstopfen. Am häufigsten findet man derartige Drucksteigerungen, stellenweise nicht unerheblicher Art bei der Iritis serosa, wobei auch die zu therapeutischen Zwecken angewandte Mydriasis begünstigend wirken kann. Durch die Einführung der Spaltlampe ist auch auf diesem Gebiete größere Klarheit geschaffen worden. So hat SCHIECK (1920) den Nachweis geführt, daß am Pupillarrand bei Iritis serosa kleinste Exsudatperlen zutage treten und daß die Linse und Hornhauthinterfläche mit staubförmigem Exsudat in Form von Betauung bedeckt sind, durch deren mechanische Entfernung durch Punktion oder wie SCHIECK angibt, durch Absaugung vermittels einer Spritze der Druck erheblich gesenkt wird. Bei diesen Iritiden kommt es auch zu Pigmentabstoßung wie z. B. bei gonorrhoischer Iritis, wie MANULESCU (1926) berichtet. Man wird in diesen Fällen meistens schon frühzeitig mit der Spaltlampe Trübungen des Kammerwassers feststellen können, und so wird auch die eitrige Iritis, über welche FIMBEL (1923) berichtet, schon in den Anfängen vorhanden gewesen sein, längst ehe das Glaukom auftrat. Daß die infolge der begleitenden Iritis bei Ulcus serpens auftretende Veränderung des Kammerwassers häufig Drucksteigerungen erzeugt, konnte GUNNUFSEN (1912) durch Druckmessungen nachweisen. Daß jedoch die Verstopfung des Kammerwinkels auf mechanischem Wege nicht immer durch entzündliche Vorgänge veranlaßt wird, beweisen die zahlreichen Fälle, welche SCHMIDT-RIMPLER anführt, in denen Cholestearin, Fett, Blut, Pigment und Leukocyten die Ursache der Zirkulationsstörung waren, wie auch Glaskörper im Kammerwinkel ähnliches bewirken kann, worauf speziell bei der Discission des Nachstares eingegangen wird. Ganz besonders instruktiv sind die Fälle, wo verflüssigtes Linsenmaterial einen akuten Glaukomanfall auslöste, so in einem Fall von SALA (1904), der dieses Ereignis nach doppelseitiger Operation einer Cataracta fluida erlebte und in einem Fall von GONZALEZ (1920), der den akuten Glaukomanfall auftreten sah, als bei einer MORGAGNIschen Katarakt die Kapsel eröffnet war.

Unter Iritis glaucomatosa versteht GOLDZIEHER (1910) eine Form rezidivierender Iritis serosa, bei der nach anfänglichen vorübergehenden Reizerscheinungen durch fibrinöse Exsudation eine erhebliche Drucksteigerung entstand, deren Behandlung nicht nach den gewöhnlichen Regeln erfolgen kann, worauf in einem späteren Kapitel eingegangen wird. Andererseits gibt es Fälle, wo linsenförmige Exsudate, die sich allmählich verkleinern, in der Vorderkammer besonders bei gonorrhoischer Iritis vorhanden sind, ohne eine Drucksteigerung auch nur vorübergehender

Art zu erzeugen. SCHMIDT-RIMPLER weist auch mit Recht darauf hin, daß man mit der Annahme einer Verstopfung des Kammerwinkels mit Blut oder Fibrin vorsichtig sein soll, weil viele Fälle von Hyphäma und Hypopyon ohne Drucksteigerung verlaufen. Da die Entzündung bei der Iritis serosa wohl in der Mehrzahl der Fälle, besonders wenn sie auf Tuberkulose verdächtig ist, sich nicht auf die Iris beschränkt, sondern den benachbarten Ciliarkörper in Mitleidenschaft zieht, wie besonders FUCHS hervorgehoben hat, so ist es begreiflich, besonders bei der Nachbarschaft des Kammerwinkels, daß Iridocyclitis der verschiedensten Herkunft zu Drucksteigerungen führen kann. Was auf diesem Gebiete publiziert worden ist, findet sich sehr eingehend besprochen in einer Arbeit von MALLING (1923, 1925), der Fälle von Iritis, Iridocyclitis und Iridochorioiditis zusammenstellte. Von neueren Beobachtungen seien erwähnt die Arbeiten von ALT (1907) und von LEWINSOHN (1922), URIBE-TRONCOSO (1910), BJERRUM (1912), PRIESTLEY SMITH (1912), FUCHS (1913), STRAUB (1914) und KOEPPE (1916). Die eingehende Untersuchung von MALLING stellte fest, daß durch die Anwendung der Spaltlampe 19mal so oft als früher ein Glaukom als sekundäres festgestellt wurde. Das Glaukom zeigte sich besonders häufig bei Leuten, deren Beschäftigung im Freien und in rauhem Klima vor sich ging. Die Kammertiefe variiert in diesen Fällen. Am häufigsten sind Präzipitate vorhanden, auch feine Membranen auf der vorderen Linsenkapsel kommen vor. Die Tension variiert in den einzelnen Fällen stark, auch im Einzelfall; sie kann vorübergehend oder dauernd auftreten. Die dauernde Steigerung tritt oft auf, wo cyclitische Symptome nur wenig hervortreten. In bezug auf die Tension kann kein prinzipieller Unterschied festgestellt werden zwischen Primär- und Sekundärglaukom. Bezüglich der Behandlung wird hervorgehoben, daß die Miotica von Erfolg seien. Auch in einer neueren Arbeit von TERRIEN u. KEIL (1929) wird an der Hand mehrerer Fälle darauf hingewiesen, daß eine Reihe anscheinender Primärglaukome durch Iridocyclitis bedingt seien, weshalb stets mit Spaltlampe zu untersuchen sei.

In einer Arbeit von LARSSEN (1924) über Iridocyclitis und Glaukom werden vier Fälle mitgeteilt, wo bei der Thrombose der Zentralvene Beschläge und Synechien vorhanden waren, wobei die Fibrinausscheidung durch Stauungserscheinungen zu erklären waren. Darum kann LARSSEN die Ansicht von MALLING nicht anerkennen, daß die Anzahl der durch Iridocyclitis bedingten Glaukome so bedeutend sei. Demgegenüber betont MALLING (1925) an der Hand von fünf Fällen von Thrombose der Zentralvene, daß die Iris zweimal deutlich beteiligt gewesen sei. Die Drucksteigerung erkläre sich durch Gefäßveränderung oder durch hormonale Einflüsse. Wie schwer die Grenze zwischen einem Primärglaukom und einem durch Iridocyclitis bedingten Sekundärglaukom zu ziehen ist, beweist auch die Mitteilung von ISCHREYT (1912), der auf anatomischem Wege die Verlegung des Kammerwinkels nachwies, wo die chronische Entzündung klinisch nicht nachgewiesen werden konnte, wobei bemerkt werden muß, daß diese Mitteilung aus der Zeit vor Einführung der Spaltlampe stammt.

Von Einzelbeobachtungen sei noch erwähnt, daß LEVY (1907) bei Lichen ruber planus eine Iridocyclitis mit Glaukom sah. Im Falle von DUBREUILH (1912) war die zur Drucksteigerung führende Iritis auf ein Gumma iridis zurückzuführen, wie auch im Falle von HOCHMELKER (1922) ein Gumma des Ciliarkörpers ein Glaukom erzeugt hatte mit einer Exkavation, die auf spezifische Behandlung zurückging. GRÖNHOLM (1923) berichtet über eine bandförmige Trübung der Hornhaut bei Iridocyclitis und Glaukom. TOOKE (1928) hebt hervor, daß das durch Iridocyclitis ausgelöste Glaukom, was Ätiologie, Symptome und Behandlung angeht, sich durchaus verschieden verhält. Eine besonders schwere Form der Erkrankung zeigen die Fälle von Drucksteigerungen im Verlaufe einer sympathischen Ophthalmie, die vom *Verfasser* (1919) zusammengestellt sind. Diese Fälle sind nicht häufig. Die Ursache dieser Glaukome ist in einer Verlegung der Abflußwege im Kammerwinkel und in einer Beteiligung der perivasculären Lymphräume zu suchen. Sehr auffallend ist das Auftreten einer Myopie im Gefolge dieser Sekundärglaukome. Verfasser konnte in seiner Monographie sechs derartige Fälle zusammenstellen.

Wie aus der zusammenfassenden Arbeit von MALLING (1923, 1925) hervorgeht, sind schon früher von Autoren Fälle mitgeteilt worden, bei denen eine *Iridochorioiditis* mit Glaukomsymptomen einherging. Jedenfalls ist in einer Reihe von Fällen die Aderhaut der Hauptsitz der Erkrankung gewesen, z. B. in dem Falle von GALEZOWSKI (1904), wo eine luetische Aderhauterkrankung vorlag, ferner bei FROMAGET (1907), wo die Aderhaut als Ausdruck einer sympathischen Ophthalmie erkrankt war. Wir wissen, daß bei dieser Erkrankung eine isolierte Chorioiditis vorkommen kann, aber auch hier muß man daran denken, daß die Spaltlampenuntersuchung vielleicht doch eine Beteiligung des vorderen Augapfelabschnittes aufdecken würde. Auch tuberkulöse Erkrankungen der Aderhaut können zum *Glaukom* führen, wie z. B. bei einem tuberkulösen Aderhauttumor, wie DUPUY-DUTEMPS u. MAWAS (1911) berichten. Hier war die Iris im Kammerwinkel mit der Hornhaut verklebt. Im allgemeinen pflegt die Aderhauttuberkulose sonst ohne Drucksteigerungen zu verlaufen. Daß der vordere Augapfelschnitt bei derartiger

Drucksteigerung beteiligt sein kann, geht hervor aus den Fällen von TRANTAS (1907), der hervorhebt, daß in der Ciliargegend helle Flecken bemerkt wurden und aus der Beobachtung von CORONAT u. AURAND (1912), welche eine Sklerochoroiditis aequatorialis beschreiben. Die Entzündung entwickelte sich auf der Grundlage eines Rheuma mit schwerer Exkavation und Drucksteigerung, die zur Bildung eines Staphyloms führte. Eine tuberkulöse Iridochoroiditis als Grundlage eines Glaukoms, welche durch Trepanation geheilt wurde, beschreibt DOMEC (1914), eine luetische sah SUZUKI (1921) und BENTZEN (1918) ein akutes Glaukom nach Aderhautablösung. Während die meisten Autoren geneigt sind, eine Beteiligung der Äquatorialgegend bei Aderhautentzündungen anzunehmen und diese als Grundlage von Gefäßstörung und Ausscheidung ansehen, nimmt ABADIE (1909) an, daß die Ursachen dieser Glaukome in einer auf dem Wege der sympathischen Nerven reflektorisch entstandenen Erweiterung der Ciliararterien zu suchen sei, eine Ansicht, der sich auch TRISTAINO (1911) an der Hand eines Falles anschließt. ABADIE macht dabei auf den günstigen Einfluß einer medikamentösen Behandlung aufmerksam, der besonders bei einem Buphthalmus zutage trat. Die neueste Arbeit hierüber ist von MEISNER (1925), der ähnlich wie IGERSHEIMER (1918) eine Choroiditis anterior auf luetischer Basis mit Drucksteigerung beobachtete. Weder eine Störung der Kommunikation der Vorder- und Hinterkammer noch Verlegung des Kammerwinkels könnten die alleinige Ursache des chronischen Glaukoms sein, sondern auch hier spielten Gefäß- und Sekretionsstörungen eine Rolle, wenn auch in diesen Fällen das Auftreten eines Glaucoma simplex und nicht eine akute Form beobachtet wurde. Schließlich sei noch erwähnt, daß SCHMIDT-RIMPLER Fälle beobachtete, wo im Gefolge einer Choroiditis eine Opticusatrophie auftrat und nachher sich eine Hypertonie mit Exkavation entwickelte. Die Fälle, über welche MEISNER berichtete, waren auf die Aderhaut beschränkt, jedoch lagen die Herde ziemlich weit vorne, sodaß hier Zirkulationsstörungen im vorderen Abschnitt angenommen werden mußten.

Eine besondere Form der zu Glaukom führenden Erscheinungen im Bereiche der Iris stellt das sogenannte *Heterochromieglaukom* dar.

Bei der von FUCHS zuerst beschriebenen Heterochromie sind von mehreren Autoren glaukomatöse Drucksteigerungen beobachtet worden, z. B. von DETHLEFSEN (1912) unter 77 Fällen dreimal, von LUTZ (1910) unter 39 Fällen zweimal und dreimal bestand Glaukomverdacht. Wie schon bei der Rolle der Sympathicuseinflüsse erwähnt wurde, hat STREIFF (1919) seinen Fall als Sympathicusglaukom bezeichnet. Gegen diese Annahme von STREIFF (1919), daß hier der Sympathicus eine ursächliche Rolle spielt, führt KRAUPA (1923) an, daß bei der FUCHSschen Heterochromie der seiner Herkunft nach unbekannte Prozeß nicht nur allein am depigmentierten Auge, sondern an beiden Augen zu finden sei. KRAUPA legt Wert darauf, bei zukünftigen Fällen die Ursache des bei diesen Kranken oft zu findenden schlechten Körperzustandes zu ergründen, der auf Stoffwechselstörungen beruhen kann. Das Glaukom kann auch als Sekundärglaukom auf der Grundlage einer Disposition durch lokale Veränderungen angesehen werden. Diese Heterochromieglaukome unterscheiden sich von den anderen dadurch, daß eine einfache Punktion die Drucksteigerung beseitigen kann. Die Tatsache, daß bei der Heterochromie die Präzipitate nicht ständig gefunden werden, drängt nach KRAUPA zu der Frage, ob hier nicht chronische Cyclitisformen eine Rolle spielen, weil Ähnliches auch bei luetischen Erkrankungen von ihm beobachtet worden sei. Bei zukünftigen Heterochromiefällen muß auch darauf geachtet werden, ob das Glaukom auch bei helläugigen, dunkelhaarigen Menschen ohne ständige Präzipitatbildung als Folge der Heterochromie vorkommt. Jedenfalls bestehen bei Heterochromie nicht nur Störungen in der Entwicklung des mesodermalen Uvealpigmentes, sondern schwere Veränderungen des gesamten mesodermalen Keimblattes. Von Interesse sind auch die Darlegungen KRAUPAs über die Veränderungen an der Iris, auf welcher sich ein dichter Endothelbelag findet, der später eine cystische Degeneration erfährt. Ferner befindet sich hierunter ein feines Gefäßnetz, das als Folge einer Zirkulationsstörung aufgefaßt werden muß, ohne daß hier eine Entzündung im Spiele zu sein braucht. Auch die Arbeit von v. HERRENSCHWAND (1924) beschäftigt sich eingehend mit diesem Problem. Er beobachtete einen Fall, wo bei typischer Heterochromie ein Glaukom im Anschluß an eine Gemütsbewegung auftrat, welches mit einer erhöhten Absonderung im Ciliarkörper bei erhöhtem Eiweißgehalt des Kammerwassers zu erklären sei. Der Name „Heterochromieglaukom" soll nur Anwendung finden, wenn es sich gleichzeitig um Cyclitis und Katarakt handelt. Das schubweise Auftreten von Präzipitaten ohne Heterochromie, wie es KRAUPA und STREIFF beobachten konnten, stellte auch v. HERRENSCHWAND an zwei Fällen fest, ohne daß eine Sympathicusbeteiligung vorlag, oder Zeichen einer Degeneration vorhanden waren. Diese Fälle sind wahrscheinlich verwandt mit dem Prozeß, der zur Heterochromie führt. Die Exsudate in der Vorderkammer genügen nicht zur Drucksteigerung, sondern es kommt noch eine lokale Disposition dazu, wobei zu der Beobachtung von v. HERRENSCHWAND noch zu bemerken ist, daß die Exsudation auch in den Glaskörper erfolgen kann.

Wichtig ist, daß sich weder hormonale Störungen noch Degenerationserscheinungen fanden. KOEPPE (1918) hingegen hält daran fest, daß Sympathicusstörungen in Betracht kommen, in dem Sinne, daß durch sie Störungen am Pigmentepithel der Iris hervorgerufen werden. Weitere Mitteilungen über diese Frage finden wir noch bei BERG (1924), der siebenmal Drucksteigerungen als Spätsymptom der Heterochromie beobachtete; nur in zwei Fällen waren junge Leute durch einen leichten akuten Anfall betroffen. Weiterhin beobachtete FLEISCHER (1926) einen Fall, der durch schwere Herz- und Zirkulationsstörungen kompliziert war. Eine Mitteilung von BECKER (1927) betrifft ein Heterochromieglaukom bei Mutter und Tochter, wobei innersekretorische Störungen fehlten.

In ganz anderer Weise wird ferner die Iris mit dem Glaukom in Verbindung gebracht bei der sogenannten „*Irisatrophie*". Aus einer größeren Arbeit von LARSSON (1920) ist ersichtlich, daß in einer Reihe von Fällen, wo Irisatrophie bestand, gleichzeitig ein Glaukom vorlag, und es wird gleichzeitig die Frage erörtert, ob das Glaukom Folge oder Ursache sei. Zweifellos kann, wie z. B. im Fall von FRANCK (1903), eine entzündliche Veränderung in der Iris zu Atrophie führen, andererseits betont er, daß in den abgebildeten Fällen und auch in anderen eine deutliche Corectopie vorlag, und so kommt LARSSON zu der Erwägung, ob die hierher gehörenden Fälle kongenitaler Natur seien und diese Anomalie die Ursache für eine abnormale Dehnung der kongenital geschwächten oder schwach veranlagten Iris sei. Wenn diese kongenital angelegte Schwäche der Iris erst späterhin zu wirklichen Atrophien führte, so könne eine hinzukommende Drucksteigerung eine weitere Schädigung bewirken, die ja bei Corectopie öfters beobachtet würde, wie z. B. in einem Falle von BENTZEN u. LEBER das Glaukom schon frühzeitig eine Atrophie hervorrief. Auf diese Weise gehen immer mehr Teile der gefäßhaltigen Iris verloren, wodurch die Druckregulierung immer mehr erschwert wird. In der Mehrzahl der Fälle handelt es sich um chronische, selten um etwas mehr akute Glaukome, bei denen das Pigmentblatt der Iris größere Widerstandsfähigkeit zeigt. Ein Fall von LIESKÓ (1923), der klinisch dem von LARSSON glich, waren 16 Jahre zuvor in der Iris temporal zwei große Lücken beobachtet worden, 11 Jahre vorher war wegen Drucksteigerung eine Sklerektomie gemacht worden und vor 6 Jahren erblindete das Auge, welches bei der mikroskopischen Untersuchung folgendes ergab. Man fand Pigmentzerstreuung in der Sphinctergegend, hyaline Degeneration der Gefäßwandung, Exkavation und Pigmentzerstreuung an der Iriswurzel und Hornhaut. Da der Patient bis zum 38. Jahre keine Veränderungen am Auge bemerkt hatte, war der Fall nicht als Entwicklungsanomalie aufgefaßt worden. Auszuschließen ist nach Lieskó, daß die Irisatrophie Folge des Glaukoms wäre. Die Irisatrophie wird als Ursache des Glaukoms angesehen, indem der Schwund des Irisgewebes ein Präglaukom geschaffen habe. In dem Falle von Arnold (1923), der eine typische Irisatrophie beschreibt, wurde keine Drucksteigerung beobachtet, während bei einem Defekt des Kryptenblattes, den Urbanek (1921) beschreibt, Druckschwankungen beobachtet wurden. In einem Fall von Rochat u. Mulder (1924) handelte es sich um ein Glaukom infolge von Irisatrophie und Verlagerung der Pupille. Die dadurch bedingte Blockierung des Kammerwinkels wird als die eigentliche Ursache betrachtet. Im Kammerwinkel fanden sich bei der anatomischen Untersuchung Verwachsungen und Endothelbelag. Die drei anatomisch untersuchten Fälle von Bergler (1925) ergaben verschiedene Befunde. In einem Falle wurde eine Zugwirkung der Iris in einer bestimmten Richtung neben der durch Glaukom begünstigten Atrophie gefunden. Im anderen Falle handelte es sich um eine Schrumpfung der atrophischen Iris, und im dritten Falle konnte eine greifbare Ursache für die Irisatrophie nicht festgestellt werden. In einem Falle von Spanlang (1925) handelte es sich um Hyperplasie des Irisgewebes beiderseits und hochgradige Corectopie auf dem linken Auge. In diesem Falle wurde besonders die Verkleinerung der Irisvorderfläche zur Erklärung des Glaukoms herangezogen. Daß das Glaukom Irisatrophie mit Lückenbildung hervorrufen kann, zeigt der Fall von Chronis (1924), wo durch längeres Einträufeln von Atropin Drucksteigerungen unterhalten wurden.

Eine Sonderstellung nimmt der Fall von Kägi (1924) ein, der das Fortbestehen einer Aderhautabhebung bei Drucksteigerung beobachtete. Über die Therapie des bei Iridocyclitis vorkommenden Glaukoms findet sich näheres in Kapitel XIII A und B.

## 4. Linse und Sekundärglaukom.

Im Laufe der letzten Jahre sind zahlreiche Mitteilungen erschienen über die Frage, ob durch Quellung einer Altersstarlinse Glaukom erzeugt werden kann. Kraupa (1923) macht darauf aufmerksam, daß schon im Jahre 1869 v. Graefe über fünf vermittelst Iridektomie operierte Glaukome berichtet, bei denen er bezweifelt, daß die Linsenquellung von Einfluß gewesen sei. Es habe hier schon eine Glaukomdisposition vorgelegen. Späterhin gewann die Anschauung an Boden, daß ein ursächlicher Zusammenhang zwischen Linsenquellung und Glaukom bestehen müsse. Wie Ulbrich (1907) anführt, erwähnte Elschnig in der Enzyklopädie von Schnirer und Vierordt, daß eine Cataracta intumescens senilis mitunter im normalen Auge ein Glaukom erzeugen kann. TERRIEN erwähnt diese Glaukomform durch Qelluung des Stares in seiner Chirurgie des Auges (1906) und auch bei einem früheren Falle von RHEINDORF (1887) wird diese ursächliche Beziehung erörtert. Den Anstoß, neuerdings dieser Frage näherzutreten, gab HESSE (1907) durch Fälle aus der DIMMERschen Klinik, der besonders auf die bei diesen Fällen zu findende seichte Vorderkammer hinwies. Bei drei Fällen aus der ELSCHNIGschen Klinik, (1907) die ULBRICH beobachtete, war in einem oder zwei eine Mydriasis arteficialis wenigstens als mitwirkende Ursache nicht auszuschließen, wie auch in einem Fall von SALUS (1910) Homatropin begünstigend wirkte. Weitere Mitteilungen rühren her von ISAACS (1908) ROSENFELD (1911, 1912), WARSCHAWSKI (1909), FRENKEL (1910), FRUGUIELE und von ISCHREYT (1908). Im Falle von PICHLER (1923) wird das Glaukom auf Starquellung zurückgeführt; diese soll die Disposition geschaffen haben, während Aufregung das auslösende Moment bildete. KAYSER, (1021) der einen solchen Fall sah, mißt der Quellung der Kataract nur geringe Bedeutung bei. In einem Fall von FEILCHENFELD (1923) kann man Zweifel hegen, ob hier nicht die Linsenblähung Folge eines akuten Glaukomanfalles gewesen ist. Weitere Einzelmitteilungen finden sich bei ELSCHNIG (1922), GONZALEZ (1927) und MORAX (1922). Der skeptische Standpunkt wird auch von STANFORD (1925) vertreten. In einem Fall von STEPHENSON (1911) ist aus den beigegebenen Zeichnungen zu sehen, daß hier die nach vorn getriebene Linse den Kammerwinkel blockierte im Sinne einer Luxation. KOMOTO (1912) will in seinem Falle der unter dem Verbande aufgetretenen Pupillenerweiterung eine große Rolle zuerkennen. Als Beweis für die Rolle der Quellung gilt der Fall von BECKER (1920), wo nach elektrischem Schlag eine wirkliche Linsenquellung und Glaukom auftrat. Daß bei diesen Fällen die Enge des circumlentalen Raumes eine Rolle spielen kann, ist wohl anzunehmen. Wie TENNEY (1907) hervorhebt, kann diese Enge auch familiär auftreten, was auf Glaukomdisposition hindeutet, und ELLIOT (1910) berichtet, daß er in Indien 52mal Glaukom in kataraktösen Augen auftreten sah und mit Trepanation erfolgreich behandelte.

Nach CURRAN (1920) bewirkt die Linsenquellung, daß die Iris der Linse zu stark aufliegt und dadurch den Flüssigkeitsstrom aus der hinteren Kammer behindert. Durch die von ihm erprobte Iridotomie (siehe Kap. XIII B) will er dem auf diese Weise entstandenen Glaukom entgegenwirken.

In einem Falle von LEWIS (1922) handelt es sich um ein altes Glaukom, zu dem sich später Katarakt hinzugesellte und in dem Falle von STEPHENSON (1911) um eine in die vordere Kammer luxierte gequollene Linse.

Im großen und ganzen kann ich mich dem skeptischen Standpunkt der meisten Autoren hinsichtlich der ursächlichen Bedeutung der Linsenquellung für das Glaukom nur anschließen, und zwar besonders aus dem Grunde, weil wir bei derjenigen Kataraktform, bei der die Linsenblähung so markant hervortritt, der doppelseitigen Diabeteskatarakt bei jugendlichen Individuen, kein Glaukom auftreten sehen. Da die Bedingungen für die Entstehung der Katarakt für beide Augen die gleichen sind, so müsse man in jenen Fällen das Auftreten eines Glaukoms auch auf dem anderen Auge erwarten, während es in der Mehrzahl der hier angeführten Fälle einseitig blieb. Mit dieser Auffassung stimmt auch überein, daß die Tension bei Kataraktpatienten, wie DENTI (1925) feststellte, immer normal ist, auch wenn der Blutdruck erhöht ist. Die Druckschwankungen bei Cataracta senilis, über welche SALVATI (1912) berichtet, halten sich ebenfalls in normalen Grenzen, ebenso die verschiedenen Werte, die AUGSTEIN (1913) bei reifen und beginnenden Katarakten feststellen konnte.

Ganz anders liegt natürlich die Sache, wenn die quellenden Linsenmassen nicht mehr im Kapselsack eingeschlossen sind, sondern im Bereiche der Vorderkammer rasch und ausgiebig quellen, was nach Verletzungen und Diszissionen so oft beobachtet wird. Daß hier ein Glaukom um so rascher zustande kommt, wenn eine entzündliche Reizung mit Beschlägen auftritt, ist verständlich. Der Umstand, daß, wenn aus den pilzförmig quellenden Linsenmassen sich Trümmer ablösen und am Boden der Vorderkammer sammeln, ein Glaukom nicht beobachtet wird, weist darauf hin, daß die direkte Blockierung des Kammerwinkels durch Anpressen der Iris eine Rolle spielt. Aber es ist auch nicht ausschließlich die Menge der quellenden Linsenmassen, die hier in Betracht kommt, sondern man kann auch in späteren Stadien, wenn der größere Teil der Massen resorbiert ist, auf eine Drucksteigerung stoßen. Auch derartige Glaukome werden durch das Herauslassen der Linsenmassen meistens prompt beseitigt, weil es sich hier augenscheinlich um Veränderungen des Kammerwassers durch aufgelöste Eiweißmassen handelt. Nach OHM (1911) und nach DAVIES (1899) kann das infolge von quellenden Linsenmassen entstehende Sekundärglaukom durch Vibrationsmassage günstig beeinflußt werden (siehe Kap. XIII). Im Allgemeinen wird man in diesen Fällen der breiten Punktion der Kornea mit der Lanze den Vorzug geben.

Grundverschieden von dieser nach Discission auftretenden Drucksteigerung sind diejenigen Formen, die nach Discission eines Nachstars auftreten können. SCHMIDT-RIMPLER führt eine Reihe derartiger Fälle an; weiterhin auch einige nach der FUKALAschen Myopie-Operation, und hält das Vorkommen dieser Fälle für nicht gerade häufig. Spätere Fälle von CHENEY (1909), LESCHMANN (1915), MENACHO (1916), FAGE (1926) und AKATSUKA (1914) lassen es als wahrscheinlich erscheinen, daß hier das Verhalten des Glaskörpers eine Rolle spielt, wie ich selbst schon wiederholt beobachten konnte, daß verflüssigter Glaskörper in die Vorderkammer drang und zu Zirkulationsstörungen führte. In anderen Fällen, speziell nach der FUKALAschen Operation, wie MOOREN sie ausführte, kamen oft Einklemmungen von Glaskörperfäden in die Wunde vor, welche durch die dabei ausgeführte Zerrung Drucksteigerungen auslösen. Hierüber berichten CHENEY (1909), STÖLTING (1912) und GROS (1925). Auch ROSENFELD (1912) sah einen Fall mit einer Kapseleinklemmung. KNAPP (1922) schreibt der Zerrung, welche die Ciliarfortsätze erfahren, eine wichtige Rolle zu und empfiehlt daher die Frühdiscission.

Einen breiten Raum nehmen die Mitteilungen ein, bei denen es *nach der Staroperation* zu einem Glaukom gekommen ist. SCHMIDT-RIMPLER hat einen Fall, in welchem sich unmittelbar an die Extraktion ein akutes Glaukom anschloß, nicht gesehen; er führt aber eine Reihe einschlägiger Beobachtungen an. Hiervon zu unterscheiden ist das Auftreten eines Glaukoms im aphakischen Auge, wenn eine Zeit nach der Operation vergangen ist. Auch hierfür werden bei SCHMIDT-RIMPLER eine Reihe von Fällen angeführt. Wenn hier das Glaukom in Augen auftrat, bei denen die Starextraktion mit Iridektomie vorgenommen war, so kann man die Fälle wohl ohne weiteres so erklären, daß es sich meist um ein chronisches Glaukom handelte, welches auch ohne Katarakt aufgetreten wäre und sich der Iridektomie gegenüber refraktär verhalten hätte. Diese Möglichkeit wurde schon früher von NATANSON (1889) betont und weitere einschlägige Fälle bringen KELLER (1910) und IMRE (1922). Außer den bei SCHMIDT-RIMPLER erwähnten Fällen seien hier noch die von RENNECKE (1894), HIRSCH (1927) und von BERNHEIMER (1898) erwähnt.

KNAPP (1917) beobachtete wiederholt Drucksteigerung, wenn nach Starextraktion die vordere Kammer sich längere Zeit hindurch nicht wieder herstellte. KORTH (1910) beobachtete drei Fälle, von denen der eine in der Jugend mit runder Pupille an Star operiert war. KELLER beschreibt einen Glaukomfall nach FUKALAscher Operation. In einer ausführlichen Arbeit über das Glaukom nach der Operation des grauen Stars und Nachstars sind es besonders nach STÖLTING (1912) drei Dinge, die besondere Bedeutung beanspruchen: Einklemmung der Linsenkapsel in die Wunde, Auskleidung der Vorderkammer mit eingewandertem Epithel und Discission. STÖLTING geht dabei auf die bis dahin bekannte Literatur ein, aus welcher hervorgeht, daß die Anzahl der postoperativen Glaukome unerheblich ist. Auch die Arbeit von KAYSER (1921) bringt eine Reihe von Beispielen zur Entstehung des Glaukoms in aphakischen Augen. Ein Fall von BULSON (1907) muß wegen Iridocyclitis ausgeschlossen werden. Aus der neueren Literatur seien noch folgende Fälle hervorgehoben, bei denen eine Epithelauskleidung der Vorderkammer als Ursache der Drucksteigerung angenommen werden mußte. Außer dem Fall von STÖLTING sind dies Fälle von ROSENFELD (1912), WITALINSKI (1911), LESCHMANN (1915), CIRINCIONE (1926) und WEEKS (1923). Für die Fälle, in denen eine direkte Ursache nicht nachweisbar ist, meint IMRE (1922), daß es sich um eine Verstopfung des Kammerwinkels mit eiweißhaltigem Material handelt. Unter 7075 aphakischen Augen war 17mal Glaukom vorhanden; bei KNAPP (1922) in 200 Fällen 6mal. In einem Fall von ROBINSON (1927) waren dem nach der Extraktion auftretenden Glaukom Retinalblutungen vorausgegangen; in einem Fall von GOLDBERG (1910) wird eine Zirkulationsstörung auf Grund einer Arteriosklerose angenommen, und in dem Falle von RISLEY (1911) war der Glaskörper in die Vorderkammer vorgefallen. MELLER (1921) spricht sich dahin aus, daß, wenn ein Primärglaukom auftritt, Aderhautblutungen oder Zirkulationsstörungen beobachtet werden; bei chronischem Glaukom spielt die Verlegung des Kammerwinkels eine Rolle. Vor allem aber sei dabei zu befürchten die Einklemmung der Iris, der Linsenkapsel oder von Glaskörperfäden in die Wunde. Diesen Fällen stehen andere gegenüber, bei denen der Druck längere Zeit nach der Operation niedrig bleibt. So berichtet PHILIPP (1927), daß in 72% der Fälle ein Druck unter 11 mm festgestellt wurde, eine Erscheinung, die ABELSDORFF auf eine erhöhte Eindrückbarkeit der Hornhaut beim Tonometrieren zurückführt, während HAMBURGER die Erklärung in entzündlichen Vorgängen, venöser Hyperämie und erhöhter Alkalescenz sucht (siehe Diskussion zu PHILIPP (1927).

Eine besondere Stellung nehmen noch die Kataraktformen ein, die als sog. MORGAGNIsche Katarakt mit der Verflüssigung der Rinde einhergehen. GONZALEZ (1920) beobachtete einen solchen Fall mit Glaukom. KNAPP (1927) nimmt an, daß der dislozierte Kern bei Bewegungen des Auges eine Reizung ausübt, die zu Zirkulationsstörungen führt, wie dies auch FEINGOLD (siehe KNAPP) betont. GIFFORD (1927) dagegen ist der Ansicht, daß es sich hier um toxische Produkte der degenerierten Linse handelt. In der Aussprache zu seinem Vortrag äußern sich VERHOEFF und KNAPP im gleichen Sinne, während andere, z. B. BURGE, sich für die mechanische Entstehung aussprechen, wie ja auch im Falle von Sala (1904) das eiweißhaltige Material einer Cataracta fluida zum Ausbruch eines akuten Glaukoms führte.

Wenn bei einfacher hypermaturer Katarakt Drucksteigerungen auftreten, denkt man eher an Zerrungserscheinungen als im Sinne von Gifford an toxische Einwirkungen, worauf Tacke (1911) aufmerksam machte.

Glaukom wurde ferner beobachtet bei sogenannter vorderer Linsensynechie, wie sie Elschnig (1916) in fünf Fällen nach schwerer parenchymatöser Hornhautveränderung sah oder nach perforierender Verletzung. In einem Fall von Knapp (1910) war die Linsenkapsel mit der Hornhaut verwachsen. Auch hier handelte es sich wohl um Zerrungs erscheinungen, die, wie ich es öfters gemacht habe, durch die Zerschneidung der Synechien zum Verschwinden gebracht werden können.

Elschnig (1916) weist ferner darauf hin, daß auch nach Ulcus serpens und nach Perforation der Hornhaut im frühen Kindesalter Drucksteigerung auftritt, ebenso bei Cataracta pyramidalis, die mit der Hornhaut in Kontakt bleibt. Entsteht sekundär Buphthalmus, so findet man auch hierbei denselben Kontakt zwischen Hornhautstaphylom und Linsenresten.

Die Spaltlampenuntersuchungen haben auch auf dem Gebiete des Glaukoms ein neues Krankheitsbild geschaffen. Nachdem Vogt (1926) im Jahre 1925 eine *Abschilferung der Linsenkapsel* festgestellt hatte, wurde er auf die Tatsache aufmerksam, daß in $^3/_4$ der Fälle Glaukom vorlag, welches unter der Bezeichnung „*Glaucoma capsulo-lenticulare*“ als Folge der Kapselveränderung aufgefaßt wurde. Eine Bestätigung der Vogtschen Arbeit bezüglich des Vorkommens der Häutchenbildungen an der Linsenkapsel brachten mehrere Autoren, und eine Bestätigung des häufigen Vorkommens von Glaukom lieferte die Arbeit von Busacca (1928, 1929), der unter 30 Fällen von Häutchenbildung 23mal Glaukom beobachtete. Histologisch konnten Auswüchse aus dem Pupillarsaum, der Irishinterfläche, der Linsenvorderfläche, den Ciliarfortsätzen und Zonulafasern festgestellt werden, die sich anders färbten als die Linsenkapsel, weshalb Busacca annimmt, daß es sich nicht um Abschilferung der Linsenkapsel im Sinne von Vogt handle, sondern um Niederschläge aus dem Kammerwasser. Kraupa (1912), der sich auch mit der Ablösung der Kapsellamelle schon früher beschäftigt hatte, vermißte bei seniler Abschilferung in der Regel ein Glaukom. Neuere Arbeiten von Rehsteiner (1928, 1929) bestätigten an der Hand von 17 Fällen das Vorkommen der Kapselabschilferung bei älteren Leuten. Anatomische Untersuchungen ließen erkennen, daß die von Busacca beschriebenen Auswüchse nichts mit Häutchenbildung zu tun hatten.

Pillat (1926), Handmann (1926) und Wollenberg (1926) vermißten das Glaukom ebenso wie Alling (1927), der jedoch keine tonometrischen Werte angab. Von den 17 Patienten Rehsteiners litten zwölf an Glaukom. Bei einer größeren Reihe von Untersuchungen von alten Leuten, war von vier Fällen mit Häutchenbildung nur einer von Glaukom frei. Es ist daher wohl anzunehmen, daß es sich, wie Vogt angibt, um ein Sekundärglaukom handelt, bei dem losgelöste Lamellenteile die Abflußwege im Kammerwinkel verstopfen, wodurch erklärt wird, daß nicht alle derartigen Leute Glaukom bekommen. Von den bisher bekannt gewordenen Fällen litten 64% an Glaukom, welches mit Häutchenbildung zusammen auch einseitig beobachtet wurde. Auch Hemmerli (1926) beobachtete einige Fälle und weist darauf hin, daß, wenn Wollenberg (1926) die Abschilferung des Häutchens mit Vogt auf das Pupillenspiel zurückführen wollte, dieses durch seine eigenen Beobachtungen nicht gestützt würde. Anatomische Untersuchungen von Vogt (1930) bestätigten die Abschilferung eines Häutchens im Bereiche der stark verdickten vorderen Kapsel, und es wird von Vogt von neuem auf die innigen Beziehungen zwischen diesen Abschilferungen und der Glaukomgenese hingewiesen.

Am häufigsten entsteht ein Sekundärglaukom durch die Linse bei Luxation und Subluxation, und zwar sowohl bei den angeborenen als auch erworbenen Formen. Alle früheren Autoren sind darin einig, daß, wie Schmidt-Rimpler und die von ihm angeführten Autoren, Samelsohn, Ischreyt, Stöwer und Chiari annehmen, am meisten die geringe Subluxation zu fürchten sei, weil hier die ständige Zerrung der Ciliarfortsätze zu einer gesteigerten Sekretion führe. Aber auch die vollständige Luxation in den Glaskörper hinein kann ein Glaukom im Gefolge haben, worauf vor allen Dingen die Erfahrungen nach der Reklination hinweisen, die, wie Schmidt-Rimpler anführt, schon von Sichel und später von Power und Meynard gebührend hervorgehoben wurden. In dieser Hinsicht ist auch die frühere Beobachtung von Samelsohn interessant, daß jedesmal, wenn die luxierte Linse den Ciliarkörper berührte, eine Drucksteigerung auftrat.

In einem Fall von Cirincione wurde beobachtet, daß die in die Pupille eingeklemmte Katarakt die Iris nach vorne schob und dadurch den Kammerwinkel verlegte, worauf die Drucksteigerung auftrat.

Die Luxation der Linse in die Vorderkammer braucht kein Glaukom im Gefolge zu haben. Hier ist wohl die Größe der Linse entscheidend, die, wenn sie klein ist, den Kammerwinkel erweitern kann, wenn groß, ihn blockiert und dann eine Drucksteigerung auslöst. Fällt die Linse in die Vorderkammer vor, so kommt es zu einem Krampf des Sphincter pupillae, wodurch ein Sekretionshindernis erzeugt wird, bei dem man ohne Drucksteigerung befürchten zu müssen, ein pupillenerweiterndes Mittel einträufeln kann.

Die Gefahren der Linsenluxation werden durch eine neuere Arbeit von Hegner (1915) illustriert, der in 24 Fällen von Subluxation der Linse 20mal ein Sekundärglaukom auftreten sah, während in 11 Fällen von totaler traumatischer Luxation der Linse in den Glaskörper, nur zweimal ein Sekundärglaukom vorkam. Bei der Luxation in die Vorderkammer wurde unter 17 Fällen 11mal Glaukom beobachtet. Die Fälle von angeborener Luxation neigen nach Hegner viel weniger zu Drucksteigerungen.

Die pathologisch-anatomischen Untersuchungen ergaben, daß der Verschluß des Kammerwinkels keineswegs eine „conditio sine qua non" ist, wie die Erfahrungen von Elschnig (1928) u. a. beweisen.

Einen interessanten Beitrag für die Spontanluxation der ektopischen Linse in die Vorderkammer bringt eine Arbeit von Handmann (1914); eine ausführliche Arbeit von Burk (1912) beschäftigt sich ebenfalls mit der pathologischen Anatomie der Linsenluxation. Eigenartig ist der Fall von Weill (1901), bei dem bei Subluxation der Linse nach unten infolge Einträufelung von Atropin die Linse im oberen Abschnitt ihren Halt verlor, und dadurch sich in die Vorderkammer nach vorne senkte und einen Glaukomanfall auslöste. In einem Falle Saunders (1884) trat nach einer traumatischen Linsenluxation ein fulminantes Glaukom auf. Von neueren Arbeiten, die sich mit dieser Frage beschäftigen, seien noch die Arbeiten von Heerfordt (1912) und von Hudson (1912) genannt.

Wenn Melanowski (1924) der Zonula einen Einfluß auf das Zustandekommen der Drucksteigerung in dem Sinne zuschreibt, daß bei Durchlöcherung vermehrter und sonst verminderter Flüssigkeitswechsel stattfände, so widerspricht dem der Umstand, daß er in zwei Fällen auch bei intakter Zonula Glaukom beobachtete.

Bezüglich der operativen Therapie der Linsenluxation sei hier auf die Operationslehre in diesem Handbuche verwiesen.

## 5. Netzhaut.

**a) Netzhautablösung.** Über das Vorkommen dieser Form hat Leber in dem 7. Band dieses Handbuches eine ausführliche Übersicht gegeben. Danach kommen Drucksteigerungen im Beginn der Netzhautablösung, sei sie durch Flüssigkeitsergüsse oder Blutungen bedingt, fast nie vor (ein solcher Fall mit Steigerung auf 36 mm wird von Heilbrun (1911) mitgeteilt), während im sekundären Stadium Veränderungen eintreten, die ein Glaukom bedingen können. Bei der durch Aderhaut- oder Netzhauttumoren bedingten Ablösung ist dagegen eine geringe Drucksteigerung schon ziemlich früh zu bemerken; ebenso muß bei Retinitis exsudativa auf derartiges geachtet werden. Wahrscheinlich gehört ein neuerer Fall von IGARASCHI (1920) hierher. LEBER weist darauf hin, daß ein Reihe von intraokularen Störungen zur Netzhautablösung führt, nachdem unter Umständen die Drucksteigerung schon zurückgegangen ist, wie auch in einem neueren Fall von TERRIEN (1912). Meistens tritt das Glaukom in akuter Form, seltener nach längerer Zeit als chronisches Glaukom auf. Bei den akuten Formen finden sich Injektion, Synechien, Pupillarverschluß und Katarakt, wobei bei anatomischer Untersuchung die Verwachsung des Kammerwinkels festgestellt werden kann. Hierbei kommt es auch zur Netzhautperforation und die Zerfallsprodukte, besonders Pigmentzellen, werden in die FONTANAschen Räume eingeschwemmt. Außer den älteren Fällen erwähnt LEBER noch eine neuere Arbeit von KEUKENSCHRIJWER (1913). Selten ist nach LEBER, daß schon in den ersten Wochen ein Glaukom zur Ablösung hinzutritt, ebenso selten, daß sich ganz allmählich ein chronisches Glaukom mit Exkavation entwickelt. Weiterhin werden mehrere Fälle angeführt, in denen die Netzhautablösung vor dem Auftreten der Exkavation nicht beobachtet wurde, aber doch wahrscheinlich war. Mit der Annahme eines einfachen Sekundärglaukoms bei der Netzhautablösung muß man nach LEBER vorsichtig sein, weil Fälle bekannt sind, bei denen später das zweite Auge an Glaukom spontan erkrankte. Eine neuere Arbeit von MAGGIORE (1923) beschäftigt sich mit dieser Spätkomplikation. Auf Grund von fünf anatomisch untersuchten Fällen glaubt er, daß die primäre Erkrankung ein plastischer Entzündungsvorgang ist, der sich über die Aderhaut und die Iris ausbreitet, den Ciliarkörper aber verschont. Es kommt zur Verklebung des Kammerwinkels und eventuell zu Pupillarverschluß bei ungehinderter Sekretion. In den Fällen von HOOR (1913) lag eine Verletzung vor bzw. eine seröse Iridochoriditis.

Die experimentellen Untersuchungen von WEEKERS (1923), der durch Kauterisation der Sclera bei Kaninchen Drucksteigerung erzeugte, ergaben als Nebenerscheinung Netzhautablösung, wie dies auch schon früher von WESSELY beobachtet worden war. Die dabei beobachteten Druckschwankungen werden auf uveale Einflüsse zurückgeführt.

Anatomische Untersuchungen aus neuerer Zeit rühren her von E. FUCHS (1920) und von CHRISTOFARO (1929).

Daß umgekehrt ein Glaukom einen günstigen Einfluß auf eine Netzhautablösung ausübt, geht aus den beiden traumatisch entstandenen

Fällen von SÉDAN (1928) und von HALLARD-BEARD (1926) hervor. Im ersteren Falle war ein Glaukomanfall hinzugekommen.

In den vier Fällen von RAEDER (1927) war die Netzhautablösung, wenn überhaupt vorhanden, Teilerscheinung einer Retinitis exsudativa, die zu einer invertierten Druckkurve mit nächtlichem Druckabfall führte.

Aus einer Arbeit von DONAULT-TONFESCO (1927) geht hervor, daß das Auftreten eines Sekundärglaukoms bei Netzhautablösung in myopischen Augen nicht so selten ist. In einem Falle von SNELL (1889) trat $2^1/_2$ Jahr nach der Punktion bei Netzhautablösung ein Glaukom mit Staphylom auf und THOMAS (1897) beobachtete in einem früher verlezten Auge ein Glaukom, welches einen Tumor vortäuschte.

Therapeutisch wird man in derartigen Fällen nur ausnahmsweise mit einem gegen die Netzhautablösung gerichteten Operationsverfahren Erfolg haben.

**b) Retinitis. Sehnerv.** Über das Vorkommen von Glaukom bei Retinitis pigmentosa finden wir bei LEBER eine Zusammenstellung der bis dahin bekannten Fälle. Zuerst sah GALEZOWSKI diese Komplikation und SCHNABEL konnte die anatomische Untersuchung eines solchen Falles vornehmen. Ein zufälliges Zusammentreffen ist unwahrscheinlich, weil die Komplikation mit Glaukom bei Retinitis pigmentosa häufiger ist, als die sonstige Glaukomfrequenz im Durchschnitt beträgt. Nach LEBER kann man wohl annehmen, daß das Glaukom erst später zu der Pigmentdegeneration zutritt. Nach SCHMIDT-RIMPLER besteht oft ausgeprägte Hypertonie ohne sonstige Glaukomsymptome. Merkwürdig ist die Beobachtung von BLESSIG (1901), die er bei einer Familie machte, in welcher einige Glaukomkranke keine Pigmentdegeneration zeigten, und umgekehrt Patienten mit Pigmentdegeneration von Glaukom verschont blieben. Eine anatomische Untersuchung von v. HIPPEL ergab, daß die Maschen des Ligamentum pectinatum mit Pigment erfüllt waren. Eine Zusammenstellung der älteren Literatur findet sich auch bei WEISS (1903). Neuere Fälle werden von BAUMGARTEN (1907) beschrieben, der auch eine Verlegung des Kammerwinkels feststellte und Iris und Corpus ciliare stark atrophisch fand. Unter 46 Fällen konnte STUTZIN (1905) zwei Glaukome finden. BRADBOURNE (1916) fand bei fünf Geschwistern Retinitis pigmentosa, von denen drei mit Glaukom behaftet waren. Über weitere Fälle berichten ISUPOW (1910) und WEINSTEIN (1909). In einer Arbeit von MÜLLER (1917) aus der Gießener Klinik wurden unter Einschluß eigener Fälle 28 Fälle aus der Literatur zusammengestellt. Nach BAUMGARTEN handelt es sich um eine Pigmentdegeneration, zu der ein Glaucoma simplex hinzutritt, wobei das

Primäre immer die Pigmentdegeneration sei. MÜLLRE nimmt einen inneren Zusammenhang zwischen beiden Erkrankungen an; die Disposition ist in beiden Fällen angeboren. Er nimmt ebenso wie BLESSIG eine Gefäßveränderung als Ursache an, die auch anatomisch festgestellt wurde, wie auch LEBER an einen inneren Zusammenhang der beiden Erscheinungen glaubt, wobei die Verstopfung des Kammerwinkels eine Rolle spielt, ohne daß andere Umstände ausgeschlossen sind. Bezüglich der Vererbung weist LUTZ (1911) darauf hin, daß es sich bei dieser Glaukomform um eine typische recesive Erkrankung handelt, bei der in 27% der Fälle eine Blutsverwandtschaft der gesunden Aszendenz und in 23% collaterale Erblichkeit nachgewisen ist.

Bei anderweitiger Retinitis beobachtete ELSCHNIG (1928) eine Thrombose der Zentralvene, bei seichter Vorderkammer, glaukomatösen Wurzelsynechien, reichlichem Eiweißgehalt des Glaskörpers und des Kammerwassers, vor allem auch Schwartenbildung an der Irisvorderfläche neben schweren Gefäßveränderungen. Dabei kann eine echte glaukomatöse Exkavation fehlen, weil in der Regel verdichtetes Glia- und Bindegewebe in der Papille zurückbleiben. In einigen Fällen sah COATS (1912, 1913) Glaukom im Anschluß an eine *Retinitis exsudativa*. Ferner macht ELSCHNIG auf Drucksteigerungen bei Arteriosklerose und Retinitis proliferans aufmerksam. Nach ELSCHNIG (1928) gehören auch die Fälle von CORDS hierher, der Glaukom nach Papillitis beobachtete, wo bei drei Fällen schwere Gefäßveränderungen und Thrombosen in der Retina festgestellt werden konnten. Der Fall von GURWITSCH (1912) ist mit einer Thrombose der Zentralvene kompliziert gewesen.

Von BAQUIS (1908) wird berichtet, daß unter den zehn bekannt gewordenen Fällen von *Cyanosis retinae* einmal, im Falle von GOLDZIEHER, ein Glaukom vorhanden war, welches sogar zu Spontanruptur des Augapfels führte. Im Fall von BAQUIS kam es zu schweren Gefäßveränderungen und Hämorrhagien und es fand sich eine Veränderung im Kammerwinkel, welche auf das Eindringen gelöster Reizungsprodukte zurückgeführt wird, die aus der Degeneration des Blutextravasates stammten. Dadurch wurde der Entzündungsherd geschaffen, der allmählich eine Verdichtung des Gewebes herbeiführte. Zu einem ausgesprochenen Glaukom ist es im Fall von BAQUIS nicht gekommen.

Auch die Komplikationen mit *Nierenleiden und Sekundärglaukom* werden eingehend von LEBER behandelt. Auch hier ist durch Bindegewebselemente der Kammerwinkel obliteriert, wie auch bei den genannten Erkrankungen. In mehreren anatomisch untersuchten Fällen waren schwere Blutungen und Gefäßveränderungen festgestellt, aber Blutungen können auch fehlen, und in diesen Fällen hat nach LEBER die zu diagnostischen Zwecken vorgenommene Pupillenerweiterung schädlich gewirkt.

Auffallend war, daß das Glaukom auch bei doppelter Netzhauterkrankung fast immer einseitig auftrat. In einigen Fällen war auch eine Netzhautablösung aufgetreten, in deren Gefolge Exkavation und Drucksteigerung auftrat. Zu den anderen fügte LEBER einen selbstbeobachteten Fall dieser Art hinzu. In einem neueren Fall von KAYSER (1913) fanden sich schwere Gefäßveränderungen.

Nach Neuritis optici ist nach CORDS (1920) nur selten Glaukom beobachtet worden. Mehrere Beobachtungen dieser Art seien wenig beweisend. War schon Atrophie eingetreten, wie in den angeführten Fällen von HIRSCHBERG, STRAUB, BIRNBACHER und in fünf Fällen von GASPARRINI, dann wurde später ein Glaukom beobachtet; besonders MOOREN sei von der Häufigkeit des Glaukoms nach Neuritis optici überzeugt gewesen. Nach CORDS, der bei tuberkulöser und luetischer Neuritis optica niemals Glaukom sah, sind jene Fälle wenig beweisend.

In den Fällen von BLEIKER (1921) dagegen war das Glaukom schon älteren Datums und es gesellte sich eine Stauungspapille dazu, welche allmählich zurückging, wobei am Rande der wieder zutage tretenden Exkavation die Stauung in den Venen bestehen blieb.

CORDS (1921), der in einer neueren Arbeit über Papillitis und Glaukom ausführlich die frühere Literatur bespricht, und einen eigenen anatomisch untersuchten Fall hinzufügt, kommt zu dem Resultat, daß in diesem Fall fast durchweg Gefäßveränderungen und Kreislaufstörungen bestehen, die auch anatomisch als Stauungen und Obliteration von Gefäßen nachgewiesen werden konnten. Von Bedeutung sind, wie auch in einem Falle von TSCHIRKOWSKY (1906), entzündliche Herde im Opticus in der Nähe der Zentralvene, die zu einem Glaukom führen können.

Auch eine frühere Arbeit von GARNIER (Arch. Augenheilk. 25, 24 [1892]) beschäftigt sich eingehend mit diesen Fragen.

**c) Gefäßveränderungen.** Die *Gefäßveränderungen* als solche können nach LEBER ebenfalls Sekundärglaukom hervorrufen, z. B. wurde dies bei multiplen Miliaraneurysmen beobachtet. Bei der Embolie der Zentralarterie, welche vorzugsweise bei älteren Personen vorkommt, war in einer Reihe von Fällen ebenfalls Glaukom vorausgegangen. Der Prozeß gleicht nach LEBER dem nach Venenthrombose vorkommenden; trotzdem konnte aber bei einigen Fällen eine solche Thrombose bei der anatomischen Untersuchung nicht festgestellt werden. Einen neueren Fall beschreibt

Opin (1927). In ausführlicher Weise bespricht Leber auch die Sekundärglaukome nach Thrombose der Zentralvene, welche unter entzündlichen Erscheinungen auftreten. Die Drucksteigerung kann sehr hohe Grade erreichen, und die so häufig beobachtete Ursache der Tensionssteigerung beruht, wie die anatomischen Untersuchungen lehren, auf einer entzündlichen Veränderung im Kammerwinkel, die den Abfluß behindern. Es kommt zur Bildung einer Bindegewebsschicht, die auch zu einer Eversion des Pigmentblattes der Iris führen kann. Die Vorderkammer ist, wie Leber mit Übereinstimmung mit Coats hervorhebt, von normaler Tiefe. Dieser entzündliche Prozeß ist nach Leber auf gelöste schädliche Substanzen in der Augenflüssigkeit zurückzuführen, die besonders dort schädlich wirken müssen, wo sie resorbiert werden. Bezüglich der Natur dieser Schädlichkeiten nimmt Inouye (1910) an, daß diese Substanzen von roten Blutkörperchen herstammen, welche bei gestörtem Abfluß der hinteren Lymphwege im Kammerwinkel einen Ausweg suchen. Nach Leber ist dies keineswegs erwiesen, weil der Verschluß der hinteren Lymphwege nicht nachgewiesen ist, und weil dieses sonst bei intraokulären Blutungen häufiger zu sehen sein müßte; wie ja auch Drucksteigerungen nach Embolie der Zentralarterie vorkommen, wobei Blutungen keine Rolle spielen. Man kann nach Leber nur vermuten, daß die Aufhebung der Zirkulation Nekrosen und Zerfallsprodukte erzeugt. Aus der neueren Literatur führe ich noch an den Fall von Roman (1925), wo nach einem Glaucoma simplex das Auge 17 Jahre später an hämorrhagischem Glaukom durch Thrombose der Zentralvene erblindete, ferner den Fall von Webster (1914), wo eine Netzhautblutung bei einem akuten Glaukom auftrat und die anatomische Untersuchung eine Endophlebitis obliterans ergab. Mayou (1918) fand im Irisgewebe Neubildungen von Gefäßen, wie auch schon Leber zeigte. Auffallend war bei einem 21jährigen Patienten eine schwere Blutung ohne Allgemeinerkrankung. Moore (1922) berichtet über 18 Stamm- und 19 Astverschlüsse der Vene. Er fand bei den Stammverschlüssen fünfmal Glaukom, in einem anderen Fall war das andere Auge schon vorher glaukomatös. Bei den Astverschlüssen war die Tension ohne sonstige glaukomatöse Zeichen etwas höher, in den anderen Fällen etwas herabgesetzt. Hussels (1912) und Tooke (1926) fanden schwere Gefäßveränderungen, ebenso Lockwood (1927); im Fall von Tooke war eine Endophlebitis und keine Thrombose zu finden. Goar (1927) berichtet über einen Fall, bei dem ein großer Venenast an der Papille obliteriert war und schwere Randveränderungen an den Aderhautgefäßen auftraten, infolge Zirkulationsstörungen, wofür ein Glaukom verantwortlich gemacht wurde. Kraupa (1926) macht auf Anastomosenbildung im Sehnerven und in der Netzhaut bei glaukomatösen Augen aufmerksam, die als Folge des glaukomatösen Prozesses angesehen werden. Er konnte jedoch diese Anomalien bereits vor dem Auftreten des Glaukoms nachweisen. Sie sei in 8% aller Fälle zu finden. ELSCHNIG (1928) bespricht ausführlich die neueren anatomischen Untersuchungen von HARMS, FRIEDENBERG, BARTELS, BAUER, TSCHIRKOWSKY, KÜMMELL, ORLANDINI und COATS, denen ich noch die Fälle von MALLING (1923, 1925) und von LARSSEN (1924) anfügen möchte. In einem Falle von RAEDER (1927) waren die Augengefäße normal, dagegen die Carotiden atheromatös. Der Zusammenhang mit dem Glaukom ist nicht genügend gestützt.

Nach ELSCHNIG besteht eine Iriswurzelsynechie weit über das Ligamentum pectinatum hinaus. Wo der Kammerwinkel frei ist, wird er von Gewebsneubildungen mit Endothel bekleidet. Es kommen auch hintere Synechien vor, vor allen Dingen Bindegewebsbildung an der Irisvorderfläche; Endothelwucherungen im SCHLEMMschen Kanal führten zum vollständigen Verschluß des Lumens. Die Kernvermehrung auch im Gebiet der Aderhaut stellen Entzündungs- und Stauungserscheinungen dar. Diese Aderhautveränderungen erstrecken sich auch noch auf die Vortexvenen, die schließlich Endophlebitiserscheinungen zeigen. ELSCHNIG berichtet ferner über Pigmentzerstreuung in der Kammerbucht und Irisvorderfläche und sekundär entzündliche Erscheinungen im Bereiche des Opticuseintrittes mit späterer bindegewebiger Verdichtung. Nach ELSCHNIG ist die Ursache der Drucksteigerung bei Thrombose nicht einheitlicher Natur. Eine Rolle spielen die chronisch-entzündlichen Veränderungen im Uvealtraktus, die den Kammerwinkel durch Blut- und Gewebszerfall diffundierenden toxischen Elemente und nebenher kommt auch noch die Gefäßveränderung in Betracht. Nach ELSCHNIG spielt aber auch, wenn keine Entzündungen vorhanden sind, ein erhöhter Eiweißgehalt des Glaskörpers und des Kammerwassers eine Rolle. Auch Blut im Glaskörper kann den Glaskörperdruck erhöhen, und so einen Verschluß der Kammerbucht herbeiführen. In dem Falle von MULOCK-HOUVER (1919) bestand außer einer Thrombophlebitis der Orbita eine Thrombose der Vortexvenen.

Daß auch anderweitige Blutungen in der Retina von Glaukom gefolgt sein können, war schon in der Arbeit von SCHMIDT-RIMPLER hervorgehoben, wobei der Glaukomanfall schon kurz nach der Entstehung der Blutung auftreten kann, wenn auch für gewöhnlich ein längerer Zeitraum vergeht. Das Glaukom ist meistens dabei akut oder chronisch, ganz selten von der Form des Glaucoma simplex. Das zweite Auge kann intakt bleiben oder an demselben Leiden erkranken, ohne daß ein

Glaukom auftritt, wobei es sich um ältere Leute handelt. Hiervon sind nach SCHMIDT-RIMPLER zu unterscheiden die Fälle, wo spontan oder nach operativen Eingriffen infolge von Netzhautblutungen Drucksteigerungen auftreten.

Daß die *Arteriosklerose* schwere Blutungen und Glaukom erzeugen kann, ist eine alte Erfahrung. In der neueren Literatur finden wir darüber Mitteilungen von BULL (1911), der im Gefolge der Gicht Arteriosklerose mit Blutungen und akutem Glaukom auftreten sah. PARRISIUS (1924) fand bei 23 Glaukomuntersuchungen immer Capillarschäden, die bei jüngeren Individuen auf Vasoconstriktion und bei älteren auf Arteriosklerose hindeuten. Genaueres finden wir hierüber auch in den Arbeiten von BAILLIART (siehe Kapitel VIII und IX) angegeben. Nach SCHEERER (1923) ist der Druck bei Netzhautblutung oft niedriger als normal. Die arteriosklerotischen Retinitisformen sind mit den Erscheinungen der Thrombose verwandt. STÄHLI (1911) fand die Wand der Zentralgefäße hochgradig verändert, die Intima gequollen, die Venen sklerotisch; auch die Gefäße des Uvealtraktus waren beteiligt. VELHAGEN (1913) fand in der Zentralarterie lipoidhaltige Zellen als Zeichen der Gefäßwandveränderung vor. Die Arbeit von KÜMMELL (1909) beschäftigt sich eingehend mit dem Glaucoma haemorrhagicum. Er weist besonders auf den bedrohlichen Allgemeinzustand hin. ORLANDINI (1909) stellte in zwölf Fällen, die anatomisch untersucht wurden, schwere Gefäßveränderungen fest. Einzelfälle dieser Art teilen noch mit: FRANK (1909), FEILCHENFELD (1910) und KRÜKOW (1907). ISHREYT (1912) beschreibt mehrere Fälle, bei denen „entzündliche Veränderungen“ zu Glaucoma simplex hinzugetreten waren. Die anatomische Untersuchung ergab schwere Veränderungen durch Gefäßstörungen. Mit „entzündlich“ ist ist hier das klinische Bild des sog. Glaucoma inflammatorium gemeint.

Auf Gefäßstörungen wird auch ein absolutes Glaukom zurückgeführt, welches BIRCH-HIRSCHFELD (1921) nach wiederholter, ohne Abdeckung erfolgter Bestrahlung mit Röntgenstrahlen bei einem Lidcancroid auftreten sah. Die Bedeutung der Erkrankung des Gefäßapparates wurde neuerdings besonders von CHARLIN (1921, 1923) betont, der in 90% der Glaukomfälle Gefäßstörungen fand und bei der anderen Hälfte dieser Fälle konnte eine vorausgegangene Lues festgestellt werden; die nicht Luetischen dagegen erkrankten erst später. Die bei den meisten sich findende Blutdrucksteigerung kann die Tensionszunahme nicht erklären, sondern wahrscheinlich ist die Gefäßstörung im Auge die Ursache. Daß jedoch plötzliche Gefäßstörungen, d. h. Blutdrucksteigerungen ein Glaukom im Gefolge haben können, lehren zwei Fälle von

Redslob (1926). Lues und Tuberkulose, insbesondere bei jugendlichen Individuen können schwere Blutungen im Glaskörper, in der Retina, und Verschluß der Zentralvene hervorrufen, wie die neueren ausführlichen Arbeiten von Safar (1928) und von Cords (1921) lehren, wo weitere Fälle dieser Art angeführt werden, wie auch bei Morax (1911). Diese Tuberkulose kann hämatogen entstehen oder von einer tuberkulösen Entzündung des Uvealtraktus ausgehen. Das Glaukom entsteht unter denselben Bedingungen und nimmt dieselben Formen an, wie bei der Thrombose der Zentralvene.

Schließlich sei noch darauf hingewiesen, daß die sogenannte essentielle Hypertonie Glaukom im Gefolge haben kann. Im Fall von Lenaz (1926), wo der Blutdruck 244 betrug, entstand ein Glaukom bei Embolie der Zentralarterie, und bei diesen Drucksteigerungen spielt nach Lenaz der Parasympathicus eine Rolle. Dies ist wegen der Neigung zu Gefäßerweiterung schwer verständlich, wie auch Redslob betont. Eine neuere Arbeit von Pick (1928) schildert die bei essentieller Hypertonie vorkommenden Veränderungen. Es kommt zur Bildung der sogenannten Silberdrahtarterie, Schlängelung der Gefäße, Arteriosklerose usw., gelegentlich kombiniert mit Diabetes, Gravidität, oder im Anschluß an sportliche Überanstrengung. Physikalische Momente reichen zur Erklärung der Drucksteigerung nicht aus, sondern es müssen hier andere Umstände, ebenso wie bei der Arteriosklerose, eine Rolle spielen.

Fälle von sogenanntem Glaucoma fulminans, wie z. B. der von Strupow (1908), können auf dem Boden schwerer Gefäßveränderungen erwachsen und sind dann gleichbedeutend mit dem Glaucoma malignum. Nicht jeder Fall von akutestem Glaucoma fulminans ist ein Sekundärglaukom, sondern es kommt diese Form auch primär vor. Hierfür führt Schmidt-Rimpler eine Reihe von Fällen an, die von v. Graefe, Laqueur, Gama-Pinto und Landesborg, Little und Roux beobachtet worden waren. In den Fällen von v. Graefe war die Erblindung vor dem Auftreten „entzündlicher" Erscheinungen festgestellt worden. In mehreren Fällen war auch das andere Auge an Glaukom erkrankt. Wiederholt ist es durch operative Eingriffe gelungen, das Sehvermögen fast gänzlich wieder herzustellen. Es ist diese Form weiter nichts als das akuteste Auftreten eines akuten Glaukoms, im Gegensatz z. B. zu einem Glaucoma malignum, als dessen Ursache Komoto (1912) für seinen Fall eine Glaskörperquellung annimmt, wie auch ein sehr akutes malignes Glaukom von Stephenson (1910) bei Thrombose der Zentralvene beobachtet wurde, nachdem aus Versehen Atropin eingeträufelt worden war.

Schließlich sei noch auf die Arbeit von Luque (1929) hingewiesen, der auf die Häufigkeit der Gefäßveränderungen bei Glaukom und speziell auf deren luetische Grundlage, besonders bei jüngeren Individuen hinweist.

## 6. Intraokulare Tumoren.

Schmidt-Rimpler weist darauf hin, daß von den intraokulären Sarkomen am häufigsten Aderhautsarkome, seltener die der Iris, Drucksteigerungen hervorrufen können. Auch die tumorbildende Tuberkulose der Aderhaut könne dieselben Folgen haben, wie eine Reihe von angeführten Beobachtungen lehrt. Meistens erfolgt die Zunahme der Drucksteigerung allmählich, jedoch kommen auch plötzliche Steigerungen vor, wie v. Graefe nach Einträufelung von Atropin sah. Der Eintritt eines Glaukoms spricht mehr für einen Tumor, als für eine Netzhautablösung. In der Mehrzahl der Fälle von erhöhter Tension war der Filtrationswinkel in der vorderen Kammer verschlossen, was bei normaler oder herabgesetzter Tension nur einige Male beobachtet wurde. Der Verschluß des Kammerwinkels ist auch bei Chorioidaltuberkulose und beim Gliom beobachtet worden. Interessant sind die Untersuchungen von Nakayama (1927) über das Verhalten der Tension bei intraokularen Geschwülsten. Während Koyanagi und Tagahishi (1925) bei dem orbitalen Wachstum von Sarkommaterial bei Kaninchen nie Drucksteigerungen feststellen konnten, konnte bei Einbringen von Geschwulstmaterial ins Auge eine Drucksteigerung erzeugt werden. Wurde eine Zellemulsion eingebracht, so entstand Drucksteigerung durch Verschluß des Kammerwinkels; wurden Tumorstücke eingebracht, so blieb die Tension meistens normal. Häufiger war die Impfung in eine Ciliarkörpertasche erfolgreich. Für die entzündlichen Erscheinungen wurde die Geschwulstnekrose verantwortlich gemacht. Bei Aderhautsarkomen blieb der Kammerwinkel offen und die Befunde sprachen nicht für Stauung der subretinalen Flüssigkeit im Sinne von Leber; eher war anzunehmen, daß eine eiweißhaltige subretinale Flüssigkeit die Drucksteigerung verursachte. Der Verschluß des Kammerwinkels kann nach Nakayama auch nicht als Ursache in Frage kommen. Auf diese Arbeit von Nakayama erwiderte Albrich (1927), daß die Frage nach der Herkunft der Tensionsänderung bei intraokulären Geschwülsten auf morphologischem Wege wohl kaum gelöst werden könnte. Wenn Nakayama durch die Tumornekrose eine eiweißhaltige subretinale Flüssigkeit entstehen läßt, welche die Drucksteigerung bei Aderhautsarkomen erklären soll, so wirken, wenn der vordere Abschnitt der Uvea von der Entzündung befallen wird, vermehrte Flüssigkeitsprodukte, Abflußverhinderung und veränderte chemische Zusammensetzung mit, wobei die Drucksteigerung keineswegs die Regel ist. Vor allen Dingen könne NAKAYAMA nicht erklären, woher unter denselben Bedingungen im Tumorauge eine Hypotonie entsteht. Derartige Tumorfälle wurden von FRANZ (1920), ALBRICH (1923) und von HEYMANNS-MAY (1921) beschrieben. In den zwölf Fällen von HEYMANNS-MAY waren sechs mit gesteigerter Tension und vier mit herabgesetzter Tension. Zu dieser Frage nimmt auch E. FUCHS (1917) Stellung; die erste Ursache der Drucksteigerung sei eine unter höherem Druck als die Glaskörperflüssigkeit stehende subretinale Flüssigkeitsansammlung, die wahrscheinlich aus der Aderhaut stamme. Verkleinerung des Glaskörperraumes, Vorrücken der Linse, Vergrößerung der Linse und vermehrter Eiweißgehalt des Kammerwassers wirkten begünstigend. Später wird die Kammerbucht enger und der Druck steigt weiter. Die

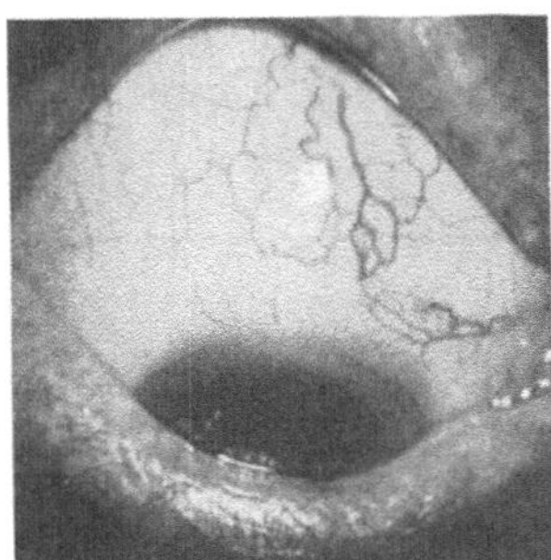
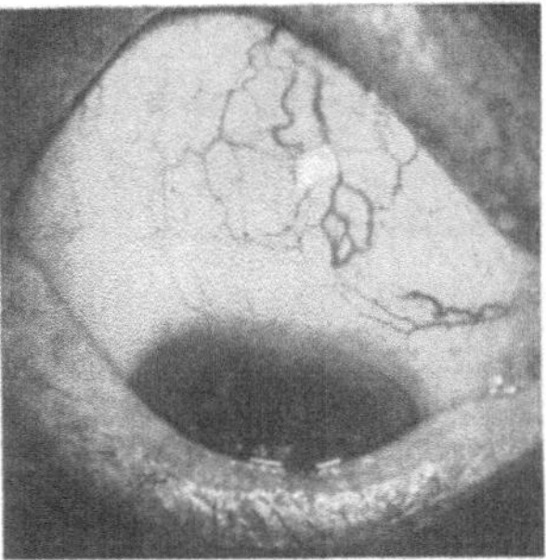

Abb. 35. Glaucoma secundarium, bei Sarkom der Chorioidea. (Stereoskopische Abbildung.) Nur in dem vom Sarkom betroffenen Quadranten des Bulbus Erweiterung der Gefäße (kollaterale Gefäßerweiterung und -Neubildung).

Hypotonie, welche FUCHS fünfmal beobachtete, sei schwer zu erklären. Möglich sei es, daß eine Schädigung der Ciliargefäße bzw. ihrer Nerven vorliegt oder die Sekretion wird vermindert, weil der Tumor Ciliararterien komprimieren oder durchwachsen kann, wie ja auch diese Gefäßkompression Nekrosenbildung im Tumor hervorruft. Ferner sah BROWN-PUSEY (1907) einen Fall von Drucksteigerung bei Melanosarkom der Iris, wo die FONTANAschen Räume mit Pigmentzellen angefüllt waren. Bezüglich des Vorkommens der Sekundärglaukome sei noch erwähnt, daß NEAME u. KHAN (1925) unter 402 Augen, die wegen Glaukoms enucleïrt worden waren, 40mal Chorioidalsarkome fanden, die 16mal nicht vermutet waren. So fand auch WEISSHAUPT (1921) einen Aderhauttumor nach Enukleation wegen hämorrhagischen Glaukoms mit Katarakt.

Auf Grund der Untersuchung von 34 Sarkomaugen mit Glaukom kommt KOLIOPOULOS (1929) zu dem Resultate, daß für das Einsetzen der Druckerhöhung weder die Größe des Tumors, noch das intraretinale Exsudat, noch der Kammerwinkel eine besondere Rolle spielen. Sarkome des vorderen Bulbusabschnittes pflegten früher Drucksteigerung hervorzurufen, als die im hinteren Abschnitt sitzenden. Tumoren der Chorioidea oder des Ciliarkörpers rufen auch ohne Drucksteigerung an der Stelle ihres Sitzes, zufolge kollateraler Hyperämie, eine umschriebene Erweiterung der episcleralen Gefäße hervor, die differentialdiagnostisch gegen Glaukom in Betracht kommt, wie Abb. 35 (Fall von ELSCHNIG) zeigt.

Über die Drucksteigerung bei Gliomen und die dadurch hervorgerufenen Veränderungen gibt die Bearbeitung der Netzhautgeschwülste von LEBER eingehende Auskunft. Daß man die Differentialdiagnose zwischen Gliom und Pseudogliom nicht lediglich auf die tonometrischen Resultate aufbauen darf, betont neuerdings BARLETTA (1929).

## 7. Glaukomatöse Drucksteigerungen bei Erkrankung der Orbita.

In der Mitteilung von LYSTAD (1912) über einen Fall von pulsierendem Exophthalmus findet sich die Notiz, daß Hypertonie bei dieser Erkrankung in zehn Fällen, von denen sechs Fälle traumatischer Herkunft waren, beobachtet worden sei. In dem von LYSTAD beobachteten Falle konnte das Auge mikroskopisch untersucht werden; jedoch fand er außer der gewöhnlichen Veränderung des Kammerwinkels und der Papille nichts besonderes. Eine Vortexvene war als normal anzusehen. Auch A. ELSCHNIG (1917) konnte einen Fall von pulsierendem Exophthalmus traumatischerHerkunft beobachten und weist darauf hin, daß in den zehn von LYSTAD angeführten Fällen es sich nicht immer um pulsierenden Exophthalmus gehandelt habe. Die wenigen Fälle werden angeführt und Fälle von SLOMANN, von DE SCHWEINITZ, HOLLOWAY und SCHÄFER werden noch hinzugefügt. Auch eine neuere Arbeit von HUDELO (1929) beschäftigt sich mit den für die Entstehung des Glaukoms in diesen Fällen in Betracht kommenden Möglichkeiten, Hypersympathicotonie und Gefäßstörungen. Im Falle von ELSCHNIG bestand eine Thrombose der Vena ophthalmica und ihrer Hauptzweige, welche durch Thrombose der vorderen Ciliargefäße zur Drucksteigerung führte, ein Moment, das man bei den Fällen von solchen Glaukomen bisher nicht beachtet hatte. Auch wurden durch das Einströmen arteriellen Blutes in den Bulbus die Venenwandungen verändert. Daß die Drucksteigerung schon frühzeitig eintreten kann, lehrt ein Fall von IPSEN (1912), wo diese Erscheinungen schon nach zwei Monaten beobachtet wurden, und im Fall von ELSCHNIG hatte sich schon nach kurzer Zeit eine Drucksteigerung eingestellt, welche sich beim Druck auf den Augapfel sofort verringerte. Kompression der Carotis bewirkte noch stärkeres Sinken des Druckes. ELSCHNIG weist darauf hin, daß die Drucksteigerung zu keinerlei Glaukomsymptomen führte. Weitere Fälle dieser Art beobachteten DEMARIA (1920) und SALUS (1918). Der traumatisch bedingte Fall von VELTER (1927) wurde auf Gefäßstörungen zurückgeführt, und in der an seinen Vortrag anschließenden Diskussion betonen DUPUY-DUTEMPS, TERRIEN und BAILLART, daß bei der Entstehung der Drucksteigerung auch noch andere Faktoren in Betracht kämen, weil trotz Carotisunterbindung, welche den Exophthalmus beseitigte, das Glaukom bestehen blieb (siehe auch ELSCHNIG u. GAZEPIS 1922). Auch JAENSCH (1925) sah, daß bei einem Fall trotz ziemlicher Spannung und starker Stauung das Sehvermögen und das Gesichtsfeld zunächst normal blieben. Er erwähnt weiter, daß er bei Tumoren und Phlegmonen der Orbita sowie bei Entzündungen beträchtliche Hypertonie ohne Beeinträchtigung des Sehvermögens und des Gesichtsfeldes sah. Was die Tenonitis betrifft, so hat zuerst SEEFELDER (1924) bei drei Fällen einmal einen doppelseitigen akuten Glaukomanfall gesehen, der auf das Abklemmen der Vortexvenen im TENONschen Raum und auf das Versagen eines unbekannten Druckregulators zurückzuführen sei. In ausführlicher Weise geht LARSSON (1926) auf diese Frage ein. Bemerkenswert war, daß wie auch im Falle von SEEFELDER zweimal Lues vorlag und beim dritten Fall eine antiluetische Therapie erfolgreich war. Auch bei orbitalen Entzündungen und Tumoren kann eine Drucksteigerung auftreten oder es kann eine Druckerniedrigung die Folge sein. Vorübergehend war die Drucksteigerung in zwei Fällen TEN DOENSCHATES (1918), wobei es sich um eine Nebenhöhleneiterung und um einen Orbitalabszess handelte. Die Drucksteigerung kann unter dem Bilde des akuten Glaukoms auftreten, jedoch nicht unter dem des chronischen Glaukoms. LARSSON vermutet, daß bei anderen entzündlichen Erkrankungen im hinteren Orbitalabschnitt Drucksteigerungen vorkommen; auch gehörten die bei Buphthalmus beobachteten Neurofibrome hierher. In einer Arbeit über das Vorkommen von Glaukom bei entzündlichen Orbitalprozessen führt GUIST (1925) drei Fälle von Orbitalphlegmone mit beträchtlicher Drucksteigerung an, die sich durch Scleritis posterior, Tenonitis oder entzündliche Veränderungen des Orbitalgewebes erklären. Auch hier hatte die Drucksteigerung keine dauernden Nachteile im Gefolge, nachdem operativ vorgegangen war. MAGITOT (1917) weist darauf hin, daß auch Orbitalblutungen, außer Nerven- und Gefäßstörungen eine Drucksteigerung hervorrufen können. In einem Fall, wo die Tension auf 95 mm gestiegen war, waren keine sonstigen Glaukomsymptome zu beobachten. MAGITOT (1918) legt bezüglich der Erklärung der Fälle von Drucksteigerung durch Zirkulationsbehinderung Wert auf die Störung des intraokularen nervösen, in der Uvea befindlichen vasomotorischen Ganglions, das den Augendruck regulieren soll.

Schließlich sei hier noch erwähnt, daß D'AYRENA et DE SPÉVILLE (1914) einen Fall schildern, in welchem ein Orbitaltumor von Drucksteigerung begleitet war. Nach ULRICH (1927) können auch retrobulbäre Erkrankungen auf dem Boden der multiplen Sklerose der Entwicklung eines Glaukoms um Jahre vorausgehen, wie er es beobachtete, und KAFKA (1919) berichtet über einen Fall wo das Vorliegen einer retrobulbären Neuritis auf der Basis einer multiplen Sklerose angenommen werden konnte, die mit einer nicht als glaukomatös aufgefaßten Exkavation einherging. Auffallend ist, wie ELSCHNIG (1917) hervorhebt, daß Lymphangiome und Hämangiome der Orbita kein Glaukom im Gefolge haben. Wenn AUGSTEIN (1923) eine Thrombose des Sinus cavernosus verantwortlich machen will, so muß darauf hingewiesen werden, daß in seinem Falle intraokulare Veränderungen vorlagen, die auch selbständig aufgetreten sein können.

An dieser Stelle sei auch kurz noch die Diskussion zwischen KOYANAGI (1928) und ELSCHNIG (1928)-KUBIK (1928) erwähnt. Während KOYANAGI (1925) lacunäre Veränderungen im Sehnerven ohne Drucksteigerung bei Orbitalaffektionen beobachtete, wollen ELSCHNIG und KUBIK ein Glaukom zugrunde legen und führen als Stütze einen anatomisch untersuchten Fall von TAGAKI an, den KOYANAGI ablehnt, weil der SCHLEMMsche Kanal vollständig frei war. Näheres findet sich in dem Kapitel Exkavation.

Der Zusammenhang zwischen Orbitalerkrankungen und Glaukom ist von VERDERAME (1927) zum Gegenstand experimenteller Untersuchungen gemacht worden. Durch Einspritzung von physiologischer Kochsalzlösung, destilliertem Wasser oder Paraffin konnten Exophthalmus und Drucksteigerung erzielt werden, die nach 24 Stunden wieder ihre Norm erreichten. Bei Cocain und Adrenalin traten Drucksteigerungen auf, die einen Abfall bis weit unter die Norm zeigten. Dasselbe konnte bei zwei zur Enukleation bestimmten menschlichen Augen beobachtet werden. In drei Fällen stellte man Exkavation und Drucksteigerungen von 20 Minuten langer Dauer fest, als aus therapeutischen Gründen eine 1%ige Strychninlösung retrobulbär eingespritzt wurde. Das Wesentliche bei den Drucksteigerungen ist die Stauung in den Orbitalgefäßen, welche durch Druck auf den Bulbus noch erhöht wird. Andererseits betont BONNEFON (1921), daß Novocain mit Adrenalin eine leichte Hypotonie erzeugte, die auf eine Flüssigkeitsabnahme im Auge durch Kompression wie beim Gebrauch des Tonometers zu erklären seien.

## 8. Anderweitige Ursachen des Sekundärglaukoms.

Wie Schmidt-Rimpler ausführt hat v. Graefe darauf hingewiesen, daß bei Sklerektasia posterior sekundär ein echtes Glaukom zustande kommen kann, was von Pagenstecher bestätigt wurde. Wenn v. Graefe diese doppelseitigen Sklerektasien bei stark myopischen Geschwistern auftreten sah, so ist dies an sich keine seltene Erscheinung, weil gerade unter den jugendlichen Glaukomen die myopische Refraktion in einem beachtenswerten Prozentsatz der Fälle zu finden ist. Näheres hierüber ist in dem Kapitel „auslösende Momente und jugendliches Glaukom" gesagt. Die in der myopischen Anlage begründete Neigung zur Verdünnung am hinteren Pole wirkt gewissermaßen dem Glaukom entgegen, bis sekundäre Prozesse besonders im Bereiche der Aderhaut die Gefahr der Drucksteigerung vergrößern. In der Monographie von Schmidt-Rimpler wird auf diese Verhältnisse genauer eingegangen. Auch Burk (1912) erwähnt neuerdings einen Fall von Chorioiditis posterior. Über die hierbei vorkommenden Exkavationen ist schon bei Erörterung der verschiedenen Formen der Exkavation, speziell bei der Myopie, gesprochen worden.

Daß weiterhin zu einer Opticusatrophie sich Glaukom hinzugesellen kann, lehren einige Fälle von v. Graefe, über welche Schmidt-Rimpler unter Anführung eines eigenen Falles berichtet. Hier liegt die Sache doch wohl so, daß zu einer bestehenden Sehnervenaffektion ein akutes oder chronisches Glaukom sich hinzugesellte, welches in dem Sehnervenprozeß selbst keine Begründung fand. Die Doppelseitigkeit der Atrophie oder Neuritis spricht dafür, daß hier eine Neigung zu doppelseitigen Primärglaukomen bestanden hat. Wenn z. B. bei Stauungspapille ein Glaukom beobachtet wurde, so kann auch diese Erscheinung nicht als ursächliches Moment betrachtet werden, weil diese Ausnahme die Regel nicht umstößt, daß die Stauungspapille ein Glaukom nicht auszulösen pflegt.

Schließlich sei darauf aufmerksam gemacht, daß bei einer Reihe von angeborenen Mißbildungen des Auges Glaukom beobachtet wurde. Die beim Mikrophthalmus auftretende Form legt den Gedanken nahe, daß hier das disponierende Moment in einer hochgradigen Hypermetropie zu suchen ist, die ja nach Priestley-Smith und anderen zum Glaukom disponieren soll. Dies konnte von Dalen, wie Schmidt-Rimpler anführt, in zwei Fällen direkt beobachtet werden, indem die Linse relativ groß war und den zirkumlentalen Raum verkleinerte. Seltener beim Sehnervenkolobom, häufiger beim Iriskolobom ist ein Glaukom beobachtet, wie aus den bei SCHMIDT-RIMPLER angeführten Fällen hervorgeht. Hierbei ist bemerkenswert, daß in solchen Fällen öfter eine Kleinheit des Augapfels besteht und damit Anklänge an die beim Mikrophthalmus vorkommenden Verhältnisse bestehen. Die bei Irideremie beobachteten Glaukomfälle wurden bei dem Kapitel „jugendliches Glaukom" erwähnt.

## Literatur.

*Das Sekundärglaukom.*

ABADIE: Des états glaucomateux. Arch. d'Ophthalm. **29**, 401 (1909). — AKATSUKA: Glaukom nach Staroperation. Klin. Mbl. Augenheilk. **62**, 569 (1914). — ALBRICH: Hypotonie in einem Glaukomauge durch Tumor. Ebenda **70**, 508 (1923). — ALBRICH zu NAKAYAMA: Tension bei intraokularen Geschwülsten. Graefes Arch. **118**, 813 (1927). — ALLING: Linsenkapselhäutchen. Arch. of Ophthalm. **56**, 1 (1927). — ALT: Iridocyclitis und Glaukom. Amer. J. Ophthalm. **24** (1907). — ARLT: A case of so-called iridocyclitis serosa with secondary glaucome. Ebenda; **1907**, 225. — ARNOLD: Irisatrophie. Klin. Mbl. Augenheilk. **71**, 723 (1923). — AUGSTEIN: Tonometer von SCHIÖTZ. Jber. Ophthalm. **1913**, 123. — AUGSTEIN: Beiderseitiges Glaukom durch Stauung im Sinus cavern. Z. Augenheilk. **51**, 69 (1923). — AURAND: Sarcome mélanique de la choroide simulant un glaucome aigu primitif. Annales Ocul. Jg. **87**, 706 (1924). — D'AYRENA et DE SPÉVILLE: Orbitaltumor und Glaucoma simplex. Arch. d'Ophth. **34**, 382 (1914).

BANE: Glaucoma following injury of lens. Ophthalm. Record **1910**, 305. — BAQUIS: Cyanosis retinae, Pathogenese des Glaukoms. Graefes Arch. **68**, 177 (1908). — BARLETTA: Drucksteigerung. Gliom oder Pseudogliom. Ann. Ottalm. **57**, 66 (1929). — BAUMGARTEN: Retinitis pigmentosa und Glaukom. Diss. Jena 1907. — BECKER: Katarakt und Quellungsglaukom nach elektrischem Schlag. Ophthalm. Ges. Heidelberg **1920**, 294. — Heterochromieglaukom bei Mutter und Tochter. Z. Augenheilk. **63**, 113 (1927). — BENTZEN: Glaucoma acutum durch Aderhautablösung. Klin. Mbl. Augenheilk. **60**, 649 (1918). — BERG: Heterochromie und Glaukom. Ebenda **73**, 788 (1924). — BERGLER: Irisatrophie bei Glaukom. Arch. Augenheilk. **95**, 35 (1925). — BERNHEIMER: Glaukom bei Aphakie. Wien. klin. Wschr. **1898**. — BIETTI: Exkavation und Neuritis optica. Klin. Mbl. Augenheilk. **50** (2), 532 (1912). — BIRCH-HIRSCHFELD: Schädigung des Auges durch Röntgenstrahlen. Strahlenther. **12**, 565 (1921). — BJERRUM: Iridocyclitis und Glaukom. Klin. Mbl. Augenheilk. **50** (1), 42 (1912). — BLEIKER: Stauungspapille beim Glaucoma simplex. Ebenda **67**, 249 (1921). — BLESSIG: Alternierendes Auftreten von Glaucoma spl. und Retinitis pigmentosa bei einer Reihe von Geschwistern. Petersb. med. Wschr. **1901**. — BONNEFON: Retrobulbäre Gefäßzusammenziehung, veränderliche Wirkung bei Drucksteigerung. Zbl. Ophthalm. **14**, 792 (1924). — BRADBURNE: Retinitis pigmentosa bei fünf und Glaukom bei drei Geschwistern. Klin. Mbl. Augenheilk. **57**, 607 (1916). — BROWN u. PUSEY: Glaukom bei intraokularen Tumoren. Ebenda **45** (2), 347 (1907). — BURK: Pathologische Anatomie des Sekundärglaukoms nach Luxation der Linse. Graefes Arch. **83**, 114 (1912). — BULL: Hämorrhagisches Glaukom. Z. Augenheilk. **25**, 283 (1911). — BULSON: Glaukoma after cataract extraction. Ophthalm. Record **1907**, 431, 547. — BUSACCA: Häutchenbildung auf der Linsenkapsel. Graefes Arch. **119**, 175 (1928). Klin. Mbl. Augenheilk. **83**, 737 (1929).

CARLINI: Sul glaucoma secondario a lussazione del cristallino. Contributo anatomopatologico. Ann. Ottalm. **36**, 655 (1907). — CHANCE: The occurrence of glaucoma after cataract extraction. Ophthalm. **1910**, 441. — Charlin: Glaukom und Gefäßveränderungen. Klin. Mbl. Augenheilk. **70**, 123 (1923). — Gefäßapparat und Glaukom. Annales d'Ocul. **158**, 861 (1921). — Cheney: Glaukom nach Nachstaroperation. Klin. Mbl. Augenheilk. **47** (1), 95 (1909). — Christoforo: Netzhautablösung und Glaukom. Boll. Ocul. **8**, 787 (1929). — Chronis: Irisatrophie mit Lückenbildung nach Atropin-Glaukom. Klin. Mbl. Augenheilk. **73**, 480 (1924). — Cirincione: Epithelauskleidung der vorderen Kammer. Ref. Zbl. Ophthalmol. **16**, 228 (1926). — Coats: Retinitis exsudativa. Graefes Arch. **81**, 275 (1912). — Verschluß der Zentralvene der Retina. Ebenda **86**, 341 (1913). — Coover: Secondary Glaukom. Ophthalm. Record **1908**, 195 — Cords: Glaukom nach Papillitis. Ophthalm. Ges. Heidelberg **1920**. — Papillitis und Glaukom. Graefes Arch. **105**, 916 (1921). — Coronat et Aurand: Sklero-choroidite équatoriale aigue compliquée de glaucome secondaire et de panophthalmie plastique avec staphylome équatorial. Clin. ophthalm. **113** (1912). — Cournet: Contribution à l'étude des rapports entre le glaucome et cataracte. Thèse de Toulouse 1913. Cramer: Selbständiges akutes iritisches Glaukom. Z. Augenheilk. **43**, 339 (1920). — Curran: Primärglaukom. Linsenquellung. Ref. Klin. Mbl. Augenheilk. **65**, 458 (1920).

Darier: Vibrationsmassage. Ophthalm. Klin. **1899**. — Demaria: Pulsierender Exophthalmus und Glaukom. Jber. Ophthalm. **1922**, 183. — Denti: Augendruck und Blutdruck bei Kataraktpatienten. Zbl. Ophthalm. **13**, 230 (1925). — Dethlefsen: Heterochromie. Diss. Kiel 1912. — Domec: Iridichorioditis graves à forme glaucomateuse. Klin. Mbl. Augenheilk. **53**, 438 (1914). — Ten Doenschate: Augendruck und Exophthalmus. Ebenda **61**, 411 (1918). — Druault-Toufesco: Glaukom und Netzhautablösung. Ebenda **69**, 690 (1922). — Dubreuilh: Gomme irienne syphilitique, irido-cyclite, phénomènes glaucomateux, iridectomie. Clin. ophthalm. **1912**, 276. — Dupuy-Dutemps u. Mawas: Intraokulare Tuberkulose und Glaukom. Klin. Mbl. Augenheilk. **49** (2), 779 (1911). — Dupuy-Dutemps: Pulsierender Exophthalmus und Glaukom. Ref. Zbl. Ophthalm. **18**, 514 (1927).

Eissen: Entzündlicher Exophthalmus. Arch. Augenheilk. **21** (1890). — Elliot: Iridocyclitis und Glaukom. Ophthalm. Record **25** (1916). — Katarakt und Glaukom. Ophthalmoscope **1910**, 244. — Elschnig: Vordere Linsensynechie und Glaukom. Klin. Mbl. Augenheilk. **56**, 421 (1916). — Pulsierender Exophthalmus und Glaukom. Graefes Arch. **92**, 101 (1917). — Zonulalamelle. Klin. Mbl. Augenheilk. **69**, 732 (1922). — Glaukom. Disskussion Heidelberg 1925. Zu Meesmann u. Serr. — Über Glaukom. Graefes Arch. **120**, 94 (1928). — Glaukom. Handb. v. Henke-Lubarsch, Bd. XI/1, S. 873f. (1928). — Erdmann: Drucksteigerung bei Keratitis disciformis. Z. Augenheilk. **22**, 30 (1910).

Fage: Glaukom nach Operation der Sekundärkatarakt. Zbl. Ophthalm. 18, 268 (1926). — Feilchenfeld: Glaukom und Altersstar. Klin. Mbl. Augenheilk. **71**, 215 (1923). — Primäres hämorrhagisches Glaukom. Med. Klin. **29** (1910). — Fergus: Glaucoma with nervous congestion. Roy. Soc. Med. **1913**. — Fimbel: Eitrige diabetische Iritis mit Glaukomanfall. Zbl. Ophthalm. **10**, 484 (1923). — Fleischer: Heterochromieglaukom. Z. Augenheilk. **59**, 399 (1926). — Foxuet: Glaukom bei angeblicher Linsenluxation in d. VK. Klin. Mbl. Augenheilk. **65**, 948 (1920.) — Fränkel: Akutes Glaukom durch Katarakt. Ophthalmoscope **1910**, 528. — Franck: Kasuistische Beiträge zur Irisatrophie. Arch. Augenheilk. **47** (1903). — Frank: Primary haemorrhagic glaucoma with probably sympathetic inflammation. J. amer. med. Assoc. **1909**, August. — Franz: Hypotonie bei intraokularen Tumoren. Klin. Mbl. Augenheilk. **64**, 348 (1920). — Fromaget: Uveïte séreuse. Glaucome et Myopie. Annales d'Ocul. **137**, 283 (1907). — Frugiuele: Bemerkungen aus der Augenheilkunde. Zbl. Ophthalm. 8, 424 (1923). — Fuchs: Glaucoma in consequence of cicatrix of cornea with anterior synechia. Brit. med. Assoc. **1908**, 525. Graefes Arch. **69**, 254 (1909). — Iridocyclitis und Glaukom. Ebenda **84**, 275 (1913). — Netzhautablösung und Drucksteigerung. Ebenda **101** (1920).

Galezowski: Glaucoma syphiliticum. Handb. ges. Augenheilk., 2. Aufl., **11**, I, 795. — Gazepis: Exophthalmus und Glaukom. Graefes Arch. **110**, 375 (1922). — Gifford: Glaukom infolge von Aufsaugung des Altersstares. Klin. Mbl. Augenheilk. **64**, 577 (1920). — Glaukom und hypermature Cataract. Zbl. Ophthalm. **19**, 414 (1927). — Goar: Glaukom nach Verschluß der Zentralvene. Amer. J. Ophthalm. **10**, 906 (1927). — Goldberg: Glaukom nach Kataraktextraktion. Klin. Mbl. Augenheilk. **48** (2), 718 (1910). — Goldzieher: Iritis glaucomatosa. Zbl. prakt. Augenheilk. **1899**. — Gonzalez: Spontanruptur einer Morgagnischen Katarakt. Amer. J. Ophthal. **1920**, 743. — Glaukom durch quellenden Altersstar. Annales d'Ocul. **159**, 720 (1927). — Gorbauch: Iritis glaucomatosa. Diss. Jena 1907. — Grönholm: Bandförmige Hornhauttrübung nach chron. Iridocyclitis. Acta ophthalm. **1**, 88 (1924). — Gros: Glaukom nach Kapseleinklemmung. Zbl. Ophthalm. **16**, 411 (1925). — Guist: Entzündliche Orbitalprozesse und Glaukom. Z. Augenheilk. **55**, 308 (1925). — Gunnufsen: Drucksteigerung bei Ulcus serpens. Klin. Mbl. Augenheilk. **50** (1), 717 (1912). — Gurwitsch: Glaukom mit Stauungspapille. Westn. Ophthalm. **1912**, 938.

Hallard et Beard: Décollement traumatique, hypertension, conservation partielle du champ visuel. Amer. J. Ophthalm. **1926**, 510. — Handmann: Linsenluxation in die vordere Kammer. Klin. Mbl. Augenheilk. **1914**, II, 305. — Linsenkapselhäutchen. Ebenda **76**, 482 (1926). — Hardy: Certain aspects of Glaucoma. Amer. J. Ophthalm. **1926**, 593. — Heerfordt: Glaukomarbeiten. Graefes Arch. **83**, 87 (1912) — Hegner: Prognose der Linsenluxation. Klin. Mbl. Augenheilk. **55**, 351 (1915). — Heilbrun: Schiötzsches Tonometer. Graefes Arch. **79** (1911). — Hemmerli: Linsenkapselhäutchen und Glaukom. Z. Augenheilk. **58**, 379 (1926). — v. Herrenschwand: Heterochromieglaukom. Arch. Augenheilk. **95**, 103 (1924). — Hesse: Drucksteigerung durch Linsenquellung. Z. Augenheilk. **17** (1907). — Heymanns-May: Intraokularer Druck und Wachstum intraokularer Geschwülste. Arch. d'Ophthalm. **38**, 479 (1921). — Hirsch: Glaukom bei Aphakie. Wien. klin. Wschr. **1898**. — Hochmelker: Glaukom und Gumma des Ciliarkörpers. Zbl. Ophthalm. **7**, 391 (1922). — v. Hoor: Glaucome et décollement de la rétine. Arch. d'Ophthalm. **33**, 175 (1913). — Hudelo: Glaukom und pulsierender Exophthalmus. Thèse de Paris **1929**. — Hudson: Glaskörperverletzungen als Ursache von Sekundärglaukom. Lond. Hosp. Rep. **1912**. — Hussels: Ein Beitrag zur pathologischen Anatomie und Pathologie des Glaukoms. Diss. Marburg. Z. Augenheilk. **27**, 213, 354 (1912).

Igarashi: Pseudotumor und hämorrhagisches Glaukom. Klin. Mbl. Augenheilk. **65**, 762 (1920). — Igersheimer: Glaukom bei Chorioiditis. Syphilis und Auge. Berlin: Julius Springer 1918. — Imre: Glaukom in aphakischen Augen. Zbl. Ophthalm. 356 (1922). — Inouye: Verschluß der Zentralvene und Glaukom. Arch. Augenheilk. **1910**, 93. — Ipsen: Pulsierender Exophthalmus. Jber. Augenheilk. **1912**, 601. — Isaacs: Glaukom infolge von geblähter Cataracta senilis. Klin. Mbl. Augenheilk. **46** (1), 640 (1908). — Ischreyt: Glaukom durch Cataracta senilis. Arch. Augenheilk. **62**, 272 (1908). — Vorstufe des primären Glaukoms. Klin. Mbl. Augenheilk. **48** (2) (1910). — Entzündliche Erscheinungen bei Glaucoma simplex. Arch. Augenheilk. **70**, 319 (1912). — Isupow: Retinitis pigmentosa, kompliziert durch Glaukom. Westn. Ophthalm. **1910**, 207.

Jackson: Glaucoma secondary to uveitis. Ophthalm. Rec. **1910**, 154. — Jaensch: Glaukom bei pulsierendem Exophthalmus. Klin. Mbl. Augenheilk. **75**, 369 (1925). — Jess: Glaukom bei Verkupferung des Auges. Ebenda **72**, 128 (1924).

Kägi: Fortbestehen einer Aderhautabhebung trotz Drucksteigerung. Z. Augenheilk. **52**, 223 (1924). — Kafka: Exkavation ohne Drucksteigerung. Ebenda **41**, 361 (1919). — Retrobulbäre Neuritis mit sog. glaukomatöser Exkavation. Ebenda **41**, 361 (1919). — Kayser: Präparate eines Bulbus mit Glaukom und schwerer Retinitis albuminurica. Klin. Mbl. Augenheilk. **52** (1), 141 (1913). — Staroperation und Glaukom. Ebenda **66**, 626 (1921). — Keller: Glaukom nach Myopieoperation. Ebenda **48** (1), 682 (1910). — Keukenschrijver: Glaucoma post dialysin retinae. Diss.

Amsterdam 1913. — KNAPP: Glaukom durch Verwachsung der Linsenkapsel mit der Hornhaut. Arch. Augenheilk. **69**, 219 (1910). — Drucksteigerung nach Discission des Nachstars. Z. Augenheilk. **48**, 14 (1922). — Glaukom bei MORGAGNIscher Katarakt. Zbl. Ophthalm. **18**, 288, 548 (1927). — Glaukomanfall bei Fehlen der V.K. nach Staroperation. Klin. Mbl. Augenheilk. **58**, 85 (1917). — Linsenkapsel und Glaukom. J. amer. med. Assoc. **1928**. — KOEPPE: Iritis und Glaukom. Graefes Arch. **92**, 402 (1916). — Glaukom. Z. Augenheilk. **40** (1919). — Nernstspaltlampe. Sympathicus — Heterochromie. Graefes Arch. **97**, 34 (1918). — KOLIOPOULOS: Drucksteigerung bei Aderhauttumoren. Annales d'Ocul. **166** (1929). — KOMOTO: Glaukomanfall durch Katarakt. Klin. Mbl. Augenheilk. **50** (1), 268 (1912). — KORTH: Glaukom. Diss. Rostock 1910. — KOYANAGI: Kavernen. Klin. Mbl. Augenheilk. **81**, 499 (1928). — KOYANAGI u. TAKAHASCHI: Lacunen im Sehnerven bei Orbitaltumoren. Graefes Arch. **115**, 596 (1925). — KRAUPA: Altersstar und Glaukom. Klin. Mbl. Augenheilk. **71**, 482 (1923). — Heterochromieglaukom. Ebenda **72**, 670; **71**, 200 (1923). — Glaukomformen bei Erkrankung der venösen Netzhautgefäße. Ebenda **77**, 412 (1926). — Senile Linsenkapseldestruktion. Ebenda **82**, 879 (1929). — KRÜCKOW: Absolutes Glaukom usw. Ebenda **45** (1), 577 (1907). — KUBIK: Kavernen. Ebenda **80**, 513 (1928). — Kongenitale Irisanomalie mit Drucksteigerung und hochgradiger Mygsie. Ebenda **72**, 686 (1924). — KÜMMELL: Hämorrhagisches Glaukom. Graefes Arch. **72**, 86 (1909). — KUHLEFELDT: Vordere Synechie und Hypotonie. Klin. Mbl. Augenheilk. **49** (2), 533 (1911).

LARSSEN: Iridocyclitis und Glaukom. Acta ophthalm. **1**, 345 (1924). — LARSSON: Zur Kenntnis der erworbenen Irisatrophie. Klin. Mbl. Augenheilk. **64**, 510 (1920). — Tenonitis, Drucksteigerung. Acta ophthalm. **3**, 207 (1926). — LEBER: Glaukom bei Netzhautablösung. Handb. ges. Augenheilk., 2. Aufl. **7**, 1428 (1916). — Netzhauterkrankungen. Ebenda **7**, **33**, 389, 885, 888 (1915—16). — Glaukom bei Retinitis pigmentosa. Ebenda **7**, **1137** (1916). — Gliom. Ebenda **7**, 1803 (1916). — LENAZ: Die hypertonische Hypertension. Zbl. Ophthalm. **18**, 286 (1926). — LESCHMANN: Glaukom nach Nachstaroperation. Diss. Heidelberg 1915. — LUQUE: Gefäßveränderungen bei Glaukom. Zbl. Ophthalm. **22**, 421 (1929). — LEVINSOHN: Glaukom. Arch. Augenheilk. **31** (1918). Klin. Mbl. Augenheilk. **41** (1918); **48** (1922). — LEVY: Beitrag zur Klinik des Glaukoms. Klin. Mbl. Augenheilk. **45** (2), 431 (1907). — LEWIS: Katarakt und Glaukom. Amer. J. Ophthalm. **3**, 303 (1922). — LIBBY: Sekundärglaukom nach perforiertem Hornhautgeschwür. Ref. Jber. Ophthalm. **1918**, 337. — LIESKO: Glaukom durch Irisatrophie. Klin. Mbl. Augenheilk. **71**, 456 (1923). — LOCKWOOD: Hyaline Thrombose der Chorioidalgefäße. Amer. J. Ophthalm. **10**. 493 (1927). — LUTZ: Heterochromie. Z. Augenheilk. **19** (1908). Dtsch. med. Wschr. **1910**, Nr 24. — Vererbung der Retinitis pigmentosa. Graefes Arch. **79**, 413 (1911). — LYSTAD: Pulsierender Exophthalmus und Glaukom. Klin. Mbl. Augenheilk. **50** (1), 88 (1923).

MAGGIORE: Sekundärglaukom nach Netzhautablösung. Zbl. Ophthalm. **10**, 316. — MAGITOT: Traumatische Änderungen des Augendruckes. Klin. Mbl. Augenheilk. **60**, 861; **61**, 616 (1918). — MALLING: Iridocyclitis und Glaukom. Acta ophthalm. **1**, 97, 215 (1923). — Affekt der Iris und des Ciliarkörpers und Drucksteigerung. Ebenda **2**, 213 (1925). — MANOLESCU: Iridocyclitis gonorrhoica unter dem Bilde eines akuten Glaukoms. Zbl. Ophthalm. **17**, 60 (1926). — MAYOU: Thrombose der Zentralgefäße mit Glaukom. Klin. Mbl. Augenheilk. **61**, 709 (1918). — MEISNER: Glaukom bei peripherer Chorioiditis. Z. Augenheilk. **58**, 128 (1925). — MELANOWSKY: Rolle der Zonula beim Glaukom. Arch. d'Ophthalm. **41**, 173 (1924). — MELLER: Drucksteigerung nach Staroperation. Wien. med. Wschr. **1921**, S. 1070. — MENACHO: Glaucome consécutif à la discission de la cataracte sécondaire. Arch. d'Ophthalm. **35** (1916). — MOORE: Intraokularer Druck bei Thrombose der Zentralvene. Zbl. Ophthalm. **9**, 531 (1922). — MORAX: Aderhauttuberkulose und Glaukom. Annales d'Ocul. **146**, 353 (1911). — Complications des yeux glaucomateux au cours du zona ophthalmique. Ebenda **153**, 73 (1916). — Glaukom und Katarakt. Ebenda **159**, 185 (1922).

— MORAX u. DUVERGER: Sekundärglaukom durch Epithelauskleidung der Vorderkammer. Klin. Mbl. Augenheilk. **46** (2), 646. — MÜLLER: Retinitis pigmentosa und Glaukom. Diss. Gießen 1917. — MULOCK-HOUVER: Glaukom nach Thrombose der Vortexvenen. Klin. Mbl. Augenheilk. **63** (1919).

NAKAYAMA: Tension bei intraokularen Geschwülsten. Graefes Arch. **118**, 311 (1927). — NATANSON: Glaukom im aphakischen Auge. Diss. Dorpat 1889. — NEAME u. KHAN: Sekundärglaukom bei Chorioidalsarkom. Zbl. Ophthalm. **16**, 322 (1925).

OBAJOSHI: Sekundärglaukom bei Uveïtis anterior. Klin. Mbl. Augenheilk. **49** (1), 119 (1911). — OHM: Vibrationsmassage. Zbl. Augenheilk. **1911**. — OPIN: Embolie der Zentralarterie und Glaukom. Arch. d'Ophthalm. **44**, 321 (1927). — ORLANDINI: Glaucoma haemorrhagicum. Klin. Mbl. Augenheilk. **47** (1), 456 (1909). — D'OSWALDO: Iris bombé mit und ohne Drucksteigerung. Z. Augenheilk. **57**, 311 (1925).

PARRISIUS: Gefäßsystem. Münch. med. Wschr. **1924**, 224. — PETERS: Sympathische Ophthalmie und Glaukom. Handb. ges. Augenheilk., 3. Aufl. **1919**. — Glaukomatöse Zustände bei sympathischer Ophthalmie. Ebenda 3. Aufl. **1919**, 49. — PHILIPP: Tonometrische Messungen nach Staroperation. Z. Augenheilk. **62**, 94 (1927). — PICHLER: Glaukom und Katarakt. Klin. Mbl. Augenheilk. **71**, 215 (1923). — PICK: Hypertonie und Auge. Dtsch. med. Wschr. **1928**, 1284. — PILLAT: Linsenkapselhäutchen. Klin. Mbl. Augenheilk. **76**, 133 (1926). — POSEY: Secondary glaucoma following iritis. Ophthalm. Rec. **1912**, 558. — PRIESTLEY-SMITH: Iridocyclitis und Glaukom. Ophthalm. Review **1912**.

RAEDER: Glaukom und Netzhautablösung. Klin. Mbl. Augenheilk. **74**, 424 (1925). — Carotisaffektion, senile Katarakt, Gesichtsatrophie und Glaukom. Ebenda **78**, Beilageh., 63 (1927). — RANDOLPH: Doppelseitiges Glaucoma fulminans. Ebenda **47** (1), 479 (1909). — REDSLOB: Hypertension artérielle et glaucome aigu. Zbl. Ophthalm. **17**, 317 (1926). — REHSTEINER: Zur Klinik des Linsenkapselhäutchenglaukoms. Z. Augenheilk. **66**, 103 (1928). — Linsenkapselhäutchenglaukom. Klin. Mbl. Augenheilk. **82**, 21, 518 (1929). — RENNECKE: Glaukom bei Aphakie. Diss. Berlin 1894. — RHEINDORF: Glaukom. Klin. Mbl. Augenheilk. **1887**. — RIBAS: Soll man die glaukomatöse Katarakt extrahieren? Arch. Oftalm. hisp.-amer. April **1912**, 186. — RISLEY: Haemorrhagic glaucoma. Ophthalm. Rec. **1911**, 271. — RITSCHIE: The management of acute hemorrhagique glaucoma with advanced arteriosclerosis. Ophthalmology **9**, Nr 4, 562 (1913). — ROBINSON: Glaukom nach Kataraktoperation. Amer. J. Ophthalm. **1927**, 285. — ROCHAT u. MULDER: Irisatrophie und Glaukom. Zbl. Ophthalm. **14**, 106. — ROSENFELDT: Über das Beisammensein der Cataracta senilis und des Glaukoms. Szemeszet **1911**, 20. — Über das Vorkommen des Glaukoms in senilen, kataraktösen und aphakischen Augen. Z. Augenheilk. **28**, 284 (1912). — ROWAN: Thrombose der Zentralvene usw. Zbl. Ophthalm. **17**, 127 (1925). — RYAN: Glaucoma u. Iritis. Austral. med. J., Melbourne **1**, Nr. 47 (1912, June).

SAFAR: Drucksteigerung im Gefolge der juvenilen Glaskörperblutungen und Verschluß der Zentralvene durch tbc. Phlebitis. Zbl. Ophthalm. **20**, 295 (1928). — SALA: Traumatisches Glaukom. Klin. Mbl. Augenheilk. **42** (1), 316 (1904). — SALUS: Über das Sekundärglaukom durch Cataracta senilis intumescens und seine Behandlung. Ebenda 48 (2), 167 (1910). — Doppelseitiger pulsierender Exophthalmus. Ebenda **60**, 253 (1918). — SALVATI: Augendruck und Tonometerschwankungen bei Cataracta senilis. Annales d'Ocul. **158**, 517 (1921). — SAUNDERS: Fulminantes Glaukom nach Trauma. Brit. med. J. **1889**. — SCHÄFER: Pulsierender Exophthalmus. Dtsch. med. Wschr. **1910**, 124. — SCHEERER: Klinische Statistik zur Glaukomfrage. Klin. Mbl. f. Augenheilk. **71**, 218 (1923). — SCHIRMER: Iridocyclitis. Graefes Arch. **74**, 224 (1910). — SCHIECK: Iritis serosa und Glaukom. Z. f. Augenheilk. **43**, 625 (1920). — DE SCHWEINITZ u. HOLLOWAY: Pulsierender Exophthalmus. Zit. bei ELSCHNIG **1905**. — SEEFELDER: Seröse Tenonitis und Glaukom. Zbl. Ophthalm. **14**, 242 (1924). — SÉDAN: Décollement traumatique de la rétine amélioré au cours d'une crise de glaucome consécutif. Annales d'Ocul. **165**, 582 (1928). — SLOMAN: s. ELSCHNIG, Beiträge zur Glaukomlehre. Graefes Arch. **92**, 105 (1917). — SNELL: Spätglaukom nach Punktion. Ophthalm. Soc. Unit. Kingd. **1889**. — SPANLANG: Beiderseitige Irishypoplasie und Glaukom. Z. Augenheilk. **63**, 394 (1927). — SPECIALE-CIRINCIONE: Glaukom durch Epithelauskleidung der Vorderkammer nach Kataraktoperation. Zbl. Ophthalm. **16**, 228 (1925). — STÄHLI: Glaucoma haemorrhagicum. Arch. Augenheilk. **68**, 311 (1911). — STANFORD: Atypisches Glaukom. Zbl. Ophthalm. **18**, 83 (1927). — STEDMANN BULL: The management of acute haemorrhagic glaucoma in the presence of advanced arteriosclerosis. Ophthalm. Rec. **1909**, 451. — STEPHENSON: Arteriosklerose und Glaukom. Ophthalmoscope **1910**, 637. — A case of intumescent cataract leading to absolute glaucoma. Ebenda **1911**, 772. — STIEREN: Glaukom nach Kataraktextraktion. Amer. J. Ophthalm. **1921**, 424. — STÖLTING: Die Glaukome nach Operation des grauen Stares und des Nachstares. Graefes Arch. **81**, 518 (1917). — STRAUB: Iridocyclitis und Glaukom. Ebenda **86**, 1 (1914). — STREIFF: Heterochromieglaukom. Klin. Mbl. Augenheilk. **62**, 353 (1919). — STRUPOW: Ein Fall von Glaucoma fulminans. Westn. Ophthalm. **25**, 120 (1908). — STUTZTIN: Retinitis pigmentosa und Glaukom. Diss. Gießen 1905. — SUSUKI: Chorioiditis syphilitica und Glaukom. Klin. Mbl. Augenheilk. **66**, 943 (1921).

TAGAKI: Drucksteigerung bei Orbitaltumor. Klin. Mbl. Augenheiik. **81**, 505 (1925). — TAKE: Überreife Katarakt und Glaukom. Ebenda **49** (1), 113 (1911). — TENNEY: Zirkumlatenter Raum und Glaukom. Ebenda **45** (2), 309 (1907). — TERRIEN: Glaukom und Netzhautablösung. Arch. d'Ophth. **1912**. — TERRIEN et VEIL: De certains glaucomes soi-disants primitifs. Ebenda **46**, **333** (1929). — THOMAS: Glaukom nach alter Verletzung. Ebenda **1897**. — TOOKE: Thrombose der Zentralvene und Glaukom. Zbl. Ophthalm. **18**, 569 (1927). — Glaukom bei Iridocyclitis. Amer. J. Ophthalm. **11**, 97 (1928). Zbl. Ophthalm. **19**, 773 (1928). — TRANTAS: Glaukom: senile Läsionen. Arch. d'Ophthalm. **27**, 663 (1907). — TRISTAINO: Sulla stato glaucomatoso. Arch. Ottalm. **19** (1), 87 (1911).

ULBRICH: Senile Katarakt mit Sekundärglaukom. Z. Augenheilk. **17**, 113 (1907). — ULRICH: Beiträge zur Glaukomlehre. Ebenda **61**, 110 (1927). — URBANEK: Druckschwankungen s. Abschnitt Tonometrie. — URIBE-TRONCOSO: Iridocyclitis und Glaukom. Arch. d'Ophthalm. **1910**, 164.

VELHAGEN: Über den Befund lipoidhaltiger Zellen in der Arteria centralis retinae bei einem Fall von hämorrhagischem Glaukom. Beitr. path. Anat. **57**, H. 1, 38 (1913). — VELTER: Pulsierender Exophthalmus und Glaukom. Soc. franç. Ophthalm. **1927**, Mai. — VERDERAME: Exophthalmus und Augendruck. Zbl. Ophthalm. **18**, 30 (1927). — VOGT: Linsenkapselhäutchen und Glaukom. Klin. Mbl. Ophthalm. **75** (1), 58 (1926). — Histologischer Befund bei Kapselhäutchenglaukom. Z. Augenheilk. **66**, 105 (1928). — Linsenkapselglaukom. Klin. Mbl. Augenheilk. **84**, 1 (1930).

WARSCHAWSKY: Glaukom durch Cataracta senilis. Klin. Mbl. Augenheilk. **47** (2), 646 (1909). — WEBSTER: Endophlebitis der Zentralgefäße und Glaukom. Zbl. Ophthalm. **1**, 543 (1914). — WEEKERS: Augendruck bei Netzhautablösung. Ebenda **14**, 940 (1923). — WEEKS: Glaukom nach Staroperation. Ebenda **12**, 490 (1923). — WEILL: Glaukomanfall nach Atropin bei Linsensubluxation. Z. Augenheilk. **1901**. — Glaskörperhernie bei glaukomatösen Zuständen. Arch. d'Ophthalm. **30**, 716 (1920). — WEINSTEIN: Retinitis pigmentosa und Glaukom. Klin. Mbl. Augenheilk. **48** (1), 684 (1909). — E. WEISS: Retinitis pigmentosa und Glaukom. Slg. Abh. von VOSSIUS **1903**. — WEISSHAUPT: Hämorrhagisches Glaukom. Diss. Heidelberg 1921. — WICHERKIEWICZ: Spontane Dislokalisation der Linse in einem glaukomatösen Auge. Postep ocul. **1913**, Nr 9—10. — WITALINSKI: Glaukomfälle nach Staroperation. (Polnisch.) Ebenda **1911**, Nr. 8—9. Ber. 11. Kongr. poln. Ärzte u. Naturforsch. in Krakau. — WOLLENBERG: Linsenkapselhäutchen. Klin. Mbl. Augenheilk. **77**, 128 (1926). — WRIGHT: Glaucoma with cataract. Ophthalm. Rec. **1910**, 303.

ZIERL: Irisatrophie bei Glaukom. Diss. München 1911.

# VI. Vorkommen des Glaukoms.

Die von SCHMIDT-RIMPLER im § 45 gegebene Statistik bringt eine Zusammenstellung aus den verschiedensten in- und ausländischen Kliniken, bei der die Sekundärglaukome nicht berücksichtigt wurden. v. GRAEFE berichtet, daß die Glaukomkranken 1,27% der Gesamtfrequenz ausmachten. In Wiesbaden betrug sie 1,48%, in Wien 1,26%, in Breslau 0,84%. COPPEZ fand bei 148 000 Kranken 1,2%, DE WECKER in Paris 1,17%, GAMA PINTO in Lissabon 1,1%, SCHMIDT-RIMPLER in Göttingen nur 0,4% und in der Tübinger Klinik (SCHÜSSELE) nur 0,73%. Auch die späteren Zahlen aus dem In- und Auslande bewegen sich im wesentlichen an der Grenze, daß etwa 1% der Gesamtzahl betroffen war. Nur BARGY (1927) gibt für sein Material in Indochina 2% an. Unter 1675 Blinden fand er 517 Glaukomatöse. Aus einer größeren Statistik, die SCHMIDT-RIMPLER anführt, ergibt sich, daß das weibliche Geschlecht im ganzen wohl etwas häufiger befallen wird, während nach einzelnen Statistiken wiederum die Männer mehr als die Frauen befallen wurden. In jener Statistik ist auch das Lebensalter berücksichtigt und es geht daraus hervor, daß das Glaukom am häufigsten nach dem 50. Lebensjahr auftritt. Nach PRIESTLEY-SMITH ist die Wahrscheinlichkeit, vom akuten Glaukom befallen zu werden, im 65. Jahre doppelt so groß als im 45. und 100mal so groß als im 15. Lebensjahre. Zu diesen Ausführungen von SCHMIDT-RIMPLER möchte ich noch einige nicht uninteressante Daten hinzufügen, die auf gewisse Verschiedenheiten des Vorkommens hindeuten. So gibt LOBO (1914) an, daß das Glaukom in heißen Ländern häufiger sei und zwar bei den Frauen nach dem 50. Lebensjahr. Die erhöhte Frequenz sei weniger auf Arteriosklerose als auf die Hitze zurückzuführen, welche die Kataraktbildung, damit die Linsenquellung und schließlich das Entstehen des Glaukoms begünstige. Der Referent bemerkt, daß er diese an ambulantem Material in Bolivia gesammelten Erfahrungen nicht als Beweis für die größere Häufigkeit des Glaukoms ansehen könne. Nach Statistiken von NEUFFER (1914) aus der Tübinger Klinik ist zu ersehen, daß das weibliche Geschlecht bevorzugt ist. REBUCCI (1923) berichtet aus der Provinz Parma, daß das vorgeschrittene Alter und die Hypermetropie begünstigend wirken. Im Winter sei die Frequenz größer wegen der Infektionskrankheiten. M. CALLAN (1922) fand in Ägypten eine Glaukomfrequenz von 1,75%, und unter seinen Kranken waren 754 ein- oder doppelseitig erblindet. BOERRESEN (1926) sah in Grönland unter 1250 Einwohnern einer Kolonie acht Glaukomfälle und macht für diese gesteigerte Frequenz die Inzucht verantwortlich. Die Zahlen von BISTIS (1925) in

Griechenland betragen 1,25% und davon sind 85% vom Glaucoma simplex befallen. Aus Basel berichtet ROHNER (1927) über 396 Fälle; bis zu 65 Jahren sind beide Geschlechter gleich häufig befallen, nachher die Frauen stärker. Für das Glaucoma simplex wird Ende der 70 Jahre das Maximum erreicht, für die anderen Formen Ende der 60 Jahre. Im Winter sei das Glaukom häufiger. Die neuere Statistik von LUQUE (1929) zeigt ebenfalls ein überwiegendes Befallensein von Frauen, besonders nach der Menopause, während bei Männern im höheren Alter die Glaukomfrequenz größer ist. Aus Rußland berichtet POKROWSKY (1925) folgendes: Im europäischen Rußland sei die Frequenz 1,8%, in Sibirien und Turkestan 2,1%, während in Deutschland 1,0%, in Frankreich 1,3%, in Dänemark 2,4—2,5% der Augenkranken an Glaukom litten. Erblindungen verursachte das Glaukom in Deutschland 8,9%, im europäischen Rußland 20,0%, in Sibirien und Turkestan 27,9%, in Dänemark 14,5% und in Frankreich 16—19,4% der Gesamtzahl der Erblindungen. Sehr interessant sind die Angaben über die das Vorkommen des Glaukoms im Ferganagebiet in Turkestan von PILMANN (1927). Unter 1930 Usbeken waren 304, also 15,7% Glaukomkranke, auch schon im frühen Alter und nur bei 6,1% einseitig. Nach DANILOW seien in Taschkent die Eingeborenen mit 4,8%, die Europäer mit 0,8% beteiligt; die herrschende Form sei die chronisch-entzündliche. Obwohl der Kropf häufig sei, sei bei den Kropfkranken das Glaukom nicht häufiger. CUÉNOT et NATAF (1925) machen darauf aufmerksam, daß in Tunis das Trachom nicht unwesentlich an der gesteigerten Glaukomfrequenz schuldig sei, was TERSON in der Diskussion darauf zurückführt, daß durch die Peritomie, Cauterisation am Limbus und subconjunctivale Injektion der Entstehung des Glaukoms Vorschub geleistet würde. Aus Indien berichtet DRAKE-BROCKMANN (1885), daß von der einheimischen Bevölkerung 4,75%, von den Europäern nur 1% von Glaukom befallen werden. MEYERHOF gibt an (briefliche Mitteilung), daß in Ägypten 10% der Privatpatienten an Glaukom leiden.

Was das Auftreten des Glaukoms in bestimmten Jahreszeiten angeht, macht SCHMIDT-RIMPLER darauf aufmerksam, daß nach der Statistik von STEINDORFF (1902) und von BAUER (1903) das Glaukom am seltensten im Juni vorkommt, und im Januar, wie auch LAQUEUR und KNOP (1905) fanden, das Maximum zu erreichen scheint, während RAMPOLDI (1886) die größte Frequenz im März—Juni hatte. Nach BÜTTNER (1921) ist das prodromale und akute Glaukom im Dezember und Januar am häufigsten. Aus Kalkutta wurde von MAYNARD (1908) berichtet, daß die meisten Glaukomanfälle im Juli vorkommen, was er auf den schnellen Übergang der strahlenden Helligkeit in lichtärmere Zeiten bei bewölktem Himmel zurückführt. MARSCHALL konnte dagegen einen Unterschied der Jahreszeiten nicht feststellen. (Diskussion zu MAYNARD.)

In der Mehrzahl der Fälle erkrankten beide Augen, wenn auch mitunter nach langdauernden Intervallen. Mit Recht hebt SCHMIDT-RIMPLER hervor, daß brauchbare Statistiken hierüber nicht vorliegen, und die bestehenden leiden an dem Übelstand, daß viele der älteren Patienten den Ausbruch des Glaukoms auf dem anderen Auge wegen des großen Intervalles nicht mehr erleben, und daß unter den Privatpatienten die Zahl der einseitigen Fälle größer sei als beim poliklinischen Material, weil die ersteren mehr auf Veränderungen des Sehens achteten. Daß zwischen der Erkrankung beider Augen ein Zeitraum bis zu 20 Jahren liegen kann, wurde von LAQUEUR angegeben und SCHMIDT-RIMPLER gibt an, daß von 379 Fällen zur Zeit der Vorstellung 120 einseitig erkrankt waren. Bei LAQUEUR waren es 73 von 234, bei RYDEL 15 von 76 und bei BOSSALINO 107 von 275. Es kann keinem Zweifel unterliegen, daß ein Glaukom dauernd einseitig bleiben kann. Voraussagen kann man das jedoch nicht. Wenn WIEGMANN (1929) neuerdings die Frage aufwirft, ob die in einem Falle von Verletzung frühzeitig eingetretene Einheilung von Iris in die Wunde das Glaukom auf dem verletzten Auge verhütet habe, während das andere in typischer Form erkrankt war, so wird man wohl mit einer gewissen Wahrscheinlichkeit diese Frage bejahen können. Nach SCHMIDT-RIMPLER soll auch das rechte Auge häufiger zuerst befallen werden als das linke Auge, und auch öfters allein als das linke Auge.

Die Statistik über die Häufigkeit der verschiedenen Glaukomformen differieren, wie aus der Darstellung von SCHMIDT-RIMPLER hervorgeht, nicht unwesentlich. Das weibliche Geschlecht sei etwas häufiger von dem akuten entzündlichen Glaukom befallen. Schließlich sei noch bemerkt, daß GAMA PINTO entgegen früheren Statistiken von ROSAS, TYRELL, SICHEL und ARLT, welche SCHMIDT-RIMPLER anführt, feststellen konnte, daß die Farbe der Iris keine Rolle spielt, indem bei den dunkeläugigen Portugiesen das Glaukom nicht häufiger sei, als dort wo hellfarbige Iris vorherrscht.

## Literatur.

*Vorkommen des Glaukoms.*

BAUER: Einfluß von Temperatur und Jahreszeit auf den Ausbruch des akuten Glaukoms. Diss. Tübingen 1903 — BARGY: Le glaucome en Indo-Chine. Ref. Arch. d'Ophthalm. **46**, 430 (1929). — BISTIS: Glaucome primitif, fréquence. Zbl. Ophthalm. **17**, 825 (1925). — BOERESSEN: Glaukom und Blindheit in Grönland. Ebenda **16**, 807 (1926). — BÜTTNER: Trigeminus nnd Glaukom. Arch. Augenheilk. **88**, 204 (1921).

McCallan: Primäres Glaukom in Ägypten. Klin. Mbl. Augenheilk. **69**, 539 (1922). — Cuénod et Nataf: Glaucome en Tunisie. Annales d'Ocul. **165**, 534.

Drake-Brockmann: Glaukom in Indien. Jber. Ophthalm. **1885**, 126.

Goldschmidt: Refraktionszustand beim Glaukom. Diss. Halle 1923.

Illig: Primärglaukom. Arch. Augenheilk. 88, 32 (1921).

Knop: Glaukom. Statistisches. Klinik Deyl **1905**.

Lobo: Glaukom in heißen Ländern. Klin. Mbl. Augenheilk. **52**, 906 (1914). — Luque: Alter und Geschlecht der Glaukomatösen. Zbl. Ophthalm. **21**, 388.

Maggi: La frequenza del glaucoma primario nella clinica di Pisa. Clin. ocul. Guigno **1907**. — Maynard: Glaukom und Jahreszeit. Klin. Mbl. Augenheilk. **46** (2), 479 (1908).

Neuffer: Glaukom, Geschlecht, Lebensalter, Refraktion. Klin. Mbl. Augenheilk. **53**, 586 (1914).

Pillmann: Häufigkeit des Glaukoms im Ferganagebiet. Zbl. Ophthalm. **19**, 613 (1927). — Pokrowsky: Verbreitung des Glaukoms in Rußland. Ebenda **16**, 807 (1925). — Priestley Smith: Häufigkeit des Glaukoms in den einzelnen Dezennien. Jber. Ophthalm. **1886**, 360.

Rebucci: Glaukom in Parma 1901—1920. Zbl. Ophthalm. **10**, 458 (1923). — Rohner: Statistik des primären Glaukoms, Basel. Ebenda **19**, 773 (1927). — Rampoldi: Glaukom. Statistisches. Jber. Ophthalm. **1886**, 360.

Schüssele: Glaukom. Statistisches. Diss. Tübingen 1899. — Steindorff: Einfluß von Temperatur und Jahreszeit bei akutem Glaukom. Dtsch. med. Wschr. **52** (1902).

Wiegmann: Traumatischer Irisprolaps und Glaukom. Klin. Mbl. Augenheilk. **82**, 247 (1929).

# VII. Ätiologie.

## 1. Die Vererbung des Glaukoms.

Nachdem bereits die Vererbung des Hydrophthalmus gewürdigt worden ist, ist zunächst festzustellen, daß bezüglich der Erblichkeit eine scharfe Grenze zwischen dem juvenilen Glaukom und späteren Formen nicht zu ziehen ist, wie das z. B. auch aus der sorgfältigen Literaturzusammenstellung von Clausen (1925) hervorgeht, der beim erblichen Glaukom auch Fälle anführt, die man ebensogut unter den juvenilen Glaukomformen hätte abhandeln können, wenn man die dabei z. B. von Löhlein (1913) festgesetzte Altersgrenze von 35 Jahren einhalten wollte. Das Material der früheren Zeit ist von Schmidt-Rimpler im Jahre 1907 und von Groenouw (1920) zusammengestellt worden. Arlt (1863), der bei Mutter und Tochter und drei Brüdern Erblindung durch Glaukom beobachtet hatte, führt eine Mitteilung von Benedikt (1842) an, der bei einem alten General und seinen beiden Töchtern Glaukom-Erblindung beobachtete. Weitere Beobachtungen rühren her von Pagenstecher (1861), wo Mutter und drei Söhne und Vater und Sohn Glaukom hatten, und von Stellwag (1855) und Mooren (1884). Im ganzen hielt Schmidt-Rimpler die Vererbung des Glaukoms für selten, eine Ansicht, die jedoch nicht mehr aufrecht zu erhalten ist. Groenouw konnte 30 Familien zusammenstellen; in 16 Familien war achtmal der

Vater und achtmal die Mutter erkrankt. Eine geschlechtsgebundene Vererbung besteht nicht, indem das Glaukom auf Söhne und Töchter gleichzeitig übertragen werden kann. GROENOUW führt als Beispiel der Vererbung auf die Söhne die Fälle an von: SCHWEIGGER, MULES und ARLT; in den Fällen von PRIESTLEY SMITH, MÜLLER-KANNBERG und von JACOBSON wurde das Übel auf das weibliche Geschlecht vererbt. Im Fall von SOMYA wurde es auf einen Sohn und zwei Töchter übertragen und in den Fällen von ARLT, GRAEFE und RAMPOLDI von der Mutter auf eine Tochter. Bei STELLWAG war ein Bruder der Mutter betroffen, während es sich bei SCHENKL um einen Sohn und zwei Töchter handelte. PAGENSTECHER sah die Vererbung auf drei Söhne und ARLT auf zwei Töchter. v. GRAEFE gibt schon 1869 an, daß man häufig mehrere Mitglieder einer Familie befallen sieht und daß das Übel von einer Generation zur anderen übergeht. Er betont ausdrücklich die Rolle der jetzt so gut bekannten Anticipation, die er in mehreren Berliner Familien beobachten konnte, wobei bei frühem Ausbruch der Krankheit ein langes Prodromalstadium vorausging. Im Vordergrunde steht bei diesen vererbten Formen nach VON GRAEFE das sogenannte inflammatorische Glaukom gegenüber dem Glaucoma simplex. Für die Anticipation sprechen auch die Beobachtungen von MÜLLER-KANNBERG (1883), MULES (1883) und SOMYA (1893) und vor allen Dingen auch von ROGMAN (1899), der feststellte, daß die Großmutter mit 83 Jahren, die Mutter mit 62 Jahren und der Sohn mit 44 Jahren erkrankte, und ein zweiter Sohn nach längerem Prodromalstadium mit 38 Jahren erkrankte, während acht weitere Geschwister von dem Glaukom verschont blieben. LAQUEUR (1880) wies darauf hin, daß gerade beim Auftreten des Glaukoms in jüngeren Jahren ein verlängertes Prodromalstadium auftritt, so daß diese Eigentümlichkeit nicht allein den vererbten Formen eigen ist. Mitteilungen über Glaukome in mehreren Generationen finden wir bei HARLAN (1898), wo die einzelnen Patienten meistens schon im zweiten Lebensjahrzehnt befallen wurden, wie dies auch in der von KUMMER (1871) geschilderten Familie der Fall war. Beide Beobachtungen betrafen chronische Glaukome. Auch KAUFFMANN (1907) fand Glaukomkranke in vier Generationen. MOOREN (1884) beobachtete doppelseitiges Glaukom bei drei Geschwistern und einem Vetter, in den Fällen von MOOREN, PFLÜGER (1875), NOLTE (1896) und LÖHLEIN (1913) waren auch Geschwister betroffen. Nach ROGMAN kann in einer Familie die Form des Glaukoms verschieden auftreten, was allerdings wohl als Ausnahme betrachtet werden muß. v. GRAEFE dagegen betont besonders die Gleichartigkeit angesichts des Auftretens einer hinteren Skleralektasie in solchen

Familien. Eine neuere Beobachtung von BARTELS (1922) betrifft zwei Schwestern mit Glaukom, deren Mutter und drei ihrer Schwestern im Klimakterium an Glaukom erkrankten.

Aus dieser Zusammenstellung habe ich ausgeschieden die Fälle mit Retinitis pigmentosa, in denen Glaukom und Vererbung beobachtet wurde, sowie Fälle von HEINERSDORFF, BAUMGARTEN und BLESSIG (s. SCHMIDT-RIMPLER), ebenso die Fälle von WEEKERS (1924), der vererbte Aniridie mit Glaukom beobachtete, weil wir wissen, daß die Mißbildungen an sich vererbbar sind, und im Einzelfall nicht feststeht, worauf das Glaukom zurückzuführen ist; ferner die Fälle, in denen gleichzeitig Myopie vorlag. Der Fall von CABANNES u. PICOT (1901) kann wohl auch nicht hierher gerechnet werden, weil gleichzeitig eine Subluxation der Linse vorlag. Auch die neuere Zusammenstellung von LUCIAN HOWE (1928) betont ebenso wie GRENOUW den dominanten Vererbungsmodus des Leidens.

Wenn man nun die Frage nach dem Substrat der Vererbung aufwirft, ist man angesichts des zu spärlichen anatomischen Materials auf Vermutungen angewiesen, wie sie schon von v. GRAEFE und von RAMPOLDI geäußert wurden, indem man hier, abgesehen von der Akkomodationstätigkeit an eine vererbbare Rigidität der Sclera, Hypermetropie und Mikrophthalmus, an organische Gefäßerkrankung, wie Arteriosklerose und funktionelle Erkrankung des Sympathicus denken kann. In dieser Hinsicht sind von Interesse die Angaben von SCHOENBERG (1926), der 13 Glaukomfamilien untersuchte und bei einem Teile, etwa 50% der Nachkommen, einen positiven Ausfall der KNAPPschen Adrenalin-Mydriasisprobe feststellte. Über diese allgemeinen Andeutungen wird man nach dem heutigen Stand der Dinge kaum hinausgehen können, und es ist meines Erachtens schon zu weit gegangen, wenn HEERFORDT (1911) das lymphostatische Glaukom auf eine Art Lymphstauung und das hämostatische Glaukom auf eine Schlaffheit der Sinus vorticosi zurückführte und diese Faktoren als erblich ansah. Als Beispiel einer organischen Störung in einer Familie führt RAMPOLDI (1913) einen Fall an, wo auch bei nicht an Glaukom leidenden Mitgliedern schwere Erkrankungen außerhalb des Auges festgestellt wurden. Die zukünftige Forschung muß ihr Augenmerk darauf richten, unter Berücksichtigung der Konstitutionspathologie in Glaukomfamilien Glaukomformen festzustellen, bei denen mit einiger Wahrscheinlichkeit das Substrat der Vererbung als einigermaßen sicher angenommen werden kann, wobei erschwerend ins Gewicht fällt, daß das anatomische Material, welches zum Beweise dienen soll, außerordentlich schwer von Geschwistern zu erhalten ist. Dazu kommt noch, daß die beweisenden Fälle schon früh zur Untersuchung kommen müssen, und das ist ja bei den chronischen Formen außerordentlich selten.

Auch die Rassenfrage muß bei dieser Gelegenheit erörtert werden. Während Bull (1909) in seinem Material eine besondere Disposition der Juden nicht beobachtete, betonen Fuchs u. Mandelstamm das häufige Vorkommen bei russischen und polnischen Juden, und auch Wagner hat in Odessa einen höheren Prozentsatz bei den Juden gesehen. Schmidt-Rimpler, dem ich diese Daten entnehme, führt noch an, daß Brugsch in Kairo einen höheren Prozentsatz fand als bei Europäern, und Moura in Rio de Janeiro die Neger öfter erkranken sah als die Weißen.

Weiteres über erbliche Glaukome findet sich im nächsten Kapitel.

Einer besonderen Besprechung bedarf noch

## 2. Das Glaukom der Jugendlichen.

Unter dieser Form versteht man ein Glaukom im jugendlichen Alter, bei dem eine Vergrößerung des Augapfels nicht auftritt und auch sonst Erscheinungen eines Hydrophthalmus nicht gefunden werden. Schmidt Rimpler geht kurz auf diese Dinge ein, die er als Ausnahme bezeichnet. Die von ihm mitgeteilten Fälle finden sich in einer zusammenfassenden Arbeit von Löhlein (1913), der im Jahre 1913 unter Hinzufügung von 10 eigenen Fällen, aus der Literatur 82 Fälle anführt, in denen Glaukom ohne Zeichen von Hydrophthalmus bis zum Alter von 35 Jahren gefunden wurde. Nach Löhlein erkrankt die Mehrzahl dieser Patienten im Alter zwischen 15 und 20 Jahren, was auch durch spätere Einzelmitteilungen bestätigt wird. Wenn Löhlein hierbei hervorhebt, daß ein Überwiegen des männlichen Geschlechts ebenso wie beim Hydrophthalmus auffällt, so muß demgegenüber betont werden, daß in einer Reihe von Einzelarbeiten es sich vorwiegend um weibliche Personen handelt. Die Mehrzahl der Fälle trat unter dem Bilde eines Glaucoma simplex auf und zwar doppelseitig; es kann ein langdauerndes Prodromalstadium vorausgehen. In der Hälfte der Fälle lag Myopie vor, was auf eine Verlängerung der Augenachse infolge von Drucksteigerung zurückgeführt wird. Als beweisend hierfür sieht Löhlein zwei Fälle mit exzessiver Achsenmyopie an, die hereditär nicht mit Myopie belastet waren; andererseits kann es sich ja auch um eine Kombination zweier vererbbarer Störungen handeln. Auffallend ist die Häufigkeit der Heredität und anderweitiger Mißbildungen im Auge, was darauf hindeutet, daß hier vererbbare Gewebsveränderungen eine Rolle spielen. Eine innere Verwandtschaft mit dem Hydrophthalmus ist damit gegegeben, daß in derselben Familie primäre juvenile Glaukome und

Hydrophthalmus abwechselnd vorkamen. Glaukome jenseits des 40. Lebensalters können vielfach als frühzeitiges Altersglaukom aufgefaßt werden; dagegen sind das juvenile Glaukom und der Hydrophthalmus auf angeborene Entwicklungsstörungen zurückzuführen. Eine ausführliche Arbeit von HAAG (1914) behandelt 67 Fälle aus dem reichhaltigen Material der Tübinger Augenklinik. Es wird betont, daß das Material von LÖHLEIN eine größere Anzahl von Raritäten enthält, wie auch das Tübinger Material. Aus diesem Grunde sei ein richtiges Bild über das Glaukom der Jugendlichen nicht zu gewinnen. Die Verteilung auf die verschiedenen Lebensjahrzehnte sei anders als bei LÖHLEIN und eine Bevorzugung eines bestimmten Geschlechts konnte nicht festgestellt werden. Vielfach lagen allgemeine Ernährungsstörungen vor. Das sogenannte inflammatorische Glaukom war häufiger als das Glaucoma simplex. In 31% lag Myopie vor und in 28% Hypermetropie. Die Myopie kommt beim Glaucoma simplex häufiger vor, ebenso die tiefe Kammer. Hereditäre Momente waren bei dem Tübinger Material nicht häufiger als bei dem Material von älteren Patienten. Es wurden kongenitale Anomalien beobachtet, jedoch wird dabei hervorgehoben, daß diese Verhältnisse keine Verschiedenheit zwischen dem Glaukom der Jüngeren oder Älteren begründen. Aus der Leipziger Klinik berichtet KEERL (1920) über 27 Fälle mit 47 glaukomatösen Augen. Er konnte auf Grund seiner Untersuchungen das Glaukom der Jugendlichen nicht als besondere Form anerkennen, stellte für das weibliche Geschlecht eine höhere Erkrankungsziffer auf und bemerkte, daß Myopie häufig die Folge des erhöhten Druckes ist. Bezüglich der Heredität wird bemerkt, daß sie infolge der Anticipation bei Jugendlichen häufiger ist als bei älteren Personen. Zwei anatomisch untersuchte Fälle zeigten keine Unterschiede gegenüber dem Altersglaukom. Aus der neueren Literatur seien noch die Fälle von: CRIDLAND (1922), KOMAROWITSCH (1913), HARDY (1926), MUSLEVIC (1926), DENHAENE (1912), TOMLINSON (1912), HOLTH (1912), DAVIS u. THORNWALL (1921), WHITEHEAD (1927), LAWS (1928), FLIRINGA (1926) und von PAUSE (1929) erwähnt, die vorwiegend junge Mädchen betreffen. PAUSE, der bei einem 14jährigen Mädchen ein doppelseitiges Glaukom operierte, macht auf das Zusammentreffen mit den ersten Menses aufmerksam und glaubt an endokrine Einflüsse, weil er auch bei einer 24jährigen Frau jedesmal zur Zeit der Menses auf einem nach ELLIOT operierten Auge eine Drucksteigerung auftreten sah. Auch LOKSHINA (1929) mißt den Störungen der inneren Sekretion bei jugendlichem Glaukom eine gewisse Bedeutung bei. PERETZ (1929) macht auf das häufige Vorkommen des Glaukoms bei Jugendlichen in Ägypten aufmerksam, was von LACAT bestätigt wird. In den beiden

Fällen von HIRD (1928) scheint es sich um ein Sekundärglaukom gehandelt zu haben, weil Anzeichen einer Iritis vorlagen, wie auch juvenile Gefäßveränderungen ein Sekundärglaukom auslösen können, welches im Fall von SAFAR (1928) auf einer tuberkulösen Erkrankung der Gefäßwände beruhte. SAFAR führt bei dieser Gelegenheit die mit juvenilen Gefäßveränderungen einhergehenden Fälle von GILBERT, PURTSCHER, FEHR, SACHSALBER und LEBER an. Von TENDIÈRE u. VALETTE (1929) wird ein jugendliches Glaukom auf eine Gleichgewichtsstörung zwischen Vagus und Sympathicus zurückgeführt. Ein Fall von MANN (1926) betrifft ein achtjähriges Mädchen, bei dem schon klinisch Veränderungen im Kammerwinkel wahrgenommen werden konnten, indem hier ein feinfaseriges Gewebe und Blutgefäße sichtbar waren und auch die Iriswurzel an die Hornhaut angedrängt war. Schließlich sei noch erwähnt, daß MUSLEVIC (1926) unter dem Moskauer Material von 784 Glaukomfällen 28 juvenile Glaukome bis zum 40. Jahre feststellte. STANFORD (1926) berichtet aus New-Orleans, daß das jugendliche Glaukom bei Negern dort häufiger beobachtet wurde. Bezüglich der Vererbung muß ich ferner auf die Arbeit von PLOCHER (1918) verweisen, in der ein Stammbaum einer Familie aufgestellt ist, die mit hereditärem Glaukom behaftet war. Es handelte sich meistens um chronische Glaukome mit ausgesprochener Anticipation, wobei auch das Prodromalstadium zu beobachten war. Im obigen Stammbaum waren sämtliche Glaukomkranke kurzsichtig, während die Gesunden meistens Hypermetropen waren, und es wird die Entstehung der Myopie auf das Glaukom zurückgeführt, wie auch LÖHLEIN annimmt. Eine Bevorzugung des Geschlechtes ist nicht erkennbar. PLOCHER macht mit Recht darauf aufmerksam, daß jeder Fall von jugendlichem Glaukom Veranlassung geben muß, die betreffende Familie genau zu untersuchen, um auf diese Weise prophylaktisch wirken zu können. Die therapeutischen Erfahrungen, die in den Fällen von PLOCHER gemacht wurden, waren keine besonders günstigen.

WERNER (1929) beobachtete ein Glaukom bei einer Mutter und drei jugendlichen Kindern und verweist auf ähnliche Beobachtungen von LINDBERG (1914) und ROSTADT (1924) aus der nordischen Literatur.

Von Einzelmitteilungen aus neuerer Zeit seien noch erwähnt die von CRIDLAND (1922) und von CANTONNET (1924). JAMES (1927) berichtet über ein Glaukom bei einer Mutter und fünf Kindern. Ein Sohn heiratete eine gesunde Frau und hatte zwei gesunde Söhne. Besonders erwähnt werden muß hier noch die Arbeit von FRANK-KAMENETZKY (1925, 1926), der ein mit eigenartiger Atrophie des vorderen Irisblattes einhergehendes jugendliches Glaukom beschreibt, das nur bei den

Männern beobachtet wurde und eine Reihe unheilbarer Blinder lieferte. Die Irisveränderung ist als angeborene Veränderung und als Grundlage des Glaukoms zu betrachten. Weiterhin wurde noch eine weitere erbliche Krankheitsform festgestellt, die nach dem Modus der recessiv geschlechtsgebundenen Fälle vererbt wird, wie bei Hämophilie und Farbenblindheit. Nach DENTI (1929) erklärt sich das Vorkommen von Myopie bei Glaukom durch die Vergrößerung des Bulbus unter dem Einfluß der Drucksteigerung. Es sei dies ein Glaukom der Jugendlichen, eine Annahme, die wohl berechtigten Widerspruch auslöst, denn es finden sich bei normal großem Auge und beim Hydrophthalmus dieselben Mißbildungen, z. B. Aniridie, die nach v. HIPPEL (1926) häufig mit Drucksteigerung einhergeht. Ein älterer Fall von HIRSCHBERG (1888) war mit Linsenluxation kompliziert. TREACHER-COLLINS (1891) beobachtete außer einer traumatischen Aniridie zweimal kongenitales Fehlen der Iris mit Glaukom. Über weitere Beobachtungen dieser Art berichten RANDOLPH((1893) und GOLDZIEHER (1916). Die neueren Fälle bei denen eine Aniridie mit Glaukom vergesellschaftet ist, betreffen durchweg jüngere Leute. Abgesehen von einem Fall von BRUNHUBER (1877), wo bei einem 7jährigen Hydrophthalmus auftrat, findet sich noch eine Beobachtung von DENNIS (1907), der bei einem 23jährigen Aniridie und Glaukom feststellte, wobei Eserin wirksam war. Ein Fall von DOR (1912), der einen 30jährigen Mann betraf, ist durch eine Luxation der Linse in die Vorderkammer kompliziert. Die Abflachung der gleichseitigen Gesichtshälfte wird mit amniotischen Strängen erklärt.

Auch im Falle von SPANYOL (1912) lag neben Aniridie und Glaukom Heterotopie der Linse vor. Im Falle von AUGSTEIN (1914) wird betont, daß die Aniridie im Alter von 10 Jahren beobachtet wurde, lange bevor eine Linsenluxation und ein Intercalarstaphylom auftrat. Bei KUBIK (1924) handelt es sich um einen 19jährigen Patienten, bei dem Aniridie beiderseits beobachtet wurde, rechts neben hochgradiger Myopie Mikrocornea vorlag und links neben Myopie noch spärliche Linsenreste gefunden wurden. In dem Falle von ADINOLFI (1929) lagen Komplikationen vor, welche den Gedanken nahe legen, daß hier eine Irisatrophie, nicht aber eine Irideremie vorlag. Mit Ausnahme des Falles von WEEKERS (1921), wo der 48jährige Vater Aniridie und Katarakt, und der Sohn Buphthalmus und Katarakt aufwies, halten sich die Fälle in der Grenze unter 35 Jahren, welche LÖHLEIN für das Auftreten des infantilen Glaukoms annahm, wie auch ein neuerer Fall von FERENCZY (1925) ein jüngeres Individuum betraf. Wir werden nicht fehlgehen mit der Annahme, daß in jenen Fällen angeborene Veränderungen erst sehr spät zum Glaukom führten. Im Falle von LAUBER (1911) handelt es sich um einen Mikrophthalmus mit Hypermetropie bei einem 25jährigen. Die starke Tensionssteigerung hatte zum Ausgleich der Furche am Corneaskleralrande geführt. Auch Augen mit relativer Kleinheit des Augapfels und relativ zu großer Linse können nach PRIESTLEY-SMITH (1912) durch Verkleinerung des circumlentalen Raumes die Neigung zum Glaukom befördern.

## 3. Glaukom und Refraktionsanomalien.

Seit langer Zeit hat man einen Zusammenhang zwischen Refraktionsanomalien und Glaukom erkennen wollen, insbesondere wurde die Hypermetropie verantwortlich gemacht. Man erblickte einen Einfluß dieser Refraktionsanomalien auf die Entstehung des Glaukoms zunächst in einer Kleinheit der Cornea, wodurch Anklänge an den Mikrophthalmus geschaffen wurden, bei dessen reiner Form Hypermetropie so häufig ist. Auch machte man einen engeren Filtrationswinkel und eine größere Rigidität der Sclera verantwortlich. SCHMIDT-RIMPLER bringt verschiedene Statistiken über die Häufigkeit der Hypermetropie bei Glaukomatösen. So fanden HAFFMANNS 75%, LAQUEUR 50% und SCHMIDT-RIMPLER 60%. Im allgemeinen war die Zahl der Myopen geringer als die der Hypermetropen. Aus der neueren Literatur führe ich noch eine Statistik von LANGE (1896) an, der in 43% Myopen beim Glaucoma simplex, 10% beim inflammatorischen Glaukom gegen 86% Hypermetropen fand. GILBERT (1912) nimmt auf Grund des Münchener Materials an, daß die klinischen Erscheinungsformen des Glaukoms bedingt sind durch den Refraktionszustand, d. h. durch den lokalen Dispositionszustand des Auges. Beim Glaucoma simplex fand er 38% und beim sog. Inflammatorium 77% Hypermetropen. Das Glaucoma simplex sei zum Ausgleich mehr geeignet und das hypermetropische Auge sei durch seinen Bau zum Glaukom disponiert. Auch GOLDSCHMIDT (1923) fand beim sog. inflammatorischen Glaukom 39% Hypermetropie und achtmal Myopie, dagegen in 60 Fällen von Glaucoma simplex viermal Hypermetropie und 34mal Myopie, wobei geringe Grade vorherrschend waren. Hierfür spricht auch die Beobachtung von PETER (Zbl. f. prakt. Augenheilk. 1897), der prodromale Anfälle durch Verordnung eines Konvexglases zum Verschwinden bringen konnte, wie auch SNELLEN (Klin. Monatsbl. 1891) die Korrektion von Akkommodations- und Brechungsfehlern empfahl. Auch BROWN (1918) hält die Überanstrengung der Augen, z. B. bei Schneiderinnen und Näherinnen, für eine häufige Ursache des Glaukoms. Daß die Hypermetropie Folge des Glaukoms sein kann, muß abgelehnt werden; die oben erwähnten Momente können höchstens eine Art Disposition begründen. Jedoch mahnt hier auch die Tatsache zur Vorsicht, daß in einem nicht unbeträchtlichen Prozentsatz der Fälle Myopie gefunden wird. Bei der ausgesprochenen Vererbbarkeit dieser beiden Refraktionsanomalien wird man die Frage aufwerfen müssen, ob es sich bei den vererbten Formen des Glaukoms vielleicht um ein Zusammenvorkommen zweier Bildungsfehler handelt, die wie die Myopie und das Glaukom erst später in Erscheinung treten. Neuerdings betont NEUFFER (1914), daß die Refraktion keinen Einfluß auf die Entstehung des Glaukoms habe.

Was die Myopie betrifft, so nahm man früher an, daß sie weniger zum Glaukom disponiere als die Hypermetropie, so daß z. B. CABANNES u. PICOT noch 1901 die Mitteilung zweier Fälle für gerechtfertigt hielten. (Ophth. Klinik.)

SCHMIDT-RIMPLER konnte feststellen, daß unter 136 Glaukomatösen 30% Myopie hatten, und späterhin wurde von AXENFELD (1905) betont, daß das Glaucoma simplex bei Myopie häufig sei. Bei GUIBERT (1912) finden sich unter 71 Fällen von Glaucoma simplex 22 Myopische, bei 150 von inflammatorischem Glaukom nur 14%; und LANGE (1896) gibt an, daß unter 69 Fällen von Glaucoma simplex 30 und in 90 Fällen von sogenanntem inflammatorischem Glaukom 10 mit Myopie vorlagen. Es gibt auch keinen Grund, einzusehen, warum ein myopisches Auge vom Primärglaukom verschont bleiben soll. Im Gegenteil hat sich herausgestellt, daß im myopischen Auge das Glaukom vorhanden sein kann, ohne daß es wegen der eigenartigen Veränderungen an der Eintrittsstelle des Opticus sofort mit dem Augenspiegel erkennbar ist. Immerhin finden sich in der neueren Literatur noch weitere Mitteilungen über das Vorkommen von Glaukom im myopischen Auge. So berichtet LATTORF (1910) über einen Fall von hochgradiger Myopie mit Anschwellung der Schilddrüse, die auf die Jugularis gedrückt habe. In der Diskussion erwähnt GREEFF zwei Fälle von hochgradiger Myopie mit Glaukom und GUTMANN einen solchen mit Sekundärglaukom. Weiterhin berichtet LATTORF (1910) über zwei Fälle, bei denen eine Iridektomie beiderseits erfolglos war und MÜHSAM über einen Fall von subakutem Glaukom bei Myopie, bei dem die Miotica erfolgreich waren. STORY (1911) beobachtete zwei Fälle von Glaucoma simplex und Myopie bei älteren Personen. DOLGANOW (1912) fügt eine eigenartige Bemerkung an, daß in seinen 19 Fällen die Myopie auf den Verlauf des Glaukoms günstig gewirkt haben soll, und BISTIS (1925) gibt in seiner Statistik vier Fälle von Glaukom und Myopie an. Die Fälle von BOURDEAUX (1908) mit Subluxation der Linse und HAGGENEY (1917) mit Netzhautablösung scheiden als Sekundärglaukome hier aus. Interessant ist die Mitteilung von FLEISCHER (1914), der bei zwei Geschwisterpaaren Myopie durch zu stark gewölbte Linsen beobachtete und bei den Geschwistern Glaukom feststellte. Weiterhin wird ein Fall von vorübergehendem Glaukom bei Myopie von HARDY (1926) beschrieben, ebenso sah HUBER (1925) eine vorübergehende Myopie von 4 D, während sie in dem Falle von v. FERENCZY (1925) sich in 2 Jahren bei Glaucoma simplex entwickelte und bestehen blieb. SCHENCK (1929) hält das Zusammenvorkommen von Myopie und Glaukom für selten, weil er in 17 Jahren nur zwei Fälle beobachtete und DENTI (1929) hält bei diesem Zusammenvorkommen das Glaukom für die Ursache. Einen weiteren Fall beschreibt McCAW (1927), der nach vorheriger Anwendung der Miotica die ELLIOTsche Trepanation machen mußte. AXENFELD (1920) operierte die mit Myopie einhergehenden Fälle mit Zyklodialyse. MEYERHOF (1929) berichtet, das Glaukom in Ägypten mit Myopie oft zusammen gefunden zu haben, so in 183 Fällen zwölfmal, und daß die Miotica erfolgreich gewesen seien oder eine Iridektomie. Die Diagnose sei hierbei besonders schwierig, da die Verringerung der Sehschärfe auf die Myopie bezogen wird und die Drucksteigerung auch meist nur gering ist. Eine eigentliche Exkavation komme selten vor und eine Irisatrophie fehlte. Einen eigenartigen Fall berichtet v. HIPPEL (1926), bei dem eine auffallende Gesichtsfeldveränderung vorhanden war und ein Verfall des Sehvermögens erst nach der Staroperation einsetzte. Das Fehlen der Exkavation wurde auch von ROLANDI (1914) in vier Fällen beobachtet und von AXENFELD (1905) wurde betont, daß das ophthalmoskopische Bild an der Papille absolut nicht für Glaukom charakteristisch sei. Wenn auch tatsächlich Exkavation bei Myopie beobachtet wird, so gibt es Fälle, bei denen eine Unterscheidung gegenüber den sogenannten kavernösen Sehnervenatrophien sehr schwierig ist. AXENFELD (1920) weist weiter darauf hin, daß die Drucksteigerung im myopischen Auge oft nur geringe Grade erreicht, weshalb ganz besonders auf Druckschwankungen zu achten ist, worauf auch AMSLER (1921) hinweist. Vor allen Dingen muß bei Myopen, bei denen das Sehen verfällt, ganz besonders auf die peripheren Einengungen des Gesichtsfeldes geachtet und die zentralen Veränderungen müssen mit der BJERRUMschen Methode geprüft werden. Die Nichtbeachtung der Gesichtsfeldveränderung hatte in zwei Fällen, wie AXENFELD (1920) berichtet, schwere Nachteile im Gefolge. FUCHS (1919) macht auf eine eigenartige Variation aufmerksam, wo die Exkavation aus der Aushöhlung des Sehnerven und Skleralektasie zusammengesetzt war. In der zusammenfassenden Arbeit von KNAPP (1925) findet man 32 Fälle von Glaucoma simplex und Myopie mit geringer Drucksteigerung und den BJERRUMschen Gesichtsfeldveränderungen. In zwei Fällen von jugendlichem Glaukom war die Sclera verdünnt. TYSON sagt in der Diskussion, daß in 75% seiner Fälle Miotica genügten und DE SCHWEINITZ stellte fest, daß umfangreiche Aderhautveränderungen selten seien und daß er einmal ein akutes Glaukom beobachtet habe. Schließlich sei noch erwähnt, daß ZIRM (1911) an der Seltenheit des Zusammenvorkommens des Glaukoms mit Myopie festhält, und führt das seltene Vorkommen auf eine mangelhafte Entwicklung der Aderhaut zurück, die sie weniger für Kongestivzustände geeignet mache, entsprechend seiner Anschauung über die Pathogenese des Glaukoms, auf die an anderer Stelle eingegangen wird. Daß im myopischen Auge die Exkavation seltener auftritt, hat nach ISHREYT (1909) seinen Grund darin, daß das Auftreten hinterer Staphylome deren Zustandekommen bis zu einem gewissen Grade verhindert. In der Arbeit von ISHREYT wurde über zehn Fälle berichtet, die anatomisch untersucht waren, und in einer ausführlichen Zusammenstellung wurden die Resultate der bis dahin anatomisch untersuchten Fälle geschildert. Die meisten waren als Sekundärglaukome anzusprechen. In einem weiteren anatomisch untersuchten Fall war besonders die Druckwirkung auf die Netzhaut studiert. Durch die Druckwirkung war eine typische glaukomatöse Exkavation ausgeblieben; dafür war eine hintere Ektasie aufgetreten. Daß eine manchmal nicht unerhebliche Myopie auf einem Auge durch eine sympathische Ophthalmie mit Sekundärglaukom erzeugt wird, lehren die vom Verf. (1914) zusammengestellten Beobachtungen von WALDHAUER, HIRSCHBERG, ALBERTI, FROMAGET und von SCHIRMER.

## 4. Allgemeinerkrankungen.

Die Bezeichnung des bei Glaukom vorkommenden sogenannten Gefäßkranzes als Annulus arthriticus oder des Glaukoms als Ophthalmia arthritica deutet darauf hin, daß ein gewisser Zusammenhang der Gicht mit dem Glaukom bestehen muß. Wie SCHMIDT-RIMPLER ausführt, können die wenigen Einzelfälle jedoch diesen engen Zusammenhang nicht erhärten. Vor allen Dingen darf eine Beziehung zwischen Glaukomanfall und Gichtanfall nicht angenommen werden und man wird den Zusammenhang nur so erklären können, daß die Gicht zur Arteriosklerose disponiert und dadurch Gefäßveränderungen geschaffen werden, wie z. B. in einem Falle von CARBONE (1925), deren Bedeutung an anderer Stelle gewürdigt ist. Die neuere Literatur enthält daher außer einer Mitteilung von BULL (1909), der auch auf die wichtige Rolle der Gefäßerkrankung bei Gicht hinweist und eine operationslose Lokal- und Allgemeinbehandlung empfiehlt, nichts mehr.

Die Rolle der Nierenerkrankungen ist in gleicher Weise zu deuten, bei denen die Gefäßveränderungen gelegentlich zu Zirkulationsstörungen, vor allem auch zu Thrombose im Bereiche der Augengefäße führen können, wie dies ja auch durch die anatomischen Untersuchungen erwiesen wird, welche ELSCHNIG (1928) neuerdings zusammenstellte, wobei besonders auf die Arbeit von TSCHIRKOWSKI (1908) aufmerksam zu machen ist. Eine neuere Untersuchung von KRAUSE (1924) bei Kranken, die an Glaucoma simplex litten, konnte keinen Parallelismus zwischen der Konzentrationsherabsetzung und dem Blutdruck und Augendruck feststellen. Bei höherer Tension fand sich auch ein höherer Augendruck. Wie auch SCHMIDT-RIMPLER hervorhebt, sind die Sekundärglaukome, die im Gefolge von Nierenkrankheiten auftreten, im ganzen recht selten, und das Bindeglied sind die eben schon erwähnten Gefäßerkrankungen. Den von SCHMIDT-RIMPLER angeführten Beobachtungen füge ich noch die anatomischen Untersuchungen von BAUER (1909) hinzu, der die Abhängigkeit des Glaukoms von Gefäßstörungen der Retina bei Nephritis an mehreren Fällen nachwies, sowie die anatomische Untersuchung eines Falles durch KAYSER (1914), der ähnliche Befunde erhob.

Die anatomischen Untersuchungen von PASTORE (1919) an acht Augen von verschiedenen Glaukomformen ergaben keine spezifischen Veränderungen in der Netzhaut, deren Gefäßveränderungen jedoch konstant seien.

Gefäßstörungen auf arteriosklerotischer Basis erklären nach MIGLIETTA (1929) auch die Fälle von Schwerhörigkeit bei älteren Glaukompatienten.

Dasselbe gilt auch für den Zusammenhang zwischen Glaukom und Diabetes, wofür z. B. MONTHUS u. ROCHON-DUVIGNAUD (1927) und KYLIN (1922) ein Beispiel anführen, wo Iritis und Glaskörperexsudat ein malignes Glaukom im Gefolge hatten.

R. SALUS hat bei Diabetikern 3 Fälle beobachtet, in denen eigenartige, zu Gruppen vereinigte hellrote Kapillarnetze an der Iris bestanden und gleichzeitig oder viel später anschließend Glaukom auftrat. Er bezeichnet diese Fälle als echtes diabetisches Glaukom.

Die Untersuchungen von MARX (1925) ergaben, daß nach Insulindarreichung keine Beziehung zwischen Augendruck und Zuckergehalt des Blutes festgestellt werden konnte; auch dann nicht, wenn Glukose zugeführt wurde. BORINSKI (1925), der sechs schwere Fälle von Diabetes untersuchte, sah bei Herabsetzung des Blutzuckers und Blutverdünnung ein Ansteigen der Tension um 3,3 mm, gleichgültig ob Insulin gegeben wurde oder nicht. Die so erzielten geringen Steigerungen hielten sich noch im Bereich des Normalen. Nach den Beobachtungen von ASCHER

(1925) trat nach Insulininjektionen sehr rasch eine Drucksteigerung ein, welche auf Wasserretention beruhte. Diese Wirkung des Insulins blieb aus in schweren Fällen vor dem Tode und bei sogenanntem pluriglandulärem Diabetes. Bei Phloridzinanwendung erfolgte Drucksenkung bei künstlichem Diabetes.

Wenn rheumatische Erkrankungen mit Glaukom in Verbindung gebracht werden, nimmt man auch hier den Umweg über den Entzündungsprozeß des Uvealtractus an.

SCHMIDT-RIMPLER gibt weiter an, ein Zusammenhang mit Malaria z. B. sei nicht erkennbar. Die Frage, ob Fieber als solches einen Einfluß auf den Augendruck hat, wurde auf Grund von Messungen von Malariakranken und nach Milchinjektion von WESSELY u. HOROWITZ (1921) dahin beantwortet, daß im Fieber der Einfluß des allgemeinen Blutdruckes überwiegt und vasomotorische Einflüsse zurücktreten, während BRUNS (1923) auf Grund seiner Messungen nach Milchinjektionen hervorhebt, daß er einen Parallelismus zwischen Tension und Blutdruck nur teilweise bestätigen konnte; in der Mehrzahl blieb die Tension im Fieber unbeeinflußt. Wenn GRAVESTEIN (1918) ein akutes Glaukom bei einer Fingerinfektion, die mit Lymphangitis und Gelenkentzündung einherging, feststellen konnte, so ist dies wohl als Zufall zu betrachten, wie in den beiden Fällen von CARRIÈRE (1923), der nach einer Phlegmone am Arm und im Verlaufe einer Pneumonie bei einer 72jährigen Frau ein Glaukom beobachtete, wobei als Ursache ein Ödem im Augeninneren, bewirkt durch Gefäßschädigung, angenommen wurde. Auch die übrigen Einzelfälle nach Infektion, z. B. nach Sepsis (KERRY [1923]), und sonstigen Schädigungen sind zu selten, als daß ein direkter Einfluß anerkannt werden könnte, z. B. nach Variola, wie MAZET (1907) angibt, oder nach Erythema nodosum im Falle von TERSON (1912). Dasselbe gilt für die von GROENOUW angeführten Fälle von Erysipel, die mit Glaukom kompliziert waren (GALEZOWSKI [1876], DEMICHERI [1899], MAGAWLY [1890]). Auch die Fälle, in denen während oder nach einer Influenza Glaukom auftrat, sprechen nicht für einen direkten ursächlichen Zusammenhang. Es wird vielmehr eine Einwirkung seitens des Gefäßsystems angenommen werden müssen. Den von SCHMIDT-RIMPLER angeführten Fällen von KRAUS, RISLEY, DE SCHWEINITZ, GASPARRINI und JACOBSON füge ich noch aus der älteren Literatur die von MELLINGER (1899), SAMEH BEY (1899), DESPAGNET (1899) und SPALDING (1899) hinzu. Wenn GEIGER u. ROTH (1928) in vier Fällen durch Entfernung kranker Zähne oder von Tonsillen ein akutes Glaukom günstig beeinflussen konnten, wie es auch WELT nach Entfernung der Tonsillen beobachtet haben will, so ist hier eine Beziehung wohl nur auf dem

Wege über Gefäßstörung anzunehmen. Schwieriger ist es wohl zu erklären, wenn, wie in der betreffenden Diskussion hervorgehoben wird, HAWLEY in fünf Fällen von Glaukom durch entsprechende Behandlung von Darmvergiftungen durch Skatol und Indol Erfolge erzielt haben will. Verständlicher ist schon der Einfluß eines angio-neurotischen Ödems im Falle von BARKAN (1929), wo jahrelang bei intermittierend auftretender Schwellung des Gesichtes Glaukomanfälle auftraten, ohne daß das Sehvermögen Schaden erlitt. Auf dem Wege über Gefäßstörungen durch Schädigung des sympathischen Nervensystems durch toxische Einwirkung sah SANYAL (1919) das Auftreten von Glaukom bei der epidemischen Wassersucht in Indien. Hierüber findet sich schon eine Notiz bei MAYNARD (1910), der das Glaukom als lokales Ödem, als Teilerscheinung eines allgemeinen Ödems ansieht, wie PRIESTLEY u. SMITH (1910), der bei Neigung zu allgemeinem Ödem chronisch entzündliche Glaukome auftreten sah, wie auch CORONAT (1913) bei angeborenem Ödem beiderseits Hydrophthalmus beobachtete. Neuerdings berichtet MUKERJEE (1929) aus Kalkutta, daß von 253 Fällen von Glaukom bei epidemischer Wassersucht 90% Hindus mit Reisernährung betrafen, so daß hier wohl eine Beri-Beri-Avitaminose vorliegt.

Daß zu Beginn der Menstruation in einem Falle von Gefäßektasien des Gesichtes die Tension erhöht war, lehrte der Fall von BELTMANN (1904). Bezüglich des Einflusses der Cessatio mensium sei auf die Ausführungen von SCHMIDT-RIMPLER verwiesen, der einen derartigen direkten Zusammenhang leugnet, wie er dies auch gegenüber der Unterdrückung von habituellen Hämorrhoidalflüssen, bei gewohnten Hautsekretionen und Unterleibsstockungen tut. Weiterhin sei hier noch hervorzuheben, daß SCHMIDT-RIMPLER aus der Literatur und eigene Fälle zusammenstellt, bei denen die Influenza als das auslösende Moment für chronisch entzündliche Glaukome angesehen wird, wie auch WOODS (1924) über Glaukomanfälle nach Grippe berichtet. In der neueren Literatur findet sich über derartige Zusammenhänge überhaupt nichts mehr. Mit der Konstruktion eines Rheumatismus dissiminatus, der mit dissiminierter Sklerose verwandt sei und neben anderen Augenleiden Glaukom erzeugen soll, wird WERNICKE (1921) wohl keine Zustimmung finden. Schon eher läßt sich mit ULRICH (1927) annehmen, daß bei rezidivierenden Obskurationen bei Glaukom retrobulbäre Störungen auf der Basis einer multiplen Sklerose vorkommen. Die Bedeutung von Allgemeinleiden für die Entstehung des Glaukoms sind in mehreren zusammenhängenden Arbeiten behandelt worden. So bespricht BLESSIG (1907) das Glaukom bei Lues, Infektion und Nierenerkrankung und hebt den Wert der Allgemeinbehandlung, z. B. Gicht, hervor. SULZER (1913) betont sehr eindringlich die Rolle der Stoffwechselkrankheiten, indem die Funktion der Leber und Niere bei Glaukomkranken häufig herabgesetzt ist. Eine lokale Disposition löst so das Glaukom aus. Diese Anschauung von SULZER hat bisher keine weitere Bestätigung gefunden, insbesondere nicht durch die Untersuchungen v. HIPPELs (1915) mit Hilfe des ABDERHALDENschen Verfahrens. KNAPP (1917) gibt zwei Hauptursachen des Primärglaukoms an, und zwar einerseits Gefäßstörungen und Kongestionszustände, andererseits innersekretorische Störungen. Auch die Arbeit von THOMAS (1918) befaßt sich mit der Rolle der Arteriosklerose. Zusammenfassende Arbeiten über die Rolle der Allgemeinstörungen finden sich auch in den Aufsätzen von LÖHLEIN (1914), MORAX (1929) und LUQUE (1926).

4 Monate nach einer Methylalkoholvergiftung, welche mit guter Sehschärfe ausheilte, beobachtete MORRISON (1922) ein chronisches Glaukom mit Exkavation, das zur Erblindung führte, vielleicht deshalb so schnell, weil der Opticus schon vorher geschädigt war. Keinesfalls kann der Fall von BROWN (1910) als Beispiel für den Einfluß einer Methylalkoholvergiftung gelten, weil hier das Gift nicht durch den Magen gegangen, sondern nur über die Hose geflossen war.

Glaukomkranke sollen nach DOR (1913) durch Glaukomoperationen von Schwindelanfällen befreit werden.

## 5. Syphilis.

Nach SCHMIDT-RIMPLER, der einige ältere Beobachtungen anführt, kann Syphilis nicht als direkte Ursache des Glaukoms gelten. Der von ihm angeführte Fall, wo bei doppelseitiger neuritischer Atrophie auf einem Auge Drucksteigerungen mit Excavation auftraten, schließt das selbständige Auftreten eines Primärglaukoms nicht aus. Die nach der Arbeit von SCHMIDT-RIMPLER in der Literatur weiterhin berichteten Fälle zeigen zunächst, daß es sich um entzündliche Veränderungen im Uvealtractus handelte, so in den Fällen von KORITNY (1913) und von ABOUDY (1920). Das Auftreten von Drucksteigerungen nach derartigen Affektionen der verschiedensten Herkunft ist bekannt, und wenn POSEY (1909) eine Uveitis und Verschluß der hinteren Lymphbahnen annimmt, dort wo vorne keine Entzündung vorhanden war, und die Excavation auf Erweichung des Opticus zurückgeführt, so ist dieser Fall wohl auch keine feste Stütze für die Annahme eines syphilitischen Glaukoms, ebensowenig wie die Fälle von HOCHWELKER (1922), wo bei einem Gumma des Ciliarkörpers ein Glaukom durch spezielle Behandlung günstig beeinflußt wurde. ROLLET u. COLRAT (1928) führen ein Glaukom bei einer 34jährigen Frau auf luetische Gefäßerkrankung zurück, weil eine Tochter Merkmale einer hereditären Lues trug, während die Mutter keine Symptome aufwies. In der Arbeit von Mosso (1915) wird die Frage nach der Existenz eines Glaucoma syphiliticum an Hand der früheren Literatur eingehend erörtert. Der von ihm angeführte Fall von SAMSON kann auch nicht als Paradigma gelten, weil eine Iritis serosa vorlag und die sechs Fälle von HIRSCHBERG (1919) sind ebenfalls kein Beweis für die Existenz eines selbständigen Glaukoms, was auch von dem Autor hervorgehoben wird. Auch über die Häufigkeit der Lues beim Glaukom gehen die Ansichten auseinander. GIESLER (1925) sah unter 534 Fällen nur sechsmal positive WASSERMANNsche Reaktion, während CARLOTTI (1923) unter 26 Glaukomfällen achtmal Lues konstatierte, und es wird betont, daß der Erfolg der Spezialbehandlung keineswegs sicher sei. ARNOUX (1924) gibt an, daß Lues bei Glaukom häufig sei; die Erkenntnis dieses Zusammenhanges sei besonders wichtig bei Kindern, wie auch Mosso betont, daß jugendliche Individuen Glaukome aufweisen könnten, welche durch luetische Behandlung günstig beeinflußt würden; er hält die Existenz eines syphilitischen Glaukoms für bewiesen.

Man wird gut tun, die Existenz eines Glaucoma syphiliticum in Zweifel zu ziehen, weil auch die von verschiedenen Autoren gefundenen Gefäßstörungen Glaukom verursachen können, und wenn von verschiedenen Autoren die Wirksamkeit der Spezialbehandlung hervorgehoben wird, so ist das nicht anders zu erwarten, weil die syphilitischen Gefäßveränderungen günstig beeinflußt werden. Ebensowenig braucht man eine tuberkulöse Form des Glaukoms zu konstruieren. Die Fälle von HIRSCHBERG u. GINSBERG (1913) weisen ein ausgesprochenes Sekundärglaukom auf der Grundlage einer Iridocyclitis auf, dasselbe ist bei tuberkulösen Aderhauttumoren beobachtet worden, z. B. im Fall von WEISSHAUPT (1921), wo ein hämorrhagisches Glaukom auftrat. Dieselben Erwägungen gelten, wie schon gesagt, für den Diabetes, der den Uvealtraktus weitgehend zu schädigen vermag, wobei auch immer zu beachten ist, daß bei älteren Diabetikern gleichzeitig Gefäßstörungen im Sinne einer ausgeprägten Arteriosklerose vorkommen können.

Auffallend hoch ist der Prozentsatz der Luetischen (29,8%) bei dem Glaukommaterial, über welches COPPINGER (1929) aus Kalkutta berichtet; noch höher sind die Zahlen, welche LUQUE (1929) aus Chile mitteilt.

## 6. Endokrine Störungen.

Nachdem die Lehre von den endokrinen Störungen auch der Augenheilkunde neue Ausblicke eröffnet hatte, war es begreiflich, daß man auch Zusammenhänge mit dem Glaukom aufzufinden bestrebt war. Es liegt wohl der Schwerpunkt dieser Versuche darin, daß man ein Ineinandergreifen verschiedener endokriner Störungen zu ermitteln suchte. Von großem Interesse sind die Resultate, die v. HIPPEL (1915) mit Hilfe des Dialysierverfahrens von ABDERHALDEN erhielt, indem bei 22 Glaukomfällen zehnmal Schilddrüse, viermal Nebenniere und zweimal Pankreas die Reaktion ergaben. Dieses Material genügt aber nach v. HIPPEL keineswegs, um ätiologische Zusammenhänge zwischen Störungen der inneren Sekretion und Glaukom zu erkennen.

Das Hauptinteresse beansprucht die Beeinflussung, die von der Schilddrüse ausgeht. Bei seinen Versuchen durch Kochsalzinfusionen Druckveränderungen im Auge zu erzielen, studierte HERTEL (1918) auch den Einfluß der Schilddrüse. Wie SATTLER (1909) angibt, hatten schon BRAILEY und EYRE bei Basedow eine Erhöhung des intraokularen Druckes gefunden. Ebenso war in einem Falle von GAILL der Druck erhöht, wenn auch ohne Funktionsstörungen. Demgegenüber betont SATTLER, daß er den Augendruck meistens normal fand. In weiteren Arbeiten von HERTEL (1919, 1920) wird darauf hingewiesen, daß Störungen der Blutzirkulation einen Einfluß auf den Augendruck haben, und daß dieser speziell der Funktion der Schilddrüse unterstellt ist, was therapeutisch durch Anwendung von Thyreoidin ausgenutzt werden kann. In der ersten Arbeit von IMRE (1921), der länger dauernde Beobachtungen zugrunde liegen, wurde berichtet, daß bei BASEDOWscher Erkrankung neben normalen Druckverhältnissen auch Steigerungen beobachtet wurden. Auch wird festgestellt, daß bei innersekretorischen Störungen die Beeinflussung des Augendruckes unabhängig vom Blutdruck ist.

v. CSAPODY (1923) untersuchte an der IMREschen Klinik Fälle, bei denen eine Kropfoperation gemacht worden war, wobei er von dem Gedanken ausging, daß die Schilddrüse durch ihren Einfluß auf das sympathische und autonome System beteiligt ist, wie ja auch Pilocarpin durch Reizung des autonomen Systems den Druck senkt, während Atropin ihn erhöht, wobei auf die Adrenalineinwirkung bei Sympathicotonikern hingewiesen wird. In beiden Systemen wird durch Hyperfunktion der Schilddrüse ein Reizzustand herbeigeführt. Es zeigte sich nun, daß nach der Kropfexstirpation bei 22 Frauen und 5 Männern keine Tensionsänderung eintrat. Bei Hyperfunktion der Schilddrüse trat eine Tensionssteigerung auf, die noch erhöht wurde beim Ausfall der Keimdrüse. Die Resektion einer vergrößerten Keimdrüse beim Menschen führte zu keiner Veränderung der Tension. Bei Individuen mit negativem Gleichgewicht im Nervensystem kann nach operierter Hyperthyreose eine Druckerhöhung zustande kommen. Bei

Sympathicotonikern und Basedowkranken kann nach der Operation die Tension vermindert werden. Durch neuere Versuche sucht PASSOW (1928, 1929) die Annahme zu stützen, daß eine abnorme Schilddrüsenfunktion primäre Glaukome erzeugen kann. Das Serum Glaukomkranker enthält vielfach Stoffe, die auf eine Hyperthyreose hinweisen; dabei spielt die Neigung zur Retention von Gewebswasser eine Rolle. Nach A. FUCHS (1925) ist bei Hyperfunktion der Schilddrüse der Druck niedrig und bei Myxödem, der Minusfunktion, erhöht.

Bezüglich der Schilddrüsenfunktion sei noch hervorgehoben, daß ACCARDI (1926) bei Kaninchen eine Gleichgewichtsstörung des Augendruckes erzielte, welche nach vorübergehender Steigerung sich wieder ausglich. Versuche mit Thymus waren ohne Ergebnis. BRUNS (1923) konnte bei 18 Basedowkranken niedrigen Augendruck feststellen, wenn auch auffallende Schwankungen vorkamen. Von LAMB (1918, 1926) wurde hervorgehoben, daß bei den durch Shockwirkung bzw. Erregung ausgelösten akuten Glaukomen starke Anforderungen an die Schilddrüse und Niere gestellt würden. Hier seien Pilocarpin-Adrenalininjektionen wirksam. Bei chronischen Glaukomen handelte es sich um eine Abnutzung der Schilddrüse, darum müsse Thyreoidin gegeben werden.

SALVATI (1929) legte den Druckverhältnissen bei Dysfunktion der Thyreoidea keine Bedeutung bei; abnorme Druckverhältnisse müßten aus anderen Ursachen erklärt werden. Er konnte weder bei Thyreoidosen bei Menschen tonometrisch, noch bei Tieren manometrisch, nach Verabreichung von Schilddrüsenextrakt und nach Entfernung der Schilddrüse bei zehn Affen eine Drucksteigerung erzielen.

Nach PASSOW (1928), der im Blute Glaukomkranker Calcium vermehrt und Kalium vermindert fand, läßt dieser Befund an den Einfluß einer Thyreotoxicose denken.

Die Drucksenkung, welche BENOIT (1928) in einem an myopischer Netzhautablösung erkrankten Auge mit dem Grade des Exophthalmus bei einem Falle von BASEDOW parallel gehend fand, ist wohl auf die Myopie zu beziehen und MAGITOT weist in der Diskussion zu dem Vortrage darauf hin, daß die Beziehungen zwischen primären Glaukomen und innerer Sekretion noch gänzlich ungeklärt seien.

PILMANN (1928) berichtet über das Glaukom und die Kropfendemie im Ferganagebiet in Rußland, daß 10% der klinischen Frequenz die Glaukomkranken ausmachen, und daß 4,6% der Eingeborenen Glaukom haben, welches 55% der Erblindungen verursacht. Das Glaukom ist bei tiefer gerückter Altersgrenze chronisch, der Kropf ohne Kretinismus. Bei Glaukomkranken zeigte der sorgfältig gemessene Druck keine wesentliche Erhöhung. Nach PLICQUE (1929), der experimentell bei Kaninchen

Schilddrüsensubstanz ohne greifbares Ergebnis prüfte, begünstigt Schilddrüseninsuffizienz beim Menschen vorzeitiges Altern und damit die Entstehung des Glaukoms, wobei das weibliche Geschlecht häufiger befallen wird. Das akute Glaukom sei eine Art Gefäßkrise, das chronische oft mit myxödematösen Zuständen vergesellschaftet.

Bezüglich der Ovarialfunktionen stellte IMRE (1921, 1923, 1924) bei Schwangeren bei Hyperfunktion der Hypophyse einen Ausfall der Ovarien und verminderten Augendruck fest. SALVATI (1924) ermittelte, daß während der Menstruation in beiden Augen in verschiedenen Graden eine Erhöhung auftrat, wie auch MARX (1923) bei Menstruation eine Erhöhung feststellte, in der Schwangerschaft dagegen eine Erniedrigung. Während GAROFALO (1928) bei Schwangeren eine ausgesprochene Neigung zu Drucksenkung feststellte, die er nicht mit endokrinen Störungen in Verbindung bringt, fand RIZZO (1926) bei der Untersuchung von 90 Schwangeren mit dem SCHIÖTZschen Tonometer, daß in der Schwangerschaft der Druck normal sei und im Wochenbett etwas ansteigt. CUCCHIA (1928) konnte bei 18 größtenteils jüngeren Frauen, bei denen die Ovarien entfernt waren, vasomotorische Störungen feststellen; der Augendruck war durchweg normal. In einem Fall von LAGRANGE (1925), wo neben BASEDOWscher Erkrankung eine ovarielle Insuffizienz bestand, wurden häufige Glaukomanfälle durch Injektion von Ovarialsubstanz zum Aufhören gebracht. In zwei Fällen bei unregelmäßiger Menstruation und Nebelsehen wurde nach Anwendung einer Ovarialsubstanz die Menstruation regelmäßig und der Druck normal. Pilocarpin versagte in diesen Fällen. Ebenso konnte IMRE (1928) mit Ovarialinjektionen bei Glaukom nach Katarakt günstige Erfolge zeitigen. Therapeutische Versuche von PALTRACCA (1921) mit Endovarin und Endospermin ergaben bei jüngeren Leuten mit normalen Augen keinen Einfluß; bei älteren dagegen wurde der normale Augendruck gesenkt und ebenso bei einseitigem Glaukom im gesunden Auge, während der Einfluß auf das Glaukomauge nur gering war.

Die Resultate, die TCHEMOLOSSOW (1928) mit der VORONOFFschen Verjüngungskur bei Glaukomkranken erhielt, sind nicht sehr ermutigend. In drei Fällen fand Drucksenkung statt, die nach einigen Wochen von einer Steigerung abgelöst wurde. Um den Druck kurz vor Operationen zu senken, stehen uns doch andere Methoden zu Gebote.

Die Erfahrungen über die Hypophyse sind noch sehr gering. MÜLLER (1924) berichtet über einen Fall von Pituitrinanwendung (Extrakt aus den Zwischen- und Hinterlappen der Hypophyse), daß die Pupillenweite nicht geändert war; der Tonus des Dilatator aber war stark erhöht. Die in der Gegend des SCHLEMMschen Kanals auftretende starke

Gefäßfüllung, die anschließende Vertiefung der vorderen Kammer muß auf eine Änderung der vorderen Zellen der Ciliarfortsätze zurückgeführt werden. Röntgenaufnahmen bei Hypophysenerkrankten haben keine sicheren Anhaltspunkte ergeben. Bei Funktionsstörungen durch Minusfunktion ist Pituitrin und Röntgenbestrahlung erfolgreich. Eine Beobachtung von v. Szily (1921) dagegen besagt, daß in einem Fall von Hypophysenerkrankung eine Drucksteigerung im Auge auftrat. Experimentelle Versuche von Samoiloff (1928) mit Pituitrin nach Irisreizung zeigten Drucksteigerung nach subconjunctivaler und besonders nach intravenöser Injektion.

Nach Magitot (1929) ist auch beim Pituitrin das Verhältnis der Allgemeinwirkung zur lokalen Gefäßwirkung am Auge ausschlaggebend. Accardi (1926) sah nach Endohypophysin mäßige Drucksteigerung nur bei subkutaner Anwendung; nach Endopituitrin Drucksenkung.

Eine Reihe weiterer Arbeiten beschäftigt sich damit, im allgemeinen den Einfluß endokriner Störungen festzustellen. So berichtet Imre (1923, 1924) über 31 Fälle von Glaukom, in denen er 27mal endokrine Störungen nachweisen konnte, wobei organtherapeutisch nur manchmal ein vorübergehender Erfolg zu verzeichnen war. Die neueren Untersuchungen von Passow (1928) an 51 Glaukomkranken ergaben, daß in 84% der Gehalt des Blutes an Jod und an Adrenalin erhöht war, wobei es sich vielfach um Sympathicotonie und Thyreotoxikose handelte. Wie aus der Adrenalinfunktionsprüfung hervorgeht, wird der Stoffwechsel durch Calcium erhöht und durch Kalium vermindert; deshalb wird auch vor der Anwendung von Jodpräparaten gewarnt, weil sie stoffwechselsteigernd wirkten. Im ganzen genommen bilden die von Passow erzielten Resultate eine Bestätigung dafür, wie auch Imre hervorhob, daß hormonale Gleichgewichtsstörungen beim Glaukom eine Rolle spielen können, wie dies auch neuerdings von Kruch u. Farina (1928) betont wird. Mit endokrinen Störungen befassen sich auch die Arbeiten von Lamb (1918), Brückner (1926) und Cavara (1923).

Aus einer Beobachtung von Jendralski (1922) geht hervor, daß bei einem Fall, der operiert wurde, weil Glaukom angenommen worden war, es sich um bitemporale Hemianopsie und Akromegalie handelte. Näheres über die Druckverhältnisse ist nicht angegeben. Im Hinblick auf die Beobachtungen von Müller (1924) und von v. Szily (1921) wird man annehmen müssen, daß es sich um einen Grenzfall handelte, wie sie auf diesem Gebiete vorkommen, der nicht leicht zu erkennen ist.

Die Untersuchungen von Freytag (1924) stellen klar, daß bei Basedowscher Erkrankung, bei Osteomalacie, Dystrophia-adiposogenitalis, Kretinismus und Diabetes der Druck nicht gesteigert sei; bei Myxödem sei jedoch der Druck höher als bei BASEDOW. Der Einfluß der Hormone erstrecke sich auf die Bulbushüllen, sowie auf die Gefäße und die Funktion des Ciliarkörpers. SCALINCI (1924, 1925, 1926) nimmt an, daß die Glaukomkranken meist Vagotoniker sind. Die Hyperfunktion des autonomen stehe einer Minusfunktion des sympathischen Systems gegenüber. Bei psychischer Erregung wurde das hormonale Gleichgewicht gestört durch Störung des Regulationsmechanismus des Auges. Zur Zeit der Gasangriffe zeigte sich daher in London eine Steigerung des emotionellen Glaukoms. Diese Ansicht kann nicht auf das Glaucoma simplex angewandt werden, da es sich dabei oft um vorzeitiges Altern handelt infolge pluriglandulärer Störung, um Gefäßveränderungen und um Blutdrucksteigerungen, während bei einem akuten Glaukom der Blutdruck normal sei. Die Frage nach der Wirkung des Adrenalins wird einer besonderen Besprechung vorbehalten, welches nach SZWARE (1924) im Verein mit der Berücksichtigung endokriner Störungen berufen ist, die Zahl der operativen Eingriffe einzuschränken.

FUNAISCHI (1926), der bei Kaninchen tonometrische Prüfungen nach Zufuhr von Adrenalin, Pituitrin, Spermin, Thyroprotein und Thyrocin vornahm, konnte eine direkte Einwirkung auf den Augendruck nicht feststellen; diese erfolgte nur durch den Einfluß des gesteigerten Blutdruckes.

Bei thyreoidektomierten Tieren konnte NAZAROW (1929) eine starke Abnahme der Chloride im Kammerwasser feststellen. Ebenso konnte bei Glaukomkranken im Kammerwasser eine Steigerung des Zuckergehaltes festgestellt werden, die bei Starkranken fehlte.

Die Anschauungen von ZIRM (1929) über die Entstehung des Glaukoms gipfeln in der Annahme endokriner Störungen, die einen erhöhten Tonus des Parasympathicus hervorrufen sollen In ähnlicher Weise sucht LAMB (1918) die Entstehung des akuten Glaukoms zu erklären, während beim chronischen Nebenniereninsuffizienzen eine Rolle spielen sollen. Eine Beziehung zwischen Keratoconus und Glaukom besteht nach JAENSCH (1929) nicht, was an dieser Stelle erwähnt sein mag, weil auch bei Keratoconus innersekretorische Störungen vermutet wurden.

## 7. Disponierende Momente.

**a) Psychische Erregung.** Aus der Zusammenstellung von SONDER (1906) geht hervor, daß schon frühzeitig Beobachtungen gemacht wurden, nach welchen durch psychische Erregungen ein Glaukom ausgelöst oder verschlimmert wurde. Für die beiden Hauptkategorien, die hier in Frage kommen, sind bereits von DEMOURS Beispiele angeführt, welche ein vorher gesundes Augenpaar betreffen, während in den anderen Fällen bereits Glaukom vorhanden war. In diese zweite Kategorie fallen vor allen Dingen die Fälle, wo die Erkrankung des zweiten Auges nach Glaukomiridektomie am ersten Auge auftritt, was nach SCHMIDT-RIMPLER nur dann der Fall ist, wenn ein primär entzündliches Glaukomauge operiert wird, während COCCIUS und KOLLER angeben, daß nach Operation eines chronischen Glaukoms am anderen Auge ein akuter Glaukomanfall ausgebrochen sei. Nach v. GRAEFE sollen in 25% der iridektomierten Fälle am anderen Auge Glaukomerscheinungen aufgetreten sein. Es sei auch nach Iridektomien beobachtet worden, daß am anderen Auge Prodromalanfälle sich gehäuft hätten oder ein bestehendes Glaukom am anderen Auge verschlimmert worden sei. Auch sahen SCHMIDT-RIMPLER und MOOREN heftige Reizzustände an bereits erblindeten Augen. Nach v. GRAEFE ist in 10% derartiger Fälle zu beobachten, daß das zweite Auge bis dahin vollkommen gesund war. Beschuldigt wird der psychische Einfluß der Operation, besonders bei bestehender Labilität des Gefäßsystems. Von ARLT wird der Einfluß der Iridektomie auf das zweite Auge dagegen überhaupt bestritten. ARLT gibt an, daß er noch keinen Fall gesehen hätte, wenn das zweite Auge völlig intakt war. Zeigt es schon Glaukomsymptome, dann spielt der Einfluß der Iridektomie sicher auch eine Rolle.

Dazu kommt noch ein Fall von WICHERKIEWICZ (1903), in welchem ein Glaukomanfall auftrat, als die Vorbereitungen zu einer Staroperation getroffen wurden.

Auch Staroperationen können wie aus der Arbeit von SONDER hervorgeht das zweite Auge beeinflussen, und es wurde sogar ein Glaukomanfall beobachtet, der auftrat, als das Messer bei der Staroperation in die Vorderkammer eingeführt wurde. Die in der Arbeit von SONDER angeführten Fälle sind sehr instruktiv, z. B. auch der von SCHMIDT-RIMPLER angeführte Fall von FISCHER, wo eine Dame durch die Verluste beim Kartenspiel sich erregte und von einem Anfall befallen wurde.

In ähnlicher Weise wirkte eine unerwartete Todesnachricht, Sondierung des Tränenkanals, ferner Aufregung bei wissenschaftlicher Diskussion (TERSON fils). In einem Fall von WICHERKIEWICZ (1903) trat der Anfall auf, als die Vorbereitungen zur Staroperation getroffen wurden. Auf Grund seiner Erfahrungen kommt GRÖNHOLM (1910) zu dem Resultat, daß die durch psychische Einflüsse ausgelöste Vergrößerung der Pupille eine Rolle spielen könne und SCALINCI (1926) macht für die Beteiligung des zweiten Auges nicht die Pupillenerweiteung verantwortlich, sondern eine Gefäßveränderung auf Grund einer gewissen Labilität gegen endokrine Einflüsse bei Sympathicotonikern und Vagotonikern. Charakteristische Fälle dieser Art, wo eine Gemütserregung ein Glaukom auslöste, gibt ANGELI (1907) an, der jeden Anfall mit Eserin-Pilocarpin coupierte. HERTEL (1919) sah bei einer Patientin ein Glaukom auftreten, als sie hörte, daß ihre Schwester an Glaukom operiert werden sollte. Auch WESSELY (1916) sah eine erhebliche Tensions- und Blutdrucksteigerung durch Erregung entstehen. Ähnlich wie ANGELI konnte RINDFLEISCH (1911) lange Jahre hindurch sich wiederholende Anfälle beobachten, ohne daß das Sehvermögen litt, wie ich dieses auch bei einer meiner Patientinnen feststellen konnte, die seit mehreren Jahren besonders nach Erregung typische, von mir konstatierte, doppelseitige Glaukomanfälle bekommt. Ein zweiter Fall, den ich beobachtete, betraf einen sehr musikalischen, höheren Beamten, der seit sechs Jahren Prodromalanfälle auf dem rechten Auge bekam, wenn er mit geschlossenen Augen Symphoniekonzerte hörte, während das Hören von Vorträgen oder Theaterstücken keinerlei Einfluß hatte. Eines Tages verging der Anfall nicht wie bisher von selbst, sondern es mußte wegen eines akuten Glaukoms eine hintere Sklerektomie und nachfolgende Iridektomie gemacht werden. Dieser Fall erinnert bezüglich des Einflusses der Musik an die Selbstbeobachtung von LAQUEUR (1880). Eine Zusammenstellung der bisher beobachteten Fälle bringt die Dissertation von PECHT (1930).

Charakteristisch ist auch, daß von MAIDEN (1917) in London zur Zeit des Krieges während der Gasangriffe eine Anzahl Glaukomanfälle beobachtet wurden, was auch SCALINCI anführt; jedoch haben wir keine statistischen Unterlagen zum Vergleich zur Verfügung. PICHLER (1917) beobachtete einen Fall, wo durch eine psychische Erregung in der Schlacht ein Glaukomanfall auftrat, der neben der Erregung auch der Erschöpfung zur Last gelegt wurde, wobei sich die Pupillenerweiterung als auslösendes Moment erwies. Neuere Beobachtungen stammen von PESME (1924), von v. HERRENSCHWAND (1924) und von FABRITIUS (1928), welch letzterer neben Erbrechen auch Pulsverlangsamung sah, die auf einen okulo-kardialen Reflex bezogen wird. Nach ALMEIDA (1922) und DE ANDRATE (1924) wurden Fälle beobachtet, wo nach Staroperation eine expulsive Blutung auftrat, die auf psychische Erregung zurückgeführt wird und einen glaukomatösen Status ausgelöst haben soll. Hier wird man doch wohl auch Gefäßveränderungen verantwortlich machen müssen. Die Entstehung solcher Glaukomanfälle ist zweifellos auf eine Reaktion der Gefäßinnervation zu beziehen, welche nach anfänglicher Kontraktion eine Gefäßerweiterung erzeugt, die auf einem oder beiden Augen den Ausgleichsmechanismus stören kann. Man braucht in solchen Fällen nicht etwa an das sogenannte „sympathische Glaukom" zu denken, auf das im nächsten Abschnitt eingegangen wird. In dem Kapitel traumatisches Glaukom wird darauf hingewiesen, daß bei den unter dieser Bezeichnung geschilderten Fällen, in denen das Auge nicht direkt betroffen wurde, psychische Momente eine Rolle gespielt haben.

**b) Angebliches Glaucoma sympathicum.** Der Ausbruch eines Glaukoms auf dem zweiten Auge, wenn das erste normale Auge operiert wurde oder an Glaukom litt, ist in früheren Zeiten wohl öfters als Teilerscheinung der sympathischen Erkrankung aufgefaßt worden. Wie Verf. (1919) in seiner Monographie über die sympathische Augenerkrankung hervorgehoben hat, hatte SCHIRMER schon das einschlägige Material gesichtet und bei zehn in Betracht kommenden Fällen war neunmal auf dem anderen Auge ein Glaukom vorhanden. Es ist bisher ein beweisender Fall nicht bekannt geworden, daß eine Iridocyclitis auf dem anderen Auge ein Glaukom ausgelöst hätte. Verf. konnte darauf hinweisen, daß für die Affekt'on des zweiten Auges wohl nur vasomotorische Störungen auf Grund von Schreck und Angstzuständen in Betracht kommen. Die gleichzeitige Pupillenerweiterung ist als ungünstiges Moment aufzufassen, ebenso die Labilität des Gefäßsystems. Der Begriff eines Glaucoma sympathicum ist daher vollständig entbehrlich.

So wird ein Fall von SEDAN (1927) auch nicht als sympathisches Glaukom aufgefaßt, bei welchem nach der Enucleation eines schmerzhaften buphthalmischen Auges die Glaukomanfälle auf dem früher normal gewesenen Auge zum Verschwinden gebracht worden sind. Man denkt unwillkürlich daran, daß hier die Angst vor der Operation des schmerzhaften Auges als auslösendes Moment gewirkt hat. Sehr auffallend sind die Ergebnisse, welche LEPLAT (1922) bei seinen Experimenten an Kaninchenaugen erzielte. Nach Kontusionen beobachtete er eine Drucksteigerung geringeren Grades auch am anderen Auge, ebenso Erhöhung des Eiweißgehaltes auch im zweiten Auge, der durch vasokonstriktorische Mittel herabgesetzt wird. Die reflektorischen Vorgänge im nichtverletzten Auge würden von diesem selbst ausgelöst, weil schmerzhafte Verletzungen in nächster Nähe des Auges ohne Einfluß seien. Auf diesem Gebiete wird man weitere Erfahrungen abwarten müssen, ehe man diese Resultate auf den Menschen im Sinne einer sympathischen Reizung überträgt. Auch WEEKERS (1924) beobachtete bei Kaninchen auf Cauterisation der Sclera eine Drucksteigerung, die auch als übergeleitete vasomotorische Reaktion am zweiten Auge auftrat. WEEKERS fügt hinzu, daß Ähnliches klinisch beim Menschen nicht beobachtet sei.

Wenn ACCARDI (1926) und SCHMIDT (1926) nach Hypophysenpräparaten auch eine Beeinflussung des zweiten Auges sahen, so ist wohl anzunehmen, daß sie auf dem Wege der Blutbahn erfolgte.

Abzulehnen ist die Annahme von MALLING (1927), daß ein nach Ulcus serpens aufgetretenes Sekundärglaukom auf dem zweiten Auge später ein Glaukom ausgelöst habe. Hier hat das Ulcus serpens ein zu Glaukom disponiertes Auge betroffen.

**c) Glaukom nach Einträufelung von Mydriaticis.** An dieser Stelle sei noch erwähnt, daß Glaukomanfälle öfters nach Einträufelung von Atropin beobachtet worden sind. Den von SCHMIDT-RIMPLER angeführten Fällen von NAGEL, SOMMER, VILLARD, BJILSMA und STEVENS füge ich noch die von ALT (1899), SCHNABEL (1880), STANDISH (1902), CHRONIS, RUSKOWIKI (1924), STEPHENSON (1910) und von MEHNER (1923) hinzu, der noch einen weiteren von UHTHOFF erwähnt. Ich selbst habe wie SCHMIDT-RIMPLER derartige Anfälle auftreten sehen, allerdings nur nach Atropin, und nicht mehr, seitdem ich fast ausschließlich als Mydriaticum Scopolamin verwende. Auch SATTLER (1923) macht neuerdings wieder darauf aufmerksam, daß bei nicht diagnostiziertem Glaukom die Atropineinträufelung eine Gefahr für das Auge bedeute. Diesen Fällen steht die Erfahrung von SCHWEIGGER gegenüber, der beim Glaucoma simplex versuchsweise Atropin einträufelte, ohne einen Anfall auszulösen. Nach LA RUE (1928) ist einem Patienten 34 Jahre lang Atropin eingeträufelt worden, ohne daß ein Glaukomanfall auftrat, während in dem Fall von RUSZKOWSKI ein Tropfen genügte. In allen Fällen wird man den Verdacht hegen müssen, daß bei der Auslösung eines Glaukomanfalles durch Atropin eine Glaukomdisposition vorliegt, wie z. B. in dem Falle von ARLT (1899), wo das zweite Auge eine Excavation zeigte. Nach LEWIN u. GUILLERY (1905) sind nicht nur durch Atropin-Einträufelungen bei glaukomatösen Augen Anfälle ausgelöst worden, sondern auch bei gesunden Augen, wobei sie darauf hinweisen, daß manche Autoren eine latente Disposition zum Glaukom annehmen. Die Stärke der Lösung ist irrelevant. Von PFLUGK (1911) hebt SEGELKEN gegenüber hervor, daß in solchen Fällen wohl Gemütsbewegungen als Ursache angesprochen werden dürften. Über weitere Glaukomanfälle nach Atropin berichtet SUTPHEN (1917), der behufs Refraktionsbestimmung das Mittel gebrauchte, dabei einmal einen akuten Anfall auslöste, der beseitigt wurde, und einmal einen Anfall sah, als das Mittel aus Versehen gebraucht worden war.

LEHMANN (1920) beobachtete eine Drucksteigerung bis zu 60 mm bei einem chronischen Glaukom, als aus Versehen in beide Augen statt Pilocarpin 4 Tage Atropin geträufelt wurde; daneben traten allgemeine Intoxicationserscheinungen auf. In einem neueren Fall von KRONFELD (1929) stellte sich heraus, daß ein durch Atropin ausgelöster Glaukomanfall nur darum zustande kam, weil die Menstruation mit Druckerhöhung einsetzte. In einem weiteren Falle (1929) trat 5 Tage nach Skiaskopie ein Anfall auf, für den nicht nur Blockierung des Kammerwinkels, sondern auch vasculäre Momente verantwortlich gemacht werden. Der SEIDELsche Dunkelversuch hatte kein konstantes Resultat. MYASCHITA (1927) beobachtete nach Injektion von Morphium und Atropin bei einem Asthmatiker einen Glaukomanfall. Daß auch das Scopolamin einen solchen Anfall auslösen kann, gibt WALTER (1899) an; auch das Homatropin kann Glaukomanfälle im Gefolge haben. Außer diesen von SCHMIDT-RIMPLER angeführten Fällen seien hier noch angeführt die von FRIEDMANN (1908), der einen akuten Anfall nach Refraktionsbestimmung beobachtete, und GIFFORD (1917), der unter 1500 Patienten fünf Glaukomanfälle und dreimal dauernden Schaden beobachtete, empfiehlt nach diesen Einträufelungen Eserin zu geben. Weitere Fälle beobachteten STEVENSON (1913) und DESAI (1919), obwohl im letzteren Falle kurz nach der Einträufelung Eserin gegeben wurde. Außer einem Fall von LEWIS (1922) liegen noch zwei Fälle von LINDNER (1925) vor, der sie als sehr selten bezeichnet, angesichts der großen Zahl der Einträufelungen behufs Refraktionsbestimmungen. Nach Euphthalmin beobachteten RING (1903) und BREUIL (1909) ebenso wie KNAPP (1900) einen Anfall, der beide Male auf Eserin zurückging. Daß auch Cocain durch die Pupillenerweiterung Anfälle auslösen kann, geht aus den Fällen von GANGULY (1923), PLASTININ (1914) und HAMILTON (1917) hervor. HAMILTON sah nach Einträufelung von sechs Tropfen einer 1,5%igen Lösung einen doppelseitigen akuten Glaukomanfall auftreten, in Augen, deren Opticus atrophisch war, und er erwähnt Fälle von HINSCHELWOOD und von SNELL. Von großem Interesse sind auch die Fälle, wo das zum Tonometrieren benutzte Anästhesierungsmittel, das Holocain, einen Anfall auslöste, wie es von PLASTININ berichtet wurde, der auf einem Auge zweimal einen Anfall sah. GJESSING (1914), der durch Einträufelung von Holocain und Zink dasselbe verursachte, glaubt nicht an psychische Erregung als Ursache, während HUGHES (1918) in seinem Falle diese nicht ohne weiteres ausschließen zu können glaubt. Nach SCHMIDT-RIMPLER sind nach Homatropin ferner Fälle beobachtet worden von GIFFORD und SHEARS, nach Cocain von MANZ, JAVAL, SIMI, HINSCHELWOOD, SNELL und SER-

GIEWSKI, während SCHOUTE einen solchen nach Cocain und Eserin auftreten sah. Daß nach Eserin und Pilocarpin Drucksteigerung auftreten, geht aus den Beobachtungen von CIRINCIONE, von PRIESTLEY-SMITH und PFLÜGER hervor, welche SCHMIDT-RIMPLER neben eigenen Beobachtungen anführt. SCHMIDT-RIMPLER führt ferner Fälle von CALLAN, JESSOP und von GAMA PINTO an, in denen durch Adrenalin eine Spannungserhöhung ausgelöst wurde.

**d) Das traumatische Glaukom.** Die Zahl der nach Verletzung des Augapfels auftretenden Glaukome ist naturgemäß eine sehr große, weil in dieses Kapitel alle Sekundärglaukome, wie z. B. nach Linsenquellung und Linsenverschiebung, nach Gefäßerkrankung und -zerreißung und andere gehören. Hier soll zunächst nur eine kleine Gruppe von Fällen besprochen werden, bei denen eine Perforation der Bulbuskapsel ebensowenig vorlag wie sekundäre Veränderungen im Bereiche der Linse und des Gefäßsystems. Es handelt sich um eine Drucksteigerung, welche im Anschluß an eine Kontusion des Augapfels, und zwar gelegentlich schon nach einigen Stunden, meistens aber erst nach einigen Tagen auftritt. Schon A. v. GRAEFE sprach sich sehr skeptisch über diese Form des Primärglaukoms aus und von SCHMIDT-RIMPLER wird der gleiche Standpunkt vertreten, obwohl bis zur Abfassung seiner Monographie doch immerhin eine Reihe von einwandsfreien Fällen bekannt geworden war, in denen sonstige Zeichen oder Anlässe eines Sekundärglaukoms fehlten. Im übrigen ist der Streit, ob Primär- oder Sekundärglaukom, im Grunde genommen gegenstandslos, weil die von meinem Schüler SALA (1904) und von mir (1917) gegebene Erklärung die in Rede stehende Glaukomform ohne weiteres dem Sekundärglaukom zuweist, wenn man sich auf den Standpunkt stellt, daß beim Sekundärglaukom die Ursache des Glaukoms bekannt, während sie beim Primärglaukom im einzelnen Falle unbekannt ist. Von diesem Gesichtspunkt aus betrachtet, handelt es sich um rasch auftretende Glaukome durch Verstopfung des Kammerwinkels durch gequollene Eiweißmassen, wie auch RAEHLMANN (1906) annahm. Damit wird die Brücke geschlagen zu derjenigen Form des Primärglaukoms, die man als Pigmentglaukom auffaßt und mit der Obliteration der Abflußwege durch abgestoßene Pigmentmassen erklärt. Es gilt deshalb nur die Frage zu beantworten, ob tatsächlich nach Kontusion ohne die üblichen Kennzeichen des Sekundärglaukoms Drucksteigerungen auftreten können, und diese Frage muß auf das Entschiedenste bejaht werden. In der älteren Literatur sind nur wenige einwandfreie Fälle zu finden. In dem Falle von FERBER (1887) handelt es sich um eine Kontusion mit einem Eisenstück, welches von einem typischen Glaukom gefolgt war, dessen Ursache nach FERBER nicht ohne weiteres zu ermitteln war. Vielleicht gehört auch ein Fall von GARNIER (1891) hierher, der den Ausgang in Erblindung und Staphylombildung nahm. Sodann drei Fälle von KRIENES (1929), von BURCHARD (1896), von SIEGFRIED (1896) und zwei Fälle von LOGETSCHNIKOW (1906); diesen gesellen sich hinzu beide Fälle von SALA und PETERS, COHN (1904), AUGSTEIN (1904) und VILLARD (1905, 1907). In der Zusammenstellung von LISLE (1908) werden hinzugerechnet Fälle von CABANNES, STÖLTING, FROMAGET, sowie der erste Fall von GOLDZIEHER (1916), dessen zweiter Fall zweifelhaft ist; weiterhin ein Fall von MOTOLESE (1913), zwei weitere Fälle von SCHINDHELM (1917), ein Fall von THIBERT (1920), GUIBERT (1921) und von LAVAT (1924). Dazu kommt noch ein neuerer Fall von MEZZATESTA (1929). Aus dieser Zusammenstellung sind ausgeschieden Fälle von KNAPP, ERDMANN, BOURGOIS, von SPENCER-WATSON, SMITH, SCHEFFELS und MYERS, weil hier Linsenverschiebungen auftraten. Ferner der Fall von BRAND (1905), weil hier augenscheinlich eine Herpeserkrankung der Cornea vorlag, sowie die Sekundärglaukome von AGNEW und von WEBSTER. Es werden ferner ausgeschieden die Fälle von KUSCHEL, weil es sich um eine hämorrhagische Form handelte bzw. um eine Iridocyclitis; ferner die Fälle von GUIRE und von SÉDAN, wo bei kleinen Kindern nach perforierenden Verletzungen ein Buphthalmus auftrat. Ein neuerer Fall von SKALZITTI (1929) gehört an und für sich hierher, jedoch wurde der Verlust des Auges durch eine Netzhautablösung herbeigeführt.

Die Abgrenzung einschlägiger Fälle wird dadurch erschwert, daß in einer Reihe von Fällen Blutungen beobachtet wurden und es im einzelnen Falle zweifelhaft ist, ob und inwieweit hier Anklänge an Hämophthalmus vorlagen, wie z. B. in einem neueren Falle von WILKERSON (1928). Es muß ohne weiteres zugegeben werden, daß Fälle mit stärkeren Blutungen im Augeninnern nicht hierher gehören. Bei einem kleinen Hyphäma jedoch würde die von SALA und mir gegebene Erklärung Anwendung finden können. Von diesen Gesichtspunkten aus betrachtet handelt es sich um die Grenzfälle von WALLENBERG (1910), BERGMEISTER (1919), von DVORJETZ (1926). Auch im Fall von LAVAT (1924) lag ein Hyphäma vor. Weiterhin müssen von den reinen Fällen abgetrennt werden die älteren Fälle von KANN, RUST, SCHUR und die neueren von MARZIO (1924), MALLING (1927) und von FRISTER (1921), wo auf dem zweiten Auge späterhin ein Glaukom auftrat. Eine gewisse Zugehörigkeit zu unseren Fällen besteht jedoch insofern, als hier schon eine Disposition zum Glaukom vorlag, welche es erklärt, daß unter Umständen recht geringfügige Traumen schon ein Glaukom auslösen können. Eine solche Disposition kommt aber in dem Falle von

Padovani (1929) nicht in Betracht, weil hier zwischen Trauma und dem Auftreten des Glaukoms ein Zeitraum von 30 Tagen lag.

Von verschiedenen Seiten, besonders im Kriege, wurde auf die Wichtigkeit der Fälle von traumatischem Glaukom in forensischer Hinsicht aufmerksam gemacht. Welche Schwierigkeit hinsichtlich solcher Fälle bezüglich der Beurteilung vorliegt, beweist z. B. ein Fall von Geller (1927). Hier war zwischen der an sich geringfügigen Verletzung und Konstatierung des Glaukoms durch einen Augenarzt ein Zeitraum von mehreren Monaten verflossen und es wurde schließlich, nachdem mehrere Gutachten eingeholt waren, der Anspruch abgewiesen, weil man annahm, daß das Auge schon vor dem Unfalle glaukomatös gewesen sei. Wenn einer der Gutachter in diesem Falle geltend machte, daß das Trauma (Gegenschlagen eines Steinstückchens) zu geringfügig gewesen sei, so ist dieser Einwand nach meiner Ansicht kaum berechtigt, eher vielleicht der andere, daß es sich um ein Glaucoma simplex gehandelt habe, was doch nach Traumen nicht beobachtet werde. In der Tat sind die meisten der Fälle von Glaucoma traumaticum gekennzeichnet durch Symptome eines akuten und subakuten Glaukoms, wie sie dem von mir angenommenen Verschluß des Kammerwinkels entspricht.

Was nun die Pathogenese dieser reinen Fälle angeht, so hat man bis zu der Arbeit von Sala dazu nicht Stellung genommen. Diese Beobachtung aus der hiesigen Klinik ermöglichte die Erklärung dieser Fälle. Es handelte sich um eine Cataracta fluida, nach deren Discission schon nach einigen Stunden ein schweres Glaukom bei einem Kinde auftrat, welches nur dadurch zu erklären war, daß aus der Linse quellende Eiweißmassen den Kammerwinkel verstopften. So wies Sala darauf hin, daß, wenn quellende Eiweißmassen den Kammerwinkel blockieren können, man dasselbe auch für die Fälle annehmen kann, bei denen nach Kontusion eine Gefäßlähmung und damit der Austritt eiweißhaltigen Materials ins Kammerwasser erfolgen kann. Für die Richtigkeit der Annahme einer solchen Blockierung des Kammerwinkels spricht der Erfolg der Therapie, welche in einer Reihe von Fällen durch warme Umschläge, Massage oder Punktion die Heilung herbeiführte. Man wird diesem Erklärungsversuch gegenüber die Frage aufwerfen können, warum die in Rede stehende Form des traumatischen Glaukoms nicht häufiger ist; sieht man doch z. B. eine Akkomodationslähmung, Sphincterlähmung, Sphincterrisse auftreten, ohne daß es zum Glaukom kommt. Meines Erachtens können wir nicht umhin, hier eine individuelle Disposition anzunehmen. Diesen Erklärungsversuch von Sala und mir haben mehrere Autoren akzeptiert, z. B. Logetschnikow (1906) und Bergmeister (1919). Sehen wir ab von dem Erklärungsversuch von KRIENES, der diese traumatischen Fälle mit traumatischer Cyclitis erklären wollte, so bleiben einige Arbeiten französischer Autoren übrig, die sich mit diesem Problem befassen. CANTONNET (1912), der die Arbeit von SALA überhaupt nicht erwähnt, führt das traumatische Glaukom auf eine Hypersekretion als Folge einer allgemeinen Gefäßerweiterung zurück, während FROMAGET (1912) das von ihm angenommene Ödem der Aderhaut als Folge und nicht als Ursache der Hypersekretion betrachtet. Nach FROMAGET bewirkt eine solche traumatische Schädigung Hypersekretion und Verlegung der Abflußwege, bei den später auftretenden Fällen auch Fibrinverstopfung. Wenn FROMAGET darauf hinweist, daß CANQUE (1907) bei seinen Kaninchenexperimenten keine Veränderung des Kammerwassers auftreten sah und dieser Tatsache Bedeutung beilegt, so ist dieses Ergebnis nicht ohne weiteres auf den Menschen anwendbar. MAGITOT (1918) nimmt eine traumatische Schädigung der sympathischen vasomotorischen Nervenfasern der Uvea an, die die Zirkulation regelten. Auch MORAX (1917) sieht die Ursache in vasculären Störungen, während LEPLAT (1922), wie ich, die Ursache in einer Steigerung des Eiweißgehaltes des Kammerwassers erblickt. Wenn LEPLAT bei seinen Kaninchenversuchen auch am zweiten Auge Erhöhung des Eiweißgehaltes und Drucksteigerung feststellte, so kann dies für den Menschen nicht gelten, weil bisher eine Beeinflussung des zweiten Auges nicht nachgewiesen ist.

Die Experimente von FARAROLO (1924) ergaben für die Frage des traumatischen Glaukoms keine greifbaren Resultate.

Wie schon oben erwähnt, kann man es bei der von mir gegebenen Erklärung der Entstehung des reinen traumatischen Glaukoms verstehen, wenn gleichzeitig eine geringfügige Blutung besteht, z. B. ein kleines Hyphäma, dessen Aufsaugung durch die veränderte Beschaffenheit des Kammerwassers verzögert zu werden pflegt. Anders sind dagegen, wie auch FROMAGET betont, die schweren Blutungen im Augeninnern zu betrachten, welche zum sogenannten Hämophthalmus führen und Sekundärglaukom erzeugen können.

Beweisend für die Richtigkeit meiner Auffassung ist die therapeutische Erfahrung, welche lehrt, daß bei reinem Kontusionsglaukom Massage oder eventuell eine Punktion dauernde Heilung herbeizuführen vermögen, ein Umstand, der doch nur mit der Beseitigung vorübergehender Abflußhindernisse in der Vorderkammer zu erklären ist. Wenn es demgegenüber Fälle gibt, bei denen sich Folgezustände, wie z. B. eine Exkavation und dauernde Drucksteigerung, anschloß, und ein operativer Eingriff, eine Iridektomie mit oder ohne Erfolg gemacht werden mußte, so denkt man in solchen Fällen eher an präexistierende

Glaukome oder Sekundärglaukome. Auffallend ist z. B. auch das Auftreten von Exkavation 5 Tage nach dem Unfalle, im Fall von BOURGOIS (1900). Daß das traumatische Glaukom hauptsächlich Männer befällt, liegt wohl darin begründet, daß gewerbliche Verletzungen dabei eine Rolle spielen.

Pathologisch-anatomische Befunde liegen nur bei Sekundärglaukomen vor, weil beim echten traumatischen Glaukom die Enukleation keine Rolle spielt.

Mit der Bezeichnung *traumatisches Glaukom* sind nun auch weiterhin Fälle versehen worden, bei denen nicht das Auge direkt getroffen war, sondern eine Verletzung bzw. eine Erschütterung des übrigen Körpers vorausgegangen war. In dem Fall von LANDESBERG (1869) handelte es sich um eine einseitige Erblindung an Glaukom, welche konstatiert wurde, nachdem ein Geschoß am Kopfe vorbeigeflogen war. Da auf dem anderen Auge im Laufe der nächsten Monate auch Glaukom auftrat, handelt es sich wohl um die öfter zu konstatierende Tatsache, daß ein Auge an chronischem Glaukom erblinden kann, ohne daß der Inhaber es gewahr wird.

GLAUNIG (1902) beschreibt einen Fall als „pseudo-glaukomatöse Exkavation des Sehnerven" bei einem 29jährigen Manne, der augenscheinlich eine Schädelbasisfraktur hatte und schon am gleichen Abend eine Abnahme des Sehvermögens beobachtete. Auch hier hatte dieses Glaukom nicht den Charakter des akuten, und ein chronisches kann nicht schon am gleichen Abend Sehstörung und bald starke Gesichtsfeldeinschränkung hervorrufen. Hier muß man annehmen, daß es sich um eine Chiasmazerreißung gehandelt hat und die Exkavation nicht glaukomatös war. In einem weiteren Falle von MAZZA (1908) entstand ein Glaukom wenige Stunden nach einem Trauma des Kopfes, welches in der Diskussion zu einem Vortrage von BAQUIS auf psychische Erregungen zurückgeführt wurde. Auch hier besteht die Möglichkeit einer Chiasmazerreißung bei präexistierendem Glaukom bei großer Exkavation. Im Falle von SALZER (1915) waren einem Soldaten bei einer Granatexplosion Fleischstücke und Blut seines Pferdes ins Gesicht gesprungen und er sah kurz darauf mit dem rechten Auge schlecht; nach 14 Tagen trat ein Glaukom auf. In diesem Falle ist, wenn das Auge nicht getroffen war, eine Schreckwirkung wahrscheinlich.

Diese letzten drei Fälle von GLAUNING, MAZZA und von SALZER (1915) faßte DEUTSCHMANN (1916) auf als Stütze für das von ihm beobachtete Vorkommen eines solchen Glaukoms bei Soldaten. In dem ersten Falle war ein 37jähriger Soldat durch Granatschuß zu Boden geschleudert und unmerklich verletzt worden. Er lag 3 Wochen bewußtlos mit stark hervorgetriebenen Augen. Nach dem Erwachen sei er völlig blind gewesen, dann trat allmählich auf dem einen Auge eine Besserung des Sehvermögens ein. DEUTSCHMANN konstatierte beiderseits einen Druck von 35 mm und rechts Exkavation und Weißfärbung der Papille. Eine Nachuntersuchung dieses Falles in der hiesigen Klinik ergab links fast normale Sehschärfe und keine pathologische Drucksteigerung. Der Fall wurde aufgefaßt als eine traumatische Schädigung des Opticus des rechten Auges bei präexistierender physiologischer Exkavation. Im zweiten Falle von DEUTSCHMANN wird die Erblindung des rechten Auges auf ein Glaukom zurückgeführt, bei dem schon beim ersten Verbandswechsel völlige Erblindung festgestellt worden war. Auch hier ist, wie SCHINDHELM (1917) hervorhebt, eine Verletzung bei präexistierender physiologischer Exkavation nicht auszuschließen. In einer Diskussion zwischen Verf. (1917) und DEUTSCHMANN (1917) wurden diese Dinge nochmals erörtert, und jeder von uns verharrte auf seinem Standpunkt. Außer diesen Fällen finden sich in der Literatur Beobachtungen von THILIEZ (1906) und von ROHMER (1905), welche nach SCHINDHELM auch nur durch Schreckwirkung zu erklären sind, weil jede andere Möglichkeit der Erklärung fehlt. Dasselbe gilt für den Fall von NÉGRE (1927), bei dem es sich um eine Schulterverletzung handelte. Hier ist geradezu der Beweis erbracht worden, daß ein emotionelles Glaukom in Frage kommt, weil einige Zeit später auch auf dem zweiten Auge durch Schreckwirkung ein Glaukom beobachtet wurde. Es ist wohl als erwiesen anzusehen, daß das Vorkommen eines sogenannten indirekten traumatischen Glaukoms ohne Schreckwirkung und beim Ausschluß materieller Opticusveränderungen wohl nicht beobachtet ist.

Auffallend ist, daß CHALUPECKY (1908), der sich ausführlich mit dem Glaukom in der Unfallheilkunde befaßt, noch kein akutes Glaukom nach Kontusion beobachtet hat. In einem Falle von STUELP (1929) ist es wahrscheinlich, daß das Glaukom bereits zur Zeit der Schädelverletzung bestand.

In den Fällen von KLAUBER (1929) wird die Bezeichnung traumatisches Glaukom 13 Fällen gegeben, in denen eine Subluxation bzw. Luxation der Linse bestand.

**e) Drucksteigerungen nach Verätzungen und Verbrennungen.** Eine auffallende Erscheinung sind die Drucksteigerungen, welche nach Verbrennung und Verätzung beobachtet worden sind, wobei angesichts des häufigen Vorkommens solcher Verletzungen man sich wundern muß, daß es sich nur um wenige Fälle handelt, in denen die Drucksteigerung auftrat. Am häufigsten kommen Kalkverätzungen in Betracht. So konnte HELBRON (siehe Kap. VIII) in drei Fällen bei stark verätzten

Augen mit dem Tonometer nachweisbare Drucksteigerungen beobachten. In einem Falle von ZADE (1910) trat 2 Monate nach der Verätzung auf dem einen Auge eine erhebliche Drucksteigerung auf und die mikroskopische Untersuchung zeigte außer einer schweren entzündlichen Infiltration der Sclera und angrenzenden Hornhaut eine Flächenverklebung zwischen Hornhaut und Iris und eine Obliteration des SCHLEMMschen Kanales. Hiermit ist bewiesen daß es sich um eine infolge der Ätzwirkung aufgetretene Veränderung des Kammerwinkels handelt. Auch GUILLERY (1909) beobachtete vorübergehende Drucksteigerungen durch Kalkverätzung; KÜMMELL (1912) konnte viermal derartige Drucksteigerungen beobachten; ebenso beobachteten RUBEN (1913) und LUDWIG (1914) einen solchen Fall. Auch LAGRANGE sah eine Drucksteigerung nach Kalkverätzung. Weiterhin wurde das Auftreten von Drucksteigerung von TROUSSEAU (1901) und von LIEB (1912) nach Ammoniakverätzung beobachtet. Im letzteren Falle fand sich anatomisch eine Vertiefung der vorderen Kammer, Obliteration des Kammerwinkels und Lacunenbildung des Sehnerven. In einem Fall von KÜMMELL (1912) war eine Spiritusverbrennung und im anderen eine solche mit Natronlauge beobachtet worden. Einen sehr instruktiven Fall von Drucksteigerung nach Verätzung mit Natronlauge veröffentlichte ferner KÜHN (1920) aus der hiesigen Klinik. RUBEN (1913) beschreibt eine Verätzung mit einem Gemisch von Salpeter- und Schwefelsäure und eine andere nach Verbrennung mit flüssigem Eisen, wo sehr bald nach der Verletzung eine Drucksteigerung auftrat; SPITAL (1915) eine Verätzung durch Säuren und Laugen, ferner LAGRANGE (1914) eine solche nach operativen Eingriffen am Limbus.

Wollen wir diese Fälle erklären, so handelt es sich um eine reaktive Entzündung, welche zur Obliteration des Kammerwinkels führt; nebenbei kann nach RUBEN (1913) eine Verkürzung der Augenkapsel durch Schrumpfung eine Rolle spielen. Hierzu gesellen sich noch die Fälle, in denen nach Kauterisation der Limbusgegend wegen Netzhautablösung eine Drucksteigerung eintrat, wie sie LAGRANGE (1914) beschreibt.

**f) Glaukom nach Verletzungen.** Wenn auch die meisten dieser Fälle bei dem sogenannten Sekundärglaukom ihre Besprechung fanden, so sollen doch an dieser Stelle die in Betracht kommenden Verletzungen kurz angeführt werden. Sie sind in der zusammenfassenden Bearbeitung von WAGENMANN (1921) kurz erwähnt, und es sind einige wenige Fälle besonders zu vermerken. So berichtet WAGENMANN von einem eigenen Falle von Luxation der Linse, Ablatio retinae und Glaukom und erwähnt, daß nach Kontusion Netzhautablösung und Glaukom zusammen beobachtet worden sei und fügt noch einen Fall von HANSELL (1902) hinzu. WAGENMANN bespricht ferner ausführlich das bei Subluxation der Linse auftretende Glaukom, ebenso das Auftreten nach vollständiger Luxation in die Vorderkammer und in den Glaskörper. Weiterhin wird noch besprochen das Glaukom bei Katarakt nach perforierender Verletzung, und schließlich betont WAGENMANN bezüglich der Iriseinheilung, daß bei größeren Wunden der Hornhaut durch Glaukom schließlich Staphylom mit Ektasie des ganzen Bulbus vorkommt. Was die Splitterverletzungen angeht, so führt WAGENMANN eine Reihe von Fällen an, bei denen ein intraokulärer Eisensplitter zu Drucksteigerung führte. Es sei an dieser Stelle noch erwähnt, daß ZEEMANN (1927) ein Glaucoma simplex nach 21jährigem Verweilen eines Eisensplitters im Augeninneren beobachtete und SCHIRMER (1894) einen Glaukomanfall nach vergeblicher Anwendung des Riesenmagneten sah.

Die in der Kriegszeit oft beobachteten Schädigungen des Augeninneren durch eingedrungene Kupfersplitter zeigten die mannigfaltigsten Variationen. Daß sie auch zum Glaukom führen können, wurde zuerst von JESS (1924) festgestellt; auch von PISCHEL (1925) wird ein ähnlicher Fall berichtet, während DVORGEZ (1926) nach 3jährigem Verweilen des Kupfersplitters im Augeninneren eine typische Exkavation feststellte. Auch MORAX (1917) konnte Glaukom nach Eisensplitter beobachten, wie er auch zwei andere Fälle nach Eindringen eines Metallsplitters und einen anderen Fall nach einem Steinsplitter sah. Er betont bei dieser Gelegenheit den schlechten Erfolg der üblichen Behandlungsmethoden und weist darauf hin, daß bei diesen Versuchen die üblichen Erklärungsversuche der Drucksteigerung versagen. Schließlich sei noch erwähnt, daß SIDLER-HUGUENIN (1903) und BERGER-LOEWY (1906) je einen Fall von Hydrophthalmus nach Zangengeburt beobachteten. Die nähere Ursache ist bei WAGENMANN nicht erwähnt und mir sind die beiden Quellen nicht zugänglich. Daß beim Ulcus serpens öfters Drucksteigerungen vorkommen, hatte schon SCHIÖTZ (1910) betont und GUNNUFSEN (1912) konnte mit Hilfe des Tonometers von SCHIÖTZ unter 100 Fällen von Ulcus serpens feststellen, daß der Druck 59mal erhöht war. Auffallend ist das Auftreten einer Drucksteigerung in den Fällen von MALAKOFF (1924) und von NIKOLAI (1890), wo eine Einwirkung starken elektrischen Lichtes stattgefunden hatte.

Die von SCHMIDT-RIMPLER nicht erwähnte Beobachtung von LUNDY (siehe Jber. Ophthalm. 1886, S. 364) betrifft ein Glaukom nach Bienenstich, wie es scheint infolge von schwerer Iridocyclitis.

Schließlich seien hier noch die Beobachtung von MAGITOT (1918) (siehe Kap. V) erwähnt, der eine Drucksteigerung bei Orbitalhämatom und nach Fraktur des Orbitalrandes auftreten sah, die er auf eine Läsion intraokularer Nervenzellen zurückführt.

Älteren Datums sind die Fälle von NATANSON (Aniridie und traumatische Aphakie. Westnik Oftalmologie 1890) und von OLIVER (traumat. Katarakt und Ciliarstaphylom. College of physicians of Philadelphia [1896]).

## Literatur.

### *Ätiologie des Glaukoms.*

ABADIE: Pathologie des Sympathicus. Zbl. Ophthalm. **11**, 122 (1923). — ABOUDY: Glaukom und Syphilis. Klin. Mbl. Augenheilk. **65**, 443 (1920). — ACCARDI: Endocrine Drüsen und Tension. Zbl. Ophthalm. **14**, 240 (1924). — Hypophysenextrakt und Tension. Ebenda **17**, 453 (1926). — ADINOLFI: Glaukom und Irideremie. Ebenda **22**, 213 (1929). — ALBRICH: Endocrine Drüsen und Pigmentierung. Klin. Mbl. Augenheilk. **70**, 518 (1923). — ALMAIDA: Glaukomanfall durch Erregung. Zbl. Ophthalm. **10**, 458 (1922). — ALT: Glaukom nach Atropineinträufelung. Amer. J. Ophthalm. **1899**. — AMSLER: Druckschwankungen bei hochgradiger Myopie. Zbl. Ophthalm. **10**, 11 (1922). — DE ANDRADE: Emotioneller Status glaucomat. vor expulsiver Blutung bei Kataraktextraktion. Ebenda **14**, 795 (1924). — ANGÉLI: Glaucome émotif. Clin. ophthalm. **1907**, 281. — ARKIN: Nervensystem und Glaukom. Zbl. Ophthalm. **15**, 114 (1924). — ARLT: Glaukom. Lehrbuch **2**, 199 (1863). — ARNOUX: Glaukom und Syphilis. Zbl. Ophthalm. **14**, 70 (1924). — ASCHER, LEON.: Gefäßnerven. Einfluß auf Permeabilität. Klin. Wschr. **1**, 1559 (1922). — Augendruck bei Zuckerkranken. Sitzgsber. Ophth. Ges. Heidelberg **1925**, 186. — AUBINEAU: Zwei Fälle von traumatischem Glaukom. Klin. Mbl. Augenheilk. **48** (2), 527 (1910). — AUGSTEIN: Traumatisches Glaukom. Vers. Ges. dtsch. Naturforsch. 1904. Diskussion zu PETERS. — Glaukom bei Aniridie usw. Klin. Mbl. Augenheilk. **53**, 405 (1914). — AXENFELD: Myopie und Glaukom. Sitzgsber. Ophth. Ges. Heidelberg 1905. — Hochgradige Myopie und Glaukom. Ebenda **1920**, 102.

BAEUMLER: Über Glaucoma adolescentium. Verh. Ges. dtsch. Naturforsch. **2** (2), 248 (1908). — BAILLART: Die Rolle des Sympathicus in der Augenpathologie (Glaukom). Zbl. Ophthalm. **20**, 3 (1927). — BAILLART u. MAGITOT: Halssympathicus. Ebenda **8**, 131 (1921). — BARKAN: Angioneurotisches Ödem und Glaukom. Klin. Mbl. Augenheilk. **65**, 445 (1929). — BARTELS: Blutgefäße des Auges bei Glaukom. Z. Augenheilk. **15** (1905). — Glaucoma chron. heredit. climact. Ebenda **48**, 298 (1922). — BAUER: Nierenleiden und Glaukom. Arch. Augenheilk. **23**, 13 (1909). — BAYARDI: Sekundäres Glaukom. Accad. Torino **1896**. Zit. bei KÜMMELL. — BEAUVOIS: Un cas de glaucome traumatique. Rec. Ophthalm. **1908**, 525. — BELTMANN: Teleangiektasie und Glaukom (Menstruation). Graefes Arch. **59**, 502 (1904). — BENEDIKT: Abh. Augenheilk. Breslau 1842. — BENOIT: Sekretion der Schilddrüse und intraokularer Druck. Zbl. Ophthalm. **20**, 778 (1928). — BERGER-LOEWY: Hydrophthalmus nach Zangengeburt. Augenerkrankungen sexuellen Ursprungs bei Frauen. Wiesbaden: Bergmann 1906. — BERGMEISTER: Traumatische Netzhautablösung und Glaukom. Klin. Mbl. Augenheilk. **63**, 407 (1919). — BISTIS: Glaukom. Sympathicus. Zbl. Ophthalm. **17**, 825 (1925). Internat. Kongr. Amsterdam 1929. — Myopie und Glaukom. Zbl. Ophthalm. **18**, 825 (1925). — BLESSIG: Glaukom und Allgemeinleiden. Petersburg. med. Wschr. **34** (1907). — Therapie des Glaucoma inflammat. Z. Augenheilk. **19**, 377 (1908). — BORINSKI: Druck bei Diabetes mellitus. Diss. Breslau 1925. — BOURDEAUX: Glaucome aigu primitif chez les Myopes. Annales d'Ocul. **156**, 370 (1919). — BOURGEOIS: Traumatisches Glaukom. Ebenda **132**, 267 (1904). — BRANA: Drucksteigerung bei einem Sympathicotoniker. Klin. Mbl. Augenheilk. **74**, 788 (1925). — BRAND: Glaucome traumatique. Zbl. Augenheilk. **29** (1905). — BREUIL:

Glaukom durch Euphthalmin. Clin. ophthalm. **1909.** — Brown: Unrecognized chronic simple Glaucoma. Ref. Jber. Ophthalm. **1918,** 336. — Glaucomatous cupping of both discs, with amaurosis possibly from methylalcohol. Jber. **1910.** — Brückner: Glaukom und endocrine Störungen. Berlin. ophthalm. Ges. **1919.** — Brunetière et Aubaret: Variation de la réfraction statique chez les glaucomateux. Annales d'Ocul. **144,** 161 (1910). — Brunhuber: Glaukom und Iridermie. Klin. Mbl. Augenheilk. **1877.** — Bruns: Augendruck im Fieber. Ebenda **71,** 90 (1923). — Augendruck bei Refraktionsanomalien. Ebenda **71,** 90 (1923). — Tonometrie. Basedow. Ebenda **71,** 90 (1923). — Bull, C. S.: Prognosis and treatment of deep lesion of the eye associated with goute, especially acute glaucoma. J. amer. med. Assoc. **1909,** Jan. 3. — Gicht und Glaukom. Klin. Mbl. Augenheilk. **48** (1), 100 (1910). — Burchard: Traumatisches Glaukom. Zbl. Augenheilk. **1896,** 314.

Cabannes: La paralysie de l'accommodation dans le glaucome; son prognostic, son traitement opératoire. Arch. d'Ophthalm. **30,** 274 (1910). — Cabannes et Picot: Glaukom bei Kurzsichtigen. Ophthalm. Kl. **5,** 280 (1901). — Calendoli: Krümmungsradius der Cornea bei Glaukom. Ann. Ottalm. **41,** (1912). — Calhoun: Hereditäres Glaucoma simplex. Klin. Mbl. Augenheilk. **53,** 252 (1914). — The vascular state and glauçoma. Ref. ebenda **83,** 133 (1929). — Calogero: Glaucoma in ozenatoso. Boll. Ocul. **1926,** 874. — Canque: Recherches sur la commotion de l'œil. Thèse de Paris 1907. — Cantonnet: Glaucome passager d'origine traumatique. Arch. d'Ophtahlm. **32,** 690 (1912). — Glaucome familial. Annales d'Ocul. Jg. 87, 213 (1924). — Carbone: Ätiologie des Glaukoms. Zbl. Ophthalm. **16,** 293 (1925). — Carlotti: Glaukom und Syphilis. Ebenda **11,** 472 (1923). — Carrère: Akutes Glaukom und Infektion. Ebenda **12,** 230 (1923). — Cavara: Glaukom und Hypophyse. Boll. Ocul. **2,** 459 (1923). — McCaw: Glaukom und Myopie. Amer. J. Ophthalm. **1927,** 695. — Tschemollossow: Glaukombehandlung mittels Verjüngung. Zbl. Ophthalm. **19,** 654 (1927). — Chalupecky: Glaukom in der Unfallheilkunde. Ophthalm. Klin. **1908,** 85. — Clausen: Erbliches Glaukom. Literatur. Zbl. Ophthalm. **13,** 201 (1925). — Cohn: Traumatisches Glaukom. Verh. Ges. dtsch. Naturforsch. 1904. Diskussion zu Peters. — Coppinger: Glaukom in Kalcutta. Zbl. Ophthalm. **22,** 327 (1924). — Coronat: Buphthalmus und angeborenes Ödem. Clin. ophthalm. **19,** 85 (1913). — Cridland: Chronisches familiäres Glaukom bei einer 20jährigen. Jber. Ophthalm. **1922,** 183. — v. Csapody: Augendruck und Schilddrüsenfunktion. Klin. Mbl. Augenheilk. **70,** 111 (1923). — Cucchia: Glaukom und Sexualhormone. Zbl. Ophthalm. **19,** 837 (1928).

Davis u. Thornwall: Ungewöhnliche Glaukomfälle. Zbl. Ophthalm. 8, 90 (1921). — Dennis: Aniridie, Katarakt und Glaukom. Annales d'Ocul. **138,** 233 (1907). — Denhane: Juveniles chronisches Glaukom. Klin. Mbl. Augenheilk. **51** (1), 387 (1912). — Denti: Glaukom und Myopie. Zbl. Ophthalm. **21,** 389 (1929). — Desai: Glaukom nach Eserin und Homatropin. Kl. Mbl. Augenheilk. **63,** 596 (1919). — Deutschmann: Trauma und primäres Glaukom. Beitr. Augenheilk. **1916,** H. 91. — Erwiderung an Peters. Z. Augenheilk. **38,** 209 (1917). — Das traumatische Glaukom. Ebenda **37,** 318 (1917). — Ten Doenschate: Glaukom und Hornhautwölbung. Klin. Mbl. Augenheilk. **61,** 411 (1918). — Dolganow: Glaukom und Myopie. Z. Augenheilk. **27,** 373 (1912). — Domenico: Inverser Astigmatismus und Glaukom. Boll. Ocul. **7,** 1047 (1928). — Dor: Glaucome unilatéral par malformations congénitales. Bull. Soc. belge Ophthalm. **34,** 338 (1912). — Le vertige glaucomateux. Arch. d'Ophthalm. **33,** 432 1913). — Dvorjetz: Glaukom durch Zweigverletzung. Boll. Ocul. **1926,** 416. — Dworjetz: Glaukom bei Kupfer im Auge. Klin. Mbl. Augenheilk. **77,** 271 (1926).

Elschnig: Pathologische Anatomie. Henke-Lubarsch 1928. — Eppenstein: Über senkrecht-ovale Hornhautform. Z. Augenheilk. **27,** 237 (1912). — Erggelet: Brechungszustand. Glc. Disc. Heidelberg 1925, 48.

Fabritius: Glaukomanfall durch Erregung. Klin. Mbl. Augenheilk. **80,** 668 (1928). Favarolo: Traumatisches Glaukom. Zbl. Ophthalm. **14,** 444 (1924). — Ferber: Trauma und Glaukom. Diss. Berlin 1887. — v. Ferenczy: Funktionsstörung bei

Glaukom. Klin. Mbl. Augenheilk. **75**, 782 (1925). — FISCH: The relation of increased intraocular tension to acute or chronique accessory sinus disease. Ophthalm. Rec. **1914**, 39. — FLEISCHER: Linsenmyopie mit Glaukom. Klin. Mbl. Augenheilk. **53**, 433 (1914). — FLIRINGA: Zwei seltene Glaukomfälle. Zbl. Ophthalm. **17**, 318 (1926). — FRANK-KAMENETZKI: Hereditäre Glaukomform, Mangel des Irisstromas mit geschlechtsgebundener Vererbung. Klin. Mbl. Augenheilk. **74**, 133 (1925). — Hereditäre Glaukomform im Gouvernement Irkutsk. Zbl. Ophthalm. **18**, 8 (1926). — FREYTAG: Augendruck bei Störung der inneren Sekretion. Klin. Mbl. Augenheilk. **72**, 515 (1924). — FRIDENBERG: Endocrine Störungen. Zbl. Ophthalm. **15**, 114 (1924). — FRIEDMANN: Acute glaucoma following homatropin cycloplegie. Ophthalm. Rec. **92** (1908). — FRISTER: Primäres traumatisches Glaukom. Diss. Bonn 1921. — FROMAGET, C. et H.: Le glaucome traumatique. Annales d'Ocul. **149**, 1 (1912). — FRUGUIELE: Glaucoma acuto e dacriocistite. Progr. Oftalm. **2**, 307 (1907). — FUCHS: Ocular manifestations of intraocular secretion. Zbl. Ophthalm. **8**, 366 (1922). — Myopie und Glaukom. Klin. Mbl. Augenheilk. **62**, 439 (1919). — Glaukom. Zbl. Ophthalm. **14**, 793 (1925). — FUNAISHI: Endocrine Präparate und Augendruck bei Kaninchen. Ebenda **15**, 410 (1926).

GANGULY: Glaukom nach Cocain. Amer. J. Ophthalm. **6** (1923). — GARNIER: Traumatisches Glaukom. Ref. Jber. Ophthalm. **1891**, 341. — GAROFALO: Augendruck in der Schwangerschaft. Zbl. Ophthalm. **20**, 846 (1928). — GEIGER u. ROTH: Beseitigung von Infektionsherden bei Glaukom. Ebenda **20**, 70 (1928). — GELLER: Glaukom, keine Unfallfolge. Z. Augenheilk. **62**, 122 (1927). — GERMANN: Juveniles Glaukom. Klin. Mbl. Augenheilk. **46** (2), 95 (1908). — GIESLER: Bedeutung der Lues für Amotio und Glaukom. Ebenda **74**, 776 (1925). — GIFFORD: Homatropin und Glaukom. Ebenda **57**, 420 (1917). — GILBERT: Glaukom. Graefes Arch. **82** (1912). — GJESSING: Akuter Glaukomanfall durch Holocain-Zinkeinträufelung. Klin. Mbl. Augenheilk. **53**, 379 (1914). — GLAUNING: Pseudoglaukomatöse Exkavation (Trauma). Arch. Augenheilk. **45**, 164 (1902). — GOLDSCHMIDT: Refraktionszustand beim Glaukom. Diss. Halle 1923. — GOLDZIEHER: Aniridie und Glaukom. Wien. med. Presse **1893**. Jber. Ophthalm. **1897**. — Trauma und akutes Glaukom. Klin. Mbl. Augenheilk. **55**, 318 (1916). — GRADLE s. Abschnitt IX. — v. GRAEFE: Beiträge zur Pathologie und Therapie des Glaukoms. Graefes Arch. **15**, 3, 108 (1869). — Traumatisches Glaukom. Ebenda **15**, 3, 219 (1869). — GRAND-CLÉMENT: Traumatisches Glaukom. Klin. Mbl. Augenheilk. **49** (1), 776 (1911). — GRAVESTEIN: Akutes Glaukom nach Sepsis. Z. Augenheilk. **39**, 355 (1918). — GRÖNHOLM: Pupillenweite und Glaukom. Arch. Augenheilk. **66** (1910). — Akkommodation und Tension. Ebenda **66**, 346 (1910). — GROENOUW: Erbliche Augenleiden und Glaukom. Handb. ges. Augenheilk., 3. Aufl. **1920**, 746. — GUIBERT: Jodnatrium und traumatisches Glaukom. Zbl. Ophthalm. **8**, 477 (1921). — GUILLERY: Glaukom nach Verletzungen. Arch. Augenheilk. **63** (1909). — GUNNUFSEN: Drucksteigerung bei Ulcus serpens. Klin. Mbl. Augenheilk. **1912**, 1, 717.

HAAG: Glaukom der Jugendlichen. Diss. Tübingen 1914. — HAGGENEY: Drucksteigerung bei hochgradiger Myopie und Netzhautablösung. Diss. Heidelberg 1917. — HAMBURGER: Entzündung und Glaukom. Münch. med. Wschr. **1927**, 1867. — HAMILTON: Glaukom nach Cocain. Brit. med. J. **1917**, 711. — HANNEMANN: Glaukom und vegetatives Nervensystem. Zbl. Ophthalm. **14**, 792 (1924). — HANSELL: Aderhautruptur und Glaukom. Ophthalm. Rec. **1902**. — HARDY: Glaucoma juvenile. Zbl. Ophthalm. **17**, 600 (1926). — Certain aspects of Glaucoma. Amer. J. Ophthalm. **9**, 593 (1926). — HARLAN: Hereditäres Glaukom. Jber. Ophthalm. **1885**, **1898**. — HEERFORDT: Glaukom. Graefes Arch. **78**, 487 (1911). — v. HERRENSCHWANDT: Heterochromie-Glaukom nach Erregung. Arch. Augenheilk. **95**, 103 (1924). — HERTEL: Schilddrüse und Augendruck. Sitzgsber. Ophth. Ges. Heidelberg. **1918**, 57. — Augendruck. Klin. Mbl. Augenheilk. **61**, 331 (1918). — Glaukom und Augendruck. Ebenda **64**, 390 (1919). — Über Augendruck und Glaukom. Ebenda **64**, 390 (1920). —

HESS: Beiträge zur Lehre vom Glaukom. Arch. Augenheilk. **84**, 81 (1918). — HEUSE: Erweiterung der vorderen Augenkammer. Ebenda **75**, 222. — v. HIPPEL: Mißbildungen. Handb. ges. Augenheilk., 2. Aufl. — Dialysierverfahren nach ABDERHALDEN bei Glaukom. Graefes Arch. **90**, 198 (1915). — Chronisches Glaukom und Myopie. Z. Augenheilk. **60**, 80 (1926). — HIRD: Monocular glaucoma in a woman of 22 years. Klin. Mbl. Augenheilk. **80**, 843 (1928). — HIRSCHBERG: Aniridie und Glaukom. Zbl. Augenheilk. **1888**, 13. — Lues und Glaukom. Ebenda **43**, 129 (1919). — HIRSCHBERG u. GINSBERG: Tuberkulöses Glaukom. Abh. von HIRSCHBERG **1913**, 323. — HOCHWELKER: Gumma des Ciliarkörpers und Glaukom. Arch. d'Ophthalm. **1922**, 171. — VAN DER HOEVE: Glaukom nach Verbrennung mit Carbid. Zbl. Ophthalm. **17**, 318 (1926). — HOLTH: Glaucoma simplex. Norsk. Mag. Laegevidensk. **1912**, Nr 3 (Norw.). — HOWE: Hereditary eye defects. Cambridge 1928, 14, Mars. Febr. — HUBER: Myopie bei Glaukom. Klin. Mbl. Augenheilk. **75**, 782 (1925). — HUGHES: Akuter Glaukomanfall durch Holocain. Ebenda **60**, 124 (1918).

ILROY: Juveniles Glaukom. Brit. med. J. **1908**, 1745. — IMRE: Endocriner Ursprung des primären Glaukoms. Zbl. Ophthalm. **4**, 14 1921; **14**, 394 (1925). — Endocrine Drüsen und intraokularer Druck. Arch. Augenheilk. 88, 155 (1921). — Glaukom und Störungen der inneren Sekretion. Klin. Mbl. Augenheilk. **71**, 777 (1923). — Zu FREYTAG: Augendruck und innere Sekretion. Ebenda **73**, 201 (1924). — Innersekretorische Störungen, bes. beim Glaukom. Arch. of Ophthalm. **53**, 205 (1924). — IMRE jun. zu SERR: Hormonale Einwirkungen bei Glaukom. Sitzgsber. Ophth. Ges. Heidelberg **1928**. — ISCHREYT: Glaukom und Myopie. Arch. Augenheilk. **64**, 165, 244 (1909). — Glaukom und Myopie. Nachtrag. Ebenda **65**, 101 (1909). — Glaukom im myop. Auge. Graefes Arch. **73**, 566 (1910).

JACOBSON: Glaukom. Graefes Arch. **32**, 3 (1886). — JAENSCH: Keratoconus und Glaukom. Klin. Mbl. Augenheilk. **82**, 479 (1929). — JAMES: Hereditäres Glaukom. Ebenda **89**, 412 (1927). — JENDRALSKI: Hypophysenerkrankung. Glaucoma simplex. Ebenda **68**, 832 (1922). — JESS: Glaukom bei Sympathicuslähmung. Arch. Augenheilk. **69**, 201 (1911). — Glaukom bei Verkupferung des Auges. Klin. Mbl. Augenheilk. **72**, 128 (1924). — JÜTTE: Eigenartige Form des hereditären juvenilen Glaukoms. Z. Augenheilk. **61**, 289 (1927).

KADLICKY: Gefäßdruck. Zbl. Ophthalm. **15**, 411 (1926). — KAUFFMANN: Vererbung von Augenkrankheiten. Wschr. Ther. u. Hyg. Auges **11**, 68 (1907). — KAUN: Glaukom. Forensisch. Zit. bei WAGEMANN, Verletzungen, 3. Aufl. **1895**, 375. — KAYSER: Glaukom und Nephritis. Klin. Mbl. Augenheilk. **52**, 141 (1914). — KEERL: Glaukom der Jugendlichen. Diss. Leipzig 1920. — KERRY: Sepsis in relation to glaucoma. Brit. J. Ophthalm. **7**, 850 (1923). — KLAUBER: Traumatisches Glaukom. Ref. Klin. Mbl. Augenheilk. **83**, 848 (1929). — KNAPP: Glaukom vom medizinischen Standpunkt. Ebenda **58**, 639 (1917). — Glaukom nach Euphthalmin. Arch. Augenheilk. **41**, 18 (1900). — KNAPP: Glaukom in myopischen Augen. Zbl. Ophthalm. **16**, 411 (1926). — KOMAROWITSCH: Primäres Glaukom im jugendlichen Alter. Klin. Mbl. Augenheilk. **51** (1), 544 (1913). — KORITNY: Glaukom und Syphilis. Diss. Berlin 1913. — KORTH: Pathologie und Therapie des primären Glaukoms. Diss. Rostock 1910. — KRAUSE: Nierenfunktion bei Glaukom. Klin. Mbl. Augenheilk. **73**, 778 (1924). — KRUCH e FARINA: Disfunzioni endocrine e Glaucoma. Ann. Ottalm. **56**, 1039 (1928). — KRIENES: Traumatisches Glaukom. Festschr. Fr.-Wilh.-Inst. Berlin 1905. — KRONFELD: Glaukomanfall nach Atropin. Z. Augenheilk. **70**, 118 (1929). — Glaukom durch Atropin. Ref. Klin. Mbl. Augenheilk. **83**, 678 (1929). — KUBIK: Kongenitale Irisanomalien, Glaukom und hochgradige Myopie. Ebenda **72**, 686 (1924). — KÜHN: Glaukom nach Verätzung mit Natronlauge. Diss. Rostock 1920. — KÜMMELL: Drucksteigerung nach Verätzungen usw. Arch. Augenheilk. **72**, 261 (1912). — KUMMER: Glaukomfamilie. Korresp.bl. Schweiz. Ärzte **1871**, 280. — KUSCHEL: Unterbrechung des ciliaren Flüssigkeitsstromes nach Kontusion. Z. Augenheilk. **25**, 462 (1911). — KYLIN: Glaukom bei Diabetes. Ebenda **1922**, 51.

LAGRANGE: Glaukom und endocrine Störungen. Zbl. Ophthalm. **13**, 143 (1924). — Drucksteigerung nach Limbuskauterisation. Arch. d'Ophthalm. **34**, 337 (1914). — Störungen im vegetativen Nervensystem und im endocrinen System bei Glaukom. Zbl. Ophthalm. **17**, 898 (1927). Brit. J. Ophthalm. **9**, 398 (1925). — LAMB: Glaukomtheorie. Amer. J. Ophthalm. **1918**. — Glaukom. Zbl. Ophthalm. **18**, 287 (1926). — LANDESBERG: Traumatisches Glaukom. Graefes Arch. **15**, 1, 204 (1869). — LANGE: Glaukom und allgemeine Erkrankungen. Abh. v. VOSSIUS **1** (7), 36 (1896). — Glaukom und Myopie. Jber. Ophthalm. **1887**. — LAQUEUR: Geschichte meiner Glaukomerkrankung. Klin. Mbl. Augenheilk. **47** (1), 639 (1909). — Vererbung des Glaukoms. Graefes Arch. **26** (2), 2 (1880). — LATTORF: Glaukom bei hoher Myopie. Klin. Mbl. Augenheilk. **48** (2), 627 (1910). — Chronisches bds. juveniles Glaukom. Zbl. Augenheilk. **1910**, 330. — LAUBER: Mikrophthalmus mit Glaukom. Klin. Mbl. Augenheilk. **49** (1), 515 (1911). — LAVAT: Hartnäckiges traumatisches Glaukom. Zbl. Ophthalm. **14**, 241 (1924). — LAWFORD: Hereditäres Glaukom. Lond. ophthalm. hosp. Rep. **1907**, **1913**. — Notes on hereditary primary glaucome. Ebenda Rep. XIX, Part I, 42 (1913). — LAWS: Congenital glaucoma of an usual type. Brit. J. Ophthalm. **12**, 248 (1928). — LEHMANN: Atropintoxikation bei Glaucoma simplex. Klin. Mbl. Augenheilk. **65**, 112 (1920). — LEPLAT: Folgen der Kontusion am anderen Auge. Zbl. Ophthalm. **9**, 404 (1922). — LEVINSOHN: Konvergenz. Graefes Arch. **76**, 144 (1910). — LEWIN u. GUILLERY: Arzneimittel und Gifte am Auge. Berlin 1905. — LEWIS: Mydriasis durch Homatropin und Glaukom. Amer. J. Ophthalm. **1922**, 540. — LIEB: Über einen Fall von Glaukom nach Ammoniakverätzung. Diss. Tübingen 1912. — LINDNER: Glaukomanfälle nach Homatropin. Z. Augenheilk. **58**, 183 (1925). — LISLE: Le glaucome traumatique aigu. Thèse de Bordeaux 1908. — LÖHLEIN: Das Glaukom der Jugendlichen. Graefes Arch. **85**, 393 (1913). — Glaukom und Gesamtorganismus. Zbl. Ophthalm. **1**, H. 9 (1914). — LOKSHINA: Jugendliches Glaukom und Störungen der inneren Sekretion. Ref. ebenda **21**, 553 (1929). — LOSCHETSCHNIKOW: Seltene Fälle von Glaukom traumatischen Ursprungs. Westn. Ophthalm. **1906**, 268. — LUDWIG: Kalkverletzungen des Auges. Diss. Heidelberg 1914. — LUQUE: Der luetische Glaukomkranke. Ref. Zbl. Ophthalm. **22**, 422 (1929). — Ärztliche und augenärztliche Beurteilung bei Glaukom. Ebenda **17**, 824 (1926). — Klinisches Bild der Glaukomatösen in Jugend, Reife und Alter. Ref. Klin. Mbl. Augenheilk. **83**, 389 (1929).

MAKLAKOFF: Drucksteigerung durch elektrische Lichtwirkung. Zit. WAGENMANN: Verletzungen. Dieses Handbuch, 3. Aufl. S. 1804. — MAGGIORE: Tensionsänderungen und Refraktion. Klin. Mbl. Augenheilk. **72**, 248 (1924). — MAGITOT: Traumatische Veränderungen des Augendruckes. Annales d'Ocul. **1917**, 667; **1918**, Januar. — Modifications traumatiques de la tension oculaire. Ebenda **1918**, August. — Augentropfen und hypertonische Reaktion nach Hornhautpunktion. Zbl. Ophthalm. **11**, 429 (1923). — Pituitrinwirkung. Kongr. Amsterdam 1929. Annales d'Ocul. **1929**, 166. — MAIDEN: Glaukomauslösende Ursachen im Kriege. Klin. Mbl. Augenheilk. **59**, 179 (1917). — MALLING: Glaukom nach Trauma. Acta ophthalm. **5**, 253 (1927). — Glaucoma sympathicum. Klin. Mbl. Augenheilk. 81, 733 (1928). — MANN: Infantiles Glaukom (Kammerwinkel). Zbl. Ophthalm. **17**, 600 (1926). — MARPLE s. Abschnitt VIII. — MARSCHALL: Ungewöhnlicher Fall von Glaukom. Ophthalmoscope **1909**, 249. — MARX: Menstruation und Schwangerschaft. Augendruck. Zbl. Ophthalm. **12**, 58 (1923). — Augendruck bei Zuckerkranken. Ebenda **15**, 906; **16**, 293 (1925). — MARZIO: Traumatisches Glaukom. Ebenda **16**, 230 (1924). — MAYNARD: Glaukom bei „dropsy". Klin. Mbl. Augenheilk. **48** (1), 415. — MAYOU: Juvenile Glaukome. Ref. Zbl. Ophthalm. **21**, 774 (1929). — MAZET: Glaucome aigu consécutif à la variole. Rec. Ophthalm. **1907**, 331. — MAZZA: Glaukom nach Fall auf den Kopf. Z. Augenheilk. **19**, 82. — MEHNER: Glaukom nach Atropin. Klin. Mbl. Augenheilk. **70**, 491 (1923). — MEYERHOF: Glaukom und hohe Myopie. Zbl. Ophthalm. **14**, 795 (1924). — MEZZATESTA: Traumatisches Glaukom. Boll. Ocul. 8, 263 (1929). — MIGLIETTA: Glaucoma cronico e ipoacusia. Ebenda 8, 484 (1929). — MONTHUS et ROCHON DUVIGNEAUD: Zwei Fälle von Glaukom bei diabetischer Iritis. Arch. d'Ophthalm. **44**, 517 (1927). — MOOREN: Über Glaukomentwicklung. Arch. Augenheilk. **13**, 362 (1884). — MORAX: Sekundäres Glaukom nach Kriegsverletzungen. Klin. Mbl. Augenheilk. **59**, 489 (1917). — Glaukom und Glaukomkranke. Paris: Doin 1921. — MORRISON: Glaukom nach Methylalkoholvergiftung. Klin. Mbl. Augenheilk. **69**, 702 (1922). — MOSKOWITZ: A case of diabetic glaucoma and operation. New York med. J. **1**, IV (1912). — MOSSO: Glaukom und Syphilis. Klin. Mbl. Augenheilk. **54**, 546 (1915). — MOTOLESE: Traumatisches Glaukom. Arch. d'Ophthalm. **33**, 307 (1913). — MÜLLER: Hypophyse und Auge. Klin. Mbl. Augenheilk. **73**, 709 (1924). — MÜLLER: Vererbung. Ophthalm. Rev. **1883**. — MÜLLER-KANNBERG: Vererbung des Glaukoms. Klin. Mbl. Augenheilk. **1894**, 175. — MUKERJEE: Glaukom bei epidemischer Wassersucht in Indien. Zbl. Ophthalm. **22**, 327 (1929). — MUSSELEVIC: Glaukom im jugendlichen Alter. Ebenda **17**, 452 (1926). — MYASHITA: Glaukom durch innerliche Einnahme von Atropin. Klin. Mbl. Augenheilk. **52**, 561 (1914).

NAZAROFF: Kammerwasser. Klin. Mbl. Augenheilk. **82**, 548 (1929). — NÈGRE: Doppelseitiges Glaukom nach Schulterverletzung. Arch. d'Ophthalm. **44**, 777 (1927). — NEUFFER: Refraktion und Glaukom. Diss. Tübingen 1914. — NICOLAI: Drucksteigerung durch elektrische Lichtwirkung. Zit. WAGEMANN: Verletzungen. Dieses Handbuch, III. Aufl., S. 1804. — NOLTE: Erbliches Glaukom. Diss. Marburg 1896.

OGUWA: Sympathicus und Vagusreizung beim Kaninchen. Zbl. Ophthalm. **20**, 653 (1928).

PADOVANI: Traumatisches Glaukom. Boll. Ocul. 8, 270 (1929). — PAGENSTECHER: Klinische Beobachtungen. Wiesbaden 1861. — PALTRACCA: Ätiologie des Glaukoms (endocrin). Zbl. Ophthalm. **7**, 395 (1921). — PASSOW: Klinische und physiologisch-chemische Befunde bei Glaukomkranken. Sitzgsber. Heidelberg. **1928**. — Glaukom als Konstitutionsproblem. Internat. Kongr. Amsterdam 1929. — PASTORE: Netzhautveränderungen und Glaukom. Ref. Klin. Mbl. Augenheilk. **82**, 852 (1929). — PAUSE: 14jähriges Mädchen mit beiderseitigem Glaukom. Ebenda **82**, 110 (1929). — PECHT: Glaukom durch Erregung. Diss. Rostock 1930. — PERCRIVAL: Erworbene Hypermetropie bei Glaukom. Ophthalmoscope. **1911**, 686. — PERETZ: Glaukom bei Jugendlichen. Kongr. Amsterdam 1929. — PESME: Glaukomanfall durch seelische Erregung. Arch. d'Ophthalm. **41**, 429 (1924). — PETERS: Zur Frage des traumatischen Glaukoms. Z. Augenheilk. **38**, 202 (1917). — Myopie nach sekundärem Glaukom bei sympathischer Ophthalmie. Die sympathische Augenerkrankung. Handb. ges. Augenheilk., 3. Aufl. **1919**, 50. — Glaucoma sympathicum. Ebenda **1919**. — PFLÜGER: Familiäres Glaukom. Klin. Mbl. Augenheilk. **13**, 111 (1875). — v. PFLUGK: Scopol. Morph. Narkose und Glaukom. Ebenda **49** (2), 663 (1911). — PICHLER: Glaukomanfall in der Schlacht. Arch. Augenheilk. **82**, 194 (1917). — PILMANN: Glaukomendemie und Kropf. Zbl. Ophthalm. **19**, 613 (1928). — PISCHEL: Glaukom bei Verkupferung des Auges. Klin. Mbl. Augenheilk. **74**, 651 (1925). — PLASTININ: Glaukom durch Holocain. Ebenda **52**, 896 (1914). — PLICQUE: Schilddrüse und Augendruck. Ref. Zbl. Ophthalm. **21**, 817 (1929). — PLOCHER: Beitrag zum juvenilen familiären Glaukom. Klin. Mbl. Augenheilk. **60**, 592 (1918). — POSEY: Glaucomatous excavation due to syphilis of the optic nerves. Ophthalm. Rec. **1909**, 192. — PRIESTLEY SMITH: Glaukom und Ödem. Ophthalm. Rev. **1910**. — Hereditäres Glaukom. Jber. Ophthalm. **1894, 1912**.

RACHLMANN: Sekundärglaukom nach Trauma. Ophthalm. Klin. **1906**. — RAMPOLDI: Glaucoma. Jber. Ophthalm. **1884**, 474. — RANDOLPH: Aniridie und Glaukom. Hopkins Hosp. Rep. **1893**. — RIEDEL: Spontane Hypotonie bei juvenilem Glaukom. Graefes Arch. **50**, 457 (1921). — RINDFLEISCH zu STOCK. Klin. Mbl. Augenheilk. **50** (1), 115 (1911). — RING: Glaukom nach Euphthalmin. Med. News **83**, Nr 19 (1903). — RIZZO: Tension in der Schwangerschaft. Zbl. Ophthalm. **15**, 864 (1924). — ROGMANN: Familie mit erblichem Glaukom. Ophthalm. Klin. **3**, 136 (1899). — ROHMER: Traumatisches Glaukom Encyclop. franç. **1905**. — ROLANDI: Hochgradige Myopie und Glaukom. Klin. Mbl. Augenheilk. **52**, 164 (1914). — ROLLET et COLRAT: Glaucome syphilitique. Annales d'Ocul. **1928**, 665, 279. — RUBEN: Augendruck und Glaukom. Graefes Arch. **86**, 258 (1913). — LA RUE: 4 Jahre Atropinanwendung ohne Glaukom. Zbl. Ophthalm. **20**, 399 (1928. — RUSKOWIKI: Glaukomanfälle bei normalem Druck (Atropin). Ebenda **15**, 117 (1924). — RUST: Traumatisches Glaukom. Arch. Augenheilk. **48**, 290 (1903).

SAFAR: Juveniles Glaukom. Graefes Arch. **119** (1928). — SALA: Traumatisches Glaukom. Klin. Mbl. Augenheilk. **42** (1), 316 (1904). — R. SALUS: Glaucoma diabeticum. Med. Kl. Nr. 7. 1928. — SALVATI: Menstruation und Augendruck. Zbl. Ophthalm. **12**, 57 (1923). — Augendruck bei Akkommodation. Ebenda **17**, 126 (1926). — Dysfunktion der Thyreoidea und Augendruck. Klin. Mbl. Augenheilk. **81**, 407 (1929). — SALZER: Traumatisches Glaukom. Münch. med. Wschr. **1915**, 178. — SAMOILOFF: Pituitrin (experim.). Klin. Mbl. Augenheilk. **80**, 247 (1928). — SANYAL: Glaucoma in epidemic dropsy. Amer. J. Ophthalm. **1928**, 337. — Sympathisches System und Glaukom. Ebenda **1928**, 338. — SATTLER: BASEDOWsche Krankheit. Handb. ges. Augenheilk., 2. Aufl. 1909. — Glaukomdiagnose. Atropin. Klin. Mbl. Augenheilk. **71**, 223 (1923). — SCALINCI: Das emotive Glaukom. Zbl. Ophthalm. **14**, 795 (1924); **16**, 730 (1926). — Glaukom auf endocriner Basis. Ebenda **13**, 63 (1924). — Der endocrine sympathische Apparat und Glaukomgenese. Ebenda **15**, 113 (1925). — SCALZITTI: Traumatisches Glaukom. Ebenda **21**, 79 (1929). — SCHEER: Traumatisches Glaukom. Zbl. Augenheilk. **27**, 193 (1903). — SCHNECK: Myopie und Glaukom. Amer. J. Ophthalm. **12**, 164 (1929). — SCHINDHELM: Das traumatische Glaukom. Diss. Rostock 1917. Klin. Mbl. Augenheilk. **58**, 195. — SCHIÖTZ: Über Glaukom. Med. Rev. Bergen **1910**. — SCHIRMER: Sympathische Augenerkrankung. Handb. GRAEFE-SAEMISCH, 2. Aufl. 1905. — Glaukomanfall nach Magnetversuch. Dtsch. med. Wschr. **20**, 393 (1894). — SCHNABEL: Glaukom nach Atropineinträufelung. Wien. med. Blätter **1880**. — SCHOEN: Wie behandelt man Glaukom? Zbl. Augenheilk. **1909**, Okt. — SCHOENBERG: Adrenalin-Mydriasis-Reaktion bei Abkömmlingen von Primär-Glaukomkranken. Zbl. Ophthalm. **15**, 629 (1925). — SCHMIDT: Druckherabsetzende Mittel am Tierauge. Ebenda **17**, 425 (1926). — SCHWEIGGER: Glaukom. Arch. Augenheilk. **23**, 237 (1891). — SÉDAN: Glaucome irritatif, Enucleation des Buphthalmus and. Auges. Zbl. Ophthalm. **19**, 314 (1927). — SHIMANOWSKY: Halssympathicus und Augendruck. Z. Augenheilk. **22**, 53 (1909). — SIDLER-HUGUENIN: Hydrophthalmus nach Zangengeburt. Korresp.bl. Schweizer Ärzte **1903**. Zit. WAGENMANN **3**, 880. — SIEGFRIED: Traumatisches Glaukom. Beitr. Augenheilk. **3** (1896). — SNELL: Erbliches jugendliches Glaukom. Zbl. Ophthalm. **10**, 457 (1923). — SOMYA: Erbliches Glaukom. Klin. Mbl. Augenheilk. **31** (1893). — SONDER: Glaukom durch Gemütsbewegungen. Arch. d'Ophthalm. **1906**. — SPANYOL: Ein Fall von kongenitaler Aniridie, Ektopia lentis und Sekundärglaukom. Z. Augenheilk. **28**, 283 (1912). — SPITAL: Verätzungen des Auges durch Säuren und Laugen. Diss. Heidelberg 1915. — STANDISH: Glaukom nach Atropineinträufelung. Ophthalm. Rec. **1902**. — STANFORD: Atypisches Glaukom. Zbl. Ophthalm. **18**, 83 (1926). — STELLWAG: Vererbung des Glaukoms. Ophthalmologie **1855**. — STEPHENSON: Glaukom nach Atropin. Ophthalmoscope **1910**, 637. — STEVENSON: Case of acute glaucoma excited by Homatrop. Ebenda **73** (1913). — STOCK: Tonometrie. Klin. Mbl. Augenheilk. **48** (1), 126 (1910). — STORY: Two cases of glaucoma in myopia. Ophthalm. Rev. **1911**, 225. — STREIFF: Sympathicusglaukom. Klin. Mbl. Augenheilk. **62**, 353 (1919). — STUELP: Sehnervenatrophie und Glaukom nach Schädelbruch. Z. Augenheilk. **68**, 101 (1929). — SULZER: Des Echanges nutritifs des glaucomateux. Annales d'Ocul. T. Cl. **1913**, 245. — SULZER u. AYRIGNAC: Über Stoffwechsel bei Glaukomatösen. Klin. Mbl. Augenheilk. **51** (2), 423 (1913). — SUTPHEN: Glaukom nach Atropin usw. Ebenda **58**, 640 (1917). — v. SZILY: Innere Sekretion und Sehorgan. Zbl. Ophthalm. **5**, 97 (1921). — SZWARE: Glaukomoperationen. Ebenda **15**, 125 (1924).

TENDIÈRE et VALETTE: Jugendliches Glaukom. Ref. Annales d'Ocul. **166**, 927 (1929). — TERSON: Erythème noueuse et glaucome. Bull. Soc. belge Ophthalm. **33**, 42 (1912). — THIBERT: Traumatisches Glaukom. Zbl. Ophthalm. **3**, 340 (1920). —

Decubitus und Glaukom. Arch. d'Ophthalm. **1922**, 437. — THIEL: Reflektorische Augendruckschwankungen nach Reizung des Sympathicus. Klin. Mbl. Augenheilk. **52**, 110 (1929). — THILIEZ: Traumatisches Glaukom. Zit. Zbl. Augenheilk. **1906**, 318. — THOMAS: Ätiologie und Behandlung des Glaukoms. Annales d'Ocul. **1918**, 252. — THOMPSON: Primary glaucoma in young patients. Ophthalm. Rev. **153** (1909). — TOMLINSON: Glaukom bei einem 20jährigen. Ophthalmoscope **1912**, 292. — TREACHER COLLINS: Aniridie und Glaukom. Ophthalm. Rev. **1891**. — TRETTENERO: Brechkraft und Augendruck. Zbl. Ophthalm. **14**, 791 (1924). — TROUSSEAU: Glaukom nach Ammoniakverätzung. Rev. gén. Ophthalm. **1901**. — TSCHIRKOWSKY: Glaukom bei Albuminurie. Klin. Mbl. Augenheilk. **46** (2), 272 (1908). — TSCHEMOLOSSOW: Glaukom durch Verjüngung. Zbl. Ophthalm. **19**, 654 (1928).

ULRICH: Glaukom und multiple Sklerose. Z. Augenheilk. **61**, 111 (1927). — Künstliche Glaukome bei Kaninchen. Sitzgsber. Ophth. Ges. Heidelberg. **1891**.

VEASY: Simple Glaucoma in the young. Ophthalm. Rec. **44** (1908). — VILLARD: Traumatisches Glaukom. Annales d'Ocul. **1905**, **1907**.

WAGENMANN: Verletzungen des Auges. Handb. ges. Augenheilk., 3. Aufl. **3**, 1019, 1086, 1245, 1550, 1864, 1921 (1923). — Linsenluxation und Glaukom. Ebenda, 3. Aufl., 509, 512, 516, 517, 600. — WAGNER: Glaukom. Graefes Arch. **29**, 2, 284 (1883). — WALLENBERG: Erbliches juveniles Glaukom. Z. Augenheilk. **24**, 468 (1910). — Traumatisches Glaukom. Ebenda **23**, 266 (1910). — WALTER: Glaukom nach Scopolamin. Annales d'Ocul. **121**, 306 (1899). — WEEKERS: Aniridie et glaucome. Arch. d'Ophthalm. **38**, 506 (1921). — Kons. Reaktion des Augendruckes. Ebenda **41**, 641 (1924). — WEISHAUPT: Hämorrhagisches Glaukom. Katarakt und Aderhauttumor. Diss. Heidelberg 1921. — WERNER: Erbliches juveniles Glaukom. Acta ophthalm. (Kobenh.) **7**, 162 (1929). — WERNICKE: Glaukom als Ausdruck der intraokularen Sklerosis disseminata. Jber. Arch. Augenheilk. **1921**, 283. — WESSELY: Einfluß des Halssympathicus. Arch. Augenheilk. **60**, 1 (1908). — Glaukom durch Erregung. Ebenda **81**, 147 (1916). — WESSELY-HOROVITZ: Augendruck im Fieber. Ebenda **89**, 113 (1921). — WHITEHEAD: Akutes Glaukom im Alter von 12 Jahren. Ophthalm. Yb. **1927**, 117. — WICHERKIEWICZ: Glaukom durch Erregung. Ophthalm. Klin. **1903**, 112. — WILKERSON: Traumatisches Glaukom. Amer. J. Ophthalm. **1928**, 907. — WOODS: Observation de deux cas, de glaucome aigu. Annales d'Ocul. Jg. **87**, 879 (1924). — Sympathicus. Zbl. Ophthalm. **14**, 71 (1925).

ZADE: Glaukom nach Kalkverätzung. Graefes Arch. **72**, 507 (1910). — ZEEMANN: Glaukom nach Eisensplitterverletzung. Klin. Mbl. Augenheilk. **78**, 112 (1927). — ZIRM: Augendruck, Glaukom und Myopie. Graefes Arch. **79**, 96 (1911). — Glaukom. Z. Augenheilk. **68**, 114 (1929).

# VIII. Augendruck und Drucksteigerung.

Wie schon in dem Vorworte erwähnt wurde, liegt es nicht in dem Plane dieser Abhandlung, auf die Geschichte des Glaukoms näher einzugehen, um so weniger, als seit dem Erscheinen der Darstellung von SCHMIDT-RIMPLER auf diesem Gebiete neuere Daten zur älteren Geschichte des Glaukoms nicht hinzugekommen sind. Es kann daher auf die eingehende Darstellung von SCHMIDT-RIMPLER verwiesen werden, aus welcher hervorgeht, daß die frühesten Anschauungen den Sitz des Glaukoms in die Linse verlegten, vor allen Dingen deshalb, weil die eigentümliche Verfärbung der Pupille eine Abweichung von der gewöhnlichen Katarakt darstellen sollte. Später nahm man an, daß es sich um eine Erkrankung des Glaskörpers handelte und kam zeitweise wieder auf die Linse als Ursache zurück. Erst im Beginn des 18. Jahrhunderts verlegte man den Sitz des Leidens in den Sehnerven und in die Netzhaut, und später beschuldigte man eine entzündliche Erkrankung der Aderhaut. Auch wurde schon von TAVIGNOT auf den Einfluß der geringeren Dehnbarkeit der Sclera hingewiesen. Einen wesentlichen Fortschritt brachte erst die Erfindung des Augenspiegels. Dabei ist es uns heute völlig unverständlich, daß die ersten Beschreibungen des Papillenbefundes von einer Vorwölbung des Sehnervenkopfes sprechen. Auch v. GRAEFE fiel diesem Irrtum zum Opfer, den er bald darauf berichtigte, als das Wesen des glaukomatösen Prozesses, die Drucksteigerung erkannt worden war, nachdem H. MÜLLER die Exkavation anatomisch nachgewiesen hatte. Auch datieren aus dieser Zeit schon die Unterscheidungen der akuten und chronischen Glaukomformen, und v. GRAEFE führte das erstere auf eine seröse Chorioiditis zurück, während er in dem Glaucoma simplex eine genuine Sehnervenerkrankung erblickte, die er als Amaurose mit Sehnervenexkavation bezeichnete. Dann wurde das Sekundärglaukom unter die Glaukome eingereiht und erst einige Zeit später erkannte v. GRAEFE die glaukomatöse Natur der chronischen Form, des Glaucoma simplex; vor allen Dingen deshalb, weil auch hierbei Drucksteigerung und Übergang in akute Formen beobachtet wurde. Die Anschauung über das Wesen des Glaukoms wurde weiterhin durch DONDERS ergänzt, indem er die angebliche intraokulare Entzündung mit dem Einfluß sekretorischer Nerven in Verbindung brachte, wobei auf die Drucksteigerung bei Irisreizung durch vordere Synechien und Linsenquellung hingewiesen wurde. Über die Natur der Entzündung äußerte sich DONDERS nicht näher.

Die weitere Lehre vom Glaukom basierte vor allem auf den Untersuchungen über die Entstehung der Drucksteigerung, wozu zunächst erforderlich war, Klarheit über den intraokularen Flüssigkeitswechsel zu gewinnen. Auf diesem Gebiete hat sich LEBER große Verdienste erworben. Freilich war es wohl von LEBER zu weit gegangen, wenn er für das Auge dieselben Verhältnisse annahm, wie für die von starren Wänden begrenzte Schädelhöhle. Nach LEBER sind auch Nerveneinflüsse wirksam, jedoch kann eine dauernde Drucksteigerung nur durch Verschluß der Abflußwege im Kammerwinkel erzeugt werden. Später wurde dann die Elastizität der Sclera entsprechend gewürdigt, wodurch eine Anpassung an die Volumensänderung erfolgen kann, ohne daß Drucksteigerung auftritt. Hatte früher LEBER angenommen, daß die bei Experimenten in das Auge eingebrachte Flüssigkeit in gleicher Menge wieder austrete, so konnte URIBE Y TRONCOSO nachweisen, daß ein

Teil im Auge zurückbleibt, was später von LEBER und BENTZEN bestätigt werden konnte. Nach SCHMIDT-RIMPLER sprach fernerhin gegen die ausschließliche Bedeutung des Abflusses im Kammerwinkel, daß er sich späterhin öfters als offen erwies, ganz abgesehen davon, daß die Verlegung des Kammerwinkels auch Folge und nicht Ursache des Glaukoms sein konnte. SCHMIDT-RIMPLER legt der Elastizität der Sclera große Bedeutung bei, betont auch die wichtige Rolle der Hypersekretion und venöser Stauungen und weist darauf hin, daß die anatomischen Untersuchungen keineswegs immer einen Verschluß des Kammerwinkels ergeben.

Im Anschluß an diese Darlegungen verweist SCHMIDT-RIMPLER auf die durch Reizung des Sympathicus und Trigeminus zustande kommende Sekretionsvermehrung, wobei er auf die Arbeiten über die Reizung und Ausschaltung des Sympathicus näher eingeht. Es wird auch an Hand von klinischen Beobachtungen auf den Einfluß von Trigeminusreizungen auf den intraokulären Druck, auf den Einfluß der Stauung, insbesondere nach Unterbindung der Venae vorticosae und auch kurz auf die Bedeutung der Änderungen des Blutdruckes hingewiesen.

An diese kurze Übersicht knüpfe ich nunmehr an, und ich halte es für richtig, das seit dem Erscheinen der Arbeit von SCHMIDT-RIMPLER aufgelaufene Material in den einzelnen Hauptkapiteln chronologisch referierend darzustellen, weil viele Einzelarbeiten nicht ein einziges, sondern mehrere Probleme berühren, so daß eine absolut strenge Trennung des Stoffes in den Kapiteln VIII—XI ausgeschlossen war.

## 1. Druckmessung.

Der intraokuläre Druck in seinem Verhältnis zur Spannung der Bulbuswand, die Elastizitätsverhältnisse und die Bedeutung des Blutdruckes sind eingehend in diesem Werk von LEBER (1911) behandelt worden. Hier finden sich auch Ausführungen über die ophthalmometrischen Messungen an der Hornhaut, deren Krümmungsradien sich mit steigendem Druck zu vergrößern pflegen. Eine praktisch-klinische Bedeutung kommt diesen Messungen nicht zu, wenn man davon absieht, daß die Drucksteigerung auch perversen Astigmatismus erzeugen soll, worauf bei den Refraktionsänderungen im Glaukomauge näher eingegangen wurde.

Die größte Wichtigkeit in klinischer Beziehung kommt der Druckmessung zu, weil die Feststellung der Druckzunahme, d. h. der Vergleich mit Normalwerten erst die exakte Diagnose des Glaukoms ermöglicht. Die einfachste Methode ist die Palpation des Augapfels, welche am besten mit den beiden Zeigefingern so ausgeübt wird, daß bei leicht geschlossenen Lidern und leicht nach unten gerichtetem Auge, die Fingerkuppen aufgesetzt werden. SCHMIDT-RIMPLER gibt an, daß es weniger vorteilhaft sei, den Blick senken zu lassen, weil dabei eine Drucksteigerung zustande komme. Dies geschieht wohl nur bei ungeschickten Patienten, die kneifen oder krampfhafte Bewegungen ausführen. Eine leichte ungezwungene Blicksenkung kann jedoch nach meinen persönlichen Erfahrungen keine Drucksteigerung hervorrufen; jedoch liegt eine Fehlerquelle darin, wenn bei Verhärtung des Oberlides, z. B. bei Sklerodermie, durch das gesenkte Lid hindurch palpiert wird, weil hier eine Drucksteigerung vorgetäuscht werden kann. Zu widerraten ist auch die Palpation mit Zeige- und Mittelfinger derselben Hand. Es ist mit beiden Zeigefingern, ähnlich wie bei Fluktuation, ein viel sichereres Resultat zu erhalten. Mit Hilfe dieser Methode erkennt der Geübte ohne weiteres auch ziemlich geringe Druckunterschiede zwischen beiden Augen, wobei es schwierig sein kann, von vornherein zu sagen, welche von beiden Druckhöhen die normale ist. Das kann nur unter Berücksichtigung der übrigen klinischen Symptome geschehen. Auch wenn die Spannung des Auges stark erhöht ist, gibt die Palpation sofort Aufschluß. Keinesfalls genügt aber diese Methode bei den chronischen Glaukomformen, bei denen der Druck nur wenig gesteigert zu sein pflegt, ja tagsüber normal sein kann, um nachts bis gegen Morgen sich erheblich zu steigern. So haben die neueren Forschungen der letzten Jahre unwiderleglich dargetan, daß auch der geübteste und erfahrenste Augenarzt der instrumentellen Prüfung des intraokularen Druckes nicht entraten kann, und es mutet sonderbar an, wenn noch in neuerer Zeit sich BLANCO (1916) mit den Fingerprüfungen begnügen will.

Bei der instrumentellen Prüfung kommen intra- und extraokulare Methoden in Frage. Die erste, die manometrische Methode ist nur für das Tierexperiment geeignet und kann beim menschlichen Auge nur dann über Drucksteigerungen Auskunft geben, wenn es sich um frisch enukleierte oder wegen Tumoren zu enukleierende Augen handelt. Vom klinischen Standpunkte aus ist daher die tonometrische Methode unentbehrlich.

Über die Prüfung des intraokulären Druckes findet sich eine Zusammenstellung der bis zum Jahre 1904 bekannten Methoden bei LANGENHAN (1904, 1910) in diesem Handbuche, wie auch LEBER (1903) eine ausführliche Beschreibung der bis 1903 angewandten Manometer und Tonometer gibt. Auch SCHMIDT-RIMPLER gibt eine Übersicht über die bis dahin konstruierten und gebrauchten Tonometer, wobei er den Mechanismus für so kompliziert erklärt, daß der auf den Augapfel ausgeübte Reiz und Druck nur unzuverlässige Resultate gebe. Die Menge der hergestellten Instrumente spräche für ihre Unvollkommenheit, eine Äußerung, die nicht als ganz unzutreffend gelten kann, wenn auch beträchtliche Fortschritte zu verzeichnen sind. Eine neuere zusammenfassende Darstellung der Methoden zur Bestimmung des intraokularen Druckes verdanken wir SEIDEL (1929) (Handbuch der biologischen Arbeitsmethoden von ABDERHALDEN 1927, Abt. 5, Teil 6). Hier finden sich zahlreiche Abbildungen des Instrumentariums, so daß ich in dieser Abhandlung auf dessen bildliche Wiedergabe verzichten kann.

Die früher am meisten gebräuchlichen Tonometer waren die von FICK und von MAKLAKOFF, welche bei SCHMIDT-RIMPLER, LANGENHAN und LEBER ausführlich beschrieben worden sind. Die Anwendung dieser Instrumente ist in den letzten Jahren vollständig in den Hintergrund gedrängt durch die Konstruktion eines Tonometers von SCHIÖTZ (1905, 1909, 1920, 1921, 1926), der zuerst im Jahre 1905 darüber berichtete und auch weiterhin immer bestrebt gewesen ist, noch bestehende Mängel des Instrumentes zu beseitigen. Das Prinzip des Apparates ist, daß durch Belastung mit variablen Gewichten ein Stempel auf die Hornhautkuppe aufgedrückt wird, der in einer Röhre gleitet und an den Hebelarm eines Zeigers ansetzt, der bei absoluter Härte eines Probeobjektes auf 0 steht, und um so weiter ausschlägt, je weicher bzw. eindrückbarer die Hornhautkuppe ist. Die so ermittelten Ausschläge werden auf einer Skala registriert und müssen an der Hand einer Tabelle in mm Hg umgerechnet werden. Schon in den nächsten Jahren finden wir eine Reihe von Mitteilungen, die sich mit der Brauchbarkeit des SCHIÖTZschen Apparates beschäftigen, in klinischer Hinsicht z. B. HEILBRUN (1911). POLAK VAN GELDER (1911) konnte feststellen, daß manometrische Untersuchungen gegenüber dem SCHIÖTZschen Apparate Druckunterschiede von nur 1 mm aufwiesen, und es wird auch auf die später öfters bestätigte Tatsache aufmerksam gemacht, daß länger dauernde tonometrische Messungen Drucksenkungen im normalen Auge zur Folge haben, die beim Glaukomauge geringer sind. LEVINSOHN (1914) konstruierte einen Apparat mit den gleichen Gewichten wie SCHIÖTZ und gibt als Vorzug an, daß die Gewichtsplatten leicht auf den Apparat zu legen sind und durch Summierung der Eindruck des Zapfens gemessen werden kann, ohne daß das Instrument vom Auge abgehoben wird. Eine Modifikation des Tonometers schlug GRADLE (1912) vor, der an dem SCHIÖTZschen Apparate vor allem tadelt, daß die Fußplatte zu groß sei. Durch Prüfungen am Tier- und Leichenauge konnte PRIESTLEY-SMITH (1915) feststellen, daß das SCHIÖTZsche Instrument zwar keine absoluten Druckwerte gibt, aber zur Feststellung von Druckänderungen gut ist, während der Apparat von MAKLAKOFF weniger empfindlich sei. RÖMER (1918), der an dem SCHIÖTZschen Apparat tadelt, daß gerade die Übergänge zur Hypertonie nicht erfaßt würden, daß das Instrument am Leichenauge geeicht sei, und daß der reine intraokulare Druck damit nicht gemessen werde, was darauf beruht, daß in der Hornhaut eine Grube erzeugt wird, brachte deshalb eine Änderung an dem MAKLAKOFFschen Tonometer an, welche die Betrachtung des Abplattungskreises der Hornhaut auf optischem Wege gestattete. Daß dieses Instrument sich Anhänger in weiteren Kreisen erworben hat, ist mir nicht bekannt geworden. Das MACLEANsche Tonometer (1919) beabsichtigt, den Zeitverlust beim Wechseln der Gewichte und das Umrechnen in Millimeter Druck zu vermeiden. Die Werte, die MACLEAN an Tieraugen und einigen Menschenaugen mit diesem Tonometer erhielt und mit dem Manometer verglich, waren höher als mit dem SCHIÖTZschen Apparat. Zu diesem Apparat von MACLEAN bemerkt SCHIÖTZ (1920), daß er ebenfalls keine absoluten Werte gebe. SCHIÖTZ (1924) ist sich ebenfalls klar darüber, daß sein Instrument nicht vollkommen ist und hält die von PRIESTLEY-SMITH angegebenen Zahlen für durchaus brauchbar, und PRIESTLEY-SMITH (1919) betont, daß der Apparat von SCHIÖTZ nicht so große Fehler mache, wie MACLEAN angegeben hat.

Weiterhin übte STEIN (1921) Kritik an dem SCHIÖTZschen Tonometer, vor allen Dingen daran, daß die verschiedenen Apparate nicht mit gleichen Gewichten arbeiteten. STEIN konstruierte einen neuen Apparat, welcher nach einem ganz neuen System arbeitete, indem hier eine Art Wage mit verschiedensten Gewichtsbelastungen angewendet wird. Auch dieses Instrument hat sich keiner weiteren Verbreitung zu erfreuen gehabt. Nach SZEKRÉNYI (1922) sind Applanationstonometer an sich vorzuziehen, jedoch bedeute das STEINsche Tonometer keinen Fortschritt. MANGOLD u. DETERING (1923) empfehlen zu Druckmessungen am Auge einen Apparat, der zur Härtemessung von Muskeln diente, und es wurden die von ihnen gefundenen Werte weiterhin durch LEMKE (1925) ergänzt. Zu diesen Untersuchungen bemerkt COMBERG (1924), daß alle Apparate, die den Drehpunkt des Tonometers nicht am Patientenauge selbst aufstützen, wie z. B. das STEINsche Tonometer, ungenaue Resultate ergeben müssen, weil die Eindrückbarkeit des Auges in die Orbita nicht berücksichtigt sei, wie es auch ein Fehler gewesen sei, daß die Eichungen bei offenem Manometerhahn hergestellt worden seien.

Neuerdings wird auch der Messung des Skleraldruckes wieder Aufmerksamkeit geschenkt. So konnte BADER (1917) feststellen, daß nach dem 40. Lebensjahr die Sclera rigider wird und MARIOTTI (1924), der sich des Instrumentes von BAILLART (1923) bediente, fand den Skleraldruck besonders beim Glaukom höher und es bestand keine Übereinstimmung mit den Cornealwerten. Mit der Elastometrie beschäftigt sich eine Arbeit von VOGELSANG (1927), der mit dem optischen Tonometer von RÖMER arbeitete und die Schwingungen beobachtete, die ein auf das Auge fallendes Kügelchen in Folge der Elastizität der Membran machte. Mit demselben Problem beschäftigt sich eine Arbeit von KALFA (1928), der mit Hilfe des MAKLAKOFFschen Tonometers feststellte, daß mit dem Alter die Bulbuskapsel rigider wird. Bei seinen tonometrischen Untersuchungen über die Einwirkung von Augenbewegungen und Medikamenten stellte WESSELY (1908) fest, daß an Leichenaugen die Elastizität der Hornhaut verschieden ist.

Eine Reihe von Mitteilungen befaßt sich mit der Verschiedenheit der im Handel befindlichen SCHIÖTZschen Apparate, z. B. THEOBALD (1927). So macht BARTELS (1922) auf falsch registrierende Tonometer aufmerksam, und BAB (1922) hebt die zu starke Konkavität des Stempels hervor. Die Variation des Instrumentes mache es erforderlich, daß man sie einer Eichung unterzieht. COMBERG schlug vor, einen Block mit ausgesparter Vertiefung zur Kontrolle heranzuziehen. Diesen Vorschlag halten ARNOLD u. CARPOW (1923, 1924, 1925) für falsch, weil solche Kontrolle nur auf elastischen Membranen erfolgen könne, worauf COMBERG antwortete, daß man nicht falsche Tonometer eichen wollte, sondern die guten prüfen, ob sie noch richtige Werte angeben. SAMOILOFF (1923) schlägt ein manometrisches Verfahren vor, wobei man die Hornhaut nicht mit der Nadel durchstechen, sondern diese in den Glaskörper einführen soll. ARNOLD u. CARPOW (1925) erwidern auf SAMOILOFF, daß Druckschwankungen diese Prüfungen am menschlichen Auge unmöglich machen. Neue Konstruktionen von Tonometern werden weiterhin angegeben von BROWN (1921) und von COHEN (1921), der ein Quecksilbertonometer gebrauchte, welches gegen den SCHIÖTZschen Apparat den Vorteil hat, daß keine Zeigerschwankungen vorkommen und kein Auswechseln der Gewichte erforderlich ist. Ein Apparat von BAILLART (1923) hat zum Prinzip eine Federbelastung ohne Gewichte; ein solcher von WENDT (1925) benutzt eine Zahnradübertragung und ASCHER (1925) hebt die leichte Sterilisation dieses Apparates hervor, ferner die Sicherung der Skala durch ein Gehäuse, und daß die Gewichte aufstülpbar sind. Das BAILLARTsche Instrument wird von GALA (1925) als unbrauchbar bezeichnet. PILMANN (1925) bespricht eine Verbesserung des MAKLAKOFFschen Tonometers durch SERGIEWSKY (1927) und APIN (1926) lobt das Tonometer von FICK-LIFSCHÜTZ, welches handlicher und empfindlicher sei wie der Apparat von Schiötz, der den Augendruck erniedrige, während beim Tonometrieren mit dem Applanationstonometer der intraokuläre Druck nicht verändert würde. Die mit dem Tonometer von Maklakoff erzielten Werte entsprächen nicht immer den Manometerwerten. Übereinstimmung mit den Manometerwerten werde mit den Applanationstonometern nur bei einem Druck von 30 mm erzielt. Apin (1928, 1929) prüfte mit dem Apparat von Maklakoff mit verschiedenem Gewicht den Druck nach der Änderung der Applanationsdiameter und erstreckte die Prüfung auch auf das Tonometer von Fick-Lifschütz. Unter sehr komplizierten Bedingungen, die im Original nachzulesen sind, kann auch dieses Instrument dem klinischen Gebrauche nutzbar gemacht werden. Es ist leicht und bequem am sitzenden Patienten zu handhaben und zeigt eine beträchtliche Genauigkeit. Bezüglich der Bedeutung des sogenannten Applanationsprinzips muß auf die Originalarbeiten verwiesen werden. Dieses Tonometer von Maklakoff wird neuerdings wieder von Masslenikow (1907, 1923) empfohlen, ebenso von Kalfa (1928), der es für besser hält als das Instrument von Schiötz, und darauf aufmerksam macht, daß jedes Gramm Gewichtsbelastung den Augendruck um 1 mm erhöht.

Die Versuche von Schiötz (1926), ob mit konvexen Stempeln größere Genauigkeit der Messungen zu erzielen sei, führten zu keinem brauchbaren Resultat. Verbesserungen seines Tonometers versuchten Ruben (1913) und Souter (1917). Aus der neuesten Zeit sind noch weiterhin zu erwähnen die Apparate von Samoiloff (1928), der auf optischem Wege die feinsten Druckschwankungen abzulesen gestattet und eine Modifikation des Maklakoffschen Tonometers von Posecznik (1928). Mittlerweile ist, wie Comberg (1928) berichtet, in Berlin eine Eichungsstelle für Tonometer eingerichtet worden, die eine einheitliche Kontrolle ermögliche. Neuerdings plädiert Comberg (1929) dafür, daß Ophthalmologen aus allen Ländern sich verbinden, um einen Einfluß auf die Fabrikation der Tonometer zu gewinnen. Alles in allem genommen hat sich der Apparat von Schiötz wohl fast durchweg für den klinischen Gebrauch eingebürgert und unter Berücksichtigung der bekannten Fehlerquellen wird dieser Apparat auch wohl sobald wegen der einfachen Handhabung nicht verdrängt werden.

Die Anwendung des Schiötzschen Tonometers geschieht in der Weise, daß man den Patienten auffordert, senkrecht nach oben an die Zimmerdecke zu sehen und mit dem Daumen und Zeigefinger der linken Hand die beiden Lider so sanft wie möglich vom Auge abzieht und den Stempel des Instrumentes auf die Hornhautmitte aufsetzt, nachdem das Auge vorher vollkommen anästhesiert wurde. Es ist für diesen Zweck das Holoca inbesonders geeignet, weil es eine Pupillenerweiterung in nennenswerter Weise nicht hervorruft. Daß es eine Einwirkung auf den intraokulären Druck nicht ausübt, geht aus den zahlreichen Messungen von GJESSING (1921) hervor. In gleicher Weise wirkt eine 2%ige Lösung von Alypin, wie sie OEDING (1911) bei seinen an der hiesigen Klinik ausgeführten Versuchen benutzte. Auch VIGURI (1924) betont die Brauchbarkeit dieses Mittels. Neuerdings empfiehlt KOBY (1924) für diese Zwecke das Diocain, worüber mir Erfahrungen fehlen. Da Holocain in Zukunft nicht mehr zu haben ist, müssen Ersatzmittel gebraucht werden.

Die Anwendung des Tonometers ist gelegentlich auch von Schädigungen der Hornhautoberfläche gefolgt; meist handelt es sich nur um oberflächliche Substanzverluste, die rasch wieder gedeckt werden. MYLIUS (1925) führt die auf der von Epithel entblößten Hornhaut sichtbare Inkrustation auf das Alkali der Tränenflüssigkeit zurück und schlägt Neutralisation mit verdünnter Essigsäure vor. Nach SCHIÖTZ (1926) ist bei der Reinigung des Apparates darauf zu achten, daß kein Alkohol in dem Zylinder zurückbleibt, der die Oberfläche der Hornhaut schädigen kann. Daß gelegentlich Schädigungen auch etwas stärker sind, geht aus den Beobachtungen von GILBERT (1911) hervor, der bei einem 76jährigen Manne das Auftreten von Hornhautgeschwüren beobachtete. KRONFELD (1929) sah in drei Fällen eine ringförmige epitheliale Hornhauttrübung, die er auf Holocainniederschläge im Gewebe zurückführt, wobei der dem Instrument anhaftende Alkohol die Substanz gleichmäßig verteilte. COMBERG bemerkt in der Diskussion, daß er ein Ulcus serpens nach der Untersuchung habe auftreten sehen und WEIGELIN (1922) berichtet über einen Fall, wo auf der Hornhaut eine Schädigung beobachtet wurde, die zum Gegenstand eines Zivilprozesses wurde, in dem die Entschädigungsansprüche abgelehnt wurden, weil es sich hier um ein zufälliges, nicht verschuldetes Ereignis handelte, welches auch nicht durch Anlegung eines Verbandes nach dem Tonometrieren vermieden werden kann. Jedenfalls ist die Zahl der bisher gemachten Schädigungen im Verhältnis zu den tonometrischen Untersuchungen verschwindend gering.

Was nun den Gebrauch der *Manometer* angeht, so liegen auch hier neuere Methoden vor, die eine Verbesserung der bisherigen Verfahren bedeuten. Noch vor der Einführung des SCHIÖTZschen Tonometers bediente sich WESSELY (1908) bei seinen Tierexperimenten eines Registriermanometers und einer Methode, über die Einzelheiten im Original nachzulesen sind. SEIDEL (1922, 1923, 1924) konstruierte einen Apparat, der Druckveränderungen durch die Messung selbst ausschließt, indem sofort nach Abschluß des Verbindungshahnes mit dem Tonometer gemessen wird. Mit dieser Messung läßt sich der absolute Druck feststellen, der 5—7 mm höher ist als beim Tonometrieren, eine Differenz, die schon früher von WESSELY, PRIESTLEY-SMITH und SCHIÖTZ festgestellt worden war. Der Durchschnittswert betrugt 25 mm Druck beim normalen Auge. Während LEBER betont, daß die Manometermessung den intraokulären Druck nicht verändere, macht SEIDEL (1923, 1924) einen Verlust an Kammerwasser und die erhöhte Ciliarkörpertätigkeit für diese Änderung verantwortlich. Bei Kaninchen wurde bei steigendem Luftdruck mit einem Dosenmanometer Druckverminderung erzielt.

Die *Höhe des intraokulären Druckes* ist bei Menschen und Tieren nach LEBER nicht wesentlich verschieden und beträgt ungefähr 20 bis 30 mm, Werte, die ermittelt wurden, ehe das SCHIÖTZsche Tonometer gebraucht wurde. Bei ihnen muß berücksichtigt werden, daß durch die Narkose der Blutdruck sinkt und bei der Anwendung von Curare die äußeren Augenmuskeln entspannt werden. SCHMIDT-RIMPLER gibt eine Reihe von Zahlen an, die bei Kaninchen mit Hilfe der früheren unzureichenden Methoden erhalten wurden. Eine neuere Arbeit von BOYDEN (1925) gibt bei Kaninchen den Druck von 24—27 mm an. Die Zahlen von früheren Untersuchungen betragen dagegen bei WEGNER 18 bis 35 mm, bei LEBER 18,5—29,5 mm, bei NIESNAMOFF 25 mm. Bei narkotisierten Tieren differieren die Werte nicht allzu wesentlich. Von WAHLFORS (1888) wurde ein normales Menschenauge mit dem Manometer von v. SCHULTÉN gemessen, wobei ein Druck von 26 mm festgestellt wurde, während zahlreiche Untersuchungen mit dem MAKLAKOFFschen 25 mm ergaben. Auf Grund dieser bis dahin geltenden Daten nimmt SCHMIDT-RIMPLER für Kaninchen-, Menschen- und Katzenaugen 28 mm an. Auch bei neueren Tierexperimenten ist das Manometerverfahren wieder vielfach zur Anwendung gekommen, so z. B. zur Feststellung der Druckschwankungen nach Punktion der vorderen Kammer durch KAHN u. LÖWENSTEIN (1922). Bei allen diesen Messungen muß der Umstand in Betracht gezogen werden, daß besonders länger dauernde Messungen imstande sind eine Drucksenkung dadurch herbeizuführen, daß Flüssigkeit aus dem Auge verdrängt wird, worauf z. B. BONNEFON (1922, 1923) aufmerksam macht. Auch ist in Betracht zu ziehen, daß THIEBERT (1920) bei 45 Fällen eine Zunahme des intraokularen Druckes bei liegender Körperhaltung feststellte. In zweien dieser Fälle trat später Hypertension auf.

Diese spärlichen Angaben haben nun eine Erweiterung erfahren, seitdem das Tonometer von SCHIÖTZ im Gebrauch ist. Es galt nun zunächst den normalen Binnendruck des Auges zu ermitteln. SCHIÖTZ, der anfangs 24—30 mm als Grenze angab, korrigiert diese später auf 15,5 und 25 mm. LANGENHAN (1904) fand Werte zwischen 18 und 27,5 mm und STOCK (1910) konnte an 100 normalen Augen die Grenzwerte von 12 und 26—27 ermitteln. Die Werte von OEDING (1911) schwanken zwischen 23,5 und 29 mm und KAYSER (1911) bezeichnet als oberste Grenze 25 mm. SAKAI (1913) fand bei jüngeren Leuten von 19—27 Jahren durchschnittlich 16,9 mm, MISCHULINA (1928) 17,4 mm, und CRIDLAND (1917) 11,5—30 mm. Nach v. HIPPEL (1912) ist die obere Grenze von 26 zu niedrig, während AUGSTEIN (1913) die STOCKschen (1910) Werte von 12 und 27 mm akzeptiert. HINE (1916) gibt 18,5—29,5 mm an, LÜBS 13—26 mm, ANDRESEN (1928) fand bei 447 Augen eine Grenze von 8—30 mm und gibt im Gegensatz zu zahlreichen anderen Autoren an, daß beim normalen Auge eine Differenz von 7—8 mm auf beiden Augen vorkommen kann. MARX (1923) wie GJESSING (1921) und BOYDEN (1925) konnten bei einem und demselben Individuum Druckunterschiede auf beiden Augen feststellen; und zwar war er links höher, während das Glaukom häufiger rechts auftritt, wobei Rechts- oder Linkshändigkeit keinen Unterschied ausmachte.

Das Wesentliche bei diesen Grenzwerten ist, daß sie nur einen ungefähren Anhaltspunkt zur Beurteilung der Fälle geben. Es wäre jedoch weit gefehlt, anzunehmen, daß ein Druck unterhalb der unteren Grenze abnorme Weichheit bedeutet und ein Druck oberhalb der Grenze von 26 mm unbedingt pathologisch ist. Besonders nach der letzten Richtung hin gibt es Ausnahmen. Sehr eindringlich wird dies an Beispielen von ELSCHNIG (1924) in einer Arbeit über Hochdruck ohne Glaukom und Glaukom ohne Hochdruck dargetan. So beobachtete ELSCHNIG ebenso wie NEUHAUSER (1925) trotz jahrelang dauernder Drucksteigerung bis zu 35 mm keinerlei Glaukomsymptome. In einem Falle von ORR (1914) fehlen sie sogar bei einem Druck von 40 mm und ULRICH (1927) vermißte sie bei einer 71jährigen Patientin sogar bei einem Druck von 90 mm. In einem anderen Falle war trotz eines Druckes von 45 bzw. 75 mm außer vorübergehendem Regenbogenfarbensehen kein Anzeichen von Glaukom zu finden. Diese Fälle erklären sich nach ULRICH durch Nachgiebigkeit der Sclera bei größerer Resistenz der Lamina cribrosa. Eine vorübergehende Verschlechterung des Sehvermögens wurde einer retrobulbären Neuritis auf der Grundlage einer multiplen Sklerose zur Last gelegt.

In einem Falle von LIÉGARD (1914) betrug der Druck bis zu 100 mm, ohne daß Glaukomsymptome auftraten oder Schädigung des Sehvermögens beobachtet wurde, als der Druck gesenkt wurde.

THIEL (1929) möchte ein Glaukom ohne Hochdruck nicht anerkennen. Es seien meist Pseudoglaukome durch Druckatrophie bei

Hypophysentumoren oder bei Arteriosklerose der Carotis und demgemäß sei eine Glaukombehandlung nicht angebracht, und nach TERRIEN (1929) sind manche Hypertensionen kein echtes Glaukom, sondern nur Verlegung der Abflußwege durch Präcipitate. Vor allem ist aber daran festzuhalten, daß innerhalb der ermittelten Grenze Werte liegen können, die schon eine pathologische Drucksteigerung bedeuten, indem z. B. ein Druck von 20 mm, der intermittierend auftritt, während zu bestimmten Zeiten der Druck 12 mm beträgt, unbedingt als pathologisch anzusehen ist.

## 2. Druckschwankungen.

Damit kommen wir zu der zweiten wichtigen Errungenschaft auf dem Gebiete der Glaukomdiagnostik, der Feststellung, daß der intraokuläre Druck zu verschiedenen Tageszeiten erheblich schwankt und diese Schwankungen sich bis in das Gebiet der zweifelsfreien Drucksteigerungen erstrecken können. Schon DUFOUR (1907) hatte darauf hingewiesen, daß des Nachts eine physiologische Hypertonie eintritt, die er auf eine Erweiterung der Pupille zurückführte, und ERDMANN (1909) empfahl, auf die bei Herpes corneae vorkommenden Drucksteigerungen durch wiederholte Messungen zu verschiedenen Tageszeiten zu fahnden. Auch MASLENIKOFF (1907) konnte bei 22 Glaukomaugen morgens höheren Druck finden als abends. Die grundlegende Arbeit von KÖLLNER (1916) stellte fest, daß bei der Mehrzahl der normalen und fast allen Glaukomaugen täglich Druckschwankungen auftreten, die beim normalen Auge gering, beim Glaukomauge sehr erheblich sein können. Nach KÖLLNER ist der Augendruck morgens am höchsten, steigt noch etwas, fällt dann aber ab; also anders als die Temperaturkurve. Bei der Steigerung kommt die Pupillenweite und der Blutdruck nicht in Frage. SCHÖNBERG (1913) gibt an, daß die Schwankungen auf beiden Augen gleich sind. URBANEK (1924) konstatierte eine Druckschwankung, die er auf eine Aplasie des Kryptenblattes der Iris zurückführte. Sehr eingehend beschäftigt sich PISARELLO (1917) mit dieser Schwankung, die 2,5 mm betrug und bei demselben Individuum konstant war, bei anderen aber abwich. Nach den Mahlzeiten und Senffußbädern sank der Druck rasch, der morgens höher als abends war, was auch GRADLE (1912) bestätigte. Die Arbeit von THIEL (1925) beschäftigt sich eingehend mit dieser Tagesschwankung beim Glaukomauge und er gibt an, daß das gesunde Auge sich dem Gefäßdruck anpaßt, was beim Glaukomauge nicht mehr möglich sei, indem das Glaukomauge in der Nacht dem erhöhten Blutdruck nachgebe, was stärkere Transsudation und Glaskörperdruck zur Folge habe. GUN-

NUFSEN (1916) gelang es, bei einem an Hydrophthalmus leidenden Patienten während des Schlafes das Auge zu tonometrieren, wobei gegen Morgen Drucksteigerungen festgestellt wurden. Pilocarpin beseitigte die Druckerhöhung im Schlaf und im Wachzustand. Ganz besonderer Wert wird darauf gelegt, daß auf die Tagesschwankungen des noch gesunden Auges geachtet wird, deren Vorhandensein als Frühsymptom des Glaukoms zu deuten sei, und diese Frühdiagnose könne durch Coffein, Kopfstauungen und Änderungen der Körperlage gesichert werden. Auch v. HIPPEL (1921) legt besonderen Wert auf die konsequente tonometrische Untersuchung, welche allein dazu imstande wäre, z. B. beim Glaucoma simplex, Frühstadien zu entdecken, wie auch bei Prodromalstadien Druckschwankungen gefunden werden. In einer neueren Arbeit bestätigt auch MASLENIKOFF (1923) das Vorhandensein der Tagesschwankungen, ebenso wie MAGITOT (1922), MATSUMOTO (1923) und COLOMBO (1923), der anscheinend die Arbeit von KÖLLNER nicht kannte. Nach GJESSING (1912) sind im normalen Auge die Drucksteigerungen gering. Auf Grund eigener Erfahrungen und Beobachtungen zahlreicher Autoren, besonders von LÖHLEIN (1922), ist es notwendig, daß Tagesdruckkurven angelegt werden, weil dadurch Glaukome, die latent geblieben sind, entdeckt werden können und besonders die Frühdiagnose auf dem zweiten Auge ermöglicht wird. Neuere Beobachtungen von ANDRESEN (1928), LAUBER (1928) und ODINZEW (1928) bestätigen die Druckschwankungen, ebenso die Arbeiten von CUILLE, ROBIN u. DEHECQ (1927) und von SERGIEWSKY (1927). Insbesondere muß für wissenschaftliche Arbeiten gefordert werden, daß bei den Angaben über den intraokulären Druck die Tagesschwankungen eingehend berücksichtigt werden, was z. B. von GRADLE (1917) nicht geschehen ist. Nach THIEL (1925) vollziehen sich die Schwankungen in der Nacht in zwei Stufen; erst bis 12 Uhr und dann steiler Anstieg zwischen 3 und 7 Uhr morgens. Nach VAIDYA (1921) erklären sich die Tagesschwankungen nach der Theorie von THOMPSON, nach welcher die Akkomodation eine gewisse Saugwirkung auf den SCHLEMMschen Kanal entfaltet; bei der Entstehung des Glaukoms in disponierten Augen fällt diese Wirkung fort und die Abflußwege werden in der Nacht insuffizient. Es muß ferner darauf aufmerksam gemacht werden, daß bei längerem Tonometrieren die Werte sich verändern, worauf zuerst SCHIÖTZ (1909) hinwies. Bestätigungen für diese Tatsache brachten STOCK (1910), POLACK VAN GELDER (1911), TOSCYSKI (1912) und SCHÖNBERG (1924); augenscheinlich erfolgte dies durch Flüssigkeitsverdrängung, und zwar kommt dies nach SCHÖNBERG (1924) nur am normalen Auge vor und nicht am Glaukomauge.

Als eine Besonderheit gilt die Beobachtung von RAEDER (1924), der im Gegensatz zu den sonstigen Beobachtungen Netzhautablösung bei Retinitis exsudativa in vier Fällen sah, wo die Druckkurve invertiert war, insofern als in der Nacht der Druck sank. HAGEN (1925), der zwei derartige Fälle sah, hält sie für charakteristisch für Sekundärglaukome, die ohne Gefäßstörungen einhergehen. DOMINQUEZ (1929) beobachtete einen Fall von Primärglaukom, bei dem der Druck des Morgens 10 bis 20 mm und des Abends 40—50 mm betrug. Daß beim primären Glaukom auch auffallend starke Hypotonien nach drucksenkenden Mitteln auftreten können, geht aus Beobachtungen von VOM HOFE (1928) hervor, der dieses Vorkommnis auf eine Minderwertigkeit des intraokularen Gefäßapparates bezieht.

Ebenso bezieht WEEKERS (1926) die Beeinflussung der Fluorescinausscheidung durch Kaustik der Sclera auch auf dem anderen Auge und damit die angebliche Übertragung der Druckänderungen auf vasomotorische Einflüsse, die auch FEIGENBAUM (1929) auf Grund neuerer Versuche annimmt.

Die Untersuchungen von KRONFELD (1929) mit Punktion der vorderen Kammer ergaben beim normalen Auge Abfall auf 0, dann Aufstieg und Überschreitung des früheren Druckes, der langsam wiederhergestellt wird. Beim Glaucoma simplex steigt der Druck nach 2 bis 5 Stunden über die frühere Höhe hinaus, um dann allmählich zur Norm abzusinken, wenn der Druck gesteigert war. War er vorher normal, so fiel der Druck nach vorübergehender erheblicher Drucksteigerung bald wieder zur Norm. Beim Hydrophthalmus stieg der Druck nach Punktion äußerst langsam, was damit erklärt wird, daß es sich hier um ein Retentionsglaukom handelt, während die Reaktion beim Glaucoma simplex beweist, daß hier eine Überproduktion von Kammerwasser im Spiele ist. KRONFELD plädiert dafür und LINDNER stimmt ihm in der Diskussion bei, daß das Resultat der Punktion unter Umständen differentialdiagnostisch zu verwerten sei.

Von großem Interesse sind auch die neuerdings mitgeteilten Beobachtungen von BIRCH-HIRSCHFELD (1929), der darauf hinweist, daß beim primären Glaukom sehr häufig eine ausgesprochene Parallelität der täglichen Druckschwankungen auf beiden Augen besteht, auch wenn nur ein Auge erkrankt ist; diese Parallelität fehlt beim Sekundärglaukom, ein Umstand, der eventuell differentialdiagnostisch zu verwerten ist. Ein übergeordnetes Zentrum, ein regulierender Apparat sei anzunehmen, um so mehr, als auch eine auf operativem Wege erzielte Druckherabsetzung auf dem einen Auge sich auch auf dem anderen bemerkbar machen kann.

## 3. Blutdruck und Augendruck.

Über die Zirkulations- und Ernährungsverhältnisse des Auges gibt die Arbeit von LEBER in diesem Handbuche (2. Auflage, 2. Bd., 2. Abt. S. 330) eingehende Auskunft. Nach LEBER gehen Änderungen des Blutdruckes mit Änderungen des Augendruckes entsprechend einher, mit der Einschränkung, daß nicht gleichzeitig vasomotorische Störungen den Füllungszustand der Gefäße verändern. Manometrische Untersuchungen von ADAMÜK, von v. HIPPEL und GRÜNHAGEN und von SCHULTÉN haben diese Lehre begründet. Für diese Parallelität zwischen Blut- und Augendruck sprechen zunächst die experimentellen Untersuchungen, z. B. die Unterbindung und Kompression der Carotis. Sie wurde auch beim Menschen festgestellt, wobei der Füllungszustand der Gefäße kaum verändert war. Gleichartig wirken Reizung des Vagus und starker Blutverlust. Die Ausschaltung des vasomotorischen Zentrums auf die Blutgefäße durch Durchschneidung zwischen Hinterhaupt und Atlas bewirkt eine Senkung des Blut- und Augendruckes. Auch die Reizung des Nervus depressor und die Unterbindung der Vena cava inferior bewirkt dasselbe, während Tensionssteigerung und Blutdrucksteigerung durch Kompression der Aorta erzielt wird, wie auch durch intravenöse Injektionen von Kochsalzlösung. Nach U. TRONCOSO wird jedoch damit die Tension nur vorübergehend gesteigert. Über die Wirkung der Reizung des Halsmarkes und der Medulla oblongata finden sich genaue Angaben bei LEBER; auch über die Folgen der Kohlensäureintoxikation und Reizung der sensiblen Nerven. Die Behinderung des venösen Rückflusses ruft nur dann eine wesentliche Steigerung hervor, wenn die Venae vorticosae unterbunden werden, wobei die höchsten Grade von Drucksteigerung auftreten können. Weiterhin schildert LEBER die Blutdruckverhältnisse und den dadurch beeinflußten Augendruck infolge der Narkose bei Tieren, ferner die Einwirkung von Digitalin, Strychnin, Chinin, Physostigmin und Nicotin. Ferner wurde auf den Einfluß des atmosphärischen Druckes durch Uribe Troncoso hingewiesen. Bezüglich der Einzelheiten muß hier auf die Abhandlung von LEBER verwiesen werden. Alles in allem genommen wird nach LEBER der Augendruck nicht allein vom Blutdruck beeinflußt, sondern auch vom Füllungszustand der Gefäße, und es werden die Zirkulationsveränderungen im Auge so reguliert, daß ein starker Zufluß einen starken Abfluß zur Folge hat; ebenso wirkt der erhöhte Augendruck einer gesteigerten Flüssigkeitsansammlung im Auge entgegen. Schwankungen in geringerem Grade kommen dabei vor. Der regulierende Mechanismus gleicht nach LEBER den Verhältnissen in der Schädelhöhle. Nach SCHMIDT-RIMPLER kommt auch den vasomotorischen Nerven eine gewisse regulierende Wirkung zu, die sich darin kundgibt, daß trotz starker Blutdrucksteigerung bei chronischer Nephritis der Augendruck wegen Gefäßspasmen nicht ansteigt. In einer späteren Arbeit von LEBER ist angegeben, daß die Anpassung an den Augendruck auch durch die Elastizitätsverhältnisse der Sclera erfolgt. Diese Dehnbarkeit der Sclera sei früher, wie SCHMIDT-RIMPLER hervorhebt, wohl zu gering angeschlagen worden. Im übrigen warnt SCHMIDT-RIMPLER davor, die Resultate der experimentellen Untersuchungen gegenüber den klinischen Erfahrungen zu einseitig zu bewerten. Daß die Dehnbarkeit der Sclera eine ziemlich große sein kann, lehrte SCHMIDT-RIMPLER ein Versuch an einem Tumorauge, welches durch Einspritzung von Tuschelösung steinhart wurde, ohne daß die Vorderkammer sich änderte.

Die Untersuchungen von LEBER wurden weitgehend von WESSELY (1908) bestätigt, der mit Hilfe eines Registriermanometers bei Tieren den Nachweis führte, daß der intraokuläre Druck weitgehend vom Blutdruck und vom Füllungszustand der intraokulären Gefäße abhängig ist, wobei er wie LEBER feststellen konnte, daß z. B. Arrhythmie des Herzens deutlich erkennbar wurde. Ebenso fand WESSELY bei ein und derselben Blutdrucksteigerung, daß der Augendruck relativ stärker zunimmt, wenn er anfänglich niedrig und später stärker ist; bei Vagusreizung dagegen ist der Augendruck bei hohem Blutdruck stärker als wenn er erst niedrig war. Auch die Adrenalinversuche von WESSELY (1915, 1912) zeigten eine Abhängigkeit des Augendruckes vom Blutdruck und von der Zusammenziehung der Gefäße. Beides, Blutdruck und Einflüsse der Vasomotoren könnten Veränderungen des intraokulären Druckes hervorbringen. Die Schwankungen bei diesen Experimenten hielten sich in engen Grenzen; allgemein sind diese Druckveränderungen, die auf diesem Wege zu erzielen sind, gewöhnlich nur vorübergehender Art.

Seitdem das Tonometer in der von SCHIÖTZ verbesserten Form weitgehende Anwendung gefunden hat, haben zahlreiche Autoren sich mit der Frage der Druckschwankungen und der Drucksteigerung im menschlichen Auge befaßt. Es sind dabei klinisch sehr bedeutsame Resultate erzielt worden. An dieser Stelle sollen nur diejenigen Untersuchungen erwähnt werden, die sich mit dem Einfluß des Blutdruckes befassen, und es bestätigt der weitere Gang der Dinge die von SCHMIDT-RIMPLER betonte und jedem Augenarzt bekannte Tatsache der Inkongruenz zwischen Blut- und Augendruck, z. B. bei chronischer Nephritis, und es geht bis in die neuere Zeit der Streit noch darum, ob und inwieweit die Blutdruckerhöhung für die Entstehung und Beeinflussung eines Glaukoms von Bedeutung ist.

Eine Reihe von Autoren spricht der Blutdrucksteigerung einen Einfluß auf die Entstehung des Glaukoms zu. Besonders GILBERT (1912) legt nicht nur Wert auf vasomotorische Störungen, sondern auf die Blutdrucksteigerung selbst. Die Steigerungen und Schwankungen des Blutdruckes haben Einfluß auf die Form und den Verlauf des Glaukoms, welches vom Refraktionszustand abhängig ist. KÜMMELL (1911, 1914) fand bei 30 Glaukomkranken die Durchschnittswerte des systolischen Blutdruckes höher; nach KÜMMELL handelt es sich eben meistens um schwere Störungen im cardiovasculären System, besonders bei älteren Leuten. FRICKER (1912) fand bei 30 Glaukomfällen nur viermal normalen Blutdruck. Auch LAQUIÈZE (1907) betont die Häufigkeit der Blutdrucksteigerung auf dem Umwege über Arteriosklerose, und auch SEMPLE (1910) mißt ihr große Bedeutung bei. ALEXANDRÈS (1912) gibt an, daß beim Glaucoma simplex und haemorrhagicum der Blutdruck meistens erhöht sei, und IBERSHOFF (1921) spricht dem Blutdruck bei der Entstehung des Glaukoms nur dann eine Bedeutung zu, wenn z. B. eine kleine Cornea und eine große Linse das Auge zur Drucksteigerung disponieren. WISCHNEWSKI (1922) möchte den Blutdruck bei den Faktoren, die die Schwankung im Auge bedingen, nicht ausschließen, und KADLICKY (1925) nimmt ebenfalls an, daß die Tension vom Blutdruck abhängig ist. KADLICKY (1925) untersuchte mit dem Dynamometer von BAILLART und mit dem Tonometer von SCHIÖTZ und konnte bei Kaninchen durch Flüssigkeitsinjektion unter hohem Druck den Blutdruck und den Augendruck gewaltig steigern.

Nach RUATA (1911) steht der Augendruck in bestimmtem Verhältnis zu dem Blutdruck. Er ist bei verschiedenen Völkern und in verschiedenen Ländern verschieden; auch das Klima ist von Einfluß. So ist der intraokulare Druck im Norden etwas höher als im Süden, während Geschlecht und Alter keinen Einfluß haben. Die Blutdruckschwankungen und Tensionsschwankungen zu verschiedenen Tageszeiten gehen konform. Sie betragen 5—10 mm. Jedoch ist bei kranken und anämischen Individuen diese Parallelität gestört und die Schwankungen sind sehr unregelmäßig, ebenso beim Glaukom. Hier sei auch noch erwähnt, daß der Aufenthalt im Hochgebirge nach GUIGLIANETTI (1914) weder bei Menschen noch bei Tieren einen Einfluß auf den Augendruck hatte. GOLOVIN (1926) nimmt an, daß der Glaukomdruck vom Blutdruck abhängig ist, der nicht immer erhöht zu sein braucht, z. B. wenn die Gefäßwände ihn nicht einschränken. Infolge einer Gefäßdekompensation käme es zu Transsudation und Störungen der Osmose.

Diese Angaben stehen anderen gegenüber, welche die Parallelität zwischen arterieller und intraokularer Spannung leugnen; z. B. RÖMER u. KOCHMANN (1914), COLOMBO (1923). KAHLER u. SALLMANN (1929) geben an, daß bei zerebralen Hemiplegien auf der gelähmten Seite der Blutdruck höher sei, die Tension dagegen niedriger. KRÄMER (1910) weist auf die widersprechenden Angaben von TERSON und CAMPOS hin gegenüber denen von FRÄNKEL. In 45 Glaukomfällen war nur bei $^1/_3$ der Blutdruck erhöht; bei Kataraktkranken war dasselbe der Fall. Bei 19 Blutdruckerhöhungen war, mit dem SCHIÖTZschen Apparat gemessen, der Druck bis auf einen Fall normal. Auch LÖHLEIN (1922) fand besonders bei Jugendlichen keine wesentliche Blutdruckerhöhung. Der Parallelismus wird ferner geleugnet von CRAGGS u. TAYLOR (1913), MCRAE (1915), FOURRIÈRE (1912), AUGSTEIN (1913), BRUNS (1923) und von THIEL (1928, 1929), und nach ALEXANDRÈS (siehe Kapitel IX) besteht beim sog. Glaucoma inflammatorium keine derartige Beziehung, und PRIESTLEY SMITH (1917, 1918) weist darauf hin, daß enukleierte Glaukomaugen hart bleiben. Vor allem sprach sich ELSCHNIG (1916) dagegen aus, daß ein gesteigerter Blutdruck zu Glaukom führe; die Blutdruckverhältnisse seien bei älteren Leuten beim Glaukom dieselben wie bei Kataraktpatienten. Die Verminderung des Blutdruckes durch Aderlaß im normalen Auge gleicht sich aus und ist beim Glaukom weniger konstant. Die Blutdruckwerte bei Patienten über 60 Jahre seien durchweg 150 mm; es wurde auch beim Glaukom ein abnorm niedriger Blutdruck gefunden und es kann, wie auch später von HERTEL (1920) angegeben wurde, ein hoher Blutdruck mit niedriger Tension einhergehen. In einer weiteren ausführlichen Arbeit beschäftigt sich WESSELY (1918) nochmals eingehend mit diesen Fragen und betont vor allem, daß man aus den Versuchsergebnissen am normalen Tierauge keine zu weit gehenden Schlüsse auf die pathologischen Verhältnisse ziehen dürfe. Die Tonometrie ermittele nur relative Werte und auch der unblutigen Blutdruckmessung hafteten Fehler an. Beim Tierexperiment sei bis in die feinsten Schwankungen die Abhängigkeit des Augendruckes vom Blutdruck zu verfolgen. Wenn bei Nephritis der Augendruck im allgemeinen nicht erhöht wird, dann liegt das an der Verengerung der peripheren Strombahn durch Krampf oder Lumenverengerung der kleinen Arteriolen, und dasselbe gilt für Hypertonien anderen Ursprungs. Die Versuche, durch Einwirkung auf die Gefäße eine Drucksteigerung zu erzielen, seien von RÖMER u. KOCHMANN (1914) bestätigt worden, die die Veränderungen des Augendruckes lediglich auf den Füllungszustand der Gefäße beziehen wollten. Die Druckverhältnisse nach Aderlaß widersprächen keineswegs den Tierexperimenten, weil hierbei nicht nur der Blutdruck, sondern auch die Blutverteilung und die Blutkonzentration eine Rolle spielten. Auch die Untersuchungen von KÖLLNER bezüglich der Tagesschwankungen des

Augendruckes bei Glaucoma simplex lassen eine Beziehung zwischen Augendruck und Blutdruck erkennen, ebenso die Resultate von Baders (1917) Untersuchungen aus der Würzburger Klinik an älteren Personen. Nach Wessely u. Horowitz (1921) überwiegt beim Fieber der Einfluß des Blutdruckes, während die Kaliberschwankungen ihm gegenüber an Wirkung zurücktreten. Wessely (1918) macht darauf aufmerksam, daß Elschnig und andere zu Unrecht annehmen, daß Leber die ausschließliche Abhängigkeit des Augendruckes vom Blutdruck angenommen hätte. Leber habe die Bedeutung der Gefäßfüllung schon gekannt; er habe nur andeuten wollen, daß der Blutdruck der Träger des Druckes im Auge sei, welcher nicht imstande sei, den Sekretionsdruck über den Blutdruck zu steigern. Nach den Versuchen von Römer u. Kochmann (1914) ist der intraokulare Druck abhängig von dem Füllungszustand der Augengefäße und dieser von der Blutverteilung im Gefäßsystem. Der intraokulare Druck geht jedoch nicht mit dem Aortendruck parallel, indem bei Senkung des Aortendruckes durch Amylnitrit der Augendruck steigen, und der Augendruck nach Baryumchlorid sinken und der Blutdruck steigen kann.

Eine neuere Arbeit von Kahler u. Sallmann (1929) kommt auf Grund experimenteller Studien zu dem Resultate, daß die durch thermische Reize, Lumbalpunktion und Gefäßmittel hervorgerufenen Blutdruckschwankungen niemals ein gleichläufiges Schwanken des Augendruckes hervorriefen. Änderungen des Augendruckes setzen Kaliberveränderungen in den Augengefäßen voraus, und darum ist auch die glaukomauslösende Gefahr akuter Blutdrucksteigerungen gering.

Neuere Untersuchungen von Block u. Oppenheimer (1924) stellten fest, daß der Augendruck bei chronischer Nephritis niedriger als der Durchschnitt und der Liquordruck beim Glaukom niedriger ist. Baillart (1925) gibt an, daß der Liquordruck bei arteriellem Hochdruck höher sei, jedoch bestehe keine Parallelität mit der Tension. Auch Viguri (1924) spricht dem Blutdruck keinen Einfluß auf die Entstehung des Glaukoms zu, und Hamburger (1925) wendet sich ebenfalls gegen die Annahme einer solchen Abhängigkeit und gibt Beispiele an, daß man durch eine Stauungsbinde und durch Laufen den Druck wohl steigern könne, aber dies keinen Einfluß auf die Tension des Auges hätte. Auch Schmelzer (1928) kommt in seiner neueren Arbeit zu dem Schluß, daß sowohl die Experimente an Tieraugen, wie die klinischen Erfahrungen das Ergebnis gehabt haben, daß der Blutdruck nicht die primäre Ursache der Drucksteigerung im Glaukomauge sein kann, und es ist charakteristisch daß Pick (1928) in seinem Berichte über zahlreiche Fälle von essentieller Hypertonie das Glaukom überhaupt nicht erwähnt.

Im gleichen Sinne äußern sich auch Tovbin u. Drobijseva (1929), die in der Arteria brachialis bei Glaukomkranken zwar erhöhten Druck fanden, ihn aber für die Entstehung des Glaukoms nicht verantwortlich machen.

Ganz anders ist natürlich die Frage zu bewerten, ob bei gesteigertem Blutdruck ein ungünstiger Einfluß auf ein zum Glaukom disponiertes Auge ausgeübt wird. Diese Ansicht wird von Dunn (1908) vertreten und Wessely (1919) macht darauf aufmerksam, daß durch Blutdrucksteigerung z. B. nach Einwirkung von Kaffee oder einer Erregung ein Glaukomanfall ausgelöst werden könnte, und führt einen Fall an, wo durch Erregung eine starke Blutdrucksteigerung und dadurch ein Glaukomanfall hervorgerufen wurde. Auch Hertel (1920) betont die Wichtigkeit der Blutdrucksteigerung bei vorhandener Glaukomdisposition, und Köllner (1916) führt die Druckschwankung bei chronischem Glaukom auf Zirkulationsveränderungen und nicht auf lokale Einflüsse zurück. Gerade bei den Druckänderungen bei chronischem Glaukom spielten Blutdruckschwankungen die Hauptrolle. Horniker (1928) stellte neuerdings fest, daß Seitendifferenzen im Blutdruck eine häufige Erscheinung sind, die bei vasoneurotischem Zeichen bei Frauen häufiger vorkommt als bei Männern. Wichtig ist die Feststellung des individuellen Reaktionstypus durch öftere bilaterale Blutdruckmessungen. Im Verlaufe des Glaukoms ist ein strenger Parallelismus zwischen Blutdruck und Augendruck nicht zu konstatieren. Wohl ist der Blutdruck insofern wichtig, als plötzliche, und vor allem einseitige, Blutdruckerhöhungen zum Glaukom führen können. Wichtig ist ferner, daß bei Blutungen im Auge oft die Blutdrucksteigerung auf die befallene Seite beschränkt ist. Vom Auge aus kann der allgemeine Blutdruck beeinflußt werden, z. B. durch Adrenalin und Aminglaukom und auf dem Wege des Reflexes. An dieser Stelle seien auch die neueren mit Hilfe eines neu konstruierten Apparates vorgenommenen Untersuchungen von Thiel (1928) hingewiesen, die sich auf die Hornhautpulsation erstreckten. Es wurde festgestellt, daß diese bei starker Drucksteigerung fehlte und nach Drucksenkung wiederkehrte. Auch Wegner (1928/29) konnte mit geeigneter Apparatur Schwankungen der Bulbushüllen nachweisen, die mit dem Carotispuls synchron auftraten; ebenso Kadlicky bei Versuchen mit Pilocarpin und anderen Mitteln. Er gibt der Hoffnung Ausdruck, daß mit dieser Methode auch Tonusänderungen im Gefäßsystem ermittelt werden könnten, die eine der Ursachen des Glaukoms seien. Zum Schluß sei auf das eingehende Referat verwiesen, welches neuerdings Thiel (1929) über Augendruck, Blutdruck und Blutbeschaffenheit erstattete.

## 4. Glaukom und Osmose.

Nachdem bereits CANTONNET (siehe Kapitel IX) im Jahre 1904 beobachtet hatte, daß durch Einverleibung von hypertonischen Salzlösungen bei Glaukompatienten eine Besserung der subjektiven und objektiven Symptome zu erzielen sei, und RIESLING (1908) bei Tieren festgestellt hatte, daß bei ein und demselben Tier der osmotische Druck der intraokularen Flüssigkeit gleich, größer oder kleiner sein kann, als der des Serums, beschäftigte sich HERTEL (1914) eingehend mit dem Einfluß der Blutkonzentration auf den Augendruck. Er konnte durch NaCl-Zufuhr beim normalen und glaukomatösen Auge eine Senkung der Tension erzielen, und durch 10%ige Chlornatriumlösung eine noch stärkere Tensionsverringerung; dagegen entstand nach größeren Mengen einer 0,7%igen NaCl-Lösung eine Drucksteigerung. Versuche mit anderen Salzen ergaben, daß der Erfolg abhängig ist von der osmotischen Konzentration der Lösung. Der Angriffspunkt der Lösung sei im Auge selbst; hier entstehen Konzentrationsverschiebungen. Kolloidale Lösungen, z. B. Gelatineinfusion wirkten wie Salze, während Transfusion ohne Einfluß war. In einer späteren Untersuchung an zwei Glaukomkranken wurde eine Herabsetzung des Salzgehaltes des Blutes festgestellt, der Einfluß der Schilddrüse auf den Salzgehalt betont und auf die Möglichkeit einer therapeutischen Salzzufuhr aufmerksam gemacht. Daß die Salzzufuhr beim Menschen, die erhebliche Senkung bewirkte, keine Nachteile hatte, hatte HERTEL schon vorher auch beim Glaukom festgestellt. Durch hypertonische Salz- und Zuckerlösungen wird die Blutbeschaffenheit geändert und es wird darauf hingewiesen, daß beim Glaukom die Blutkonzentration geringer sei. Eine weitere Arbeit von HERTEL u. CITRON (1921) kommt zu dem Resultat, mit Hilfe der HAMBURGERschen Blutkörperchenmethode an Stelle der früheren Gefrierpunktsbestimmung, an 48 Patienten Sera mit erhöhtem Augendruck und 18 mit normalem Augendruck, daß die obere Grenze zwischen Glaukom und nicht Glaukom sich als nicht ganz scharf erwies, wohl aber die untere Grenze. Beim Glaucoma simplex ging die Drucksteigerung mit der Konzentrationsveränderung parallel. Weiterhin stellte HERTEL fest (1918), daß der Schilddrüse ein Einfluß auf osmotische Vorgänge zukommt, indem bei Hyperfunktion Neigung zu Drucksteigerung, bei Basedowkranken Neigung zur Drucksenkung besteht. Die druckherabsetzende Wirkung hypertonischer Kochsalzlösungen wird neuerdings auch von NEWCOMB u. VERDON (1929) bestätigt.

Eine weitere Arbeit über osmotische Vorgänge rührt her von HAPPE (1910), der in zehn Fällen bei Tieren mit Natriumnitrat, subconjunctival injiziert, Drucksteigerungen hervorbrachte, und von RUBEN (1912), der osmotische Vorgänge für wichtig beim Flüssigkeitswechsel hält und gegen HERTEL annimmt, daß eine Verminderung der Konzentration keine Drucksteigerung im Gefolge habe. Nach PLETNEWA (1926) nimmt die Blutkonzentration mit dem Alter zu; hiervon sei aber der Blutdruck unabhängig. Bei intravenöser NaCl-Injektion steigt bei sehr hoher Konzentration auch die Tension, während sie bei geringerer Konzentration sinkt.

KAPUCZINSKI (1923) hält, ebenso wie ASCHER (1925), an der Möglichkeit fest, daß eine infolge von Stoffwechselstörungen auftretende Kochsalzretention zu Drucksteigerung führen könne, wobei er auf seine Versuche an menschlichen Augen zurückgreift, bei denen konzentrierte NaCl-Lösungen in dem Glaskörper eingespritzt wurden.

Nach den Versuchen von WEEKERS (1923) mit intravenöser Einspritzung hypertonischer NaCl-Lösungen ergaben Versuche mit 30%iger NaCl-Lösung bei akutem Glaukom eine Senkung des Druckes, die 1—2 Tage anhielt; dann stieg er langsam wieder an; und es folgte keine Senkung mehr. Bei chronischen und Sekundärglaukomen war der Einfluß gleich Null. Mit Aqua dest. erzielte WEEKERS erst Hypertonie, dann trat wieder eine Senkung ein. HAUPT (1915), der mit hypertonischen Lösungen eine Druckherabsetzung erzielte und mit hypotonischen eine Drucksteigerung, nimmt außer osmotischer Einwirkung noch vasomotorische Einflüsse an. MAZZOLA (siehe Kapitel IX), der mit dem Tonometer von SCHIÖTZ und dem Refraktometer von Zeiß arbeitete, sah nach Injektion von 30 ccm Aqua dest. intravenös eine Steigerung des Augendruckes, während der Brechungsindex und Blutstickstoff sank. Bei NaCl-Injektionen war der Druck nicht verändert. LAMBERT und SILVERT (siehe Kapitel IX) erzeugten auch beim normalen Auge eine Drucksenkung mit hypertonischer Salzlösung, die $1^1/_2$ Stunden Dauer hatte. Der Referent bemerkt, daß den Autoren die deutsche Literatur wohl nicht bekannt gewesen sei.

Nach GIRARD und MORAX (siehe Kapitel IX) läßt sich der Augendruck durch Osmose weitgehend beeinflussen; beim normalen Auge erfolgt nach Drucksenkung der Wiederanstieg. Die vorübergehende Wirkung hochprozentiger Kochsalzlösungen kann nach HANSSEN (1928) und GOSLICH (1925), (siehe Kapitel XIII A) dahin nutzbar gemacht werden, daß man für operative Eingriffe günstigere Bedingungen schafft.

Die neueren Versuche von DE DECKER (1929) ergaben, daß die durch osmotische Reize bewirkte Plasmavermehrung auf den Druck des normalen Auges keinen Einfluß hat. Heiße und Lichtbäder senken den Druck trotz starker Plasmavermehrung nur in geringem Grade.

## 5. Experimentelle Beeinflussung des Augendruckes.

Eine Reihe weiterer Experimente über den Einfluß des Blutdruckes auf den Augendruck wurden von MAZZAI (1926) an Hunden angestellt. Bei Unterbindung der oberflächlichen Jugularvenen wurde eine Drucksteigerung von 3 mm erzielt; bei Unterbindung der tieferen Jugularvenen von 5 mm, während eine Drucksenkung von 3 mm nach Unterbindung der Carotis auftrat. BOTHMANN u. COHEN (1927) stellten durch manometrische Messungen fest, daß nach Adrenalininjektion eine Erhöhung des allgemeinen Blutdruckes um 80 mm Hg und gleichzeitig eine Augendrucksteigerung von 25 mm $H_2O$ auftrat. Pituitrin, Nikotin und Nitroglycerin hatten ähnliche Wirkungen. Die Veränderungen des Augendruckes waren aber nur von kurzer Dauer. Die unmittelbar nach Veränderung des Blutdruckes auftretenden kurz dauernden Veränderungen des Augendruckes sind auf Veränderungen des Kalibers der intraokulären Gefäße zu beziehen. Auch WESSELY (1918) mißt der Füllung der Gefäße viel Wert bei; mit Coffein konnte er bei fallendem Blutdruck eine Tensionssteigerung erzielen. Auch OGAWA (1927) und GOLDENBURG (1928) lieferten Beiträge zu dieser Frage. Die Versuche von DUKE-ELDER (1928) sind bestrebt, außer der Abhängigkeit vom allgemeinen Blutdruck, noch andere Faktoren zur Erklärung der Tensionssteigerung im Auge heranzuziehen. Für den Einfluß des Blutdruckes bei der Entstehung des Glaukoms werden auch die Fälle zum Beweis angeführt, wo ein Aderlaß die Tensionssenkung beim Glaucoma simplex bewirkte, wie es z. B. GILBERT (1912) erwähnt. SEMPLE (1910) und WEBSTER FOX (1910) geben an, daß Miotica beim Glaukom erst dann ihre Wirkung entfalten, wenn ein Aderlaß vorausgeschickt war. Auch die Narkose wirkt, wie AXENFELD (1911) besonders bei Hydrophthalmus feststellte, erniedrigend auf den Blutdruck und auch auf den Augendruck.

Die Experimente, welche SAMOILOFF (siehe Kapitel IX) mit Adrenalin und Glaukomen am Kaninchenauge anstellte, brachten ihn zu der Überzeugung, daß andere Kräfte bei der durch diese Mittel bewirkten Drucksenkung wirksam sind, weil eine Blutdrucksteigerung nicht beobachtet wurde.

Grundlegende ausführliche Arbeiten über die Wirkung subconjunctivaler NaCl-Injektionen auf den Augendruck stellte WESSELY (siehe Kapitel IX) an. Zunächst stellte er fest, daß sie ohne Einfluß waren, 5 und 10%ige Lösungen riefen eine starke Drucksteigerung hervor. Die analog den nach Durchschneidung des Sympathicus auftretenden Gefäßerweiterungen sind an der Tensionssteigerung kaum beteiligt, wohl aber die Hyperämie, welche durch gesteigerte Flüssigkeitsproduktion den Augeninhalt vermehrt und so zur Drucksteigerung führt. In weitgehender Weise wird auch hierdurch das Kammerwasser beeinflußt, welches eiweißreicher wird.

Nach KAPUCZINSKI (1923) bewirkten Injektionen von konzentrierter Kochsalzlösung in den Glaskörper Drucksteigerung, Pupillenerweiterung und Abflachung der vorderen Kammer, was GRÖNHOLM bestritten hatte.

SAMOILOFF (1928) erzielte mit subconjunctivaler Injektionen von 20%iger NaCl-Lösung einen manometrisch gemessenen Druck, der in der vorderen Kammer bis 70 mm, im Glaskörper dagegen nur bis 50 mm stieg.

Die Untersuchungen von KOCHMANN u. RÖMER (1914) stellten bei subconjunctivalen Injektionen hypertonischer Kochsalzlösungen bei Kaninchen eine Drucksteigerung fest, die durch Serum von Comapatienten (Diabetes) vermindert werden konnte, ohne daß der Blutdruck sich änderte. Neuere Untersuchungen von VOM HOFE (1929) ergaben, daß nach Injektion geringer Mengen physiologischer Kochsalzlösung in den Glaskörper des Kaninchenauges sofort eine Drucksteigerung erfolgte, welche von einer kürzer oder länger dauernden, aber deutlichen Drucksenkung gefolgt ist. Diese Erscheinungen, die auch bis zu einem gewissen Grade am anderen Auge sichtbar sind, werden durch die Annahme einer infolge wechselnder Durchblutung sich ändernden Gewebselastizität zu erklären versucht.

Injektionen von Chlorcalcium in die Vorderkammer und in den Glaskörper oder subconjunctival injiziert, bewirkten nach KLEIBER (siehe Kapitel IX) eine Hypotonie ohne anfängliche Drucksteigerung, während ROCHAT (siehe Kapitel IX) angibt, daß eine Injektion von Calciumchlorid erst eine Steigerung und dann eine Senkung des intraokulären Druckes bewirkte, die auf vermehrte Flüssigkeitsproduktion hinweist, worauf auch die Fluoresceinausscheidung ins Kammerwasser beruht. Eine Hypotonie erzielte RÖMER (1918) durch Einführung von Magnesium in das Auge, was von KANEKO (1926) bestätigt wird. Versuche von TRETTENERO (siehe Kapitel IX) mit Zuckerlösungen führten bei subconjunctivaler Injektion zu einer Drucksenkung und Verminderung der Schmerzen. TRISTAINO (siehe Kapitel IX) stellte mit Hilfe des Tonometers von SCHIÖTZ fest, daß nach parenteraler Eiweißzufuhr im Kammerwasser der Eiweißgehalt vermehrt sei und der Augendruck sinkt. Subconjunctivale Milchinjektionen, Pferdeserum und Elektrargol bewirkten das gleiche. Subconjunctivale NaCl-Injektionen und teilweise Punktion der Vorderkammer führten nach Versuchen von SAMOI-

LOFF (siehe Kapitel IX) (1928) zu einer einstündigen Drucksteigerung, die bei Katzen und Kaninchen in Narkose fehlte, woraus auf den Einfluß einer Nervenreizung geschlossen wird. ROSCIN (1929) stellte im Gegensatz zu SAMKOWSKY (siehe Kapitel IX), der den subconjunctivalen Einspritzungen von 1%iger Atropinlösung einen sekretionsfördernden und damit einen drucksteigernden Einfluß zuschreibt, fest, daß diese Injektionen ganz inkonstante Resultate ergeben.

Nach ALAJMO (1923) setzt 1%ige Atropinlösung den Eiweißgehalt des Kammerwassers herab, während MAWAS (siehe Kapitel IX) eine Vermehrung gesehen hatte. Adrenalin hat auf das Kammerwasser wenig Einfluß. Nach Pilocarpin bleibt der Brechungsindex eine Zeitlang subnormal, nach Dionin gesteigert. Subconjunctivale Injektionen von Jodnatrium und von Adrenalin führten eine Drucksteigerung herbei.

CASOLIN (1914) stellte fest, daß Cholin beim Hund den Augendruck wenig, Amylnitrit dagegen stark herabsetzt. Atropin intravenös vermindert den Augendruck nach Durchschneidung der Vagi. In einer Lösung von 1‰ erzeugte Adrenalin subconjunctival injiziert nach SAMKOWSKI (siehe Kapitel IX) Hypotonie und dann Drucksteigerung, die wohl auf Sekretionsvermehrung zurückzuführen sei. Bei Cyankali oder Suprarenin trat sofort eine Drucksteigerung auf, während am normalen Auge keine Beeinflussung bemerkt wurde. Diese Resultate widersprechen dem, was über stärkere Lösungen bekannt ist. Nach SAMOILOFF (1927) erzielten subconjunctivale Injektionen von Pituitrin bei Tieren geringe Drucksenkung, die bei Glaukomfällen sich als unzureichend erwies. Adrenalin ruft nach ROSCIN (siehe Kapitel XIIIa) nach Injektion in den Glaskörper des Kaninchenauges ebenso wie Pilocarpin, Atropin und physiologische Kochsalzlösung eine Drucksenkung hervor. Die Versuche von REDSLOB u. REISS (1929) erstreckten sich auf eine Veränderung des Quellungszustandes des Glaskörpers, und es konnte durch Säureinjektionen bei Tieren eine länger dauernde Drucksenkung erzielt werden.

JONGH (1924) beobachtete, daß, wenn Insulin bei Kaninchen Krämpfe erzeugte, eine Drucksenkung eintrat, während sonst Insulin ohne Einfluß war. BAILLART u. CARETTE (siehe Kapitel IX) fragen sich, ob in einem Falle von Neuritis optica i. v. Injektion von Quecksilberoxycyanat und Novasurol durch Gefäßerweiterung im Augeninnern Drucksteigerungen hervorrufen können. KOPPANYI und ALLEN (siehe Kapitel IX) erzielten durch Chloroformeinspritzungen in die Carotis Blutdrucksenkung, Gefäßkontraktion und dennoch Drucksteigerung. Dasselbe wurde nach Äthereinwirkung, nach Zucker- und Adrenalineinspritzung beobachtet.

vom Hofe (1928) bewirkte mit subconjunctivaler Chlorbariumeinspritzung keine Drucksenkung, eher eine leichte Drucksteigerung. Die starke Drucksenkung durch Adrenalin und stärker noch durch Fluorescein, die sich auch am zweiten Auge bemerkbar macht, wird auf die starke Einwirkung auf die Gefäßwandzellen zurückgeführt. Schließlich seien noch die Versuche von Accardi (1927) mit Endohypophysin und Endopitruitin erwähnt. Ersteres bewirkt Pupillenerweiterung ohne Einfluß auf den Druck; bei subconjunctivaler Injektion starke Pupillenerweiterung und Hypotonie, subcutan Pupillenerweiterung und Erhöhung des Druckes; das zweite erzeugt Hypotonie und Mydriasis. Die Drucksenkung, die Schmidt (1927) mit Hypophysin erzielte, wird auch am zweiten Auge durch Verengerung der Capillaren beobachtet. Calciumchlorat senkte ebenfalls den Druck, da die Gefäße eine größere Durchlässigkeit erhielten.

Neuerdings macht Passow (s. Kap. XIIIa) auf die druckherabsetzende Wirkung des Cholins aufmerksam, die ihn dazu veranlaßte, daraus ein neues Präparat Pacyl herstellen zu lassen.

Bei seinen experimentellen Studien über Katarakterzeugung durch Iontophorese mit Wasserstoffsuperoxyd machte Erlanger (1928) die Beobachtung, daß bei Kaninchen eine Drucksteigerung von 25 mm auf 35 mm und eine starke Miosis auftrat. War vorher Adrenalin iontophoretisch eingebracht, so blieb die Miosis aus, die auch nach Einträufelung von Adrenalin zum Verschwinden gebracht wurde. Später sinkt der Druck erheblich. Wurde vorher 1%iges Bariumchlorid iontophoretisch eingebracht, so entstand nach einigen Tagen ein Keratokonus oder ein Buphthalmus mit Vergrößerung der Hornhaut und Verdünnung der Sclera, ohne daß Drucksteigerung auftrat. Diese Versuche regen zu weiteren Nachprüfungen an.

Die Versuche von Samoiloff (1928) mit Atropininjektionen ergaben eine ziemlich deutliche Drucksteigerung bei Tieren, welche jedoch auf Grund einer Reizung des Auges entsteht und darum nicht als Folge einer gesteigerten Tätigkeit der Ciliarepithelien aufgefaßt werden darf.

Nach Ogawa (1927) ruft Chloroforminhalation Druckabfall in der Carotis und Anstieg in der Vene hervor, ebenso Äther und Amylnitrit. Morphium, Barium und Strophantin bewirken in kleinen Dosen nur erhöhten arteriellen Druck, in größeren auch erhöhten Venendruck. Acetylcholin und Pilocarpin setzen den Augen- und Arteriendruck herab und vermehren nur in großen Dosen den Venendruck.

Baillart u. Bollack (1921) stellten fest, daß Amylnitrit eine Dissoziation des Augendruckes und des allgemeinen Blutdruckes durch Erweiterung der peripheren Gefäße hervorruft. An Iris und Ciliarkörper traten keine Veränderungen auf. Sie bestätigten die Resultate von WESSELY.

Weiterhin machen KAHN u. LÖWENSTEIN (1922) darauf aufmerksam, daß an einem Tumorauge vor der Enukleation die manometrische Prüfung Druckschwankungen ergab, die zum Teil auf den Tumor, zum Teil auf den Abfluß des Kammerwassers bezogen wurden. Dabei muß nach MAGITOT (1922) darauf geachtet werden, daß nach Berührung der Iris mit der Kanüle eine länger dauernde Drucksteigerung auftreten kann.

## 6. Druckmessung an den Augengefäßen.

Nachdem sich herausgestellt hatte, daß bei der Entstehung des Glaukoms der Blutdruck nur dann eine Rolle spielt, wenn das Auge zum Glaukom disponiert ist, oder Gefäßveränderungen oder abnorme Gefäßfüllung vorliegen, wandte sich die Forschung der Ermittelung der Druckverhältnisse in den intraokularen Gefäßen zu. Eine ausführliche Darstellung von BLIEDUNG (1923, 1924) bringt eine historische Übersicht über diese Fragen, die zuerst von v. SCHULTÉN in Angriff genommen worden sind. Erst viel später beschäftigten sich BOLLACK und BAILLART (1921) mit diesem Problem und HENDERSON (1914) brachte zuerst zahlenmäßige Werte. In der Folgezeit ist diese Frage im wesentlichen durch BAILLART (1923, 1925, 1927, 1929) gefördert worden, der besondere Apparate konstruierte und mit MAGITOT (1921) eingehende Untersuchungen anstellte. DUVERGER u. BARRÉ (1920), VELTER (1920), MAGITOT (1922/23), LEPLAT (1921) und SALVATI (1928) arbeiteten auf diesem Gebiete weiter. Die von diesen Autoren erhaltenen Resultate waren ziemlich widersprechend; damit war auch keine Klarheit geschaffen zwischen den Beziehungen zu lokalem Druck und allgemeinem Blutdruck, die nach BAILLART und LEPLAT unabhängig voneinander sind, während DUVERGER und BARRÉ und VELTER die Abhängigkeit behaupten. HOROWITZ (1916) konnte bei Schwangeren eine höhere Tension feststellen, während nach der Entbindung die Tension niedriger war; es gingen hier also Blutdruck und Augendruck konform.

Die Ansichten über die Brauchbarkeit einzelner Untersuchungsmethoden gehen auch auseinander, worauf hier nicht genauer eingegangen werden kann. Nur eines sei bemerkt, daß BAILLART und MAGITOT zuletzt an Katzenaugen experimentierten. Wie DUKE ELDER (1928, 1929) und SAMOILOFF (1927) mit Recht bemerken, ist das von letzteren Autoren geübte Verfahren zu kompliziert, weil der Bulbus mehrfach perforiert wird. Aus diesem Grunde, und abgesehen von anderen Schwierigkeiten, konstruierte BLIEDUNG (1924) einen neuen

Apparat zur Druckmessung und kam zu dem Resultat, daß der Blutdruck in der Arteria centralis und in den Aderhautarterien gleich ist und daß diese Gefäße unter denselben Einflüssen die gleiche Veränderung zeigen. Zwischen beiden Augen kommen Schwankungen vor, und im Alter steigt der diastolische Blutdruck in der Arteria centralis langsamer als der allgemeine diastolische Blutdruck. Das wichtigste ist, daß eine Beziehung zwischen Augen und Blutdruck nicht besteht, indem bei gleicher Tension der Druck in den intraokularen Gefäßen durchaus verschieden sein kann. Daß der BLIEDUNGsche Apparat nicht weiterhin zu umfangreichen Untersuchungen benutzt wurde, liegt daran, daß SEIDEL (1924) mit seiner Pelottenmethode ein Verfahren einführte, welches noch sicherere Werte ergab, worüber dieser erfolgreiche Experimentator in mehreren ausführlichen Arbeiten berichtete. Er stellte fest, daß in den perforierenden vorderen Ciliararterien ein diastolischer Blutdruck von 30—40 mm und ein systolischer von 55—75 mm vorhanden war, womit ein Capillardruck im Auge von 30 mm vorhanden sein muß. Auch stellte SEIDEL fest, daß die Druckverhältnisse in den vorderen Ciliararterien weder vom Blut- noch vom Augendruck direkt abhängig sind und ein Unterschied zwischen einem gesunden und Glaukomauge in dieser Hinsicht nicht vorhanden ist. Zu den gleichen Resultaten kommen SAMOILOFF (1927) und SERR (1928). Eine ebenfalls aus der Heidelberger Klinik stammende Arbeit von HIROISCHI (1924) kommt zum Resultat, daß der Blutdruck in den episkleralen und Vortexvenen niedriger als der normale Augendruck ist. Eine weitere eingehende experimentelle Arbeit auf diesem Gebiete lieferte DIETER (1928), der im Gegensatz zu SEIDEL zu dem Resultat kommt, daß der intraokulare Druck einerseits vom Blutdruck in den Capillaren abhängig ist und andererseits durch den osmotischen Druck derjenigen Blutkolloide verursacht wird, für welche die Capillarwand undurchlässig ist. Dabei kommt DIETER auf Grund seiner Meßmethoden zu dem Resultat, daß der physiologische Druck im Auge bei 50—60 mm liegt; auch die Beobachtung von VOSSIUS (1921) an einem Gefäße einer persistierenden Pupillarmembran ergab ähnliche Werte. LIDA u. ANDROGUË (1927) fanden einen diastolischen Druck von 40—50 mm und einen systolischen von 80—100 mm Hg[1], während SEIDEL und BAILLART 30 mm angegeben hatten. Auch BAURMANN (1926, 1927) fand erheblich höhere Werte mit Hilfe des Dynamometers von BAILLART und prüfte zum Vergleich mit

[1] In einem Referate über eine Arbeit von VITA (1926), die sich mit den Druckverhältnissen in den Netzhautarterien beschäftigt, teilt LÖWENSTEIN (1926) mit, daß ELSCHNIG schon 1909 dem ZEISS-Vertreter das Prinzip des BAILLARTschen Apparates in seinem Beisein klar angegeben und seine Ausführung verlangt habe.

der Pelottenmethode; er erklärt weitere Untersuchungen dieser Art für wünschenswert. Untersuchungen von BAILLART (1928) mit Hilfe langsam gesteigerten Fingerdruckes wiesen nach, daß bei verstärktem Druck Arterienpuls auftrat, und Sehbeschwerden, wenn der diastolische Druck überschritten wurde. Beim Überschreiten des systolischen Druckes treten weitere Sehstörungen und beim Überschreiten des diastolischen Druckes Ernährungsstörungen in der Netzhaut auf.

DIETERS Resultate wurden von SERR (1928) nachgeprüft mit dem Resultat, daß dessen Methoden und Schlußfolgerungen zum Teil als falsch bezeichnet werden, und eine Beziehung zwischen intraokularem Blutdruck und Augendruck nicht bestehe.

Auf Grund neuerer Untersuchungen kommt dagegen DIETER (1928) zu dem Schluß, daß an gesunden menschlichen Augen Werte erhalten wurden, die mit denen von BAURMANN übereinstimmen. Die Methode zur Bestimmung des Capillardruckes, der am normalen Auge mit Blutdrucksteigerung tiefer liegt als der diastolische Druck in der Arteria centralis retinae, werde durch diese neueren Messungen als zuverlässig erwiesen. Damit sei der Beweis erbracht, daß der capillare und kolloidale osmotische Druck den intraokularen Druck bestimme. Beim primären Glaukom sei der intraokulare Capillardruck gesteigert. Beim Glaukomkranken besteht eine funktionelle Minderwertigkeit der Funktionseinrichtung, die bei Hypertonie und bei nicht glaukomkranken Augen nicht verändert sei. Am normalen Auge und bei Hypertonien beständen Regulationseinrichtungen, die beim Glaukomauge schon frühzeitig reduziert seien. Eine cyanotische Induration des Auges führe zur Filtrationsunfähigkeit durch Zirkulationsstörungen als primärer Ursache, während die Gewebsveränderungen sekundäre Erscheinungen seien.

Zu diesen Ausführungen von DIETER nimmt neuerdings SERR (1929) nochmals Stellung; er bleibt bei der Ablehnung seiner Resultate, die mit zahlreichen experimentellen und klinischen Tatsachen in Widerspruch ständen und bringt eine sehr eingehende Übersicht über die Ergebnisse der Blutdruckmessungen an der Arteria centralis mit der BAILLARTschen Dynamometermethode durch verschiedene Untersucher. Nach BONNEFON (1925) ist der Augendruck vom Blutdruck und dem sogenannten visceralen Tonus abhängig; letzterer sinkt bei Belastung der Cornea. Blutdruck in den Ciliargefäßen und Kammerwasserdruck wirken antagonistisch. Geregelte Ernährung ist durch das Gleichgewicht beider Druckverhältnisse gewährleistet. Ist, wie beim Glaucoma simplex, dauernde Hypertension vorhanden, so ist diese nicht auf Hypersekretion oder Retention zurückzuführen, sondern auf die gestörte Tätigkeit des Gewebes.

Auch ARGANARAZ (1928) nimmt an, daß die Störung in den Capillaren bei rigider Sclera von der Irisvorderfläche ausgehe und nicht, wie LEBER meint, vom Glaskörper, der eine passive Rolle spielt. Nach CLERICI (1929) handelt es sich in den ersten Stadien des Glaukoms um eine Kreislaufstörung in den Capillaren infolge der Wirkung eines Toxins, welches durch Störung innersekretorischer Vorgänge den Sympathicus beeinflußt und mit Histamin Ähnlichkeit haben soll.

MANJUKOWA u. PLETNEWA (1925), die sich eingehend mit dem Blut- und Augendruck beschäftigten, kommen zu dem Resultate, daß die Druckschwankungen von dem lokalen Tonus der Gefäße abhängig sind. Dabei kann der allgemeine Blutdruck nur vermittelst des lokalen Gefäßdruckes wirksam werden. Der Druck in den Iris- und in den Netzhautgefäßen ist gleich. Die Untersuchungen von BOTHMANN u. COHEN (1927), die sich mit der Volumenveränderung der intraokulären Gefäße befaßten, stellten fest, daß die nach Schwankung des allgemeinen Blutdruckes auftretenden Augenschwankungen auf Veränderung des Kalibers oder des Füllungszustandes der intraokulären Gefäße zurückzuführen sei.

Auch die Untersuchung von ABRAMOWITSCH (1927) mit Hilfe eines eigenen Verfahrens stellten einen diastolischen Druck von 45—55 mm und einen systolischen Druck von 70—80 mm fest, wobei das Tonometer von SCHIÖTZ und von FICK sich dem von BAILLART als überlegen erwies. Den systolischen Druck in der Arteria centralis retinae gibt SCHIÖTZ mit 70—80 mm an. PRIESTLEY-SMITH (1911) stellte durch Druckbelastungen des menschlichen Augapfels einen diastolischen Druck von 40—50 mm und einen systolischen von 70—90 mm in der Netzhautarterie fest. Die austretenden Netzhautvenen hätten fast gleichen Druck wie der Binnendruck des Auges. In einer neueren Arbeit gibt BAILLART (1928) eine Übersicht über den Druck in der Zentralarterie in der Netzhaut und kommt zu dem Schluß, daß DUKE ELDER und BLIEDUNG den Druck mit 60—70 mm zu gering angegeben hätten. SALVATI (1928), der mit dem Dynamometer von BAILLART arbeitete, stellte fest, daß ein Einfluß der Körperhaltung auf den arteriellen Druck in den Netzhautgefäßen nicht bestehe.

Eine neuere Arbeit von DUKE ELDER (1927) beschäftigt sich mit dem Venendruck des Auges und seiner Beziehung zum Augendruck. Der Druck am Austrittspunkt der intraokularen Venen ist etwas höher als der Kammerdruck. Die Intraskleralvenen sind der Kompressionswirkung des künstlich gesteigerten Augendruckes entzogen. Von dem Druck in den Wirbelvenen gibt O. WEISS (1923) an, daß er 33—60 mm beträgt und der Augendruck zwischen 25—33 mm liegt. Da also der

Wirbelvenendruck höher ist als der intraokulare Druck, so könne kein Druckgefälle von den Venen nach dem SCHLEMMschen Kanal existieren. Die Messungen von SEIDEL gäben keine Auskunft über die intrabulbären Venen, und LULLIES (1923), der den Venendruck des Skleralrandes an ihrer Durchtrittsstelle gemessen hat, fand bei Kaninchen in sechs Fällen viermal einen erhöhten Druck.

BAILLART u. MAGITOT (1921) haben an Hunden experimentell festgestellt, daß der Halssympathicus die vasoconstriktorischen Fasern für die Retina enthält. Die Gefäßconstriktion überdauerte die Mydriasis, und es stellte sich heraus, daß der Druck in der Iris und den Retinalgefäßen gleich hoch ist. Eine neuere Arbeit (1926) über die Zirkulationsverhältnisse im Auge berichtete über neue Methoden und erhielt auch im Vergleich zu SEIDEL bezüglich der vorderen Ciliarvenen und Ciliararterien dieselben Resultate. Die Messung des Blutdruckes in den Arterien der Netzhaut bei Glaukomkranken führte PLETNEWA (1926) zu dem Ergebnis, daß der Blutdruck in den Netzhautgefäßen zweimal normal, 36mal erhöht und fünfmal ein spontaner Arterienpuls vorhanden war. Die Capillaroskopie der Fingerspitze ergab bei sämtlichen Kranken pathologische Verhältnisse. Verf. nimmt an, daß beim Glaukom die Labilität der Capillaren eine große Rolle spiele, indem hierdurch schwere Zirkulationsstörungen ausgelöst werden können. BAILLART (1923) konstatierte bei 47 Glaukomkranken elfmal spontanen Arterienpuls, darunter waren sieben akute Glaukome. Der Netzhautarterienpuls ist bedrohlich, während der Venenpuls auf ungestörte Zirkulationsverhältnisse hindeutet. DUBAR (1927) stellte mit Hilfe des Apparates von BAILLART fest, daß nicht unerhebliche Drucksteigerungen in den Retinalarterien zu verzeichnen sind, wenn Schreckmittel einwirken.

Bezüglich der Aderhautvenen ermittelte SAMOILOFF (1928), daß in ihnen der gleiche Druck herrsche wie in den Limbusvenen.

Neuere Versuche von SAMOILOFF u. KOROBOVA (1928) stellten fest, daß bei Hypertonie der Gefäße in den vorderen Ciliararterien der Druck gesteigert ist, mehr jedoch in den größeren Blutgefäßen. Der Druck in den vorderen Ciliarvenen war nicht gesteigert. In den Ciliararterien von Glaukomkranken war der Druck annähernd normal, was dafür sprechen soll, daß bei Glaukom gelegentlich eine Blutdrucksteigerung in den Augengefäßen nicht zustande kommt.

Die Druckmessung in den retinalen Gefäßen soll nach BAILLART (1929) auch die Schwankung des Liquor-cerebrospinaldruckes angeben, was unter Umständen diagnostische Bedeutung haben könnte, eine Möglichkeit, auf die DUBAR u. LAMACHE (1929) hinweisen, ebenso NICHELATTI

(1928). KALT (1928) beschreibt neuerdings einen Fall, wo eine intracranielle Drucksteigerung ohne Stauungspapille auf Grund der Hypertension der Zentralarterie entdeckt wurde. Auch BERENS, SMITH u. CORNWALL (1929) sprechen sich für die Brauchbarkeit dieses Verfahrens bei Hirndrucksteigerungen aus, wobei die Methode von BAILLART gute Dienste leistet. Nach HILL (1928) sind die von DUKE ELDER für den intraokularen arteriellen Druck angegebenen Werte zu hoch, wenn der Capillardruck im Ciliarkörper mit 60 mm und der Augendruck mit 30 mm angenommen würde. Dieser Druck sei nach DUKE ELDER genügend, um den osmotischen Druck der Plasmakolloide zu überwinden; darum könne das Kammerwasser sehr wohl ein Filtrat sein. Demgegenüber nimmt HILL eine Sekretion auf Grund eines cellulären Stoffwechsels im Auge an.

Eine neuere Untersuchung von THIEL (1928) befaßt sich mit der Hornhautpulsation. Die Pulswelle wurde durch den Volumenpuls und durch den Druckpuls mit besonderen Apparaten bestimmt, die z. B. respiratorische Schwankungen anzeigen. Auch WEGNER (1928/29) erhielt durch besondere Apparate brauchbare Kurven der pulsatorischen Bulbusschwankungen.

SAMOILOFF (1927) machte mit seinem optischen Manometer Versuche bei Kaninchen und stellte bei reaktiver Hypertonie ausgesprochene pulsatorische Druckschwankungen fest, welche nicht als plethysmographische Kurven zu betrachten seien, sondern anders erklärt werden müssen. Das Volumen des Augapfels sei keine konstante Größe und bei Hyperämie der Aderhaut würde der Druck durch Abfluß aus der vorderen Kammer auf normaler Höhe gehalten; die pulsatorischen Schwankungen beruhten auf reflektorischer Hyperämie der Aderhaut.

Die neueste Arbeit auf diesem Gebiete bringt SONDERMANN (1929), der hervorhebt, daß die Entstehung des Augendruckes durch den Blutdruck gebunden ist an eine schon frühzeitig einsetzende stärkere Füllung und Hemmung der Uvealvenen bei ihrem Durchtritt durch die Sclera. Der Druck in den Venen und Capillaren der Retina und der Uvea ist verschieden hoch; nur der letztere bestimmt den Augendruck. Die Hemmung in den Skleralvenen wird begünstigt durch die enge Umschließung und den schrägen Verlauf in der Sclera.

## 7. Sympathicus und Glaukom.

Die Beobachtungen aus früheren Zeiten, wonach die Exstirpation des Ganglion cervicale supremum auch beim Menschen eine Drucksenkung herbeiführen könnte, haben dazu geführt, diese Operation gegen

Glaukom einzuführen. SCHMIDT-RIMPLER führt eine Beobachtung an, wo bei Lähmung des Sympathicus eine Drucksenkung eintrat, während STOCK (1910) bei einseitiger Lähmung beiderseits einen Druck von 22 mm feststellte. Eine Reihe von experimentellen Untersuchungen wird von ihm angeführt, wo nach Operationen zweifellos eine Drucksenkung, meistens vorübergehender Art, erzielt wurde. Eine Reizung des Ganglions beim Hunde und beim Kaninchen wurde von LODATO (1906) vorgenommen, die eine vorübergehende oder dauernde Steigerung des intraokularen Druckes und Mydriasis erzeugte. Länger dauernde Reizungen führten zu Zirkulationsstörungen.

Eine Übersicht über diese experimentellen Forschungen findet sich auch in der Arbeit von JESS (1911), der darauf hinweist, daß die operativen Resultate zweifelhaft seien, und daß bei experimentellen Untersuchungen die Exstirpation des Ganglions sogar eine Druckzunahme im Gefolge hatte, und SCHIMANOWSKY (1903, 1905), der bei Tieren eine einseitige Reizung und auf der anderen Seite eine Exstirpation vornahm, konstatierte nur eine geringe Druckschwankung. Im Gegensatz zu anderen Versuchen konnte anhaltende Reizung beim Glaukom keine Gefäßveränderung erzeugen. JESS stellt in einer Beobachtung fest, daß die Entwicklung eines absoluten Glaukoms durch eine totale Sympathicuslähmung nicht verhindert werden konnte. Auch WESSELY (1908) beschäftigt sich mit dem Einfluß des Halssympathicus. Er wies nach, daß die Sympathicusreizung durch Vasoconstriktion eine Druckherabsetzung herbeigeführt hätte, die beim Hund und bei der Katze geringer sei als beim Kaninchen.

Neuere Arbeiten beschäftigen sich eingehend mit dem Einfluß des vegetativen Nervensystems auf die Drucksteigerung. Nach ARKIN (1926) hat Adrenalin und Pilocarpin keinen Einfluß auf das vegetative Nervensystem. HANNEMANN (1924) betrachtet das Glaukom als Ausdruck einer bestehenden Sympathicotonie, was durch die Wirkung gewisser Gifte bewiesen werde. Ein abnormer Erregungszustand im Sympathicus kann ein Glaukom zur Folge haben. Miotica üben eine Reizung des Parasympathicus aus und stellen auf die Weise bei erhöhter Sympathicuserregung auf vegetativem Wege das Gleichgewicht her, wenn nicht eine übergroße Steigerung des Sympathicustonus vorliegt. Erregungen des Sympathicus können einen Glaukomanfall auslösen und starke parasympathische Innervationen, z. B. Schlaf bringen einen Anfall zum Schwinden. Bei mehreren Glaukompatienten konnte ein erhöhter Sympathicustonus festgestellt werden. Durch eine Beobachtung von BRANA (1925) bei einem Sympathicotoniker wurde festgestellt, daß gelegentlich beiderseits starke Mydriasis auftrat. Das rechte Auge wurde nach einem Anfall durch Anwendung von Pilocarpin in seiner Tension normal; trotz Pilocarpinanwendung war jedoch die Pupille nach 14 Tagen noch weit ohne Drucksteigerung. Bei intravenösen Adrenalineinspritzungen wurde eine starke Blutdruckerhöhung festgestellt. Die neueren Stoffwechseluntersuchungen von PASSOW (1928), der bei Glaukom vermehrten Calciumgehalt des Blutes und vermindertes Kalium fand, sollen für einen Einfluß des Sympathicus sprechen.

THIEL (1929) untersuchte den Einfluß der Sympathicusreizung auf normale und glaukomatöse Augen durch Röntgenbestrahlung des Ganglion cervicale supremum, mechanische Reizung am Ganglion sphenopalatinum und durch tetanischen Reiz am Trommelfell. Es erfolgte ein kurzer Aufstieg und dann längerer Abfall der Tension, weniger ausgeprägt beim normalen Auge als beim chronischen Glaukom. Dabei ruft einseitige Reizung doppelseitige Reaktion hervor, die mit einer reflektorischen Einwirkung auf die Aderhautgefäße erklärt wird.

Sympathicusreizung beim Kaninchen bewirkte nach ROCHAT (1919) Drucksenkung. Nach Carotisligatur trat vorübergehend Drucksteigerung auf, die vom Blutdruck unabhängig ist, wobei auf die Versuche von HENDERSON und STARLING hingewiesen wird, die am decapitierten Tier mit Sympathicusreizung Drucksteigerung erzielten.

Nach CLERICI (1929) wird durch Einwirkung toxischer Stoffe auf die Capillaren ein abnormer Zustand in der Sympathicusinnervation ausgelöst und darum ist Adrenalin bei den dadurch ausgelösten akuten Glaukomformen angebracht.

Die am Kaninchen ausgeführten experimentellen Versuche von OGAWA (1927) ergaben, daß bei elektrischer Reizung des Sympathicus Vasoconstriktion und Drucksenkung erzielt wurde; durch Mydriasis kam eine Steigerung zustande, die deutlicher war, wenn vorher durch Kompression der Carotis eine Senkung hergestellt war. Eine Vagusreizung am Halse hatte eine Drucksenkung zur Folge, da die Blutfülle der intraokularen Arterien verringert wurde. In einer Arbeit von BAILLART (1927) werden die Ansichten über die Rolle des Sympathicus beim Glaukom eingehend besprochen, ebenso in der von ABADIE (1909), der nach wie vor einen solchen Einfluß annimmt, wie dies auch von MAGITOT (1922) und BISTIS (1929) geschieht, ferner in der von TERSON (1927), der auf eine Analogie zwischen akutem Glaukom und klinischem Ödem hinweist. Auch WOODS (1925) hält vasomotorische Ursachen für die primäre Ursache des Glaukoms, ebenso wie HANNEMANN (1924). LAGRANGE (1925) stellte bei bestehender Menstruation Sympathicotonie fest, nach deren Aufhören dagegen Vagotonie. Die Wirkung der Mydriatica kann nicht nur auf die Pupillenweite bezogen werden. Nach BAILLART lähmt Pilocarpin den Sympathicus, Atropin den Parasympathicus. Adrenalin reizt den Sympathicus, bewirkt aber kurz nach der Injektion dauernde Steigerung. Es wird auf die Möglichkeit hingewiesen, daß der Parasympathicus vitale Zellfunktionen fördert, der Sympathicus diese aber hemmt. KADLICKY (1925) hebt die durch die Sympathicusreizung vermittelst Adrenalin erzielte Gefäßverengerung hervor, die der Drucksteigerung entgegenwirken soll. Retrobulbäre Injektionen verstärken die Wirkung. Nach Exstirpation des Halsganglions des Sympathicus beim Kaninchen konnte ROSSIN (siehe Kapitel XIII A) nach Adrenalininjektion unter die Bindehaut keinerlei Druckunterschiede feststellen, weshalb er die Gefäßconstriktion nicht für die alleinige Ursache der nach Adrenalin auftretenden Drucksenkung hält. Fehlen der Sympathicusinnervation vermindert nach ASHER (1922) die Permeabilität der Gefäße, was durch Experimente nach Exstirpation des Ganglion cervicale supremum festgestellt wurde. Ausführliche Untersuchungen über diesen Gegenstand stellte auch HIROSE (1924) an.

Neuerdings betont ZIRM (1924), daß er schon 1911 vor HAMBURGER den erhöhten Tonus des Parasympathicus für die Zirkulationsstörungen in den Augengefäßen verantwortlich gemacht habe. Dabei könnten hormonale Einflüsse wirksam sein. Im übrigen sei hier auf die zahlreichen Arbeiten von HAMBURGER über die Wirkung der Nebennierenpräparate verwiesen, in denen die Bedeutung des Sympathicus gebührend betont wird (siehe Kapitel VIII und XIII A).

Nach BAILLART u. MAGITOT (1921) enthält beim Grunde der Halssympathicus die vasoconstriktorischen Fasern für die Retinalgefäße. Schließlich sei noch erwähnt, daß SANYAL (siehe Kapitel VII) bei der epidemischen Wassersucht in Indien einen Einfluß des sympathischen Nervensystems auf das dabei beobachtete Glaukom annimmt.

Eine besondere Form des Glaukoms findet sich auch bei Heterochromie als seltene Erscheinung und als Spätfolge. STREIFF (1919) gibt eine Übersicht über diese Frage und erwähnt die Beobachtungen von DETHLEFSEN und von LUTZ und teilt seine eigenen Beobachtungen mit, welche dafür sprächen, daß bei dieser Form des Glaukoms der Sympathicus eine nicht unbedeutende Rolle spielt, weil die Beschläge an der Hornhauthinterfläche wohl nicht bei der Entstehung des Glaukoms in Frage kämen. Demgegenüber sei auf die Beobachtungen von KRAUPA und v. HERRENSCHWANDT verwiesen, welche eine Störung von seiten des Sympathicus vermißten und den Präcipitaten und dem Eiweißgehalt des Kammerwassers neben anderen Faktoren eine große Bedeutung zuerkennen, wie in dem Kapitel V erörtert ist.

## 8. Einfluß der äußeren Augenmuskeln auf den intraokulären Druck.

Bei seinen Experimenten über die Entstehung der Myopie versuchte LEVINSOHN (1910) bei cocainisierten Tieren, ob manometrisch eine Druckschwankung bei Reizung der Augenmuskeln vorkäme. Leichte Reizungen waren ohne Einfluß; stärkere dagegen führten zu einer Erweiterung der Pupille und leichter Tensionssteigerung, die erst nach Stunden oder sehr rasch auftrat. Durch Reizung des Oculomotorius traten Veränderungen im Gefäßtonus auf, ferner Blutdrucksteigerung und Gefäßdilatation. Bei Konvergenz wurde jede Drucksteigerung vermißt und es konnte tonometrisch beim Menschen kein Einfluß der Reizung festgestellt werden. Die geringfügige Druckerhöhung bei einer Muskelreizung habe andere Ursachen und käme praktisch nicht in Frage. Im Gegensatz zu LEDERER (1912) hält LEVINSOHN die Druckerhöhung für zu gering, um praktische Bedeutung zu erlangen. LEDERER konnte auf tonometrischem Wege bei Kaninchen nachweisen, daß bei Kontraktionen von Augenmuskeln und durch passive Bewegung eine Drucksteigerung auftrat, was auch durch Versuche an Affen und beim Menschen bestätigt wurde. Sie wird dadurch erklärt, daß bei Kontraktion des Bulbus rückwärts ein Druck auf die Orbitalgefäße ausgeübt wird; er bewies dies dadurch, daß die Reizung am freischwebenden Auge erfolglos war. Auch HOLM (1926) nimmt bei seiner Erörterung über die Entstehung der Kurzsichtigkeit an, daß durch den Muskeldruck eine Druckerhöhung zustande kommt. WESSELY (1916) stellte in einer weiteren Untersuchung fest, daß eine ausgiebige Blickwendung des menschlichen Auges eine schnell vorübergehende Drucksteigerung erzeugt, wobei das Resultat in den vier Hauptrichtungen nicht gleichstark zutage tritt. Die beim Lesen auftretenden Augenbewegungen lassen keinen Einfluß der Muskulatur erkennen. Auch SALVATI (1924) konstatierte beim Menschen eine leichte Drucksteigerung nach Augenbewegungen und erhielt eine Drucksenkung nach Tenotomie aller Augenmuskeln bei erblindeten Patienten.

Auch die Arbeit von COMBERG u. STOEWER (1925) beschäftigt sich mit der den Augendruck steigernden Wirkung verschiedener Muskelaktionen. Zunächst wurde festgestellt, daß bei Anspannung der Brust- und Bauchpresse durch Veränderung der Blutzirkulation die Augenzirkulation verändert wird und dadurch im Auge eine Drucksteigerung entsteht, ferner, daß im Bulbus eine Steigerung auftritt, wenn die Lider fest zugekniffen werden. Die Drucksteigerung trat jedoch auch auf, wenn durch Lidhalter der Liddruck ausgeschaltet wurde und weitere Versuche zeigten, daß dabei der Einfluß des Kneifens nicht gänzlich auszuschalten war. Auf Grund dieser Erfahrungen wird es verständlich, daß immer wieder einmal bei Operationen ein unerwarteter Glaskörpervorfall eintreten kann. Nach FOURRIÈRE (1912) haben die Augenbewegungen keinen Einfluß auf den intraokularen Druck, ebenso spricht sich GRÖNHOLM (1910) aus. HINE (1916) gibt an, daß bei Konvergenz Steigerungen von 2—10 mm auftreten, ACCARDI (1929) dagegen stellte einen geringeren Druck in abgelenkten Augen fest, wobei es sich ebensowohl um concomitierendes als auch um Lähmungsschielen handelte. Nach SALLMANN (1929) hängen die Tagesschwankungen des Augendruckes von der Funktion der äußeren Augenmuskeln ab; fällt deren Wirkung zur Nachtzeit fort, dann wird eine größere Drucksteigerung die Folge sein. Bleibt diese Probe negativ, so kann durch Coffeininjektionen gelgentlich der Druckanstieg nachgewiesen werden.

## 9. Druckwirkung auf den Augapfel.

Aus den Mitteilungen von GRÖNHOLM (1910), HINE (1916) und KAYSER (1909) geht hervor, daß der Druckverband beim normalen Auge druckherabsetzend wirkt. Diese Herabsetzung gleicht sich bald wieder aus. Nach KOYANAGI (1927) steigt der Druck nur unwesentlich direkt nach Anlegung des Verbandes, um dann rasch abzusinken. Die Druckverhältnisse bei Kompression des Bulbus sind von GRÖNHOLM (1910), von POLACK VAN GELDER (1923), von MAGITOT u. BAILLART (1923), von BONNEFON (1925) und von MALLING (1923) an Kaninchenaugen geprüft worden. MALLING stellte fest, daß durch die Kompression eine Druckherabsetzung erzielt wird, welche sich bald wieder ausgleicht und rasch zu erzielen ist, während bei Glaukom und Iridocyclitis zahlreiche Variationen vorkommen, und BONNEFON hebt hervor, daß am normalen Auge diese Senkung durch Änderung des visceralen Tonus, d. h. durch Verdrängung von Flüssigkeit herbeigeführt werde (siehe Massage), was schon GRÖNHOLM auf Grund tonometrischer Untersuchungen festgestellt hatte. Daß durch den Druck auf den Bulbus reflektorisch Puls- und Atmungsänderungen erzeugt werden, geht aus den Versuchen von MAGITOT und BAILLART hervor. Die neueren Untersuchungen von SHOGI (1928) stellten fest, daß bei Belastung des Augapfels beim normalen Auge eine Drucksteigerung auftritt, die sich nach Entlastung bald wieder ausgleicht. SUGASAWA (1926), der mit dem Dynamometer nach BAILLART und mit dem Tonometer von McLEAN arbeitete, konstatierte durch drei Versuche, daß während der äußeren Gewichtsbelastung das Auge härter sei als normal. Die Erweichung tritt erst nach der Entlastung ein. Demgegenüber hebt KOYANAGI (1927) hervor, daß bei den Versuchen von SUGASAWA manometrische Prüfungen mit Hilfe einer

Glaskörperkanüle vorgenommen worden seien; dabei kämen Verlegungen der Kanüle und dementsprechend differente Resultate vor. Der Druckabfall beginnt nach Belastung.

Beim Kaninchen wurde von SCHOENBERG (1913) nach Tenotomie der Augenmuskeln Druckerhöhung festgestellt, ebenso von ISCHIKAWA (1927). Sie mache aber bald einer länger dauernden Senkung Platz. Daß der Druck auf das Auge genau registriert werden kann, zeigt das Dynamometer von BAILLART, der mit seiner Hilfe genaue Untersuchungen über die Druckverhältnisse in den Netzhaut- und Irisgefäßen anstellte (siehe Blutdruck). Die Drucksenkung durch Druck auf den Augapfel wird von BONNEFON damit erklärt, daß durch Verdrängung von Flüssigkeit eine Änderung des sogeannnten visceralen Tonus herbeigeführt würde, was schon GRÖNHOLM tonometrisch nachgewiesen hatte,

## 10. Kopfstauung und Augendruck.

Die BIERsche Kopfstauung wurde von WESSELY (1908) bezüglich der Einwirkung auf das Tierauge geprüft. Bei Halsstauung blieb Hyperämie der inneren Gefäße aus; bei Saugstauung traten starke Drucksteigerungen auf und ein Übertritt von Eiweiß und Fluorescein in das Kammerwasser. Dasselbe Resultat erzielte auch SCHULZE (1907) mit der Saugstauung. Dagegen führte die Kopfstauung, wenn sie in erhöhtem Grade ausgeführt wurde, zu vermehrter Gefäßinjektion; starke Cyanose und starke subjektive Beschwerden traten auf, die eine Einführung in die Praxis unmöglich machen. BONNEFON (1925) erzielte bei Kaninchen durch Halsumschnürungen starke Drucksenkung und nach Lösung der Schlingen trat ein Anstieg zur normalen Höhe ein. Unmittelbare Drucksenkungen bei Fortsetzung der Strangregulierung sind erheblich geringer; sie werden mit einer direkten Druckwirkung auf das Auge erklärt. Nach SCHOENBERG (1929) kann durch Jugulariskompression der Druck gelegentlich um ein Geringes gesteigert werden.

## 11. Intrakranieller Druck und Augendruck.

Nachdem NOISZEWSKI (1912) bei Hunden auf experimentellem Wege nach Herabsetzung des intrakraniellen Druckes das Auftreten einer Exkavation beobachtete, schildert GORBUNOW (1912) einen Fall, wo bei Migräne Glaukom gefunden wurde. Ein Zusammenhang mit der Veränderung des intrakraniellen Druckes ist in diesem Fall nicht ersichtlich. NOISZEWSKI (1929) teilte weiter mit, daß entzündliche Glaukome entstehen, und ein Glaucoma simplex akut wird, wenn der Hirndruck niedriger ist als der intraokulare Druck. Als Beweis führen SZYMANSKI u. WLADYCZKO (1926) drei Fälle an, bei denen nach Lumbalpunktion eine Senkung des intraokularen Druckes, wenn auch nicht in bedeutendem Maße, beobachtet wurde. Im Kriege war nach Schädelverletzung von mehreren Autoren ein Glaukom festgestellt worden, wie auch WLADYCZKO vier derartige Fälle beobachtete. Schon 1—2 Wochen nach Verlust des Liquor trat Exkavation auf. Pupillenerweiterung tritt nach Vermehrung desselben auf, Exkavation nach Verminderung, wobei andere Momente begünstigend mitwirken. In einer weiteren Arbeit weist NOISZEWSKI (1929) wiederum darauf hin, daß Veränderungen des intraokulären Druckes am Sehnervenkopfe die schon geschilderten Veränderungen hervorrufen können. Ein Glaucoma simplex sei das Resultat der Senkung des Binnendruckes des Schädels und bei Lumbalpunktierten treten Klagen über Regenbogensehen und Stirnkopfschmerz auf. Seine Experimente an Hunden wurden von SZYMANSKI u. WLADYCZKO (1926) mit positivem Erfolg, von KIRSCHMANN (siehe NOISZEWSKI) mit negativem Erfolg nachgeprüft. Demgegenüber betont CASOLINO (1915) auf Grund von tonometrischen Messungen mit dem Apparat von SCHIÖTZ und von CLAUDE, daß bei elf Patienten nur einmal ein anormaler Augendruck festgestellt worden sei, wenn der intrakranielle Druck sich änderte. Der Druck der Cerebrospinalflüssigkeit sei ohne Einfluß auf den Augendruck, was VERDERAME bestätigt. Ebenso konnten FABRICIUS-JENSEN (1926) nachweisen, daß nach Lumbalpunktion geringe Schwankungen des intraokulären Druckes festgestellt wurden, im Sinne einer Erhöhung und einer Herabsetzung; sie sind von der Zusammensetzung der Spinalflüssigkeit und vom Spinaldruck unabhängig. Alles in allem wird man gut daran tun, dem Einfluß der intrakraniellen Drucksenkung auf die Ausbildung der Exkavation vorläufig keine Bedeutung beizumessen. Andererseits muß darauf hingewiesen werden, daß neuerdings durch Beobachtung des Druckes und des Füllungszustandes in den Netzhautgefäßen der intrakranielle Druck gemessen werden kann. So konnte BAURMANN (1926, 1927) mit Hilfe des Dynamometers von BAILLART in einer Reihe von cerebralen Erkrankungen, die mit Stauungspapille einhergingen, die Veränderungen des Netzhautvenenpulses als Maßstab für die Druckhöhe heranziehen, wie auch BAILLART u. MAGITOT (1921) diese Methode benutzten (siehe auch S. 198).

Nach CLAUDE, LAMACHE u. DUBAR (1928) konnte bei ihren Versuchen mit Kompression der Jugularis und gewaltsamen Atempausen ein Parallelismus zwischen Liquordruck und Netzhautarteriendruck festgestellt werden, während SALVATI (1928) neuerdings auf Grund zahlreicher klinischer Beobachtungen zu dem Resultate kommt, daß eine Beziehung zwischen Liquordruck und Augendruck nicht besteht. Nach BAILLARTs (1928) neueren Erfahrungen kann erhöhter Netzhautarteriendruck ein Frühsymptom der intrakraniellen Drucksteigerung sein, welches mit der völligen Ausbildung der Stase wieder zurückgeht. Auch BERENS (1929) hält bei entsprechender Übung das BAILLARTsche Verfahren für diagnostisch wertvoll. Wie GALLOIS (1924) an der Hand eines Falles von Hirntumor, der mit einer Trigeminuslähmung einherging, mitteilt, bestand eine erhebliche Differenz des Zentralarteriendruckes bei intrakranieller Drucksteigerung, und diese Differenz soll möglicherweise auf direkter Gefäßbeeinflussung beruhen.

## 12. Akkommodation und Augendruck.

Die Frage, ob durch die Akkommodation und Konvergenz der Augendruck beeinflußt wird, ist von GRÖNHOLM (1910) eingehender studiert worden. Im normalen Auge kann durch eine gewisse Akkommodationsanspannung die Tension zum Steigen gebracht werden; jedoch handelt es sich nicht um konstante Werte. Im Glaukom-Auge dagegen verursacht die Akkommodationsanspannung eine Druckabnahme, welche jedoch durch die Mydriasis paralysiert werden kann, weil diese im glaukomatösen und andeutungsweise im normalen Auge die Tension steigert, während sie umgekehrt durch ein Mioticum gesenkt wird. Die Konvergenz bewirkt keine nachweisbaren Veränderungen des Augendruckes, was auch von LEVINSOHN (1910, 1913) bestätigt wurde.

SALVATI (1924) berichtet dagegen über zwei Fälle von Glaukom, bei denen Akkommodation und Konvergenz den Augendruck erhöhten und die Skleralspannung stärker war als die der Hornhaut. In der Arbeit von GRÖNHOLM wurde auch eine ausführliche Darstellung gegeben von den Versuchen und Beobachtungen, durch Lesen den Augendruck herabzusetzen. Den von ihm angeführten Fällen von KROHN, SATTLER, SCHÖN, LANGE und HIRSCHBERG kann ich noch einen aus der hiesigen Klinik beobachteten Fall von KORTH (1910) hinzufügen. Schon 1897 betonte HESS (1897), daß er noch keinen Fall gesehen habe, in welchem ein Glaukom durch Akkommodation ungünstig beeinflußt worden wäre, während SCHÖN (1909), dessen Darlegungen wenig überzeugend sind, der Akkommodation einen großen Einfluß auf die Entstehung des Glaukoms zuschreibt.

## 13. Pupille.

Nachdem schon früher DUFOUR und PFLÜGER eine Drucksteigerung auf Mydriasis zurückgeführt hatten, stellte GRÖNHOLM (1910) in eingehenden Untersuchungen fest, daß im normalen Auge, wenn auch nur andeutungsweise, aber im glaukomatösen Auge deutlicher, Mydriasis druckerhöhend wirkte und ein Mioticum sehr erniedrigend. Wenn er die Patienten längere Zeit im Dunkeln oder im Hellen ließ, dann waren diese

Druckschwankungen nach Einträufelung von Atropin geringer. Ein direkter Druck auf das Auge, Massage oder ein Druckverband erzeugte auch eine Hypertonie. Er fügte den schon früher bekannten Fällen, die bei der Akkommodation schon erwähnt wurden, noch eigene Versuche hinzu, in denen angestrengtes Lesen eine Druckveränderung zur Folge hatte. Demgegenüber erwähnt KÖLLNER (1920) drei Fälle von Glaucoma simplex, die je 1 Tag im Hellen und 1 Tag im Dunkeln gehalten wurden, bei denen keine Druckveränderung auftrat. In zwölf Fällen, wo Atropin keine Drucksteigerung bewirkte, konnte durch Homatropin nur einmal ein Anstieg beobachtet werden, der mit der Mydriasis wieder zurückging, während die bestehende Pigmentzerstäubung und die Irisraffung ohne Einfluß auf den Flüssigkeitswechsel waren. Hierzu steht in scharfem Kontrast, was SERR (1927) berichtet, der den Begriff des Schwellenwertes einer mittleren Pupillenweite einführt, dessen Überschreitung sofort einen Druckanstieg zur Folge haben soll. Wenn der Patient im Dunkeln liege, sei der Blutdruck normal, die Drucksteigerung im Auge dagegen beträchtlich. In der Diskussion erwähnt ELSCHNIG, daß Pupillenweite und Tension keinen Zusammenhang miteinander haben; bei Glaucoma simplex sei die Pupille immer eng. Auch HAMBURGER leugnet den causalen Zusammenhang. SEIDEL (1920, 1928) gibt an, daß unter den verändernden Faktoren der Blutdruck und die Elastizität der Bulbuswand keine Rolle spielen, wenn es sich um die Einwirkung von Belichtung und Akkommodation auf das Auge handelt. Hierbei könne eine Erschwerung des Abflusses in Frage kommen. In einer weiteren Arbeit von SERR (1928) wurden an 13 Augen 250 Versuche gemacht und festgestellt, daß ein deutlicher Zusammenhang zwischen Pupillenweite und Augendruck bestand. Der Druckabfall im Hellen war auch dann zu beobachten, wenn die direkte Lichtwirkung ausgeschaltet war; auch SEIDEL (1920, 1928) stellte solche Versuche an. Ebenso fiel der Druck durch Lesen und auch im Schlafe, und diese Schwankungen wurden auch beobachtet, wenn bei gleichbleibender Belichtung die Pupillenweite durch Medikamente verändert wurde. Der Druckverlust ist bei enger Pupille größer als bei weiter; nach SEIDEL handelt es sich um eine Behinderung oder Erleichterung des Kammerwasserabflusses, weil durch eine Iridektomie oder Trepanation die Reaktion des Augendruckes dauernd beseitigt werden könnte. Im übrigen muß auf diese Dinge bei der Besprechung der Theorien eingegangen werden.

SEIDEL hob weiter hervor, daß die Druckschwankung bei Belichtung besonders an solchen Augen zu finden sei, bei denen keinerlei Injektion und eine ausgesprochen seichte Vorderkammer bestand. Durch Variierung der Belichtung war zum Erwirken des Druckabfalles keine maximale Mydriasis erforderlich. Im Anschluß an diese Darlegungen demonstrierte SERR (1927) einige Augendruckkurven, die die von SEIDEL geschilderten Verhältnisse illustrierten. Die neueste Arbeit von FEIGENBAUM (1928) knüpfte an diese Untersuchungen an, bei denen er mit einem besonderen Belichtungsapparat eine 10 Minuten lange Belichtung des Auges vornahm. Es stand ihm das Material von THIEL aus der Berliner Universitäts-Augenklinik, von dem jahrelange Druckkurven nach den verschiedensten Druckeinwirkungen angelegt waren, zur Verfügung.

Zunächst wurde festgestellt, daß auch beim normalen Auge der Druck häufiger anstieg, gleichblieb oder sank. Beim Glaucoma simplex erfolgte deutlicher Anstieg nach Dunkelaufenthalt und Abfall nach Belichtung. Auch am unbelichteten Auge war eine Schwankung zu bemerken und zwar reagierten die Augen mit flacher Vorderkammer besonders stark. Nach Pilocarpineinwirkung und Gynergen ist die Schwankung gering und nimmt noch mehr ab nach Trepanation. Beim sog. Glaucoma chronicum inflammatorium fallen die Schwankungen bedeutend größer aus. Beim Sekundärglaukom erfolgten einige typische und auch einige atypische Reaktionen, so daß hier gelegentlich eine Druckkurve mit inversem Charakter abends höhere Werte zeigte als morgens. Das Pilocarpin erwies sich bei einem Patienten von FEIGENBAUM als unwirksam. Merkwürdig ist, daß auf dem normalen Auge auch der inverse Typus festgestellt wurde. Die Schwankungen des Druckes bei Belichtung und zu verschiedenen Tageszeiten seien wichtig für die Frühdiagnose beim Glaukom. Gegen die von SEIDEL vorgebrachten Argumente, daß die Differenz von $^1/_2$ mm im Pupillendurchmesser eine Druckschwankung bewirken könnte, könne man einwenden, daß die Pupillenweite eben keine Rolle spiele. Am meisten spräche gegen SEIDELS Ansicht die Tatsache, daß die typischen täglichen Druckschwankungen auch bei traumatischer Aniridie beobachtet worden seien und auch bei dem Fall, wo nach breiter Iridektomie des einen Auges und nach Dunkelaufenthalt eine Belichtung zu einem Druckabfall auf beiden Augen führte. Auch fallen die Belichtungsversuche bei Homatropin typisch wie bei pilocarpinisierten Patienten aus, nach klinischen Beobachtungen von BRÜCKNER (1922) und experimentellen Untersuchungen von PUSCARIU, CHERCHE u. NITZULESCU (1925). Besonders wichtig sind die Versuche von FEIGENBAUM (1928), der in neun Fällen von einseitig blinden Glaukompatienten achtmal einen direkten Druckabfall auf dem blinden Auge und einmal einen konsensuellen Druckabfall auf dem sehenden Auge konstatierte. Es müsse daher der Einfluß des Lesens weder auf Akkommodation, noch auf Pupillenveränderungen, sondern auf günstige Beleuchtungsverhältnisse bezogen werden. Die Pupillenweite bilde keinen ursächlichen Faktor für die Druckschwankung. Es müssen daher noch andere Faktoren, vielleicht Strahleneinflüsse, Luftschwankungen und endokrine Elemente eine Rolle spielen. Die Beeinflussung der physiologischen Schwankung des Druckes durch Belichtung rührt von einer Beeinflussung des Gefäßapparates her. Gegen diese Ausführungen von FEIGENBAUM richtet sich eine ausführliche neuere Arbeit von SERR (1928), der darauf hinweist, daß man bei der Pupillenfrage zwischen den einzelnen Glaukomformen scharf unterscheiden muß. Die Untersuchungen von SEIDEL und von SERR seien an Glaukomaugen mit flacher vorderer Kammer und typischer Belichtungsreaktion des Augendruckes vorgenommen und erst später auf solche Primärglaukome ausgedehnt worden, bei denen eine bestimmte Pupillenverengerung den Augendruck ausreichend herabsetzte. Auf Einzelheiten der polemischen Ausführungen hier einzugehen, würde zu weit führen.

Auch KRONFELD (1929) spricht dem Pupillenspiel eine bedeutsame Rolle bei dem Mechanismus des Glaukoms zu, und KOLLER (1923) sieht die Wirkung der Miotica und der Mydriatica in dem Verhalten der Gefäße, die von ersteren erweitert und von letzteren kontrahiert werden und sucht damit auch die Wirkung dieser Mittel bei Drucksteigerung zu erklären. Nach FEIGENBAUM (1929) beruht die nach Beleuchtung auf dem zweiten Auge auftretende Druckabnahme nicht auf konsensueller Pupillenveränderung, sondern auf direkter Reizwirkung auf den Blutgefäßapparat der Uvea.

Außer diesen für die Theorie und Praxis wichtigen Versuchen sind bezüglich des Einflusses der Pupille nur noch einige kurze Mitteilungen anzuführen. KUHLEFELD (1911) beobachtete bei vorderer Synechie, daß sowohl bei enger wie auch bei weiter Pupille eine Drucksteigerung auftrat. SOMMER (1909) sah bei einseitigem Glaukom im epileptischen Anfall, daß die Pupillen beiderseits weit waren, die Tension aber unverändert blieb, wobei die Pupille des Glaukom-Auges, das unter Eserin-Pilocarpineinwirkung stand, mit dem anderen Auge zusammen eng wurde. LAGRANGE u. DALTIER (1926) beobachteten, daß langdauernde tabische Miosis keinen Einfluß auf den Verlauf des Glaukoms hatte. Schließlich sei hier noch erwähnt, daß FERENCZY (1928) bei einer mit Glaukom einhergehenden Aniridie durch Miotica Drucksenkung erzielen konnte, die bei Adrenalin ausblieb. Danach sei eine Wirkung auf die Gefäße auszuschließen und ein Freiwerden des Kammerwinkels anzunehmen.

## 14. Trigeminus.

Eine Reizung des Trigeminus kann ebenfalls eine Drucksteigerung herbeiführen. Wie SCHMIDT-RIMPLER hervorhebt, konnte bei einer Trigeminuslähmung wiederholt eine Druckverminderung beobachtet werden, wie sie auch in einem Fall von SCHMIDT-RIMPLER die Glaukomerscheinungen zum Verschwinden brachte. SCHMIDT-RIMPLER führt an, daß andererseits in zahlreichen Fällen experimentell erwiesen wurde, daß eine Reizung des Trigeminus den intraokularen Druck steigert, und MAGITOT (1922) konnte durch mechanische Irisreizung eine Drucksteigerung herbeiführen.

Eine besondere Besprechung verdienen noch die Neuralgien im Trigeminus, bei denen wegen Gefäßfüllung auf der befallenen Gesichtsseite Veränderungen vorkommen können. SCHMIDT-RIMPLER führt eine Reihe von Fällen an, bei denen es bei Trigeminusneuralgien zur Drucksteigerung kam. Auffallend ist besonders, daß Neuralgien dem Ausbruch des Glaukoms um Jahre vorausgehen können. CARTER behauptet sogar, daß in der Vorgeschichte von jüngeren Individuen dem Glaukom Schmerzparoxysmen in einem Trigeminusaste vorausgingen. Ausführliches über diese Frage findet sich bei SCHMIDT-RIMPLER. In einem neueren Falle von BÜTTNER (1921) ging eine Neuralgie in allen drei Ästen des Trigeminus dem Ausbruch des Glaukoms jahrelang voraus. Es werden verschiedene ältere Beobachtungen angeführt, nach welchen das gleiche der Fall war; jedoch wird darauf hingewiesen, daß in einem Teil dieser Fälle die Schmerzen das Zeichen eines bestehenden Glaukoms waren. In solchen Fällen müsse auch darauf Rücksicht genommen werden, daß prodromale Glaukomanfälle ebenso wie Exacerbationen der Schmerzen besonders in den Wintermonaten vorkommen. Die Ausführungen von WIPPER (1922) über die Ciliarneuritis als Ursache des Glaukoms entbehren jeglicher wissenschaftlichen Grundlage.

Sehr verschieden sind die Druckverhältnisse bei *Herpes zoster*. In einem Fall sah HORNER einen Druckabfall und LANGENHAN konnte in mehreren Fällen eine Drucksenkung tonometrisch feststellen. Auch PASSERA und HEILBRUN (zitiert bei SCHÖPPE [1923]) sahen eine Herabsetzung des Druckes. NOISZEWSKI (1910) gibt an, daß gewöhnlich Hypotonie vorhanden sei. In einem Fall habe er eine Drucksteigerung beobachtet, ebenso TEN DOESSCHATE (1919), der die Drucksteigerung in einem Fall von Herpes zoster auf den Exophthalmus zurückführt, der gleichzeitig vorhanden war. Von WEEKS (1918) wurde in drei Fällen die Drucksteigerung mit erhöhtem Eiweißgehalt des Kammerwassers erklärt, ebenso von SUTPHEN (1918). ZAVALIA (1924) sah in zwei

Fällen eine Drucksteigerung als Frühsymptom an und nimmt den Sympathicus als Ursache in Anspruch; ebenso beobachtete VERDERAME (1914) eine geringfügige Drucksteigerung, die wohl auf die begleitende Iritis zurückzuführen war, ebenso sind die übrigen Fälle, die berichtet wurden, zweifelhaft; z. B. ist die geringe Drucksteigerung von BRADBOURNE (1909) kaum beweisend; im Falle von DUBOIS (1912) wurde bei beiderseitigem Glaukom auf der anderen Seite ein Anfall ausgelöst, welcher die schon vorhandene Exkavation nicht erklären konnte. Auch in einem Fall MORAX wurde auf diese Weise auf einem Auge ein Anfall ausgelöst. In anderen Fällen entstanden Sekundärglaukome, z. B. in den Fällen von MORAX (1916) und von ROLETT u. BUSSY (1920), wo eine Iritis und Pupillarverschluß vorlag. Zwei ältere Fälle finde ich noch bei DALBEY und DEAN (Ophthalmie Record [1899]).

Eine besondere Rolle spielt in manchen Fällen die bei Herpes zoster auftretende Iritis. Nach Ansicht von LLOYD (1927) entsteht sie durch eine Entzündung, die sich längs der Nervenstämme ausbreitet. Er nahm weiter an, daß es sich bei diesen Drucksteigerungen um eine glaukomatöse Disposition oder um eine Iritis handelt. Nach SCHÖPPE (1923) muß man die eigentliche Herpes-Iritis, die sehr selten ist, von einer Iridocyclitis als Teilerscheinung des Herpes mit folgender Irisatrophie, bei der eine gewisse Glaukombereitschaft auftritt, unterscheiden. Auch LODGE (1923) weist der Iritis eine wichtige Rolle zu, wenn nicht schon Primärglaukom vorliegt. Eine komplizierende Keratitis beobachtete VEASEY (1920). Weiterhin ist die Drucksteigerung beobachtet worden bei Herpes corneae, z. B. von KUHNERT und von MÖLLER (siehe ERDMANN). ERDMANN (1909) wies nach, daß bei der als Herpesvariation auftretenden Keratitis disciformis Drucksteigerungen vorkommen. Möglicherweise handelt es sich hier um eine Glaukomdisposition, die infolge des Eiweißgehaltes des Kammerwassers eine Drucksteigerung auslöst. Hypermetropie und Verkleinerung des zirkumlentalen Raumes können ebenso begünstigend wirken. ERDMANN gibt weiter an, daß bei Herpes corneae, bei dem eine Tensionszunahme auftritt, eine Prüfung zu verschiedenen Tageszeiten wichtig ist. Andererseits hat er auch eine Hypotonie beobachtet. Jedenfalls beweisen diese Erfahrungen, daß unter den Herpesformen auf der Basis nervöser Einflüsse ein Zusammenhang besteht, wie vom Verf. schon früher betont wurde. Möglicherweise lag in dem Fall von AUBARET (1922) Herpes-Keratitis vor. Bei der herpetischen Impfkeratitis der Kaninchen wurde von SCHMIDT (1927) eine deutliche Drucksenkung nachgewiesen, die auf Erweichung des Auges infolge von Entzündung im Sinne von HAMBURGER zurückgeführt wird.

## 15. Begünstigende Momente im Bau des Auges.

Für die Entstehung des Glaukoms kommt eine Reihe von Momenten in Frage, welche bei der Entstehung eines Glaukoms begünstigend wirken können. So zunächst von seiten der Sclera. Schon KUSCHEL (siehe Kapitel XI) hatte auf die Rolle der senilen Sklerose als Ursache des Glaukoms hingewiesen, und WESSELY (1915) und BADER (1917) machten darauf aufmerksam, daß bei tonometrischen Untersuchungen die Rigidität der Sclera individuell verschieden sei. Diese Rigidität ist nach STRANSKY (siehe Kapitel XI) beim Glaucoma simplex durch eine Skleritis indurativa bedingt, wie auch das Glaukomauge zur Schrumpfung neigt. Dazu bemerkt RUBEN (siehe Kapitel XI), daß Rigidität und Schrumpfung nicht Hand in Hand gingen, und die von STRANSKY behauptete Kleinheit des Bulbus und Skleritis sei anatomisch nicht bewiesen. Die Rigidität der Sclera sei ein unterstützendes Moment neben den Quellungserscheinungen. Vor allen Dingen wird man der Ansicht von STRANSKY, daß die Exkavation durch Faltung der Netzhaut infolge eines retrolaminaren Raumes und nicht durch Druck zustande komme, nicht beistimmen können. Auch werden dadurch die nasalen Gesichtsfelddefekte nicht erklärt. Gegenüber MAJEWSKY (1927), der betont hatte, daß für STRANSKYs Theorie jegliche anatomische Grundlage fehle, verteidigt STRANSKY seine Anschauung, wobei er zugeben muß, daß er anatomisches Material zum Beweise seiner Ansichten nicht besitze. Im übrigen wird die Wichtigkeit der im Alter rigider werdenden Sclera auch von CASOLINO (siehe Kapitel XI) und von BURNHAM (siehe Kapitel XI) betont, wobei CASOLINO Wägungen und Dehnungsversuche an Skleren verschiedener Altersstufen vornahm. (Die bisher zitierten Arbeiten finden sich sämtlich in Kapitel XI.)

Nach EPPENSTEINs (1920) anatomischen Untersuchungen an Glaukomaugen erleiden die elastischen Elemente des Augapfels durch Dehnungsprozesse keinen wesentlichen Schaden. Bei Zurückdrängen der Lamina sind die elastischen Fasern widerstandsfähiger als die kollagenen. Besonders groß ist die Widerstandsfähigkeit der BRUCHschen Membran.

HERTELs (1927) Untersuchungen an Glaukomaugen ergaben, daß der Wassergehalt der Sclera durch eine andere Wasserbindung als in normalen Augen verringert ist. Mit Hilfe von Röntgenstrahlen wurde festgestellt, daß bei Glaukomaugen eine Vergrößerung des sogenannten Interferenzringes vorkommen kann. Nach BOURGEOIS (1919) führt der Verlust an elastischen Fasern zu einer Rigidität der Sclera, die beim Zustandekommen des Glaukoms eine wichtige Rolle spielt. An dieser Stelle sei auch auf die Ausführungen von CZERMAK (1897) hingewiesen, der die Wichtigkeit der Verengerung des Kammerwinkels durch hypermetropischen Bau und Quellung der Linse bei älteren Leuten betont und damit die Entstehung prodromaler und akuter Anfälle erklärt.

## 16. Zirkumlentaler Raum.

Die Anschauung von PRIESTLEY-SMITH (1911) geht dahin, daß beim Glaukom eine Kleinheit des Auges und eine relativ zu große Linse eine Rolle spielen. Diese Anschauung wird von einer Reihe von Autoren abgelehnt. Da hierbei auch die Hypertrophie der Ciliarfortsätze von Wichtigkeit sein soll, so hat man diesem Punkte eine besondere Aufmerksamkeit geschenkt. Doch HESS betont, daß eine solche Schwellung der Ciliarfortsätze nicht bewiesen sei, die auch von GRÖNHOLM angenommen wird, um so ein nach Vornerücken der Linse und damit die Verengung der Vorderkammer zu erklären. PRIESTLEY-SMITH (1911) glaubte durch Messungen an frischen menschlichen Linsen eine Volumenzunahme festgestellt zu haben. Ob dies beim Glaukom die Regel bildet, läßt sich an anatomischen Präparaten infolge der Härtung nicht entscheiden. Abnorme Enge des zirkumlentalen Raumes führt zu einer Behinderung des Austrittes von Glaskörperflüssigkeit in die vordere Kammer. Mit Hilfe einer Durchleuchtungslampe gelang es WÜRDEMANN (1908) angeblich, den zirkumlentalen Raum sichtbar zu machen. Bei der Akkommodation verbreiterte sich der Ciliarkörperring auf Kosten dieses Raumes. Nach JACKSON (1909) hat WÜRDEMANN jedoch nicht den zirkumlentalen Raum sichtbar gemacht; es handelte sich vielmehr um einen Strahlenreflex von der Hinterfläche der Cornea auf den FONTANAschen Raum.

## 17. Glaskörper und Glaukom.

Daß der Glaskörper durch Volumenzunahme Glaukom bewirken soll, wird von TSCHERNING (siehe Kapitel XI) betont. Wenn die Papillen nachgiebig seien, käme es zur Exkavation und dadurch zum Glaucoma simplex, bei größerer Widerstandsfähigkeit zum Bilde des akuten und subaktuen Glaukoms. Auch RUBEN (siehe Kapitel XI) spricht der Quellung des Glaskörpers eine große Bedeutung zu, und DUNN und NORDENSON nehmen eine Glaskörperschwellung an, wenn die Durchlässigkeit des Linsendiaphragmas vermindert ist. Mit Rücksicht auf die Bedeutung des Glaskörpers müsse man der hinteren Sklerotomie eine größere Bedeutung zuerkennen, wenn auch die Prognose durch Operation im allgemeinen wenig gebessert wurde. Auch PARKER (1919) mißt den verschiedenen Zirkulationsstörungen im vorderen und hinteren Augapfelabschnitt besondere Bedeutung bei.

Nach VERHOEFF (siehe Kapitel XI) spielt beim Zustandekommen des Glaukoms auch der Umstand eine Rolle, daß die vordere Grenzmembran im Alter dicker und damit undurchlässiger wird.

Die Schwellung der Ciliarfortsätze soll nach DUNN (siehe Kapitel XI) neben der Quellung des Glaskörpers bei der Entstehung des Glaukoms eine wichtige Rolle spielen.

Von großem Interesse sind auch die neueren Untersuchungen von BAURMANN (1924), welche nachweisen, daß in der Gallerte die Flüssigkeit durch molekulare Attraktion gebunden ist und nicht frei im Glaskörper zwischen dessen Gerüst eingelagert ist.

Nach RAEDER (siehe Kapitel XI) läßt sich die adsorbierte Glaskörperflüssigkeit durch Überdruck aus dem Fibrillensystem herauspressen, welches größere Flüssigkeitsmengen durch seine große Oberfläche binden kann. Die Bindung der Flüssigkeit an die Fibrillen und der Widerstand der vorderen Grenzmembran beeinflussen die Strömung in die vordere Kammer. NEWCOMB u. WRIGHT (1929) fanden bei Glaukomaugen einen höheren Trockenrückstand des Glaskörpers ohne eine Vermehrung der Asche. Schlußfolgerungen werden nicht gezogen.

Die Verengerung der vorderen Kammer führt PRIESTLEY-SMITH (1911) zum Teil auf die Verdickung der Iris infolge der Pupillenerweiterung und auf ödematöse Schwellung zurück. Das Vordringen der Linse ist die Folge von vermehrtem Glaskörperflüssigkeitsdruck oder von Behinderung des Durchtrittes von Glaskörperflüssigkeit infolge ihrer abnormen Beschaffenheit.

Daß nach Discission des Nachstars häufig Drucksteigerungen vorkommen, wurde schon 1894 von KNAPP festgestellt und mit einer Zerrung an den Ciliarfortsätzen und einer Vermehrung des Glaskörpervolumens erklärt, während HUDSON (siehe 1912) den Vorfall des Glaskörpers in die Vorderkammer dafür verantwortlich machte, eine Anschauung, der vielfach widersprochen wurde. In einem Fall von URBANEK (1924), der darüber Untersuchungen anstellte, wird der Übertritt der Glaskörperflüssigkeit in die Vorderkammer durch den Druck auf den Glaskörper bei der Operation verantwortlich gemacht und eine Verdichtung der nach vorn gerückten Grenzschicht, wodurch es zu einer Stauung des Sekretes des Ciliarkörpers, zu einer Vortreibung der Irisperipherie und Druckzunahme im Glaskörperraum käme, die die Hernie vergrößert. Diese Erklärung von URBANEK fußt auf Versuchen von RAEDER (1929), der dem Glaskörperdiaphragma eine gewisse Beweglichkeit zuschreibt, das für gewisse Flüssigkeiten durchlässig ist, aber dem Strom ein gewisses Hindernis in den Weg setzt, indem wohl Flüssigkeiten aber keine festen Substanzen durchtreten können. Bei einem Mißverhältnis zwischen Zu- und Abfluß werden die Grenzschichten näher aneinander gerückt und der Durchtritt der Flüssigkeit erschwert.

## Literatur.

*Augendruck und Drucksteigerung.*

ABADIE: Des états glaucomateux. Arch. d'Ophthalm. **29**, 401 (1909). — ABRAMOWICZ: Blutdruck in den Augengefäßen. Zbl. Ophthalm. **19**, 436 (1927). — ACCARDI: Endohypophysin. Ebenda **17**, 453 (1927). — Tensione endoculare negli strabice. Boll. Ocul. **1929**, 27. — ALAJMO: Einfluß einzelner Arzneimittel auf Kammerwasser und Augendruck. Zbl. Ophthalm. **10**, 10 (1923). — ALFIERI: Tonometer. Arch. Ottalm. **1910**. — ALONSO: Drucksteigerungen im Auge. Jber. Ophthalm. **1920**, 117. — AMSLER: Tonometrie. Ebenda **1921**, 203. — Druckschwankungen bei hochgradiger Myopie **1921**. — ANDRESEN: Intraokulardruck. Zbl. Ophthalm. **20**, 121 (1928). — D'ANTREVEAUX: Tonometer von BAILLART. Klin. Mbl. Augenheilk. **80**, 420 (1928). — APIN: Tonometer von SCHIÖTZ, MAKLAKOFF und FICK. Ebenda **77**, 137 (1926). — Applanationsprinzip der Tonometrie. Ebenda **81**, 631 (1928); **82**, 500, 781 (1929); **83**, 26 (1929). — ARGANARAZ: Pathogenie des Glaukoms. Ref. ebenda **80**, 128 (1928).— ARKIN: Nervensystem und Glaukom. Zbl. Ophthalm. **15**, 114 (1926). — ARNOLD u. KARPOW: Eichung für Tonometer. Klin. Mbl. Augenheilk. **71**, 603 (1923). — Zu COMBERG: Tonometereichung. Ebenda **72**, 740 (1924). — Zu SAMOILOFF: Tonometereichung. Ebenda **74**, 216 (1925). — ASCHER: Künstliche Hypotonie bei Tieren. Z. Augenheilk. **68**, 117 (1921). — Tonometrie bei verschiedenem Luftdruck. Klin. Mbl. Augenheilk. **69** (2), 525 (1922). — Tonometrie von WENDT. Ebenda **74**, 786 (1925). — ASCHERMANN: Theophyllin und Kammerwasserschranke. Arch. Augenheilk. **99**, 611 (1928). — ASHER: Sympathicus und Glaukom. Zbl. Ophthalm. 8, 352 (1922). — ASMUS: Tonometer. Sklerotomie. Klin. Mbl. Augenheilk. **49** (1), 395 (1911). — AUBARET: Zona ophthalmique et glaucome. Zbl. Ophthalm. 8, 149 (1922). — AUGSTEIN: Tonometer von SCHIÖTZ. Diss. Marburg 1913. — AXENFELD: Druckmessung in Narkose. Klin. Mbl. Augenheilk. **49** (2), 503 (1911).

BAB: Zuverlässigkeit der Tonometer. Z. Augenheilk. **49**, 17 (1922). — BADER: Differentialtonometrie. Klin. Mbl. Augenheilk. **59**, 503 (1917). — BAILLART: Druckmessungen in den Retinalgefäßen. Annales d'Ocul. **1917**, 648. — Tonometerschwankungen. Klin. Mbl. Augenheilk. **63**, 261 (1919). — Druckmessung. Arch. d'Ophthalm. **37**, 88 (1920). — Prüfung der Tonometer. Annales d'Ocul. **158**, 654 (1921). — Neues Tonometer. Zbl. Ophthalm. **11**, 380 (1923). — Netzhautzirkulation beim Glaukom. Annales d'Ocul. **159**, 432 (1923). — Hypertension artérielle et Glaucome. Zbl. Ophthalm. **16**, 728 (1925). — Sympathicus und Glaukom. Arch. d'Ophthalm. **44**, 513 (1927). — Pression artérielle rétinienne. Annales d'Ocul. **165**, 321 (1928). Ref. Zbl. Ophthalm. **22**, 141 (1929). Internat. Kongr. Amsterdam **1929**, 166, 271, 315. — BAILLART u. BALLACK: Wirkung gewisser Medikamente auf intraokularen und arteriellen Druck. Annales d'Ocul. **158**, 641 (1921). — BAILLART u. MAGITOT: Vasomotoren des Auges, Blutdruck in den Irisgefäßen. Jber. Ophthalm. **1921**, 200. — Druckmessung in den Netzhautgefäßen. Zbl. Ophthalm. **5**, 442 (1921). — Zirkulationsverhältnisse beim Glaukom. **16**, 225 (1926). — BARTELS: Falsch registrierende Tonometer. Klin. Mbl. Augenheilk. **68**, 236 (1922). — BATTEN: Augendruck. Jber. Ophthalm. **1914**, 245. — BATTEN: Spannung des Auges usw. Zbl. Ophthalm. **5**, 501 (1921). — BAURMANN: Glaskörper. Graefes Arch. **111** (1923); **114** (1924). — Klinische Bedeutung des Netzhautvenenpulses. Sitzgsber. Ophth. Ges. Heidelberg. **1925**, 53. — Blutdruckmessungen an den Augengefäßen. Klin. Mbl. Augenheilk. **76**, 874 (1926). Graefes Arch. **118**, 118 (1927). — Intracranielle Druckmessung durch Netzhautvenenpulsbeobachtung. Sitzgsber. Heidelberg. **1927**, 96. — BERENS, SMITH u. CORNWALL: Druck in den Retinalarterien bei erhöhtem Liquordruck. Annales d'Ocul. **166**, 428 (1929); 853 (1929). — BETTI: Schwankungen des Augendruckes. Ann. Ottalm. **41**, 845 (1912). —

BIETTI: Tension im normalen und glaukomatösen Auge. Ebenda **40**, 573 (1911). — BIRCH-HIRSCHFELD: Zur tonometrischen Beurteilung des Glaukoms. Z. Augenheilk. **70**, 1 (1929). — BISELL: Some observations in glaucoma with SCHIÖTZ Tonometer. Ophthalmology **9**, Nr. 4 (1913). — BISTIS: Sympathicus und Glaukom. Internat. Ophthalm.-Kongr. Amsterdam 1929. — BLANCO: Tonometrie. Klin. Mbl. Augenheilk. **56**, 321 (1916). — BLIEDUNG: Experimentelles zur Tonometrie. Arch. Augenheilk. **92**, 143 (1923). — Blutdruck und Augendruck. Ebenda **94**, 198 (1924). — BLOCK u. OPPENHEIMER: Liquordruck, Blutdruck und Augendruck. Zbl. Ophthalm. **13**, 395 (1924). — BONNEFON: Massage. Umschnürung. Ebenda **7**, 230; **8**, 351. — Experimente über den physiologischen Augendruck. Jber. Ophthalm. **1922**, 181. — Physiologie des Augendruckes. Zbl. Ophthalm. **10**, 327 (1923). — Statischer Überdruck. Ebenda **16**, 293 (1925). — BOTHMANN u. COHEN: Druck in den Augengefäßen. Ebenda **18**, 413 (1927). — BOYDEN: Tonometrie. Kaninchenauge. Ebenda **16**, 532 (2925). — BRADBOURNE: Herpes zoster und Glaukom. Ophthalm. Rec. **1909**, 169. — Massage bei Glaukom. Klin. Mbl. Augenheilk. **58**, 320 (1916). — BRANA: Sympathicotoniker. Ebenda **74**, 788 (1925). — BROWN: Tonometrie und Verhütung des Glaukoms. Ebenda **65**, 948 (1920). — Tonometer. Amer. J. Ophthalm. **1921**, 365. — BOURGEOIS: Rolle der Sclera beim Glaukom. Arch. d'Ophtalm. **36**, 596 (1919). — BRÜCKNER: Diskussion zu BÄNZIGER und SEIDEL. Sitzgsber. Ophth. Ges. Heidelberg. **1922**. — BRUNS: Augendruck und Blutdruck. Klin. Mbl. Augenheilk. **71**, 90 (1923). — BÜTTNER: Trigeminus neuralgie und Glaukom. Arch. Augenheilk. **88**, 204 (1921).

CASOLINO: Augendruck nach Cholin und Amylnitrit. Ref. Jber. Ophthalm. **1914**, 241. — Augendruck nach Lumbalpunktion. Klin. Mbl. Augenheilk. **54**, 342 (1915). — Dehnbarkeit der Sclera (exp.). Zbl. Ophthalm. **17**, 59 (1926). — CHARON: Augendruck und Blutdruck. Annales d'Ocul. **160**, 76 (1923). — CHRONIS: Irisatrophie nach Atropinglaukom. Klin. Mbl. Augenheilk. **73**, 480 (1924). — CLAUDE, LAMACHE, DUBAR: Netzhautarterien-Liquordruck. Zbl. Ophthalm. **20**, 777 (1928). — CLERICI: Akutes Primärglaukom. Ebenda **20**, 778 (1929). — COHEN: A mercury tonometer. Arch. of Ophthalm. **50**, 326 (1921). — COLOMBO: Augendruck. Boll. Ocul. **2** (1923). — COMBERG: Zur Nachprüfung des Tonometers von SCHIÖTZ. Heidelberg **1922**, 303. — Zu ARNOLD u. KARPOW: Tonometereichung. Klin. Mbl. Augenheilk. **72**, 528 (1924). — Kontrolle des SCHIÖTZschen Tonometers. Ebenda **81**, 289 (1928). — Internationale Regelung der Tonometerkontrolle. Internat. Ophthalm.-Kongr. Amsterdam 1929. — COMBERG u. STOEWER: Augendrucksteigernde Wirkung verschiedener Muskelaktionen. Z. Augenheilk. **58**, 92 (1925). — MCCOOL: Case illustrating the value of the tonometer. Ophthalm. Rec. **211** (1913). — CRAGGS u. TAYLOR: Blutdruck und Augendruck. Ophthalmoscope **1913**. — CRIDLAND: Tonometer von SCHIÖTZ. Klin. Mbl. Augenheilk. **59**, 471 (1917). — CUILLE, ROBIN, DEHECQ: Variations in ocular Tension. Amer. J. Ophthalm. **1927**, 157. — CURDY: Diagnosis and treatment of acute glaucoma. Ebenda **1928**, 632. — CZERMAK: Entstehung des Glaukomanfalles. Prag. med. Wschr. **1897**.

DARIER: Le massage vibratoire dans le glaucome secondaire au gouflement des masses cristalliniennes. Clin. ophthalm. **1911**, 258. — DE DECKER: Plasmavermehrung und Augendruck. Arch. Augenheilk. **100/101**, 180 (1929). — DIETER: Blutdruck und Augendruck. Arch. Augenheilk. **96**, 179 (1925). — Osmotischer Druck, Blutdruck, Augendruck. Ebenda **96**, 179 (1925). — Über intraokulare Blutdruckmessungen. Arch. Augenheilk. **99**, 368, 678 (1928). — TEN DOESSCHATE: Glaukom mit Herpes zoster und Exophthalmus. Klin. Mbl. Augenheilk. **62**, 123 (1919). — DOMINQUEZ: Morgendliche Hypotonie. Ref. ebenda **83**, 698 (1929. Zbl. Ophthalm. **22**, 423. — DUBAR: Hypertension artérielle rétinienne d'origine émotionnelle. Zbl. Ophthalm. **78**, 645 (1927). — DUBAR et LAMACHE: Tension artérielle rétinienne et du liquide céphalorachidien. Annales d'Ocul. **165**, 530. Arch. d'Ophthalm. **46**, 434 (1929). — DUBOIS: Een geval von herpes zoster met glaukoom. Nederl. Tijdschr. Geneesk. **1**, 333 (1912). — DUFOUR: Vorübergehende Hypertonie. Klin. Mbl. Augenheilk. **45** (1), 560 (1907). — Duke-Elder: Venendruck und Augendruck. Ref. Zbl. Ophthalm. **17**, 892 (1927). — Okulare Zirkulation. Ref. ebenda **17**, 893 (1927). — Gleichgewichtszustand der Druckverhältnisse im Auge. Ebenda **19**, 438 (1928). — Faktoren, die den Augendruck bestimmen. Ebenda **20**, 335 (1928). — Duke-Elder, W. S. u. P. M.: Faktoren, die den Augendruck bestimmen. Brit. J. Ophthalm. **1929**. — Duke u. Stewart: Venendruck und Augendruck. Zbl. Ophthalm. **18**, 893; **18**, 81 (1926) (arter. Druck). — Dunn: Blutdruck bei Glaukom. Klin. Mbl. Augenheilk. **47** (1), 656 (1908). — Pupille beim Glaukom. Ebenda **65**, 140 (1919). — Duverger u. Barré: Druck in den Retinalgefäßen. Arch. d'Ophthalm. **1920**, 71.

Ellet: Tonometerkarte. Jber. Ophthalm. **1921**, 203. — Elschnig: Somatische Grundlage des Glaukoms. Klin. Mbl. Augenheilk. **55**, 317 (1916). — Glaukom und Blutdruck. Graefes Arch. **92**, 237 (1916). — Glaukom ohne Hochdruck und Hochdruck ohne Glaukom. Z. Augenheilk. **52**, 287 (1924). — Zu Serr: Pupillenweite. Heidelberg 1925. — Eppentsein: Dehnungsfestigkeit des Augapfels. Graefes Arch. **102**, 229 (1920). — Erdmann: Glaukomatöse Drucksteigerung und Keratitis disciformis. Z. Augenheilk. **22**, 30 (1909). — Erlanger: Katarakt durch Iontophorese. Klin. Wschr. **1928**, 2391.

Fabricius-Jensen: Lumbalpunktion und intraokularer Druck. Zbl. Ophthalm. **17**, 898 (1926). — Feigenbaum: Einfluß von Belichtung und Verdunkelung auf den intraokularen Druck. Klin. Mbl. Augenheilk. **80**, 577, 593 (1928). — Reizübertragung. Internat. Ophthalm.-Kongr. Amsterdam 1929. — Ferenczy: Miotica bei Aniridie mit Glaukom. Zbl. Ophthalm. **20**, 588 (1928). — Fourrière: Recherches tonométriques dans le glaucome. Thèse de Paris 1912. — Fox Webster: Blutdruck, Aderlaß. Klin. Mbl. Augenheilk. **48** (1), 383 (1910). — Fremont-Smith u. Forbes: Augen und intracranieller Druck. Zbl. Ophth. **19**, 621 (1927). — Freytag: Augendruck bei Störungen der inneren Sekretion. Klin. Mbl. Augenheilk. **72** (1924). — Fricker: Beitrag zur Pathogenese des Glaukoms. Ebenda **50** (1), 723 (1912). — Fromaget: Adrenalin. Annales d'oculistique **158**, 424 (1921). — Funaishi: Endocrine Präparate und Augendruck bei Kaninchen. Ref. Zbl. Ophthalm. **15**, 410 (1926).

Gala: Schiötz oder Baillart. Zbl. Ophthalm. **15**, 126 (1925). — Gallois: Netzhautarteriendruck bei Trigeminuslähmung. Ref. ebenda **22**, 143 (1929). — Gaudissart: Blutdruck im Auge. Ebenda **6**, 529 (1921). — Gilbert: Beiträge zur Lehre vom Glaukom. Pathologie, Pathogenese und Therapie. Graefes Arch. **82**, 389 (1912). — Hornhautgeschwüre nach Tonometrie. Zbl. Ophthalm. 8, 255 (1921). — Gjessing: Tonometrie. Graefes Arch. **105**, 221 (1921). — Goldenburg: Mechanismus des normalen Augendruckes. Zbl. Ophthalm. **19**, 711 (1928). — Golovin: Blutdruck und Glaukom. Ebenda **15**, 410 (1926). — Gorbunow: Glaukom infolge von Herabsetzung des intracraniellen Druckes. Zbl. prakt. Augenheilk. **36**, 39 (1912). — Gradle: Tonometer. Klin. Mbl. Augenheilk. **51** (1), 545 (1912). — Glaucome simpl. ohne Drucksteigerung. Arch. of Ophthalm. **46**, 117 (1917). — Grönholm: Druck auf den Augapfel usw. Arch. Augenheilk. **47**, 142, 160 (1910). — Guiglianetti: Druck im Hochgebirge. Jber. Ophthalm. **1914**, 239. — Gunnufsen: Tonometrie bei Buphthalmus an einem schlafenden Patienten. Klin. Mbl. Augenheilk. **56**, 428 (1916).

Hagen: Glaucoma pressure curves. Acta ophthalm. (Kobenh.) **2**, 2, 199 (1925). — Gynergen bei Glaucoma simplex. Ebenda **6**, 350 (1928). — Halben: Binnendruck des bewegten Auges. Graefes Arch. **71**, 13 (1909). — Arch. Augenheilk. **73**, 129 (1913). — Hallett: Massage nach Glaukomoperation. Zbl. Ophthalm. **19**, 73 (1928). — Hamburger: Augendruck und Blutdruck. Sitzgsber. Ophth. Ges. Heidelberg. **1925**, 190. — Zu Serr: Pupille. Heidelberg 1925. — Hannemann: Glaukom und vegetatives Nervensystem. Zbl. Ophthalm. **14**, 792 (1924). — Happe: Subconj. NaCl-Injektion bei Glaukom. Arch. vergl. Ophthalm. **1**, 317 (1910). — Heilbrun: Resultate mit Tonometer von Schiötz. Graefes Arch. **79**, 256 (1911). — Henderson: Venendruck und Glaukom. Ref. Jber. Ophthalm. **1914**, 239. — Hertel: Augendruck und Blutbeschaffenheit. Graefes Arch. 88, 197 (1914). — Glaukom und

Blutdruck. Klin. Mbl. Augenheilk. **64**, 390 (1920). — Augendruck. Sitzgsber. Heidelberg. **1918**. — Intraokularer Druck und Bulbushüllen. Sitzgsber. Ophth. Ges. Heidelberg **1927**, 36. — HERTEL u. CITRON: Osmotischer Druck des Blutes bei Glaukomkranken. Graefes Arch. **104**, 149 (1921). — HESS: Glaukombeobachtungen. Sitzgsber. Ophth. Ges. Heidelberg. **1897**. — HILL: A note on glaucoma. Klin. Mbl. Augenheilk. **51** (1), 244 (1913). — Capillardruck und Augendruck. Zbl. Ophthalm. **20**, 586 (1928). — HINE: Tonometrie (SCHIÖTZ). Ophthalmoscope **1916**, Juli. — v. HIPPEL: Tonometer von SCHIÖTZ. Slg Abh. Vossius **1912**. — HIROISCHI: Blutdruck und Augendruck in den Wirbelvenen usw. Graefes Arch. **113**, 212 (1924). — HIROSE: Adrenalin und Augendruck. Zbl. Ophthalm. **20**, 246 (1927). — VOM HOFE: Hypotonie beim sog. primären Glaukom. Arch. Augenheilk. **99**, 410 (1928). Klin. Mbl. Augenheilk. **83**, 347 (1929). — Hypertonie und kompensatorische Hypotonie. Arch. Augenheilk. **102**, 315 (1929). — HOLM: Myopie und Glaukom. Zbl. Ophthalm. **15**, 501 (1926). — HORAY: McLEANS Tonometer. Jber. Ophthalm. **1921**, 204. — HORNIKER: Blutdruck und Glaukom. Bilaterale Messungen. Graefes Arch. **121**, 347 (1928). — HOROWITZ: Augendruck und Blutdruck. Arch. Augenheilk. **81**, 143 (1916). HUDSON: Injury to the vitreus body and secundary Glaucoma. London ophth. Hosp. Rep. **18**, 153 (1912).

IBERSHOFF: Ocular tension and its relations to blood pressure. Ophthalmology **9**, Nr 4, 551 (1913). — IMRE: Augendruck bei endocrinen Störungen. Arch. Augenheilk. 88, 154 (1921). — Druck bei Schwangeren. Ref. Zbl. Ophthalm. **4**, 14 (1921). — ISCHIKAWA: Tonometrie und Augendruck. Graefes Arch. **119**, 386 (1927).

JACKSON: Circumlentaler Raum. Jber. Ophthalm. **1909**, 714. — JASINSKI: Osmotischer Druck des Kammerwassers und des Blutserums bei Glaukom. Internat. Ophthalm.-Kongr. Amsterdam 1929. — JESS: Sympathicuslähmung und Glaukom. Arch. Augenheilk. **69**, 201 (1911).

KADLICKY: Hornhautpuls. Zbl. Ophthalm. **9**, 285 (1923). — Adrenalin und Augendruck. Ebenda **14**, 395 (1925). — Insulin und Augendruck. Ebenda **17**, 453 (1926). — KAHLER u. SALLMANN: Blutdruck und Augendruck, Hemiplegie. Ebenda **13**, 426 (1923). — Blutdruck und Augendruck. Graefes Arch. **122**, 634 (1929). — KAHN u. LÖWENSTEIN: Druckschwankungen im Säugetierauge nach manometrischen Messungen. Ebenda **109**, 343 (1922). — KALFA: Tonometrie. Zbl. Ophthalm. **19**, 588 (1927). — Elastometrie des Auges. Ebenda **20**, 314 (1928). — KALT: Hypertension intracranienne. Arch. d'Ophthalm. **45**, 522 (1928). — KANEKO: Beeinflussung des Augendruckes durch Magnesium. Zbl. Ophthalm. **15**, 118 (1926). — KAPUCZINSKI: Beiträge zur Lehre vom Glaukom. Klin. Mbl. Augenheilk. **71**, 809 (1923). — KAYSER: Tonometrische Messungen. Ebenda **49** (2), 106 (1911). — Elektromassage und Druckverband. Ebenda **49** (2), 106 (1909). — KNAPP: Massage. Ebenda **50** (1), 691 (1910). — Über den Einfluß der Massage auf die Tension normaler und glaukomatöser Augen. Ebenda **50** (1), 691 (1912). — Massage. Ebenda **72**, 805 (1924). — KOBY: Diococain zur Tonometrie. Zbl. Ophthalm. **14**, 60 (1924). — KOELLNER: Die täglichen Schwankungen des Augendruckes. Klin. Mbl. Augenheilk. **56**, 317 (1916). — KÖLLNER: Augendruck bei chronischem Glaukom. Ebenda **59**, 503 (1917). — Glaucoma simplex und Kreislauf. Arch. Augenheilk. **83**, 135 (1918). — Augendruck und Pupillenweite bei Glaukom. Sitzgsber. Ophth. Ges. Heidelberg. **1920**. — Augendruck beim akuten Glaukomanfall. Arch. Augenheilk. **86**, 114 (1920). — KOLLER: Pupille. Zbl. Ophthalm. 8, 460 (1923). — KORTH: Glaukombeobachtungen. Diss. Rostock 1910. — KOYANAGI: Druckverband und Augendruck. Klin. Mbl. Augenheilk. **79**, 292 (1927). — Zu SUYASAWA: Druck nach Gewichtsbelastung. Ebenda **78**, 616 (1927). — KRÄMER: Blutdruck und Glaukom. Graefes Arch. **73**, 349 (1910). — KRONFELD: Hornhauttrübung nach Tonometrie und Holocain. Sitzgsber. Ophth. Ges. Heidelberg. **1925**, 208. — Mechanismus des Glaukoms. Amer. J. Ophthalm. **12**, 480 (1929). — Punktion der vorderen Kammer bei Glaukom. Klin. Mbl. Augenheilk. **83**, 822 (1929). — KÜMMELL: Blutdruck bei Glaukom. Graefes Arch. **79**, 183 (1911). —

Glaukom und kardio-vasculäres System. Zbl. Ophthalm. **1**, 35 (1914). — Kuhlefeldt: Fall af främre syneki med. hypertoni vid kontraherad och dilaterad pupill. Finska Läk.sällsk. Hdl. **53**, 7 (1911).

Lagrange: Endocrine Störungen. Zbl. Ophthalm. **13**, 143 (1925). — Lagrange et Daltier: Miosis tabétique et glaucome chronique. Annales d'Ocul. **163**, 377 (1926). — Lamache et Dubar: Netzhautarterien und intracranieller Druck. Annales d' Ocul. **165**, 697 (1928). — Langenhan: Prüfung des intraokularen Druckes. Dieses Handb., 2. Aufl., **4**, I, 606 (1904). — Ophthalmotonometrie. Klin. Mbl. Augenheilk. **48** (2), 693 (1910). — Laquièze: Recherches sur la tension artérielle dans le glaucome. Thèse de Toulouse 1907. — Lauber: Tonometrie. Zbl. Ophthalm. **20**, 246 (1928). — McLean: Experimentelles Studium über Augendruck und Tonometrie. Klin. Mbl. Augenheilk. **64** (1), 412 (1920). — Leber: Intraokularer Druck. Dieses Handb., 2. Aufl., **2**, 296 (1903). — Lederer: Binnendruck des experimentell und künstlich bewegten Auges. Arch. Augenheilk. **72** (1), (1912). — Lemke: Messung des intraokularen Druckes bei Tieren. Zbl. Ophthalm. **17**, 897 (1925). — Leplat: Adrenalin und Netzhautarteriendruck. Annales d'Ocul. **158**, 414 (1921). — Levinsohn: Einfluß der äußeren Augenmuskeln auf den intraokularen Druck. Graefes Arch. **76**, 129 (1910). — Tonometer. Klin. Mbl. Augenheilk. **53**, 418 (1914). — Drucksteigerung bei Bewegungen des Auges. Arch. Augenheilk. **73**, 156 (1913). — Lida u. Androguë: Netzhautarteriendruck. Ref. Zbl. Ophthalm. 18, 142 (1927). — Liégard: Atypisches Glaukom. Ref. Jber. Ophthalm. **1914**, 253. — Lloyd: Herpes zoster mit Glaukom und Iritis. Amer. J. Ophthalm. **1927**, 696. — Lodato: Sympathicus und Augendruck. Annales d'Ocul. **135**, 246 (1906). — Lodge: Herpes zoster ophthalmicus. Zbl. Ophthalm. **11**, 275 (1923). — Löhlein: Druckkurve des glaukomatösen Auges. Klin. Mbl. Augenheilk. **77**, Beil. 1 (1922). Zbl. Ophthalm. **19**, 621 (1928). — Löwenstein s. ebenda **16**, 226 (1926). — Lübs: Tonometer von Schiötz. Klin. Mbl. Augenheilk. **50** (2), 371 (1912). — Lullies: Der Druck in den Venen des Skleralrandes. Zbl. Ophthalm. **11**, 98 (1923).

Magitot: Drucksteigerung durch Irisreizung. Jber. Ophthalm. **1922**, 178. — Spannung des Auges und ihre experimentelle Beeinflussung. Zbl. Ophthalm. **11**, 429 (1922). — Blutdruck in den Gefäßen des Auges. Amer. J. Ophthalm. **1922**, 777. — Experimentelles über Augendruck. Zbl. Ophthalm. **11**, 429, 430 (1923). — Magitot et Baillart: Okulokardiale Reflexe und Druckschwankungen. Annales d'Ocul. **157**, 401 (1920). — Tension bei Kompression des Bulbus. Acta ophthalm. (København.) **1**, 216 (1923). — The circulatory regime of Glaucoma. Amer. J. Ophthalm. 8, 761 (1925). — Malling: Tension und Druck auf den Bulbus. Acta ophthalm. (Kobenh.) **1**, 218 (1923). — Mangold u. Detering: Neue Methode zur Druckmessung. Zbl. Ophthalm. **11**, 379 (1923). — Manjukowa u. Pletnewa: Lokale Blutzirkulation im Auge. Ebenda **17**, 450 (1925). — Marbaix: Tonometer von Schiötz in der Praxis. Klin. Mbl. Augenheilk. **61**, 616 (1918). — Mariotti: Sklerale Tonometrie. Zbl. Ophthalm. **14**, 394 (1924). — Marple: Schiötz' Tonometer. Klin. Mbl. Augenheilk. **50** (1), 250 (1912). — Marx: Druckunterschied zwischen beiden Augen. Zbl. Ophthalm. **10**, 283 (1923). — Cerebrospinaler und Augendruck. Ebenda **15**, 905 (1925). — Maslennikow: Die täglichen Druckschwankungen. Z. Augenheilk. **18**, 243 (1907). — Druckschwankungen. Zbl. Ophthalm. **11**, 377 (1923). — Matsumoto: Tagesschwankungen des intraokularen Druckes bei normalen Augen. Jber. Ophthalm. **1923**, 230. — Mazzai: Augendruck, arterieller Druck usw. Zbl. Ophthalm. **4**, 285 (1926). — Mischulina: Druckschwankungen im normalen und glaukomatösenAuge. Ebenda **20**, 314 (1928). — Morax: Complications glaucomateuses au cours de zona ophthalmique. Klin. Mbl. Augenheilk. **55**, 582 (1916). — Murawslekin: Massage und Augendruck. Zbl. Ophthalm. **16**, 230 (1925). — Mylius: Holocaintrübung der Cornea. Z. Augenheilk. **55**, 133 (1925).

Neuhaeuser: Drucksteigerung ohne Exkavation. Arch. Augenheilk. **92**, 235 (1923). — Newcomb u. Verdon: Hochprozentige Kochsalzinjektionen. Zbl. Ophthalm. **22**, 328 (1929). — Newcomb u. Wright: Glaskörper. Ebenda **21**, 149 (1929). —

NICHELATTI: Liquordruck und Netzhautarteriendruck. Ann. Oftalm. **46**, 887 (1928). — NOISZEWSKI: Glaucoma et herpes zoster. Post. ocul. **1910**, November. — Glaukom und intraokularer Druck. Zbl. prakt. Augenheilk. **36** (1912). — Intraokularer und intracranieller Druck. Zbl. Ophthalm. **7**, 546 (1921). — Hydrodynamik der intraokularen und lumbalen Flüssigkeit. Arch. d'Ophthalm. **46**, 492 (1929. Klin. Mbl. Augenheilk. **81**, 118 (1928). — NOISZEWSKI u. KASIMIERZ: Hydrostatik und Hydrodynamik der intraokularen cephalolumbalen Flüssigkeit. Ztr. Ophth. **20**, 245 (1929).

ODINZOW: Pilocarpin und Druckschwankungen. Zbl. Opthalm. **20**, 313 (1928). — OEDING: Untersuchungen mit dem SCHIÖTZschen Tonometer an normalen und glaukomatösen Augen. Inaug.-Diss. Rostock 1911. — OGAWA: Augendruck und Blutdruck nach Arzneiwirkung bei Kaninchen. Zbl. Ophthalm. **19**, 215, 217 (1927). — Sympathicus und Glaukom. Ebenda **19**, 653 (1927). — Augendruck und Blutdruck nach Infusion von NaCl. Ebenda **19**, 770 (1927). — Augendruck und Blutdruck beim Aufhören der Zirkulation in großen Gefäßen. Ebenda **19**, 771 (1927). — OHM: Die Vibrationsmassage bei Sekundärglaukom infolge von Linsenquellung. Zbl. prakt. Augenheilk. 8 (1911). — ORR: Beitrag zur Pathologie. Zbl. Ophthalm. **1**, 190 (1914).

PASSOW: Chemische Befunde bei Glaukom. Sitzgsber. Ophth. Ges. Heidelberg. **1928**. — PEPPMÜLLER: Zwei Fälle von Glaukom. Berl. klin. Wschr. **1912**, 2049. — PHILIPP: Tonometrie nach Staroperationen. Z. Augenheilk. **62**, 94 (1927). — PICK: Hypertonie und Auge. Z. Augenheilk. **66**, 400 (1928). — PILMANN: Tonometer von FICK, SCHIÖTZ, SERGIEWSKY. Zbl. Ophthalm. **15**, 628 (1925). — PISSARELLO: Tägliche Druckkurven und deren Beeinflussung. Klin. Mbl. Augenheilk. **59**, 687 (1917). — PLETNEWA: Blutkreislauf in der Ätiologie des Glaukoms. Zbl. Ophthalm. **17**, 508 (1926). — POLAK u. VAN GELDER: Tonometrie. Klin. Mbl. Augenheilk. **49** (2), 592 (1911). — Tension bei Kompression des Bulbus. Malling, Acta ophthalm. **1**, 216 (1923). — POSECZNIK: Modifikation des MAKLAKOFFschen Tonometers. Zbl. Ophthalm. **20**, 314 (1928). — PRIESTLEY-SMITH: Glaucoma. Ophthalm. Rev. **1911**, 33. — Glaucoma problems. Ebenda **1911**, 97, 161. — Tonometer. Klin. Mbl. Augenheilk. **54**, 537 (1915). — Blutdruck und Kammerdruck. Brit. J. Ophthalm. **1917**, 4. — Blutdruck und Kammerdruck (Fortsetzung). Klin. Mbl. Augenheilk. **61** 478 (1918). — Tonometrie. Ebenda **63**, 596 (1919). — PUSCARIU, CHERCHE u. NITZALESCU: Pupille nach Atropin und Pilocarpin am Glaukomauge. Soc. de Biol. **1925**, 1085.

McRAE: Glaukom und Blutdruck. Klin. Mbl. Augenheilk. **54**, 536 (1915). — RAEDER: Altersglaukom. Zbl. Ophthalm. **14**, 239 (1924). — Netzhautablösung und Sekundärglaukom. Ebenda **15**, 628 (1926). — REDSLOB u. REISS: Augendruck und Glaskörper. Annales d'Ocul. **166**, 16 (1929). — RIESLING: Osmose. Arch. Augenheilk. **59**, 239 (1908). — ROBERTSON: The management of established glaucome. Amer. J. Ophthalm. **1928**, 638. — ROCHAT: Drucksteigerung durch Sympathicusreizung. Ref. Klin. Mbl. Augenheilk. **62**, 267 (1919). — ROLLANDI: Glaucome chronique simple. Ref. ebenda **53**, 438 (1914). — ROLLET u. BUSSY: Iritis und Drucksteigerung bei Herpes zoster. Zbl. Ophthalm. **3**, 336 (1920). — RÖMER: Tonometrie. Sitzgsber. Ophth. Ges. Heidelberg. Akad. Wiss., Math.-naturwiss. Kl. **1918**. — RÖMER u. KOCHMANN: Pathologischer Flüssigkeitswechsel. Graefes Arch. **88**, 528 (1914). — ROSCIN: Beiträge zur Lehre vom Glaukom. Intracranieller Druck und Augendruck. Zbl. Ophthalm. **19**,771 (1928). — Ist Atropin ein Sekretionsmittel für den Ciliarkörper? Ebenda **21**, 274 (1929). — ROSENTHAL: Hypotonie. Klin. Mbl. Augenheilk. **81**, 706 (1928). — ROWLAND u. JOHNS: Drucksenkung im Ohnmachtsanfall. Ebenda 81, 541 (1928). — RUATA: Augendruck und Blutdruck. Jber. Ophthalm. **1911**, 113. — Tonometer und Sphygmomanometer. Z. Augenheilk. **27**, 232 (1912). — RUBEN: Ein modifiziertes SCHIÖTZsches Tonometer. Sitzgsber. Ophth. Ges. Heidelberg. **1913**, 395. — RUSZKOWSKI: Glaukomanfälle bei normalem Druck. Zbl. Ophthalm. **15**, 117 (1924).

SACHS: Fortschritte in der Glaukombehandlung. Klin. Mbl. Augenheilk. **76**, 746 (1926). — SAKAI: Augendruck bei jungen Leuten (19—27). Ebenda **51** (1), 569 (1913). —

SALLER: Altersveränderungen des Blutdruckes. Zbl. Ophthalm. **20**, 373 (1928). — SALLMANN: Tagesdruckkurve. Internat. Ophthalm.-Kongr. Amsterdam 1929. — SALVATI: Augenmuskeln und Augendruck. Annales d'Ocul. **161**, 699 (1924). — Pression artérielle rétinienne en position assise et couché. Ebenda **165**, 917 (1928). — Tonus oculaire et hypertension cranienne. Ebenda **165**, 919 (1928). — Dionin- und Augendruck. Klin. Mbl. Augenheilk. **81**, 430 (1928). — SAMOILOFF: Druckschwankungen. Berichtigung. Ebenda **69**, 516 (1922). — Manometrie bei Injektion hypertonischer NaCl-Zufuhr. Zbl. Ophthalm. **11**, 56 (1923). — Eichung der Tonometer. Klin. Mbl. Augenheilk. **73**, 187 (1924). — Sur la tension dans les veines chorioidiennes. Annales d'Ocul. **163**, 689 (1926). — Glaukom und Augentonus. Zbl. Ophthalm. **19**, 217 (1927). — Augenmanometrie. Ebenda **20**, 245 (1928). — Pituitrin und Augendruck. Ebenda. **18**, 818 (1927). — 1% Atropin subconj. Ebenda **20**, 337 (1928). — Blutdruck in den Augengefäßen. Ebenda **20**, 587 (1928). — Pelottenmethode zur Blutdruckmessung in den Augengefäßen. Ebenda **19**, 582, 585 (1927). — Entstehung des Pulsus oculi. Internat. Ophthalm.-Kongr. Amsterdam 1929. — SAMOILOFF u. KOROBOVA: Ciliarkreislauf, Augendruck und Blutdruck. Zbl. Ophthalm. **20**, 585 (1928). — SCHIMANOWSKI: Glaukom und Sympathicuslähmung. Westnik Oftalm. **1903**, **1905** (zit. bei JESS). — SCHIÖTZ: Tonometrie. Arch. Augenheilk. **52**, 401 (1905). — Tonometrie. Ebenda **62**, 317 (1909). — Tonometrie. Brit. J. Ophthalm. **1920**, 201. — Tonometrie. Acta ophthalm. **2**, 1 (1924). — Tonometrie mit konvexem Zapfen. Zbl. Ophthalm. **17**, 721 (1926). — Der diastolische Druck in der Art. centr. retinae. Acta ophthalm. **5**, 293 (1927). — SCHMELZER: Zur Pathologie und Therapie des Glaukoms. Zbl. Ophth. **20**, 397 (1929). — SCHMIDT: Druckherabsetzende Mittel am Tierauge. Zbl. Ophthalm. **17**, 425 (1926). Z. Augenheilk. **62**, 221 (1927). — Drucksenkung bei Keratitis herpetica des Kaninchens. Z. Augenheilk. **62**, 227 (1927). — SCHOEN: Akkommodation und Glaukom. Zbl. prakt. Augenheilk. **1909**. — SCHOENBERG: Experimental study of intra-ocular pressure and ocular drainage. J. amer. med. Assoc. **61**, Nr 13, 1098 (1913). — Jugularvenenkompression und Augendruck. Zbl. **22**, 324 (1929). — SCHOEPPE: Herpes iridis. Arch. Augenheilk. **92**, 208 (1923). — SCHULZE: BIERsche Halsstauung und Augendruck. Z. Augenheilk. **17**, 222 (1907). — SEIDEL: Manometrie und Tonometrie. Graefes Arch. **107**, 496 (1922). — Druckmessung. Ebenda **112**, 252 (1923); **114**, 175 (1924). Sitzgsber. Ophth. Ges. Heidelberg. — Messung des Blutdruckes in den vorderen Cil.-Arterien. Graefes Arch. **114**, 157 (1924). — Blutdruckmessung in den intraokularen Arterien. Sitzgsber. Ophth. Ges. Heidelberg. **1925**, 235. — Prinzipielles zur Blutdruckmessung in den intraokularen Arterien. Graefes Arch. **116**, 537 (1926). — Zur Methodik der klinischen Glaukomforschung. Graefes Arch. **102**, 415 (1920); **119**, 15 (1928). — Methoden zur Bestimmung des intraokularen Druckes. Hand. d. biol. Arbeitsmethoden von ABDERHALDEN, Abt. V, Teil 6, 969 (1927). — SEMPLE: Blutdruck und Glaukom. Klin. Mbl. Augenheilk. **48** (2), 692 (1910). — SERGIEVSKY: Ergebnisse in der Glaukomfrage. Zbl. Ophthalm. **19**, 311 (1927). — SERR: Zur Theorie des Augendruckes und seiner Beziehungen zum intraokularen Blutdruck. Graefes Arch. **121**, 781 (1929). — Zur Mechanik der Druckschwankungen beim Glaukom. Sitzgsber. Ophth. Ges. Heidelberg. **1920**, 22. — Augendruck und Capillardruck. Graefes Arch. **116**, 692 (1926). — Augendruckkurven (Belichtung). Sitzgsber. Ophth. Ges. Heidelberg. **1927**, 398. — Blutdruck in den intraokularen Gefäßen. Graefes Arch. **119**, 6 (1928). — Pupillenweite und Augendruck. Ebenda **121**, 3 (1928). — SHOGI: Autorégulation de la tension oculaire. Annales d'Ocul. **165**, 593 (1928). — SMITH: Blutdruck und Augendruck. Zbl. Ophthalm. **6**, 379 (1924). — SNYDER: The relation between general arterial sclerosis and increased tension in eyeball. Ohio State med. J. **1912**, 15. Jan. — SOMMER: Glaukom. Epilepsie. Pupille. Wschr. Hyg. u. Ther. Auges **12**, Nr 18, 193 (1909). — SONDERMANN: Entstehung, Physiologie und Pathologie des Augendruckes. Arch. Augenheilk. **102** (1929). — SOUTER: Tonometrie. Klin. Mbl. Augenheilk. **57**, 221 (1917). — STAICOVICI u. LOBEL: Tonometrie. Arch. d'Ophthalm. **37**, 238 (1920). — STEIN: Neue Methoden zur Messung des Augendruckes. Arch. Augenheilk. 87, 197 (1921). — STOCK: Tonometer von SCHIÖTZ. Klin. Mbl. Augenheilk. 48 (1), Beilageh. 124 (1910). — SUGASAWA: Änderung des Augendruckes durch Gewichtsbelastung. Ebenda 77, 775 (1926). — SUTPHEN: Herpes und Glaukom. Ebenda 60, 124 (1918) — SZEKRÉNYI: Zu STEINS Tonometer. Ebenda 69, 335 (1922). — SZYMANSKI u. WLADYCZKO: Experimentelles einfaches Glaukom. Zbl. Ophthalm. 16, 729.

TERRIEN: Hochdruck ohne Glaukom. Internat. Ophthalm.-Kongr. Amsterdam 1929. — TERSON: Pathogenese des Glaukoms. Klin. Mbl. Augenheilk. 46 (1), 555 (1908). Arch. d'Ophthalm. 44, 513 (1927). — THEOBALD: Einseitige Justierung unserer Tonometer. Klin. Mbl. Augenheilk. 78, 348 (1927). — THIBERT: Druckschwankungen im Sitzen und Liegen. Zbl. Ophthalm. 3, 340 (1920. — THIEL: Registrierung der Hornhautpulsation. Klin. Wschr. 1929, Nr 16, 738. — Klinische Untersuchungen zur Glaukomfrage. Graefes Arch. 113, 329 (1924). — Adrenalin und Binnendruck. Klin. Mbl. Augenheilk. 72, 534 (1924). — Glaukomdisc. Druckschwankungen. Sitzgsber. Ophth. Ges. Heidelberg. 1925, 47. — Druckschwankungen im normalen und glaukomatösen Auge. Arch. Augenheilk. 96, 331 (1925). — Glaukom ohne Hochdruck. Internat. Ophthalm.-Kongr. Amsterdam 1929. — Hornhautpulsation, Blutdruck und Augendruck. Heidelberg 1928. — Augendruck. Blutdruck. Blutbeschaffenheit. Ref. Zbl. Ophthaml. 22, 31 (1929). — Druckschwankungen nach Reizung des Sympathicus. Klin. Mbl. Augenheilk. 82, 109 (1929). — TOCZYSKI: Über die an normalen und glaukomatösen Augen mit dem SCHIÖTZschen Tonometer gewonnenen Untersuchungsresultate. Ebenda 50 (1), 727. — TORBIN u. DROBIJSEVA: Peripheres Herz bei Glaukom. Ref. Zbl. Ophthalm. 21, 437 (1929). — TRESLING: Fehler bei Tonometer. Ebenda 8, 255 (1921).

ULRICH: Hypertonie. Z. Augenheilk. 61, 110 (1927). — URBANEK: Glaskörperhernie. Ebenda 54, 164 (1924). — Druckschwankungen. Klin. Mbl. Augenheilk. 67, 303 (1921).

VAIDYA: Druckschwankungen. Zbl. Ophthalm. 5, 562 (1921). — VEASEY: Herpes zoster und Glaukom. Klin. Mbl. Augenheilk. 65, 139 (1920). — VELTER: Druck in den Retinalgefäßen. Arch. d'Ophthalm. 1920, 88. — VERDERAME: Herpes zoster. Klin. Mbl. Augenheilk. 52, 582 (1914). — VESTERGAARD: Insulin und Augendruck. Acta ophthalm. 7 (3), 273 (1919). — VIGURI: Augenblut und Blutdruck. Zbl. Ophthalm. 15, 590 (1924). — VITA: Netzhautarteriendruck. Ebenda 16, 226 (1926). — VOGELSANG: Elastometrie. Sitzgsber. Ophth. Ges. Heidelberg 1927, 61. — VOSSIUS: Blutdruck in den intraokularen Gefäßen. Graefes Arch. 104, 320 (1921).

WAHLFORS: Über Druckmessungen im menschlichen Auge. Ber. Heidelberg. Kongr. 1888, 268. — WEEKS: Glaukom nach Herpes zoster ophth. Klin. Mbl. Augenheilk. 60, 124 (1918). — WEEKERS: Hypertonische Salzlösungen. Zbl. Ophthalm. 11, 474 (1923). — Konsensuelle ophthalmotonische Reaktion. Ref. ebenda 16, 728 (1926). — WEGNER: Massage und Stauung am normalen und glaukomatösen Auge. Z. Augenheilk. 55, 381 (1925). — Pulsatorische Druckschwankungen. Arch. Augenheilk. 102, 1. Ref. Zbl. Ophthalm. 21, 437 (1928). Internat. Ophthalm.-Kongr. Amsterdam 1929. — WEIGELIN: Hornhautschädigungen durch Tonometer. Klin. Mbl. Augenheilk. 69, 351 (1922). — WEISS: Druck in den Venen des Bulbus. Zbl. Ophthalm. 12, 472 (1923). — WENDT: Neues Tonometer. Klin. Mbl. Augenheilk. 74, 228, 604 (1925). — WESSELY: Nachtrag zu HOROWITZ (Blutdruck). Arch. Augenheilk. 81, 147 (1916). — Beiträge zur Lehre vom Augendruck. Arch. Augenheilk. 78, 247 (1915). — Augendruck und Kreislauf. Ebenda 83, 99 (1918). — Einige Besonderheiten beim Glaukom. Münch. med. Wochenschr. 1919, 280. — Beiträge zur Lehre vom Augendruck. Verh. dtsch. ophthalm. Ges. 1912, 116. — Augendruckmessung, experimentelle Manometrie. Arch. Augenheilk. 60, 1 (1908). — Einfluß der Augenbewegungen auf den Augendruck. Ebenda 81, 102 (1916). — WESSELY u. HOROWITZ: Augendruck im Fieber. Ebenda 89, 113 (1921). — WISCHNEWSKI: Blutdruck und intraokularer Druck. Zbl. Ophthalm. 11, 56 (1922). — WIPPER: Glaukom durch Ciliarneuritis. Amer. J. Ophthalm.

5, 368 (1922). — WOODS: Akutes Glaukom. Zbl. Ophthalm. **14**, 71 (1925). — WÜRDEMANN: Diaphanoskopie. Klin. Mbl. Augenheilk. **46** (2), 665 (1908).

YADA: Messungsmethoden für intraokularen Druck. Augendruck bei Kaninchen. Jber. Ophthalm. **1925**, 255.

ZAVALIA: Drucksteigerung als Frühsymptom des Zoster. Zbl. Ophthalm. **14**, 242 (1924). — ZIRM: Über Glaukom. Ref. Klin. Mbl. Augenheilk. **82**, 525 (1929).

# IX. Flüssigkeitswechsel und intraokulare Flüssigkeit.

## 1. Allgemeines.

Die Zirkulations- und Ernährungsverhältnisse des Auges sind in diesem Handbuche schon von LEBER ausführlich behandelt worden, weshalb hier auf dieses wichtige Kapitel verwiesen werden muß. Dabei sei bemerkt, daß ich das weitere Material im wesentlichen chronologisch schildern mußte, um Wiederholungen möglichst zu vermeiden, weil fast in allen Arbeiten nicht nur ein einziges, sondern mehrere Probleme berührt wurden.

Über die Methoden zur Untersuchung des intraokularen Flüssigkeitswechsels gibt die zusammenfassende Darstellung von SEIDEL (1927) im Handbuche der biologischen Arbeitsmethoden von ABDERHALDEN (Abt. 5, Teil 6, S. 1019) eine erschöpfende Übersicht, so daß ich auf ein näheres Eingehen auf die einzelnen Methoden verzichten und mich darauf beschränken konnte, über die mit diesen Methoden gewonnenen Erfahrungen der einzelnen Autoren zu berichten. Auch in der neueren Abhandlung von SONDERMANN (1929) werden diese Verhältnisse eingehend berücksichtigt, ebenso von MAGITOT (1929) und WESSELY (1929).

LEBER hebt hervor, daß der Bau der Ciliarfortsätze mit ihrem Gefäßreichtum und ihrer Oberflächenvergrößerung auf die wichtige Funktion der Kammerwasserabsonderung hinweisen. Demgegenüber sagt HAMBURGER (1914, 1920, 1922), daß auch die Gefäßanordnung und der Gestaltswechsel der Iris darauf hindeuten, daß hier eine sezernierende Tätigkeit stattfindet, während LEBER gerade die Gefäßanordnung in der Iris nicht geeignet erscheint, Flüssigkeit abzusondern. Auch weist LEBER darauf hin, daß bei angeborener Irideremie nur der Ciliarkörper in diesem speziellen Fall allein das Kammerwasser liefert. Nach LEBER spricht auch gegen die Sekretion der Iris, daß sie nicht zwei Aufgaben erfüllen kann, zu resorbieren und zu sezernieren. Wenn LEBER und andere nach Einbringen von Farbstoff in den Glaskörper ihn durch die Pupille in die Vorderkammer treten sahen, spricht das nicht ohne weiteres für sekretorische Vorgänge, weil der Versuch beim toten Tier auch erfolgreich ist, und der Ciliarkörper nach WESSELY (1921) und

HAMBURGER (1910) frei von Fluorescein ist. Die von HAMBURGER ermittelte Tatsache, daß nach Einbringen von Fluorescein in die Hinterkammer dieses erst nach längerer Zeit in die Vorderkammer übertritt, deutet auf einen Ventilverschluß hin, und es sei daher zweifelhaft, ob an der Sekretion des Kammerwassers die Ciliarfortsätze beteiligt sind. Später erkannte HAMBURGER[1] (1914) an, daß für gewöhnlich die Iris den Bedarf an Kammerwasser deckt, daß aber bei starker Hyperämie auch der Ciliarkörper sich beteiligt. Die Mehrzahl der Autoren, insbesondere LEBER, stehen auf dem Standpunkt, daß fortwährend eine unmerkliche Erneuerung des Kammerwassers stattfindet und daß es besondere Abflußwege für die Augenflüssigkeit gibt, was WEISS (1925) auf Grund eingehender Untersuchungen bezweifelte.

Die große experimentelle Arbeit von WESSELY (1908) über die Beeinflussung des Augendruckes erstreckte sich auch auf subconjunctivale NaCl-Injektionen. Es wurde hier ein Mißverhältnis zwischen Zu- und Abfluß des Kammerwassers festgestellt, welches eine Folge der reaktiven Hyperämie ist; ferner, daß ein vermehrter Eiweißgehalt auftritt und daß die Abfuhr im Verhältnis zur Zufuhr stockt. Dem Befund von ULBRICH (1908), der Beobachtungen an einer im Iriskolobom ausgespannten Membran machen konnte, die sich beim Lidschlag, bei Akkommodation und bei Druck auf das Auge einstülpte, konnte WEISS (1923) gegenüberstellen, daß eine konstante Druckdifferenz zwischen Vorderkammer und Hinterkammer bestehen muß. Von anderweitigen Arbeiten aus der Zeit nach dem Erscheinen der von SCHMIDT-RIMPLER sei noch erwähnt die Arbeit von BUTLER (1908), der das Kammerwasser auffaßt als ein Transsudat durch erhöhten Blutdruck und Gefäßerweiterung. Nach SAMPERI (1910) ist die Lymphzirkulation beim Glaukom gestört; sie wird verändert durch stärkere Dichtigkeit der Flüssigkeit oder durch Sklerose des SCHLEMMschen Kanales. GRÖNHOLM (1911) weist auf die druckregulierende Funktion der Iris und des Ciliarmuskels hin; diese Druckschwankungen bedeuten eine Anpassung an das Nahrungsbedürfnis. HAMBURGER (1910), der 5%ige Fluoresceinlösung bei doppelseitigem akuten Glaukom einbrachte, konnte nach 30 Minuten keine Grünfärbung des Auges beobachten, im Gegensatz zu dem rascheren Auftreten bei Iritis, was differentialdiagnostisch wichtig sei. In der Diskussion zu diesem Vortrag von HAMBURGER machen verschiedene Autoren ihre Bedenken gegen die Auffassung von HAMBURGER geltend; dieser weist auf die noch zu erwähnende Arbeit von URIBE Y TRONCOSO (1907) hin, der angibt, daß das Ciliarkörpersekret Eiweiß und Fibrin enthält. Daher könne das Kammerwasser nicht vom

[1] Die Arbeiten HAMBURGERS bis 1914 sind in einer Monographie referiert (1914).

Ciliarkörper kommen. In einem weiteren ausführlichen Referat kommt WESSELY (1910) zu dem Schluß, daß nur die Hyperämie die Ursache der Veränderungen des Kammerwassers ist und daß ein prinzipieller Gegensatz zwischen Iris und Ciliarkörper, wie HAMBURGER meint, nicht besteht. Der von HAMBURGER durch Fluoresceininjektion in die Hinterkammer nachgewiesene Pupillarverschluß existiere in diesem Ausmaße nicht, und es sprächen auch die Erscheinungen in dem schon geschilderten Falle von ULBRICH dagegen. WESSELY gibt an, daß das Kammerwasser vorwiegend von den Ciliarfortsätzen abgesondert wird. Die Bildung der intraokularen Flüssigkeit ist ein Transsudationsvorgang, in dem gewisse Bestandteile des Blutserums, Eiweiß und Antikörper zurückgehalten werden, wodurch ein Unterschied gegenüber der Lymphproduktion besteht. Um eine echte Sekretion handele es sich nicht, weil diese vom Blutdruck unabhängig sei. In einer weiteren Arbeit berichtet WESSELY (1911) über die Resultate der Einbringung von Galle und gallensauren Salzen in den Glaskörper; sie führten zu schweren Degenerationen im Augeninneren; Iris und Ciliarkörper blieben frei, aber das Versiegen der Glaskörperflüssigkeit wurde nicht verhindert. Gegen die LEBERsche Lehre macht URIBE Y TRONCOSO (1907) geltend, daß der SCHLEMMsche Kanal kein Lymphkanal sei; der Abfluß durch die Iriskrypten sei gering. Die Zunahme des Eiweißes sei nicht Folge, sondern Ursache des Glaukoms, wie die Iritis glaucomatosa lehrt. Durch die Versuche von WEISS (1911) wurde festgestellt, daß kein Beweis dafür beizubringen ist, daß das Kammerwasser in strömender Bewegung ist und HAMBURGER (1912), der Versuche mit indigschwefelsaurem Natron unter normalem und gesteigertem Druck vornahm, stellte fest, daß die Iris diffus blau gefärbt und die Iridektomienarbe blasser gefärbt war. Erwähnt seien noch besonders die experimentellen Studien von URIBE Y TRONCOSO (1914), der zu dem Resultate kommt, daß der SCHLEMMsche Kanal kein venöser Sinus sei, sondern ein Lymphkanal. Da der Blutdruck in den Irisvenen größer ist als der intraokulare Druck, so kann unter normalen Verhältnissen durch sie kein Kammerwasser ausgeschieden. werden.

Von 1920 ab setzt eine große Fülle von Arbeiten ein, die sich mit dem Flüssigkeitswechsel des Auges befassen, wobei die Herkunft des Kammerwassers die Hauptrolle spielt. HAGEN (1920) widerspricht der Anschauung, daß nach Punktion das regenerierte Kammerwasser eiweißhaltiger sei; das gelte nicht für den Menschen; es handele sich hierbei nicht um eine Sekretion, sondern um ein Hinübertreten der Glaskörperflüssigkeit. Beim Kaninchen wird die eiweißhaltige Flüssigkeit vom Ciliarkörper geliefert. Diese Resultate von HAGEN konnten nicht bestätigt werden; so wurde von GILBERT (1921) eine Quellung und Vakuolenbildung in den inneren unpigmentierten Epithellagen festgestellt. Bei Opticusatrophie war das zweite Kammerwasser reicher an Eiweiß, bei positiver WASSERMANNscher Reaktion. Das Fehlen der von GREEFF beschriebenen blasenförmigen Auftreibungen des Epithels nach Kammerwasserverlust beim Menschen wird von v. HIPPEL (1920) bestritten, und auch SCHWARTZKOPF (1922) konnte diese blasigen Veränderungen des Ciliarepithels bei Hypertonie feststellen. Daß das zweite Kammerwasser beim Menschen unverändert ist, wird von WESSELY bestätigt, aber die Schlußfolgerungen von HAGEN seien nicht richtig. Diese Widersprüche werden von WESSELY (1921) geklärt, der auf die Unterschiede des Kammerwasservolumens bei Tieren und Menschen hinwies, so daß nach Punktion die nach Druckentlastung auftretende Hyperämie auch ganz verschieden sei. Dies konnte auch durch einen Fall beim Menschen bei Kerektasie bewiesen werden, wo das zweite Kammerwasser erheblich eiweißreicher war. Die Versuche von LINDNER (1920) mit Uranin brachten keinen Aufschluß über die sekretorischen Funktionen der Ciliarepithelien. Den breitesten Raum auf diesem Gebiet nehmen die Arbeiten von SEIDEL (1920, 1921) aus der Heidelberger Klinik ein. Er steht auf dem Standpunkt, daß die Ciliarepithelien elektive Funktionen haben; dies bezeugt ihre eigenartige Struktur der Zellen, der Nachweis eiweißhaltiger Lymphe innerhalb der Ciliarfortsätze und außerhalb der Capillaren und die Beeinflussung durch Pilocarpin. Der Versuch von HAMBURGER mit dem Einbringen von Fluorescein in die Hinterkammer sei kein Beweis gegen eine Flüssigkeitsströmung. Der Versuch von HAMBURGER mit Neutralrot wird von SEIDEL in seiner Beweiskraft angefochten auf Grund der Beobachtung, daß die rote Farbe keineswegs auf das Pupillargebiet beschränkt sei. Versuche von EHRLICH und KNAPE mit intravenösen Fluoresceininjektionen und 2% Indigokarminlösung seien für eine Sekretion seitens der Iris nicht beweisend, denn bei Drüsen sei der Gehalt an Farbstoffen im Parenchym und im Sekret durchaus verschieden. Das Fluorescein gelangte auch in die Hinterkammer, und SEIDEL konnte in den Epithelien der Ciliarfortsätze eine Zellfärbung feststellen. Versuche mit Pilocarpin-Eserin und Muscarin erzielten nach SEIDEL einen gesteigerten Sekretionsprozeß. Eine Atrophie trat nach Hemmung auf, was auch an trepanierten Augen festzustellen war, wobei es sich zeigte, daß aus der Fistelöffnung ständig ein kleiner Flüssigkeitsstrom herausfließt. Für eine Drüsenfunktion spricht nach SEIDEL weiterhin, daß durch Kalksalze die Eiweißvermenrung im Kammerwasser hintenan gehalten werden kann. Auch die Versuche von SEIDEL mit Indigokarmin an Tieraugen, die mit Eserin und mit Atropin behandelt waren, sprechen nach diesem Autor für Behinderung bzw. Erleichterung des Kammerwasserabflusses; bei enger Pupille und bei geringerem Druck war der Abfluß rascher. Aus der Weite der Pupille erklärten sich die Druckschwankungen. Eine weitere Mitteilung von SEIDEL betrifft die Färbung der Ciliarepithelien nach Injektion von Isaminblau. Die Anhäufung der Farbtröpfchen wird ebenso wie ein elektrischer Strom als Ausdruck der Sekretionstätigkeit aufgefaßt. Gegenüber den Darlegungen von SEIDEL betont HAMBURGER (1920), daß der Stoffwechsel in der Iris lebhafter sei als in den Ciliarfortsätzen. Dabei wird eine geringe sekretorische Funktion der Ciliarfortsätze anerkannt, die für die Ernährung und Funktion der Linse wichtig sei. Das vom Ciliarkörper gelieferte Produkt sei vom Kammerwasser stark verschieden, indem es bei Reizungen ein stark eiweißreiches Sekret liefert, im Gegensatz zum normalen Kammerwasser. Die Versuche von HAGEN bezüglich des zweiten Kammerwassers wurden von RÖMER (1927) bestätigt, der den Ciliarkörper nicht für das alleinige Sekretionsorgan ansieht.

Während NICATI (1920) das Kammerwasser durch die Iris abfließen läßt, wird die Bedeutung der Kammerbucht von KÖPPE (1923) auf Grund optischer Untersuchungen betont, wie auch nach SEEFELDER (siehe Kapitel III) die schweren Veränderungen im Kammerwinkel zu Hydrophthalmus führen. Auch das Eindringen von Glaskörper in die Vorderkammer, wie WEILL (1920) und andere beobachteten, kann die Abflußwege verstopfen. Nach SEIDEL (1921), der genaue anatomische Untersuchungen über den SCHLEMMschen Kanal vornahm, dessen Wand für Farbstoffe durchlässig ist, besteht ein physiologisches Druckgefälle vom Kammerwinkel nach dem SCHLEMMschen Kanal, während in die Irisvenen kein Farbstoff eindringt. Die Poren in der Nähe des SCHLEMMschen Kanales sind größer als an der Irisoberfläche, was durch Versuche mit Eiweißlösungen festgestellt wurde. SEIDEL behauptet ferner, daß eine Iridektomie den Zugang zum SCHLEMMschen Kanal erleichtert, der nach URIBE Y TRONCOSO (1914) gewöhnlich nur mit Kammerwasser angefüllt ist und mit feinen Spalten mit dem benachbarten Venensystem in Verbindung steht.

Die Sekretionstheorie von LEBER erfuhr weiterhin Widerspruch durch DE HAAN u. VAN CREVELD (1921), welche das Kammerwasser und den Liquor cerebrospinalis als Dialysat des Blutplasmas auffassen. Nach MESTREZAT u. MAGITOT (1921) ist das Kammerwasser und der Liquor reicher an NaCl und ärmer an Eiweiß als die Lymphe. Im Gegensatz zu HAGEN nimmt WESSELY (1920) an, daß der Glaskörper nicht die Quelle des zweiten Kammerwassers sein kann. Außerdem bezweifelt er die Zuverlässigkeit der refraktometrischen Prüfung; er zieht die Eiweißschätzungsmethode vor, mit deren Hilfe er auch beim Menschen einen Eiweißüberfluß des zweiten Kammerwassers feststellte, ohne daß die GREEFFschen Blasen vorhanden waren, die HAGEN an der Irishinterfläche und am Ciliarepithel fand. Bei der Bestimmung des Eiweißgehaltes des Kammerwassers käme es auf die verschiedenen Zeitabschnitte nach den Punktionen an. Nach WEEKERS (1921) stammt das aus der Hinterkammer kommende Fluorescein von der Irishinterfläche und nicht von den Ciliarfortsätzen. HAMBURGER (1920) hält die Beobachtungen von HAGEN für sehr bedeutungsvoll und nimmt wie WEISS an, daß in der Vorderkammer nur ein cellulärer Stoffwechsel besteht. In einer weiteren Arbeit sagt HAMBURGER (1921), daß bei allgemeinen Erkrankungen der Augendruck sehr bedeutend sinken kann, und daß ein Augendruck von 25 mm, wie ihn die LEBERsche Filtrationstheorie voraussetzt, eine Ausnahme sei.

Von weiteren Arbeiten interessieren zunächst die von SCHIECK (1922), der beim Kaninchen nach Punktion nicht nur an den Ciliarfortsätzen, sondern auch an der Irisvorderfläche Blasenbildung konstatierte. Bei Vorbehandlung mit starkem Pferdeserum, was eine Steigerung des Präzipitingehaltes des Kammerwassers zur Folge hatte, und nach Einbringen von verdünntem Pferdeserum konnte nach Absaugung des Kammerwassers eine Strömung aus der Irisoberfläche festgestellt werden, die auf eine Druckdifferenz zwischen Gewebsdruck und Oberflächendruck hinweist, wie auch eine Strömung durch Vorderkammer und Pupille festgestellt werden konnte. RADOS (1922) sah nach zweimaliger Punktion eines zur Enukleation bestimmten Auges weder am Epithel der Irishinterfläche noch an den Ciliarfortsätzen Blasen. Nach NAKAMURA, MUCKAI u. KOSACKI (1922) ist auf Grund von Fluoresceinversuchen anzunehmen, daß die Ausscheidung von Farbstoffen an der Irisvorderfläche stärker sei als an der Hinterfläche. Als eine weitere Bestätigung der HAMBURGERschen Ansicht können die Versuche betrachtet werden, die mit Methylviolett nur eine Färbung der Linsenvorderfläche hervorriefen.

Auch weiterhin nimmt die Diskussion zwischen SEIDEL (1921, 1922) und HAMBURGER (1923, 1924) bezüglich des Flüssigkeitswechsels einen breiten Raum ein. SEIDEL weist nochmals darauf hin, daß, wenn man einen Farbstoff ohne Drucksteigerung einfließen läßt, er in die episkleralen Venen übertritt. Wenn HAMBURGER das bei seinen Nachprüfungen nicht sah, kann durch zu langsames Ausführen der Versuche das Kammerwasser eiweißhaltiger geworden sein. Auch müsse man dem Umstande Rechnung tragen, daß bei Kaninchen nach Punktion eine mächtige Drucksteigerung auftritt. Das Auftreten der Farbe in den episkleralen Gefäßen kann durch starke Stauung der Halsgefäße verhindert werden; durch Lockerung der Strangulierung wird sie sofort herbeigeführt, was darauf zurückzuführen sei, daß das Druckgefälle zwischen Vorderkammer und episkleralen Venen herabgesetzt gewesen sei. Die Beeinflussung der Steigerung des Flüssigkeitswechsels durch Pilocarpin und Eserin beruht auf Erleichterung des Abflusses im Kammerwinkel, indem nicht nur die Pupillenkontraktion, sondern auch die des Ciliarmuskels den Kammerwinkel freier macht, was dadurch zum Ausdruck kommt, daß nach Eserin sich die episkleralen Venen rascher füllen als nach Einträufelung von Atropin. Künstliche Drucksteigerung setze den Abfluß wesentlich herab, weil durch Erzeugung des artefiziellen Glaukoms der Kammerwinkel blockiert wird. Weiterhin bemerkt SEIDEL (1922) zu den Versuchen von NAKAMURA, MUKAI u. KOSACKI, daß das Auftreten von Farbe aus den Irisgefäßen nicht für eine Flüssigkeitsabsonderung beweisend sei. Ebenso sollte man nicht diffusible Farbstoffe zum Beweise eines Pupillenverschlusses heranziehen. Die Ansicht von SEIDEL über die aktive Rolle der Epithelien der Ciliarfortsätze wurde bestätigt von CARRÈRE (1922) und von ALBRICH (1923). SEIDEL versuchte weiterhin zu beweisen, daß der SCHLEMMsche Kanal beim Flüssigkeitswechsel die Hauptrolle spielt, indem das Kammerwasser direkt in die Blutbahn diffundiert, wobei die Resorption durch die Iris minimal sei. Auch bei Verwendung kolloidaler Farbstoffe, wie Pelikantusche und Collargol, konnte bei physiologischem Augendruck beim Kaninchen der direkte Übergang in die Venen beobachtet werden. Am enukleierten Auge konnte in den vorderen Ciliarvenen Tusche nachgewiesen werden, die in den Vortex- und Irisvenen fehlte. Weiterhin übte SEIDEL (1921) Kritik an der Methode von MAGNUS und STÜBEL, welche in der Iris Lymphgefäße und ein zirkuläres Lymphgefäß im Kammerwinkel dadurch nachweisen wollten, daß sie bei Anwendung von $H_2O_2$ durch ausgetretenen Sauerstoff sichtbar wurden. SEIDEL, erklärt daß diese Lymphgefäße Blutgefäße seien und daß der Sauerstoff künstliche Lücken im Irisgewebe erzeuge. Der zirkuläre Raum im vorderen Teil des Kammerwinkels sei kein Lymphgefäß, während STÜBEL (1923) an ihren Ansichten festhält. Alle diese Arbeiten von SEIDEL haben fortdauernd Widerspruch erfahren durch HAMBURGER (1923, 1924), der auf Grund von Versuchen mit Traubenzucker erhebliche Differenzen in der Glaskörperflüssigkeit und im Kammerwasser feststellte und darauf hinweist, daß der Ciliarkörper nicht gleichzeitig zweierlei Flüssigkeiten absondern könnte. Für seine Anschauung sprächen ferner die soeben erwähnte Auffindung von Lymphgefäßen im Augeninnern durch MAGNUS u. STÜBEL; auch behalte das Auge bei starker Drucksenkung seine Funktion bei, während nach LEBER nur der intraokulare Druck die Flüssigkeitsabsonderung beherrsche. HAMBURGER weist auch darauf hin, daß der SCHLEMMsche Kanal bei Tieren fehlen kann. Weiterhin kritisiert HAMBURGER die Experimente von SEIDEL; die Punktion der Vorderkammer bewirke eine den normalen Augendruck übersteigende Drucksteigerung. Demgegenüber stellte SEIDEL (1923) fest, daß bei offener Verbindung mit dem Manometer die sekundäre Drucksteigerung ausbliebe, und gegenüber WEISS, der molekulare Kräfte (1923) für den Farbstoffübergang bei SEIDELs Versuchen annimmt, bemerkt SEIDEL, daß auch nicht diffusible Farbstoffe in isotonischer Lösung dasselbe Resultat zeitigten. Nach WEISS ist der Druck in den Wirbelvenen stets höher, als der intraokulare Druck, wodurch ein Abfluß des Kammerwassers in die Irisvenen und auch zum SCHLEMMschen Kanal unmöglich sei. Auch LULLIES (1923) stellte fest, daß der Druck im SCHLEMMschen Kanal höher ist als der intraokulare Druck. Manometrische Messungen von SEIDEL (1924) an den episkleralen Ciliarvenen ergaben dagegen eine Drucksteigerung auf Grund von Kompressionsversuchen. Die entgegengesetzten Resultate von WEISS und LULLIES werden auf die Versuchstechnik zurückgeführt, die eine Drucksteigerung bedingten.

Die Injektionsversuche von WEEKERS (1922) mit Tuscheinjektion in den Glaskörper ergaben eine Ansammlung von Tusche um den SCHLEMMschen Kanal herum. Die Druckmessung in den intraocularen Gefäßen bei Kaninchen durch LULLIES u. WULKOWITSCH (1924) stellten erhebliche höhere Werte fest, als SEIDEL gefunden hatte, und sie vermißten den Sekretionsstrom, der nach SEIDEL in den Ciliarepithelien vorhanden sein soll. Nach WEISS u. LULLIES (1924) sei der Venendruck im Augeninnern höher als der Augendruck. Es bestehe daher kein hydrostatisches Gefälle. Die Versuche von WEEKERS (1922), der Fluorescein und nachher ungefärbte Flüssigkeit aus der Pupille treten sah, sprechen wieder mehr für die Tätigkeit des Ciliarkörpers. Nach NORDENSON (1924) bildet das Linsendiaphragma ein Hindernis für den Übertritt von Glaskörperflüssigkeit in die Vorderkammer und nach SAMOILOFF (1924), der manometrische Untersuchungen über die Reaktion des Auges nach Punktion der Vorderkammer anstellte, folgt die Wiederherstellung durch Transsudation aus der Iris und dem Ciliarkörper, nicht aber durch Transsudation aus dem Glaskörper. BAURMANN (1925) bestreitet die von SEIDEL den Ciliarepithelien zugeschriebene Sekretion, sowohl was das Vorkommen von intrazellulären Veränderungen als auch die Sekretionsströmungen angeht. Der von SEIDEL gefundene Capillardruck muß höher sein, als ihn SEIDEL angegeben hat, so daß eine Transsudation möglich ist. In der Tat zeigen Versuche von DIETER (1924) durch direkten Druck auf den Bulbus, daß der Capillardruck über 50 mm betragen muß. Nach ADLER u. LANDIS (1924) sind die Versuche von SEIDEL über Eserinwirkung kein Beweis für die Entstehung des Kammerwassers durch Sekretion. Demgegenüber hält SEIDEL (1925) an seinen Anschauungen fest. Durch weitere Versuche über die Gewebsatmung des Auges konnte er feststellen, daß durch Cyankalilösung die Sekretion zum Aufhören gebracht wird, was durch Schädigung des Oxydationsprozesses erklärt wird. Auch Cocain und Adrenalin schwächen die Sekretion durch Hemmung der Sauerstoffzufuhr und Störung der Zelltätigkeit, und es konnte im Gegensatz zum normalen Ciliarepithel mit Indophenolblau eine sehr stark abgeschwächte Färbung festgestellt werden, wie dies auch durch weitere Versuche von SCHMELZER (1925) bestätigt wird.

Bezüglich des Vorkommens von Lymphgefäßen im Auge bestätigt TRETTENERO (1924) die Versuche von MAGNUS u. STÜBEL. Lymphgefäße seien sowohl in der Iris wie in der Aderhaut zu finden. Weiterhin stellt TRETTENERO (1924) fest, daß die Strömung des Kammerwassers von der Tiefe der Vorderkammer beeinflußt wird, insofern, als bei größerer Vorderkammertiefe die Strömung mit der Entfernung von der wärmeren Iris zur kälteren Hornhaut deutlicher wird. Untersuchungen von THIEL (1922, 1923, 1925) über den Flüssigkeitswechsel mit Hilfe von Fluorescein ergaben, daß an gesunden Augen weder aus der Irisvorderfläche noch aus der Hinterkammer Farbstoff austritt, wohl aber bei Entzündungen und nach Punktion. Beim Glaukom erfolgte Farbstoffaustritt durch die Pupille, nicht aber durch die Iris, was auch an dem noch nicht manifest erkrankten anderen Auge festgestellt werden konnte. Die Fluorescinversuche von THIEL lassen die Vermutung zu, daß der gesunde Ciliarkörper undurchlässig und nur im Glaukomauge durchlässig ist; diese Durchlässigkeit und gesteigerte Absonderung können als eine der Ursachen des Glaukoms angesehen werden.

Neuere Untersuchungen von ABE u. KOMURA KURAZO (1928) stellten fest, daß nach intravenöser Einführung von Fluorescin der Farbstoff durch den Lidschlag rascher aus der vorderen Kammer entfernt, die Diffusion im Kammerwasser aber dadurch nicht beschleunigt wird. Bei narkotisierten Tieren war die Fluorescinausscheidung verzögert. Theoretische Berechnungen beziffern die Absonderungsmenge des Kammerwassers im Menschenauge pro Minute auf 3,8 cbmm. Alles dieses spräche für einen Flüssigkeitswechsel im Sinne Lebers.

Nach MUSSLEVIZ (1928) tritt das Fluorescin nicht durch die Pupille, sondern auch unmittelbar aus den Irisgefäßen hervor, während PESME u. DEPLANCHE (1927) auf Grund von Kaninchenversuchen annehmen, daß die Ausscheidung nur durch die Ciliargefäße erfolgt. Der scheinbare Austritt aus dem Irisrande beruht auf der Existenz lang ausgezogener Ciliargefäße, und YOSHIDA (1929) stellte fest, daß der Fluorescingehalt des Kammerwassers abhängig ist von dem des Blutes, und daß das zweite Kammerwasser nach einer Stunde denselben Fluoresceingehalt hat wie das erste Kammerwasser. Weitere Fluorescinversuche von HERTEL (1928) ergaben, daß Änderungen des osmotischen Druckes im Blute durch Salz- oder Gelatinelösungen sich auch auf die durch Fluorescin umstellbare Flüssigkeitsbewegung im Auge erstrecken, die auf Ultrafiltration zurückzuführen und damit der Entstehung des zweiten Kammerwassers gleichzusetzen ist.

Es sei auch hier noch auf die Versuche von F. P. FISCHER (1929) hingewiesen, die sich mit der Permeabilität der Hornhaut und den Vitalfärbungen des vorderen Bulbusabschnittes beschäftigen und feststellen, daß Farbstoffe, die nicht durch die Hornhaut in das Kammerwasser dringen, auch nach intravenöser Injektion aus dem Blute nicht ins Kammerwasser gelangen.

Auf Grund von Bestimmungen der Kohlensäure im ersten und zweiten Kammerwasser kommt KRONFELD (1929), der auch die Literatur über die Regeneration des Kammerwassers eingehend berücksichtigt, zu dem Resultate, daß das zweite Kammerwasser durch einen physikalisch-chemischen Prozeß gebildet wird, der sich mit Dialyse oder Filtration nicht vollständig deckt. Die nach der Punktion auftretende Capillarerweiterung mit ihren Folgen sei bei Menschen und Tieren verschieden.

Eine anatomische Untersuchung eines zur Enukleation bestimmten Sarkomauges durch RADOS (1922) ließ nur Hyperämie der Ciliarfortsätze, aber keine GREEFFschen Blasen erkennen, während SAMOILOFF (1929) neuerdings außer der Hyperämie an einem gänzlich reizlosen Menschenauge spärliche GREEFFsche Bläschen als Ausdruck der reaktiven Hypertonie beobachtete.

Die Untersuchungen von CAR u. ORTYNSKI (1929) über die Regeneration des Kammerwassers ergaben, daß 5% Cocain und $2^0/_{00}$ Diocain wirkungslos waren. Glaukosan subconjunctival injiziert, brachte im zweiten Punktat geringere Eiweißausscheidung, als beim WESSELYschen Adrenalinversuch. Intensiver wirkt Glanduitrin, weniger intensiv Thyreoideaextrakt und Insulin.

Die Anschauungen von SEIDEL erfuhren eine Bestätigung durch die Versuche von SERR (1924), der ebenfalls im Ciliarkörper das Sekretionsorgan des Auges und im Kammerwinkel die Hauptabflußwege sieht.

Nach SERR spielen Störungen der Kammerwasserzirkulation neben dem Füllungszustand der Gefäße eine Hauptrolle beim Glaukom. Weiterhin wurde auf die Abdichtung im Kammerwinkel beim Glaukom hingewiesen, die zur Inhaltsvermehrung des Bulbus führe. Gegen die von SEIDEL benutzte Indophenolreaktion macht GOLDSCHMIDT (1925) geltend, daß der Reaktionsausfall an verschiedenen Zellen verschieden sei, weshalb man nicht aus der Stärke der Färbung auf eine sekretorische Tätigkeit schließen könnte.

FRIEDENTHAL (1924) kommt in einer längeren Arbeit zu dem Schluß, daß es einen physiologischen Pupillenabschluß nicht gibt. Eine intraokulare Saftströmung, eine geringe Druckdifferenz und Sprengung des physiologischen Pupillenabschlusses gäbe es nicht. Den Versuchen mit Farbstoffen hafteten viele Fehlerquellen an. Es bestehe keine Druckdifferenz zwischen Vorderkammer und Hinterkammer, wie WEISS annimmt, und es bestehe kein Überdruck in der Hinterkammer. Die ganze LEBERsche Strömungstheorie sei falsch. Gegen die Darstellungen von SEIDEL und gegen die LEBERschen Theorien spräche der Umstand, daß auch bei ganz weichen Augen keine Ernährungsstörungen auftreten, ebenso wie die durch Adrenalin erzeugte Mydriasis nicht nachteilig wirke. Kammerwasser und Glaskörper hätten nicht die gleiche Zusammensetzung, was sowohl auf dem Gehalt an leicht diffusiblen Stoffen, z. B. Chlornatrium und Traubenzucker, wie auch auf dem Gehalt von Kolloiden beruhe. Der SEIDELsche Versuch am fistulierenden Auge sei eben an einem nicht normal funktionierenden Auge gemacht. Die LEBERsche Theorie habe die Augenheilkunde viel zu lange beherrscht.

v. CZAPODI (1926) weist darauf hin, daß die langdauernde Atropinmydriasis auf einen langsamen Flüssigkeitsaustausch hindeute, weil das Mittel noch sehr lange im Kammerwasser nachgewiesen wird, und an diesem langsamen Flüssigkeitsaustausch ist das Atropin nicht ursächlich beteiligt. Auch MAGITOT (1928) weist darauf hin, daß ein dauernder Kammerabfluß schwer zu erklären sei mit Rücksicht auf die langdauernde Eiweißerhöhung nach Punktion. Andererseits spricht BOZZOLI (1926) sich dahin aus, daß ein ständiger Flüssigkeitsstrom im Auge vorhanden sei, welcher nicht auf echter Sekretion beruhe, sondern wahrscheinlich durch Filtration oder Dialyse entsteht. Die Strömung des Kammerwassers sei eine Wärmeströmung, der Abfluß erfolge nicht nur durch den SCHLEMMschen Kanal, sondern durch den ganzen Kammerwinkel und die Iris. BENOIT (1925) greift auf frühere Versuche mit Tuscheinjektionen in den Glaskörper zurück, welche eine ständige Flüssigkeitsbewegung und die Bedeutung des Kammerwinkels als Abflußweg erweisen sollen.

Durch Wägungen von Kaninchenaugen, die punktiert waren, stellte RÖMER (1927) fest, daß danach ein Gewichtsverlust auftrat, der darauf beruhte, daß die intraokulare Sekretion lange nicht hinreichte, um dem Auge seine natürliche Spannung wieder zu geben, und SCHMIDT (1926) stellte im Anschluß an diese Versuche fest, daß subconjunctivale Injektionen von Eserin nicht durch Flüssigkeitsabnahme, sondern durch Elastizitätsverminderung wirkten. Dagegen bewirkten Suprarenin und Pilocarpin durch Hyperämie eine Gewichtszunahme. GOLOWIN (1927) spricht dem Ciliarkörper die vielleicht auf hormonalen Eigenschaften beruhende Tätigkeit zu, das Eintreten von Substanzen ins Auge zu verhindern, und die Eigenschaft, daß er im übrigen ein spezifisches Produkt sezerniert. Nach BONNEFON (1926) kommt eine Sekretion aus den Ciliarfortsätzen nur dann in Betracht, wenn das sonst bestehende Gleichgewicht in der Vorderkammer gestört wird. Bei allen Formen des Glaukoms findet man das Sekretionsorgan für das Kammerwasser intakt. Beim Glaukom muß die Hypertension als eine Reaktion des Organismus aufgefaßt werden zum Zwecke der Erhaltung des Gleichgewichts zwischen Sekretion und Absonderung. Nach DUKE-ELDER (1926, 1927) geht der Flüssigkeitswechsel so vor sich, daß das Kammerwasser aus den Gefäßen des Ciliarkörpers und der Iris nach dem Augeninnern filtriert wird; osmotische Kräfte bewirken den Kammerwasserabfluß, an dem jedoch nach Beschaffenheit und Lage der SCHLEMMsche Kanal auch beteiligt sei. Eine weitere Arbeit von SAMOILOFF (1927) bestätigt die Anschauungen von SEIDEL. Nach Reizungen entstehe eine Transudation, welche den normalen Prozeß der Absonderung des Kammerwassers hemmt.

In einer Arbeit von REDSLOB (1927) werden die physikalischen und chemischen Probleme in Bezug auf den Flüssigkeitsaustausch im Auge und die Entstehung des Glaukoms eingehend erörtert. Am eingehendsten beschäftigt sich mit der Natur der intraokularen Flüssigkeit eine Monographie von DUKE-ELDER (1927), die die Chemie des Kammerwassers und seine Abnormitäten, seine physikalischen Eigenschaften und deren Störungen behandelt.

Nach DUKE-ELDER (1926, 1927) handelt es sich bei der Bildung des Kammerwassers nicht um einen Sekretionsvorgang, sondern um ein Dyalysat aus dem Blute der Capillaren, deren Wände eine semipermeable Membran darstellen. Im Kammerwasser müsse ein Überschuß von negativ geladenen diffusiblen Ionen vorhanden sein, und es sei in der Tat ein sogenanntes Donnangleichgewicht nachgewiesen worden. Zwischen Blut und Kammerwasser bestehe ein Unterschied des osmotischen Druckes. Nach SERR ist die Dialyse, die DUKE-ELDER annimmt, ein Bestreben, zwischen zwei vorhandenen Flüssigkeiten einen Austausch zu schaffen; sie erklärt aber nicht die Kammerwasserneubildung.

Wie Duke-Elder (1926, 1927) annimmt, besteht ein dauernder Stoffaustausch durch die Capillarwände und eine Wärmezirkulation in der vorderen Kammer. Die Druckveränderungen im Bereiche der äußeren und inneren Augenmuskeln seien von großem Einfluß, ebenso Quellungsvorgänge im Glaskörper und Abdichtungen des Gewebes, besonders im Kammerwinkel. Nach Priestley-Smith (1927) ist eine gewisse Strömung des Kammerwassers nicht ausgeschlossen, wenn auch ein osmotisches Gleichgewicht zwischen Blut und Kammerwasser besteht, ebensowenig, daß das Kammerwasser durch Ultrafiltration aus den Ciliargefäßen entsteht. Auch die Feststellung, daß das venöse Blut einen höheren osmotischen Druck habe, als das arterielle, spricht für eine Strömung. Duke-Elder (1929) betont, daß das Kammerwasser ein Dialysat sei, das sich im „thermodynamischen Gleichgewicht" mit dem Plasma und den Capillargefäßen befinde. Trotzdem findet eine ständige Zirkulation des Kammerwassers statt, bedingt durch ständige Kontraktion der inneren und äußeren Augenmuskeln. Damit ist eine Mittellinie gezogen zwischen Lebers und Hamburgers widerstreitenden Ansichten. Mit diesen Anschauungen von Duke-Elder beschäftigt sich neuerdings Seidel (1928) sehr eingehend. Es sei unmöglich, den Vorgang der Kammerwasserabsonderung als „Dialyse" zu bezeichnen und auffallend, daß auf der einen Seite die Strömungstheorie abgelehnt und an anderer Stelle wieder befürwortet werde, so daß der Autor sich auf den Boden der Theorie von Leber stellte. Duke-Elder habe eine Reihe wichtiger Tatsachen aus den Versuchsreihen von Seidel gar nicht erwähnt, wie auch die übrige Literatur nur sehr unzureichend berücksichtigt worden sei. Goldenburg (1927) schreibt den Capillaren einen wichtigen Einfluß auf die osmotischen Vorgänge im Augeninnern zu, und der Abfluß erfolge nicht nur durch den Schlemmschen Kanal, sondern auch durch die Iris. Der Flüssigkeitswechsel wird begünstigt durch die Einwirkung der Augenmuskeln.

Nach Hill (1928) schwankt der Kammerwasserdruck mit dem Blutdruck. Der Sekretionsdruck bewirkt, daß der Augapfel trotz der Druckschwankungen seine Form behält. Der Druck im Kammerwasser und in den Capillaren muß immer derselbe sein. Der Strom in den Retinalgefäßen hört auf, sobald der Augendruck die Höhe des Blutdruckes erreicht hat. Die Ehrlichschen Fluorescineinspritzungen sollen beweisen, daß das Kammerwasser fließt und daß es auch in den Suprachorioidalraum gelangt. Bei der Akkomodation bewegt sich der Ciliarmuskel nach HENDERSON (1908) einwärts, wodurch das Kammerwasser in die Räume des Ciliarkörpers und das Ligamentum pectinatum abfließen kann. Nach STARLING (1913) spricht die Struktur der Ciliarfortsätze für einen Sekretionsvorgang. Die Behauptung von HILL sei unbewiesen, daß keine Druckdifferenz zwischen Capillaren und der umgehenden Druckflüssigkeit bestände. Wenn eine Druckgleichheit besteht, ist keine Bewegung möglich, und PRIESTLEY-SMITH betont, daß der intraokulare Druck von den Ciliarfortsätzen reguliert wird.

In neueren Arbeiten des letzten Jahres bürgerte sich der Name Blutkammerwasserschranke ein, besonders nach einer Arbeit von FRANZESCHETTI u. WIELAND (1928), welche eine Erhöhung des Eiweißgehaltes des Kammerwassers durch Diuretica feststellten. ACHERMANN (1928) ergänzte diese Versuche dadurch, daß nach Erhöhung der Permeabilität diese Schranke durch Theophyllin Fluorescein viel rascher in die Vorderkammer eintritt. Sehr eingehend beschäftigten sich FRADKIN u. SVEREVA (1927) mit diesem Problem. Sie untersuchten den Einfluß des vegetativen Nervensystems und endokriner Stoffe auf die Permeabilität der Schranke und kommen zu dem Schluß, daß nicht die Zellen des Ciliarkörpers, sondern die Endothelien der Gefäßwände das morphologische Substrat der Barriere seien. In einer weiteren Arbeit wird mitgeteilt, daß Pituitrin und Ergotoxin die Permeabilität der Barriere herabsetzen, wie auch z. B. bei Jod und Atropin, während Brom nicht ins Kammerwasser übergeht. Auch GÄDERTZ u. WITTGENSTEIN (1928) untersuchten diese Schranke in Bezug auf diffusible Anionen und Kationen, von denen festgestellt wurde, daß sie sämtlich in das Kammerwasser übergehen können, wenn sie im Blut vorhanden sind. Für Kolloide ist diese Scheide dagegen relativ impermeabel; hier muß die Quantität eine ziemlich hohe sein, wenn diese Stoffe in das Kammerwasser übergehen sollen. ABE u. KURAZO KOMURA (1928) stellten fest, daß Jodionen aus dem Blute ins Kammerwasser übergehen. Dies beruhe auf Diffusionserscheinungen zwischen Blut und Kammerwasser im physikalisch-chemischen Sinne. Bezüglich des Überganges von Stoffen aus dem Blute verhält sich der Liquor cerebrospinalis ähnlich. Nach MAGITOT (1928) sind Kammerwasser und Cerebrospinalflüssigkeit Dialysate aus mehrfachen Quellen. Eine Strömung besteht weder im Auge noch im Liquor; die Flüssigkeit wird von den Capillaren produziert, wobei eine Reihe verschiedenartiger Kräfte wirksam ist. Der Ciliarkörper kann nicht die Quelle des Kammerwassers sein, ebensowenig wie der Chorioidalplexus die des Liquors ist. Auch der Umstand, daß die Fische keinen Ciliarkörper haben und das Ausbleiben der Färbung des Ciliarkörpers beim EHRLICHschen Versuch sprächen dagegen. Die

Augenflüssigkeit wird von denselben Geweben produziert und resorbiert, bei sehr langsamem Flüssigkeitsaustausch. Das Kammerwasser stellt ein durch Dialyse modifiziertes Blutplasma dar.

Neuere Versuche von HERTEL (1928) kommen zu dem Schlusse, daß der Weg diffusibler Farbstoffe aus den Gefäßen in das Auge, wie aus dem Auge nach den Gefäßen derselbe ist, wobei sich das Ciliarepithel als undurchlässig erwies, und er schloß daraus, daß die Wanderung des Farbstoffes auf osmotischem Wege geschieht. POOS (1928) macht auf die Wirkung des Sympathicus bei der Durchbrechung der Blutkammerwasserschranke aufmerksam. Demgegenüber betonen MÜLLER u. PFIMLIN (1929), daß sie im Gegensatz zu anderen Autoren nach Sympathicusdurchschneidung keine Veränderung des Eiweißgehaltes des Kammerwassers feststellen konnten. Auch die Reizung des Sympathicus hat keinen Einfluß. Nach Punktion wird die Zunahme des Eiweißes durch Durchschneidung begünstigt, durch faradische Reizung gehemmt. Die neueren Untersuchungen von WESSELKIN (1929) über den Einfluß des Sympathicus auf die Permeabilität der Blutkammerwasserschranke kommen zu dem Ergebnis, daß der Sympathicus wirkt 1. herabsetzend durch Verengerung der Gefäße, 2. steigernd durch Stauung, 3. steigernd durch trophische Einflüsse. Auch beim Adrenalin, welches die Permeabilität steigert, wirken mehrere Faktoren mit. SERR (1928) weist darauf hin, daß es bei der Kammerwasserbildung sich nur um physikochemische oder vitale Kräfte handeln könnte. Eine Filtration aus den intraokularen Capillaren sei nur möglich, wenn hier der Blutdruck mehr als 55 mm betrage, was aber nicht der Fall sei. Auf Osmose beruhende Wasserbewegung käme nicht in Frage, da das Blut einen höheren osmotischen Druck aufweist als das Kammerwasser. Es handelt sich um eine Art Sekretion, bei der die Synthese blutfremder Produkte in Wegfall kommt, was durch die anatomische Beschaffenheit der Zellen der Ciliarepithelien gestützt wird. Es war für diesen Vorgang der Name „primitive Sekretion“ vorgeschlagen. Nach FISCHER (1928) spricht gegen eine sekretorische Funktion der Ciliarepithelien der Umstand, daß alle Farbstoffe, die nicht ins Kammerwasser übergehen, nur das Ciliarepithel, nicht aber die Gefäße färben. Es handelt sich auch nicht um einen vermehrten Sauerstoffverbrauch, sondern um eine Speicherung von Sauerstoff in diesen Zellen, auf Grund von Versuchen mit Indophenolblau. Diese Speicherung von Sauerstoff erkennt SCHMELZER (1928) nicht an, der die Reaktion mit Indophenolblau als Beweis für eine erhöhte Tätigkeit der Epithelien ansieht. FRANCESCHETTI u. HALLAUER (1928) konnten mit Theophyllininjektionen nachweisen, daß Agglutinine, hämolytische Ambozeptoren und Präzipitine im Kammerwasser in erhöhter Menge auftraten, während der Glaskörper nur an Agglutininen reicher war. Bei der durch Diuretica verursachten Eiweißvermehrung im Kammerwasser sind in erster Linie die Globuline beteiligt. In einer neueren Arbeit stellen HALLAUER u. FRANCESCHETTI (1929) fest, daß die Permeabilität der Schranke für homologes Agglutinin größer ist, wenn es in Form einer Serumfraktion, als wenn es als Vollserum bei Kaninchen Anwendung findet. Euglobulin und Pseudoglobulin aus demselben Immunserum zeigen keinen derartigen Unterschied.

Neuerdings gab SEIDEL (1928) eine Übersicht über die Frage des Flüssigkeitswechsels, wobei er seine Untersuchungen eingehend schildert und das normale Auge als ein poröses, das glaukomatöse als ein abgedichtetes Auge bezeichnet, in welchem sich Zirkulationsstörungen und Druckänderungen viel nachdrücklicher geltend machten. An der Existenz eines Causalzusammenhanges zwischen Pupillenweite und Augendruck und einer Kammerwasserströmung, die von ständiger Sekretion der Ciliarfortsätze abhängig ist, wird festgehalten. Schließlich sei noch erwähnt, daß WOLFRUM (1920) auf Grund seiner vergleichenden anatomischen Studien zu der Ansicht kommt, daß unter normalen Verhältnissen eine Beteiligung der Iris am intraokulären Flüssigkeitsstrom nicht in Frage käme.

Gegen die nochmals von SEIDEL verfochtenen Anschauungen wendet sich VOM HOFE (1928), der im Gegensatz zu SEIDEL nach Injektion von physiologischer Kochsalzlösung ins Kaninchenauge zuerst Druckererhöhung und dann länger dauernde Drucksenkung erzielte. Es handle sich um einen Kompensationsvorgang, indem die zuerst komprimierten Gefäße sich erweitern, wobei auch die Änderung der Elastizität der Gewebe eine Rolle spielt. Wie LÖHLEIN schon früher (1912) bemerkte, bedürfen solche Versuche noch der Ergänzung, um festzustellen, ob hier nicht ein minimaler Glaskörperverlust im Spiele ist, wogegen allerdings der Umstand spricht, daß anfänglich eine Drucksteigerung auftritt.

In der eingehenden Arbeit von SONDERMANN (1929) wird in den Druckschwankungen der Diastole und Systole die alleinige Ursache der filtrativen Kräfte des Auges gesehen. Stoffwechsel im Auge und Eiweißgehalt der Lymphe seien gering. Im Ciliarkörper finde eine sekretorisch-aktive Abscheidung eines Ultrafiltrates statt. Nach SONDERMANN ist die Flüssigkeitsströmung in der vorderen Kammer gering. Der SCHLEMMsche Kanal enthält im unberührten Auge Kammerwasser. Der Druck ist im Kanal geringer als in der vorderen Kammer und höher als in den Ciliarvenen; der Druckausgleich erfolgt in den feinen

Verbindungsästen, wobei im wesentlichen filtrative Kräfte wirken, während die Resorption durch die Iris hauptsächlich auf osmotischem Wege erfolgt. Blutdrucksteigerungen werden wegen der Umklammerung der Arterien durch das Skleralgewebe nicht im vollen Maße auf das Augeninnere übertragen. Das Druckgefälle zwischen Arterien und Venen ist viel geringer als im übrigen Körper. Diese eingehenden Darlegungen werden ohne Zweifel zu zahlreichen Nachprüfungen Veranlassung geben.

## 2. Die Bedeutung der Osmose.

Eine Reihe von Arbeiten beschäftigen sich mit dem kolloidosmotischen Drucke, welcher nach SEIDEL (1924) einen Übertritt isotonischer Lösungen durch die Gefäßwand in das Blut bewirkt, während der Blutdruck die Flüssigkeit durch die Gefäßwände nach außen treibt. Das Verhältnis der beiden Kräfte ist maßgebend für den Flüssigkeitswechsel, und die osmotischen Kräfte behindern die Absonderung aus dem Ciliarkörper und vermehren den Abfluß. Kammerwasserabsonderung durch Filtration kann nur stattfinden, wenn der Capillardruck über 50 mm Hg beträgt, weil der osmotische Druck sich auf 25—30 mm und der intraokuläre Druck auf 25 mm beläuft. Nach SEIDEL (1924) liegt der mittlere Capillardruck bei 30 mm, was er mit Hilfe der Kompressionsmethode feststellte. Der Venendruck beträgt nach diesen Versuchen 25 mm. Ein Abfluß kann nur stattfinden, wenn die intraokulären Druckkräfte den Blutdruck übersteigen. Weitere Überlegungen führten dazu, daß die Absonderung des Kammerwassers nur durch echte Sekretion stattfinden könne. Da der Blutdruck in den Irisvenen etwas höher ist als im SCHLEMMschen Kanal, so handelt es sich bei dem Flüssigkeitswechsel um hydrostatische Kräfte, und die Filtration im SCHLEMMschen Kanal geht schneller als durch die Iriscapillaren. Nach BAURMANN (1925) ist, wie er auf Grund von Untersuchungen über die osmotischen Triebkräfte annimmt, das arterielle Gefäßsystem die Quelle des Kammerwassers, zu dessen Entstehung man eine echte Sekretion nicht anzunehmen braucht. Refraktometrische Untersuchungen bezüglich der Eiweißmenge im Kammerwasser durch SERR (1924) ergaben, daß der osmotische Druck der Serumeiweißkörper beim Glaukom und im normalen Auge gleich sei, also daraus kein ursächliches Moment für akute oder chronische Glaukome hergeleitet werden könnte. Miotica und Mydriatica seien ohne Einfluß, und Schwankungen kämen beim normalen wie beim Glaukomauge vor. Nach JASINSKI (1927) konnte refraktometrisch kein Unterschied im Eiweißgehalt festgestellt werden, nur beim absoluten Glaukom war der Eiweißgehalt höher; dies hatte aber keinen Einfluß auf die Tension. Nach HEESCH (1926) spielt am enukleierten Auge die „Antiosmose“ eine druckbeeinflussende Rolle. WEISS und LULLIES (1924) wenden gegen die SEIDELschen Versuche ein, daß er den Einfluß der Krystalloide nicht berücksichtigt habe. Untersuchungen von GALA (1925) bezüglich der Ionenkonzentration des Kammerwassers weisen auf verminderte Acidität hin, was für primäre Schwellung des Glaskörpers sprechen soll. MAWAS u. VINCENT (1926) fanden im Gegensatz zu HERTEL, GALA und MEESMANN, daß beim Glaukom eine relative Acidose im Kammerwasser vorhanden ist. Schließlich sei noch erwähnt, daß BAURMANN (1928) bei seinen Untersuchungen über das Vorkommen von Elektrolyten mehr Calcium im Serum als im Serumfiltrat und im Kammerwasser fand; dies gilt in gleicher Weise für Kalium und Natrium. Nach PASSOW (1928) ist der Calciumgehalt bei Glaukom meist leicht erhöht, Kalium dagegen verringert, was auf Beziehungen zum Sympathicus und zu Thyreotoxikosen schließen ließe.

Auf Grund von experimentellen Untersuchungen kommt TRON (1928) zu dem Resultat, daß im zweiten Kammerwasser die Kationen (Kalium, Calcium) anwachsen, die Anionen (Chlor) abnehmen. Die Abnahme des Chlorgehaltes bei Vermehrung des Eiweißgehaltes ist nach ASCHER (1922) bei den verschiedensten Versuchsbedingungen zu konstatieren. Das erste und zweite Kammerwasser könne als Ultrafiltrat angesehen werden. Eine erhöhte Permeabilität der Gefäßwände führt zu einer Störung des sogenannten DONNAN-Gleichgewichtes und zu einem Übertritt von Krystallen ins Kammerwasser, die sonst, weil an die Blutkolloide gebunden, nicht dialysierbar sind. Nach BAUDET u. GERBAULT (1927) ist beim Primärglaukom das DONNAN-Gleichgewicht im Kammerwasser gestört, dagegen bei iritischem Glaukom unverändert. Eine weitere ausführliche Arbeit von MAGITOT (1917, 1927) behandelt die Zusammensetzung des Kammerwassers und seine Herkunft. Nach eingehender Schilderung der bisherigen Versuche und Anschauungen erörtert MAGITOT den Abtransport, der durch Osmose erfolgen soll. Dafür spräche z. B. die Erfahrung, daß ein enukleierter und im Serum aufbewahrter Bulbus noch tagelang eine Spannung von 10 mm behielte, was durch die vitalen Kräfte des am Leben bleibenden Gewebes, und damit durch die osmotische Hypertonie des Kammerwassers bewirkt werde. Ein kontinuierlicher Kammerwasserabfluß bestehe nicht. Eiweiß und Exsudate könnten durch Phagocytose und fermentativen Abbau entfernt werden. In sehr eingehender Weise werden auch von WAITE (1927) diese Probleme erörtert. Ferner beschäftigte sich JASINSKI (1927, 1928) eingehend mit dieser Frage, der mit Hilfe der sogenannten BARGERschen

Methode feststellte, daß der osmotische Druck des Kammerwassers beim normalen Auge und bei Glaukom höher ist als der des Blutserums.

Neuerdings gibt YUDKIN (1929) auf Grund seiner an Hunden gewonnenen Erfahrungen an, daß die intraokulare Flüssigkeit ein Dialysat des Blutplasmas sei. Der intraokulare Druck werde bestimmt durch das Wechselspiel des hydrostatischen und des osmotischen Druckes des arteriellen und venösen Plasmas, welches durch die besonderen Eigenschaften der als Schranke wirkenden Membran bedingt werde. Unter normalen Verhältnissen besteht nach MAWAS (1929) eine Acidose des Glaskörpers, die kompensiert ist. Beim Glaukom fehlt diese Kompensation, und die dadurch hervorgerufene Asphyxie wurde durch Diathermie und durch Injektionen von Wasserstoffsuperoxyd bekämpft. WESSELY (1929) konnte bei experimentellem Kaninchenglaukom ebenfalls eine Acidose des Glaskörpers feststellen, und auch TERRIEN (1929) bestätigt die Resultate von MAWAS.

Versuche von VINCENT (1928) über die Einwirkungen von Adrenalineinträufelungen auf die Ionenkonzentration des Kammerwassers ergaben eine Senkung derselben und auch des Gesamtkohlensäuregehaltes.

REDSLOB (1927) hält die Acidose des Kammerwassers für eine Abwehrreaktion, die man unterstützen müsse, wie er dies mit Phosphorsäureeinspritzungen in den Glaskörper mit Erfolg versucht habe.

Eine Reihe weiterer Untersuchungen beschäftigt sich mit der Wasserstoffionenkonzentration im Kammerwasser, die HERTEL (1921) bezüglich der Höhe des Augendruckes für belanglos hält, und MEESMANN (1924) gibt an, daß die Konzentration beim Menschen und Tier gleich sei. Die Tension sei abhängig von der Konzentration, die beim Glaukom vermindert sei, und diese kommt als Ursache, wenn auch nicht allein, in Frage. Die Druckänderung sei unabhängig vom Glaskörper. Es sei der Zustand der das Kammerwasser abführenden Gefäße wichtig. Starke Drucksenkung erzielte KRONFELD (1925) durch Injektion von Natriumphosphat. Nach den Untersuchungen von DUKE-ELDER (1926) an Katzen beruht der intraokulare Druck auf der Impermeabilität der das Innere des Auges auskleidenden Zellagen, des hydrostatischen Druckes in den Capillaren und dem osmotischen Druckverhältnis zwischen Blut und Augeninhalt. Neuere Versuche von W. S. und von P. M. DUKE-ELDER (1929) an durchströmten Tieraugen stellten fest, daß der intraokulare Druck bei einer Zunahme der osmotischen Konzentration der Blutkrystalloide fällt, mit ihrer Abnahme ansteigt; bei den Blutkolloiden verhält sich die Sache ebenso, während Wasserstoffionenkonzentration und intraokularer Druck konform gingen.

JASINSKI (1927), der den Leitungswiderstand des Kammerwassers untersuchte fand, daß er beim Glaukom gegenüber dem normalen Auge nicht verändert sei. Wenn es beim absoluten Glaukom der Fall sei, werde dies durch hochmolekulare Bestandteile verursacht. Untersuchungen von GAEDERTZ u. WITTGENSTEIN (1927, 1928) an Warmblüteraugen ergaben, daß der NaCl-Gehalt des Kammerwassers unter dem des Plasmas liegt.

Eingehende Untersuchungen von MEESMANN (1924) kommen zu dem Resultate, daß das Glaukom durch osmotische Druckunterschiede nicht zu erklären sei. Auf Grund des sogenannten DONNAN-Gleichgewichtes, das für die Zusammensetzung des Kammerwassers von ausschlaggebender Bedeutung sei, kommen osmotische Kräfte für Druckschwankungen nicht in Frage.

Nach DE DECKER (1929) wird durch osmotische Reize und nachfolgende Plasmavermehrung der normale Augendruck nicht beeinflußt. Trotz starker Plasmavermehrung bewirken heiße und Lichtbäder nur eine geringfügige Senkung des Augendruckes.

## 3. Der Kammerwinkel und die vordere Kammer.

Die Rolle des Kammerwinkels beim Glaukom ist Gegenstand vieler weiterer Arbeiten geworden, seitdem die Monographie von SCHMIDT-RIMPLER erschienen ist. Den anatomischen Teil dieser Frage hat kürzlich ELSCHNIG (1928) in mustergültiger Weise bearbeitet und ich entnehme dieser Darstellung folgende Daten. Man hatte schon gelegentlich früher die Wurzelsynechien der Iris festgestellt, bis durch die Untersuchungen von WEBER und KNIES die häufige Anlagerung der Irisperipherie an der Hinterfläche der Hornhaut nachgewiesen wurde. Diese Wurzelsynechie wird als Folge einer adhäsiven Entzündung aufgefaßt, während ULBRICH und WEBER das Vorrücken der Iriswurzel auf mechanischem Wege erklärt haben wollten, wie auch HEERFORDT diese Theorie anerkannte. Später stellte ELSCHNIG fest, daß es sich bei der ventilartigen Anlage der Iris um eine Druckdifferenz zwischen Vorderkammer und Hinterkammer handelt. CZERMAK u. BIRNBACHER (1886) erklärten dann weiterhin die Seichtheit der Vorderkammer durch senile Volumenzunahme der Linse und vielleicht auch durch eine Blockierung des Kammerwinkels, die auf entzündlichen Veränderungen beruhen soll. Durch ein Mydriaticum wird dieser Kammerwinkelabschluß vermehrt. Die Saugtätigkeit des SCHLEMMschen Kanals und die Sekretion des Kammerwassers drückten die Iris immer weiter in den Kammerwinkel, wo es zu Verwachsungen kommt, die im Anfang noch durch Miotica gelöst werden können. Später nahm CZERMAK (1897) für die Blockierung des Kammerwinkels lediglich mechanische Ursachen, so besonders die Volumenzunahme der Linse, an. Seitdem SCHNABEL gezeigt hatte, daß der Verschluß der Kammerbucht nicht notwendigerweise zur Drucksteigerung führen müsse, beobachtete man, daß umgekehrt bei Drucksteigerung der Kammerwinkel offen sein könne. Immerhin ist die Zahl der Glaukome mit tiefer Vorderkammer sehr gering, und es handelt sich in den von ELSCHNIG angeführten Fällen meistens um Sekundärglaukome oder um Hydrophthalmus. Hier kann das Ligamentum pectinatum sklerosiert und mit Pigment durchzogen sein. Es muß aber, da die Irisanlagerungen partiell sein können, der ganze Umfang des Kammerwinkels untersucht werden. ELSCHNIG weist besonders darauf hin, daß die Wurzelsynechien beim sog. unkompensierten Glaukom fehlten, wenn es sich um eine präexistente Myopie handelte, wie es in einem Fall von ISCHREYT (1910) der Fall war; bei der von VERHOEFF (1912) gefundenen Sklerose des Ligamentum pectinatum handelte es sich um eine Folge der Wurzelsynechie. Den von ELSCHNIG angeführten Fällen von anatomischer Untersuchung des Kammerwinkels füge ich noch die von HENDERSON (1908), THOMSON (1921) und GREEVES (1914) hinzu, ferner den Befund von COMBERG (1928), der im Kammerwinkel bei tuberkulöser Iridocyclitis die Präcipitate ein Fadenwerk von der Hornhauthinterfläche zur Iris bilden sah, wobei eine Blutung den Verlötungsprozeß unterstützte. HERRY (1929) konnte durch Erhöhung des Druckes in der hinteren Augenkammer eines herausgeschnittenen Auges eine Vortreibung der Ciliarfortsätze gegen die Iris erzielen, und diese Blockade muß um so leichter erfolgen, wenn der Ciliarkörper hyperämisch ist. Dagegen ist wohl einzuwenden, daß dann bei Cyclitis wohl häufiger Glaukom auftreten müßte, als es der Fall ist.

Einige Arbeiten befassen sich speziell mit der Wurzelsynechie vom klinischen Standpunkt aus. Der Versuch von HESSE (1914), mit einer Durchleuchtungslampe beim primären Glaukom eine Gewebsverdichtung festzustellen, gelang nicht, wohl aber beim Sekundärglaukom mit vergrößertem Bulbus. Auch URIBE Y TRONCOSO (1921) konnte beim Glaukom mit Hilfe der Durchleuchtungslampe Wurzelsynechien feststellen, deren Bedeutung auch von FUCHS (1908) und von GOLDENBURG (1928) für die Entstehung des Glaukoms hervorgehoben, von URIBE Y TRONCOSO und von THORBURN (1927) jedoch nicht anerkannt wird.

Weitere Arbeiten befassen sich mit der Pigmentansammlung in der Kammerbucht. Nach SCALINCI (1907) sind die Veränderungen im Kammerwinkel beim akuten Glaukom Folgen der Drucksteigerung und beim

Glaucoma simplex, langsam sich entwickelnd, die Ursache. Anatomisch war hier, wie auf der Hornhauthinterfläche, bei älteren Leuten freies Pigment festgestellt worden, und zwar besonders reichlich in glaukomatösen Augen. Diese anatomischen Untersuchungen werden von ELSCHNIG genauer angeführt, und es wird das Verhältnis des Pigmentes zu den Zellen und die Beschaffenheit des Pigmentes eingehend besprochen.

Seitdem die Spaltlampe in die klinische Diagnostik Eingang gefunden hat, ist es auch klinisch möglich gewesen, derartige Befunde zu erheben, die schon LEVINSOHN (1908) als bedeutsam für die Entstehung des Glaukoms bezeichnet hatte und auch von SALZMANN (1914) festgestellt waren. Besonders durch KÖPPE (1916) ist auf die Rolle des Irispigmentes hingewiesen worden, welches vor allem für die Frühdiagnose von Wichtigkeit ist. Die eingehende Beschreibung von KÖPPE läßt erkennen, daß im Bereiche der Iris und des Kammerwinkels auch beim Glaukom weitgehende Pigmentveränderungen vorhanden sind, und im Glaukomanfalle kommt es nicht nur zu einer Abstoßung und zum Zerfall der Pigmentzellen der Hinterfläche, sondern auch der oberflächlichen Irislagen. Vor allen Dingen wurden Pigmentverschiebungen in solchen Augen festgestellt, die kurz darauf klinisch als glaukomatös befunden wurden. Die Pigmentverschiebung ist besonders dann diagnostisch bedeutsam, wenn auf beiden Augen Druckunterschiede bestehen; nach PESME (1924) können auch Iris und Cornea diesen Pigmentstaub bei Glaukom aufweisen. Die Pigmentzerstreuung wird auf eine angeborene Schwäche oder trophische Störung des Gewebes zurückgeführt. Die Pigmenttrümmer verstopfen die Lymphwege und führen zu einer Lymphstauung, die dem Glaucoma simplex zugrunde liegen soll, und diese Zirkulationsbehinderung trifft außer dem Kammerwinkel auch die Iris, was durch HAMBURGER (1923) besonders durch Hinweis auf die Versuche mit Tusche wahrscheinlich gemacht wird. Auch KAMINSKAJA (1925) hält diese Pigmentverschiebungen für spezifisch für Glaukom. Diese Anschauung von KÖPPE und anderen wird von VOGT (1917) und seinem Schüler MÖSCHLER (1922) nicht geteilt; er hält die Pigmentzerstreuung für eine senile Erscheinung, die beim Glaukom nicht stärker auftritt als bei anderen Gesunden. Auch BIRCH-HIRSCHFELD äußert Zweifel, ebenso COMBERG, KUFFLER und STEINDORFF, die in einer Diskussion zu den entgegengesetzten Anschauungen von LEVINSOHN (1922) Stellung nahmen und auch HANSSEN (1918) macht darauf aufmerksam, daß diese Pigmentzerstreuungen auch in nicht glaukomatösen Augen vorkämen und in zwei anatomisch untersuchten Glaukomaugen fand sich wohl Pigmentzerstreuung, aber keine Verstopfung des Kammerwinkels. Von SCHIECK (1918) wird besonders auf die Bedeutung der Pigmentbefunde im Kammerwinkel für die Wahl der operativen Methode hingewiesen. Die Beobachtungen von KÖPPE (1918) und von BROOSER (1923) bestätigen dies, während KREIKER einen anderen Standpunkt vertritt. Auch YOSHIDA (1927) spricht der Pigmentzerstreuung keine Bedeutung für die Entstehung des Glaukoms zu, weil auch in nicht glaukomatösen, stärker pigmentierten Japaneraugen im Gerüstwerk des Ligamentum pectinatum Pigmentstaub zu finden sei und die Japaner nicht häufiger vom Glaukom befallen würden als andere Völker. JESS (1923) konnte eine Pigmentzerstreuung auf der Linsenkapsel bei beginnendem Glaukom feststellen, und THORBURN (1927), der sich auch der Durchleuchtungsmethode bediente, fand in einer großen Reihe von Glaukomaugen, daß eine periphere vordere Synechie nicht bestand, während bei vollständiger Synechie die Drucksteigerung fehlen kann, weshalb ihre Bedeutung für das Glaukom bestritten wird.

Daß der Kammerwinkel plötzlich auch durch andere korpuskuläre Elemente verschlossen werden kann, zeigt der Fall von SALA (1904), wo nach Discission einer Cataracta fluida kurz nachher Glaukom auftrat. Dasselbe ist wohl bei Cholesterin der Fall, wie z. B. WEINTRAUB (1926, 1927) in dem Glaskörper und im Kammerwasser Cholesterinkrystalle sah, und SAFAR (1926) konnte beobachten, daß nach Entleerung der vorderen Kammer wegen Staroperation ein solches Glaukom verschwand. Auch die Beobachtung von BUSACCA (1927) über das Vorkommen der von VOGT (1928) beschriebenen Häutchenbildung auf der vorderen Linsenkapsel (siehe Sekundärglaukom durch Linsenerkrankungen) spricht für eine mechanische Behinderung des Abflusses, und in der Tat wird auch beim Glaukom eine von der Entzündung unabhängige derartige Häutchenbildung festgestellt.

KOYANAGI (1920), der das Auftreten von glaukomatösen Drucksteigerungen nach einem Wespenstich durch die Cornea beobachtete, hat die Sache experimentell nachgeprüft. Er stellte fest, daß durch die toxische Wirkung eine proliferierende Entzündung im Kammerwinkel auftritt, deren Produkte den Kammerwinkel blockieren.

Schließlich sei noch des mechanischen Hindernisses gedacht, welches für den Abfluß des Kammerwassers dadurch geschaffen wird, daß nach Traumen oder operativen Eingriffen Epithel in die Vorderkammer eindringt und hier einen Teil des Kammerwinkels überzieht, oder, wie in einem Fall von ELSCHNIG (1928), Vorderkammer und Hinterkammer von Epithel ausgekleidet waren. Auch DUVERGER und MORAX (1909) beschreiben einen ähnlichen Fall, wie ich auch unter meinen Präparaten einen charakteristischen Fall dieser Art gesehen habe. Nach ELSCHNIG kommt außer der Blockierung des Kammerwinkels vielleicht noch in Frage, daß das Epithel durch aktive Tätigkeit eine Veränderung in der Beschaffenheit des Kammerwassers herbeiführt.

Die wichtige Rolle des Kammerwinkels wird auch von KÜSEL (1906) betont, der dem Ciliarmuskel die Schuld gibt, daß bei seinem Versagen die Entfaltung des Blattwerkes im Ligamentum pectinatum verhindert wird, wozu das Auge besonders durch Hypermetropie geneigt ist; dadurch werden die Prodromalanfälle erklärt; Mydriasis und Schwäche aller Art wirken zur Entstehung des Anfalles mit, während eine starke Akkommodationsanstrengung günstig wirke. Beim Glaucoma simplex, dem häufig Myopie zugrunde liege, fehle eben ein kräftiger Ciliarmuskel; dieser Ansicht schloß sich auch ADOLPH (1907) an, wie auch THOMSON (1911) dem Ciliarmuskel die Erweiterung des Kammerwinkels zuschreibt. Nach WIPPER (1918) trägt die bindegewebige Alterssklerose der Aderhaut die Schuld an einer Verminderung des Lymphabflusses aus dem Glaskörperraum, wodurch die Iris nach vorn gedrängt würde. Die wichtige Rolle der Intaktheit des Ligamentum pectinatum wird weiterhin von HENDERSON (1908) betont, und RAEDER (1923) sieht in einer primären Stenose im Kammerwinkel die Ursache des Glaucoma simplex, während die anderen Formen des Glaukoms infolge des Vorgepreßtwerdens der Iris eine Verlegung des Kammerwinkels durch periphere Synechien aufweisen sollen. Diese Insuffizienz des Kammerwinkels bestreitet BRUNS (1925) mit dem Hinweis, daß sie weder die flache Vorderkammer, noch den Prodromalanfall erklären könnte. Nach HERBERT (1923) besteht in der Gegend des SCHLEMMschen Kanals ein System von elastischen Fasern; zur Offenhaltung fehle der elastische Zug vom Ciliarkörperverschluß, während durch Eserin das Ligamentum pectinatum entfaltet wird. In einer weiteren Arbeit beschäftigt sich HERBERT (1923) mit der Kittsubstanz, welche die glatte Muskulatur mit elastischen und hyalinen Geweben verbindet, selbst sehr fest und elastisch ist und mechanische Wirkungen auf Zu- und Abfluß hat, so daß auch damit Beziehungen zum Glaukom gegeben sind. FORTIN (1929) will den Ciliarmuskelfasern eine strangulierende Wirkung auf die Gefäße zuschreiben, wodurch Sekretion und Tension abnehmen. Damit steht wohl im Widerspruch die Annahme des Autors, daß eine Schwäche des Ciliarmuskels zu Glaukom führe, wobei Alter und Hypermetropie begünstigend wirken sollen.

Wenn WEILL (1920) darauf aufmerksam macht, daß Glaskörperhernien in die vordere Kammer, insbesondere nach Staroperationen und Discissionen und Verletzungen, Glaukom im Gefolge haben können, so wird jeder Operateur diese Erfahrung bestätigen können. Eine völlige Verlegung des Kammerwinkels dürfte hierbei nur in seltenen Fällen in Frage kommen, weit häufiger aber dürften Zerrungserscheinungen an den Ciliarfortsätzen zu Zirkulationsänderungen führen.

Schließlich sei noch bemerkt, daß die Bestimmung der Tiefe der vorderen Kammer mit optischen Hilfsmitteln gefördert wurde. So gibt WESSELY (1911) an, daß das stereophotometrische Verfahren geeignet ist, die Tiefe der vorderen Kammer exakt zu messen. Als diagnostisches Hilfsmittel für die Erscheinungen im Bereiche des Kammerwinkels wurde zuerst von TRANTAS (1928) und später von SALZMANN (1914) die Diaphanoskopie, später als Gonioskopie bezeichnet, empfohlen. In seiner neuesten Arbeit über diesen Gegenstand kommt TRANTAS (1928) zu dem Schluß, daß weder die Wurzelsynechien, noch abnorme Pigmentierungen des Skleralrandes für Glaukom pathognomisch seien. NORDENSON (1924) empfiehlt die Gonioskopie, wobei er weder den Wurzelsynechien, noch der Pigmentverstopfung eine Rolle zuerkennt. Das Offenbleiben des Kammerwinkels beim Glaucoma simplex und seine Verletzung beim akuten Glaukom sprächen für die Glaskörpertheorie. Neuerdings empfiehlt URIBE Y TRONCOSO (1914) die Gonioskopie mit Hilfe eines Apparates, der eine Kombination von Mikroskop und Periskop darstellt und bei Kolobomen einen Einblick bis zur Ora serrata gestattet.

In engster Beziehung zum Kammerwinkel steht auch die Frage nach der Tiefe der Vorderkammer, mit der sich eine neuere Arbeit von RAEDER (1923) beschäftigt. Speziell gilt seine Untersuchung auch der Lage der Linse bei glaukomatösen Zuständen. Die Abhängigkeit der Vorderkammertiefe vom Druck vor und hinter der Linse wird eingehend erörtert. Als wichtigstes Ergebnis dieser Untersuchung ist anzuführen, daß der statische Bau des Auges ein derartiger ist, daß er einen verschiedenen Druck in der Vorderkammer und Corpus vitreum zuläßt, jedoch nur unter gleichzeitiger Veränderung der Kammertiefe. So findet sich nach RAEDER eine flache Vorderkammer bei Aderhauttumoren, bei akuten Glaukomen, bei hämorrhagischen Glaukomen und bei gewissen Formen von Panophthalmie; eine tiefe Vorderkammer bei den von ERDMANN experimentell erzeugten Glaukomen, bei Hydrophthalmus, bei einigen Formen von juvenilem Glaukom und bei vielen Formen von Iridocyclitis.

Dieser Untersuchung von RAEDER gingen einige Untersuchungen voraus, mit Hilfe einer neuen Methode die Lage und Dicke der Linse im menschlichen Auge festzustellen, besonders bei Refraktionsanomalien.

## 4. Quellungsvorgänge im Auge.

Eine Reihe von Arbeiten beschäftigt sich mit der Frage der Absorption von Wasser durch das Auge. Nachdem man bisher angenommen hatte, daß der erhöhte Druck der zirkulierenden Flüssigkeit die Ursache der vom Zellgewebe festgehaltenen Flüssigkeitsmenge ist, oder aber, daß die Flüssigkeitsansammlung ein Produkt der Osmose sei, ist FISCHER (1909) der Ansicht, daß die Quellungsfähigkeit der hydrophilen Kolloide das wichtigste sei; hiervon hänge die Wasseraufnahme ab. Der Quellungszustand eines enukleierten Auges sei um so stärker, je konzentrierter die Säure ist; der Zusatz einer alkalischen Lösung verringere das Quellungsvermögen. Dementsprechend behandelte FISCHER mit HAYWARD Glaukompatienten mit subconjunctiver Injektion von Natriumkaliumtartarat und Natriumnitrat, das wirksamer und vollkommen unschädlich war. Damit wurde eine länger dauernde Drucksenkung erzielt. Dieser Versuch wurde von HAPPE (1910) nachgeprüft, der zu dem Resultat kommt, daß die sehr schmerzhafte Methode auf Menschenaugen nicht übertragbar und verwertbar sei. Auch KNAPE (1910) konnte zwar die Befunde FISCHERS über die Säurequellung an enukleierten Augen bestätigen, hält aber die Anschauung über die Wirkung der injizierten Salzlösung speziell auf das Glaukomauge für verfehlt. Auch WOLFF u. SCHAUTE (1912) konnten einen therapeutischen Erfolg beim Menschen nicht erzielen. FÜRTH u. HANKE (1913) stellten eingehende Versuche an enukleierten Augen an und bestätigten die kurz vorher von RUBEN (1912) geäußerte Ansicht, daß die Steigerung infolge der Säurewirkung durch Quellung der Sclera bedingt sei, neben einer viel geringeren Quellung des Glaskörpers. Die Anschauung von RUBEN, daß die spätere Drucksenkung in solchen Fällen durch Verschwinden der Säuremengen bedingt sei, können die Autoren nicht teilen; es handelt sich vielmehr um eine vermehrte Durchlässigkeit der Sclera. Durch die Säurequellung nimmt das Gewicht und die Dicke der Sclera zu. Nach RUBEN kann die so erzeugte Steigerung des intraokulären Druckes den Blutdruck übertreffen. In einer weiteren Arbeit von RUBEN (1913) wurde festgestellt, daß auch beim akuten Glaukom Quellungsvorgänge in der Bulbuskapsel in geringem Maße vorkommen, jedoch sei dieses nie die alleinige Ursache des Glaukoms, sondern nur ein unterstützendes Moment. SMITH (1916) bekennt sich als Anhänger der FISCHERschen Theorie ebenso wie MCCAW (1915). MEESMANN (1924), der sich eingehend mit der Wasserstoffionenkonzentration beschäftigte, hält eine Verminderung derselben nicht für die Ursache der Drucksteigerung beim primären Glaukom. Diese Drucksteigerungen sind, unabhängig vom Glaskörper, zurückzuführen auf Änderungen im Quellungszustand der intraokularen Gefäße. Ebenso konnte HERTEL (1921) zeigen, daß bei Glaukomen eine Erhöhung der Wasserstoffionenkonzentration, also eine Übersäuerung, nicht festzustellen ist. KUBIK (1927) fand bei Glaukomen keine Alkalose; in sieben Fällen war die aktuelle Reaktion normal, in acht Fällen nach der sauren Seite hin verschoben, was auf die Stauung zurückgeführt wird. Eingehende experimentelle Untersuchungen von NAKAMURA (1925) stellten ebenfalls fest, daß der Augendruck unabhängig von der Wasserstoffionenkonzentration ist, und daß die Herabsetzung des Innendruckes des Auges durch die Salzlösung bedingt sei. Nach MEESMANN (1925) besteht das Wesen des primären Glaukoms in einer zur Quellung des inneren Auges führenden Blutalkalose. Die Experimente von HEESCH (1926) an enukleierten Augen ließen bei der Quellung eine Dickenzunahme der Sclera erkennen, welche das Volumen des enukleierten Bulbus verringert. Nach DOMINGUEZ (1926) zeigen enukleierte Schweineaugen in saurer Lösung beträchtliche Drucksteigerungen, wahrscheinlich durch Quellung des Glaskörpers. Dieselbe Quellung kann durch alkalische Lösungen erzielt werden, während Aqua dest. sich als indifferent erwies. Auch LOBECK (1928, 1929) experimentierte mit frisch enukleierten Schweineaugen und stellte fest, daß der Glaskörper durch geringe Veränderungen seiner aktuellen Reaktion nach der sauren oder alkalischen Seite hin an Volumen etwas zunimmt. Sollte beim Menschen beim Glaukom eine Glaskörperquellung durch Veränderung der aktuellen Reaktion auftreten, so wäre sie eher als Folge der Drucksteigerung anzusehen, weil die bisherigen Erfahrungen über die aktuelle Blutreaktion nicht für eine primäre Einwirkung des Glaskörpers sprächen.

In einer neueren Arbeit kommt LOBECK (1928, 1929) zu dem Resultate, daß bei Körpertemperatur überlebender tierischer Glaskörper bei Veränderung der aktuellen Reaktion eine Quellung nicht erkennen läßt.

Nach den Versuchen von REDSLOB u. REISS (1928) führte die Injektion von sauren Flüssigkeiten in den Glaskörper von Kaninchen zu einer bis zu 20 Tagen andauernden Drucksenkung, während alkalische Lösungen eine vorübergehende Drucksteigerung erzeugten. Gelatinelösungen vermindern den Druck.

In einem Falle von absolutem primärem Glaukom wurde mit Phosphorsäure eine Drucksenkung erzielt.

## 5. Blutbeschaffenheit und Glaukom.

Eine Arbeit von SCALINCI (1908) befaßt sich mit der Viskosität des Blutes. Er stellt fest, daß diese beim Glaucoma simplex und Hydrophthalmus nicht verändert ist. Wenn der Eiweißgehalt sich erhöht und damit Hypertonie und kein Glaukom entsteht, so handelt es sich bei akuten Formen des Glaukoms um eine Stauung als Ursache und nicht als Folge der Drucksteigerung. ALEXANDRÈS (1912) gibt an, daß die Viskosität des Blutes beim Glaukom herabgesetzt sei und beim Glaucoma haemorrhagicum eine Hydrämie bestände. Nach ASCHER (1920) erfolgt die Senkungsgeschwindigkeit bei hohem Blutdruck und beim Primärglaukom rascher und wird durch erhöhte Salzkonzentration verlangsamt. Dabei darf die von SCHNEIDER (1920) zu anderen Zwecken benutzte Zentrifugierung nicht angewendet werden, weil es sich hier um einen ganz anderen Vorgang handelt. Spätere Arbeiten von ASCHER (1922) konnten seine früheren Resultate bestätigen, wie er auch in einer neueren Arbeit (1925) über die Wasserstoffionenkonzentration eine beschleunigte Senkungsgeschwindigkeit feststellen konnte. Neuere Untersuchungen von FRANCESCHETTI u. GUGGENHEIM (1929) konnten eine Beschleunigung der Blutkörperchensenkung weder beim akuten noch beim Sekundärglaukom nachweisen. Auch beim Glaucoma simplex überwogen normale Senkungszahlen. Die Resultate von ASCHER seien vielleicht dadurch zu erklären, daß zwischen Männern und Frauen nicht unterschieden sei, welch' letztere normalerweise eine höhere Senkungsgeschwindigkeit aufweisen, die auch in geringem Maße bei älteren Leuten vorkommt. Beim Glaucoma chronicum und simplex fand SCHMELZER (1930) normale Senkungswerte, wenn keine Kachexie vorlag.

Nach ROLLANDI (1921) war bei zwölf Glaukomkranken achtmal eine Vermehrung der Harnsäure im Blute nachzuweisen. ADDARIO (1925) nimmt auf Grund eines Falles von Xanthelasma und Fettinfiltration eines Teiles der Iris eine Verringerung der Resorptionsflächen an, die durch Hypercholesterinämie, als Ursache einer Drucksteigerung, bedingt sei. SALVATI (1928) fand beim hämorrhagischen Glaukom neuerdings eine Vermehrung der Lipoide. Er konnte experimentell bei Hunden durch Lipoidzufuhr glaukomähnliche Veränderungen erzeugen und fand ebenso beim Menschen erhöhten Cholesteringehalt des Blutes, den er für die Drucksteigerung verantwortlich macht. Weiterhin sei erwähnt, daß bei Glaukomkranken ein normaler Gehalt an Fermenten durch KRENENCUGSKAJA (1928) nachgewiesen wurde, speziell ein solcher an Katalase, Amylase und Lipase. WESSELY (1927) stellte eine Verringerung des Antagonisten des Adrenalins, des Cholins und des Jodes fest. Nach PASSOW (1928) besteht bei Glaukom meist ein höherer Calcium- und niedrigerer Kaliumgehalt, was auf Sympathicuseinflüsse und auf Thyreotoxikosen hindeuten soll.

Neuere Untersuchungen von MEESMANN (1925) hatten das Resultat, daß bei erhöhter Tension und beim Glaukom die Alkaleszenz des Kammerwassers erhöht sei. Die erwartete aktuelle Reaktion des Blutes wurde berechnet und bestimmt nach HASSELBACH aus der freien und gebundenen Kohlensäure. Die Alkaleszenz führe zur Quellung der Linse, des Glaskörpers und damit zum Glaukom. Von SEIDEL (1925) wird das Vorhandensein einer Alkalose bestritten; er führt die Veränderung des Kammerwassers auf die Veränderung der Blutzirkulation beim Glaukom zurück, und GOLDSCHMIDT (1925) sagt, daß z. B. bei Epilepsie eine Blutalkalose bestehe, aber keine erhöhte Glaukomdisposition. BAURMANN (1925), der mit der Gaskettenmethode arbeitete, vermißte auch eine Erhöhung der Alkaleszenz, und HAMBURGER erwähnt, daß durch Einführung von Magnesium ins Auge bei den Versuchen von RÖMER eine Erweichung eingetreten sei. Auch SCHMERL (1927), der ebenfalls mit der Gaskettenmethode zur Bestimmung der Wasserstoffionenkonzentration arbeitete, konnte beim Glaukom keinen Unterschied in der Alkaleszenz des Blutes feststellen. Auch KRONFELD (1925) und KUBIK (1927) messen der aktuellen Kammerwasserreaktion keine Bedeutung bei. In sehr eingehender Weise beschäftigt sich SCHMELZER (1927) mit dieser Frage und nimmt Stellung gegen die Annahme von MEESMANN bezüglich der Quellung des Glaskörpers. Er bediente sich der colorimetrischen Methode von CULLEN und von VAN SLYKE. Es wurden eine ganze Reihe von Glaukomaugen auf Alkalose und Gesamtkohlensäuregehalt untersucht und immer zur Kontrolle die Blutprobe einer glaukomfreien Person geprüft. Durch sehr subtile Versuche wurde festgestellt, daß das Glaukomblut gegenüber dem normalen Blut keine Alkalose besitzt. Es kann sich wohl beim Glaukom eine alkalische Blutreaktion bei gewissen Kreislaufstörungen ebenso zeigen, wie bei glaukomfreien Patienten. Auch die Versuche mit Überatmung und Einverleibung von doppelkohlensaurem Natron per os erzeugten eine Erhöhung des Alkaligehaltes des Blutes, niemals jedoch eine Steigerung, vielmehr durch osmotische Einflüsse eine Senkung des Augendruckes. Zu demselben Resultat kommt neuerdings KADLICKY (1927), der die Alkali- und Kohlensäurespannung nach Insulin untersuchte. Auch GALA u. MELKA (1928) lehnen eine Blutalkalose beim Glaukom ab, auf Grund ihrer Resultate bei Versuchen nach dem Verfahren von VAN SLYKE, ebenso WAGNER u. ENDRÈS (1928), die mit Hilfe der Überventilation der Lungen vergeblich eine Alkalose zu erzeugen versuchten. Ganz andere Ansichten über die Glaukomgenese entwickelt neuerdings HUDELO (1929), der eine Acidose beschuldigt; entweder führt diese durch verminderte Kohlensäureausscheidung infolge von Gefäßstörungen im Auge und in seiner Nachbarschaft zur Tensionssteigerung oder durch vermehrte Produktion von Kohlensäure infolge von Sympathicusstörungen und Entzündungen.

Kleczkowski (1911) gibt an, daß er im Blute von 13 Glaukomkranken Adrenalin mit Hilfe der biologischen Reaktion von Ehrmann nachgewiesen habe, welches auf den Blutdruck und den Sympathicus wirke; der Blutdruck war in allen Fällen erhöht. Eine Bestätigung dieser Ansicht brachte auch die Methode von Comesanti und Zangfrognini, s. Löhlein (1912), die gleichzeitig den Versuch machten, das Vorkommen des einseitigen Glaukoms zu erklären. Einen weiteren Beweis für die Vermehrung des Adrenalingehaltes sieht Kleczkowski (1912) darin, daß er bei zwölf chronischen Glaukomfällen elfmal eine Verminderung der Neutrophilen, und in neun Fällen eine Verminderung der eosinophilen Leukocyten fand. Demgegenüber konnten Vogt u. Jaffe (1902) bei vier verschiedenartigen Glaukomfällen eine Vermehrung des Adrenalingehaltes nicht feststellen. Löhlein (1912) untersuchte 20 Glaukomaugen und erhielt mit Plasma und Serum in 17 Fällen ein negatives Resultat und in drei Fällen bei verschiedenen Froschaugenpaaren verschiedene Resultate. Kleczkowski habe verschiedene Fehlerquellen nicht berücksichtigt. Auch Roschkow (1914) konnte mit der Durchströmungsmethode am Kaninchenohr nach Krakow keine Gefäßverengerung nach Seruminjektion bei normalen Augen wahrnehmen, und bei sechs Glaukomfällen nur dreimal. Ebenso erhielt Gilbert (1912) mit dem Blute Glaukomkranker und von Arteriosklerotikern negative Resultate. Nach Polüchora (1929) ist bei Glaukom der Calciumgehalt des Blutes niedriger als in der Norm, ebenso nach Entfernung der Epithelkörperchen, dagegen ist der Zuckergehalt erhöht. v. Nónay (1929) fand bei 26 Fällen von primärem Glaukom 17mal eine Verminderung des Blutcholesteringehaltes, während er bei Schwangeren meistens erhöht und der Augendruck niedrig war. Neuerdings berichtet Wessely (1927) und später Passow (1928), daß er mit Hilfe einer neuen Methode bei 33 Glaukompatienten in 48% der Fälle eine Vermehrung von vasoconstriktorischen Stoffen festgestellt habe. Es handelte sich wahrscheinlich um eine Adrenalinämie, und es wird eine Sympathicotonie und Thyreotoxikose für wahrscheinlich gehalten.

## 6. Gefäßeinwirkungen.

Die wichtige Rolle vasomotorischer Einflüsse wird weiterhin von verschiedenen Autoren hervorgehoben. So ist nach Zirm (1917) der Füllungszustand der Chorioidalgefäße die Hauptsache, wobei noch andere Faktoren, wie Rigidität der Sclera, eine Rolle spielen können. Nach Parisotti (1924) spielt die Innervation eine große Rolle; die den

Kammerwinkel verlegende Irissynechie sei keineswegs ein konstanter Befund; die Iridektomie übe auf diese Innervation einen größeren Einfluß aus. MAGITOT schreibt den Vasomotoren einen druckregulierenden Einfluß zu, besonders auf das Gefäßsystem der Uvea, eine Erklärung, die er auch auf das traumatische Glaukom anwendet. CONSTANTIN (1924) und HANNEMANN (1925) betonen die Wichtigkeit des Sympathicus, wie auch ABADIE (1927) meint, daß die Wirkung der Iridektomie wohl zum Teil auf Ausschaltung des Sympathicus beruht.

Nach THIEL (siehe Kapitel XIII A) ist bei Glaukomkranken der Tonus im sympathischen System erhöht und damit der Tonus im Parasympathicus herabgesetzt. Der Sympathicus reguliert die Durchlässigkeit der Gefäßwände. Ist der Tonus gesteigert, so wird die Durchlässigkeit größer, bei Lähmung dagegen geringer; dies ist mit der verlangsamten Fluoresceinausscheidung nachzuweisen. Bei Lähmung des Sympathicus findet nach POOS u. SANTORI (1929) der Durchtritt der Miotica und von Adrenalin in vermehrter Menge statt. Dabei wurde diese Tatsache für Adrenalin auf biologischem Wege durch Einwirkung des Kaninchenkammerwassers auf den Froschbulbus in vitro nachgewiesen. Nach subconjunctivalen Dionininjektionen konnte SAMKOWSKY (1927, 1928) eine länger dauernde Erhöhung des Eiweißgehaltes nachweisen, was für erhöhte Durchlässigkeit der Gefäßwände spricht.

Ein Sympathicuseinfluß, der auf dem Wege über das Ganglion sphenopalatinum bei einem an Ozaena leidenden Patienten nach CALOGERO (siehe Kapitel VII) ein Glaukom erzeugt haben soll, ist wohl zweifelhaft. Es handelt sich wohl um ein zufälliges Zusammentreffen wie in den Fällen von FISH (siehe Kapitel VII), der eine erhöhte Tension bei akuten und chronischen Nebenhöhlenerkrankungen beobachtete.

Von Wichtigkeit sind auch die neueren Untersuchungen von PARRISIUS (1924), der an Glaukomkranken in 23 Fällen stets Capillarschäden fand, welche bei jüngeren Leuten auf eine schwere Vasoneurose hinweisen, während sie bei älteren Menschen mit Arteriosklerose und Hypertonie einhergingen. Das häufigere Auftreten des Glaukoms bei Frauen, das sogenannte emotielle Glaukom und die Heredität sprächen dafür, daß bei der Glaukomgenese die Konstitution bezüglich der Faktoren des Gefäßsystems eine Rolle spielt. SCHEERER, PARRISIUS und MAYER-LIST (1924) stellten besonders beim Glaukom mit niedrigem Blutdruck Veränderungen an den Capillaren, unregelmäßige Strömungen und Stasen fest, die auf eine schwere Vasoneurose zurückzuführen seien. SCHEERER (1924) macht darauf aufmerksam, daß glaukomatöse Drucksteigerungen wohl in höherem Maße von primären Gefäßveränderungen abhängen. Auch die Untersuchungen von BILGER (1923) an zwei Glaukomkranken stellten bei jüngeren Leuten an den peripheren Capillaren Anzeichen schwerer Vasoneurose und im sonstigen Gefäßsystem bei älteren außer der Vasoneurose noch Anzeichen im Sinne spastischer Zustände an den Capillaren fest.

Aus diesen Beobachtungen geht hervor, daß die genaueren Beobachtungen der Gefäße bei Verdacht auf Glaukom notwendig sind, und daß funktionelle Gefäßstörungen wohl in organische Veränderungen allmählich übergehen können, wie auch nach GILBERT (siehe Kapitel XI) neben Blutdrucksteigerung und vasomotorischen Einflüssen Gefäßstörungen der verschiedensten Art beim Glaukom eine ursächliche Rolle spielen können, indem bei diesen Gefäßsklerosen vasomotorische Einflüsse zur Steigerung des Capillardruckes und zur venösen Stauung und vermehrter Transsudation führen können, wobei auch der Refraktionszustand eine Rolle spielt. Nach TENNEY (siehe Kapitel V) führen Gefäßerkrankungen des Ciliarkörpers zu Drucksteigerungen im Glaskörper, und dabei spielt weder die Enge des zirkumlentalen Raumes, noch die Enge der Vorderkammer eine Rolle. Auch CHARLIN (siehe Kapitel V) weist auf die wichtige Rolle der Erkrankung des Gefäßsystems beim Glaukom hin, und FRACASSI (1925) bezeichnet neben anderen Schädlichkeiten Lues, Tuberkulose und Tabakvergiftung als besonders wesentlich. Eigenartig ist die Beobachtung von KÜMMELL (1921), der auf Schädigung der Hornhaut durch Röntgenstrahlen eine vorübergehende Drucksteigerung auf 30 mm auftreten sah, die man wohl auch nur auf Gefäßwirkungen zurückführen kann.

An dieser Stelle sei auch auf die Arbeit von FISCHER (1925) über die Beeinflussung des Blutumlaufes in der Netzhaut durch die Miotica und Mydriatica, Adrenalin usw. hingewiesen.

Neuerdings wird auch die Wichtigkeit von Capillarendothelstörungen beim Glaukom betont. Die Überlegung, daß unter Umständen Störungen des Flüssigkeitsaustausches durch die Capillaren auch beim Glaukom vorliegen können, veranlaßte SCHMIDT (1927), diese Frage bei Glaukomkranken experimentell näher zu untersuchen. Es handelt sich um den von MARX eingeführten Trinkversuch, bei dem es sich nicht nur um eine Nierenfunktionsprüfung, sondern um eine Prüfung von noch viel komplizierteren Funktionen handelt, um ein Zusammenspiel von Plasmaendothelien, Gewebsflüssigkeit und Zellen. Es zeigte sich, daß bei der tonometrischen Prüfung von Glaukomkranken ohne ausgesprochene Arteriosklerose und ohne sonst klinisch erkennbare Nierenerkrankung unter 16 Fällen 15mal ein abnormer Verlauf der Blutverdünnung und der Diurese auftrat, woraus bei den anscheinend klinisch gesunden Patienten eine Störung der Capillaren nachzuweisen war. Es wird darauf hingewiesen, daß das Glaukom ein Ausdruck einer Capillar-Endothelstörung am Auge sein könne. Nach SCHMIDT (1929) ist eine Beeinflussung des Augendruckes nur auf dem Wege über die Gefäße möglich, wie der Autor auf Grund neuerer Untersuchungen mit Hilfe des Trinkversuches bei Glaukompatienten feststellte.

Eine Dissertation von HILLENBRAND (1925) aus der Bonner Klinik kommt zu dem Resultate, daß die stärkere Diurese den Augendruck, wenn auch nur in geringem Grade, beeinflußt, weil der Augendruck im normalen Auge bestrebt ist, die Norm wiederherzustellen. Wird der Druck herabgesetzt, so spielen wohl osmotische Vorgänge eine Rolle, während eine Steigerung durch Änderung der Blutverteilung im arteriellen Gefäßsystem bedingt ist.

## Literatur.

*Flüssigkeitswechsel und intraokulare Flüssigkeit.*

ABADIE: Sympathicus. Clin. ophthalm. **1927**, Nr 5, 248. — ABE u. KOMURA: Kammerwasserwechsel und Lidschlag. Graefes Arch. **121**, 304 (1928). — ABE und KURAZO: Diffusion des Jodions in das Kammerwasser des Kaninchenauges. Arch. d'Ophthalm. **121**, 294 (1928). — ACHERMANN: Blutkammerwasserschranke. Arch. Augenheilk. **99**, 611 (1928). — ADDARIO: Glaucoma simplex und Hypercholesterinämie. Ref. Klin. Mbl. Augenheilk. **78**, 284 (1925). — ADLER u. LANDIS: Eiweißgehalt des Kammerwassers. Zbl. Ophthalm. **15**, 409 (1924). — ADOLPH: Glaukom. Wschr. Ther. u. Hyg. **1907**. — AKATSUKA: Subconjunctivale Kochsalzinjektion und Augendruck. Zit. Jber. Ophthalm. **1923**, 234. — ALAJMO: Einfluß einzelner Arzneimittel auf Kammerwasser und Augendruck. Zbl. Ophthalm. **10**, 10 (1923). — ALBRICH: Sekretion des Strahlenkörpers. Ebenda **12**, 369 (1923). — ALEXANDRÈS: Tension artérielle et viscosité sanguine dans le glaucome primitif. Thèse de Paris 1912. — ASCHER: Blutuntersuchung bei Glaukom. Ref. Klin. Mbl. Augenheilk. **65**, 380 (1920). Gl.-Disk. Ophth. Ges. Heidelberg 1925. Blutkörperchensenkung. — Blut und Augendruck. Med. Klin. **18**, 1366 (1922). — ASK: Bedeutung des Glaskörpers für den intraokularen Druck. Ref. Zbl. Ophthalm. **13**, 394 (1925).

BAILLART et CARETTE: Hypertension oculaire. Ref. Zbl. Ophthalm. **17**, 510 (1926). — BAILLART et MAGITOT: Le régime circulatoire du glaucome. Annales d'Ocul. **162**, 729 (1925). Zbl. Ophthalm. **16**, 224 (1926). — BAUDOT et GERBAULT: La constante d'Ambart chez le glaucomateux. Ref. Arch. d'Ophthalm. **44**, 127 (1927). — BAURMANN: Glaskörper. Graefes Arch. **111**, 352 (1923); **114**, 276 (1924). — Zur Mechanik des Glaukoms und der Ablatio retinae. Sitzgsber. Ophth. Ges. Heidelberg **1924**, 108, 130. — Flüssigkeitswechsel. Klin. Mbl. Augenheilk. **74**, 518 (1925). Graefes Arch. **116**, 96 (1925). — Blutbeschaffenheit. — Glaukom. Disk. Ophth. Ges. Heidelberg 1925. — Kammerwasser. Graefes Arch. **111**, 352 (1923). — Blutelektrolyse im Serum und Kammerwasser. Sitzgsber. Ophth. Ges. Heidelberg 1928. — BENOIT: Kammerwinkel zur Elimination des Kammerwassers. Ref. Zbl. Ophthalm. **16**, 909 (1926); **17**, 595 (1927). — BENTZEN: Experimentelles Glaukom. Arch. f. Ophth. **41**, 42 (1895). — BERG: Sichtbare Strömungen in der V. K. Klin. Mbl. Augenheilk. **55**, 61 (1915). — BILGER: Gefäßveränderungen. Diss. Tübingen 1923. — BIRCH-HIRSCHFELD: Glaukomtherapie. Z. Augenheilk. **1922**. — BIRNBACHER u. CZERMAK: Pathogenese des Glaukoms. Graefes Arch. **32** (2), 11 (1886). — BONNEFON: Contribution physiologique à l'étude des hypertensions oculaires. Ref. Zbl. Ophthalm. **15**, 113 (1926). — BOZZOLI: Flüssigkeitswechsel. Ann. Ottalm. **54**, 775 (1926). Zbl. Ophthalm. **22**, 316 (1929). —

BROOSER: Pigmentwanderung bei Glaukom. Klin. Mbl. Augenheilk. **70**, 543 (1923). — BRUNS: Ätiologie des Glaukoms. Amer. J. Ophthalm. **1925**, 23. — BÜRGERS: Flüssigkeitswechsel des Auges. Z. Augenheilk. **25**, 223 (1911). — BUSACCA: Häutchenniederschläge in der V. K. Graefes Arch. **119**, 135 (1927). Zbl. Ophthalm. **19**, 587 (1928). — BUTLER: The lymph-circulation of the eye and the genesis of glaucoma. Ophthalmoscope **1908**, 418.

CANTONNET: Salzlösungen bei Glaukom. Arch. d'Ophthalm. **24**, 1 (1904). — CAR u. ORTYNSKI: Drüsenpräparate und Regeneration des Kammerwassers. Graefes Arch. **122**, 240 (1929). — CARRÈRE: Humeur aqueuse. Ref. Zbl. Ophthalm. **10**, 326, 375 (1922). — COMBERG: Verlötung im Kammerwinkel bei Iridocyclitis. Z. Augenheilk. **65**, 303 (1928). — CONSTANTIN: Adrenalin und Augendruck. Arch. d'Ophthalm. **41**, 229 (1924). — v. CSAPODY: Atropinmydriasis und Flüssigkeitswechsel. Ref. Zbl. Ophthalm. **17**, 124 (1926). — CZERMAK: Entstehung des Glaukomanfalles. Prag. med. Wschr. **1897**.

DE DEKER: Einfluß der Plasmavermehrung auf den normalen Augendruck. Arch. Augenheilk. **100/101**, 140 (1929). DIETER: Oberflächenspannung des Kammerwassers usw. Ebenda **96**, 8 (1924). — DOMINGUEZ: Zur Erweichung des enukleierten Auges. Annales d'Ocul. **1926**, 185. Ref. Klin. Mbl. Augenheilk. **76**, 891 (1926). — DUKE-ELDER: Augendruck bei osmotischen Änderungen des Blutes. Brit. J. Ophthalm. **10**, 1 (1926). Ref. Zbl. Ophthalm. **16**, 659 (1926). — Flüssigkeitswechsel. Zbl. Ophthalm. **17**, 893 (1926). — Zirkulation der intraokularen Flüssigkeit. Brit. J. Ophthalm. **11**, 388 (1927). Zbl. Ophthalm. **19**, 213 (1928). — The nature of the intraocular fluids. Beil. z. Brit. J. Ophthalm. **1927**, 388. — DUKE-ELDER, W. S. a. P. M.: Experiments on the perfused eye. Brit. J. Ophthalm. **13**, 385 (1929). — DUNN: Glaskörperquellung. Amer. J. Ophthalm. **1922**.

ELSCHNIG: Pathologische Anatomie des Glaukoms. LUBARSCH-HENKE 1928.

FISCHER: Über Augenquellung und das Wesen des Glaukoms. Pflügers Arch. **127** (1909). — Beeinflussung des Blutumlaufes der Netzhaut. Arch. Augenheilk. **96**, 97 (1925). — Zu v. GROSZ: Funktion des Ciliarkörpers (Sekr.). Ophthalm. Ges. Heidelberg **1928**, 220. — Über die Permeabilität der Hornhaut usw. Arch. Augenheilk. **100/101**, 480 (1929). — FORTIN: Ursache des Glaukoms. Ref. Zbl. Ophthalm. **19**, 441 (1928); **22**, 368, 419 (1929). — FRACASSI: Theorie du Glaukompathogenese. Zbl. **16**, 228 (1926). — FRADKIN u. SVEREVA: Hämatophthalmische Barriere usw. Zbl. Ophthalm. **19**, 12 (1927); **22**, 140 (1929). — FRANZESCHETTI: Eiweißbestimmung der intraokularen Flüssigkeiten. Sitzgsber. Heidelberg. **1927**, 317. — FRANZESCHETTI u. GUGGENHEIM: Blutkörperchensenkungsgeschwindigkeit. Klin. Mbl. Augenheilk. 82, 1 (1929). — FRANZESCHETTI u. HALLAUER: Blutflüssigkeitsschranke. Sitzgsber. Ophth. Ges. Heidelberg 1928. Arch. Augenheilk. **100/101**, 59 (1929). — FRANCESCHETTI u. WIELAND: Eiweißgehalt der intraokularen Flüssigkeit. Arch. Augenheilk. **99** (1928). — Durchbrechung der Blut-Augenflüssigkeitsschranke durch Diuretica. Ref. Zbl. Ophthalm. **20**, 363 (1928). — FRIEDENTHAL: Intraokularer Flüssigkeitswechsel. Z. Augenheilk. **52**, 15 (1924). — FUCHS: Glaukom bei Leucoma adhaerens. Ref. Klin. Mbl. Augenheilk. **46** (2), 474 (1908). — FÜRTH u. HANKE: Studien über Quellungsvorgänge am Auge. Z. Augenheilk. **1913**, Nr 29, 252.

GAEDERTZ u. WITTGENSTEIN: Blut-Kammerwasserschranke. Graefes Arch. **118**, 738 (1927); **119**, 345, 403, 755, 771 (1928). — GALA: Ionenkonzentration des Kammerwassers bei Glaukom. Ref. Zbl. Ophthalm. **15**, 112 (1925). — GALA u. MELKA: Blutreaktion und Augendruck. Oftalm. Skornik **1928**, 245. — GALLOIS: Glaukom und Pigmentgehalt des Auges. Ref. Zbl. Ophthalm. **20**, 588 (1928). — GEERING: Subconj. Sublimatinjektionen. Dissert. Basel 1896. — GILBERT: Pathogenese des Glaukoms. Graefes Arch. **82**, 402 (1912). — Ciliarepithel nach Punktion. Arch. Augenheilk. 88, 210 (1921). — GILBERT u. PLAUT: Kammerwasseruntersuchungen. Ebenda **90**, 1 (1921). — GIRARD et MORAX: Druckschwankungen durch Elektroosmose. Annales d'Ocul. **157**, 593 (1920). — GOLDENBURG: Mechanismus des normalen Augendrucks. Ref. Zbl.

Ophthalm. **19**, 771 (1927). — Verschluß des Kammerwinkels. Amerik. J.Ophthalm. **11**, 290 (1928). Ref. Klin. Mbl. Augenheilk. **80**, 843 (1828). — GOLDSCHMIDT: Zu MEESMANN: Blutbeschaffenheit. — Glaukomdiskussion. Sitzgsber. Ophth. Ges. Heidelberg **1925**, 48. Indophenol. Zu SEIDEL: Sekretion. — Glaukomdiskussion. Sitzgsber. Ophth. Ges. Heidelberg **1925**. Blutalkalosis. — GOLOWIN: Subvitale Vorgänge im isolierten Auge. Ref. Zbl. Ophthalm. **18**, 864 (1927). — GOSLICH: Vorbereitende Maßnahme vor Glaukomoperationen. Z. Augenheilk. **56**, 40 (1925). — GREEVES: Kammerwinkel bei Glaukom. Ref. Klin. Mbl. Augenheilk. **52**, 893 (1914). — GRÖNHOLM: Druckänderungen bei Iris-Ciliarmuskelbewegungen. Arch. Augenheilk. **67**, 136 (1910).

DE HAAN u. v. CREVELD: Kammerwasser und Blutplasma. Biochem. Z. **123**, 190 (1921). Ref. Zbl. Ophthalm. **6**, 527 (1922). — HAGEN: Absonderung der intraokularen Flüssigkeit. Klin. Mbl. Augenheilk. **65**, 643 (1920). — Zum Flüssigkeitswechsel (WESSELY). Ebenda **67**, 259 (1921). — HALLAUER u. FRANCESCHETTI: Übertritt von Antikörpern ins Kammerwasser. Arch. Augenheilk. **100/101**, 81 (1929). — HAMBURGER: Verhalten eines akuten Glaukoms bei innerlicher Darreichung von Fluorescin. Zbl. prakt. Augenheilk. **39** (1910). — Saftströmung des Auges. Diskussion. Ref. Klin. Mbl. Augenheilk. **48** (1), 363 (1910). — Zur Theorie der intraokularen Saftströmung. Sitzgsber. Ophth. Ges. Heidelberg **1912**, **373**. — Über die Ernährung des Auges. Leipzig: Thieme 1914. — Die neueren Arbeiten über die Ernährung des Auges. Klin. Mbl. Augenheilk. **64**, 737; **65**, 29 (1920). — Glaukom. Sitzgsber. Ophth. Ges. Heidelberg. **1925**. — Zur Mechanik des Glaukoms. Ebenda **1920**, 102. — Zur Ernährung des Auges. Klin. Mbl. Augenheilk. **66**, 403 (1920). — Tonometrische Beiträge zur Ernährung des Auges. Ebenda **67**, 634 (1921). — Kritik der experimentellen Glaukomform. Ebenda **69**, 68 (1922). — Zur Ernährung des Auges. Ebenda **69**, 249, 393 (1922). — Zu SEIDEL: Flüssigkeitswechsel. Ebenda **70**, 649 (1925). — Zu SEIDEL: Filtrationstheorie. Ebenda **72**, 206 (1924). — Herkunft und Schicksal der Augenflüssigkeiten. Dtsch. med. Wschr. **1925**, 1397. Ref. Zbl. Ophthalm. **15**, 861 (1926). — HANNEMANN: Glaukom und vegetatives Nervensystem. Zbl. Ophthalm. **14**, 791 (1925). — HANSSEN: Pigment im Kammerwinkel. Klin. Mbl. Augenheilk. **61**, 509 (1915). — HAPPE: Subconjunctivale Salzlösungen bei Glaukom. Graefes vergl. Ophthalm. **1**, 317 (1910). — HAUPT: Augendruck bei intravenösen Infusionen. Arch. Augenheilk. **78**, 359 (1915). — HAYANO: Fermente im Kammerwasser. Ref. Klin. Mbl. Augenheilk. **65**, 755 (1920). — HEESCH: Druckverhältnisse im Auge. Klin. Mbl. Augenheilk. **77**, 208 (1926). Arch. Augenheilk. **97**, 546 (1926). — Osmotische Vorgänge. Arch. Augenheilk. **97**, 551 (1926). — HENDERSON: Ligamentum pectinatum Ref. Klin. Mbl. Augenheilk. **46** (1), 429 (1908). — HERBERT: Ligamentum pectinatum und Glaukom. Brit. J. Ophthalm. **1923**, 469. — Cement substance in the intraocular muscles and glaucoma. Ebenda **13**, 289, 337 (1929). — HERRY: Ciliarkörper und intraokularer Druck. Internat. Ophthalm.-Kongr. Amsterdam. 1929 — HERTEL: Über Veränderungen des Augendrucks durch osmotische Vorgänge. Klin. Mbl. Augenheilk. **51** (2), 351 (1913). Bull. Soc. belge d'Opthhalm. **1913**, Nr 36, 18. — Augendruck und Blutbeschaffenheit. Graefes Arch. **88**, 197 (1915). — Blut und Kammerwasser. Sitzgsber. Heidelberg. **1920**, 73. — Blutzusammensetzung und Augendruck. Klin. Mbl. Augenheilk. **64**, 390 (1920). — Augendruck und Blutbeschaffenheit. Graefes Arch. **96**, 299 (1918). — Wasserstoffionenkonzentration im Kammerwasser. Ebenda **105**, 426 (1921). — Flüssigkeitsbewegung im Auge. Sitzgsber. Ophth. Ges. Heidelberg. **1928**, 348. — Bedeutung der EHRLICHschen Fluorescinversuche. Arch. Augenheilk. **100/101**, 460 (1929). — HERTEL u. CITRON: Osmotischer Druck des Blutes bei Glaukomkranken. Graefes Arch. **104**, 149 (1921). — HESSE: Periphere vordere Synechie. Klin. Mbl. Augenheilk. **52**, 464 (1914). — HILL: Capillardruck. Zbl. Ophthalm. **20**, 586 (1928). — HILLENBRAND: Diurese und intraokularer Druck. Diss. Bonn 1925. — v. HIPPEL: Zu HAGEN: Regeneration des Kammerwassers. Klin. Mbl. Augenheilk. **65**, 85 (1920). — HIROSE: Adrenalinversuche. Zbl. Ophthalm. **20**, 246 (1927). — VOM HOFE: Experimente über den Augendruck. Ref. ebenda **17**, 426 (1926). — Zu: Sekretorische Funktion des Ciliarkörpers (HERR). Sitzgsber. Ophth. Ges. Heidelberg

1928. — Kompensatorische Erscheinungen bei der Regulierung des Augendruckes. Klin. Mbl. Augenheilk. **83**, 347 (1929). — HUDELO: Acidose des Bulbus als Glaukomursache. Ref. ebenda **82**, 269 (1929).

ISHREYT: Eine Vorstufe des primären Glaukoms. Klin. Mbl. Augenheilk. **48** (2), 175 (1910).

JACKSON: Der circumlental Raum bei Glaukom. Ref. Klin. Mbl. Augenheilk. **48**, (2), 690 (1910). — JAEGER: Ätiologie des Glaucoma simplex. Diss. Bonn 1923. — JASINSKI: Elektrische Leitfähigkeit des Blutserums und Kammerwassers bei Glaukom usw. Ref. Klin. Mbl. Augenheilk. **80**, 116 (1927). — Elektrischer Leitungswiderstand des Kammerwassers bei Glaukomatösen. Ref. Zbl. Ophthalm. **19**, **441**, **476** (1927). — Eiweißgehalt des Kammerwassers. Ebenda **19**, 460 (1927). — Refraktometrische Untersuchungen des Kammerwassers. Ref. Klin. Mbl. Augenheilk. **81**, 539 (1928). — Osmotischer Druck des Kammerwassers. Internat. Ophthalm.-Kongr. Amsterdam 1929. — JESS: Pigmentglaukom. Klin. Mbl. Augenheilk. **71**, 175 (1923). — JONGH: Druckveränderung durch intravenöse Einspritzung. Ref. Zbl. Ophthalm. **14**, 610 (1924).

KADLICKY: Reaktion im Blut nach Insulin bei Glaukomkranken und Gesunden. Ref. Zbl. Ophthalm. **19**, 651 (1927). — KAHN u. LÖWENSTEIN: Druckschwankungen im Säugetierauge nach teilweiser Entleerung der Vorderkammer bei langdauernder manometrischer Messung. Graefes Arch. **109**, **433** (1922). — KAMINSKAJA: Frühdiagnose des Glaukoms und Spaltlampe. Ref. Zbl. Ophthalm. **16**, 228 (1926); **17**, 451 (1927). — KLECZOWSKI: Adrenalin im Blutserum bei Glaukom. Klin. Mbl. Augenheilk. **49** (2), 417 (1911). — Eosinophilie bei Glaukom. Wien. klin. Wschr. **1912**, 877. — KLEIBER: Wirkungen örtlich angewandter Kalksalzlösungen auf den Augendruck. Arch. Augenheilk. **91**, 288 (1922). — KNAPE: Quellungsvorgänge. Skand. Arch. Physiol. **23** (1910). — KOEPPE: Rolle des Irispigmentes beim Glaukom. Sitzgsber. Ophth. Ges. Heidelberg **1916**. — Pigment und Glaukomfrühdiagnose. Graefes Arch. **92** (1916). — Frühdiagnose des Glaukoms. Z. Augenheilk. **40**, 138 (1918). — KOLLER: Wirkungsweise der Miotica. Zbl. Ophthalm. 8, 460 (1923). — KOYANAGI: Glaukom und Katarakt nach Wespenstichen. Klin. Mbl. Augenheilk. **65**, 854 (1920). — Experimentelle Drucksteigerung. Ref. Zbl. Ophthalm. **17**, 126 (1927). — KRONFELD: Pupille nach Injektion von Mournatriumphosphat. Sitzgsber. Ophth. Ges. Heidelberg **1925**, 49. — Glaukom. Diskussion. Ebenda **1925**. — Regeneration des Kammerwassers. Ref. Zbl. Ophthalm. **21**, 772 (1929); **22**, 141 (1929). — KRENENCUGSKAJA: Blutfermente und Glaukom. Ebenda **19**, 768 (1928). — KUBIK: Wasserstoffionenkonzentration des Kammerwassers. Klin. Mbl. Augenheilk. **78**, 94, 106 (1927). — KÜMMELL: Über Drucksteigerungen bei Verätzungen und Verbrennungen. Arch. Augenheilk. **72**, 261 (1912). — Druckzunahme bei Röntgenstrahlenschädigung der Hornhaut. Klin. Mbl. Augenheilk. **66**, 466 (1921). — KÜSEL: Wirkung des Ciliarmuskels auf das Ligamentum pectinatum. Ebenda **44** (2), 236 (1906). — KUSCHEL: Intraokularer Flüssigkeitsstrom usw. Berlin: Karger 1910.

LAMBERT u. SILBERT: Intravenöse hypertonische Salzlösungen und Augendruck. Ref. Zbl. Ophthalm. **20**, 397 (1928). — LEBOUCQ: SCHLEMMscher Kanal. Zit. bei URIBE Y TRONCOSO. Klin. Mbl. Augenheilk. **53**, 27 (1914); **51** (2), 430 (1913). — LEVINSOHN: Pathogenese des Glaukoms. Berl. klin. Wschr. **41**, 42 (1902). — Pathogenese des Glaukoms. Arch. Augenheilk. **62**, 131 (1908). — Glaukom durch Pigmentinfiltration und vordere Abflußwege. Z. Augenheilk. **40**, 344 (1918). Klin. Mbl. Augenheilk. **61**, 174 (1918). — Pathogenese des Glaukoms. Klin. Mbl. Augenheilk. **68**, 471 (1922).— LINDNER: Flüssigkeitswechsel im Auge. Ophthalm. Ges. Heidelberg 1920. — LOBECK: Glaskörperquellung. Ebenda 1928. Graefes Arch. **112**, 668 (1929). — LÖHLEIN: Blutuntersuchung bei Glaukomkranken. Graefes Arch. **83**, 547 (1912). — LÖWENSTEIN: Refraktometrische Untersuchungen des menschlichen Kammerwassers. Klin. Mbl. Augenheilk. **65**, 654 (1920). — LULLIES: Druck in den Venen des Skleralrandes. Ref. Zbl. Ophthalm. **11**, 98 (1923). — LULLIES u. WULKOWITSCH: Flüssigkeitswechsel. Ref. ebenda **13**, 463 (1924).

MAGITOT: L'humeur aqueuse et son origine. Annales d'Ocul. **154**, 129 (1917). Zbl. Ophthalm. **18**, 140 (1927). — Augendruck nach Punktion der V. K. Zbl. Ophthalm. **10**, 283 (1922). — Symptomatologie und Pathogenese des Glaukoms. Annales d'Ocul. **166**, 356 (1929). — Quellen des Humeur aqueus. Ebenda **165**, 481 (1928). Ref. Klin. Mbl. Augenheilk. **81**, 539 (1928). Ref. Zbl. Ophthalm. **21**, 626 (1929). — MAWAS: Ionenkonzentration und Alkaliviskose des Kammerwassers. Internat. Ophthalm.-Kongr. Amsterdam 1929. — Diskussion. Ebenda. — MAWAS u. VINCENT: Ionenkonzentration im normalen Zustand und beim Glaukom. Ref. Zbl. Ophthalm. **18**, 268 (1927). Annales d'Ocul. **163**, 466 (1926). — MAZOLLA: Einfluß verschiedener Lösungskonzentrationen auf den Augendruck. Boll. Ocul. **3**, 757 (1926). — MCCAW: Quellung des Glaskörpers. Ophthalm. Rec. **1915**, 284. — MEESMANN: Donnangleichgewicht zwischen Blut und Kammerwasser. Sitzgsber. Ophth. Ges. Heidelberg **1924**, 87. — Augendruck und Wasserstoffionenkonzentration des Kammerwassers. Arch. Augenheilk. **94**, 115 (1924). — Augendruck und aktuelle Blutreaktion. Klin. Wschr. **4**, 214 (1925). Ref. Zbl. Ophthalm. **15**, 529 (1926). — Glaukom. Diskussion zu GOLDSCHMIDT, BAURMANN, KRONFELD. Sitzgsber. Ophth. Ges. Heidelberg 1925. — Chemie des intraokularen Flüssigkeitswechsels, besonders beim Glaukom. Arch. Augenheilk. **97**, 1 (1925). — MELANOWSKI: Rolle der Zonula bei Glaukom. Arch. d'Ophthalm. **41**, 173 (1924). Zbl. Ophthalm. **12**, 459. — MESTREZAT u. MAGITOT: Humor aqueus und Glaskörper. Annales d'Ocul. **158**, 1 (1921). — MOESCHLER: Pigmentierung der Hornhauthinterfläche. Z. Augenheilk. **48**, 195 (1922). — MORAX u. DUVERGER: Epithelauskleidung der vorderen Kammer. Ref. Arch. d'Ophthalm. **1909**, 42. — MÜLLER u. PFIMLIN: Sympathicus und Eiweißgehalt des Kammerwassers. Arch. Augenheilk. **100/101**, 91 (1929). — MUSELEVIC: Übergang des Fluorescins in die V. K. des Kaninchenauges. Zbl. Ophthalm. **20**, 335 (1928).

NAKAMURA, MUKAI u. KOSAKI: Zur Ernährung des Auges. Klin. Mbl. Augenheilk. **69**, 642 (1922). — NAKAMURA: Quellungsvorgänge am Auge. Arch. Augenheilk. **96**, 131 (1925). — NAZAROW: Chloride und Zucker im Kammerwasser bei Glaukom. Ref. Zbl. Ophthalm. **19**, 768 (1928). — NEWCOMB u. WRIGHT: Glaskörperflüssigkeit. Ref. ebenda **21**, 149 (1929). — NICATI: Intraokularer und arterieller Druck. Ref. ebenda **4**, 12 (1920). — NÓNAY: Blutcholesterin bei Glaukom. Klin. Mbl. Augenheilk. **83**, 365 (1929). — NORDENSON: Verengerung der V. K. beim primären Glaukom. Ref. Zbl. Ophthalm. **12**, 229 (1924). — Gonioskopie und Glaukomtheorien. Ref. ebenda **20**, 338 (1927).

D'OSWALDO: Iris bombé mit und ohne Drucksteigerung. Z. Augenheilk. **57**, 311 1925).

PARRISIUS: Capillarmikroskopie. Münch. med. Wschr. **1924**, 224. — PARRISOTTI: Irissynechien. Annales d'Ocul. **145**, 387 (1911). — PASSOW: Cholininjektionen. Sitzgsber. Heidelberg. **1928**. — Hormon- und Elektrolytbestimmungen im Blut Glaukomkranker. Ophthalm. Ges. Heidelberg 1928. — Klinische und phys.-chemische Befunde bei Glaukom. Ebenda 1928. — PESME: Spaltlampe. Arch. d'Ophthalm. **41**, 429 (1924). — PESME u. DEPLANCHE: Fluorescinausscheidung. Ebenda **44**, 41 (1927). — PLETNEVA: Blutkonzentration bei Glaukom. Ref. Zbl. Ophthalm. **11**, 472 (1922). — POLYCHORA: Calcium und Zuckergehalt im Blute von Glaukomkranken. Ref. Klin. Mbl. Augenheilk. **82**, 584 (1929). — POOS: Blut- und Kammerwasserschranke und Sympathicus. Sitzgsber. Ophth. Ges. Heidelberg 1928. — POOS u. SANTORI: Nervengifte und Blutkammerwasserschranke. Graefes Arch. **121**, 449 (1929). — PRIESTLEY-SMITH: Flüssigkeitswechsel nach LEBER. Brit. J. Ophthalm. **11**, 263. Zbl. Ophthalm. **19**, 213 (1927).

RADOS: Ciliarepithel. Graefes Arch. **109**, 332 (1922). — Chemische Zusammensetzung des Kammerwassers. Ebenda **109**, 332 (1922). — RAEDER: Lage der Linse bei glaukomatösen Zuständen. Ebenda **112**, 29 (1923). — REDSLOB: Das physikalisch-chemische Glaukomproblem. Annales d'Ocul. **164**, 721 (1927). — REDSLOB u. REISS: Quellung des Glaskörpers. Ebenda **165**, 641 (1928). — Experimentelle Druckschwankungen, Rolle des Glaskörpers. Ebenda **166**, 1 (1929). — Rehsteiner: Linsenkapselhäutchenglaukom. Klin. Mbl. Augenheilk. **81**, 710 (1928). — Riesling: Osmotischer Druck im Tierserum und in intraokularer Flüssigkeit. Arch. Augenheilk. **59**, 239 (1908). — Rochat: Calciumchlorid und Augendruck. Brit. J. Ophthalm. 8, 257 (1924). Ref. Zbl. Ophthalm. **13**, 464 (1925). — Römer: Zur Herstellung intraokularer Flüssigkeit. Z. Augenheilk. **62**, 218 (1927). — Romboletti: Experim. Glaukom. Arch. f. Augenheilk. **46**, 297 (1903). — Zu Schmidt: Capillarendothelstörungen. Sitzgsber. Ophth. Ges. Heidelberg 1928. — Rollandi: Harnsäure im Blut der Glaukomatösen. Ref. Boll. Ocul. **1**, 80 (1921). — Roschkow: Gefäßverengernde Substanzen im Blute Glaukomkranker. Ref. Klin. Mbl. Augenheilk. **52**, 554 (1914). — Ruben: Über Steigerung des Augendrucks durch Quellung der Gewebskolloide. Verh. dtsch. ophthalm. Ges. **1912**, 133. — Beiträge zur Lehre vom Augendruck und vom Glaukom. Graefes Arch. **86**, 258 (1913).

Safar: Cholesterin im Kammerwasser und Glaukom. Zbl. Ophthalm. **20**, 847 (1929). — Sekundärglaukom durch Cholesterin im Kammerwasser. Z. Augenheilk. **56**, 397 (1926). — Sala: Ungewöhnliche Glaukomformen. Klin. Mbl. Augenheilk. **42** (1) (1904). — Salvati: Lipoidspiegel bei Glaukom. Cholesterin und Druck. Annales d'Ocul. **165**, 52 (1928). Ref. Zbl. Ophthalm. **20**, 464 (1929). — Salzmann: Ophthalmoskopie der Kammerbucht. Z. Augenheilk. **31**, 1 (1914). — Samkowsky: Atropininjektion. Einfluß auf Kammerwasser und Augendruck. Ref. Zbl. Ophthalm. **19**, 769 (1928). — Subconjunctivale Dionininjektionen. Ebenda **19**, 214 (1928). — Samoiloff: Quelle des Kammerwassers. Zit. Jber. Ophthalm. **1922**, 174. — Experimentelle Untersuchung des intraokularen Drucks. Ref. Zbl. Ophthalm. **14**, 393 (1924). — Reaktion des Auges nach Punktion der V. K. Ref. ebenda **14**, 393 (1924). — Reaktive Hypertonie und Glaukom. Ref. ebenda **18**, 8 (1926); **18**, 645 (1927). — Oxydationsprozesse in den Ciliarepithelien usw. Graefes Arch. **118**, 341 (1927). — Hypertonie und Atropininjektion. Ref. Zbl. Ophthalm. **20**, 337 (1929). — Reaktion des Menschenauges auf Kammerpunktion. Graefes Arch. **121**, 139 (1929). — Samperi: Della affezioni oculari in rapporto alle vie linfatiche ed alla costituzione generale. Arch. Ottalm. **17**, 174, 225, 249, 318, 405, 459, 525 (1910). — Scalinci: Entzündliches und einfaches Glaukom. Ref. Ztschr. Augenheilk. **31**, 431 (1907). — Viscosität der Augenflüssigkeit bei Glaukom. Arch. d'Ophthalm. **1908**, 553. — Scheerer: Blutbewegung. Klin. Mbl. Augenheilk. **73**, 67 (1924). — Scheerer, Parrisius u. Mayer-List: Capillarmikroskopie. Ebenda **73**, 29 (1924). — Schieck: Glaukom durch Pigmentverschiebung. Wahl der Operationsmethode. Sitzgsber. Ophth. Ges. Heidelberg. **1918**. Ref. Klin. Mbl. Augenheilk. **61**, 332 (1918). — Flüssigkeitswechsel, Augendruck usw. Jber. Ophthalm. **1920**, 104. — Irisvorderfläche und Kammerwasser. Sitzgsber. Ophth. Ges. Jena **1922**. — Schiötz: Abhängigkeit des intraokularen Druckes von Flüssigkeitseinspritzungen. Arch. Augenheilk. **68**, 77 (1911). — Schmelzer: Mikrochemische Reaktionen am Ciliarepithel. Ophthalm. Ges. Heidelberg **1925**, 259. — Aktuelle Blutreaktion bei Glaukomkranken. Graefes Arch. **118**, 1 (1927). — Blutalkalosis und Augendruck. Ebenda **118**, 195 (1927). — Zu Glaukom. Ebenda **120**, 14; **120**, 800 (1928). — Blutkörperchensenkungsgeschwindigkeit. Z. Augenheilk. **70**, 151 (1930). — Zu Fischer: Ciliarepithel. Sitzgsber. Ophth. Ges. Heidelberg **1928**. — Schmerl: Aktuelle Blutreaktion Glaukomkranker. Arch. Augenheilk. **98**, 565 (1927). — Schmidt: Druckherabsetzende Mittel am Tierauge. Ref. Zbl. Ophthalm. **17**, 425 (1926). — Druckbeeinflussung des Glaukomauges. Sitzgsber. Ophth. Ges. Heidelberg **1927**, 50. — Capillarendothel bei Glaukom. Arch. Augenheilk. **98**, 569 (1927). — Gefäßstörungen bei Glaucoma simplex. Arch. Augenheilk. **100/101**, 198 (1929). — Schneider: Senkungsgeschwindigkeit des roten Blutkörperchens bei Glaukom. Ref. Klin. Mbl. Augenheilk. **65**, 740 (1920). — Schwarzkopff: Graefesche Blasen im Ciliarepithel. Z. Augenheilk. **47**, 87 (1922). — Seidel: Physiologische Sekretionsvorgänge. Sitzgsber. Ophth. Ges. Heidelberg **1920**. — Akkommodation und Augendruck. Graefes Arch. **102**, 418 (1925). — Ursache der Druckschwankungen im glaukomatösen Auge. Ebenda **102**, 415 (1920). — Kammerwasserabsonderung. Ebenda **102**, 366 (1920). — Intraokulare Saftströmung. Ebenda **102**, 383 (1920). — Struktur der Ciliarepithelien. Ebenda **102**, 189 (1920). — Zur Mechanik des Glaukoms. Ebenda **106**, 176 (1921). — Kammerwasserersatz im menschlichen und Tierauge. Ebenda **104**, 162 (1921). — Druckgefälle zwischen V. K. und SCHLEMMINschen Kanal. Ebenda **107**, 101 (1922). — Physiko-chemische Vorgänge im Ciliarepithel. Ebenda **104**, 284 (1921). — Mechanismus der Eiweißresorption aus der V. K. Ebenda **107**, 105 (1922). — Abfluß des Kammerwassers im iridektomierten und trepanierten Auge. Ebenda **104**, 403 (1921). — Abfluß des Kammerwassers aus der V. K. Ebenda **104**, 357 (1921). — Flüssigkeitswechsel. Ebenda **107**, 507 (1922). — Flüssigkeitswechsel. Ebenda **108**, 255, 420 (1922). — Abfluß aus der Vorderkammer beim Tier usw. Klin. Mbl. Augenheilk. **68**, 291 (1922). — Flüssigkeitswechsel. Ebenda **69**, 773 (1922). — Zu NAKAMURA: Ernährung des Auges. Ebenda **69**, 834 (1922). — Flüssigkeitswechsel im Auge. Sitzgsber. Ophth. Ges. Jena **1922**. — Zu STÜBEL: Lymphgefäße. Graefes Arch. **112**, 352 (1921). — Mechanismus des Abflusses des Kammerwassers usw. Graefes Arch. **111**, 167 (1923). — Lymphgefäße der Iris und des Kammerwassers. Ebenda **111**, 196 (1923). — Zu HAMBURGER: Flüssigkeitswechsel: Klin. Mbl. Augenheilk. **71**, 368 (1923). — Zum Flüssigkeitswechsel im Auge. Sitzgsber. Ophth. Ges. Heidelberg **1924**. — Intraokulare Saftströmung: Osmose. Graefes Arch. **113**, 222 (1924). — Stromkräfte im Ciliargefäßsystem. Ebenda **114**, 163 (1924). — Hydrostatische und osmotische Triebkräfte beim Flüssigkeitswechsel. Ebenda **114**, 388 (1924). — Gewebsatmung im Auge. Sitzgsber. Ophth. Ges. Heidelberg **1925**, 14. — Glaukom. Filtration. Diskussion. Heidelberg 1925. — Zu MEESMANN. Sitzgsber. Ophth. Ges. Heidelberg. **1925**. — Diskussion zu GOLDSCHMIDT: Oxydation. Ebenda. — Aktuelle Blutreaktion bei Glaukomkranken. Klin. Mbl. Augenheilk. **78**, 77 (1927). — Methoden zur Untersuchung des Flüssigkeitswechsels. Handb. d. biol. Arbeitsmethoden v. ABDERHALDEN, Abt. V, Teil 6, 969 bis 1018 (1927). — Flüssigkeitswechsel und Augendruck. Münch. med. Wschr. **1928**, 2203. — Flüssigkeitswechsel und Augendruck. Klin. Mbl. Augenheilk. **80**, 721 (1928). — SERR: Blutbeschaffenheit und Glaukom. Sitzgsber. Ophth. Ges. Heidelberg **1924**, 113. — Osmotischer Druck der Bluteiweißkörper bei Glaukom. Graefes Arch. **114**, 393 (1924). — Mechanik der Augendruckschwankungen beim primären Glaukom. Sitzgsber. Ophth. Ges. Heidelberg **1925**, 22, 47. — Kammerwasserbildung. Ebenda **1928**. — SMITH: Acidose und Ödem. Beziehungen zum Glaukom. Ophthalmoscope **1916**, 80. — SONDERMANN: Zur Entstehung, Physiologie und Pathologie des Augendruckes. Arch. Augenheilk. **102** (1929). — STARLING: Ciliarfortsätze. Klin. Mbl. Augenheilk. **51** (1), 244 (1913). — STIMMEL u. ROTTER: Über die Theorie der Entstehung des Glaucoma simplex und des Glaucoma inflammatorium. Berl. klin. Wschr. **1912**, 1450. — STÜBEL: Erwiderung zu SEIDEL: Lymphgefäße. Graefes Arch. **112**, 347 (1923).

TERRIEN: Diskussion. Internat. Ophthalm.-Kongr. Amsterdam 1929. — THIEL: Fluorescinausscheidung. Klin. Mbl. Augenheilk. **68**, 244 (1922). — Fluorescin-Natrium im Kammerwasser. Ebenda **70**, 766 (1923). — Flüssigkeitswechsel. Graefes Arch. **113**, 347 (1924). — Glaukomdiskussion. Sympathicus: Gefäßdurchlässigkeit. Sitzgsber. Ophth. Ges. Heidelberg 1925. — Lymphwege der Iris. Ophthalm. Ges. Heidelberg **1927**. — THOMSON: Filtrationswinkel. Ophthalmoscope **1911**. — THORBURN: Gonioskopische Untersuchungen über periphere vordere Synechien beim Glaukom. Ref. Zbl. Ophthalm. **19**, 838 (1928). — TRANTAS: Gonioskopie. Arch. d'Ophthalm. **45**, 617 (1928). — TRETTENERO: Wirkung von Zuckerlösung auf den Augendruck. Ann. Ottalm. **51** (1923). Ref. Zbl. Ophthalm. **14**, 443 (1925). — Kammerwasserströmung, Brechkraft und Augendruck. Ref. ebenda **14**, 791 (1925). — TRISTANO: Kammerwasser nach Injektion von Milch usw. Ebenda **10**, 421 (1922). — TRON: Chemie des regenerierten Kammerwassers. Graefes Arch. **121**, 329 (1928). — TSCHEMOLOSSOW: Glaukom bei Iriskolobom. Ref. Klin. Mbl. Augenheilk. **48** (1), 683 (1910).

ULBRICH: Druckverhältnisse der vorderen und hinteren Augenkammer. Arch. Augenheilk. **60**, 283 (1908). — ULRICH: Künstl. Glaukom beim Kaninchen. Sitzgsber.

Heidelberg **1891**, 80. — URBANEK: Druckschwankungen. Ref. Klin. Mbl. Augenheilk. **67**, 303 (1921). — Vorfall des Glaskörpers in die V. K. als Ursache von Drucksteigerung. Z. Augenheilk. **54**, 164 (1924). — URIBE Y TRONCOSO: Pathogénie du Glaucome. Annales d'Oculistique **126**, 410 (1901) u. **133**, 5 (1905). — La filtration de l'œil et la pathogénie du glaucome. Annales d'Ocul. **137**, 132 (1907). — Rôle du changement de cpmposition des liquides oculaires dans le pathogénie du glaucome. Arch. d'Ophthalm. **30**, 91, 151 (1910). Klin Mbl. Augenheilk. **48**, 2 (1910). — Saftströmung im lebenden Auge. Klin. Mbl. Augenheilk. **53**, 1 (1914). — Der SCHLEMMINsche Kanal. Ref. Zbl. Ophthalm. **6**, 380 (1921). — Gonioscopy in glaucoma. Ebenda **17**, 129 (1927). Internat. Ophthalm.-Kongr. Amsterdam 1929.

VERHOEFF: Sclerosis of the ligamentum pectinatum and its relation to glaucoma. Ophthalm. Rec. **1912**, 419. — VOGT: Atlas der Spaltlampenmikroskopie. Berlin: Julius Springer 1917. — Linsenkapselhäutchenglaukom. Anatomischer Befund. Klin. Mbl. Augenheilk. **81**, 711 (1928). — VOGT u. JAFFÉ: Einige Untersuchungen über den angeblich vermehrten Adrenalingehalt des Blutes bei Primärglaukom. Ebenda **50**, 2, 23 (1912). — DE VRIES: Glaucom zonder sluiting van den oogkamerhoek. Nederl. Tijdschr. Geneesk. **2**, 263 (1907).

WAITE: Osmose usw. Zbl. Ophthalm. **19**, 623 (1928). — WEEKERS: Ursprung des Kammerwassers. Zit Jber. Ophthalm. **1921**, 198. Zbl. Ophthalm. **7**, 411 (1922). — Absonderung der intraokularen Flüssigkeit beim Menschen. Arch. d'Ophthalm. **39**, 513 (1922). — Ophthalmotonus und Blutkonzentration. Ref. Zbl. Ophthalm. **12**, 376 (1924). — Intravenöse Einspritzungen hypertonischer Lösungen. Arch. d'Ophthalm. **40**, 513 (1923). Zbl. Ophthalm. **11**, 11, 474 (1924). — Destilliertes Wasser und intraokularer Druck. Arch. d'Ophthalm. **41**, 65 (1924). Zbl. Ophthalm. **12**, 376 (1924). — WEGNER u. ENDRÈS: Wasserstoffionenkonzentration und Augendruck. Z. Augenheilk. **64**, 43 (1928). — WEILL: Glaskörperhernie. Arch. d'Ophthalm. **30**, 716 (1920). — WEINTRAUB: Fall von Sekundärglaukom. Klin. Mbl. Augenheilk. **77**, 724 (1926). Z. Augenheilk. **61**, 187 (1927). — WEISS: Der intraokulare Flüssigkeitswechsel. Ebenda **25**, 1 (1911). — Der Druck in den Wirbelvenen des Auges. Ebenda **43**, 141 (1916). Dtsch. Arch. klin. Med. **119**. — Flüssigkeitswechsel. Arch. f. d. g. Physiologie **199**, 462 (1923). — Herkunft und Schicksal der Augenflüssigkeit. Dtsch. med. Wschr. **51**, 21, 63 (1925). Zbl. Ophthalm. **14**, 791 (1925). — WEISS u. LULLIES: Flüssigkeitswechsel. Ref. Zbl. Ophthalm. **14**, 236 (1925). — WESSELKIN: Übertritt des Trypanblaus ins Kammerwasser. Ref. Zbl. Ophthalm. **21**, 726 (1929); **22**, 420 (1929). — WESSELY: Vorderkammerersatz im menschlichen Auge. Ophthalm. Ges. Heidelberg 1920. — Flüssigkeitswechsel. Arch. Augenheilk. **60** (1), 97 (1908). — Flüssigkeitswechsel. Z. Augenheilk. **25**, 315 (1910). — Flüssigkeitswechsel. Arch. Augenheilk. **88**, 217 (1921). — Diagnostische Versuche: Kammerwasser bei Aderhautsarkom. Sitzgsber. Ophth. Ges. Heidelberg **1927**. — Messung der V. K.-Tiefe. Ref. Klin. Mbl. Augenheilk. **78**, 893 (1927). — Hormonbestimmungen im Blute von Glaukomkranken. Sitzgsber. Ophth. Ges. Heidelberg **1927**, 249. — Experimentelle kompensatorische Hypertrophie der Ciliarfortsätze. Heidelberg **1911**, 34, 98. — Glaukom. Neue dtsch. Klin. **1929**. — Diskussion. Internat. Ophthalm.-Kongr. Amsterdam 1929. — WIPPER: Verengerung der vorderen Kammer. Ref. Jber. Ophthalm. **1918**, 338. — WITTGENSTEIN u. GÄDERTZ: Kammerwasser. Zit. Diskussion. Sitzgsber. Ophth. Ges. Heidelberg **1928**. Graefes Arch. **119** (1928). — WOLF u. SCHAUTE: Quellungsvorgänge. Verh. niederl. ophthalm. Ges. **1912**. — WOLFRUM: Struktur der Irisvorderschicht. Sitzgsber. Ophth. Ges. Heidelberg **1920**, 14. — WÜRDEMANN: Diaphanoskopie. Circumlentaler Raum. Jber. Ophthalm. **1908**, 127.

YOSHIDA: Pigmentation des Ligamentum pectinatum bei Japanern. Graefes Arch. **118**, 746 (1927). — Wechselbeziehungen zwischen Blut und Kammerwasser. Arch. Augenheilk. **100/101**, 470 (1929). — YUDKIN: The aqueus humor. Ref. Zbl. Ophthalm. **17**, 822 (1927); **22**, 140 (1929).

ZIRM: Glaukom. Graefes Arch. **79**, 96 (1911).

# X. Experimentelles Glaukom.

In den vorausgehenden Kapiteln ist die durch Einwirkungen aller Art zu erzielende Änderung des intraokularen Druckes eingehend besprochen worden. Fast durchweg wird durch diese Einwirkungen nur eine vorübergehende Steigerung erzielt, nicht aber ein andauerndes Glaukom, welches die anatomische Untersuchung der Druckwirkungen im Augeninnern gestattete.

So war es begreiflich, daß man schon frühzeitig darauf bedacht war, auf experimentellem Wege Glaukome zu erzeugen. Diese Versuche hatten jedoch kein konstantes Ergebnis, und vor allen Dingen wurden keine dauernden Schädigungen erzielt, bis es ERDMANN (1907) gelang, mit einer neuen Methode bei Tieren Glaukom in viel sicherer und nachhaltigerer Weise zu erzeugen. Bevor ich auf die Ergebnisse der Arbeit von ERDMANN eingehe, folge ich dem von ihm gegebenen Überblick über die früheren Bemühungen, auf experimentellem Wege ein Glaukom zu erzeugen. Diese Versuche bewegten sich zunächst in der Richtung durch künstliche Vermehrung des Zuflusses Drucksteigerungen zu erzielen. Auf dem Wege der Nervenreizung wurde nur vorübergehend eine Druckzunahme konstatiert, dagegen wurde durch Unterbindung der Vortexvenen eine hochgradige venöse Hyperämie und eine erhebliche Drucksteigerung erzielt, wie aus den Arbeiten von KOSTER (1895) u. a. hervorgeht. Wenn auch gelegentlich beim Kaninchen nach Verlauf von Stunden ein Platzen des Augapfels im Limbus beobachtet wurde, so erwies sich doch im allgemeinen die Drucksteigerung als vorübergehend, so daß auf diesem experimentellen Wege die für Glaukom charakteristischen Veränderungen im Augeninnern nicht erzielt werden konnten. Andere Experimente, z. B. durch Unterbindung des Sehnerven ein Glaukom zu erzeugen, haben ebenfalls keinen Erfolg gehabt. So war es begreiflich, daß man sich mehr Erfolg davon versprach, wenn es gelang, die Abflußwege im Kammerwinkel zu verlegen. Die Versuche von HEISRATH (1895), durch partielle und totale, vordere und hintere Synechien ein Glaukom zu erzeugen, waren ohne Erfolg, während WAGENMANN nach einer Hornhauttransplantation ringförmige vordere Synechien mit folgender Ektasie des Bulbus und Druckexkavation der Papille beobachten konnte. Ebenso erzielte ULRICH (1891) durch Iriseinheilung nach Hornhautexstirpation einige Male eine Drucksteigerung, die sich wahrscheinlich durch Verlegung des Kammerwinkels erklären läßt. Die Versuche von BENTZEN (1895), von KOSTER (1895) und von RAMBOLOTTI (1903) zeitigten keine brauchbaren Resultate, ebensowenig die Versuche von KNIES, von SCHMIDT-RIMPLER, LEBER und WEBER

(s. ERDMANN), welche Öl in die Vorderkammer injizierten. LEBER konnte nach Injektion von sterilen Staphylokokkenkulturen in zwei Fällen Ektasie der Bulbuswandung und Exkavation erzeugen, und die von BERBERICH (1894) vorgenommene pathologisch-anatomische Untersuchung ergab eine Verwachsung im Kammerwinkel. Weitere Versuche von BENTZEN mit Bakterienkulturen und Jodlösung waren erfolglos, während mit Ammoniaklösung eine dauernde Drucksteigerung erzielt werden konnte, und GEERING (1896) berichtet, daß MELLINGER durch Einspritzung von Sublimatlösung in die Vorderkammer deutliche Drucksteigerungen erzielte. BAJARDI (1901) beobachtete zweimal Drucksteigerungen nach Einspritzen von Glaskörper in die Vorderkammer, ebenso URIBE Y TRONCOSO (1905), dem dasselbe mit Hühnereiweiß vorübergehend gelang. Neuere Versuche von BENTZEN waren erfolgreich, als er durch Auskratzung des Kammerwinkels eine Verlegung der Abflußwege versuchte. Auch die Versuche von HEISRATH, durch Ätzung mit Säuren eine Entzündung im Kammerwinkel hervorzurufen, hatten Erfolg. SCHÖLER und BENTZEN (s. ERDMANN) wandten die Cauterisation der Limbusgegend an. Sicherer wurden die Resultate, nachdem auf Vorschlag von KOSTER (1895) von BENTZEN die Conjunctiva pericorneal durchschnitten, Muskelansätze gelöst und in 2 mm Breite die oberflächlichen Schichten der Sclera abgetragen wurden. Durch Ätzung des verdünnten Gewebes entstand eine deutliche Infiltration der FONTANAschen Räume. Ohne die Verdünnung der Sclera konnte keine Druckerhöhung erzielt werden. Erfolgreich waren auch Versuche von BARTELS (1925), der die Muskelansätze umschnürte und im übrigen die Gefäße am Limbus durchtrennte, doch war hier die Tensionserhöhung nur vorübergehend. Durch Elektrolyse gelang es PARISOTTI (1911), anatomische Veränderungen im Kammerwinkel bei Tieren nachzuweisen. Alle diese Versuche ergaben keine konstanten Resultate; auch waren die Entzündungen in den Augen so vorherrschend, daß das Bild eines reinen unkomplizierten Glaukoms nur ausnahmsweise zustande kam. Es bedeutete daher einen großen Fortschritt, als ERDMANN mit Hilfe einer neuen Methode weit bessere Resultate erzielte. Er bediente sich einer elektrolytischen Punktiernadel als + - Elektrode und erzeugte damit in der Vorderkammer Niederschläge. Es kam sehr bald zur Drucksteigerung, Vergrößerung des Auges, Vertiefung der Exkavation, und es stellte sich heraus, daß das durch Elektrolyse abgeschiedene Eisen hier eine erhebliche Zellwucherung speziell des Endothels der Lymphspalten hervorbrachte. Die begleitenden entzündlichen Erscheinungen waren jedoch gelegentlich sehr störend, so daß ERDMANN sich veranlaßt sah, das Eisen vorher elektrolytisch abzuscheiden, und das damit beladene Kammerwasser einem anderen Tiere ins Auge zu spritzen. So entstand direkt nach der Einspritzung eine Kontraktion besonders der Irisgefäße und der Pupille. Anatomische Untersuchungen ergaben, speziell im unteren Abschnitt der FONTANAschen Räume, mit Eisenteilen durchsetzte glashäutige Wucherungen eines endothelogenen Bindegewebes. Das auf diese Weise erzeugte Glaukom führte zu einer erheblichen Ausdehnung der Bulbuswand, wobei die Sclera verdünnt wurde, aber auch neues Gewebe entstand. Entzündliche Erscheinungen, speziell die in der Cornea wurden zurückgebildet, und eine Atrophie der Aderhaut und der Netzhaut und Rißbildungen der DESCEMETschen Membran konnten anatomisch nachgewiesen werden. Bei 32 Versuchen gelangen 24. Die Sicherheit dieses Erfolges läßt sich für Untersuchungen am Glaukomauge weitgehend nutzbar machen. So studierte schon ERDMANN die Wirkung der Mydriatica, die den Druck erhöhten und der Miotica, die den Augendruck senkten. Fluorescein beim Glaukomauge angewandt, trat ins Kammerwasser über, während Hämolysine nicht nachzuweisen waren. Wenn ERDMANN hervorhebt, daß der Eiweißgehalt im Kammerwasser größer sei und dies auf Zirkulationsstörungen zurückführt, so kann diese Erklärung wohl kaum für die reinen Fälle von traumatischem Glaukom gelten, weil sowohl der Erfolg der Therapie als auch die Beobachtung von SALA (siehe Kapitel V) bei Cat. fluida darauf hinweisen, daß hier eiweißhaltiges Material die Obliteration des Kammerwinkels herbeiführt.

Die Methodik von ERDMANN wurde einer umfangreichen Untersuchung von SCHREIBER u. WENGLER (1909) zugrunde gelegt, welche speziell die Veränderungen an der Netzhaut und am Sehnerven studierten. Die Resultate von ERDMANN wurden durchweg bestätigt, und es zeigte sich eine beträchtliche Dehnbarkeit der Netzhaut des Kaninchens und große Toleranz gegen allmählich auftretende Drucksteigerung. Ebenso konnten am Hundeauge starke Vergrößerungen des Glaukomauges erzielt werden und die dabei auftretende Nervendegeneration bis in den Tractus opticus verfolgt werden. Die Erfolge am Kaninchen bestätigen auch die von ERDMANN hervorgehobene Entstehung der Exkavation als typische Druckexkavation. Die Beobachtung von LIN PAU HUA (1929) über Versilberung der Hornhaut und Glaukom bei Berufsargyrie wird mit dem Eindringen von Silberpartikelchen in den Kammerwinkel im Sinne der ERDMANNschen Versuche erklärt.

Wenn neuerdings ROSIN (1928) betont, daß bisher alle Versuche, auf experimentellem Wege Glaukom zu erzeugen, fehlgeschlagen seien, so ist das wohl im Hinblick auf das Gesagte nicht richtig, um so weniger, als bei dem von ihm vorgeschlagenen Vorgehen — experimentelle Erzeugung von Gefäßveränderungen — doch auch nur bestimmte Formen von Sekundärglaukom erzeugt werden konnten.

Versuche von HEUSE (1913) bewegen sich in der Richtung, eine Erweiterung der vorderen Kammer zu erzielen. Während sich nach Einbringung eines Stückes Lippenschleimhaut ein Epithelüberzug bildete, gelang es mit einem Silberplättchen, den Kammerwinkel zu erweitern.

## Literatur.

*Experimentelles Glaukom.*

BARTELS: Ätzung am Hornhautrande (HAMBURGER). Heidelberg 1925. — BENTZEN: Experimentelles Glaukom bei Kaninchen. Graefes Arch. **41**, 48 (1895). — BERBERICH: Experimentelles Sekundärglaukom beim Kaninchen. Ebenda **40** (1894).

ERDMANN: Experimentelles Glaukom. Graefes Arch. **66**, 325, 391 (1907).

HEILBRUN: Die mit dem SCHIÖTZschen Tonometer erzielten Resultate. Graefes Arch. **79**, 265 (1911). — HEISRATH siehe BENTZEN 1895. — HEUSE: Erweiterung der vorderen Kammer. Arch. Augenheilk. **75**, 222 (1913).

KOSTER: Beiträge zur Lehre vom Glaukom. Graefes Arch. **41** (1895).

LIN PAU HUA: Versilberung der Hornhaut und Glaukom bei Berufsargyrie. Arch. Augenheilk. **122**, 334 (1929).

PARISOTTI: Experimentelles Glaukom. Soc. franç. Ophthalm. **1911**.

ROSCIN: Experimentelles Glaukom. Zbl. Ophthalm. **20**, 334 (1928).

SCHREIBER u. WENGLER: Experimentelles Glaukom. Graefes Arch. **71**, 99 (1909).

# XI. Glaukomtheorien.

In der Bearbeitung von SCHMIDT-RIMPLER wurden die bis dahin aufgestellten Glaukomtheorien ausführlich besprochen, die sich im wesentlichen nach drei Richtungen hin bewegen, indem die Hypersekretion oder Flüssigkeitsretention in erster Linie verantwortlich gemacht und dann, worauf SCHMIDT-RIMPLER besonderes Gewicht legt, den Elastizitätsverhältnissen der Sclera besondere Aufmerksamkeit geschenkt wurde. Wie bei der Geschichte des Glaukoms, muß ich mich auch bei diesem Kapitel darauf beschränken, eine kurze Übersicht über das zu geben, was bei SCHMIDT-RIMPLER ausführlich dargestellt wurde und daran einige kurze Betrachtungen über neuere Glaukomtheorien anzuschließen.

## Die Sekretionstheorie.

Die von DONDERS vertretene Ansicht, daß die Hypersekretion der Augenflüssigkeit auf Nerveneinfluß zurückzuführen sei, wurde von mehreren Autoren geteilt. Insbesondere beschäftigten sich hiermit v. HIPPEL und GRÜNHAGEN, welche nicht nur das akute, sondern auch das Glaucoma simplex auf zentrale oder periphere Reizungen zurückführen wollten, die im hinteren Augapfelabschnitt eine vermehrte Flüssigkeitsausscheidung bewirken und Linse und Iris nach vorne drängen sollen. Durch die Überdehnung der Sclera würden auch die Abflußwege durch die Vortexvenen behindert. Je schlechter der Sympathicus funktioniere, desto leichter könne eine Blutdrucksteigerung einen Schaden anrichten. Auch MOOREN und SCHWEIGGER sprechen sich dahin aus, daß eine Sekretionsneurose im Spiele sei, und besonders SCHWEIGGER ist ein entschiedener Gegner der Theorie von der Behinderung des Abflusses im Kammerwinkel. Ein Nerveneinfluß wird auch von LAQUEUR angenommen, der darauf hinweist, daß die Exstirpation des Ganglion Gasseri den Augendruck nicht verändert. Blutdrucksteigerungen werden von ADAMÜK angenommen, und ABADIE beschuldigt sympathische Einflüsse, wie auch ANGELUCCI beim Hydrophthalmus Sympathicusschädigungen für bedeutungsvoll hält. Andere Autoren nehmen entzündliche Veränderungen oder Gefäßstörungen im Sinne von GRAEFE an. Diese Anschauungen, die besonders von FUCHS vertreten werden, basieren auf den Veränderungen, die besonders in den vorderen Aderhautpartien gefunden werden.

Gefäßveränderungen funktioneller und organischer Art, besonders im Bereiche der Papille, werden von SCHNABEL als Ursache der Exkavation durch Lacunenbildung angesehen, eine Anschauung, die auch später eine Zeitlang von ELSCHNIG vertreten wurde. Näheres hierüber findet sich in dem Kapitel Exkavation.

Funktionelle Störungen in Abhängigkeit von allgemeinen Sekretionsstörungen, organische Gefäßveränderungen, besonders arteriosklerotische Prozesse wurden weiterhin von SULZER, TERSON, ZIMMERMANN und anderen für die Hypersekretion verantwortlich gemacht.

Nach dem Erscheinen der Arbeit von SCHMIDT-RIMPLER wurde die Entzündungstheorie von BJERRUM (1912) vertreten. Das Glaukom beruhe nicht auf einer Stauung, sondern auf einer durch Toxine bedingten Entzündung, welche intermittierend auftretend, die Prodromalanfälle auslösen soll. Eserin befördere den Übertritt von Substanzen, die die Toxine unschädlich machten. Auch SATTLER (1916) glaubt, daß der Ausbruch des Glaukoms auf toxischen Vorgängen beruht, wie auch ORR (1914) und DAVIS (1928) toxische Einwirkungen auf das Ciliarepithel annehmen. Als Kuriosum sei erwähnt, daß nach KERRY (1925) eine Abart des Staphylokokkus albus beim Glaukom entzündliche Veränderungen hervorrufen soll, wobei in der Diskussion betont wird, daß kranke Zähne und intestinale Infektion wichtig wären, während PALTRACCA (1921) die Wichtigkeit endokriner Störungen betont. Nach SCALINCI (1909) sind die entzündlichen Gewebsveränderungen eine Folge der Drucksteigerung, und diese Gewebsveränderungen führten beim Glaucoma simplex zur langsamen Drucksteigerung. Nach TERSON (1908) entsteht das Glaukom durch ein Ödem; beim hämorrhagischen Glaukom handele es sich um eine Hypersekretion auf der Grundlage von primären Gefäßerkrankungen, wobei der Glaskörper und die Sclera nicht beteiligt sind. NUEL (1908) betrachtet die Kongestion der Gefäße als eine Folge der Hypertonie. Auch BJERRUM (1912) mißt der Hypersekretion die Schuld bei, wobei die Drucksteigerung aber weder für die Flachheit der Vorderkammer, noch für die Enge der Pupille verantwortlich zu machen sei.

## Die Retentionstheorien.

Die Behinderung des Abflusses im Kammerwinkel als Ursache des Glaukoms basiert in erster Linie auf den anatomischen Untersuchungen von KNIES, der im Glaukomauge die Obliteration feststellte und auf experimentellen Untersuchungen von LEBER. Auch WEBER spricht sich entschieden gegen die Lehre von der Hypersekretion aus und glaubt, daß dauernde Drucksteigerung nur durch Abflußbehinderung zustande kommen könne, wobei die Elastizität der Sclera, besonders im jugendlichen Alter durch Vergrößerung des Bulbus einen Ausgleich schaffen könne. WEBER legt besonderen Wert auf die starke Anschwellung der Ciliarfortsätze, die auf venöser Stauung beruhen soll. DE VRIES macht, im Sinne von KNIES und WEBER, entzündliche Veränderungen im Kammerwinkel, die er als primäre betrachtet, verantwortlich. HENDERSON (siehe Kapitel IX) führt den Verschluß des Kammerwinkels auf eine fibröse Entartung der Fasern des Ligamentum pectinatum zurück und glaubt, daß die Irisvorderfläche an der Resorption beteiligt sei.

Auch PRIESTLEY-SMITH (siehe Kapitel IX) schließt sich der KNIES-WEBERschen Theorie an und legt besonderen Wert auf die Hyperämie der Ciliarmuskelgegend. Bei Enge des zirkumlentalen Raumes wird die Iriswurzel nach vorne gedrängt, wobei die Größe der Linse und eine zu kleine Cornea disponierend wirkten.

BIRNBACHER und CZERMAK (siehe Kapitel IX) beschuldigen Störungen des Lymphabflusses und besonders entzündliche Veränderungen, die zu Veränderungen der Vortexvenen führen, wobei vasomotorische Einflüsse und Rigidität der Sclera mitspielen sollen. Chronisch entzündliche Vorgänge und venöse Stauungen erklären die Glaukomsymptome. Es sind primär entzündliche Vorgänge, die sich im Kammerwinkel abspielen und es handelt sich nicht etwa um Folgen der Drucksteigerung. Diese Anschauung über die Rolle der Entzündung hat später CZERMAK (siehe Kapitel IX) nicht mehr aufrechterhalten, sondern mehr mechanische Verhältnisse durch Enge der Vorderkammer in den Vordergrund gestellt.

Andere Theorien führen die Drucksteigerung auf eine ödematöse Schwellung des Glaskörpers zurück, auf Grund von Stauungserscheinungen in den Choreoidalvenen. STILLING betont die Wichtigkeit der hinteren Abflußwege, deren Bedeutung auch LAQUEUR betont. Verhängnisvoll werden diese Abschnürungen erst wenn die vorderen Filtrationswege verlegt sind. Störungen im Lymphabfluß durch Erkrankung der Gefäßwände und dadurch bedingte veränderte Beschaffenheit der Lymphe nimmt KUHNT an, wie auch URIBE Y TRONCOSO die Wichtigkeit des Eiweißreichtums des Kammerwassers betont. Es wird weiter von einigen Autoren auf die Behinderung des Abflusses durch eiweißhaltige Exsudate und Pigmenteinlagerungen, Blut und Linsenmassen hingewiesen. Für die Behinderung des Lymphabflusses, also für eine Lymphstauung macht CANTONNET besonders Niereninsuffizienz verantwortlich, während ULRICH eine Sklerose des Bindegewebes in der Iris als Ursache annimmt, wodurch Zirkulationsstörungen geschaffen würden, die sich auf den Ciliarkörper fortpflanzen.

Zu diesen auszugsweise aus der Arbeit von SCHMIDT-RIMPLER wiedergegebenen Anschauungen sind nur noch wenige aus neuerer Zeit hinzuzufügen. So ist nach HEERFORDT (1911, 1912) das Glaucoma simplex durch eine Lymphostase bedingt, welche jedoch keinen Druck über 55 mm erzeugen könne. Die anderen Glaukomformen bezeichnet er als hämostatische Glaukome und diese Hämostase sei durch Kompression der Vortexvenen bedingt, die die Ursache der anatomisch nachweisbaren Veränderungen sei. Die von HEERFORDT gefundenen Veränderungen an den Vortexvenen, die eine Klappenwirkung entfalten sollen, konnten von ELSCHNIG (1928) nicht bestätigt werden, und ELSCHNIG wirft dieser Theorie vor, daß sie keine Auskunft gebe über die Ursache der Drucksteigerung, die zum Versagen der Vortexvenen führen soll; die im Ciliarkörper erzeugte Blutstauung könne nie die alleinige Ursache der Iriswurzelsynechien sein.

Auch ELLIOT (1916) lehnt die Theorie von HEERFORDT ab, ebenso die Meinung von FERGUS (1915), daß das Glaukom eine Gefäßerkrankung sei. Die Theorie von THOMSEN (1910), welche dem Muskel des Ciliarkörpers eine aktive Rolle bei der Flüssigkeitsbewegung, ebenso wie der Elastizität des Ligamentum pectinatum zuschreibt, sei beachtenswert. Die Ansicht von HENDERSON (1910), daß die an sich bedeutungsvolle Verdichtung des Ligamentum pectinatum die Hauptsache sei, wird nicht anerkannt, ebensowenig die Theorie von FISCHER (1909). Nach ELLIOT gebührt der Theorie von PRIESTLEY-SMITH (1912) volle Beachtung; die Hypertrophie der Ciliarfortsätze, und beim Glaucoma simplex die Größenverhältnisse der Linse, seien wichtige Faktoren;

ebenso das Seichterwerden der Vorderkammer und die Kleinheit des Glaukomauges. Wichtig sei ferner das Verhältnis zwischen Größe des Augapfels und Größe der Linse. Beim Glaucoma simplex sind diese Faktoren die wichtigsten; beim akuten Glaukom spielen Gefäßveränderungen eine Rolle.

VERHOEFF (1925) glaubt, daß die bisherigen Experimente und Untersuchungen das Rätsel der Glaukomentstehung nicht gelöst haben. Er zieht zu seiner Erklärung klinische und histologische Befunde heran. Seine Anschauung ist folgende: Durch Altersveränderungen der Membrana hyaloidea leidet ihre Durchlässigkeit und es wird Mucin im Glaskörper festgehalten, wodurch eine Störung im Flüssigkeitsstrom der Netzhaut entsteht; dadurch wird die Linse vorwärts gedrängt, und der Filtrationswinkel verlegt, wozu noch die Quellungsfähigkeit des Mucins kommt. Für die Entstehung von Glaukomanfällen kommen die Pupillenweite, Gefäßdruck und endocrine und nervöse Störungen in Frage.

Nach BAILLART und MAGITOT (siehe Kapitel IX), die die Zirkulationsverhältnisse des Auges einer eingehenden Betrachtung unterziehen und dabei die Rolle des Kammerwassers ganz außer acht lassen, ist das Glaukom eine Folge von endophlebitischen Prozessen, die den Abfluß aus den Venen behindern.

Was nun die Beteiligung der Sklera angeht, so ist bereits auf die entzündlichen Veränderungen im Bereiche der Vortexvenen hingewiesen worden, welche bei der Theorie HEERFORDTs im Vordergrunde stehen. Weiterhin wurden Altersveränderungen der Sklera im Sinne einer fettigen Degeneration besonders durch COCCIUS verantwortlich gemacht. Auch STELLWAG hält eine rigide Sclera für die Ursache einer Erschwerung des Abflusses aus den Venen. Auf dieser Basis bewegen sich die Anschauungen von ARLT über die Bedeutung der Altersveränderungen der Sklera. STRAUB legt Wert auf die Tatsache, daß die normale Aderhaut den Glaskörperdruck trüge, weshalb bei Sklerose des Aderhautgewebes durch Verlust der Elastizität die Sklera stärker in Anspruch genommen werde, eine Anschauung, die von KOSTER bestritten wurde, während NIKOLAI und VENNEMANN sie teilten. Mit der Rolle der Sklerose befassen sich auch die Arbeiten von RUBEN (1913) und von BURNHAM (1920) und von CASOLINO (1926).

BOURGEOIS (1919) hält den Mangel an elastischen Fasern in der Sklera für wichtig bei der Entstehung des Glaukoms. Nach EPPENSTEIN (1920) erfahren die elastischen Elemente durch den Dehnungsprozeß keine wesentlichen Veränderungen. Die elastischen Fasern tragen zur Formerhaltung des Bulbus bei. Nach KADLICKY (1923) ist beim Glaukom von Bedeutung, daß Zirkulationsverlangsamung zu kolloidemischen Veränderungen des Glaskörpers führt.

Die Beschaffenheit der Sclera spielt auch eine Rolle in der Theorie von STRANSKY (1912, 1913), der ein echtes, entzündliches Retentionsglaukom und eine Sekretionshypertonie von dem Glaucoma simplex unterscheidet, welches auf einer Scleritis indurativa beruhen soll, die wie schon oben erwähnt wurde von STRANSKY aber anatomisch nicht nachgewiesen wurde. Seine Anschauungen stützen sich vielmehr nur auf die Erfolge der sogenannten Gittersklerotomie.

Schließlich sei noch erwähnt, daß SCHÖN die Primärglaukome auf Akkomodationsüberanstrengung zurückführt. Genaueres über diese Theorie findet sich ebenfalls bei SCHMIDT-RIMPLER.

Mit Recht hebt SCHMIDT-RIMPLER hervor, und das gilt auch noch für heute, daß keine der verschiedenen Glaukomtheorien voll befriedigt. Man wird ihm ohne weiteres beistimmen müssen, wenn er sagt, daß verschiedene Momente im Einzelfall in Betracht kommen können. Auf die weiteren Ausführungen von SCHMIDT-RIMPLER brauche ich an dieser Stelle nicht einzugehen, da in den Kapiteln Drucksteigerung und Exkavation das Notwendige gesagt wurde.

Am Schlusse seiner Arbeit über die pathologische Anatomie des Primärglaukoms kommt ELSCHNIG (1928) zu dem Resultate, daß die pathologische Anatomie das Rätsel des Glaukoms nicht lösen kann. Bei den akuten Formen spielen die Veränderungen im Kammerwinkel eine Rolle. Ist jedoch die Kammerbucht frei, so ist es schon fraglich, ob die Verdichtung des Ligamentum pectinatum und Veränderungen in den Vortexvenen Ursache oder Folge der Drucksteigerung sind. In vielen Fällen handelt es sich, auch wenn Iris und Ciliarkörpervorderfläche beteiligt oder wenn die Vortexvenen verschlossen sind, nicht um ein anatomisch bedingtes Retentionsglaukom.

Ist die Kammerbucht frei, so handelt es sich nach ELSCHNIG um ein kolloidchemisches Problem. Unsere Kenntnisse über die chemische und physikalische Beschaffenheit der Augenflüssigkeit und speziell des Kammerwassers, welche zu weitgehender Schädigung des Gewebes, z. B. zu Pigmentabschilferungen führen kann, sind ebenso wie die Quellungszustände des Glaskörpers noch in dem Anfangsstadium. Der intraokuläre Druck ist nach ELSCHNIG eine Funktion verschiedener mit- und gegeneinander wirkender Kräfte. Zu- und Abfluß der Augenflüssigkeit werden durch vielerlei Kräfte beeinflußt, die uns längst nicht alle bekannt sind. Nervenreiz beeinflußt die Sekretion bzw. die Filtration und der allgemeine Blutdruck und Druck in den Augengefäßen sind ebenfalls von Bedeutung. Bezüglich des Abflusses des Kammerwassers wird man auf die Druckdifferenz zwischen Irisvenen und SCHLEMM'schem Kanal achten müssen und andererseits auf den Inhalt der Vorderkammer. Hier spielen auch osmotische Einwirkungen eine Rolle, außerdem ist die Menge der intraokularen Flüssigkeit, die gesamte Gewebsmasse und die Elastizität der Bulbuswandung von Bedeutung. ELSCHNIG schließt mit der Feststellung, daß, solange nicht alle die in Betracht kommenden, den intraokularen Druck beeinflussenden Kräfte bekannt sind, es nicht möglich ist, z. B. ein dauernd kompensiertes Glaukom anatomisch zu erklären. Diese Betrachtungen gelten auch in weitgehendem Maße für den Kliniker, der sich davor hüten soll, eines der genannten Momente einseitig in den Vordergrund zu stellen.

Ein Referat über eine von CONSTENTIN (1919) geäußerte Theorie spricht von Anpassungs- und Absondervorgängen im Organismus, deren Ausdruck das Glaukom sei.

Nach FRACASSI (1925) ist das Glaukom eine Gefäßerkrankung materieller oder funktioneller Art. Das Glaukom ist ein Ödem, infolge zu geringer Flüssigkeitsabfuhr, während bei der Hypotonie die Zufuhr unzulänglich ist und beide Erkrankungen können in demselben Auge abwechselnd auftreten.

FRIEDENWALD (1929) sucht die Ursache des Glaukoms in einer Schädigung der Capillarwände in den Ciliarfortsätzen. Funktionelle Störungen, Stauungen und Intoxikationen können beteiligt sein. Diese Störungen im Bereiche der Capillaren der Ciliarfortsätze, wie sie bei akutem Glaukom vorkommen, konnten FRIEDENWALD u. PIERCE (1929) auch durch Einspritzung von Histamin in die vordere und hintere Augenkammer erzeugen.

In einer Zusammenfassung der neueren Auffassungen über den Mechanismus des Glaukoms spricht sich KRONFELD (1929) für die alte LEBERsche Theorie aus.

Es seien hier ferner noch die Referate erwähnt über die Ätiologie des Glaukoms, welche auf dem internationalen Kongreß in Amsterdam erstattet wurden.

So spricht sich DUKE-ELDER (1929) dahin aus, daß die Drucksteigerung bei Glaukom auf einer Störung des dynamischen Gleichgewichtes beruht, welches durch das Verhältnis vom capillaren Blutdruck, osmotischer Spannung des Blutplasmas und des Kammerwassers einerseits und dem Volumeninhalt des Auges andererseits bestimmt wird.

Nach HAGEN (1929) sind die vorderen Abflußwege von großer Bedeutung. Das Kammerwasser entsteht durch Ultrafiltration oder eine Art Sekretion aus den Ciliarfortsätzen. Druckerhöhung entsteht durch Volumenvermehrung des Bulbus durch gesteigerten Flüssigkeitsgehalt.

Die Druckkurven deuten mit ihrer Verschiedenheit auf eine verschiedene Pathogenese einzelner Glaukomformen hin. Von großer Bedeutung ist die Befreiung des Kammerwinkels durch Miotica.

MAGITOT (1918) betont, daß zwischen hohem Augendruck und den meisten klinischen Symptomen des Glaukoms keine Parallele besteht. Das Wesen des Glaukoms sei ein Ödem und dessen Ursachen in Gefäß- oder Gewebsstörungen zu suchen. Osmotische Vorgänge und Wasserstoffionenkonzentration sind neben nervösen, toxischen und hormonalen Einflüssen neben zellularer Autolyse von Bedeutung. Die Hauptsache liegt in der gestörten Permeabilität der Capillarwandungen, die durch Gefäßerkrankungen oder durch gesteigerte Erregbarkeit des Nervensystems vorbereitet werde.

WESSELY (1929) führt aus, daß die chemisch-physikalischen Theorien die Vorgänge beim Glaukom nicht restlos erklären können. Die Konstitutionspathologie hat bisher keinen Faktor, z. B. Kreislauf, Sympathicus, Osmose und innere Sekretion führend in den Vordergrund stellen können, so daß man letzten Endes immer wieder auf die Gewebe des Auges zurückkommen muß. Allgemeine somatische und örtliche Ursachen sind schwer voneinander zu trennen.

Auf Grund seiner Untersuchungen über den Augendruck kommt SONDERMANN (1929) zu dem Schlusse, daß beim sog. inflammatorischen Glaukom neben Altersveränderungen die erschwerte Überleitung des Kammerwassers aus der hinteren in die vordere Kammer eine Rolle spielt, während beim Glaucoma simplex die Abflußhemmung für das Venenblut in der Sclera verstärkt sei. Versagen die Abflußwege im Kammerwinkel, dann entsteht Insuffizienz der Ausgleichsorgane im vorderen Bulbusabschnitt und damit Drucksteigerung.

In der Diskussion über das Glaukom auf dem Amsterdamer Kongreß betont HERBERT (1929) nochmals seine Anschauungen über die Entstehung des Glaukoms: Beeinträchtigung der Irisbewegung durch Verziehung des Ciliarkörpers hinter den Kammerwinkel infolge der Akkommodation und Verziehung des zu weit peripher angelegten Kammerwinkels durch Retraktion des radiären Teils des Ciliarmuskels, und TERSON (1908, 1929) weist nochmals auf die nervösen Einflüsse hin, die ein Ödem zur Folge haben sollen. Nach KESTENBAUM (1929) entsteht Glaukom durch das Vorrücken eines aus Linse, Zonula, Ciliarkörper und Iris bestehenden Septums und diese Form wird durch Befreiung der Iris aus ihrer fehlerhaften Lage durch Medikamente oder operative Eingriffe beeinflußt, was bei den anderen Formen, wo das Septum verdichtet oder die durchtretende Flüssigkeit verändert ist, nicht möglich ist.

PASSOW (1929) glaubt, daß ein Teil der Glaukome auf einer Störung der Schilddrüsenfunktion und speziell auf Störungen des Wasserhaushaltes beruht und GOUTERMANN (1929) führt die Übererregbarkeit des Sympathicus beim Glaukom auf eine Störung des Kalkstoffwechsels zurück.

ROSSI (1929) weist auf die wichtige Rolle des Gefäßsystems hin und führt das akute Glaukom auf einen „Gefäßshock" zurück, während das Glaucoma simplex Ausdruck einer chronischen Capillarerkrankung sei.

Wenn RODRIGUEZ DE MORAES (1929) die eitrigen Nebenhöhlen — speziell die Kieferhöhlenerkrankungen — für wichtig hält und auf Besserungen des Glaukoms durch Resektion des Nervus infraorbitalis hinweist, so wird er wohl mit diesen Anschauungen allein stehen.

## Literatur.

### *Glaukomtheorien.*

ABADIE: Obj. Glaukomsymptome, welche die Pathogenese erklären. Zbl. Ophthalm. **19**, 837 (1927). — ADOLPH: Neues zur Lehre vom Glaukom. Wschr. Hyg. u. Ther. **10**, 129 (1907). — ARGANARAZ: Pathogenese des Glaukoms. Klin. Mbl. Augenheilk. **80**, 128 (1927).

BJERRUM: Bemerkungen zur Pathogenese des Glaukoms. Klin. Mbl. Augenheilk. **50** (1), 42 (1912). — BOQUET: Theorie von LAGRANGE. Boll. Ocul. **6**, 408 (1927). — BONNEFON: L'hypertension oculaire dynamique ou glaucome pariétal. Zbl. Ophthalm. **16**, 535 (1926). — BOURGEOIS: Sclera bei Glaukom. Klin. Mbl. Augenheilk. **63**, 768 (1919). — BRUNS: Ätiologie des Glaukoms. Amer. J. Ophthalm. 8, 218. Zbl. Ophthalm. **15**, 412 (1925). — BURNHAM: Abarten des Glaukoms. Zbl. Ophthalm. **5**, 564 (1920).

CASOLINO: Dehnbarkeit der Sclera. Zbl. Ophthalm. **17**, 59 (1926). — MCCAW: Die Kolloidaltheorie. (Glaukom.) Klin. Mbl. Augenheilk. **55**, 170 (1915). — CHARLIN: Ätiologie des Glaukoms. Ebenda **70**, 123 (1923). — CLERICI: Pathogenese des akuten Primärglaukoms. Zbl. Ophthalm. **20**, 778 (1928). — CONSTENTIN: Bemerkungen über das Glaukom. Klin. Mbl. Augenheilk. **63**, 416 (1919).

DAVIS: Glaucoma. Amer. J. Ophthalm. **1928**, 335. — DIETER: Entstehung des primären Glaukoms. Arch. Augenheilk. **96**, 179 (1925). — DUKE-ELDER: Ätiologie des Glaukoms. Internat. Ophthalm.-Kongr. Amsterdam 1929. — DUNN: Ursachen des Glaucoma simplex. Amer. J. Ophthalm. **1922**, 378.

ELLIOT: Ätiologie des Glaukoms. Klin. Mbl. Augenheilk. **56**, 319, 581 (1916). — ELSCHNIG: Pathologische Anatomie. LUBARSCH-HENKE 1928. — EPPENSTEIN: Elastizität der Sklera. Graefes Arch. **102**, 229 (1920).

FARINA: Pathogenese und Therapie des Glaukoms. Boll. Ocul. **6**, 168 (1927). — FERGUS: Gefäßstörungen. Ophthalm. Rev. **135** (1915). — FISCHER: Arch. f. Physiol. **127** (1909). — FORTIN: Ursache des Glaukoms. Theorie. Zbl. Ophthalm. **19**, 441 (1927). — FRACASSI: Theorie über die Pathogenese des Glaukoms. Ebenda **16**, 228 (1925). Internat. Ophthalm.-Kongr. Amsterdam 1929. — FRIEDENWALD: Pathogenese des akuten Glaukoms. — FRIEDENWALD u. PIERCE: Pathogenese des akuten Glaukoms. Internat. Ophthalm.-Kongr. Amsterdam 1929.

GILBERT: Glaukom. Graefes Arch. **82**, 389 (1912). — GOLOWIN: Pathogenese des Glaukoms. Zbl. Ophthalm. **15**, 410 (1926). — GOUTERMANN: The role of calcium in essential glaucoma. Amer. J. Ophthalm. **12**, 915 (1929). — GRÖNHOLM: Nagra anmärkningar till läran om glaucom. Finska Läk.sällsk. Hdl. **53**, 1—3 (1911).

HAGEN: Ätiologie des Glaukoms. Internat. Ophthalm.-Kongr. Amsterdam 1929.— HEERFORDT: Glaukom. II. Hämostatisches Glaukom. Graefes Arch. **83**, 149 (1912). — Pathogenese des Glaukoms. Ebenda **78**, 413 (1911). — HENDERSON: Glaucoma. London 1910. — HERBERT: Ätiologie des Glaukoms. Ophthalmoscope **1916**, 110.— Eine neue Glaukomtheorie. Zbl. Ophthalm. **17**, 823 (1925). — Diskussion. Internat. Ophthalm.-Kongr. Amsterdam 1929. — Theoretisches über Glaukom. Klin. Mbl. Augenheilk. **66**, 924 (1921).

ISRAEL: Zur Theorie des Pigmentglaukoms. Diss. Berlin 1921.

KADLICKY: Pathogenese des Glaukoms. Zbl. Ophthalm. **9**, 287 (1923). — KERRY: The Pathogenesis of Glaucoma. Ebenda **17**, 317 (1925). Internat. Ophthalm.-Kongr. Amsterdam 1929. — KESTENBAUM: Diskussion. Internat. Ophthalm.-Kongr. Amsterdam 1929. — KOEPPE: Pigmenttheorie. Münch. med. Wschr. **1917**, 1113. — Entgegnung an LEVINSOHN. Z. Augenheilk. **40**, 349 (1918). — KRONFELD: Mechanismus des Glaukoms. Amer. J. Ophthalm. **12**, 480 (1929). — KÜSEL: Glaukomgenese. Klin. Mbl. Augenheilk. **44** (2), 236 (1906). — KUSCHEL: Das Glaucoma acutum als der höchste Steigerungsgrad der glaukomatösen Disposition. Z. Augenheilk. **19**, Erg.-H. 45 (1908). — Funktionsstörungen bei Glaukom als Folgen der Gleichgewichtsstörungen der senil degenerierten Architektur des Auges. Ebenda **20**, Erg.-H. 423 (1908).

LEVINSOHN: Zur Entstehung des Glaukoms. Dtsch. med. Wschr. **1908**, 1409. — Pathologische Anatomie und Pathogenese des Glaukoms. Arch. Augenheilk. **62**, 131 (1909). — Pigmentglaukom. Z. Augenheilk. **46**, 344 (1918). — Zur Pathogenese des Glaukoms. Klin. Mbl. Augenheilk. **68**, 471 (1922).

MAGITOT: Traumatisches Glaukom. Theorie. Klin. Mbl. Augenheilk. **61**, 617 (1918). — Ätiologie des Glaukoms. Internat. Ophthalm.-Kongr. Amsterdam 1929. — MAJEWSKI: Zu STRANSKY: Pathogenese des Glaucoma simplex. Zbl. Ophthalm. **18**, 818 (1927). — MELLER: Hydrophthalmus. Theorie. Kammerwinkel. Graefes Arch. **92**, 34 (1917).

NOISZEWSKI: Glaucoma simplex. Klin. Mbl. Augenheilk. **49** (2), 534 (1911). — NORDENSON: Die Glaskörpertheorie des Glaukoms. Zbl. Ophthalm. **17**, 652 (1926). — NUEL: Pathogenese des Glaukoms. Annales d'Ocul. **140**, 227 (1908).

ORR: Beitrag zur Path. des Glaukoms. Zbl. Ophthalm. **1**, 190 (1914).

PALTRACCA: Endocrine Störungen. Zbl. Ophthalm. **7**, 395 (1921). — PARISOTTI: Patogenesi del glaucoma. Riv. ital. Ottalm. **7**, 85 (1911). — Pathogenie des Glaukoms. Klin. Mbl. Augenheilk. **52**, 880 (1914). — Ref. Diskussion. Jber. Ophthalm. **1914**, 245. — PARKER: Glaucomes simples antérieures et postérieures. Annales d'Ocul. **156**, 426 (1919). — PASSOW: Internat. Ophthalm.-Kongr. Amsterdam 1929. Klin. Mbl. Augenheilk. **83**, 590. — PISCHEL: Glaucoma, an historical review. Amer. J. Ophthalm. **1928**, 789. — PRIESTLEY-SMITH: Glaucoma problems. Ophthalm. Rev. **1912**, 1, 65, 129, 193, 289.

RAEDER: Pathogenese des Altersglaukoms. Zbl. Ophthalm. **14**, 239 (1924). — RAMSAY: Pathogenesis of acute primary glaucome. Ebenda **21**, 151 (1928). — REDSLOB: Le problème physicochimique du Glaucome. Annales d'Ocul. **164**, 721 (1927). — RISLEY: Drucksteigerung. Ophthalmoscope **1914**, 80. — RODRIGUEZ DE MORAES: Diskussion. Internat. Ophthalm.-Kongr. Amsterdam 1929. — ROSSI: Diskussion. Ebenda. — ROSTSCHIN: Glaukompathogenese nach NOISZEWSKI. Klin. Mbl. Augenheilk. **75**, 819 (1925). — RUBEN: Augendruck und Glaukom. Graefes Arch. **86**, 258 (1913).

SALZER: Glaukom als Kreislaufstörung. Münch. med. Wschr. **1928**, 210, 18. — SATTLER: Rückblick auf die Glaukomfrage. Klin. Mbl. Augenheilk. **56**, 580 (1916). — SCALINCI: Glaucome irritatif et Glaucome simple. Arch. d'Ophthalm. **29**, 11 (1909). — SCHMELZER: Zur Pathologie und Therapie des Glaukoms. Graefes Arch. **120**, 14 (1928). — SMITH: Ätiologie des Glaukoms. Theorie. Klin. Mbl. Augenheilk. **65**, 948 (1920). — SONDERMANN: Entstehung, Physiologie und Pathologie des Augendruckes. Arch. Augenheilk. **102** (1929). — STÄHLI: Ätiologie des Glaukoms. Jber. Ophthalm. **1924**,

250. — STEWART: Glaucoma. Its cause and cure demonstrated in the laboratory. Ophthalmology 9, Nr 4, 562 (1913). — STRANSKY: Die Anomalien der Skleralspannung. 1. Bd., 1. Teil: Glaucoma infl. Das Altersauge. Die Narben der Sclera. Glaucoma simpl. Leipzig u. Wien 1912. — Über meine Theorie des simpl. Glaukoms. Wien. klin. Wschr. **1913**, 1323. — Theorie des Glaukoms. Wschr. Hyg. u. Ther. Auges **1913**, Nr 40. — Sekretionshypertonie. Arch. Augenheilk. **91**, 95 (1922). — Zu MAJEWSKY: Behandlung des Glaucoma simpl. Zbl. Ophthalm. **18**, 817 (1927); **15**, 118.

TERSON: Pathogenese des Glaukoms. Klin. Mbl. Augenheilk. **46** (1), 555 (1908). Diskussion. Internat. Ophthalm.-Kongr. Amsterdam 1929. — THOMSON: Anatomy of the human eye. Ophthalmoscope 8, 608 (1910). — TSCHERNING: Oftalmologiske notiser. Hosp.tid. **1910**, 818, 846.

VAIDYA: Zugunsten THOMSON's Theorie des Glaukoms. Brit. J. Ophthalm. **1921**, 172. — VERHOEFF: Die Pathogenese des Glaukoms. Zbl. Ophthalm. **16**, 51 (1925). — VOGT: Abschilferung der Linsenvorderkapsel als Ursache von senilem chronischem Glaukom. Ebenda **17**, 600 (1926).

WAITE: Primärglaukom durch physiko-chemische Kräfte usw. Zbl. Ophthalm. **19**, 623 (1927). WESSELY: Ätiologie und medikamentöse Therapie des Glaukoms. Ref. Internat. Ophthalm.-Kongr. Amsterdam 1929. — WOODS: Akutes Glaukom. Zbl. Ophthalm. **14**, 71 (1925).

ZIRM: Physiologischer und pathologischer Augendruck. Graefes Arch. **79**, 96 (1911). — Glaukomtheorie. Z. Augenheilk. **27**, 562 (1912). — Glaukom. Ebenda **68**, 114 (1929).

# XII. Die Prognose des Glaukoms.

Die Prognose des Glaukoms war bis zu der Tat ALBRECHT V. GRAEFEs eine außerordentlich schlechte, wofür SCHMIDT-RIMPLER die pessimistischen Äußerungen von SICHEL und DESMARRES als die Anschauung der damaligen Zeit wiedergibt. Es dürfte wohl im allgemeinen der Satz gelten, daß ein unbehandeltes Glaukom nur in den seltensten Fällen nicht zum Ruin des Auges führt, der auch nach längerer Dauer des Stillstandes immer noch eintreten kann.

Seitdem die medikamentöse und operative Therapie eingesetzt hat, haben sich diese Verhältnisse wesentlich geändert und man kann in einer Reihe von Fällen von völliger Heilung des Glaukoms sprechen, denen allerdings auch solche gegenüberstehen, bei welchen weder die medikamentöse noch die operative Behandlung des Leidens den Stillstand zuwege brachte, und auch solche, bei denen das operative Vorgehen den Verfall des Sehvermögens beschleunigt hat. Im allgemeinen gilt der Grundsatz, bei den verschiedenen Glaukomformen möglichst bald, d. h. frühzeitig zu operieren, ohne daß auch hier eine bestimmte Gewähr für den Enderfolg gegeben ist. Am besten scheint die Prognose bei denjenigen Fällen zu sein, bei denen langdauernde Prodromalanfälle durch einen operativen Eingriff kupiert wurden, wofür SCHMIDT-RIMPLER einige prägnante Beispiele anführt, denen ich noch einen Fall hinzufügen möchte, bei welchem nach langjährigen prodromalen

Glaukomanfällen plötzlich ein schwerer akuter Anfall auftrat, bei dem eine hintere Sklerotomie und Iridektomie Hilfe brachten, so daß zur Zeit trotz anfänglicher schwer resorbierbarer Blutung keine Beschwerden mehr bestehen und das frühere Sehvermögen annähernd wieder erreicht ist. Daß man den ominösen Endausgang in vielen Fällen lediglich durch medikamentöse Behandlung lange Jahre hindurch hinausschieben kann, betont neuerdings besonders ABADIE (1913), der unter anderen auch auf das tragische Geschick des französischen Ophthalmologen JAVAL hinweist, der nach zwölfjähriger Anwendung der Miotica sich schließlich operieren ließ und doppelseitig erblindete. MORAX u. FOURRIÈRE (1914) geben an, daß die Dauerresultate nach frühzeitiger Operation nicht ganz ungünstig seien. In fünf Fällen sei das zweite Auge kurz nach der Operation des ersten Auges erkrankt. Wenn nach gut gelungener Operation der Druck anfangs reguliert war, so kann das Sehvermögen später durch Linsentrübungen und Gefäßveränderungen sich verschlechtern. BURNHAM (1924), der im Glaukom anscheinend eine besondere Form der Cyclitis sieht, hält die Prognose bei akut schmerzhaftem und temporär schmerzhaftem Glaukom ohne Exkavation für gut, während die schmerzfreien Augen mit Exkavation eine schlechte Prognose geben sollen.

### Literatur.

*Prognose des Glaukoms.*

Abadie: Pronostique du Glaucome. Jber. Ophthalm. **1913**, 486.

BURNHAM: Glaukomformen und ihre Prognose. Zbl. Ophthalm. **14**, 70 (1924).

MORAX u. FOURRIERE: Prognose des akuten Glaukoms. Klin. Mbl. Augenheilk. **52**, 725 (1914).

# XIII. Die Behandlung des Glaukoms.

## A. Die nicht operative Behandlung.

Zusammenhängende Aufsätze über die nicht operative Therapie des Glaukoms sind in größerer Anzahl erschienen. Es kann nicht meine Aufgabe sein, auf jede Einzelheit derartiger Ausführungen einzugehen, und es muß dem Einzelnen überlassen bleiben, sich bei therapeutischen Studien mit diesen Arbeiten näher zu beschäftigen. Es handelt sich um folgende Autoren: VEASEY (1908), YOUNG (1908), BLESSIG (1909), HELBRON (1909), HEINE (1909), MAHER (1909), SYKLOSSY (1911), TOOKE (1912), SUZUKI (1912), BIJLSMA (1912), GILBERT (1912), CORDS (1914), MAGHY (1920), GORGES (1924), BURDON COOPER (1925), CALHOUN (1925), HOLZER (1925), SAMOILOFF (1927), JESS (1928), MEESMANN (1928), CURDY (1928), GIFFORD (1929), ROBERTSON, LINDNER (1929).

Es kann auch an dieser Stelle um so weniger auf diese Arbeiten eingegangen werden, weil die Grenzen zwischen operativer und nicht operativer Behandlung keineswegs scharfe sind.

Es seien jedoch kurz die Ansichten erwähnt, welche von den Referenten über das Glaukom auf dem internationalen Kongreß in Amsterdam geäußert wurden. So kommt DUKE-ELDER (1929) zu dem Schlusse, daß die operative Behandlung nur palliativen, keinen kurativen Einfluß hat. MAGITOT (1929) mißt der Allgemeinbehandlung große Bedeutung bei, neben der konservativen Behandlung durch Miotica und hormonale Einwirkungen. WESSELY (1929) warnt davor, altbewährte Maßnahmen durch theoretische Erwägungen zu verdrängen. So hoch auch der Wert der lokalen und allgemeinen medikamentösen Therapie einzuschätzen ist, so darf doch der richtige Termin zu operativem Eingreifen nicht versäumt werden.

Ein ausführliches Referat über die Glaukomtherapie bringt neuerdings LÖHLEIN (1929), der darauf hinweist, daß eine sinngemäße Behandlung zur Voraussetzung hat, daß man das Wesen der Erkrankung kennt, was für das Glaukom nicht zutrifft, weshalb wir vorläufig den Hauptwert darauf legen müssen, sein Hauptsymptom, die Drucksteigerung, zu bekämpfen. Auf die medikamentöse Therapie beschränkt sich das Referat von THIEL (1925).

Es sei hier auch noch kurz auf einige Autoren verwiesen, die großen Wert auf die Allgemeinbehandlung legen, wie z. B. LACAT (1929), PASSOW (1929).

## 1. Nebennierenpräparate.

*Adrenalineinwirkung.* Die Wirkung des Adrenalins auf den Gefäßapparat des Auges gab schon frühzeitig Veranlassung zu experimentellen Studien und therapeutischen Versuchen auch beim Menschen. Die erste ausführliche experimentelle Arbeit verdanken wir WESSELY, der verschiedene Nebennierenpräparate prüfte und feststellte, daß sie neben der Pupillenerweiterung Drucksenkung hervorrufen, letzteres speziell durch Verengerung der Ciliargefäße. Der Druck wurde manometrisch bestimmt. Einträufelungen waren ohne Wirkung, es mußte subconjunctival injiziert werden. Eine Lösung von 1% kann nach WESSELY (1905) an sich den Augendruck nicht beeinflussen, wohl aber die Wirkung der Miotica unterstützen. In einer eingehenden Arbeit von RUBERT (1909) werden die verschiedenen Ansichten zusammengestellt, welche über die Wirkung des Adrenalins bis dahin (1909) geäußert waren. Negative Resultate erhielten TIMOFEJEW (1898), KILJUSCHKO (1904), BARRAUD (1895), HALLOT (1897), LANDOLT (1899) und VIGNES (1902). TREUTLER (1905), GRANDCLÉMENT (1904), BATES (1896), ED-

SALL (1901), FERDINANDS (1902), AMAT (1902) und REYNOLDS (1901) schätzten die Wirkung des Adrenalins bei verschiedenen Augenerkrankungen und sahen beim Glaukom eine Besserung der subjektiven und objektiven Symptome. Weitere Autoren sehen im Adrenalin nur ein unterstützendes Mittel für die Miotica, wie DARIER (1927), GOLOWIN (1895), KIRCHNER (1902), NIEDEN (1902), RAMONI (1905), SCHWEINITZ (1902, 1927), WOLFFBERG (1902) und ZIMMERMANN (1900); demgegenüber berichten MACCALLAN (1905), PARSON (1904) und GAMA PINTO (1912) über Drucksteigerungen, ebenso will SENN (1905) den Adrenalinzusatz nur beim chronischen Glaukom angewendet wissen. Die Untersuchungen von RUBERT (1909) kommen zu dem Resultat, daß Adrenalin einen Einfluß auf den intraokulären Druck ausübt in Lösungen von 1:1000; daß der Druck erst gesenkt wird, dann sich erhöht, um wieder zu sinken. Dies geschieht beim Glaukom und am gesunden Auge; jedoch ist die Amplitude der Schwingungen beim Glaukom größer und die Wirkung hält länger an als beim normalen Auge. Es kann beim Glaukomauge zu einem Anfall kommen. Wiederholte Adrenalineinträufelungen erhöhen die Tension um ein geringes.

Schon 1907 hatte ERDMANN (1914) an der hiesigen Augenklinik Versuche gemacht, die er 1914 publizierte. Er berichtet über die Wirkung fortgesetzter subconjunctivaler Injektionen von Nebennierenpräparaten beim Kaninchen und ihre therapeutische Verwendung beim Menschen. Es wurde festgestellt, daß auch bei längerer fortgesetzter Injektion am Tierauge keine erhebliche Schädigung gesetzt wurde, während eine allgemein toxische Wirkung besonders auf die großen Gefäße festgestellt werden konnte. Gestützt auf diese Versuche versuchte ERDMANN diese Injektionen auch beim Menschen, die sich bei Iritis, Hornhauterkrankungen und entzündlichen Prozessen bewährten. Beim Glaucoma simplex konnte eine länger dauernde Drucksenkung erzeugt werden, wobei die Mydriasis sich als unschädlich erwies. Bei dem sogenannten entzündlichen Glaukom muß man nach ERDMANN von der Anwendung dieser Präparate Abstand nehmen.

Wie später GRADLE (1924), KAFKA (1924) und HAMBURGER (1924) feststellten, ist demnach ERDMANN der Erste gewesen, der die subconjunctivale Anwendung der Nebennierenpräparate empfahl. Diese kurz vor dem Kriege veröffentlichte Arbeit war vollständig in Vergessenheit geraten, und erst einige Jahre später stellte KÖLLNER (1916) fest, daß subconjunctivale Injektionen in der Tat eine Drucksenkung im Auge erzielen können. Es sind auch von ihm kleinere Dosen verwendet worden, aber es ist die Sache therapeutisch nicht weiter verfolgt worden. 1921 hat KNAPP (1921) bei 65 Primärglaukomen fünfmal mit einigen Minuten Zwischenraum Adrenalin eingeträufelt, er bemerkte dabei 60mal eine Pupillenerweiterung, 40mal war die Tension unverändert und 20mal nahm die Tension ab, fünfmal zu. Die Miotica wirkten gut; wenn bei einseitigem Glaukom am anderen Auge eine Mydriasis erzeugt würde, spräche dies für eine Glaukomdisposition; es handelte sich dabei nicht um eine Konstriktion der Gefäße, sondern die Flüssigkeit sammelte sich in der Hinterkammer an. In der Folgezeit wurden von FROMAGET (1921) retrobulbäre Adrenalininjektionen empfohlen, womit eine Gefäßverengung erzielt und Glaukomanfälle kupiert wurden. ABADIE (1928) gibt an, daß nach Entfernung des Ganglion supremum des Sympathicus die Erfolge besser wären; ebenso machten LIEBERMANN (1923) und SANDER-LARSON (1925) damit gute Erfahrungen. BONNEFON (1923) erlebte zweimal Glaukomanfälle bei diesem Verfahren, das nur für akute und hämorrhagische Glaukome Anwendung finden soll.

Eine Wendung in dieser Frage trat ein, als HAMBURGER (1923, 1924) sich den therapeutischen Versuchen mit Nebennierenpräparaten zuwandte. Seine unausgesetzten Bemühungen und seine temperamentvolle Begründung der von ihm angewandten Therapie haben zur Folge gehabt, daß eine sehr reichhaltige Literatur über diese Frage entstand, und wohl überall Versuche nach dieser Richtung hin gemacht worden sind. HAMBURGER nahm an, daß beim Glaukom der Uvealtraktus durch Erschlaffung des Sympathicus blutreicher sei. Es käme nun darauf an, den erschlafften Gefäßen durch Sympathicusreizung ihren Tonus wiederzugeben. Speziell beim Glaucoma simplex zeigte sich eine starke Mydriasis, die z. B. auch nach Ablassen des Kammerwassers bei Nachstaroperationen bestehen blieb, wie dies auch WESSELY (1905) an Kaninchen feststellte. Die Mydriasis ist imstande, Synechien zu sprengen; die Drucksenkung bleibt einige Tage bestehen. Diese Erscheinung kann auch auf dem anderen Auge beobachtet werden. Die Wirkung der Miotica wird nach subconjunctivaler Suprareninjektion verstärkt; einmal wurde ein akuter Anfall beobachtet. Diese Angaben von HAMBURGER wurden bald darauf von SALUS (1910) bestätigt in Bezug auf die Drucksenkung und die für die ophthalmoskopische Untersuchung erwünschte Mydriasis, die auch von MAGITOT als schätzenswerte Beigabe erklärt wird. Auch HAGEN (1924) bestätigte die Drucksenkung, die vor allen Dingen in den frühen Stadien und vor Operationen wertvoll sei. Inzwischen berichtet HAMBURGER über weitere Erfahrungen, die die früheren bestätigten. Er gibt dabei zu, daß Versager vorkommen, und weist auf einen günstig verlaufenden Fall von HEIMANN (1924) hin. Weitere Bestätigungen der HAMBURGERschen Ausführungen brachten die Mitteilungen von BRAUN (1924), GRADLE (1924), JAENSCH (1924) und von

MANS (1924), der ebenso wie RÖMER u. KREBS (1924) und andere darauf hinwies, daß die am zweiten Auge beobachteten Erscheinungen nicht als sympathische betrachtet werden dürfen, weil sie auf dem Wege der Blutbahn zustande kämen. Auch THIEL (1925) erzielte beim Glaucoma simplex eine Drucksenkung mit Adrenalin, welches den Sympathicus erregen soll, während Pilocarpin den Parasympathicus erregt. Das wirksamste Prinzip sei die Verengerung der Uvealgefäße; operative Eingriffe würden aber nicht entbehrlich gemacht. Der Austritt von Fluorescein ins Kammerwasser werde durch Adrenalin, Pilocarpin und Eserin verzögert, was auf die gefäßkontrahierende Wirkung hindeutet. Beim hämorrhagischen und akuten Glaukom sei das Mittel kontrainjiziert. Weitere Bestätigungen brachten KAFKA (1924), der im übrigen öfters Allgemeinerscheinungen beobachtete. HEGNER (1924), SAFAR (1924), KAYSER (1924), KADLICKI (1924) rühmen die neue Behandlung, während HERTEL (1924) und STOCK (1924) sich weniger optimistisch aussprechen und WEINBERG (1924) und KARELUS (1924) sich durchaus ablehnend verhalten. RENTZ (1924) gibt wie CORDS (1924) an, bei akuter Iritis günstige Resultate erhalten zu haben. RENTZ sah bei weiter Pupille eine Drucksenkung, die längere Zeit anhielt, wobei gleichzeitige Wirkung auf das zweite Auge und auch ein akuter Anfall beobachtet wurde. Störend sind Bindehautverwachsungen und Allgemeinerkrankungen in Form von Herzklopfen oder Schwindel. Eine weitere Mitteilung von HAMBURGER bestätigt (1925) die bisherigen Erfahrungen mit Suprarenin, welches die Auspressung der hyperämischen Uvea bewirkt und mit einer Steigerung des Stoffwechsels und Erweichung einhergeht. In der Diskussion zu seinem 1924 in Heidelberg gehaltenen Vortrag betont ELSCHNIG (1924) das Vorkommen von Ohnmachtsanfällen. BIRCH-HIRSCHFELD und BIELSCHOWSKY haben gute Wirkungen erzielt, und RÖMER u. KREBS (1924) loben das Mittel bei Glaucoma simplex, welches die Wirkung der Miotica begünstigt. Diese werden jedoch von KÖLLNER (1920) höher bewertet als das Adrenalin. Weiter berichtet HAMBURGER (1925) über die Zusammenwirkung von Suprarenin und Eserin. Während von FERTIG (1924) an dem Berliner Material von SILEX bei 25 Kranken kein Erfolg und zweimal ein akuter Anfall beobachtet wurde, konnte WIESENTHAL (1924) an dem Material von FEHR die Wirkung des Mittels bestätigen. Im Jahre 1925 folgten weitere Bestätigungen der Wirkung der Suprarenininjektionen, durch THIEL (1925). Auch ERDMANN (1925) berichtet über seine weiteren Erfahrungen, die die früheren weitgehend bestätigen, besonders, daß sie die Wirkung der Miotica verstärken. Das Mittel sei jedoch nicht jahrelang zu gebrauchen; die gelegentlichen Drucksteigerungen seien zu beseitigen; das zweite Auge sei auch manchmal beteiligt, und zwar geschieht dies auf dem Wege der Blutbahn. BALABONINA (1927) konnte auch in akuten Fällen eine Drucksenkung erzielen, und die Drucksteigerungen, die BARTATSCHUKOW (1925) auftreten sah, sind wohl durch ungeeignete Fälle bedingt gewesen. Während JESS (1925) die Erfahrungen mit Adrenalin nicht für ermutigend und auch bei Iritis für ungleichmäßig hält, ebenso auch IMRE (1925) wegen der Gefahr der Drucksteigerung bei subkutaner und subconjunctivaler Injektion, konnten EPPENSTEIN (1925) und RING (1925) günstige Resultate erzielen. SAMOILOFF (1925), der beim Kaninchen manometrische Untersuchungen vornahm, die er optisch registrierte, wobei er zuerst Drucksenkungen, dann eine geringe Steigerung ohne Blutdrucksteigerung sah, konnte beim Glaukom Drucksenkungen ohne folgende Drucksteigerung beobachten. Diese Drucksenkung blieb beim absoluten Glaukom aus, es wurde der Druck sogar anfangs gesteigert. Auf Grund von Untersuchungen an Tieren, denen die Venae vorticosae unterbunden wurden, kommt ROSCIN (1927) zu dem Resultat, daß das Adrenalin den Druck nur vorübergehend senkte, also seine Anwendung beim akuten Glaukomanfall wohl aussichtslos sei, wie auch PARKER (1929) beim Glaucoma simplex mit subconjunctivalen Injektionen unter zwölf Fällen nur einmal Erfolg sah. Auch STELLA (1927) sah günstige Wirkungen und die Erfahrungen, welche LÖHLEIN (1926) machte, beziehen sich auf die Einwirkung des Suprarenins auf die Tageskurve. Wenn das Suprarenin versagte, war die Wirkung des Pilocarpins meist günstiger, wenn aber Pilocarpin versagte, wirkte Suprarenin nicht günstiger. GRADLE erzielte mit einem in Suprarenin getränkten Tampon das gleiche wie mit subconjunctivaler Injektion. SAMOILOFF u. MUSELEWITZ (1929) wandten Tabletten an, die für 2 Tage wirkten. STOCK (1925) und SCHÖNFELDER (1925) konnten beim Sekundärglaukom Drucksenkungen feststellen, und SAMKOWSKY (1926) rühmt das Nachlassen der Schmerzen bei akuten Formen. HAMBURGER (1925) äußert sich weiter dahin, daß ihm z. B. RENTZ (1924) zu Unrecht nachgesagt habe, er mißbillige das operative Verfahren. Er verwendet das Suprarenin, wenn die Miotica versagen, und operiert, wenn das Suprarenin versagt.

In seinen unermüdlichen Bestrebungen, die Sicherheit des Verfahrens zu verstärken, ging HAMBURGER (1925, 1926) zu einem Ersatzpräparat über. Es ist ein rechtsdrehendes Suprarenin mit Brenzkatechin, ein Mittel, welches den Namen „*Glaukosan*“ erhielt. So dreht sich in der Folgezeit die Diskussion um die Wirkung dieses Mittels. Auch die weiteren Erfahrungen von HAMBURGER (1926) mit diesem neuen Mittel bestätigen, daß es ebenso wie das Suprarenin wirkt. Seine Wirkung beruhe auf einer Entzündung, welche das Hauptprinzip sei, nicht aber die Pupillenweite. Da das Suprarenin öfter Drucksteigerungen hervorruft, ist es nicht in die Blutbahn zu bringen. Nach Glaukosananwendung seien bisher noch keine akuten Anfälle bekannt geworden[1]. Die günstige Wirkung dieses Mittels konnte FEHR (1926) bestätigen. Das von anderer Seite empfohlene Histamin, welches eine ähnliche Zusammensetzung habe, wurde von HAMBURGER als gefährlich und teuer bezeichnet. Auch JAENSCH (1926) und WEGNER (1926) haben günstige Erfahrungen gemacht; letzterer stellte fest, daß das Mittel dort wirkt, wo Miotica versagen, die Wirkung läßt jedoch nach. Wichtig sei die Zerreißung von Synechien, die auch von LOBEL (1926) erzielt wurde, ebenso auch von MARIOTTI (1926). In der Diskussion zu WEGNERs Vortrag bezeichnet HANSSEN das Mittel als gefährlich und ERDMANN betont die Schmerzhaftigkeit der Glaukosanbehandlung, welche gegen Suprarenin keine Vorteile bieten soll. Nach ARCHANGELSKY (1926, 1928) wirkt das Glaukosan wie Adrenalin; der Einfluß auf den Druck ist nicht konstant; im Gegensatz zu den Mioticis mache es Schmerzen; der Blutdruck wird auch nicht beeinflußt. Weitere günstige Wirkungen beobachteten KOCH (1927), SELIGSTEIN (1927) und auch HOFFMANN (1927) gegenüber EGTERMEYER (1926), der nach Glaukosanbehandlung einen Hornhautzerfall sah, bei hohem Blutdruck und Arteriosklerose. HAMBURGER (1926) bemerkt hierzu, daß nicht das Mittel, sondern die Art der Anwendung entscheidend sei; es sei hier statt der Einträufelung ein Augenbad verabreicht worden, was zu verwerfen sei. MOCK (1926), der bei hohem Blutdruck zwei Hornhauterosionen sah, hat nach HAMBURGER (1926) unzweifelhaft Schädigungen durch das Tonometer verursacht. NONAY (1927, 1928) sah einmal eine Hornhautschädigung, die günstig beeinflußt wurde. BRETAGNE (1927) erlebte eine Drucksteigerung, die von einer 11 Tage dauernden Drucksenkung gefolgt war. WIENER (1929) erlebte bei chronischen Glaukomen nur einmal einen Versager.

Eine ausführliche Arbeit über die Nebennierenpräparate rührt her von VANNAS (1926), der bei 61 Glaukomaugen 36mal eine Drucksenkung beobachten konnte, 11mal eine Drucksteigerung sah und 14mal eine Änderung vermißte. Die Normalisierung des Druckes gelang nur, wenn er nicht über 44 mm gestiegen war. Der Druck war meistens am ersten Tage nach der Injektion am niedrigsten und dauerte 1—4 Tage. Eine leichte Drucksteigerung, die vor dem Anfall auftrat, fiel zeitlich mit der Pupillenerweiterung zusammen. Am besten reagierten die Fälle von Glaucoma simplex, bei den anderen Formen wirkten die Mittel nicht;

[1] Siehe auch GIFFORD (1929).

es ist sogar Drucksteigerung zu erwarten. Das Adrenalin bzw. Suprarenin steht den Mioticis in therapeutischer Beziehung nach. Auch im anderen Auge konnten bedeutende Druckschwankungen beobachtet werden. Etwa 40% der Patienten waren gegen Adrenalin überempfindlich. Es ruft eine Drucksenkung durch Wirkung auf die Gefäße der Uvea hervor, wobei auch noch Veränderungen im Gewebe oder in der Augenflüssigkeit eine Rolle mitspielen, die für die Drucksenkung und deren Dauer verantwortlich zu machen sind. GRÖNHOLM (1929) kommt auf Grund seiner Erfahrungen zu dem Schluß, daß Adrenalin schwächer wirkt als die Miotica, und nur beim Glaucoma simplex verwendbar sei. Die Beobachtungen von GREDSTEDT (1927) bestätigen im großen und ganzen die bisherigen Erfahrungen. Besonders ausgesprochen war die Synechienzerreißung bei Iritis glaucomatosa. Die Mydriasis war nicht so ausgiebig, wie HAMBURGER sie beschreibt. Durch das Fehlen von Nebenerscheinungen verdient das Glaukosan den Vorzug vor Suprarenin. Im allgemeinen scheint das Mittel intensiver und anhaltender zu wirken als das Suprarenin.

Nach den Untersuchungen von ROSZIN (1926, 1927) blieb die Wirkung des Adrenalins auch nach Entfernung des obersten Halsganglions bestehen, weil das Adrenalin auch direkt auf die Zellen einwirkt. Drucksteigerung trat auf nach Unterbindung der Venae vorticosae. Bei Kaninchen erzielten Adrenalininjektionen eine Drucksenkung, die aber bald durch eine Drucksteigerung abgelöst wurde, weshalb das Mittel für akute Glaukome nicht brauchbar ist. Über günstige Wirkung von Pilocarpin- und Adrenalininjektionen bei akutem Glaukom berichtet LAMB (1926). Ebenso ist ABADIE (1928) Anhänger der Adrenalininjektionen. Neuerdings empfiehlt ABADIE (1928, 1929) tausendfache Verdünnungen von Adrenalin neben Pilocarpin einzuträufeln und innerlich Ergotin und Calciumchlorür zu geben. Seine Angaben über Drucksenkungen wurden von BAILLART (1927) für unrichtig erklärt. Auch PERLIS (1927) schätzt die Adrenalinbehandlung, die auch bei akuten Glaukomanfällen Anwendung finden kann. Ebenso gilt DARIER (1927) als ein Anhänger dieser Anwendungsmethode, der neuerdings eine gute Übersicht über diese Frage gibt. Ausführliche Tierversuche von FEDERICI (1926) bestätigen die Resultate früherer Autoren; beim Glaukom erwies sich jedoch die Wirkung bei akuten Fällen und beim hämorrhagischen Glaukom als nicht zuverlässig. Von der Wirkung des Mittels sind weiterhin KLJATSCHKO (1926), HEROLD (1927, 1929) und SALVATI (1928) befriedigt. Ersterer betont, daß man bei absolutem Glaukom mit diesem Mittel besonders die Schmerzen beseitige. Glaukosan sei wirksam beim Glaucoma simplex, Iritis glaucomatosa und bei alten Leuten. Ebenso spricht sich MURAWLESCHKIN (1927) darüber aus. SABATA (1927) sah auch Drucksenkungen beim akuten Glaukom. Weniger günstig spricht sich PASSOW (1929) aus, der die Wirkung beim Primärglaukom rasch vorübergehen sah; günstigere Wirkung beobachtete er beim Sekundärglaukom und bei Iritis glaucomatosa. Auch sei das Mittel zweckmäßig zur Vorbereitung zur Operation. WRIGT u. NAGAR (1929) sind von der Wirkung des Glaukosans nicht befriedigt. HAMBURGER (1926) kommt an der Hand von WEGNERs und ARCHANGELSKIs Arbeiten, die Bestätigungen brachten, noch einmal auf die von ihm angeregte Therapie zurück und bemerkt neuerdings gegenüber STOCK (1929), daß Glaukosan auch beim Glaucoma simplex Anwendung finden kann, wenn man nach den Glaukosantropfen mehrfach Eserin einträufelt. Weitere Untersuchungen über den Einfluß der Adrenalinpräparate bestätigen die von früheren Autoren hervorgehobene Wirkung. BAILLART (1927), der das Glaukom für eine Sympathicotonie hält, schreibt dem Adrenalin zu, daß es der Erschöpfung des Sympathicus entgegenarbeitet. Über gute Resultate berichtet neuerdings auch GAPEJEFF (1928), der gleichzeitig mit Pituitrin ähnliche Resultate erhielt, jedoch seien die Blutdrucksteigerungen geringer und die Mydriasis fehle. Zustimmend lauteten auch die Mitteilungen von UNGERER (1928), der bei subkutaner und intravenöser Injektion geringe Druckschwankungen sah, und bei lokaler Anwendung Mydriasis und Drucksteigerung erzielte. Auch GIFFORD (1929), der nach dem Vorschlag von GRADLE 2%ige Butynlösung anwandte, nachdem er den Bindehautsack mit einer Adrenalinlösung 1: 1000 befeuchtete, erzielte nach 1—2 Stunden Drucksenkung. Er hält Adrenalin und Glaukosan für ein wertvolles Hilfsmittel beim Glaucoma simplex; beim Sekundärglaukom und inflammatorischen Glaukom darf es nicht angewandt werden. Das Vorkommen akuter Anfälle, die man auch beim Glaucoma simplex beobachtete, brauchten nicht abzuschrecken. NONAY (1927, 1928) lobt das Mittel beim Glaucoma simplex und Iritis, besonders beim Glaukom vor der Operation. Auf Drucksteigerung muß man gelegentlich gefaßt sein. Bedenklich sei jedoch die längere Anwendung in kurzen Zwischenräumen. MURAWLESKIN (1929) erzielte mit subconjunctivaler Suprarenininjektion mehrmals Drucksteigerungen, denen eine Drucksenkung folgte. Besonders wirksam sei die Anwendung in den Frühstadien, wirkungslos dagegen beim akuten Glaukom. Auch PISCHEL (1911, 1928) lobt die drucksenkende Wirkung und die Unterstützung der Miotica, jedoch müssen die Fälle wegen der Gefahr der gelegentlichen Drucksteigerungen in Beobachtung bleiben. Wenn PLETNEWA (1927) glaubt, daß auf Grund der Erfahrungen mit dem links und rechts drehenden Glaukosan die Operationen gegen

Glaukom allmählich entbehrlich werden, muß man nur vor solchem Optimismus warnen. Während ELLET und RYCHENER (1928) beim hämorrhagischen Glaukom eine Drucksenkung mit Aminglaukosan erzielten, sah BRETAGNE (1927) diese Wirkung in einem ähnlichen Fall schnell vorübergehen. Gegen BÖHM (1928), der nach Linksglaukosan einen akuten Anfall sah, wo Aminglaukosan eine Senkung nicht herbeiführte, macht HAMBURGER geltend, daß er nicht beiderseitig einträufeln durfte, und daß BÖHM weiter einen Fehler damit gemacht hätte, daß er fünf Tage tatenlos zusah. Gegenüber der Arbeit von GREDSTEDT (1927), die auf die nach Glaukosanbehandlung beobachteten Hornhautschädigungen hinwies, bemerkt HAMBURGER (1928), daß die Fälle von EGTERMEYER und MOCK als nicht beweiskräftig abgelehnt worden seien. Im allgemeinen konnte HAMBURGER (1926) in einer neueren Arbeit feststellen, daß dem Glaukosan eine günstige Wirkung in vielen Fällen nicht abzusprechen sei. Über günstige Erfahrungen mit Glaukosan wird fernerhin von RAUH (1929) aus der Gießener Klinik berichtet, wenn es auch zweifelhaft bleibt, ob Operationen nicht doch schließlich gemacht werden müssen. HEROLD (1927, 1929) gibt an, daß die Drucksenkung bei verschiedenen Glaukomformen nur gering und kurzdauernd gewesen sei. In drei Fällen wirkten nachher die Miotica, die vorher versagt hatten und zweimal trat ein akuter Anfall auf, von denen einer nach Aminglaukosan zurückging. Auch GIFFORD (1929) fürchtet beim Glaukosan das Auftreten akuter Drucksteigerungen. CASTRESANA (1929) hat keinen derartigen Fall gesehen, wohl aber GRADLE (1929) zwei Fälle. In der Diskussion zu einem Vortrage von ELLET u. RYCHENER (1928) gibt GRADLE weiter an, daß nach Glaukosan die Wirksamkeit der Miotica gesteigert würde und mehrere Redner halten das Linksglaukosan nicht für besonders wirksam. Nach DUKE-ELDER (1927) ist das Glaukosan nur vorübergehend wirksam, steigert aber die Wirkung des Eserin. Ähnlich sind die Erfahrungen von ARCHANGELSKY (1928), der dreimal einen akuten Anfall auslöste. Wir dürfen wohl erwarten, daß auf diesem Gebiete noch weitere Fortschritte erzielt werden. Schließlich sei noch erwähnt, daß LEWIS (1927, 1928) akute Anfälle nach Epinephrin auftreten sah, dem er sonst als endocrinem Mittel die Wirkung zuschreibt, daß es den Flüssigkeitswechsel reguliert. VOM HOFE (1928) sah bei dauernder Adrenalinanwendung Hypotonie entstehen. Diese darf man nicht mit einer Störung der sekretorischen Funktion erklären, sondern es wird eine direkte Beeinflussung der Gefäßwand des Bulbus herbeigeführt. Experimentell beobachtete HIROSE (1928) nach Ligatur der Aorta descendens, nach Sympathicusreizung oder Adrenalinbehandlung Drucksenkungen, bei gleichzeitiger Carotisligatur Drucksteigerungen. Intravenöse Adrenalininjektionen bewirkten einen erhöhten Blutdruck und vermehrte Sekretion. Nach Versuchen von MOISEJUK-KOSTOJANZ (1928) bewirkte das Adrenalin an isolierten Gefäßen des Rindsauges nur eine geringe Konstriktion.

Die Erfahrungen von BONNEFON (1929) mit retrobulbären Adrenalineinspritzungen bei chronischen Glaukomen lehren, daß man damit den Augendruck herabsetzen kann, während dieses Verfahren bei starker Drucksteigerung oder bei absolutem Glaukom versagen oder gar druckerhöhend wirken kann. Wirksam ist die mechanische Wirkung der Kompression und die dynamische Wirkung durch Beeinflussung der Gefäße.

Über die Adrenalinbehandlung sprach man sich auf dem internationalen Kongreß in Amsterdam im ganzen dahin aus, daß sie nur in beschrämktem Umfange erfolgreich zur Behandlung bestimmter Fälle herangezogen werden könne. UNGERER (1929) gibt neuerdings in einer ausführlichen Arbeit an, daß das Adrenalin ein brauchbares therapeutisches Hilfsmittel sei, besonders gegen Glaucoma simplex, nicht aber gegen die anderen Formen des Glaukoms; die Wirkung der Miotica wird verstärkt, besonders nach subconjunctivalen Injektionen; retrobulbäre Injektionen wirken prompt, aber nur kurzdauernd, weshalb sie vor Operationen angebracht sind.

## 2. Miotica.

Seit $^1/_2$ Jahrhundert sind zur Bekämpfung des Glaukoms die Miotica ausgiebig angewendet worden. Fast gleichzeitig empfahlen LAQUEUR, der selbst an Glaucoma simplex litt, und A. WEBER das Physostigmin, den aus der Calabarbohne gewonnenen Stoff, der als salicylsaures Eserin in $^1/_2$—1%iger Lösung gewöhnlich Verwendung findet. LAQUEUR empfahl das Mittel zur Drucksenkung beim Glaucoma simplex, bei dem schon eine Iridektomie gemacht war, wie überhaupt das Mittel, auch vor der Iridektomie angewandt, bessere Aussichten schaffen soll. Auch WEBER hatte die drucksenkende Wirkung des Eserins festgestellt, die sich aber nur auf die Vorderkammer erstreckte, während der Glaskörperdruck erhöht würde. Gestützt auf vorsichtige Messungen wandte WEBER das Mittel auch beim Glaukom an, dessen Fortschritt aufgehalten werden konnte. Seine Befürchtungen, daß durch Stauung in den Ciliargefäßen Blutungen entstehen könnten, erwiesen sich zwar als gegenstandslos, jedoch wandte WEBER lieber Pilocarpinum muriaticum an, welches in manchen Fällen besser wirkte als das Eserin. Seit dieser Zeit haben die beiden Mittel in der Augenheilkunde ihr Bürgerrecht erworben. Die in den meisten Fällen eintretende Miosis soll dadurch wirken, daß der Kammerwinkel mechanisch von den Iriswurzelsynechien befreit wird. Aber schon LAQUEUR erkannte, daß die pupillenverengernde Wirkung nicht allein ausschlaggebend sei, weil auch bei akutem Glaukom, wo Miosis ausbleibt, eine Wirkung erzielt wurde, die nur durch Einflüsse auf die Zirkulation erklärt werden könnte. Was die dauernde Wirkung des Eserins angeht, so hat man mit dem Übel zu rechnen, daß es gelegentlich follikuläre Bindehautkatarrhe hervorruft, die nur durch Abwechselung mit Pilocarpin wieder rückgängig gemacht werden können. Daß länger stehende Eserinlösungen sich ponceaurot färben, ist zwar ein Zeichen für gewisse Zersetzungsvorgänge, die man durch ölige Lösungen oder durch Salbenform auszuschalten gesucht hat, was ich jedoch nie für nötig gehalten habe, weil nach meinen Erfahrungen auch rotgewordene Eserinlösungen an Wirksamkeit nichts verlieren. Die Anwendung der Miotica ist durchweg mit leichten Schmerzen verbunden, die sich bei akuten Fällen verstärken können. Im allgemeinen pflegen die leicht ziehenden Schmerzen, die sich besonders nach Eserin einstellen, bei längerer Anwendung zu verschwinden. Weit unangenehmer sind die nach Eserineinträufelungen beobachteten akuten Glaukomanfälle, wie z. B. SCHMIDT-RIMPLER einen solchen bei chronisch-entzündlichem Glaukom beobachtete. Weitere derartige Fälle sahen BLANCO (1908) und LEPLAT (1908), letzterer, nachdem eine wegen Iritis hervorgerufene Mydriasis beseitigt werden sollte. Hier trat nach Atropin eine Besserung ein, jedoch erblindeten beide Augen später an Glaukom. RABINOWITSCH (1913) sah nach Eserin zweimal ein akutes Glaukom auftreten, welches auf Pilocarpin zurückging. In einem Fall trat nach einer Iridektomie ein Anfall auf, der nach Eserin zurückging und es blieb Eserin auch weiterhin wirksam. WESSELY (1910), der eine ähnliche Erfahrung machte, stellte experimentell beim Kaninchen fest, daß Eserin eine vorübergehende Hyperämie und Erhöhung des Eiweißgehaltes im Kammerwasser erzeuge, eine Erfahrung, die eine Erklärung für Glaukomfälle beim Menschen abgibt. Auch HAYASHI (1923) stellte Drucksteigerungen nach Eserin fest. Durch genaue Beobachtungen ergab sich, daß Eserin zuerst eine leichte Drucksteigerung hervorruft und dann erst die Pupille enger wird. Schon früher hatten, wie HAYASHI anführt, SCHIÖTZ, LANGENHAN, KITIGATA und GJESSING beim normalen Auge eine Drucksenkung von 5—6 mm festgestellt, die von LAQUEUR, WICHERKIEWICZ und KNAPPE bezweifelt wurde, während GOLOVIN (1895) eine anfängliche Steigerung beobachtet haben wollte. Diesen gelegentlichen unerwünschten Wirkungen des Eserins stehen die Fälle gegenüber, bei denen das Eserin lange erfolgreich angewendet wurde, so daß operative Eingriffe hinausgeschoben oder vermieden werden konnten, wie auch nach vollzogener Operation die Miotica zur Sicherheit öfters eingeträufelt wurden. Besonders POSEY (1907, 1914, 1920) tritt für die Daueranwendung der Miotica ein, und legt Wert auf eine maximale Miosis. Auch LAWSON (1913) konnte 13 Jahre hindurch mit Eserin ein Glaukom in Schach halten, bei dem sofort nach Aussetzen des Mittels farbige Ringe gesehen wurden; und CHENEY (1915) lobt die dauernde Anwendung der Miotica besonders bei älteren Leuten. ZOBEL (1911) kannte einen Patienten, der nach einem Glaukomanfall mit Erfolg 40 Jahre Pilocarpin gebraucht hatte; ebenso vermißte SCHREIBER (1911) dabei einen Anfall. Auch KÖTZLE (1907) lobt die Anwendung der Miotica beim Glaucoma simplex auf Grund der Erfahrung von SCHLEICH, die in einer Diskussion von anderen Rednern bestritten wurden. DE SCHWEINITZ (1927) schätzt die Daueranwendung der Miotica und empfiehlt auf Grund der an einem Fall gewonnenen Erfahrung den Eserinkatarrh mit Rosenwasser, mit Acid. boric. und Natr. chlorat. zu bekämpfen. MARLOW (1928), der 35 Fälle bis zu 14 Jahren hindurch mit einer Mischung von Eserin-Pilocarpin und Cocain behandelte, hält die Iridektomie ebenfalls nicht für sicherer. Während BEARD (1910) den möglichst langen Gebrauch der Miotica empfiehlt, warnt LAKAH (1910) davor. Besonders ABADIE (1927, 1928, 1929) tritt für den Gebrauch der Miotica ein, die auch in zwei weiteren von ABADIE u. SPÉVILLE mitgeteilten Fällen wirkten, nachdem das andere Auge durch eine Iridektomie zugrunde gegangen war. Auch BASSO (1929) nimmt an, daß man durch Miotica eine Dauerheilung erzielen könne und THIBAUDET (1929) äußert sich ähnlich wie ABADIE. Dieser Daueranwendung der Miotica stehen andere Erfahrungen gegenüber, auf die bei den operativen Eingriffen eingegangen werden soll.

Ein weiteres Anwendungsgebiet der Miotica stellen nach SALUS (1910) die Fälle dar, wo eine Cataracta intumescens mit Drucksteigerung einhergeht.

Eine Reihe weiterer Arbeiten beschäftigt sich mit dem Vergleich der Wirkung der Miotica. Es sei das Pilocarpin in der Wirkung konstanter als das Eserin, das unregelmäßiger wirke. GILBERT (1912) empfiehlt nach v. ARLT (1912) das Pilocarpin mit Dionin. Das Pilocarpin senkt den Druck anfänglich stärker als dies der Aderlaß tut, seine Wirkung sei aber schon vorüber, wenn die des Aderlasses beginnt. LAMB (1914) konnte durch subconjunctivale Injektionen von Pilocarpin und Adrenalin, bei örtlicher Anwendung von Eserin-Dionin, bei 17 akuten Glaukomen und einem doppelseitigen hämorrhagischen Glaukom Erfolge erzielen. Auch THIEL (1928) legt neuerdings Wert auf die Kombination drucksenkender Medikamente. Auffallend sind auch die Beobachtungen von vom Hofe (1928) und von Löhlein (1926), die feststellten, daß, wenn Pilocarpin den Druck weit unter die Norm senkt, eine Glaukomdisposition vorliegen kann. Nach Baba (1925) ist bei Eserin eine Steigerung des Effektes, besonders der Miosis, durch Verzettelung der Gesamtdosis zu erzielen. Auch vom Hofe (1928), der auf die unangenehmen Sehstörungen nach Pilocarpin aufmerksam macht, die schon Hess an sich selbst beobachtete und auf Schädigung der Fovea zurückführte, empfiehlt statt der 2%igen öfters eine $^1/_4$%ige Lösung anzuwenden.

Was nun die Wirkung der Miotica angeht, so wurde darauf hingewiesen, daß Laqueur und Weber die Befreiung des Kammerwinkels für das Wesentlichste hielten, aber daß auch zirkulatorische Einflüsse eine Rolle spielen. So wirkte nach Barrett und Orr (1911) Eserin auch noch nach zwei Iridektomien, wo keine Synechie vorlag, also keine Befreiung des Kammerwinkels nötig war. Nach Köllner (1920) wirken die Miotica in erster Linie durch die Kontraktion der inneren Augenmuskeln, vielleicht auch durch die Vasoconstriktion. Die Verbreiterung der Iris könne zweifellos zur Entfaltung des Ligamentum pectinatum dienen. Hier wirken drucksteigernde und drucksenkende Komponenten nebeneinander. Dadurch erklärten sich die gelegentlichen Anfälle. Nach Seidel (1922) befördern die Miotica besonders die Absonderung aus den Zellen und aus dem Ciliarkörper, was aus den Fluoresceinversuchen hervorgeht. Der Kammerwasserabfluß sei erleichtert, und der Zugang zum Kanal freigemacht. Die Drucksenkung bei Miosis und Steigerung bei Mydriasis erfolge nur bei vorderer enger Kammer. Die Miotica wirken beim Glaukomauge nicht durch eine verminderte Füllung der intraokularen Gefäße, weil Eserin im Gegenteil eine Hyperämie bewirke. Nach Puscariu u. Nitzulesku (1925) wirken Atropin und Pilocarpin nicht durch Änderung der Pupillenweite, sondern Pilocarpin subconjunctival angewendet ruft eine 14tägige Drucksenkung hervor, während die Miosis dagegen nur einen Tag dauert. Puscariu u. Cerker (1925) geben an, daß Pilocarpin, subconjunctival injiziert (0,03—0,05 g), beim normalen Auge eine geringe, am Glaukomauge eine starke Senkung bewirkt. Nach Thiel (1928) wurden beim Meerschweinchenversuch die zuführenden und besonders die abführenden Gefäße, die vorher gestaut waren, weit; wenn die Wandung unter höherem Druck stand, war die Fluoresceinausscheidung vermehrt; wäre sie weniger permeabel, dann sei die Ausscheidung geringer. Eine Drucksenkung kommt auch zustande, wenn die Iris fehlt. Wie neuerdings Samoiloff (1929) auf Grund experimenteller Studien mitteilt, ist bei der drucksenkenden Wirkung des Pilocarpins weder ein Einfluß des allgemeinen

Blutdruckes noch auch des Druckes in den Augengefäßen zu erkennen. Nach experimentellen Versuchen von SCHMIDT (1927) bewirkt das Pilocarpin eine Volumenzunahme des Auges durch Hyperämie. Weiter stellte SCHMIDT (1927) an neun unbehandelten Glaukomen durch den Trinkversuch fest, daß Pilocarpin die Drucksteigerung verhindert, also auf dem Umwege über die Gefäße wirkt. Schließlich sei noch erwähnt, daß FRANKOWSKA (1925) bei Kindern mit normalen Augen mit $^1/_2$%iger Eserinlösung erst eine leichte Drucksteigerung und dann eine Senkung beobachtete, und GROENOUW (1911) stellte fest, daß nach 3—4 Stunden nach dem Tode die Pupillenweite durch Atropin und Eserin noch zu beeinflussen sei. Über die Wirkungsweise der Miotica gibt die Arbeit von HAYASHI (1923) in historischer Beziehung dahin Auskunft, daß STOCKER und PFLÜGER gewöhnlich eine Trigeminusreizung annahmen, KITAGATA und SEIDEL Hypersekretion, während er selbst einen erhöhten Tonus der Recti und eine Stauung durch Gefäßkompression annimmt. Von Wichtigkeit sind auch die Feststellungen von THIEL (1928), daß die Tagesschwankungen bei Glaukom mit nicht allzuhoher Drucksteigerung bei der Anwendung der Miotica bestehen bleiben. Bei Buphthalmus konnte durch Miotica gelegentlich der morgendliche Anstieg verhindert werden. Beim sog. inflammatorischen Glaukom ist die Wirkung der Miotica prognostisch nicht zu verwerten. Auch sei hier noch vermerkt, daß nach den experimentellen Untersuchungen von POOS u. SANTORI (1929) die zur konservativen Glaukombehandlung dienenden Substanzen in vermehrter Menge ins Kammerwasser übertreten, wenn der Sympathicus gelähmt war.

Unter der Bezeichnung „das stärkste Mioticum“ empfahl HAMBURGER im Jahre 1926 ein kompliziertes Amin ($\beta$-Imid-azetyl-äthylamin-dichlorhydrat), welches auch als „Histamin“ bezeichnet wird. Für diese Mittel schlägt HAMBURGER (1926) die Bezeichnung „*Aminglaukosan*“ vor. Ich halte diesen Vorschlag nicht für sehr glücklich, weil man unwillkürlich auf den Gedanken kommt, daß es sich hier ebenfalls um ein Nebennierenpräparat handelt, was gar nicht der Fall ist. Mit diesem Ergotinpräparat erzeugte HAMBURGER maximale Miosis und auch Drucksenkung und bezeichnete es als einen Vorzug des Mittels, daß es eingeträufelt werden könne, und zwar in 10%iger Lösung. Beim akuten Glaukom sei die Wirkung unsicher. Gegen JÄGER (1927), der nach Einträufelung einer 2%igen Lösung von Aminglaukosan eine, die Operation hindernde, Chemosis sah, betont HAMBURGER, daß eine 10%ige Lösung gebraucht werden solle und daß man die Chemosis leicht durch Einträufelung von Suprareninlösung zum Verschwinden bringen kann. Gegen BÖHM (1928), der nach Linksglaukosan einen starken akuten Anfall beobachtete, wo Aminglaukosan eine Senkung nicht erzielte, sagt HAMBURGER (1928), daß nicht beiderseits eingeträufelt werden dürfe, und wenn GREDSTEDT (1927) trotz wirksamer Adrenalinbehandlung in zwei Fällen die Operation notwendig werden sah, so hätte man das Histamin versuchen müssen. ELLET u. RYCHENER (1928) sahen beim hämorrhagischen Glaukom eine Drucksenkung mit Aminglaukosan, aber bei sechs anderen Glaukomfällen keinen Erfolg; auch GAPEJEFF (1928) hatte mit Aminglaukosan gute Erfolge und hebt hervor, daß nur eine geringe Blutdruckerniedrigung eingetreten sei. BRETAGNE (1927) sah diese Wirkung schnell vorübergehen. Nach DIETER (1928) wirkt das neue Mittel, wie er schon vor HAMBURGER auf Grund von Versuchen festgestellt hatte, auf den Gefäßapparat und nicht auf die Pupilleninnervation. VOM HOFE (1927) bezeichnet es als gefäßerweiternd, ebenso wie das Acetylcholin, welches auch die Gefäßwand zelle beeinflußt. Wie Tyramin wirke auch Histamin. Acetylcholin hatte keine unmittelbare Wirkung auf den Augendruck. Nach BAILLART (1927) wirke das Aminglaukosan als ein Antagonist des Atropins und nicht des Adrenalins vermindernd auf den Bulbusinhalt. Schon 1926 konnte HAMBURGER auf drei Fälle hinweisen, die durch Aminglaukosan geheilt seien und auch im folgenden Jahre brachte er weitere Mitteilungen. CASTRESANA (1929) empfiehlt Aminglaukosan zur Druckherabsetzung vor Operationen, während GRADLE (1922) das Mittel für nutzlos hält. DUKE-ELDER (1927) gibt an, daß es schmerzhaft und in der Wirkung nicht gleichmäßig, in Verbindung mit Eserin besser sei; auch ARCHANGELSKI (1928) ist von der Wirkung wenig befriedigt. GIFFORD (1929) gibt an, daß das Aminglaukosan gelegentlich versagt und die Gefahr inflammatorischer Reizung erhöht. Auch WRIGHT u. NAGAR (1929) fällen ein ungünstiges Urteil über Aminglaukosan, wobei sie auf gleichlaufende Erfahrungen von DUKE-ELDER und LOW hinweisen. Ich selbst habe über das Aminglaukosan noch keine eigenen Erfahrungen, kann aber von vornherein gewisse Bedenken nicht unterdrücken, wenn es sich um eine länger dauernde Anwendung des Mittels handelt, weil eine dauernde Beeinflussung der Gefäße, speziell ihrer Durchlässigkeit, doch wohl zu anatomischen Veränderungen führen muß, die für die Ernährung des Auges nicht gleichgültig sein können. Dieses Bedenken, welches für das Ergotaminderivat geltend gemacht wird, muß auch gegen die dauernde Anwendung von Nebennierenpräparaten erhoben werden. Als vorübergehend anzuwendendes Mittel wird es weiter zu prüfen sein, und man wird HAMBURGER die Anerkennung nicht versagen können, daß er unermüdlich bestrebt gewesen ist, die medikamentöse Therapie des Glaukoms zu fördern.

## Anhang.

### Die Behandlung der Iridocyclitis glaucomatosa.

Die Behandlung der mit Drucksteigerung einhergehenden Formen von Iritis und Iridocyclitis glaucomatosa stellt manchmal ein schwieriges Problem dar, insofern als die in erster Linie zur Bekämpfung der Entzündung angewandten Mydriatica hier Schaden stiften können. So beobachtete GOLDZIEHER (1899) in fünf Fällen erhebliche Drucksteigerungen. WAGNER (1900) konnte diese Drucksteigerungen bei Iritis rheumatica durch Pilocarpin bekämpfen und WESSELY (1910) sah beim Ulcus corneae serpens einen Glaukomanfall bei bestehender Iritis, der sich nach Eserin wiederholte, während Homatropin den Anfall beseitigte. CRAMER (1920) behandelte zwei solcher Fälle, wagte es aber in dem einen nicht, Eserin oder Pilocarpin zu geben. Nach MALLING (1923) ist bei den iritischen Glaukomen die Eserinwirkung unzuverlässig, dagegen ist Pilocarpin besser. Eine schematische Behandlung ist meist nicht durchführbar; mit der Operation soll man zurückhaltend sein. Auch HAGEN (1925) gibt an, daß der Effekt bei Anwendung von Pilocarpin und Atropin in solchen Fällen unberechenbar sei; im Anfang jedoch muß Atropin gegeben werden. LARSSEN (1924), der 50 Fälle beobachtete, gibt an, daß es sich um eine Entzündung handelt, die als solche behandelt werden muß, wobei die operativen Resultate im allgemeinen schlecht seien. Demgegenüber betont HAGEN (1925), daß man den Atropingebrauch oft wegen starker Schmerzen einschränken müsse. Auch bei Iritis serosa sei Atropin durch Pilocarpin zu ersetzen. Neuerdings hat sich STOCK (1928) eingehend hiermit befaßt. Er unterscheidet die Iritis beim Glaukom, die unter Umständen einen operativen Erfolg zunichte machen kann, und ein Glaukom bei Iritis, in solchen Fällen ist die Drucksteigerung, besonders bei Iritis serosa, nicht zu fürchten. Energische Behandlung der syphilitischen Iritiden durch Salvarsan beseitigen die Drucksteigerung, ebenso wie intravenöse Atophanylinjektionen bei rheumatischer Iritis. Bei endogenen Fällen wirkt auch Urotropin. Handelt es sich um zirkuläre Synechien mit Drucksteigerung, dann empfiehlt STOCK zuerst Glaukosan und wenn dieses nicht wirkt, wird der Iridektomie eine Transfixion vorausgeschickt. Bei dieser Gelegenheit weist STOCK auch auf die schlechten Erfahrungen hin, die man erleben kann, wenn das Leiden auf der Grundlage einer Tuberkulose oder sympathischen Ophthalmie beruht. Die postoperative Iritis läßt sich nach STOCK nicht schematisch behandeln. In mehreren Fällen trat nach Scopolamin ein Glaukom auf.

Zu diesem Problem äußerten sich in neuerer Zeit noch mehrere Autoren. Während McMULLEN (1928) auch bei Drucksteigerung Atropin gibt und bei dessen Versagen operiert, zieht GREEVES (1928) die Miotica vor. BURNHAM (1928) bevorzugt bei akuten Fällen subkutane Pilocarpininjektionen, Quecksilber und Jodbehandlung, und in der Diskussion zu seinem Vortrag erwähnt CLEGG, daß er Atropin und Miotica vermeidet und Dionin vorzieht. GRAVES empfiehlt vorsichtigen Gebrauch der Miotica, während BUTLER mit Homatropin und Pilocarpin abwechselt, WHITEHEAD die Miotica nicht schätzt und HERBERT Atropin gibt.

Aus dieser Zusammenstellung geht hervor, daß man in diesen Fällen genötigt ist zu probieren. Zweckmäßigerweise kann man vom Glaukosan Gebrauch machen, welches nach meiner Erfahrung Synechien sprengen kann, wie auch DUKE-ELDER (1927), HAITZ (1929) und HEROLD (1927, 1929) von diesem Mittel mit Erfolg Gebrauch machten. Wenn REID (1928) die Sclerotomie bevorzugt, so steht dem doch wohl entgegen, daß bis zum Abklingen der Reizerscheinungen manchmal kostbare Zeit vergeht. Auch HAMBURGER (1929) warnt vor frühzeitigem Operieren und weist auf die Erfolge von STOCK (1928) hin, der mit Glaukosan öfters die Synechien und damit die Drucksteigerung zum Verschwinden brachte.

## 3. Anderweitige Medikamente zur Drucksenkung.

Es liegt eine Reihe von Einzelmitteilungen vor, bei denen auf Grund von Tierversuchen auch die Möglichkeit betont wird, eventuell auch beim menschlichen Glaukom durch Medikamente Erfolge zu erzielen. Es sind zunächst verschiedene Mittel geprüft worden, welche den Blutdruck senkten. So konnte WOLFF (1926) mit Antitonin bei Tieren erhebliche Drucksenkungen erzielen, und ZEEMANN (s. WOLFF) teilte mit, daß er beim hämorrhagischen Glaukom neben Blutdrucksenkung eine erhebliche Augendrucksenkung beobachtet habe. RICCA (1913) erhielt mit Hypotonin Drucksenkungen bei Kaninchen und glaubt, daß man es beim Menschen versuchen könnte, und JAENSCH (1926) stellt von Nitroskleran fest, daß es den Blutdruck, aber nicht den Augendruck senkt.

Von dem Gedanken ausgehend, daß die sympathische Innervation für die vegetative Funktion des Auges von großer Bedeutung ist, untersuchte THIEL (1926) das Ergotamin (Gynergen) in Bezug auf seine Wirkung auf den Binnendruck des gesunden und des glaukomatösen Auges, weil dieses Gift in ausgesprochener Weise den Sympathicus lähmt. Von den verschiedenen aus dem Mutterkorn gewonnenen Präparaten zeichnet sich das Ergotamin und das Ergotoxin gegenüber dem Tyramin und

Histamin, von denen eine Mischung unter dem Namen Tenosin hergestellt ist, durch seine absolute Reinheit aus. Es zeigte sich, daß das Mittel bei subkutaner Injektion oder Resorption vom Magen aus den Druck in ausgesprochenem Maße senkt, und zwar war die Drucksenkung viel nachhaltiger und sicherer, als es nach NaCl-Injektionen, Aderlaß oder Organtherapie der Fall ist. Die Miosis ist dabei nicht ausschlaggebend, sondern die Lähmung der sympathischen Fasern im Augeninnern, wodurch die Sekretion im Auge eingeschränkt wird. Es eignet sich das Glaucoma simplex am besten für diese Behandlung. Beim Sekundärglaukom hat das Mittel nur Erfolg, wenn eine Hyperämie der Irisgefäße oder Hypersekretion des Kammerwassers zu bekämpfen ist. Auch HEIM (1927) berichtet über erfolgreiche Anwendung des Gynergens in Tablettenform beim Glaukom. HEIM glaubt, daß neben Sympathicushemmung die erhöhte Tätigkeit des Parasympathicus eine Rolle spielt, und HANSSEN (1928) bemerkt, daß das Ergotamin (Gynergen) eine prompte Drucksenkung herbeiführt, mahnt jedoch zur Vorsicht, weil dabei Nekrosen an den Extremitäten beobachtet worden seien. STÖWER (1920) berichtet über 31 Fälle von Glaukomkranken, die mit Gynergen behandelt wurden, und zwar mit dreimal täglich 0,5 ccm des Originalpräparates subkutan injiziert oder dreimal täglich drei Tabletten peroral bekamen. Beim Gebrauch dieser Dosen wurden Nebenerscheinungen nicht beobachtet. Die Erfahrungen von STÖWER stimmen mit denen von THIEL überein, daß das Mittel dort am besten wirkt, wo das Gefäßsystem noch in Ordnung ist. In der Diskussion berichtet BENDER, daß zwei Fälle ausgesprochenen Glaukoms weder auf Gynergen noch andere Glaukommittel reagierten und THIEL hebt weiterhin hervor, daß das Gynergen durch Lähmung des Sympathicus die Durchlässigkeit der Gefäße vermindert. Er habe durch elektrische Reizung eine verminderte Kontraktionsfähigkeit des Dilatator pupillae nachgewiesen, was er gegenüber POOS (1927) hervorhebt, der die Sympathicuslähmung durch Gynergen am Auge bestritten hatte. Nach POOS wirkt das Ergotamin am Kaninchenauge als ein typisches Sympathicusreizmittel, welches gleichzeitig den Parasympathicus reizt. POOS u. SANTORI (1929) stellten fest, daß am Menschenauge das Gynergen ähnlich wie das Adrenalin und Physostigmin wirkt, denn es stimuliert den Sympathicus durch Sensibilisierung der sympathischen Substanz. Nach den Versuchen von RÖMER u. KREBS (1924) erwies sich das Gynergen beim Glaukom als schwächer als das Suprarenin. Die Beeinflussung des zweiten Auges, die HAMBURGER festgestellt hatte, könne nicht als sympathische angesehen werden, sondern es wirke das Mittel auf dem Umwege über die Blutbahn. Nachdem THIEL das Ergotamin (Gynergen) zum klinischen Gebrauche empfohlen hatte, konnte KREBS (1927) diese Resultate bestätigen. In Bezug auf die Wirkung ließe sich sagen, daß die Sympathicuslähmungsmittel nur solange wirken, als die Gefäßwände nicht erkrankt sind. Die neueren Erfahrungen von HAGEN (1929), die die drucksenkende Wirkung des Mittels bestätigen, messen dem Mittel keine größere praktische Bedeutung zu, weil die Wirkung unzureichend sei, während GLAVAN (1929) die Anwendung des Mittels vor druckherabsetzenden Operationen empfiehlt. MANOLESCO u. ABERMANN (1929) schreiben dem Gynergen die Eigenschaft zu, den Druck zu senken, jedoch sei die Wirkung des per os genommenen Mittels nicht so stark, wie die des Pilocarpins und GIFFORD (1929) gibt an, gelegentlich Drucksenkungen erzielt zu haben.

Nach ACCARDI (1925) hebt das Insulin den Augendruck bei Kaninchen und erzeugte Miosis und Hyperämie der Netzhautgefäße beim Menschen. KADLICKY (1926) sah durch Insulin vorübergehende Drucksteigerungen auftreten; daher sei das Mittel nicht verwendbar. DE JONGH u. WOLFF (1925) stellten bei Tierversuchen fest, daß das Insulin nachdem es Krämpfe erzeugt hatte, den Augendruck stark senkt. KADLICKY (1928) konnte bei einem schweren und inkompensierten Glaukom, welches erfolglos mit Medikamenten und Trepanation behandelt worden war, mit Insulin eine beträchtliche Drucksenkung herbeiführen. Auch VESTERGAARD (1929) bestätigt neuerdings die drucksenkende Wirkung des Insulins. ASCHER (1925) macht darauf aufmerksam, daß bei Diabetikern die Hypotonie bei Insulinbehandlung zurückgeht und zwar tritt die dadurch hervorgerufene Drucksteigerung sehr rasch ein. Die Wirkung blieb kurz vor dem Tode bei dem sogenannten pluriglandulären Diabetes aus. Es müssen hier nach ASCHER Beziehungen zwischen der Wasserabgabe und der Hypotonie bestehen. RICHTER (1926) bezeichnet das Insulin als einen Antagonisten des Suprarenins. Es erhöht den Augendruck für einige Stunden; die Ursache ist aber nicht bekannt.

Nach FUJII (1925) ist das Pseudoephredrin ein starkes Mydriaticum, welches direkt auf die Muskelfasern wirkt, während Ephedrin auf den Sympathicus wirkt. Nach HOWARD und LEE (1926) ist das Pseudoephedrin beim Glaukom wirkungslos. KAISER (1928) prüfte das Ephetonin (salzsaures Ephedrin), welches im normalen Auge starke Mydriasis, aber keine Drucksteigerung hervorruft, weshalb er das Mittel für diagnostische Mydriasis empfiehlt. Als Eigenschaft des Panitrin, eines Papaverinnitrit + Diäthylacetamidpräparates stellte FALTA (1923) fest, daß es stark erweiternd auf die Gefäße wirkt. ALAJMO (1924) fand zufällig am Kaninchenauge nach Emetininjektionen eine starke Drucksteigerung, die nach einigen Tagen einer abnormen Drucksenkung wich. Daß Hertel (1920) in einem Falle mit Thyreoidin Drucksenkung erzielte, wurde bereits bei den endocrinen Störungen erwähnt, und Lamb (1926), der das Glaucoma chronicum und simplex für eine Folge der Abnutzung der Gefäße und Degeneration der Schilddrüse hält, gibt Thyreoidin neben Pilocarpin. Imre (1923) konnte ähnlich wie Hertel durch Schilddrüsentherapie Drucksenkung erzielen.

Auch Igersheimer (1927) wendet das Mittel neben anderen an. Torres-Estrada (1920) empfiehlt zur Befreiung des Kammerwinkels bei chronischem Glaukom das Fibrolysin, und Schidlkowski (1907) kupierte bei einem Glaukomanfall die Schmerzen durch Adonidin. Die Einzelbeobachtung von Drucksenkung bei Glaucoma simplex von Wick (1926), der mit Perprotasin eine Umstimmung erzielen wollte, beweist wohl nicht viel.

Von dem Bestreben geleitet, das gestörte Gleichgewicht im Mineral- und Hormonstoffwechsel auszugleichen empfiehlt Passow (1928) das Pacyl, ein Cholinpräparat, welches nicht nur den Blutdruck, sondern auch den Augendruck stark senken kann. Auch Heim (1927) hält die Anwendung des Cholins beim Glaukom für angebracht. Weiterhin gibt Thiel (1928) an, daß das Pacyl eine die gebräuchlichen Miotica unterstützende, potenzierende Wirkung zeigte. Die Darreichung geschah in Tablettenform. Die Cholinpräparate bewirken Gefäßerweiterung und Blutdrucksenkung, während Schmelzer (Diskussion) eine Gefäßkontraktion annahm. Nach Nagy (1929) ist Cholin ohne Einfluß auf den Augendruck, während Ergotamin bei einzelnen Fällen von Sekundärglaukom günstig gewirkt habe. Auch Gallois u. Deschamps (1929) sahen nach subkutanen Injektionen von Acetylcholin wechselnden Einfluß auf die Drucksteigerung, und vom Hofe (1927) vermißte jede Wirkung, während Baillart bei chronischen Glaukomen gern von diesem Mittel Gebrauch macht. Versuche von Schmidt (1927) mit Hypophysin, Baryumchlorid und Calciumchloratum an Tieren ergaben eine Drucksenkung. Bei Glaukomfällen war die Wirkung unzulänglich. Es müsse das Ziel bleiben, Mittel zu finden, bei denen die reaktive Gefäßerweiterung ausbleibt und dieses Ziel sei noch nicht erreicht. Eigenartig waren die Erfahrungen mit dem starken Anästheticum, dem Nervocidin, welche Ascher (1929) bei Tierversuchen machte. Es wurde bei Instillation und subkutaner Injektion bei Tieren eine erhebliche Drucksenkung von längerer Dauer erzielt. Ob dieses Medikament auch zur Behandlung des Glaukoms geeignet ist, ist noch nicht entschieden. Versuche an Glaukomaugen ergaben kein eindeutiges Resultat. Dasselbe gilt für die Versuche mit Erythrophlein.

Nach neueren Erfahrungen von JOHN (1929) beseitigt das Nervocidin in schmerzhaften Augen die Schmerzen und setzt fast stets den Druck, unter Umständen bis zur Norm, herab. KNÜSEL (1918) hält das Arecolin in 1—4%iger Lösung für ein brauchbares Mioticum, welches wegen der schroffen, wenn auch kurzen Herabsetzung der Tension gute Dienste leisten könne. Wichtig sei jedoch, das Herz zu kontrollieren. Nach MÜLLER (1924) erhöht das Pitruitin den Tonus des Dilatators ad maximum. SAMOILOFF (1927) konnte mit Pitruitrin bei Kaninchen eine stärkere Drucksenkung als mit Adrenalin hervorbringen. Eine Drucksenkung erzielte er auch beim Glaukom, aber nicht in dem Maße wie beim Kaninchen. Auch TARATIN (1929) empfiehlt neuerdings das Pituitrin gegen Glaukom, während SAMOILOFF (1926) beim Glaukom nur unzureichende Wirkung sah. ROSSI (1922) versuchte nach dem Vorgange von MARFORY eine Blutdrucksenkung mit Lymphdrüsenextrakt zu erzielen, was in zwei Fällen von Glaukom gelang, ohne daß die Pupillenweite sich änderte.

Ein Versuch von REDSLOB u. REISS (1929), durch Säureeinspritzung in den Glaskörper bei absolutem Glaukom Drucksenkung zu erzielen, hatte vorübergehenden Erfolg. Ein Bericht von GIFFORD (1929) gibt Auskunft über seine Erfahrungen mit den modernen Präparaten in der Glaukombehandlung, und SAMOILOFF (1927) kommt in einer Übersicht über die neuen Wege in der Glaukomtherapie zu dem Resultate, daß die neuen Mittel nur symptomatisch wirkten, nicht aber die Ursache der Krankheit bekämpften. Zusammenfassende Referate von MAGITOT (1929) und WESSELY (1929) über Glaukom, die auf dem internationalen Kongreß in Amsterdam erstattet wurden, gehen auch auf die Wirkung einiger dieser neueren Mittel ein. Schließlich sei noch erwähnt, daß von PARENTEAU (1878) eine Behandlung mit homöopathischen Dosen von Atropin, Cocain, Ätzkali und Phosphor empfohlen wird.

Einige Empfehlungen des Jods gegen Glaukom liegen schon länger zurück, und es haben diese Verfahren kaum Nachahmung gefunden, soweit es sich um eine direkte Behandlung des Leidens handelt. DARIER (1908) wandte bei neun Sekundärglaukomen subconjunctivale Injektionen von Jodnatrium an und es trat ein Nachlassen der subjektiven und objektiven Krankheitserscheinungen auf, während Injektionen von Jodkalium erfolglos blieben. DUTOIT (1912) lobt das Jodkalium als Prophylakticum gegen Glaukom, da es bei den bestehenden Gefäßerkrankungen wirksam sein könne. Auch sei das Jod wirksam im Vereine mit anderen Mitteln, wenn es sich um Iridocyclitis mit Neigung zu Drucksteigerung handelte. Die Methode von KERRY (1920), ölige Jodlösung zu injizieren, hat, als wissenschaftlich nicht genügend fundiert, wohl keine Nachahmung gefunden.

Beobachtungen über erfolgreiche Anwendung von Quecksilber, die von MORAX und FOURRIÈRES (1912) (siehe S. 294) und von STEVENS (1927) gemacht wurden, betreffen iridocyclitische Glaukome, welche nach STOCK (1928) dadurch unter Umständen günstig beeinflußt werden können. Zu weit gegangen ist es wohl, wenn ABADIE (1927, 1929) die Anwendung von Quecksilberpräparaten gegen das Glaukom als Allgemeinbehandlung schlechthin, ohne luetische Grundlage und ohne Operation empfiehlt. Auch sei hier bemerkt, daß nach Beobachtungen von DE SCHWEINITZ (1907) eine subconjunctivale Injektion von Quecksilberzyanid einen schweren Glaukomanfall auslöste, der erfolgreich bekämpft wurde. Wenn MAZET (s. DE SCHWEINITZ, Jahresb. f. Ophth. 1907) in einem ähnlichen Fall den Anfall als Folge psychischer Erregung auffaßte, so trifft das in seinem Fall nicht zu, weil vorher zahlreiche subconjunctivale NaCl-Injektionen gemacht worden sind.

Lediglich mit Arsenobenzolbehandlung will PIEMONT (1929) eine Drucksteigerung bei Iridocyclitis beseitigt haben; ebenso erzielten MORAX u. FOURRIÈRES (1911) damit Erfolge.

In einem aus dem Jahre 1904 stammenden Referat über die Wirkung des *Dionin* bei Augenkrankheiten, welches 1899 in die Augenheilkunde eingeführt wurde, kommt SPENGLER (1905) bezüglich des Glaukoms zu dem Resultat, daß die schmerzstillende Wirkung sich auch beim Glaukom, besonders bei den nicht operablen, entzündlichen Formen, speziell beim hämorrhagischen Glaukom bewährt. Eine Bestätigung lieferte in dieser Beziehung ein weiterer Fall von WOLFFBERG (1902, 1911), nachdem schon SNYDER, DARIER und SPOTO das Mittel als brauchbar empfohlen hatten, vor dem aber SENN auf Grund einer üblen Erfahrung warnen zu müssen glaubt. Ebenso hält THIENPONT (1914), der nach Dionin eine vorübergehende Drucksteigerung sah, dieses Mittel zur Behandlung des Glaukoms nicht für geeignet. SCHMIDT-RIMPLER, der die Empfehlung des Mittels durch BELLARMINOFF, GAMA PINTO, GAUPILLAT und TERSON anführt, hält wohl im Hinblick auf SENN die Anwendung des Dionins für schmerzstillend, aber nicht für ganz unbedenklich, während, wie angegeben wird, SCHUMWAY und PYLE das Dionin, letzterer auf Grund einer Erfahrung an zwei Fällen von Glaukom nach Mydriasis, empfehlen. In Verbindung mit Pilocarpin wird Dionin von v. ARLT (1912) empfohlen, als schmerzlinderndes Mittel und vor allem auch zur Verstärkung der Wirkung der Miotica. Die Warnungen von LUNIEWSKI, SENN und BRAV seien nicht berechtigt. Auch BELLARMINOFF, TERSON und SIMI hatten schon über die Beseitigung von Schmerzen beim Glaukom berichtet. Die guten Erfahrungen von ARLT wurden in einem Falle von GREVEN (1913) bestätigt. Nach TOCZYSKI (1913) ruft das Dionin eine Pupillenveränderung wechselnden Grades hervor und der Augendruck pflegt zuerst zu steigen, später zur Norm abzufallen oder noch darunter. Die Drucksteigerung tritt nur während der Miosis auf. Neuere Untersuchungen von SALVATI (1928) stellten fest, daß das Dionin die Pupille verengt, besonders wenn es subconjunctival injiziert wird, und es wird noch durch Pilocarpin verstärkt. Die Tension beim normalen und gesteigerten Druck wird herabgesetzt, besonders nach subconjunctivaler Injektion. Die Wirkung sei durch Eröffnung des Kammerwinkels und durch Gefäßerweiterung bedingt.

## 4. Einfluß von Salzlösungen auf das Glaukom.

Nachdem FISCHER seine neue Theorie über die Bedeutung der Quellung des Glaskörpers für die Entstehung des Glaukoms veröffentlicht und Injektionen von Natriumcitratlösungen empfohlen hatte, versuchte HAPPE (siehe Kapitel IX) diese Einspritzungen und erzielte an nicht glaukomatösen Augen bei sechs Fällen fünfmal Drucksteigerung von 5—10 mm und eine viel stärkere Steigerung bei absolutem Glaukom in einem Fall, während ein anderer Fall nicht beeinflußt wurde. Beim Glaucoma simplex trat erst anfänglich eine geringere Steigerung auf, später eine stärkere. Auf Grund seiner Versuche kommt HAPPE zu dem Resultat, daß man zur Behandlung des Glaukoms die Einspritzung von Natriumcitrat nicht empfehlen könnte. SEDWICK (1911) erzielte bei einem Sekundärglaukom vorübergehend eine Drucksenkung. Die Absicht von FISCHER, durch Natriumcitrat die wasserbindende Fähigkeit der Augenkolloide zu beeinflussen, ist von MARKTBREITER (1912), die ohne praktische Erfahrung Boraxlösungen empfiehlt, augenscheinlich nicht richtig verstanden worden. Nach GRADLE (1912) kommen gelegentlich die Injektionen von Natriumcitrat in Frage; er macht aber auf die Schmerzhaftigkeit der Behandlung aufmerksam. THOMAS (1912) und GRANDCLEMENT (1912) erzielten in einem Fall von Sekundärglaukom eine Drucksteigerung. VAN DER HOEVE (1912) hält dagegen Natrium citricum für empfehlenswert.

TRISTAINO (1913), der bei Kaninchen mit Calciumchlorid eine Drucksenkung erzielte, versuchte es auch bei Glaukomfällen beim Menschen, wo es schmerzlindernd wirken und die Resorption des Blutes begünstigen soll. Auch WEEKERS (1912) empfiehlt die Calciumsalze neben der Lokalbehandlung wegen ihrer Eigenschaft, Transudation und Exsudation zu hemmen. Diese Beeinflussung von Exsudationsvorgängen wird in einer neueren Arbeit (1920) wieder bestätigt. Bei 21 Glaukomfällen blieb das Mittel meist ohne Einfluß, nur in einigen Fällen wurde die Tension gesenkt. Wenn auch die Erfolge wenig zufriedenstellend sind, hält WEEKERS es für wichtig, daß man die Drucksteigerung auf internem Wege beeinflussen kann. Mit Einträufelungen von Calciumchlorid in den Bindehautsack konnte GALA (1924) keinerlei Einwirkungen auf den Augendruck erzielen. Nach CASOLINO (1914, 1915) kann das Calciumchlorür, welches bei Kaninchen in 10%iger Lösung den Augendruck senkt, beim Menschen aber Blut- und Augendrucksteigerung herbeiführt, in der Glaukomtherapie keinen Platz beanspruchen, während ABADIE (1927) das Mittel empfiehlt. Einige Autoren haben auch, nach dem Vorgange von HERTEL (1920), sich der Einverleibung hochprozentiger NaCl-Lösungen bedient, z. B. WILSON (1929), der bei akuten Fällen gute, bei chronischen Formen keine Erfolge hatte. So empfiehlt sie HANSSEN (1928) beim Primärglaukom, ebenso FUCHS (1925), und auch DUKE-ELDER (1927) versuchte mit intravenösen Injektionen eine Drucksenkung herbeizuführen; dieses gelang in vier Fällen, dreimal aber nur vorübergehend. Auch LAMBERT u. WOLFF (1929) empfehlen die intravenöse Injektion hochprozentiger NaCl-Lösungen vor operativen Eingriffen. Nach DIETER (1928) ist das Glaukom durch 50%ige Traubenzuckerlösung zu beeinflussen und auch TRETTENERO (1923) erzielte mit subconjunctivaler Injektion bei chronischem Glaukom eine Drucksenkung. Intramuskuläre Injektionen führten in einigen Fällen von Sekundärglaukom und Glaucoma simplex zu geringen Drucksenkungen. CANTONNET (1929) macht neuerdings darauf aufmerksam, daß Chlorcalcium auf dem Wege der Iontophorese drucksenkend wirkt.

Zur Verbreitung operativer Maßnahmen empfiehlt GOSLICH (1925) anch dem Vorgange von HERTEL Zufuhr von konzentrierten Chlornatriumlösungen.

## 5. Blutentziehungen.

Bei der Bedeutung, die den Erhöhungen des allgemeinen Blutdruckes für die Entstehung des Glaukoms beigemessen wird, kann es nicht wundernehmen, daß man auch die Drucksenkung durch Blutentziehungen zu erzielen sucht. So wurde der DYEssche Aderlaß, der schon früher von EVERSBACH empfohlen war, von GILBERT (1911) in Bezug auf seine Wirkung einer eingehenden Untersuchung unterzogen. GILBERT gibt auf Grund ausgedehnter Erfahrungen an, daß man im Prodromalstadium neben Mioticis periodische Aderlässe vornehmen soll, welche beim entwickelten Glaukom den operativen Eingriffen vorauszuschicken sind. In einer weiteren Arbeit über die Therapie des Glaukoms (1912) wird der Aderlaß, periodisch vorzunehmen, auch bei inoperablem Glaucoma simplex empfohlen. Der Aderlaß setzt den Druck nicht so ausgiebig herab wie die Miotica, jedoch dauert die Wirkung länger. Nach WESSELY (1918) widerspricht das Verhalten des Aderlasses keineswegs den mit dem Tierexperiment gewonnenen Erfahrungen und es zeigt der Aderlaß, daß Blutkonzentration und Blutverteilung zusammenwirken, um den intraokulären Druck zu regulieren oder zu ändern. Nach FUCHS hat sich der Aderlaß bei hohem Blutdruck vor der Operation zur Vermeidung expulsiver Blutungen bewährt. STOCK (1928), der mit intravenösen Atophanylinjektionen gute Erfolge sah, fügte dieser Behandlung einen ausgiebigen Aderlaß hinzu und eventuell eine Schwitzkur, und hat damit bei Iritis glaucomatosa stets die Drucksteigerung verschwinden sehen. Auch lokale Blutentziehung durch Blutegel werden empfohlen. So berichtet LE COUÉDIE (1912) über einen Fall, wo Blutegel ausgedehnte Ödeme des Gesichtes und des Halses erzeugten, und, auf dieses ableitende Verfahren gestützt, wurden sie bei weiteren Fällen benutzt. Auch v. GRAEFE sah in einem Fall von Glaukom durch Blutegel eine Besserung eintreten, wie sich auch SCHMIDT-RIMPLER gelegentlich dieses Mittels bediente. LEPLAT (1923) studierte den Einfluß blutiger Schröpfköpfe an Hundeaugen, deren Tension durch subconjunctivale NaCl-Injektionen und Einatmung von Amylnitrit erhöht worden war. Auf der betreffenden Seite erfolgte der Abfall der Tension erheblich rascher.

In gleicher Weise äußert sich SEMPLE (1910), und auch FUCHS (1925) empfiehlt den Aderlaß bei hohem Blutdruck zur Vermeidung expulsiver Blutungen. BLATT (1929) weist darauf hin, daß vorausgehende Aderlässe die Operationsaussichten besserten und die Wirkung der Miotica steigerten.

## 6. Physikalische Heilverfahren.

Daß man auch die Elektrizität zur Behandlung des Glaukoms herangezogen hat, ist nicht weiter verwunderlich. Die Versuche mit Hochfrequenzströmen liegen ziemlich weit zurück und haben wohl wenig Nachahmung gefunden. ROURE (1909) behauptet, daß für diese Behandlung nur die Fälle mit arteriellem Überdruck geeignet seien. Ein ausführlich mitgeteilter Fall, der mit der Enucleation endigte, war nur vorübergehend gebessert worden. Auch die Fälle von RISLEY (1911) und von VINETA (1910) wird man kaum als beweisend ansehen dürfen. Nach TRUC, IMPERT u. MARQUEZ (1907) erzielte die Anwendung der Hochfrequenzströme bei einem hämorrhagischen Glaukom eine bemerkenswerte Besserung. Auch NEEPER (1929) lobt das Verfahren, ebenso SPUTH (1929). BOURQUIN (1927) gibt an, durch die Anwendung des faradischen Stromes in einem Fall von Sekundärglaukom bei Hornhauterkrankung Drucksenkung erzielt zu haben und SCHMIDT-RIMPLER, daß ALLART, PANAS und MENACHO eine Besserung der subjektiven und objektiven Symptome bei absolutem Glaukom durch Galvanisierung des Sympathicus erzielten, während MAGNANI danach eine Tensionssteigerung beobachtete. KNAPP hat in der Diskussion wohl mit Recht eingewandt, daß es sich beim Aufsetzen der Elektrode auf den Augapfel wohl um eine Druckwirkung handelte. Schließlich sei noch erwähnt, daß SHAHAN (1920) ebenso wie BRINTON (1929) durch Anwendung eines Elektrothermophors bei Drucksteigerungen durch Primärglaukome eine Drucksenkung erzielt haben will. Auch LEWIS (1927) will bei Sekundärglaukomen durch die Einwirkung der Hitze die Schmerzen beseitigt haben. Eine eigenartige Methode verwendete CURRAN (1925) beim absoluten Glaukom, indem er mit dem Thermokauterin der Nähe des Limbus corneae eine Verschorfung vornahm, wobei einmal ein partielles Staphylom erzielt wurde. In fünf Fällen wurde die Tension herabgesetzt, um später wieder anzusteigen. Besser scheinen die Resultate zu sein, die PREZIOSI (siehe Kapitel XIII B) mit dem Galvanokauter bei chronischen Glaukomen erzielte, indem er mit diesem Instrument die Sclera perforiert, als Ersatz für die Trepanation.

Hier müssen weiterhin die Versuche erwähnt werden, mit Hilfe der Diathermie eine Druckerniedrigung herbeizuführen. Wie LÖFFLER u. WELLISCH (1929) hervorheben, hatte CLAUSSNITZER eine Drucksteigerung im entzündeten Auge beobachtet; ebenso TOYODAS bei Tierversuchen und QURIN bei glaukomatöser Atrophie. NAGELSCHMIDT lobt dagegen die schmerzstillende und gefäßkontrahierende Wirkung und LÖFFLER und WELLISCH hatten in fünf Fällen dreimal Erfolg, wobei sie auf die erfolgreich behandelten Fälle von DOANE, ALBERT, GEYSER und MIRIMANOFF hinweisen. Die Besserungen welche LÖFFLER und WELLISCH erzielten, erstreckten sich auf die Verkleinerung der Skotome und die Vergrößerung des Gesichtsfeldes, während die Sehschärfe unverändert blieb.

## 7. Beeinflussung des Glaukoms durch Röntgenstrahlen.

In einem Fall von Glaucoma simplex erzielte SCHÜSSLER (1914) neben einer dauernden Herabsetzung des Blutdruckes eine Abnahme der Tension durch vielmalige intensive Bestrahlung der Nebennieren. Dieses Verfahren hat keine Nachahmung gefunden, ebensowenig das von ZIEGLER (1924), der das Ganglion des Halssympathicus durch Bestrahlung zu beeinflussen suchte. Dagegen scheint nach Angaben von HESSBERG (1920) die Anwendung der Röntgenstrahlen bei hämorrhagischem Glaukom gelegentlich von Nutzen zu sein. Er erklärt die Wirkung durch

Einwirkung auf die Capillaren und erzielte damit vor allen Dingen Abnahme der Schmerzen, Erfahrungen, die in vier Fällen von BRUNETTI (1923) bestätigt wurden. Versuche von LLOYD (1927) an drei erblindeten Glaukomaugen führten ebenfalls zu einem Nachlassen der Schmerzen und auch HENSEN (1923) erzielte bei Glaucoma absolutum Erfolge. Demgegenüber warnt BIRCH-HIRSCHFELD (1921) davor, die Anwendung der Röntgenstrahlen, die für das hämorrhagische Glaukom auf Grund der Empfehlung von HESSBERG wohl zulässig sei, für noch sehfähige Glaukomaugen zu wagen, wegen der dadurch erzielten Gefäßveränderungen. LIESKÓ (1923) berichtet über einen Fall von Bestrahlung eines beiderseitigen Orbitaltumors. Das nicht durch Bleiplatten abgedeckte linke Auge erkrankte einige Zeit danach an einem schweren Glaukomanfall und dasselbe beobachtete PETER (1925) nach Bestrahlung eines Bindehautkarzinoms. Die anatomische Untersuchung stellte fest, daß eine Gewebsveränderung und Sklerosierungsprozesse im Ciliarkörper aufgetreten waren.

Einige weitere Mitteilungen beziehen sich auf die Radiumbehandlung des Glaukoms. CORBETT (1924), der bei chronisch-entzündlichen Glaukomen nach starker Bestrahlung den Druck sinken sah, erwähnt ähnliche Fälle von WICKHAM und DEGRAIS. LEDERER (1925), der den Einfluß der Radiumemanation aus den Teplitzer Thermen untersuchte, konnte durch Inhalationsversuche eine Herabsetzung des gesteigerten Druckes bei akuten Glaukomfällen erzielen, während andererseits beim Aufenthalt in den feuchten Inhalationskammern eine Drucksteigerung zu bemerken war. In dem Falle von DEUTSCH (1928) wurden durch Radium zwei Fälle von hämorrhagischem Glaukom insofern günstig beeinflußt, als die Schmerzen nachließen. Dieser Erfolg war bei einem absoluten Primärglaukom nur vorübergehend.

Neuerdings berichten HENSEN u. SCHÄFER (1924) über günstige Resultate bei zwei Fällen von hämorrhagischem und vier Fällen von absolutem Glaukom.

Mit Hilfe der BUCKYschen Grenzstrahlen konnte KRASSO (1929) in neun Fällen von chronischem Glaukom fünfmal eine Druckherabsetzung erzielen. Da bei Glaukom häufiger Störungen des endocrin-vegetativen Systems vorkommen, wird die Bestrahlung der Schilddrüse empfohlen.

## 8. Die Massage des Auges.

PAGENSTECHER (1878) hat bei entzündeten Augen mit Erfolg von der Massage Gebrauch gemacht und dabei eine Drucksenkung beobachtet. Später wandten MAKLAKOW und SNEGIREFF, wie SCHMIDT-RIMPLER angibt, die Vibrationsmassage an, wobei in 60 Glaukomfällen letzterer eine

Drucksenkung erzielte. SCHMIDT-RIMPLER führt weiterhin die Versuche von DOMEC an, der die Druckmassage mit der Hand ausübte und damit eine Drucksenkung erhielt. Später wandte DOMEC eine Saugglocke an. SCHMIDT-RIMPLER führt als weitere Autoren, die die Massage erfolgreich beim Glaukom anwandten, RISLEY, GROSS, RICHARDSON, BULL, BARÓ und WECKER an, wie auch DE BONO (1901) und DARIER (1899) sich dieses Verfahrens bedienten. Zur Nachbehandlung nach der Sklerotomie wurde sie von DIANOUX, WECKER, MOTAIS, SCHEFFELS, WICHERKIEWICZ und SILEX mit Erfolg angewandt, während NIEDEN bei alten Leuten mit rigider Sclera keine guten Erfahrungen machte. SCHMIDT-RIMPLER gibt weiterhin an, daß er, wie WECKER, bei noch durchlässigen Narben eine Besserung beobachtete, aber entschieden spricht er sich dahin aus, daß man die Massage nur als unterstützendes Mittel, und zwar nur dann, wenn keine Reizzustände entstehen, anwenden darf. In einer größeren Arbeit von KNAPP (1910) wird die Drucksenkung bestätigt. Die Beobachtungen von DOMEC hält er nicht für beweiskräftig, weil nebenher Miotica angewandt wurden. In einem eigenen Fall wurde durch Massage beim Glaukom der Druck gesenkt. Weitere Versuche unter der Kontrolle des SCHIÖTZschen Tonometers bestätigten die Drucksenkungen, die beim normalen Auge bald vorübergingen; der Eiweißgehalt des Kammerwassers war nicht erhöht. Wenn beim Glaukom durch Massage eine Drucksenkung herbeigeführt wird, dann ist die Prognose gut; in seltenen Fällen wurde eine leichte Drucksteigerung beobachtet. Das zur Anästhesierung gebrauchte Holocain kann nach mehrfacher Anwendung bei der Drucksenkung mitwirken. ROBERTSON (1928) empfiehlt ebenfalls die Massage und KAYSER (siehe Kapitel VIII) die Elektromassage, ebenso HALLET (1928). Daß am normalen Auge Drucksenkung durch Massage erzeugt wird, beobachtete zuerst GRÖNHOLM (siehe Kapitel VIII), und TOKZYSKI (1913) fand es bei seinen Versuchen bestätigt. BRADBURNE (siehe Kapitel VIII) berichtet über einen Fall von Glaukom, bei dem der Patient durch Selbstmassage den Anfall überwand, während in einem zweiten Falle durch eine Masseuse ein Anfall trotz Iridektomie zur Norm gebracht wurde. Die Untersuchungen von WEGENER (siehe Kapitel VIII) stellten fest, daß die Massage beim normalen Auge den Druck in geringem Maße und beim Glaukom in noch geringerem Grade herabsetzt. Bei Glaukomaugen wird der Augendruck noch mehr als beim gesunden Auge durch die Körperhaltung beeinflußt. Neuere Untersuchungen von KNAPP (siehe Kapitel VIII) ergaben, daß beim normalen Auge durch Massage eine Senkung von durchschnittlich 4,5 mm erzielt wird. Beim akuten Glaukom fehlte jegliche Einwirkung; bei den chronischen Formen tritt eine geringe Senkung ein. Bei Verdacht auf einseitiges Glaukom kann man nach KNAPP von der Massage Gebrauch machen, welche den Druck auf dem normalen Auge stärker herabsetzt. MURAWSLESKIN (1927) berichtete über die Drucksenkung am normalen Auge mit Handmassage, welche 5—11 mm betrug; beim Glaukom wurden nur etwa $^2/_3$ der Fälle in geringem Maße beeinflußt, weshalb die Massage die Miotica nicht ersetzen könne. Bei einem Glaukom mit Netzhautblutung konnte HALLET (1927) wiederholt vorübergehend eine Drucksenkung von 10 mm erzielen. Angeregt durch die Mitteilung von PIESBERGEN (1899) benutzte OHM (siehe Kapitel VIII) bei einem Sekundärglaukom, das durch quellende Linsenmassen erzeugt war, mit Erfolg die Vibrationsmassage, die auch in einem Falle von DARIER (1899) günstig wirkte.

## 9. Anästhesie.

Im Jahre 1908 injizierte EWING eine starke Cocainlösung von der Nase aus in das MECKELsche Ganglion sphenopalatinum, wodurch die Schmerzen verschwanden und der Druck durch Pilocarpin gesenkt wurde. Einen ähnlichen Fall sah MÜLLER (1924). Von dem Gedanken ausgehend, daß dieses Ganglion sympathische Fasern zur Orbita sendet, versuchte POST (1911), der es bezweifelte, daß man von der Nase aus das Ganglion mit Sicherheit erreichen könnte, Cocaininjektionen von außen her, womit in vier Fällen eine Drucksenkung erzielt wurde. Cocain mit Adrenalin führte einmal bei drei Fällen zu einer Drucksenkung; Alkoholinjektionen führten einmal zur Drucksteigerung, zweimal zur Drucksenkung und waren einmal erfolglos. Die Druckänderungen nach Alkoholinjektionen dauern länger. Nach POST kann diese Therapie nur gelegentlich unterstützend wirken. BYRD (1927) erzielte sechsmal beim Glaukom mit Injektionen ins Ganglion eine Drucksenkung, wobei allerdings auch Eserin und Pilocarpin angewendet wurden. ELSCHNIG (1921), der in neun Fällen diese Methode versuchte, indem er das Ganglion nach der Methode von PAYR vom Gesicht aus zu erreichen suchte, spricht sich dahin aus, daß er bei der Verschiedenheit der Resultate keine weiteren Anhaltspunkte geben könnte und erwartet von dieser Methode nicht viel. Retrobulbäre Alkoholinjektionen von 70% waren in drei Fällen von absolutem Glaukom wirksam, so daß SCHEFFELS (1925) von der Enucleation Abstand nehmen konnte. Auch ALEXIADÈS (1928) empfiehlt dieses Verfahren auf Grund von Beobachtungen an 24 mit absolutem Glaukom behafteten Augen, ebenso ALEXANDER (1927, 1929, 1930), der die schwierigere Technick der Injektion ins Ganglion Gasseri übt. Zur Milderung der Schmerzen bei Glaukom empfahl SUTPHEN (1895) die Salicylpräparate.

## 10. Die Behandlung des Glaukoms mit Ätzmitteln.

Nach den Anschauungen von HAMBURGER wirkt die ciliare Entzündung druckherabsetzend, wie auch postoperative Iritiden nach ELLIOTscher Trepanation und nach Cyclodialyse nicht drucksteigernd wirken, sondern mit Atropin bekämpft werden können. Demgemäß war sein Bestreben dahin gerichtet, die Erweichung des Auges herbeizuführen, ohne es zu eröffnen. Dies gelingt gelegentlich mit Höllensteinätzungen am Hornhautrande, welche HAMBURGER jetzt nach Ablösung der Bindehaut an der Sclera in der Gegend des Ciliarkörpers vornimmt. Auf diesem Gebiete mußten noch weitere Erfahrungen gesammelt werden. Man wird BARTELS (1925) recht geben müssen, wenn er auf die Tatsache hinweist, daß zirkuläre Verätzungen am Hornhautrande zu Drucksteigerungen führen können, und KRUSIUS (1925) weist darauf hin, daß bei Entzündungen im Auge, z. B. bei Ulcus serpens Drucksteigerungen vorkommen, die mit dem Erweichungsprinzip beim Glaukom, wie es HAMBURGER vertritt, nicht im Einklang stehen. ELSCHNIG (1929) macht neuerdings darauf aufmerksam, daß LAGRANGE die Kauterisation der Sclera zur Erhöhung des Druckes empfohlen habe und HILDESHEIMER (1929) hält den von HAMBURGER konstruierten Gegensatz zwischen Glaukom und Entzündung für zu weitgehend mit Rücksicht auf die bekannten Fälle von Iridocyclitis glaucomatosa. Beide Einwände hält HAMBURGER (1929) nicht für stichhaltig.

### Literatur.

*Nichtoperative Behandlung des Glaukoms.*

ABADIE: Sekundärglaukom. Ref. Klin. Mbl. Augenheilk. **57**, 610 (1916). — Traitement médical du glaucome après un an d'application. Annales d'Ocul. **165**, 532 (1928). Ref. Zbl. Ophthalm. **21**, 640 (1929). — Doppelseitiges Glaukom; 1. medikamentös, 2. operativ. Ref. Zbl. Ophthalm. **20**, 540 (1928). — Traitement médical du glaucome. Ref. ebenda **18**, 417 (1927); **20**, 11 (1929); **21**, 640 (1929). — ABADIE, MONTHUS et CADILLAC: Glaucome aigu guéri par traitement médical. Annales d'Ocul. **165**, 691 (1928). — ABADIE et SPÉVILLE: Glaukom, eine Seite medikamentös, die andere chirurgisch behandelt. Ebenda **165**, 695 (1928). — ACCARDI: Insulin und Augendruck. Ref. Zbl. Ophthalm. **15**, 827 (1925). — ALAJMO: Augenveränderungen durch Emetin. Ref. ebenda **14**, 556 (1924). — ALEXANDER: Alkoholinjektionen in das Ganglion Gasseri. Med. Klin. **1927**. Klin. Mbl. Augenheilk. **83**, 356 (1929); **84**, 104 (1930). — ALEXIADÈS: Retrobulbäre Alkoholinjektionen und hintere Sklerotomie bei absol. schmerzhaftem Glaukom. Arch. d'Ophthalm. **45**, 172 (1928). — AMAT, CH.: Med. Record **1902**, Juli. — ARCHANGELSKI: Glaukombehandlung. Ref. Zbl. Ophthalm. **17**, 86 (1927). Klin. Mbl. Augenheilk. **76**, 840 (1926). Ref. ebenda **82**, 701 (1928). — v. ARLT: Eine neue Methode der Glaukombehandlung mit Pilocarpin und Dionin-Merck. Wschr. Ther. u. Hyg. d. Auges **15**, 161, 169 (1912). — ASCHER: Der Einfluß der Gefäßnerven auf die Permeabilität der Gefäße, insbesondere derjenigen der V. K. des Auges. Klin. Wschr. **1**, Nr 31, 1559 (1922). — Augendruck bei Zuckerkranken. Sitzgsber. Ophth. Ges. Heidelberg. **1925**, 386. — Drucksenkung durch Nervocidin. Ophthalm. Ges. Heidelberg 1928. Z. Augenheilk. **68**, 117 (1929).

BABA: Eserinwirkung bei verschiedener Verteilung der Gesamtdosis. Klin. Mbl. Augenheilk. **74**, 445 (1925). — BAILLART: Sympathicus und Adrenalin in der Augenpathologie. Ref. Zbl. Ophthalm. **19**, 217 (1927). Clin. ophthalm. **1927**. — BAILLART et MAGITOT: Le régime circulatoire du glaucome. Ann. d'Ocul. **162**, 729 (1925). Ref. Zbl. Ophthalm. **16**, 224 (1916). — BALABONINA: Adrenalintherapie bei Glaukom. Ref. Zbl. Ophthalm. **17**, 600 (1927). — BARRAUD, A.: Etude de la vasoconstriction, produite par l'application locale de l'extrait aqueuse de capsule surrénale. Thèse de Lyon 1895. — BARRETT a. ORR: The action of eserin on the eye. Amer. J. Ophthalm. **169** (1911). — BARTELS: Diskussion zu HAMBURGER. Sitzgsber. Ophth. Ges. Heidelberg 1925. — BARTUTSCHUKOW: Glaukomtherapie nach HAMBURGER. Ref. Zbl. Ophthalm. **16**, 53 (1925). — BASSO: Kompensiertes Glaukom durch Miotica. Ann. Ottalm. **57** (1929). Zbl. Ophthalm. **21**, 558 (1929). — BATES, W. H.: N. Y. med. J. **1896**, Mai 16. — BEARD: Behandlung des Glaukoms ohne Iridektomie. Ref. Klin. Mbl. Augenheilk. **48** (2), 692 (1910). — BEDNARSKI: Kindliches Glaukom, ohne Operation geheilt. Zbl. Ophthalm. **17**, 825 (1926). — BIETTI: Arecolin bei Glaukom. Arch. Ottalm. **5** 1896. — BIJLSMA: De nietoperative behandeling van glaukoom. Geneesk. Cour. **65**, Nr 36 (1912). — BIRCH-HIRSCHFELD: Schädigung durch Röntgenstrahlen. Z. Augenheilk. **45**, 199 (1921). — BIRNBACHER: Adrenalin und Trigeminus. Zbl. prakt. Augenheilk. **1904**. — BLANCO: Nota clinica sobra el glaucoma. Arch. Oftalm. hisp.-amer. **1908**, novembre. — BLATT: Aderlaß und Glaukom. Graefes Arch. **123**, 219 (1929). — BLESSIG: Über die Therapie des Glaukoms. Petersburg. med. Wschr. **1909**, Nr 50. — BÖHM: Akuter Glaukomanfall nach Glaukosan. Graefes Arch. **120**, 574 (1928). — BONNEFON: Retrobulbäre Adrenalininjektionen. Internat. Ophthalm.-Kongr. Amsterdam 1929. — Adrenalin bei Glaukom. Annales d'Ocul. **160**, 470 (1923). Ref. Zbl. Ophthalm. **10**, 527 (1923). — DE BONO: Vibrationsmassage. Atti Accad. Sci. med. Palermo **1901**. — BOURQUIN: Faradischer Strom zur Herabsetzung des Augendrucks. Klin. Mbl. Augenheilk. **75**, 467 (1927). — BRAUN: Glaukombehandlung (HAMBURGER). Ebenda **73**, 786 (1924). — BRETAGNE: Glaukosan. Ref. Arch. d'Ophthalm. **44**, 778 (1927). — BRINTON: Thermophor. Amer. J. Ophthalm. **12**, 500 (1929). — BRUNETTI: Hämorrhagisches Glaukom, mit X-Strahlen behandelt. Ref. Zbl. Ophthalm. **10**, 240 (1923). — BURDON COOPER: Konservative Glaukombehandlung. Brit. med. J. **1925**, 510. Vgl. Amer. J. Ophthalm. **1925**, 987. — BURNHAM: Behandlung der Iridocyclitis glaucomatosa. Zbl. Ophthalm. **21**, 556 (1928). — BYRD: Ganglion nasale und Glaukom. Ref. ebenda **18**, 287 (1927).

CALENDOLI: Miotica und Paracentese bei Glaukom. Ann. Ottalm. **41**, 775 (1912). — CALHOUN: Nichtoperative und operative Behandlung des Glaukoms. Ref. Zbl. Ophthalm. **16**, 412 (1925). — MAC CALLAN: siehe SPENGLER, Z. Augenheilk. **13** (1905). — CANTONNET: Iontophorese bei Glaukom. Zbl. Ophthalm. **21**, 389 (1929). — CASOLINO: Wirkung des Calciumchlorids auf den Augendruck. Ann. Ottalm. **43**, 612 (1914). Ref. Klin. Mbl. Augenheilk. **54**, 343 (1915). — CASTRESANA: Glaukosan. Ref. Zbl. Ophthalm. **21**, 438 (1929). — CHENEY: Behandlung des Glaucoma simplex. Ref. Ophthalmoscope **1915**, 382. — CLERICI: Pathogenese des primären Glaukoms (retrobulbäre Adrenalininjektionen). Ref. Zbl. Ophthalm. **20**, 778 (1928). — CONSTANTIN: Pilocarpine, ésérine, adrénaline dans le glaucome. Arch. d'Ophthalm. **41**, Nr 4, 229 (1924). — CORBETT: Radiumbehandlung bei Glaukom. Ref. Zbl. Ophthalm. **14**, 345 (1924). — CORDS: Zur Beurteilung der Adrenalinmydriasis. Z. Augenheilk. **25**, 350 (1911). — Ziele und Wege der Glaukomtherapie. Ref. Zbl. Ophthalm. **1**, 336 (1914). — Ebenda **12**, 310 (1924). — LE COUÉDIE: Glaukom-Blutegel. Ref. Z. Augenheilk. **28**, 189 (1912). — CRAMER: Iritisches Glaukom. Ebenda **43**, 339 (1920). — Atropin bei Hypotonie. Kl. Mbl. Augenheilk. **72**, 534 (1924). — CURDY: Diagnose und Behandlung des beginnenden Glaukoms. Amer. J. Ophthalm. **11**, 632 (1928). — CURRAN: Subconjunctivale Kauterisation bei Glaukom. Zbl. Ophthalm. **15**, 593 (1925).

DARIER: Nach SPENGLERS Sammelreferat. Z. Augenheilk. **13**, 1 (1905). — Vibrationsmassage. Ophthalm. Klin. **1899**. — Jodate de soude et glaucome secondaire.

Clin. ophthalm. **1908**, 209. — Gegenwärtiger Stand der Glaukombehandlung. (Glaukosan, Miotica usw.) Ref. Zbl. Ophthalm. **18**, 646 (1927). — Glaukosan bei Glaukom. Ref. ebenda **18**, 866 (1927). — DEUTSCH: Radiumbehandlung bei chronischem Glaukom. Z. Augenheilk. **64**, 156 (1928). — DIAZ DOMINGUEZ: Adrenalin bei Glaukom. Ref. Zbl. Ophthalm. **15**, 591 (1925). — DIETER: Konservative Glaukomtherapie. Z. Augenheilk. **65**, 373 (1928). — DOHRMANN u. PISCHEL: Glaukosan in Glaucoma. Amer. J. Ophthalm. **1928**, 705. — DUKE-ELDER: Osmotic therapy in glaucoma. Brit. J. Ophthalm. **10**, 30. Zbl. Ophthalm. **16**, 536 (1926). — Ätiologie und Therapie des Glaukoms. vom physiologischen Standpunkt. Internat. Ophthalm.-Kongr. Amsterdam 1929. — DUKE-ELDER u. FRANCK: Adrenalin und Histamin. Ref. Zbl. Ophthalm. **21**, 729 (1929). — DUTOIT: Versuche mit interner Jodtherapie bei Glaukom. Z. Augenheilk. **28**, 131 (1912).

EDSALL, F.: Ther. Monthly **1901**. — EGTERMEYER: Hornhautzerfall nach Glaukom. M. m. W. **77**, 155 (1926). — ELLET u. RYCHENER: Hämorrhagisches Glaukom, behandelt mit Aminglaukosan. Amer. J. Ophthalm. **1928**, 908. — ELSCHNIG: Cocain-Alkoholinjektion am Ganglion sphenopalatinum. Klin. Mbl. Augenheilk. **68**, 295 (1921). — Adrenalin. Sitzgsber. Heidelberg. **1924**. (Zu HAMBURGER.) — Kauterisation bei Glaukom. Diskussion. Internat. Ophthalm.-Kongr. Amsterdam 1929. — ENGELMANN, A.: Tonometrische Untersuchungen an gesunden und kranken Augen. Mitt. Augenklin. Jurjew **1904**, H. 2. — EPPENSTEIN: Zur Glaukombehandlung mit Suprarenin. Med. Klin. **21**, 130 (1925). — Ref. Zbl. Ophthalm. **12**, 118 (1925). — ERDMANN: Subconjunctivale Injektionen von Nebennierenpräparaten. Z. Augenheilk. **32**, 216 (1914). — Subconjunctivale Injektionen von Nebennierenpräparaten. Klin. Mbl. Augenheilk. **74**, 413 (1925). — EWING: Pain of acute glaucoma relieved by cocain applied to MECKELS ganglion. Amer. J. Ophthalm. **1908**, 354.

FALTA: Panitrin bei Augenleiden. Ref. Zbl. Ophthalm. **10**, 341 (1923). — FEDERICI: Adrenalin und Augendruck. Boll. Ocul. **5**, 644 (1926). Zbl. Ophthalm. **18**, 416 (1927). — FEHR: Glaukosan. Z. Augenheilk. **60**, 115 (1926). — FERDINANDS, G. A.: Brit. med. J. **1902**, 22. März. — FERTIG: Suprarenin. Z. Augenheilk. **53**, 129 (1924). — FRANKOWSKA: Eserin bei normalen Augen. Ref. Zbl. Ophthalm. **16**, 227 (1925). — FROMAGET: Adrenalin retrobulbär gegen Glaukom. Annales d'Ocul. **158**, 424 (1921). — FUCHS: Glaukom. Nichtoperative Behandlung. Ref. Zbl. Ophthalm. **14**, 794 (1925). — FUJII: Pseudoephedrin und Ephedrin. Ref. ebenda **16**, 911 (1925).

GALA: Örtliche Anwendung von Calcium. Zbl. Ophthalm. **11**, 376 (1924). — GALLOIS u. PIERRE NOËL-DESCHAMPS: Acetylcholin bei Glaukom. Ref. ebenda **21**, 387 (1929). — GAMA PINTO: Encyclopédie franç. d'ophthalm. **5** (1906). — GAPEJEFF: Adrenalin-Glaukosan und Pituitrinwirkung bei Glaukom. Klin. Mbl. Augenheilk. **81**, 626 (1928). — GIFFORD: Acute rise of tension by adrenalin. Amer. J. Ophthalm. **1928**, 628. — Neuere Glaukompräparate. Brit. J. Ophthalm. **13**, 481 (1929). Ref. Amer. J. Ophthalm. **12**, 163 (1929). — GILBERT: Glaukom, Entstehung, Wesen und Behandlung. Fortschr. Med. **1911**, Nr 5. — Therapie des Glaukoms. Graefes Arch. **82**, 390 (1912). — Über die Wirkung des DYESschen Aderlasses beim Glaukom. Ebenda **80**, 238 (1911). — Glaukom. Pathologie und Therapie. Ebenda **82**, 389 (1912). — Adrenalinuntersuchungen. Verh. dtsch. ophthalm. Ges. **1912**, 334. — Iritis und Glaukom. Handb. ges. Augenheilk. **5**, Kap. VI (2), 64. — GLAVAN: Wirkung des Gynergens auf den Augendruck. Zbl. Ophthalm. **21**, 389 (1929). — GOLDZIEHER: Iritis glaucomatosa. Zbl. prakt. Augenheilk. **1899**. — GOLOWIN: Ophthalmotonometrische Untersuchungen. Diss. 1895. — Sitzgsber. ophthalm. Ges. Odessa. Westn. Oftalm. **1907**. — GORGES: Behandlung der sekundären Drucksteigerung bei Thrombose der Zentralvene. Diss. Halle 1924. — GOSLICH: Vorbereitung von Glaukomoperationen. Z. Augenheilk. **56**, 40 (1925). — GRADLE: Das Glaukom vom Standpunkt des Praktikers. Münch. med. Wschr. **1912**, 741. — Adrenalin bei Glaukom. Amer. J. Ophthalm. **7**, 851 (1924). Zbl. Ophthalm. **14**, 614 (1925). — Glaukom. (Diskussion.) Amer. J. Ophthalm. **12**, 406 (1929). — Epinephrin gegen Glaukom. Ref. Zbl. Ophthalm. **15**, 363 (1925). — GRANDCLÉMENT: Glaukombehandlung durch Adrenalin. Ophthalm. Klin. **1904**, 242. — Un essai des injections de citrate de soude dans un cas de glaucome secondaire. Rev. gén. Ophthalm. 459. Clin. ophthalm. **1912**, 275. — GREDSTEDT: Glaukosanbehandlung. Z. Augenheilk. **63**, 84 (1927). — GREEVES: Behandlung der Iridocyclitis glaucomatosa. Zbl. Ophthalm. **21**, 555 (1928). — GREVEN: Glaucoma simplex. Pilocarpin und Dinoin. Wschr. Ther. u. Hyg. d. Auges **15**, 329 (1913). — GRÖNHOLM: Experimentelle Untersuchungen über die Einwirkung des Eserins auf den Flüssigkeitswechsel und die Zirkulation im Auge. Graefes Arch. **49**, 620 (1900). — Untersuchungen über den Einfluß der Pupillenweite, der Akkommodation und der Konvergenz auf die Tension glaukomatöser und normaler Augen. Arch. Augenheilk. **67**, 136 (1910). — Adrenalinwirkung. Internat. Ophthalm.-Kongr. Amsterdam 1929. — GROENOUW: Wirkung von Atropin und Eserin auf das Leichenauge. Klin. Mbl. Augenheilk. **49** (1), 659 (1911).

HAAB: Therapie des Glaukoms, medikamentös und operativ. Ref. Zbl. Ophthalm. **1909**, 714. — HAGEN: Subconjunctivale Adrenalininjektionen bei Glaukom. Acta ophthalm. **1**, 316 (1924). — Zu LARSEN: Behandlung der Iridocyclitis glaucomatosa. Graefes Arch. **115**, 521 (1925). — Ätiologie und nichtoperative Behandlung vom klinischen Gesichtspunkt. Internat. Ophthalm.-Kongr. Amsterdam 1929. — Atropinbehandlung der Iritis glaucomatosa. Acta ophthalm. **3**, 96 (1925). — Gynergen bei Glaukom. Ebenda **6**, 350 (1928). — HAITZ: Behandlung der Iridocyclitis glaucomatosa. Ref. Klin. Mbl. Augenheilk. **82**, 837 (1929). — HALLET: Massage bei Glaukom. Ref. Zbl. Ophthalm. **19**, 73 (1927). — HALLOT: L'extrait de capsule surrénale et son emploi dans la thérapeutique oculaire. Thèse de Paris 1897. — HAMBURGER: Experimentelle Glaukomtherapie. Med. Klin. **19**, 1224 (1923). Ref. Zbl. Ophthalm. **11**, 362 (1923). — Neue Wege zur Behandlung des Glaukoms. Med. Klin. **1924**. — Glaukombehandlung. Z. Augenheilk. **53**, 127 (1924). — Glaukombehandlung, Diskussion. Klin. Mbl. Augenheilk. **72**, 47 (1924). — Neues zur Glaukomfrage. Sitzgsber. Ophth. Ges. Heidelberg 1924, 126 — Priorität Adrenalin. Klin. Mbl. Augenheilk. **72**, 741 (1924). — Ersatzpräparate für Adrenalin. Ref. Zbl. Ophthalm. **16**, 537 (1925). — Glaukombehandlung durch konzentriertes Suprareningemisch. Z. Augenheilk. **58**, 185 (1925). — Glaukom und allgemeine Medizin. Dtsch. med. Wschr. **1925**, 186. — Erweichungsprinzip in der Glaukombehandlung. Ophthalm. Ges. Heidelberg 1925, 45. (Diskussion BARTELS, KRUSIUS.) — Zu RENTZ: Behandlung des Glaukoms. Klin. Mbl. Augenheilk. **74**, 150 (1925). — Glaukosan. Med. Klin. **1925**, Nr 40. — Glaukosan. Arch. of Ophthalm. **1926**, Nr 6. — Glaukosan, Glaukom und Akkommodation. Klin. Mbl. Augenheilk. **76**, 400 (1926). — Gegen das akute Glaukom. Ref. Zbl. Ophthalm. **17**, 899 (1926). — Erweichungsprinzip. Glaukosan. Z. Augenheilk. **60**, 112 (1926). — Zu EGTERMEYER: Hornhautzerfall nach Glaukosan. Klin. Mbl. Augenheilk. **77**, 546 (1926). — Zu MOCK: Notiz zur Glaukosanfrage. Münch. med. Wschr. **1926**, 2079. — Das stärkste Mioticum. Klin. Mbl. Augenheilk. **76**, 849 (1926). Z. Augenheilk. **60**, 109 (1926). — Traitement du glaucome par le glaucosan. Clin. ophthalm. **1927**, Nr 3. — Enquête sur le glaucome. Ebenda **1927**, Nr 5. — Zu JÄGER: Aminglaukosan. Klin. Mbl. Augenheilk. **78**, 412 (1927). — Verhütung akuter Glaukomanfälle bei Glaukosan. Z. Augenheilk. **62**, 322 (1927). — Glaukomprobleme. Klin. Mbl. Augenheilk. **78**, 189 (1927). — Glaukosanbehandlung von GREDSTEDT. Ref. Zbl. Ophthalm. **20**, 339 (1928). — Augendruck und Augenentzündung. Klin. Mbl. Augenheilk. **81**, 616 (1928); **82**, 397 (1929). Internat. Ophthalm.-Kongr. Amsterdam 1929. — Akuter Glaukomanfall nach Glaukosan. Erwiderung. Graefes Arch. **121**, 241 (1928). — Glaukom und Entzündung. Internat. Ophthalm.-Kongr. Amsterdam 1929. — Zu STOCK: Glaukombehandlung. Klin. Mbl. Augenheilk. **82**, 236 (1929). — HANSSEN: Gynergen. Ebenda **80**, 690 (1928). — NaCl-Gaben bei Glaukom. Ebenda **80**, 690 (1928). — HAPPE: Druckherabsetzung durch subconjunctivale Salzlösungen. Arch. vergl. Ophthalm. **1** (1910). — HAYASHI: Augendruck nach Eserin. Ref. Zbl. Ophthalm. **12**, 57 (1923). — HEGNER: Ebenda **12**, 309 (1924). — HEIM: Behandlung des Glaukoms mit Ergotamin. Klin. Mbl. Augenheilk. **79**, 345 (1927). — HEIMANN: Schweres akutes Glaukom geheilt durch Suprarenin. Ref. Zbl. Ophthalm. **13**, 232 (1924). — HEINE: Neuere Glaukomtherapie. Mitt. Ver. schleswigholstein. Ärzte **18**, Nr. 2 (1909). — HELBRON: Das primäre Glaukom und seine Behandlung. Berl. klin. Wschr. **1909**, 63. — HELLER: Inj. von citronens. Natron beim Glaukom. Ann. of Ophthalm. **1910**. — HENSEN: Röntgenstrahlen gegen absol. Glaukom. Klin. Mbl. Augenheilk. **71**, 742 (1923). — HENSEN u. SCHÄFER: Röntgenstrahlen gegen Glaucoma haemorrhagicum und absolutum. Graefes Arch. **114**, 123 (1924). — HEROLD: Glaukosantherapie. Amer. J. Ophthalm. **12**, 164 (1929). Ref. Klin. Mbl. Augenheilk. **79**, 272 (1929). — HERTEL: Augendruck. Klin. Mbl. Augenheilk. **64**, 391 (1920). — Adrenalin. Ebenda **72**, 534 (1924). — HESS: Schädigung der Fovea durch Miotica. Arch. Augenheilk. **86**, 89 (1920). — HESSBERG: Behandlung des Glaucoma haemorrhagicum mit Röntgenstrahlen. Klin. Mbl. Augenheilk. **64**, 607 (1920). — Erfahrungen mit der Suprareninbehandlung des Glaukoms. Z. Augenheilk. **54**, 250 (1924). — HILDESHEIMER: Glaukom und Entzündung. (Diskussion.) Internat. Ophthalm.-Kongr. Amsterdam 1929. — HIROSE: Drucksteigerung bei Anämie durch Adrenalin. Ref. Zbl. Ophthalm. **20**, 246 (1928). — VAN DER HOEVE: Schwellung der Augengewebe. Klin. Mbl. Augenheilk. **1912** (N. F. **13**), 60. — VOM HOFE: Glaukomtherapie. Arch. Augenheilk. **98**, 201 (1927). — Hypotonie beim primären Glaukom. Ebenda **99**, 410 (1928). — HOFFMANN: Adrenalinbehandlung. Z. Augenheilk. **61**, 109 (1927). — HOLZER: Behandlung des Glaucoma simplex. Ref. Zbl. Ophthalm. **16**, 662 (1925). — HOWARD a. LEE: Pseudoephedrin. Ref. ebenda **18**, 142 (1924).

IGERSHEIMER: Die nichtoperative Therapie des Glaukoms. Dtsch. med. Wschr. **1927**, 1095. — IMRE: Adrenalinwirkung bei Glaukom. Ophthalm. Ges. Heidelberg 1925, 41, 47. — Endocrine Störungen. Zbl. Ophthalm. **4**, 14 (1921). — Organotherapie. Klin. Mbl. Augenheilk. **71**, 178 (1923).

JAENSCH: Subconjunctivale Suprarenininjektionen bei Glaukom. Klin. Mbl. Augenheilk. **73**, 250, 665 (1924). — Klinische Erfahrungen mit Glaukosan. Ebenda **76**, 433 (1926). — Nitroscleran in der Augenheilkunde. Ebenda **77**, 189 (1926). — JESS: Adrenalin bei Glaukom. Ebenda **75**, 242 (1925). — Therapie des grünen Stars. Fortschr. Ther. **1928**, H. 9/10 (1928). — JESSOP: Nach SPENGLERS Sammelreferat. Z. Augenheilk. **13**, 1 (1905). — JOHN: Nervocidin. Graefes Arch. **123**, 272 (1929).

KADLICKY: Tendances nouvelles de la thérapeutique du glaucome. Arch. d'Ophthalm. **41**, 705 (1924). — Adrenalin und Augendruck. Zbl. Ophthalm. **14**, 395 (1925). — Insulin gegen Glaukom. Ref. ebenda **17**, 453 (1926). — Behandlung des Glaukoms. Ref. ebenda **20**, 69 (1928). — KAFKA: Glaukombehandlung nach HAMBURGER. Z. Augenheilk. **54**, 235 (1924). — KAISER: Ephetonin und Auge. Ebenda **66**, 432 (1928). — KARELUS: Adrenalinwirkung. Ref. Zbl. Ophthalm. **14**, 904 (1924). — KAYSER: Adrenalinwirkung. Klin. Mbl. Augenheilk. **72**, 796 (1924). — KELLER: Wirkung der Miotica und Mydriatica, besonders bei Glaukom. Arch. of Ophthalm. **50**, 550 (1921). — KERRY: Ölige Jodlösung bei Glaukom. Amer. J. Ophthalm. **3**, 341. Ref. Zbl. Ophthalm. **3**, 107 (1920). — KIRCHHEIM: Dosierung und Wirkung subcutaner Adrenalininjektionen. Münch. med. Wschr. **51** (1910). — KIRCHNER: Adrenalin. Ophthalm. Klin. **1902**, Nr 12. — KILJUSCHKO, N. J.: Über die Wirkung des Adrenalins aufs Auge. Diss. 1904 (russ.). — KLJACKO: Suprarenininjektionen bei Glaukom und Iritis. Ref. Zbl. Ophthalm. **18**, 819 (1926). — KNAPP: Massage. Klin. Mbl. Augenheilk. **50** (1), 691 (1910). — Adrenalin bei Glaukom. Arch. of Ophthalm. **50**, 556 (1921). — KNÜSEL: Arecolin. Z. Augenheilk. **38** (1917); **39** (1918). — KOCH: Glaukosan. Amer. J. Ophthalm. **1927**, 537. — KÖLLNER: Über die regelmäßigen täglichen Schwankungen des Augendruckes und ihre Ursache. Arch. Augenheilk. **81**, 120 (1916). — Über den Augendruck beim Glaucoma simplex und seine Beziehung zum Kreislauf. Ebenda **83**, 135 (1918). — Druckherabsetzende Wirkung der Miotica. Z. Augenheilk. **43**, 381 (1920). — KÖTZLE: Glaukom. Miotica. Diss. Tübingen 1907. Ref. Klin. Mbl. Augenheilk. **46** (2), 347. — KOLLER: Mydriatica und Miotica bei Glaukom. Ref. Zbl. Ophthalm. **8**, 460 (1923). — KRASSO: Bestrahlung mit BUCKYs Grenzstrahlen. Z. Augenheilk. **68**, 163; **69**, 74 (1929). — KREBS: Zur Gynergenarbeit von THIEL. Klin. Mbl. Augenheilk. **78**, 621 (1927). — KRONFELD: Lösung von vorderen Synechien nach Verletzung durch Adrenalininjektionen. Ebenda **76**, 134 (1926). — KRUSIUS: Diskussion zu HAMBURGER: Sitzgsber. Ophth. Ges. Heidelberg 1925.

LACAT: Diskussion. Internat. Ophthalm.-Kongr. Amsterdam 1929. — LAKAH: De l'abus de myotiques dans certaines formes de glaucome. Rec. d'Ophthalm. **1910**, 56. — LAMB: The use of pilocarpine and eserine in diseases of the eye. Ophthalm. Rec. **1914**, 23. — Glaukombehandlung. Ref. Zbl. Ophthalm. **18**, 287 (1926). — LAMBERT u. WOLFF: Hypertonische Kochsalzlösungen. Ref. Klin. Mbl. Augenheilk. **83**, 699 (1929). — LANDOLT, H.: Über die Verwendung von Nebennierenextrakten in der Augenheilkunde. Zbl. Augenheilk. **11** (1899). — LARSEN: Behandlung der Iridocyclitis glaucomatosa. Graefes Arch. **115**, 144 (1924). — LAUBER: Über Glaukosanwirkung. Klin. Mbl. Augenheilk. **77**, 222 (1926). — LAWSON: A case of chronic glaucoma thirteen years treated without operation. Trans. Ophthalm. Soc. United Kingd. **33**, 194 (1913). — LEDERER: Radiumemanation und intravenöser Druck. Klin. Mbl. Augenheilk. **74**, 785 (1925). — LEPLAT: Glaukom durch Eserin, geheilt durch Atropin. Clin. ophthalm. **1908**. — Einfluß lokaler Blutentziehungen auf den Augendruck. Annales d'Ocul. **160**, 348 (1923). Ref. Zbl. Ophthalm. **11**, 57 (1924). — LEWIS: Die nichtoperative Behandlung des Glaukoms. Ref. Zbl. Ophthalm. **19**, 776 (1927). — Nichtoperative Therapie. Ref. ebenda **20**, 590 (1928). — LIEBERMANN: Novocain-Suprarenin retrobulbär nach FROMAGET. Ebenda **12**, 460 (1923). — LIESKÓ: Glaukom nach Röntgenbestrahlung. Ebenda **7**, 394 (1923). — LINDNER: Diagnose und Behandlung des Glaukoms. Wien. klin. Wschr. **1929**, 1265. — LLOYD: X-Strahlen bei Glaukom. Arch. of Ophthalm. **1927**, 445. — LÖFFLER u. WELLISCH: Diathermie gegen Glaukom. Klin. Mbl. Augenheilk. **83**, 285 (1929). — LÖHLEIN: Druckbeeinflussung durch Medikamente. Ebenda **77**, Beil.-H. (1926). — Glaukomtherapie. Zbl. Ophthalm. **22**, 1 (1929). — LÖWENSTEIN: Klin. Mbl. Augenheilk. **73**, 786 (1924). — LOBEL: Subconjunctivale Adrenalineinspritzungen. Ref. Zbl. Ophthalm. **17**, 653 (1926).

MAGHY: Beobachtungen an 100 Fällen von Primärglaukom. Ref. Klin. Mbl. Augenheilk. **65**, 605 (1920). — MAGITOT: Adrenalin als Mydriaticum. Arch. d'Ophthalm. **1924**, 618. — Ätiologie und nichtoperative Therapie des Glaukoms. Internat. Ophthalm.-Kongr. Amsterdam 1929. — MAHER: Discussion on the treatment and prognosis of primary glaucoma. Trans. 8[th] Sess. Austral. med. Congr. **3**, 104. Ophthalm. Rev. **1909**, 185. — MAKLAKÓW: Ophthalmotonometrie. Chir. ljetopis **6** (1892). — Contribution à l'ophthalmotonométrie. Arch. d'Ophthalm. **1892**, Nr 5. — Weitere Beiträge zur Ophthalmotonometrie. Chir. ljetopis **1893**, Nr 4 (russ.). — MALLING: Iridocyclitis und Glaukom. Acta ophthalm. **1**, 128 (1923). — MANOLESCO et ABERMANN: Gynergen. Annales d'Ocul. **166**, 748 (1929). — MANS: Subconjunctivale Suprarenininjektion bei Glaukom. Klin. Mbl. Augenheilk. **73**, 674 (1924). — MARCHESANI: Adrenalinbehandlung beim Glaukom. Wien. klin. Wschr. **38**, Nr 36, 1001 (1925). — MARIOTTI: Adrenalin bei Iritis mit Sekundärglaukom. Ref. Zbl. Ophthalm. **15**, 118 (1926). — MARLOW: Die nichtoperative Behandlung des Glaukoms. Ref. ebenda **19**, 776 (1928). — MARKBREITER: Glaukom und Osmose. Arch. d'Ophthalm. **1912**. — MARQUEZ, A.: Adrenalin in der Augenheilkunde. 14. internat. med. Kongr. Madrid. Ophthalm. Klin. **1903**, 217. — MASSLENIKOW: Über Druckschwankungen beim Glaukom. Westn. oftalm. **1905**, Mai/Juni. — MATUSCHWIG u. ROSENHAUCH: Wirkung der Nebennierenpräparate. Jber. Ophthalm. **1909**. — MEESMANN: Therapie des grünen Stars. Klin. Wschr. **1928**, 825. — MEYERHOF: Adrenalinbehandlung des Glaukoms. Zit. Jber. Ophthalm. **1925**, 261. — MILLER: Intraocular Tension in glaucoma lowered by infection of sphenopalatine ganglion. Ann. of Otol. **22**, Nr 2 (1913, June). — MOCK: Notiz zur Glaukomfrage. Münch. med. Wschr. **1926**, 1711. — MOISCJUK-KOSTOJANZ: Einfluß von Atropin, Pilocarpin und Adrenalin auf die Gefäße des isolierten Auges. Zbl. Ophthalm. **20**, 546 (1928). — MORAX u. FOURRIÈRE: Arsenobenzol bei Glaukom. Annales d'Ocul. **145**, 439 (1911). — Salvarsan bei Glaukom der Luetiker. Ref. Ophthalmoscope **1912**, 610. — MOSCARDI: Adrenalin und Glaukosan bei Glaukom. Ber. Augenklin. Rom **1929**, 122. — MÜLLER: Hypophyse und Auge.

Klin. Mbl. Augenheilk. **73**, 713 (1924). — MC MULLEN: Behandlung der Iridocyclitis glaucomatosa. Zbl. Ophthalm. **21**, 555 (1928). — MURAWLESKIN: Suprareninbehandlung. Ref. ebenda **19** (1927).

NAGY: Antiglaukomatöse Medikamente. Klin. Mbl. Augenheilk. **83**, 364 (1929). — NEEPER: Hochfrequenzströme. Amer. J. Ophthalm. **12**, 506 (1929). — NEUBUSCHER: Klin. Mbl. Augenheilk. **77**, 219 (1926). — NIEDEN: Niederrh. Ges. Natur- u. Heilk. zu Bonn. Dtsch. med. Wschr. **1902**, Nr 48. — NONAY: Erfahrungen mit Glaukosan. Z. Augenheilk. **63**, 308 (1927). Klin. Mbl. Augenheilk. **80**, 503 (1928).

PAGENSTECHER: Massage. Zbl. prakt. Augenheilk. **1878**, 281. — PARENTEAU: Homöopathische Glaukombehandlung. Ref. Klin. Mbl. Augenheilk. **61**, 616 (1918). — PARKER: Adrenalininjektionen. Ref. Zbl. Ophthalm. **22**, 424 (1929). — PARSON: Zit. nach KILJUSCHKO. — PASSOW: Medikamentöse Behandlung des Glaukoms. Klin. Mbl. Augenheilk. **78**, 78 (1927). — Internat. Ophthalm.-Kongr. Amsterdam 1929. — Pacyl gegen Glaukom. Sitzgsber. Ophth. Ges. Heidelberg **1928**. — Cholintherapie. Klin. Mbl. Augenheilk. **83**, 339 (1929). — PERLIS: Adrenalinbehandlung. Ref. Zbl. Ophthalm. **18**, 550 (1927). — PETER: Glaukom nach Röntgenbestrahlung. Ref. ebenda **13**, 468 (1924). — PIEMONT: Glaukom nach Iridocyclitis. Arsenobenzol. Annales d'Ocul. **1929**, 406. — PIESBERGEN: Vibrationsmassage. Zit. bei OHM. Zbl. prakt. Augenheilk. **1911**, 9. — PISCHEL: Glaukosan. Amer. J. Ophthalm. **11**, 705 (1928). — PLETNEWA: Glaukosan. Ref. Zbl. Ophthalm. **19**, 218 (1927). — Poos: Ergotaminwirkung am Auge. Klin. Mbl. Augenheilk. **79**, 577 (1927). — Poos u. SANTORI: Nervengifte bei aufgehobener Blutkammerwasserschranke (Sympathicuslähmung). Graefes Arch. **121**, 449 (1929). — POSEY: Miotica bei Glaukom. Annales d'Ocul. **137**, 415 (1907). — Wert der Miotica bei Glaukom. Ref. Klin. Mbl. Augenheilk. **53**, 253 (1914). — Miotica bei chronischem Glaukom. Ref. ebenda **65**, 445 (1920). — POST: Glaukom und Ganglion sympathicum. Arch. of Ophthalm. **50**, 317 (1911). — PUSCARIU et CERKER: Subconj. Pilocarpininj. Annales d'Ocul. **162**, 502 (1925). — PUSCARIU u. MITZULESCU: Dissoziation der Pupillenreaktion nach Atropin und Pilocarpin beim Glaukom. Ref. Zbl. Ophthalm. **15**, 717 (1925).

RABINOWITSCH: Paradoxe Wirkung von Eserin. Ref. Z. Augenheilk. **31**, 430 (1913). — RAMONI, A.: Nach SPENGLERS Sammelreferat (1905). — RAUH: Glaukosan. Klin. Mbl. Augenheilk. **82**, 830 (1929). — REDSLOB u. REISS: Säureinjektionen in den Glaskörper. Annales d'Ocul. **166**, 16 (1929). — REID: Behandlung der Iridocyclitis glaucomatosa. Zbl. Ophthalm. **21**, 557 (1928). — RENTZ: Suprareninbehandlung des Glaukoms. Klin. Mbl. Augenheilk. **73**, 356 (1924). — REYNOLDS: Adrenalin. Ann. of Ophthalm. **10** (1901). — RICCA: Hypotonin. Ref. Klin. Mbl. Augenheilk. **51**, 858 (1913). — RICHTER: Insulin und Augendruck. Ebenda **76**, 835 (1926). — RING: Adrenalinchlorid gegen Glaukom. Amer. J. Ophthalm. **8**, 553 (1925). Zbl. Ophthalm. **15**, 631 (1925). — RISLEY: Secondary glaucoma; high frequency current. Ophthalm. Rec. **1911**, 374. — ROBERTSON: The managements of established glaucoma. Amer. J. Ophthalm. **1928**, 638. — RÖMER u. KREBS: Zur HAMBURGERschen Glaukomtherapie. Z. Augenheilk. **53**, 13 (1924). — ROLLANDI: Glaucoma chron. simpl. Ann. Oftalm. **43** (1914). Ref. Klin. Mbl. Augenheilk. **53**, 438 (1914). — ROLLER: Adrenalin in der Praxis. Z. Augenheilk. **55**, 420 (1925). — ROSCIN: Adrenalin und Augendruck nach Entfernung des ob. Halsnerven. Ref. Zbl. Ophthalm. **18**, 7 (1926). — Adrenalin nach Unterbindung der Venae vorticosae. Ref. ebenda **18**, 646 (1927). — Glaukomstudien (Adrenalin). Ref. ebenda **21**, 107 (1929). — ROSENBERG: Suprarenininjektionen. Ebenda **12**, 310 (1924). — ROSSI: Lymphdrüsenextrakt bei Glaukom. Zbl. Ophthalm. **7**, 39 (1922). — ROURE: Un case de glaucome traité par les courants de haute fréquence. Clin. ophthalm. **1909**, 584. — RUBERT: Einfluß des Adrenalins auf den intraokularen Druck. Z. Augenheilk. **21** (1909).

SABATA: Adrenalin. Ref. Klin. Mbl. Augenheilk. **78**, 725 (1927). — SAFAR: Erfahrungen mit der HAMBURGERschen Adrenalinbehandlung bei Glaukom. Ebenda **73**, 510 (1924). — SALUS: Therapie bei Cataracta intumescens. Ebenda **48** (2), 167 (1910). — Subconjunctivale Adrenalininjektionen. Zbl. Ophthalm. **12**, 460 (1923).

— SALVATI: Dionin und Augendruck. Ref. ebenda **20**, 611 (1928). — SAMKOWSKI: Suprareninbehandlung. Ref. Klin. Mbl. Augenheilk. **76**, 591 (1926). — SAMOILOFF: Einfluß des Adrenalins auf den Augendruck. Ref. Zbl. Ophthalm. **15**, 826 (1925). — Hypophysispräparate und Augendruck. Ref. ebenda **19**, 216 (1926). — Pituitrin und Augendruck. Ebenda **18**, 818 (1927). — Glaukom und Augentonus. Ebenda **19**, 217 (1927). — Neue Wege in der Glaukomtherapie. Ref. ebenda **18**, 319 (1927). — Pilocarpin und Augendruck. Klin. Mbl. Augenheilk. **82**, 525 (1929). — SAMOILOFF u. MUSELEWICZ: Adrenalin. Zbl. Ophthalm. **15**, 630 (1926). — SANDER-LARSEN: Zit. bei THIEL: Arch. Augenheilk. **96**, 34 (1925). — SCHEFFELS: Orbitale Alkoholinjektionen. Klin. Mbl. Augenheilk. **79**, 825 (1925). — SCHIDLOWSKI: Adonidin im Glaukomanfall. Ebenda **45** (1), 133 (1907). — SCHIECK: Iritis, Cyclitis und Glaukom. Z. Augenheilk. **43**, 176 (1926). — SCHMIDT: Arzneimittel. Druck im Kaninchenauge. Ebenda **62**, 221 (1927). — Druckbeeinflussung. Sitzgsber. Ophth. Ges. Heidelberg. **1927**, 50. — Miotica bei Glaukom. Ophthalm. Ges. Heidelberg **1928**. — SCHMIDT-RIMPLER: Schmidts Jb. ges. Med. **1901**. — SCHOENBERG: The KNAPP adrenalin mydriasis reaction in direct descendant of patients with primary glaucoma. Trans. amer. ophthalm. Soc. **22**, 53 (1924). — Zu KOLLER: Miotica und Mydriatica. Arch. of Ophthalm. **51**, 156. — SCHÖNFELDER: Nachtrag zur Suprareninbehandlung bei Glaukom. Klin. Mbl. Augenheilk. **75**, 240 (1925). — SCHÜSSLER: Behandlung des Glaucoma simplex. Med. Klin. **32** (1914). Ref. Klin. Mbl. Augenheilk. **53**, 439 (1914). — SCHULEK: Pilocarpin. Ungar. Beitr. Augenheilk. **1900**. — SCHULTEN: Experimentela och kliniska undersökeninger beträffanda hyärnskador och deras inflytande pa ogats cirkulations forhallanden. Helsingfors: Frenckell 1882. — SCHWARZ: Enzyklopädie d. Augenheilk. Lief. 13, 575. — DE SCHWEINITZ: Ther. Gaz. **1902**, Juli. — Glaukom nach subconjunctivaler Injektion (Quecksilbercyanid). Ophthalm. Rec. **1907**. — Miotica gegen Glaukom. Ref. Zbl. Ophthalm. **17**, 454 (1927). — SEDWICK: Acute glaucoma relieved by injections of sodium citrate. Ophthalm. Rec. **1911**, 328. — SEIDEL: Miotica und Mydriatica und Flüssigkeitswechsel. Graefes Arch. **108**, 285 (1912). — SELIGSTEIN: Glaukosan. Amer. J. Ophthalm. **1927**, 631. — SEMPLE: Blutdruck usw. Klin. Mbl. Augenheilk. **1910**, 692. — SENN: Warnung vor uneingeschränktem Gebrauch des Adrenalin. Wschr. Ther. u. Hyg. Auges **1905**, Nr 22. — SEER: Augendruckkurven. Sitzgsber. Ophth. Ges. Heidelberg **1925**, 255. — SHAHAN: Thermosphor bei Glaukom. Ref. Klin. Mbl. Augenheilk. **65**, 445 (1920). — SPENGLER: Dionin. Ref. Z. Augenheilk. **12**, 579 (1904). — Kritisches Sammelreferat über die Verwendung einiger neuerer Arzneimittel in der Augenheilkunde. Ebenda **13**, 1 (1905). — SPUTH: Hochfrequenzströme. Zbl. Ophthalm. **22**, 132 (1929). — STELLA: Adrenalin bei Glaukom. Boll. Ocul. **4**, 847 (1927). Zbl. Ophthalm. **17**, 129 (1927). — STEWENS: Druckbeeinflussung bei sekundärem Glaukom durch Salvarsan. Z. Augenheilk. **62**, 197 (1927). — STOCK: Adrenalinbeh. (Aussprache). Zbl. Ophthalm. **12**, 309 (1924). — Suprarenin (Diskussion). Klin. Mbl. Augenheilk. **75**, 240 (1925). — Behandlung des Glaukoms (iritisches Glaukom). Ebenda 81, 690 (1928). — STOEWER: Gynergen bei Drucksteigerung. Ref. ebenda **80**, 395 (1920). — SUTPHEN: Salicylpräparate. Amer. oph. thalm. Soc. **1895**. — SUZUKI: Über Glaukom. Inaug.-Diss. Würzburg 1912. — SYKLOSSY, GY: Über das Glaukom. Klin. Vortr. Budapest 1911. (Ungar.)

TARATIN: Pituitrin bei Glaukom. Zbl. Ophthalm. **21**, 387 (1929). — THIBAUDET: Behandlung des chronischen Glaukoms. Arch. d'Ophthalm. **46**, 430 (1929). — THIEL: Medikamentöse Glaukomtherapie. Ref. Klin. Mbl. Augenheilk. **80**, 690 (1928). — Kl. Untersuchungen zur Glaukomfrage. Graefes Arch. **113**, 329 (1924). — Medikamente für Augendruck. Sitzgsber. Ophth. Ges. Heidelberg. **118**, 120 (1924). — Adrenalinwirkung bei Glaukom. Klin. Mbl. Augenheilk. **72**, 534 (1924). — Medikamentöse Therapie. Ärztl. Fortbildungskurse. Berlin: Karger 1925. — Adrenalin und Augendruck beim Glaukom. Arch. Augenheilk. **96**, 34 (1925). — Ergotamin und Augendruck. Z. Augenheilk. **60**, 114 (1926). Klin. Mbl. Augenheilk. **77**, 753 (1926). — Medikamentöse Glaukomtherapie. Z. Augenheilk. **65**, 373 (1928). — THIENPONT: Kontraindikation des Dionins beim Glaukom. Ref. Klin. Mbl. Augenheilk. **53**,

248 (1914). — TIMOFEJEW, P. W.: Über die Wirkung des Nebennierenextraktes auf das Auge. Diss. 1898. (Russ.) — THOMAS: Relief of glaucoma by subconjunctival solium citrate injection. California State J. Med. **1912**, March. — TOCZYSKI: Augendruck. Dionin. Z. Augenheilk. **30**, 347 (1913). — TOOKE: Some clinical and pathological aspects of glaucoma; a retrospect of two hundred cases. Ophthalmology **9**, 92 (1912). — TORRES ESTRADA: Fibrolysin bei chronischem Glaukom. Ref. Klin. Mbl. Augenheilk. **65**, 760 (1920). — TRISTAINO: Influenca del clocuro di calcio sulla tensione oculare e sua azione sul glaucoma. Arch. Ottalm. **20**, 589 (1913). — TRETTENERO: Zuckerinjektionen bei Glaukom. Ref. Zbl. Ophthalm. **14**, 143 (1923). — TREUTLER: Adrenalin und Glaukom. Wschr. Ther. u. Hyg. Auges **1905**, Nr 22. — TRUC, IMPERT u. MARQUES: Hochfrequenzströme bei Glaukom. Ref. Ebenda **10**, 259 (1907).

UNGERER: Wirkung des Adrenalins auf das normale Auge. Ref. Zbl. Ophthalm. **20**, 777 (1928). — Traitement du glaucome par l'adrénalin. Annales d'Ocul. **166**, 769 (1929).

VALUDE u. DUCLOS: Adrenalineinträufelungen. Annales d'Ocul. **138** (1907). — VANNAS: Adrenalin bei Glaukom. Acta ophthalm. (København.) **4**, 334 (1926). — VEASAY: Behandlung des Glaucoma simplex. Zit. Klin. Mbl. Augenheilk. **46** (2), 684 (1908). — VESTERGAARD: Insulin und Augendruck. Acta ophthalm. **7**, 3, 273 (1929). — VIGNES, J.: Note sur l'adrenalin. Soc. franç. d'Ophthalm. Clin. ophthalm. **1902**, 173. — VINCENT: Adrenalineinträufelungen und Kammerwasser. Ref. Zbl. Ophthalm. **21**, 147 (1929). — VINETA: Du traitement du glaucome par les courants de haute fréquence. Arch. Electr. méd. **1910**, 828.

WAGNER: Iritis glaucomatosa. Zbl. prakt. Augenheilk. **1900**. — WEEKERS: The use of calcium salts in the internal treatment of glaucoma. Amer. J. Ophthalm. **29**, 328 (1912). — Interne Glaukombehandlung. Ref. Zbl. Ophthalm. **3**, 543 (1920). — WEGNER: Glaukosan. Klin. Mbl. Augenheilk. **76**, 878 (1926). — WEINBERG: Therapie und Genese des Glaukoms. Ref. Zbl. Ophthalm. **14**, 70 (1924). — WESSELY: Nebennierenpräparate. Ophthalm. Klin. **1908**. — Wirkung des Adrenalins auf Pupille und Augendruck. Z. Augenheilk. **13**, 4 (1905). — Suprarenin. Heidelberg **1900**, 69. Z. Augenheilk. **13**, 310 (1905). — Zur drucksteigernden Wirkung des Eserins. Verh. dtsch. Naturforsch. Königsberg 1910. — Zur Wirkungsweise des Eserins. Zbl. prakt. Augenheilk. **1913**. — Aderlaß. Arch. Augenheilk. **83**, 131 (1918). — Glaukomreferat. Internat. Kongr. Amsterd. 1929. — WICHERKIEWICZ: Atropinwirkung. Wschr. Ther. u. Hyg. Auges **16** (1913). — WICK: Versuche zur Glaukombehandlung durch Umstimmung des Organismus. Ref. Zbl. Ophthalm. **17**, 510 (1926). — WIENER: Glaukosan. Ebenda **22**, 328 (1919). — WIESENTHAL: Suprarenin. Z. Augenheilk. **53**, 129 (1924). — WILSON: Glaukom und Osmose. Ref. Klin. Mbl. Augenheilk. **82**, 701 (1929). — WOLFF: Antitonin beim Kaninchenglaukom. Ref. ebenda **76**, 138 (1928). — WOLFF u. DE JONGH: Druckerniedrigende Mittel bei Glaukom. Ref. Zbl. Ophthalm. **15**, 114 (1925). — WOLFFBERG: Dionin bei Glaucoma haemorrhagicum. Wschr. Ther. u. Hyg. Auges **1902**, 113; **1911**, Nr 13. — WRIGHT u. MAYER: Adrenalinbehandlung. Ref. Zbl. Ophthalm. **22**, 424 (1929).

YOUNG: Non operative treatment of glaucoma etc. Ophthalm. Rec. **1908**.

ZANKOWSKI: Adrenalinbehandlung des Glaukoms. Ref. Zbl. Ophthalm. **17**, 452 (1927). — ZIEGLER: Strahlenbehandlung des Sympathicus bei Glaukom. Ref. ebenda **15**, 822 (1924). — ZIMMERMANN: Suprarenin. Ophthalm. Klin. **1900**, 260. — ZOBEL: Zu STOCK: Klin. Mbl. Augenheilk. **50** (1), 115 (1911).

## B. Operationen.

Wie bereits in der Einleitung gesagt wurde, legten die Herausgeber Wert darauf, daß in dieser monographischen Bearbeitung nach Möglichkeit ausgeschaltet wurde, was in diesem Handbuche schon eine eingehendere Darstellung erfahren hat, soweit nicht seit dem Erscheinen einschlägiger Arbeiten, wie z. B. über den Flüssigkeitswechsel des Auges, mehr als zwei Jahrzehnte verstrichen sind, seit eine zusammenfassende Darstellung erfolgte. Ich werde mich deshalb bei der Besprechung der operativen Eingriffe darauf beschränken, nur dasjenige zu bringen, was sich direkt an die zu Anfang dieses Jahrzehnts erschienene Bearbeitung der gegen das Glaukom gerichteten Eingriffe von KÖLLNER, HEINE und von WESSELY in diesem Handbuche (II. u. III. Auflage 1922, S. 777, 872, 887) in ausführlichster Weise zusammengestellt ist. Es kann auch nicht meine Aufgabe sein, in dem Literaturverzeichnis Arbeiten aufzuführen, welche in diesen Darstellungen keine besondere Erwähnung gefunden haben aus dem Grunde, weil sie eine wesentliche Erweiterung unserer Kenntnisse nicht bedeuteten. So werde ich denn die Literatur nur von 1920 ab berücksichtigen und eine Übersicht über das seit dieser Zeit Geleistete geben, welche als Ergänzung zu den Arbeiten der oben genannten Autoren dienen kann, wobei ich mir wohl bewußt bin, daß es keine abgerundete, erschöpfende Darstellung ist, weil eben vieles als bekannt vorausgesetzt werden mußte. Eine Übersicht über die operative Therapie des Glaukoms haben außerdem ELSCHNIG u. BÖHM (1923) und KRÜCKMANN in dem Fortbildungskurs für Augenärzte 1925 gegeben.

## 1. Iridektomie.

Durch die Einführung der fistelbildenden Operationen ist zweifellos das Gebiet der Iridektomie nicht unwesentlich eingeschränkt worden. Es ist das ohne weiteres begreiflich, weil man nach der epochemachenden Entdeckung v. GRAEFEs schon bald nachher die Erfahrung machen mußte, daß die Wirksamkeit der Iridektomie zu wünschen übrig ließ, je mehr sich das Glaukom dem Glaucoma simplex näherte. Unbestritten blieb die Vorherrschaft dieses Eingriffes bei den akuten Formen, und hier geht die Diskussion im wesentlichen darum, was zu tun ist, wenn durch eine Iridektomie der erwünschte Erfolg nicht erzielt wird, besonders dadurch, daß sich die Vorderkammer nicht wieder herstellt. Andererseits sind auch Fälle bekannt, wo auch bei malignem Glaukom noch Erfolge zu verzeichnen waren. Verschlechterungen nach Iridektomie bringt PRIESTLEY-SMITH (1891) mit einer Degeneration der Sekretionsorgane in Verbindung.

Was zunächst die Technik der Iridektomie angeht, so empfiehlt FLEISCHER (1925) die Iridektomie in der Weise auszuführen, daß, ähnlich wie bei der ELLIOTschen Trepanation, ein Bindehautlappen zurückpräpariert und dann mit der Lanze der Einstich gemacht wird, woraus sich Vorteile ergeben gegenüber den Operationen, die bestrebt waren, mit der Lanze oder einem anderen Instrument den gewöhnlichen Einschnitt zu erweitern, wie es von BURCHARDT, CZERMAK, ELSCHNIG, GAYET und DIANOUX in verschiedenen Weisen geübt worden sei. Das Verfahren ähnelt denen von WESSELY und von PRIESTLEY-SMITH und ADAMS (1921), welch letzterer nach Ausführung des Schnittes einen horizontalen Keil aus dem peripheren Skleralrand exzidiert. FLEISCHER war bestrebt, die Schnittführung so zu gestalten, wie er für die Ausführung der Iridektomie am besten ist. In ganz ähnlicher Weise ging LÜDDE (1924) vor, um eine bessere Wirkung der Iridektomie zu erzielen, ebenso hatte GREEN (1926) damit Erfolge erzielt. Die Operation von JERVEY (1928) stellt eine Kombination von Iridektomie und Cyclodialyse dar. Da der Skleralschnitt 2,5 mm oberhalb des Limbus liegt und von hier die Iris exzidiert wird, ist die Nachbarschaft des Ciliarkörpers ein wenig bedrohlich. Auch das Abschaben von Irisresten aus dem Ligamentum pectinatum dürfte wohl wenig empfehlenswert sein. Ähnlich wie FLEISCHER war schon REESE (1924) vorgegangen. Daß die subconjunctivale Schnittlage ein besseres Vordringen zur Iriswurzel ermöglicht, gibt TORÖK (1923) an, dessen Verfahren von SUKER (1926) empfohlen wird. TORÖK kombiniert diesen Eingriff mit einer Cyclodialyse, indem er mit einem Spatel von der Vorderkammer zum Suprachorioidalraum vordringt, wie auch ALEXANDER (1924) bestrebt war, bei Fortdauer der Drucksteigerung nach vollzogener Iridektomie nach Ablösung der Bindehaut am Äquator mit einem Spatel die Wunde wieder zu öffnen. ELIASBERG (1928) empfiehlt bei enger vorderer Kammer mit einer mit Arretirungsvorrichtung versehenen geraden Lanze am Hornhautrande durch die Iris einzugehen, während WASUTINSKY (1929) der basalen Iridektomie den Vorzug gibt.

Schwierige Verhältnisse bei einem Einäugigen, bedingt durch erhöhte Infektionsgefahr von der Bindehaut, veranlaßten PROKSCH (1911) nach dem Vorschlag von SACHS die Iridektomie transpalpebral zu versuchen.

Andere Autoren empfehlen die periphere Iridektomie, welche nach BÄNZIGER (1922) die zur Erzielung der Kommunikation zwischen Vorder- und Hinterkammer notwendige Verbindung herstellt. Auch an der HESSschen Klinik in München wurde, wie ILLIG (1921) anführt, die Basalexzision geübt, wofür SAFAR (1921) ebenfalls eintritt.

Schwierigkeiten bei der Operation ergeben sich, worauf WOODS (1921) hinweist, aus der Brüchigkeit der Iris. Auch MENACHO (1921, 1922) empfiehlt, die Iris nicht dort auszuschneiden, wo sie degeneriert ist. Wenig einleuchtend ist es, wenn BESSO (1924) die nach Iridektomie auftretende Blutung auf Sympathicus- und Trigeminuseinflüsse zurückführen will. Daß die Iridektomie nach LEOZ (1922) bei chronischer

Iridocyclitis mit Synechien oft gefährlich ist, ist wohl keine neue Erfahrung, und wenn BURNHAM (1921) den gelegentlichen Mißerfolg der Iridektomie auf die teigige Beschaffenheit der Iris zurückführen will, so ist das wohl in dieser Fassung nicht richtig. Nach BESSO (1925) wirkt die Iridektomie besser als die Sclerotomie, weil der angrenzende Ciliarkörper nach diesem Eingriff nicht so rasch atrophiert als nach der Sclerektomie nach LAGRANGE. Als wesentlichen Vorteil der Iridektomie führt MEHNER (1923) die Tatsache an, daß an der UHTHOFFschen Klinik unter 1000 Iridektomien keine Infektion beobachtet wurde. In den wenigen Fällen, wo die Vorderkammer sich nicht wieder herstellte, wurde eine hintere Sclerotomie ausgeübt. Auch FERID (1924) hebt als Vorteil der Iridektomie hervor, daß die Gefahr der Infektion und das Auftreten nachfolgender Iritis sehr gering sei. Daß die Iridektomie relativ ungefährlich ist, beweist auch der Umstand, daß MENACHO (1922) und FERID (1924) nachdrücklich empfehlen, an dem zweiten Auge die prophylaktische Iridektomie auszuführen. Die Gefahr, die dem Auge durch plötzliche Druckentlastung droht, ist nach GILBERT (1920) bei der Iridektomie nicht größer als bei den fistelbildenden Operationen. Daß die Iridektomie auch bei eingeengtem Gesichtsfeld günstig wirken kann, wird von KOSTER (1920) an der Hand mehrerer Fälle mitgeteilt.

Was nun die Erfolge der Iridektomie im allgemeinen angeht, so sind einige Autoren sehr optimistisch; z. B. D'ANDRADE (1921) und UHTHOFF (1921) erklärt an Hand seines reichen Materials, daß die fistelbildenden Operationen der Iridektomie nicht überlegen seien. Auch ROHNER (1928) bevorzugt die Iridektomie. Sehr lehrreich war die Diskussion bei Gelegenheit der Tagung der Ophthalmologischen Gesellschaft in Wien 1922. Nach WESSELY (1927) ist die Wirkung der Iridektomie bei akuten und vielen Sekundärglaukomen sehr umstritten. Daß die Iridektomie durch Eröffnung der natürlichen Abflußwege wirksam sei, ist nach WESSELY nicht bewiesen. HERTEL (1921) macht darauf aufmerksam, daß beim Glaucoma simplex häufig nach Iridektomie ein Verfall des Sehvermögens eintritt. Nach den Erfahrungen von FUCHS (1921) sollen die mit dem Messer operierten Fälle günstiger sein, als die, bei denen die Lanze benutzt wurde. Im großen und ganzen seien die Resultate der Iridektomie zufriedenstellend, wenn auch bei akuten Glaukomen nicht immer ein genügender Erfolg erzielt wird. Nach SAFAR (1921) ist die Überlegenheit der Iridektomie nach v. GRAEFE offenbar, wobei allerdings das Können des Operateurs von Wichtigkeit ist. Auch PILLAT (1921) konnte berichten, daß bei 198 Iridektomien in 72% der Fälle ein Erfolg erzielt wurde. Neuerdings führt STOCK (1928) aus, daß die Iridektomie als solche in einem größeren Prozentsatz der Operationen Erfolg hat, und er macht darauf aufmerksam, daß die Trepanation besser wirke, wenn sie mit einer Iridektomie verbunden ist. Die Schnittführung muß so peripher sein, daß man bis an die Iriswurzel gelangen kann. Während McCallan (1922) der Iridektomie bei Trepanation einen günstigen Einfluß zuschreibt, behaupten Morax und Fourrière (1929), daß die Iridektomie bei den fistelbildenden Operationen keinen Einfluß auf die Resultate habe. Daß die Iridektomie auch beim Glaucoma hämorrhagicum erfolgreich sein kann, lehrt die Beobachtung von Poulard und Prieur (1924). Ein lehrreiches Beispiel, daß die Iridektomie 6 bzw. 8 Jahre vorhalten kann, dann aber versagt, liefert ein Fall von Crisp (1929).

Da in dem hochgelegenen Mexiko die Neigung zu postoperativen Blutungen gesteigert ist, macht Weihmann (1927) bei Druck über 25 mm vor Staroperationen eine präparatorische Iridektomie.

Zu dem Auftreten einer postoperativen Iritis nach Glaukomiridektomie bemerkt Stock (1928), daß die Iritis in einzelnen Fällen wohl schon vorher latent bestanden habe, wogegen Hamburger (1929) geltend macht, daß diese entzündlichen Erscheinungen wohltätige Folgen des Eingriffes seien, welche die Drucksenkung begünstigen.

Wenn Parker (1918) ein vorderes Glaucoma simplex mit tiefer vorderer Kammer als Ausdruck einer Lymphstauung mit Iridektomie, ein hinteres mit enger Vorderkammer als Folge einer Lymphstauung im hinteren Augenabschnitt mit Trepanation bekämpfen will, so wird er mit dieser Einteilung wohl wenige Anhänger finden.

Schließlich sei noch bemerkt, daß Löwenstein (1929), um die zweizeitige Operation, Transfixion und nachherige Iridektomie zu vermeiden, den Schnitt mit einer schmalen Lanze anlegt und die Iridektomie gleich anschließt. Daß speziell nach Iridektomie Katarakt beobachtet wird, muß nach Hanssen (1929) auf eine direkte Schädigung der Linsenkapsel und der Substanz zurückgeführt werden.

## 2. Sclerotomie.

Über die Sclerotomie liegen in den letzten Jahren nur wenige Angaben vor. Sie betreffen meistens die hintere Sclerotomie. In einer Diskussion zu einem Vortrage von Jaqueau u. Lemoine (1921), die über einen Fall von Glaucoma malignum berichteten, bei welchem Iridektomie und Sclerektomie erfolglos waren, wird für solche Fälle die hintere Sclerotomie empfohlen. Michelsen (1927) wendet die hintere Sclerotomie häufig zugleich mit der vorderen Sklerotomie mit subconjunctivaler Iriseinlagerung an, und ist mit den Resultaten sehr zufrieden. Auch Friedenwald (1928) hat bei den verschiedenen Glaukomformen von der hinteren Sclerotomie Gebrauch gemacht, die bei zu befürchtenden Infektionen von der Cornea oder Bindehaut her, etwas weiter rückwärts subconjunctival, vorgenommen wird. WOLLENBERG (1926) hatte in zwei Fällen von akutem Glaukom mit hinterer Sclerotomie gute Erfolge, und ich selbst habe kürzlich bei einem akuten Glaukom die Iridektomie dadurch ermöglicht, daß ich eine hintere Sclerotomie vorausschickte, und AXENFELD (1927) gibt an, daß bei malignem Glaukom dieser Eingriff oft allein Rettung bringen kann. Die von WICHERKIEWICZ (1914) empfohlene Gittersclerotomie hatte in 69 Fällen von Glaucoma simplex, über welche KARELUS (1921) berichtet, 60mal eine Besserung des Druckes zur Folge. Die von JUNES (1921) bei akuten und chronischen Glaukomen empfohlene Glaskörperabsaugung beruht wohl auf demselben Prinzip, wie die hintere Sclerotomie, indem die zur Absaugung verwandte Spritze die Sclera statt des Messers durchbohrt.

Eine mikroskopische Untersuchung von MAGGIORE (1928) an Kaninchenaugen über die „Sclerotomie antiperforante" brachte die Erklärung, daß eben nicht in allen Fällen ein dauernder Abfluß geschaffen wird.

HANDMANN (1924) war bestrebt, die vordere Sclerotomie dadurch zu verbessern, daß eine Narbe von größerer Durchlässigkeit geschaffen wird. Gestützt auf die Beobachtung, daß bei radiären Schnittwunden der Hornhaut Drucksteigerungen ausbleiben, wurden radiär verlaufende Keilexcisionen in die Hornhaut bis an die Iriswurzel gemacht, und dadurch wurde die gewünschte Drucksenkung erzielt. Soviel ich sehen konnte, hat dies Verfahren keine weitere Nachahmung gefunden.

An der Hand von 20 Fällen empfiehlt MEYERHOF (1929) bei aufgehobener vorderer Kammer eine Sclerotomie mit Einschneidung der Iriswurzel zu machen, wobei auch vordere Synechien beseitigt werden. Ähnliche Erfahrungen machte WEILL (1929).

FIORE (1929) empfiehlt, die Durchtrennung der Sclera mit dem PAQUELINschen Brenner vorzunehmen und VIONDI (1929), der bei Iridektomie das GRAEFEsche Starmesser der Lanze vorzieht, warnt vor den retrobulbären Novocaininjektionen.

Die von v. WECKER als selten bezeichnete und von AXENFELD bei Sclerotomia anterior beobachtete Aderhautablösung konnte nach diesem Eingriff auch von BLOCK (1925) konstatiert werden.

Über die Erfahrungen und Indikationen bei chronischen Glaukomen mit Sklerektomie oder Iridektomie berichtet ferner eine Arbeit von BUTLER (1916, 1921).

## 3. Cyclotomie.

Die von VERHOEFF (1924) empfohlene Cyclektomie, bei der es zur Abtragung des in größerer Ausdehnung vorfallenden Ciliarkörpergewebes kommt, würde ich für meine Person, wegen der Gefahr der sympathischen

Ophthalmie, nicht anwenden, um so weniger, weil uns jetzt doch andere Methoden zu Gebote stehen, welche diese Gefahr nicht heraufbeschwören. Neuerdings berichtet ZIRM (1929) über den vorderen äußeren Lederhautschnitt beim Glaukom, der schon 1894 von GAYET angegeben war. Ohne Rücksicht auf die Kammertiefe könne damit ein peripherer Schnitt angelegt werden. In 90 Fällen dieser Art, welche die verschiedensten Glaukomformen betrafen, wurde die Iris, inklusive Sphincter, ausgeschnitten. Mit Ausnahme des Glaucoma simplex, für welches der Autor überhaupt kein operatives Verfahren anerkennt, war der Erfolg befriedigend. Die periphere senkrechte Schnittführung eignet sich auch für optische Iridektomien.

Auch LUNDSGAARD (1928) befürwortet die Eröffnung der vorderen Kammer bei schwierigen Fällen vor der Iridektomie und Iridencleisis durch einen Schnitt von außen und zwar mit einem abgestumpften Messer, wie auch schon vorher ELSCHNIG (1928) ein derartiges Vorgehen bei seichter vorderer Kammer empfohlen hatte.

## 4. Cyclodialyse.

Über die 1906 von HEINE in die Glaukomtherapie eingeführte Cyclodialyse gibt seine Darstellung in diesem Handbuche erschöpfende Auskunft, ebenso über die bis zum Abschluß aufgelaufene Literatur. Seit 1920—1921 sind nun weitere Arbeiten erschienen, welche die Operation günstig beurteilen. So erzielte KRÄMER (1924) bei sog. kompensierten Glaukomen gute Resultate. Wenn auch bei Hydrophthalmus einmal kein guter Erfolg zu verzeichnen war, so empfiehlt er doch vor einer eventuellen Trepanation die Cyclodialyse zu versuchen. Die auf der Wiener Versammlung (1920) besprochenen Resultate berichtigt HEINE (1921) dahin, daß er bei Cyclodialyse nur in 0,6% schlechte Erfolge gehabt habe. Wenn MÜLLER (1924) die von ihm als Depressio ciliaris bezeichnete Operation in der Weise ausführt, daß er den Ciliarkörper im oberen Abschnitt auslöst, damit die Linse durch ihre Schwere eine Senkung herbeiführt und die Wiederverwachsung verhindert, so handelt es sich nur um eine modifizierte Cyclodialyse, wie auch KRÄMER hervorhebt, der das Gewicht der in der Flüssigkeit suspendierten Linse für zu gering erklärt, um die Verwachsung zu verhindern. SALLMANN (1925) bezeichnet das Vorkommen der Ablösung der DESCEMETschen Membran nach Cyclodialyse als nicht selten, aber dieses käme auch nach anderen Operationen vor, z. B. nach Iridektomie, was durch anatomische Untersuchungen sichergestellt wurde. Über günstige Erfahrungen beim Glaucoma simplex berichtet WESSELY (1927) und ERDÖS (1921) wendet das Verfahren an, wenn die Trepanation ohne Erfolg war. v. LIEBERMANN (1920) empfiehlt sie vor oder nach der Trepanation und hält die Cyclodialyse für ungefährlicher als die Trepanation; sie wirke besonders günstig, wenn man eine gewisse Malignität des Falles zu befürchten hätte. Günstige Resultate erhielt auch BLATT (1923), der die Operation als unschädlich bezeichnet, und MANOLESKU (1924) erzielte in 80% seiner 31 Fälle sofortigen Erfolg. Die Operation ist da am Platze, wo die Iridektomie und Trepanation auf technische Schwierigkeiten stoßen. Nach der Operation wirkt das Pilocarpin erheblich besser. Auch CORDS (1928, 1924) lobt die Operation als leicht und gefahrlos und neuere Erfahrungen bestätigen das früher von ihm Berichtete. ASCHER (1925) hebt hervor, daß die Cyclodialyse gleich oder besser wie die Iridektomie sei, wenn auf einem Auge die Cyclodialyse und auf dem anderen Auge die Iridektomie gemacht war. Bedeutsam waren die Erfahrungen, die v. GRÓSZ (1923—1928) mit der Cyclodialyse machte, der sich seit den günstigen Berichten von SALUS (1920) der Operation zugewandt hat, die beim chronischen inflammatorischen Glaukom die Trepanation in seiner Klinik ganz verdrängt hat. Nur in 3% war Verschlimmerung eingetreten. Als besonderen Vorzug der Operation hebt v. GRÓSZ (1924) hervor, daß die Operation wiederholt gemacht werden könne. Eine neuere Indikation für die Cyclodialyse gibt v. GRÓSZ (1923) an, der bei Subluxatio lentis in fünf Fällen viermal mit der Cyclodialyse Erfolg hatte. Diese günstigen Erfolge wurden an Hand von zwölf Fällen von HALASZ (1925) bestätigt. Was die Wirkung der Operation angeht, so macht GIFFORD (1925) geltend, daß die Idee von HEINE, eine Kombination zwischen Suprachorioidalraum und Vorderkammer zu schaffen, nicht richtig sei; wesentlich sei eine partielle Atrophie der Ciliarfortsätze. In technischer Hinsicht sei hervorgehoben, daß JUDIN (1927) ein keilförmiges Messer verwendet und LENARD (1929) auch einen neuen Spatel zur Ausführung der Cyclodialyse angibt. Nach ELSCHNIG (1921) könne die Untersuchung von STOUTENBOROUGH (1927) am Kaninchenauge, welche ein Wiederanwachsen des abgelösten Ciliarkörpers ergaben, nicht gegen die klinische Wirksamkeit der Cyclodialyse ins Feld geführt werden. Die Erfahrungen der Königsberger Augenklinik von WEISENBERG (1922) an Hand von 25 Fällen klingen nicht so optimistisch wie die von SALUS (1920). FLEISCHER (1927), der 60 Glaukomaugen operierte, konnte in 50% der Fälle, wie in der Arbeit von SCHMIDT (1927) näher ausgeführt wird, den Druck normalisieren. Die Operation richte keinen Schaden an und könne anderen Operationen noch nachgeschickt werden. Aus der *Kieler Klinik* wird neuerdings von DECKING (1928) über 66 Fälle berichtet, bei denen stets Drucksenkung erzielt wurde. Eine schlechte Wirkung wurde nur bei drei Augen beobachtet. JESS (1928), der die Operation bei chronischen Formen empfiehlt, sah in 10% der Fälle dauernde Schädigung. Auch der neuere Bericht aus Budapest von FERENCZY (1927) läßt erkennen, daß die Trepanation stark zurückgedrängt worden ist. Als Komplikationen traten Blutungen in der Vorderkammer auf, Glaskörpervorfall und Ablösungen der DESCEMETschen Membran. Es kamen keine Linsenverletzungen vor, selten traten iritische Reizungen auf. Auch bei malignen und akuten Formen ist das Verfahren zu gebrauchen, wenn die Iridektomie gefährlich erscheint. Im großen und ganzen könne das Verfahren die Iridektomie nicht verdrängen. In zwei Fällen von Sekundärglaukom infolge von Wurzelsynechien erzielte KREUZFELDT (1924) gute Resultate.

Auch BEDNARSKI (1924) ist auf Grund seiner Erfahrungen an 56 Fällen, von denen mehrere wiederholt operiert wurden — meistens handelte es sich um Glaucoma simplex —, für die Operation eingenommen, die allerdings nach Ausweis der Literatur in 10% der Fälle einen bösartigen Verlauf annahm. Hierzu gehören die Fälle von MEHNER (1923), PICK (1922) YOSHIDA (1923) und von MAUKSCH (1924) und aus der MELLERschen *Klinik* wurden vier Fälle gemeldet, was doch auf ein häufigeres Vorkommen als nach anderen Operationen hinweist. In einem Falle von REITSCH (1923), wo eine rezidivierende Blutung in die Vorderkammer auftrat, kann man wohl nicht die Operation, sondern die schwere Arteriosklerose und Thrombosierung der Gefäße verantwortlich machen. Auch MICHAIL (1922), der unter 36 Fällen 16mal eine Drucksenkung bei chronischem Glaukom, nie aber beim absoluten und Sekundärglaukom erlebte, macht auf das Vorkommen von Netzhautblutungen aufmerksam. Wenn die Operation versagt, kann noch eine ELLIOTsche .Operation hinterher geschickt werden. Weiterhin ist zu erwähnen, daß bei der Cyclodialyse von GRZEDIELSKI (1928) klinisch ein Abreißen der DESCEMETschen Membran und eine Trübung der Cornea beobachtet wurde, die von ELSCHNIG (1921) und von BÖHM (1923) anatomisch festgestellt werden konnte. Die DESCEMETsche Membran war cystenförmig abgehoben und mit Endothel bzw. mit Epithelzellen überzogen.

Neuerdings empfiehlt RAEDER (1928) einen diaskleralen Schnitt wie bei Cyclodialyse und kombiniert mit diesem Verfahren eine Iridencleisis, nachdem die Iris mit einer besonderen Pinzette vorgezogen und der Sphincter abgekappt ist. Auch das Vorgehen von MAUKSCH (1929) erfolgt in dem Sinne, daß die Iris zwischen Ciliarkörper und Sclera verlagert wird. LÉNHARD (1929) empfiehlt neuerdings einen besonderen Spatel zur ausgiebigen Ablösung des Ciliarkörpers.

Die neueren Mitteilungen von STEIN (1929) aus der Prager Klinik lassen eine Überlegenheit der Cyclodialyse erkennen, weil der Gesichtsfeldverfall wohl infolge der verminderten Sekretion der Ciliarfortsätze weniger oft vorkommt, während nach v. SZILY (1929) Cyclodialyse und Trepanation gleichwertig sind.

Die Operation wird weiterhin empfohlen von MANES (1929). DE SCHWEINITZ (1929) sah nach der Cyclodialyse an beiden myopischen Augen Drucksteigerung, die durch Miotica wirksam bekämpft wurde. Neuere mikroskopische Untersuchungen von LODDONI (1926) lieferten keine neuen Gesichtspunkte.

## 5. Sclerektomie.

Über die von LAGRANGE empfohlene Sclerektomie liegen seit dem Erscheinen der Arbeit von WESSELY noch zahlreiche Berichte vor; zunächst von LAGRANGE u. BARON (1923), die in 80% der Fälle normale Tension, in 82% der Fälle gute Sehschärfe erzielten, ohne spätere Infektion. Die Operation sei bei chronischen Glaukomen der ELLIOTschen Operation überlegen. LIETO VOLLARO (1924) äußert sich in demselben Sinne. Die neueren Mitteilungen von LAGRANGE (1922) beruhen auf den Erfahrungen, die mit Hilfe von Stanzinstrumenten gemacht wurden, wie auch MARBAIX (1920) sich der Kneifzange von VACHER bediente und dabei nur einen Mißerfolg zu beklagen hatte. Eine Cystennarbe wurde nicht für erforderlich gehalten und eine Filtrationsnarbe entsteht nur bei Iriseinklemmung, was auch durch spätere anatomische Untersuchungen von BESSO (1924) und von DENTI (1926) bestätigt wurde. Eine Übersicht über 467 Fälle von Sclerekto-Iridektomie aus der Hospitalpraxis geben MORAX u. FOURRIÈRE (1921). Nach der fistelbildenden Operation nach LAGRANGE folgte einmal eine expulsive Blutung, beim Sekundärglaukom verlief sie gut; eine traumatische Katarakt kam nicht vor, die Linsentrübungen nahmen nicht zu. Bei 426 Fällen aus der Privatpraxis von MORAX (1921) wurde festgestellt, daß die Sclerektomie im großen und ganzen der Iridektomie nicht überlegen ist. Die Irisausschneidung beeinflußt das Resultat nicht. DODD (1921) macht zuerst die Operation nach LAGRANGE und wenn diese versagt, die ELLIOTsche Trepanation. AUBARET (1921) sucht zunächst durch Auflegen von Gewichten aufs Auge oder retrobulbäre Adrenalineinspritzungen die Drucksenkung herbeizuführen. Als Vorteil gegenüber der ELLIOTschen Trepanation hebt BESSO (1925) die breite Öffnung des Kammerwinkels hervor, die erhöhte Möglichkeit, die Iriswurzel zu entfernen und die langsame Regenerationsfähigkeit der Sclera. Die Wirkung der Operation würde durch eingelagertes Uvealgewebe verstärkt. Auf Grund von Spaltlampenuntersuchungen hält CASTRESANA (1925) die Operation nach LAGRANGE für die beste gegen chronische Glaukome und RUSZKOWSKI (1924) gibt an, daß unter 88 Glaukomaugen in 85% der Druck normalisiert worden sei. DENTI (1926) kommt auf Grund seiner anatomischen Untersuchungen zu dem Schluß, daß das Ende immer eine solide Narbenbildung ist, welche durch Iriseinlagerung nur verzögert wird. Die von LAGRANGE angenommene Kommunikation mit dem Suprachorioidalraum ist nicht nachgewiesen. Am besten sei eine cystoide Narbe, die aber gefährlich ist, und man sollte den Eingriff als ultimum refugium bezeichnen. Seine früheren Erfahrungen konnte LAGRANGE (1927) bestätigen, wobei er der anfechtbaren Ansicht Ausdruck verleiht, daß das Glaucoma simplex nichts weiter sei, als ein Glaukom mit seltenen Krisen mit hohen Tensionen. Über gute Resultate berichten HEUSER (1924) und v. GRÓSZ (1925), die die Sklerektomie für die beste Operation gegen das Glaucoma simplex halten. Wenn ALONSO (1927) diese Operation als wichtigste Errungenschaft der Augenheilkunde in den letzten 25 Jahren angibt, so widerspricht dies dem Bericht aus dem Jahre 1921, in dem er die ELLIOTsche Trepanation für überlegen hielt. Von LACROIX (1929) wird die Sklerektomie auch gegen das nach Linsenluxation auftretende Glaukom empfohlen.

KAPUCZINSKI (1926) empfiehlt nach Abpräparieren eines Bindehautlappens Ausführen des GRAEFEschen Messers mit halbmondförmigem $1^1/_2$ mm in die Sclera reichenden Lappen, der abgeschnitten wird.

Die Operation hat wie alle anderen eine Reihe von technischen Modifikationen erfahren. So bevorzugt ORLOFF (1924) das Verfahren von BETTREMIEUX (1920), wenn die Vorderkammer eng ist, und es wird später eine Iridektomie hinzugefügt. Mit einer nicht perforierenden Sclerektomie konnten BETTREMIEUX u. DE GANDT (1920) bei einer schweren traumatischen intraokulären Blutung die Enukleation vermeiden. Modifikationen rühren ferner her von YOUNG (1929), der am untern Limbus mit einem Trepan eine doppelte Sclerektomie ausführte, ohne die Vorderkammer zu eröffnen, und von SZAFNICKI (1929), der eine Doppellanze empfiehlt. PESME u. PARINAUD (1925) bevorzugten nach erfolgloser Iridektomie die Ausschneidung der Narbe gegenüber der eigentlichen Sclerektomie. WHITACKER (1927) benutzt einen umgedrehten Conjunctivallappen zur Deckung der Wunde. Auch MELANOWSKI (1929) empfiehlt eine Modifikation des Bindehautschnittes. Auffallend ist in einem Fall von SEDAN u. RENÉ (1922), daß bei einer großen Filtrationsnarbe andauernde Hypertension bestand. Bezüglich der Keilexcision wird von HERBERT (1924) mitgeteilt, daß unter seinen Fällen in der Hälfte der Fälle fistulierende Narben entstanden, 13mal wurde eine neue Drucksteigerung beobachtet und zweimal eine leichte Spätinfektion.

Die Modifikation der Sclerektomie mit der von HOLTH (1925) angegebenen Zange wurde von HAGEN (1921) an 52 Fällen erprobt. Der

Druck wurde neutralisiert, einmal wurde die Linse kataraktös. Die Infektionsgefahr sei vermindert, weil die Wunde weiter vom Limbus entfernt sei. Der Bericht von SCHIÖTZ (1925) bezeichnet die tangentiale Sclerektomie nach HOLTH als den anderen fistulierenden Operationen überlegen, weil sie besonders beim Glaucoma simplex gute Narbenbildung herbeiführt. Ein weiterer Bericht von HOLTH (1927) bestätigt die bisherigen Erfahrungen. Er sah nach extralimbaler Sclerektomie nur einmal eine positive Fluoresceinreaktion. Beim Buphthalmus zieht er dagegen die Iridencleisis vor. Bemerkenswert ist auch, daß die mit der Lanze oder dem Trepan ausgeführten Operationen bei 18 Augen mit infantilem Glaukom, welche POULARD u. LARAT (1925, 1927) operierten, zwölfmal der Druck normalisiert wurde. Schließlich sei noch erwähnt, daß die an 300 Fällen mit drei Spätinfektionen gemachten Erfahrungen von FORONI (1928) zur Empfehlung der Sclerektomie ab externo führen, der bei vertikaler Stellung des Messers eine totale Iridektomie hinzugefügt wird. Auch KASAS (1927) bevorzugt den Schnitt mit dem Starmesser von außen her. Nach VELTER u. DUVERGER (1929) wird durch die Infektion des Sklerallappens von außen her mit dem Skalpell eine gute Fistelbildung erzielt. Die Operation sei der Cyclodialyse überlegen, was von ELSCHNIG (1929) bestritten wird. Eine weitere Spätinfektion nach der LAGRANGEschen Operation sah RODRIQUEZ (1922). Im Anschluß an die von HANDMANN (1924) angegebene Keilexcision erwähnt GOLOWIN (1925), daß MAKLAKOFF eine ähnliche Operation schon vor langen Jahren angegeben hatte, wozu LAGRANGE (1926) bemerkt, daß bei der Nähe des Ciliarkörpers der von MAKLAKOFF angegebene Schnitt gefährlich sei, welcher auf einem unglücklichen Gedanken von ROBERTSON beruhe, worauf GOLOWIN (1926) erwidert, daß MAKLAKOFF die Operation da angewandt habe, wo ELLIOTsche Trepanation und die Operation von LAGRANGE versagte. In der Diskussion zu einem Vortrage von GALLOIS (1929) bemerkt LAGRANGE, daß dessen modifizierte Sklero-Iridektomie nichts weiter sei, als die klassische Iridektomie v. GRAEFEs und daß sein Verfahren wiederholte Eingriffe, wie z. B. die Cyclodialyse überflüssig mache. MORAX (1929) erlebte nach Sklero-Iridektomie eine beiderseitige schwere postoperative Blutung. Bei anatomischen Untersuchungen an alten nach LAGRANGE operierten Augen konnte TEULIÈRES (1929) durch chinesische Tusche die Fistulierung nachweisen.

## 6. Trepanation.

Die ELLIOTsche Trepanation, die schon in ihrer Technik und bezüglich der üblen Zufälle bei und nach der Operation von WESSELY eingehend behandelt worden ist, hat auch weiterhin zu zahlreichen Mitteilungen

Anlaß gegeben. Zunächst möchte ich diejenigen Autoren erwähnen, die im großen und ganzen zufriedenstellende Resultate mit der Operation erhalten haben. So z. B. GUIRAT (1920), der die Irisausschneidung für wichtig hält, wie auch HEPBURN (1921) auf Grund der Erfahrungen an 140 Fällen Wert darauf legt, die Iris von der Wurzel abzutrennen. Er erklärt die Trepanation für die beste Glaukomoperation, ebenso wie ROCHON-DUVIGNEAUD u. BESNARD (1929), die auch die totale Iridektomie empfehlen. Die Operation soll als erste Operation oder gar nicht gemacht werden, weil bereits operierte Augen schlechtere Erfolge aufweisen, während demgegenüber BIRCH-HIRSCHFELD (1921) die Operation empfiehlt, wenn die Iridektomie versagt. ULRICH (1920) hebt hervor, daß die Trepanation ebenso wie Iridektomie schaden kann. HAISST (1922) erklärt die Trepanation der Iridektomie, besonders bei Frühoperationen, für ebenbürtig und hebt hervor, daß ein normaler Druck auch bei fester Vernarbung erzielt werden könnte. In der Diskussion zu seinem Vortrag hebt SCHEERER (1922) hervor, daß die Trepanation und die Iridektomie das beste Verfahren gegen Buphthalmus wären, was mit den Erfahrungen von PETER (1929) übereinstimmt und MAYOU (1929) empfiehlt sie bei jugendlichem Glaukom. Auch ODINZOFF (1922) hält die Trepanation bei chronischen Glaukomformen für das beste Verfahren, trotz seiner Nachteile, besonders wenn andere Operationen erfolglos waren. GRUNERT (1922, 1928) erzielte bei chronischen Formen meistens günstige Resultate. Bei 276 Operationen kamen nur siebenmal Komplikationen durch Iritis, siebenmal durch Iridocyclitis vor. Auch v. LIEBERMANN (1922) spricht sich dahin aus, daß die Indikationen zu erweitern seien. Günstige Resultate sahen ferner TICHO (1922) und OSTROUMOFF (1922), besonders dann, wenn die Iridektomie versagte und der Kammerwinkel eng war. SATTLER sah unter 409 Fällen in 67% der Fälle dauernde Drucksenkung auftreten und beobachtete in 9,5% Linsentrübungen. FIRJUKOVA (1923) empfiehlt die ELLIOTsche Operation bei chronischen Glaukomformen. AXENFELD (1924) konnte bei einer Familie, in der jugendliches Glaukom gehäuft vorkam, mit der Trepanation günstige Resultate erzielen. Nach den Erfahrungen von JAENSCH (1926) ist die Trepanation beim Glaucoma simplex der Iridektomie überlegen. Um den Erfolg zu prüfen, sei eine genaue Aufzeichnung der parazentralen Skotome notwendig, die an sich keine Kontraindikation abgeben. FILATOFF (1925) sah nach Trepanation mit Iridektomie bei chronischen Glaukomen nur in 20% der Fälle Mißerfolge und BONDI (1926) rät beim infantilen Glaukom zur frühzeitigen Operation. Auch die Erfahrungen von DAVENPORT (1926) an 536 Fällen sind durchweg günstig, wenn auch gelegentlich eine unschädliche Iritis oder Katarakt auftritt. SKARDANAPANE (1926) hält die ELLIOTsche Trepanation für leichter und gefahrloser als die Operation nach LAGRANGE, trotz der höheren Zahl der Spätinfektionen. Nach v. GRÓSZ (1928) sind die unmittelbaren Erfolge nach Trepanation besser als nach Cyclodialyse, die an erster Stelle bei ihm steht, aber für gewisse Fälle sei die Trepanation unentbehrlich. Die Erfahrungen der Tübinger Augenklinik an 240 Fällen erzielten nach SIEMUND (1928) Besserung in 89% der Fälle und der Erfolg war nach diesen Erfahrungen um so besser, je besser der Befund zur Zeit der Operation war. Auch die Erfahrungen der Münchener Klinik lassen wie POLEV (1928) berichtet, die Überlegenheit der Trepanation erkennen. In 75% wurden damit Erfolge erzielt; die Cyclodialyse hatte nur 55%, die Iridektomie nur 35% zu verzeichnen, während umgekehrt bei der Trepanation siebenmal, bei der Cyclodialyse 15mal und bei der Iridektomie in 46% Verschlechterung eintrat. Weitere Empfehlungen der Operation rühren her von GIMENEZ (1927), RUIZ (1927), CAPRA (1929), MORATAL (1929) und HENDERSON (1928), der einen guten Erfolg in einem Fall erzielte, wo die Episkleralgefäße stark dilatiert waren und WILMER (1927) hält diese Operation für die leichteste und sicherste. DAVIS (1928) ist für die frühzeitige Operation (Trepanation), welche IUDIN (1927, 1928) bei chronischen Glaukomen der Iridektomie vorzieht. v. SZILY (1929) hält Cyclodialyse und Trepanation für gleichwertig; letztere bewährte sich auch bei Hydrophthalmus.

Von Modifikationen der Operation sei hier erwähnt das Verfahren von PREZIOSI (1924, 1929), der statt des Trepans den Galvanokauter benutzte, was von URRETS ZAVALIA (1926) nachgeahmt wurde. SCHIECK (1927), der in 87% der Fälle Erfolge erzielte, schließt an die Diaskleraltrepanation eine Cyclodialyse an und tritt den von anderer Seite geäußerten pessimistischen Ansichten entgegen. Als DEMI-ELLIOT wird eine von SZYMANSKI (1927, 1929) angegebene Operation, die von GOLOWIN (1927) nachgeahmt wurde, empfohlen. Sie besteht in der Ausschneidung eines Lappens mit Hilfe eines mit Dorn versehenen Trepans; die abgelöste Bindehaut wird über die Wunde gezogen. Dieses Verfahren der Ablösung der Bindehaut und nachheriger Überdeckung über die Wunde wird auch von LOBEL (1924) und von BENTZEN (1923) empfohlen, gegenüber einer doppelten Lappenbildung, mit Hilfe deren LÖWENSTEIN (1923) eine subconjunctivale Fistel zu erzielen suchte. Nach LOBEL (1924) kann ein derartiges Vorgehen die Fistulierung völlig verhindern. Auch REIS (1924) und LAUBER (1929) sahen bei dem Verfahren von SZYMANSKI gute Resultate, ebenso PINES (1929), der als Modifikation statt des Stilets einen Troicart anzuwenden empfiehlt. Das Vorgehen von YOUNG (1929), der zwei Trepanlöcher macht und einen Seidenfaden einlegt, kann wegen der Gefahr der sympathischen Ophthalmie nicht empfohlen werden. SCHNAUD-

IGEL (1926) empfiehlt zum Fassen des Skleralstückes eine besondere Ringpinzette; EAST (1927) empfiehlt eine besondere Formung des Bindehautlappens ohne Naht.

Eine wertvolle Bereicherung stellt die Fluoresceinprobe von SEIDEL (1921) dar, mit deren Hilfe man die Filtrationsfähigkeit der Narbe prüfen kann, jedoch hebt PILLAT (1921) hervor, daß in 11% der Fälle der Druck über 25 mm betrug ,weshalb auch die Fistel nicht der alleinige Grund der Wirksamkeit der Operation sein kann. Wichtig ist auch, daß bei diesen Fluoresceinproben wenn sie negativ zu sein scheint, ein Druck auf das Auge ausgeübt wird, wonach öfters noch ein positives Resultat erzielt wird. Was nun die Fistulierung angeht, so bestreitet auch DI MARZIO (1926) auf Grund anatomischer Studien eine Fistulierung und Narbenfiltration. Es werde durch den Eingriff ein neuer kolateralter Kreislauf und eine Communikation zwischen den Skleral- und Episkleralgefäßen geschaffen.

Einen breiten Raum nehmen die Mitteilungen ein, die über *Spätinfektion* berichten. Es sind dies Mitteilungen von CLAPP (1920), FEINGOLD (1920) und ERLANGER (1921), der schon 1921 aus der Literatur 115 Fälle zusammenstellte und in einem Falle beide Augen ergriffen sah. TICHO (1922) sah wiederholt Spätinfektionen mit gutem Ausgang; ebenso beobachtete POLEV (1928) zwei Spätinfektionen, von denen eine ausheilte. Auch HEINONEN (1921) sah die Infektion doppelseitig auftreten und ILLIG (1921) erklärt die Trepanation für gefährlich, weil er in einem Fall auch doppelseitige Spätinfektion sah. Einzelfälle dieser Art werden weiter von BERGMEISTER (1922), HAISST (1922) und BENTZEN (1923) geschildert. ELLIOT berichtet 1924 über den ersten Fall von Spätinfektion, den er nach der zweiten Trepanation am gleichen Auge sah. Die Zusammenstellung von SCARDAPANE (1926) berichtet über 232 Spätinfektionen, davon fallen 208 auf die Trepanation; das macht 2,27% aus, bei denen in der Hälfte der Fälle der Verlust des einen Auges zu beklagen war. Eine doppelseitige Spätinfektion mit gutem Ausgang sah auch BAHR (1928), der trotzdem Anhänger der ELLIOTschen Trepanation ist, während MELLER u. PILLAT (1928) auf Grund der Spätinfektionen von der Operation abgekommen sind. Um diese Gefahr zu vermeiden, bildet ORLOFF (1927) nach Abpräparieren der Bindehaut einen kleinen Sklerallappen, der das Trepanloch deckt. In der Diskussion zum Vortrag von BAHR sagt MEISNER, daß die bei der Operation vorkommende Fensterung des Bindehautlappens nicht so gefährlich sei, als ein filtrierendes Kissen, was COMBERG (1928) bestätigt, der mit Milchinjektionen günstige Erfolge erzielte. Eine Spätinfektion mit Meningitis mit tödlichem Ausgang wurde von SIWZEW (1925) beobachtet, während VILLARD (1929) mit Terpentineinspritzung völlige Heilung erzielte. Als Grundlage der Spätinfektion betrachtet ELSCHNIG (1921) nicht die Verdünnung der Bindehaut, sondern die Gefäßlosigkeit des die Trepanationsöffnung umgebenden Gewebes, welches durch das Kammerwasser in seiner Ernährung geschädigt werde. MORAX (1929) fand als Erreger der Eiterung bei einer Spätinfektion einen anäroben Bazillus.

Von Komplikationen seien erwähnt expulsive Blutungen wie sie neben schweren Netzhautveränderungen von BIRCH-HIRSCHFELD (1921), GUNNUFSEN (1916), KNAPP (1920), REIS (1929) und PIONTEK (1921) beobachtet wurden. WOLLENBERG (1926) sah eine Hinterkammerblutung, die sich resorbierte. GALETSKI-OLIN (1922) erklärt die Trepanation für nicht leicht, und wegen der zahlreichen Komplikationen für nicht ungefährlich, und ENROTH (1927) bezeichnet Katarakt nach Trepanation als ein gewöhnliches Vorkommnis, für das öfters die Trepanation verantwortlich zu machen sei; dabei seien die stark hypertonischen Augen besonders gefährdet. FERID (1924) macht die Trepanation nur, wenn die Iridektomie für das Auge gefährlich scheint. Diese Operation sei der Iridektomie nicht überlegen. TRESLING (1921) sah bei 13 Fällen später Drucksenkung auftreten, doch wurde auf die Dauer das Sehvermögen und das Gesichtsfeld schlechter. Eine Netzhautablösung, welche BENEDIKT (1927) sah, heilte spontan aus. Als seltenes Ereignis wurde das Auftreten einer sympathischen Ophthalmie beobachtet, wie BROWN (1922) angibt.

Bezüglich der Filtrationsnarbe sei noch bemerkt, daß ELLIOT (1922) empfiehlt, den Lappen recht groß zu machen. Eine Blasenbildung sei eine Ausnahme, eben so die Spätinfektion, die auch nach anderen Operationen auftrete. So sah auch BUTLER (1926) nach der HOLTHschen Operation mehr Infektionen auftreten, als nach Trepanation. SERR (1924), der sich eingehend mit der Fluoeresceinprobe beschäftigt, kam zu dem Resultat, daß man die Trepanation da anwenden soll, wo die Miotica versagen, und der Erfolg muß stets so geprüft werden, daß ein Druck ausgeübt wird. Ohne die fistelbildende Narbe sei die Trepanation der Iridektomie nicht überlegen. WITSCHKE (1923) konnte nach Trepanation die Fistelbildung häufig feststellen, nach Iridektomie nur in 7% der Fälle, nach Sclerektomie in 16%. Die Fluoresceinprobe ergab nach SIYPKENS (1924) zehnmal ein positives Resultat bei 19 Fällen, ohne daß je eine Drucksteigerung beobachtet wurde. In einem Fall von SCHÜLLER (1924) ist bemerkenswert, daß bei einem Buphthalmus die Narbe nach zwölf Jahren eine Ruptur erlitt und durch Verschiebung der Linse Myopie auftrat. Auch MICHAEL (1922) konnte bei zwei Augen im Bereiche des Kanales zweimal derbes Bindegewebe feststellen, und BECKER (1928) sah nach Trepanation eine Veränderung der Exkavation. DUSSELDORF (1928) fand als Ursache eines Mißerfolges eine Glaskörperhernie. Als Erleichterung der Operation empfiehlt v. SZILY (1929) bei störenden Blutungen die Glühschlinge anzuwenden.

## 7. Verfahren von HERBERT.

Die verschiedenen operativen Methoden zur Behandlung des Glaukoms sind von HERBERT (1924) in einer Monographie zusammengestellt worden und kritisch besprochen. Ein ausführliches Referat von ELSCHNIG und BÖHM (1923) beschäftigt sich vor allem mit den von HERBERT angegebenen Modifikationen der fistulierenden Operationen. Es war dies später die Iriseinklemmungsoperation, bei der durch einen sehr schrägen subconjunctivalen Skleralschnitt die Iris einen längeren Kanal bildet, und früher die ältere Keilisolierungsmethode, bei der ein losgelöster Skleralkeil an Ort und Stelle bleibt, verbunden mit einer schmalen rechteckigen Lappensklerotomie. Die Nachbehandlung erfordert gelegentlich eine Massage. Es wurde nur eine Spätinfektion nach Keilisolierung beobachtet. In einem späteren Falle berichtet HERBERT (1926) über eine angebliche sympathische Ophthalmie, die nach Iriseinklemmungsoperation beobachtet wurde. Es handelte sich nicht um eine typische Ophthalmie, sondern um ein Rezidiv nach wiederholt aufgetretener Iritis.

## 8. Iridencleisis.

Die von HOLTH (1927) angegebene Iridencleisis mit meridionaler Iridektomie wird in mehreren Berichten von GJESSING (1921, 1923, 1925, 1927) gelobt. Die Drucksenkung tritt oft erst nach Monaten ein, sei dann aber von Bestand; Spätinfektion sei selten. In 73% wurde ohne Miotica eine Drucksenkung erzielt, in 20% der Visus gebessert, in 20% wurde er schlechter und in 80% traten später gute Erfolge auf; dabei war der SEIDELsche Fluoresceinversuch nur zweimal positiv. Im Bericht vom Jahre 1925 handelt es sich um 89 Operationen nach HOLTH, bei denen das Sehvermögen in 86% besser wurde, nur in wenigen Fällen schlechter. Das Gesichtsfeld blieb gleich groß, oder wurde in 78% der Fälle größer, in 82% wurde die Tension normal; nur in drei Fällen war der SEIDELsche Versuch positiv. Nach dem Bericht von GJESSING (1927) von 113 Fällen hatten 95% nach Operation nach HOLTH einen günstigen Erfolg, und dies stellt der Operation ein Zeugnis aus, daß sie nicht schlechter sei als die Iridektomie, Trepanation oder Cyclodialyse. WESSELY bemerkt zu den fistelbildenden Operationen, auf Grund von Tierexperimenten, daß es für die fistelbildenden Operationen nicht erwiesen sei, daß die Ursache der Drucksenkung die Iriseinklemmung sei. Der Fall von HOLTH (1925), der eine feine Fistel anatomisch nachwies, wo der Irislappen eine Verwachsung der Wundränder verhinderte, sei eine Ausnahme. Auch VASEK (1924) der keine Spätinfektion während einer Beobachtungszeit von drei Jahren sah, spricht sich günstig aus; vor allem auch IKONOMOPOULOS (1926), der in 31 Fällen 20mal eine dauernde Drucksenkung sah und sechsmal wegen Drucksteigerung eine Nachoperation vornahm. Von den 20 Fällen zeigten 13 eine prominente Narbe, und drei fistulierten nur auf Druck. Bemerkenswert war, daß bei einem Fall von absolutem Glaukom bei elf fistulierenden Stellen ein Druck von 30 mm bestand. Die Operation sei bei chronischen, nicht entzündlichen Glaukomen der Iridektomie zweifellos überlegen. HERBERT (1926) hält die Operation für kompensierte Glaukome für geeignet. Die Gefahren seien eine postoperative Iritis und Linsenverletzungen. BUTLER (1926), der nur dann Erfolge sah, wenn keine starke Drucksenkung erforderlich war, hat die Operation wegen nachfolgender Drucksteigerung verlassen. CALHOUN (1927) fügt statt der Iriseinschneidung die Iridektomie hinzu. Die neueren Berichte von PILLAT (1928) aus Wien sprechen sich günstig über die Operation aus. Von 159 Augen wurden 101 Augen nachuntersucht, von denen 94 primär operiert wurden. Die Operation erreicht eine fistulierende Narbe und bietet den Vorteil der einfachen Technik und des Fehlens der Spätinfektion. Die beste Wirkung sei beim chronischen, nicht inflammatorischen Glaukom zu erzielen. Der neueste Bericht aus dem Jahre 1928 spricht sich dahin aus, daß den fistelbildenden bzw. filtrationsbildenden Narben die Zukunft in der Behandlung der Glaukome gehöre, weil die Iridektomie vielfach versagt. Außer frei fistulierenden Narben entstehen auch subconjunctivale Fistelnarben, die keine positive Fluoresceinreaktion ergeben. Gegenüber der Trepanation nach ELLIOT besteht der Vorteil, daß weniger frei fistulierende Narben gebildet werden, wodurch die Gefahr der Spätinfektion vermindert wird. GIFFORD (1928), der die Operation ebenfalls schätzt, legt großen Wert darauf, eine dichte Bindehautnaht anzulegen. Er lobt die leichte Technik und die rasche Wiederherstellung der Vorderkammer. Beim chronischen Glaukom und beim Buphthalmus ist die Drucksenkung dauernd; für absolute Glaukome und Sekundärglaukome hält er sie nicht geeignet. Die von BORTHEN (1911) geübte Iridotasis, die ganz ähnlich wie eine schon von SCHLÖSSER geübte Methode ist, wurde von WILDER (1923) empfohlen, ebenso von POYALES (1927), besonders wenn es sich um Patienten mit Atheromatose handelt und andere Methoden versagen; zu meiden sei sie bei beginnender Katarakt. Auch VERHOEFF (1924) spricht sich zufrieden hierüber aus, und DUNN (1925) hält sie bei unkopensierten Glaukomen für das beste Mittel. DUPUY (1925) sah bei

100 Fällen von absolutem Glaukom die Schmerzen verschwinden, lobt die leichte Technik und daß keine Spätinfektion auftrete, während in der Diskussion JERVEY (1928) sich weniger optimistisch äußert. In der Diskussion zu GIFFORD (1928) erwähnt STIEREN, daß er 28 Augen mit Erfolg nach BORTHEN (1911) operiert habe. GOLDENBURG (1923, 1928) hatte bei 105 Fällen von sog. inkompensiertem Glaukom gute Erfolge, vermeidet aber die Anwendung der Operation beim Buphthalmus.

An der Hand eines Falles von einseitigem Glaukom wirft WIEGMANN (1929) die Frage auf, ob das Leiden auf dem anderen Auge deshalb ausgeblieben sei, weil seit frühester Jugend nach Trauma eine Iriseinheilung stattgefunden hätte, wie sie die Operation der Iridencleisis erstrebt.

## 9. Iridotomie.

Im Jahre 1920 veröffentlichte CURRAN (1920) ein Verfahren, welches bei akuten Glaukomen in frühen chronischen Fällen mit Vortreibung der Linse und ohne Wurzelsynechien wirksam sein soll. Die Ursache vieler chronischer Glaukome sei das Fehlen einer richtigen Drainage der hinteren in die vordere Augenkammer, weil die Iris in zu großer Fläche der Linse anliegt. Bei der Iridektomie muß der SCHLEMMsche Kanal von innen eröffnet, oder eine Drainage von innen nach außen gemacht werden. CURRAN glaubt auf Grund von Kaninchenversuchen, daß eine ganz kleine Öffnung genügen wird, um die Drainage der beiden Kammern herzustellen. Durch das Einstechen mit dem KNAPPschen Skleralmesser durch die Cornea-Skleralgrenze im äußeren oberen Quadranten wird das Messer in die Vorderkammer geführt und die Iris wird nahe dem Ciliarrand, ähnlich wie bei der Transfixion, doppelt durchstochen. Später wurde nur eine schmale Falte der Iris im Ciliarrand angeschnitten, wodurch eine Öffnung entsteht, die eine Kontrapunktion überflüssig macht. Dieses Vorgehen von CURRAN wird von GIFFORD (1921) warm empfohlen, der sich auch der Erklärung anschließt, daß die Iris zu eng der Linse anliegt. Der Prozentsatz von 94% Heilungen sei beachtenswert, und GIFFORD ist Anhänger dieser Operation, selbst wenn sie nicht immer dauernd wirkt. ELSCHNIG (1923) prüfte die Operation nach, obwohl er die Erklärung ihrer Wirksamkeit durch CURRAN nicht billigte. ELSCHNIG operierte 16 Fälle mit gut erhaltener Iris. Bei enger Kammer wurde ein Tieferwerden nicht beobachtet, wie dies CURRAN gesehen hatte. ELSCHNIG hält die Operation auch nicht für leicht. Sie führt aber eine, wenn auch nicht dauernde, Drucksenkung beim kompensierten Glaukom herbei, weshalb die Operation für gewisse Fälle besonders bei akuten Drucksteigerungen und weit vorgeschrittenen kompensierten Glaukomen zu versuchen sei.

Weitere Erfahrungen, welche GIFFORD (1924) machte, führten zu dem Resultate, daß die Indikation zu dieser Operation eine Einschränkung erfahren müsse. An 50 neuen Fällen wurde beobachtet, daß der Druck nach einiger Zeit wieder ansteigt, daß aber dann andere Eingriffe erleichtert seien. In Verbindung mit Massage und Eserin könne diese Operation den Druck niedrig halten. Die Gefahren seien: Bluterguß in die Vorderkammer, Herausreißen der Iris und Kataraktbildung. Eine weitere Indikation für die Operation sieht GIFFORD in der Linsenquellung, die zum Glaukom führt; hier kann sie sofort wirksam sein. Im großen und ganzen schließt sich GIFFORD an ELSCHNIG an. Auch TERSON (1922) bedient sich der Iridotomie, um für eine nachfolgende Iridektomie bessere Verhältnisse zu schaffen.

Das Verfahren von ELIASBERG (1923), die Iridotomie limbaire saggitale, soll auch beim Glaukom eine Drucksenkung herbeiführen, wenn auch die Operation vorwiegend zur Extraktion von Eisensplittern aus dem Auge gemacht wird.

Schließlich ist noch zu erwähnen, daß BARTOCK (1920) die alte WECKERSsche Iridotomie, und auch DUVERGER (1921) die Transfixion bei Napfkucheniris empfehlen.

## 10. Verschiedene Operationen. Drainage.

**a) Linsenextraktionen.** Zu den früheren Mitteilungen über die Drucksenkung in alten Glaukomaugen durch Linsenextraktion fügt HENSEN (1923) weitere Erfahrungen hinzu, daß er in fünf Fällen von absolutem Glaukom dreimal einen guten Erfolg erzielte. Zweimal trat eine expulsive Blutung auf. Auch durch Röntgenbestrahlung hatte er gute Erfolge. Die Kataraktextraktion beim chronischen Glaukom bringt meist die gewünschte Drucksenkung, und in den Fällen wo die verschiedensten Operationen gegen Glaukom versagten, sollte man die Extraktion noch versuchen. Auch SNELLEN (1924) sah bei einem malignen Glaukom eine Drucksenkung eintreten. Im Fall von ELIASBERG (1923), wo ein hochgradiges myopisches Glaukomauge an Star operiert wurde, entstand ein akuter Glaukomanfall im nicht operierten Auge. Auch beim Buphthalmus ist die Extraktion der Linse geübt worden. So gibt GALLENGA (1922) an, daß ein Erfolg damit erzielt wurde, nachdem zahlreiche Punktionen versagt hatten. Ein Fall von DEHOGUES (1926) ist insofern eine Ausnahme, als er eine 39jährige Frau betraf, bei der ein vergrößertes Auge einer Staroperation unterworfen wurde, wobei der Glaskörper vorfiel; hierbei wurde auch eine Drucksenkung erzielt. Nach den Tierexperimenten von WESSELY wird eine Verkleinerung des Bulbus durch Linsenextraktion hervorgerufen, und das soll ebenso, wie die Entspannung der Sclera, die günstige Wirkung erklären.

**b) Sympathikusresektion.** In dem ausführlichen Referat von KAPPIS (1924) über die Chirurgie des Sympathicus wird auch die Einwirkung auf das Glaukom besprochen. Wenn gesagt wird, daß die Operation zuerst von ABADIE vorgeschlagen wurde, ist dem gegenüber zu halten, daß JOANNESCU (1897) zuerst diesen Gedanken verwirklicht hat. Besonders mit der BRÜNINGschen Modifikation (Parasympathicus-Extraktion) sei die Extraktion des obersten Halsganglions imstande, die Tension herabzusetzen. KAPPIS weist auf die Zusammenstellungen von WILDE (1904), ZIEHE (1902), AXENFELD (1902), MEDOW (1905) und ROHMER (1905) hin, welche in gewissen Fällen den Versuch der Exstirpation des Sympathicus für gerechtfertigt halten, ebenso wie ABADIE (1920). In der Folgezeit sei aber die Operation wohl kaum mehr gemacht worden, bis sie 1922 von LERICHE (1920) wieder aufgegriffen wurde, der die Parasympathicus-Extraktion vornahm. Sonst finde ich nur noch die Operation von BELAEFF (1927) erwähnt, die er beim akuten Glaukom vornahm.

**c) Trigeminusdurchschneidung.** HARTMANN (1924) erklärt die nach Trigeminusdurchschneidung auftretende Drucksenkung als eine Folge der Hypertonie des parasympathischen Systems, welche auf einen zentral gesetzten Reiz der Narbe zurückzuführen sei.

**d) Neurectomia optico ciliaris.** An einem an Glaukom erblindeten schmerzhaften Auge führte BASTERRA (1928) die Opticusresektion mit Erfolg aus.

**e) Tiefe Peritomie durch Galvanokauter.** Mit diesem Verfahren konnte FAVAROLO (1929) bei Kaninchen nach einer leichten anfänglichen Steigerung eine Drucksenkung von längerer Dauer erzielen und er glaubt, daß der von LAGRANGE befürchteten Verlegung der Abflußwege durch Sperrung der Zuflußwege die Wage gehalten werde. Beim Menschen kann das Verfahren noch Erfolge erzielen, wenn Glaukomoperationen erfolglos geblieben oder iridocyclitische Schmerzen zu lindern sind; (siehe auch die Methode von PREZIOSI [1924, 1929]).

Über die *permanente Drainage* des Auges sind einige neuere Mitteilungen erschienen. WEEKERS (1922) empfiehlt bei absolutem Glaukom auf Grund von erfolgreichen Kaninchenversuchen die Sclera in der Gegend der Ora serrata einzuschneiden und einen kleinen goldenen Ring einzulegen, der nach 4 Monaten in einem Falle von absolutem Glaukom noch vertragen wurde. STEPHANSON (1925) bewirkte die Drainage durch Einlegen eines gedrehten T-förmig gestalteten Golddrahtes, nachdem er mit dem Keratotom einen Einschnitt gemacht hatte und die Wunde mit einem Conjunctivallappen deckte. In 32 Fällen von absolutem Glaukom hatte er damit in 78% der Fälle Erfolg. GRADLE (1927) führte einen Faden bei absolutem Glaukom in die Vorderkammer ein, nachdem er eine regelrechte Cyclodialyse vorausgeschickt hatte.

## 11. Operationen bei Buphthalmus.

Eine Reihe günstiger Erfolge mit der ELLIOTschen Trepanation beim Buphthalmus wurden in den letzten Jahren publiziert. So rühmt dieses Verfahren ALTLAND (1922) und in der Diskussion bestätigen STUELP und HESSBERG die gute Wirkung. Auch GÖRLITZ (1924) lobt die Operation sehr, die dadurch wirksam sei, daß man eine recht periphere Wunde anlegt, welche auch ohne Narbe fistuliert. Auch AXENFELD (1925) spricht sich in günstigem Sinne aus. Ein großes Sammelreferat über Ansichten von 42 Autoren brachte BLAKE (1924) zu dem Resultat, daß die Trepanation nach ELLIOT vorzuziehen sei, da man sie schon in den ersten Jahren ausführen könne. TERRIEN (1926) bevorzugt die frühzeitige Trepanation, da sie einfacher auszuführen sei als die Sklerektomie von LAGRANGE. Weitere Empfehlungen brachten BOISDE (1926) und PALLON (1925). Demgegenüber berichten KÖHNE (in der Diskussion zu ALTLAND [1922]) und DELORD (1924) über gute Erfolge mit der WECKERschen Sklerotomie und LAGRANGE (1925) hält die Erfahrungen mit der ELLIOTschen Trepanation für wenig günstig. In der Diskussion zu seinem Vortrage wird hervorgehoben, daß auch die Iridektomie Erfolge erzielt hätte. Nach Sklerotomie mit peripherer Iridektomie hatte STREBEL (1924) Erfolge, und HOLTH (1927), der nach Sklerektomie keinen dauernden Erfolg hatte, verbindet die Iridencleisis mit einer transversalen Iridektomie. Den besten Überblick über dieses Thema gibt das große Referat von LAGRANGE aus dem Jahre 1925, wo auch ein sehr ausführliches Literaturverzeichnis zu finden ist.

## Literatur.

*Operative Behandlung des Glaukoms.*

ABADIE: Sympathicotomie. Zit. bei JESS, Kap. VIII. — ALEXANDER: An operation in failure of iridectomie for glaucoma. Jber. Ophthalm. **14**, 797 (1924). — ALONSO: Sklerektomie und Trepanation. Zit. Jber. Ophthalm. **1921**, 204. Zbl. Ophthalm. **18** (1927). LAGRANGES operation. Arch. d'Ophthalm. **43**, 330 (1926). Zbl. Ophthalm. **17**, 320 (1927). — Operation nach LAGRANGE. Ref. Zbl. Ophthalm. **19**, 314 (1927). — ALTLAND: Trepanation bei Hydrophthalmus. Z. Augenheilk. **48**, 55 (1922). — D'ANDRADE: Behandlung des Glaukoms. Zbl. Ophthalm. **4**, 319 (1921). — ASCHER: Iridektomie und Cyclodialyse. Klin. Mbl. Augenheilk. **74**, 787 (1925). — ASMUS: Für und wider ELLIOT. Z. Augenheilk. **43**, 355 (1920). — AUBARET: Vorbereitende Herabsetzung der Spannung vor der Sklerektomie. Zbl. Ophthalm. **8**, 97 (1921). — AXENFELD: Therapie des Glaucoma simplex bei hochgradiger Myopie. Ophthalm. Ges. Heidelberg **1924**, 163. — Trepanation bei Buphthalmus. Klin. Mbl. Augenheilk. **75**, 412 (1925). — Hintere Sklerotomie. Ebenda **79**, 619 (1927).

BAEHL: Trepanationen usw. Diss. Heidelberg 1923. — BÄNZIGER: Die Mechanik des akuten Glaukoms und die Deutung der Iridektomiewirkung. Zbl. Ophthalm. **10**, 241. Ophthalm. Ges. Jena **1922**. — BAHR: Doppelseitige Infektion nach Trepanation. Z. Augenheilk. **65**, 369 (1928). — BALLABAN: Neuere Operationsverfahren gegen Glaukom. Ref. Zbl. Ophthalm. **15**, 124 (1924). — BALLANTYNE: Neuere Glaukomoperationen. Ophthalmoscope **1910**, 507. — BARTOK: Iridotomie. Zbl. Ophthalm. **4**, 317 (1920). — BASSO: Sklerektomie. Ref. ebenda **16**, 294 (1925). — BASTERRA: Neurotomia optico-ciliaris. Ref. ebenda **20**, 247 (1928). — BECKER: Sehnervenkopf nach Trepanation. Klin. Mbl. Augenheilk. **81**, 387 (1928). — BEDNARSKI: 62 Cyclodialysen. Ref. Zbl. Ophthalm. **15**, 124 (1924). — BELAEFF: Sympathectomy in acute Glaucoma. Zit. Ophthalm. Jb. **1927**, 114. — BENARY: Cyclodialyse. Diss. Heidelberg 1923. — BENEDIKT: Netzhautablösung nach Trepanation und Wiederanlegung. Ref. Zbl. Ophthalm. **20**, 123 (1927). — BENTZEN: Conjunctivallappen bei Trepanation. Acta ophthalm. **1**, 43 (1923). — BERGMEISTER: Spätinfektion nach Trepanation. Z. Augenheilk. **48**, 634 (1922). — BESELIN: Cyclodialyse. Klin. Mbl. Augenheilk. **70**, 761 (1923). — BESSO: Unregelmäßige Vernarbung als Heilfaktor nach Glaukomoperation. Ref. Zbl. Ophthalm. **14**, 798 (1924). — Sympathicussymptom nach antiglaukomatöser Iridektomie. Ref. ebenda **14**, 242 (1924). — Skleralnarbe nach LAGRANGES Operation. Ref. ebenda **16**, 232 (1925). — Ricerche sperimentali ed anatomopath. sulla modificazione di struttura del corpo ciliare in consequenza della operazioni proposte per la cura del glaucoma. Jber. Ophthalm. **15**, 862 (1925). — BETTREMIEUX et DE GANDT: Sklerektomie. Annales d'Ocul. **157**, 633 (1920). — BICKERTON: Discussion on the operative treatment of chronic simple glaucoma. Jber. Ophthalm. 8, 95 (1921). — BIRCH-HIRSCHFELD: Expulsive Blutung nach Trepanation. Graefes Arch. **105**, 650 (1921). — Glaukomtherapie. Z. Augenheilk. **47**, 190; **48**, 288 (1921). — BLAKE: Behandlung des angeborenen Hydrophthalmus. Ref. Zbl. Ophthalm. **15**, 629 (1924). — BLATT: La ciclodialisi. Jber. Ophthalm. **12**, 88 (1923). — BLOCK: Aderhautablösung nach vorderer Sklerotomie. Z. Augenheilk. **55**, 350 (1925). — BLUMBACH: Trepanation. Diss. Marburg 1923. — BÖHM: Cystenförmige Abhebung der Membrana Descemeti nach Cyclodialyse. Jber. Ophthalm. **10**, 243 (1923). — BOISDÉ: Behandlung des infantilen Glaukoms. Thèse de Paris 1926. — BONDI: Frühzeitige Trepanation bei infantilem Glaukom. Ebenda 1926. — BORTHEN: Iridotasis. Arch. Augenheilk. **65** (1910); **68**, **69** (1911). — BRANDT: Trepanation. Sitzgsber. Ophth. Ges. Heidelberg. **1920**. Diskussion. — BROWN: Sympath. Entzündung nach Trepanation. Zbl. Ophthalm. **10**, 62 (1922). — BUCK: Trepanation bei Buphthalmus. Ref. Klin. Mbl. Augenheilk. **65**, 458 (1920). — Neue Glaukomoperationen. Amer. J. Ophthalm. 8, 218 (1925). Zbl. Ophthalm. **15**, 124 (1925). — BURNHAM: Sclera bei Glaukomoperationen. Zbl. Ophthalm. **5**, 514 (1921). — BUTLER: Glaukombehandlung. Ophthalmoscope **1916**, Sept. Diskussion f. Kl. Monatsbl. f. Augenheilk. **57**, 448 (1916). — BUTLER: The rational treatment of glaucoma. Zbl. Ophthalm. 8, 97 (1923). — Iridencleisis. Ref. Zbl. Ophthalm. **18**, 551 (1926).

CALHOUN: Operation nach REESE-HOLTH. Ref. Zbl. Ophthalm. **19**, 115 (1927). MC CALLAN: Prophylaktische Operation auch des anderen Auges. Klin. Mbl. Augenheilk. **69**, 539 (1922). — CANTONNET: Iridectomie antiglaucomateuse. Ref. Jber. Ophthalm. **1920**, 32. — Trepanation. Zit. ebenda **1924**, 255. — CAPRA: Fisteloperation oder Iridektomie. Ref. Zbl. Ophthalm. **21**, 775 (1929). — CASTRESANA: Fistel nach LAGRANGE. Spaltlampe. Annales d'Ocul. **162**, 381 (1925). Zbl. Ophthalm. **15**, 123, 592 (1925). — CLAPP: Trepanation. Ref. Klin. Mbl. Augenheilk. **64**, 587 (1920). — COMBERG: Fistelbildung nach ELLIOT. Ref. ebenda **65**, 920 (1921). — Zu v. GRÓSZ: Trepanation. Ophthalm Ges Heidelberg **1928** — Trepanation. Z. Augenheilk. **65**, 370 (1928). — CORDS: Zu v. GRÓSZ: Cyclodialyse. Sitzgsber. Ophth. Ges. Heidelberg **1928**. — Cyclodialyse bei Glaucoma simplex. Amer. J. Ophthalm. **7**, 341. Zbl. Ophthalm. **13**, 231 (1924). — CRISP: Iridektomie gegen Glaukom. Amer. J. Ophthalm. **12**, 499 (1929). — CREMER: Cyclodialyse. Klin. Mbl. Augenheilk. **64**, 802 (1920). — CULLOM:

Trepanation. Amer. J. Ophthalm. **12**, 135 (1929). — CURRAN: Periphere Iridotomie. Ref. Zbl. Ophthalm. **4**, 321; **5**, 296 (1920).

DAVENPORT: Resultate der Trepanation. Brit. J. Ophthalm. **10**, 478; **18**, 454 (1926). — DAVIS: Frühdiagnose des Glaukoms. Lancet **214**, 699 (1928). Ref. Zbl. Ophthalm. **20**, 246 (1929). — DECKING: Cyclodialyse. 66 Fälle. Kiel. Ref. Klin. Mbl. Augenheilk. **80**, 689 (1928). — DEHOGUES: Kataraktoperation bei Buphthalmus. Ref. Zbl. Ophthalm. **16**, 661 (1926). — DELORD: Infantiles Glaukom. Heilung durch doppelte Sklerotomie. Ref. ebenda **14**, 612 (1924). — DENTI: Narbenbildung nach Sklerotomie. Ref. ebenda **18**, 84 (1926). — DODD: Wiederholte Glaukomoperationen. Amer. J. Ophthalm. **1921**, 727. — DOR: Historisches zu den Operationen. Jber. Ophthalm. **1913**, 753. — DUNN: Iridotasis for glaucoma. Ref. Zbl. Ophthalm. **16**, 294 (1925). — DURR: Glaukomoperationen. Amer. J. Ophthalm. **9**, 174. Zbl. Ophthalm. **16**, 732 (1926). — DUPUY: Iridotasis, Vergleich mit anderen Operationen. Ref. Zbl. Ophthalm. **20**, 124 (1928). — DUSSELDORF: Glaskörperhernie nach Trepanation. Kl. Monatsbl. **82**, 282 (1928). — DUVERGER: Iris en tomale et transfixion de l'iris. Jber. Ophthalm. **5**, 502 (1921).

EAST: Lappenbildung bei Trepanation. Zbl. Ophthalm. **19**, 73 (1929). — ELIASBERG: Gleichzeitige Glaukom- und Staroperation an einem hochgradig Kurzsichtigen. Klin. Mbl. Augenheilk. **70**, 532 (1923). — Iridotomie limbaire. Glaukom. Ref. Zbl. Ophthalm. **16**, 218 (1925). — Limboiridektomie. Ref. ebenda **21**, 658 (1928). — ELLIOT: Glaucoma. London: Lewis & Co. 1918. — Die filtrierende Narbe. Zbl. Ophthalm. **9**, 88 (1922). — Spätinfektion nach Trepanation. Amer. J. Ophthalm. **7**, 42. Zbl. Ophthalm. **12**, 231 (1924). — ELSCHNIG: Defekte der Descemet nach Cyclodialyse. Klin. Mbl. Augenheilk. **66**, 930 (1921). — Spätinfektion nach Trepanation. Graefes Arch. **105**, 599 (1921). — CURRANS Iridektomie gegen Glaukom. Klin. Mbl. Augenheilk. **70**, 667 (1923). — Vorderkammereröffnung bei seichter vorderer Kammer. Ebenda **80**, 382 (1929). — Cyclodialyse. Diskussion. Internat. Ophthalm.-Kongr. Amsterdam 1929. — ELSCHNIG u. BÖHM: Glaukomoperationen. Ref. Zbl. Ophthalm. **8**, 481 (1923). — ENROTH: Katarakt nach Trepanation. Acta ophthalm. **5** (1927). — ERDÖS: Cyclodialyse oder Trepanation. Zbl. Ophthalm. **8**, 395 (1921). — ERLANGER: Spätinfektion nach Trepanation. Klin. Mbl. Augenheilk. **67**, 606 (1921).

FAVALORO: Tiefe Peritomie mit Kauter. Ref. Zbl. Ophthalm. **21**, 108 (1929). — FEINGOLD: Spätinfektion nach Trepanation. Ref. Klin. Mbl. Augenheilk. **64**, 587 (1920). — FERENCZY: Cyclodialyse. Ref. Zbl. Ophthalm. **19**, 589 (1927). — FERID: Trepanation. Ref. ebenda **14**, 799 (1924). — Sur la trépanation d'ELLIOT et l'iridectomie de GRAEFE. Jber Ophthalm **14**, 799 (1924) — FORONI: Sklerektomie von außen. Zbl. Ophthalm. **19**, 774 (1928). — FILATOW: Trepanation. Ref. Zbl. Ophthalm. **15**, 632 (1925). — FIORE: Neue Operationsmethode gegen Glaukom. Internat. Ophthalm.-Kongr. Amsterdam 1929. — FIRJUKOWA: Trepanation. Ref. Zbl. Ophthalm. **11**, 478 (1923). — FLEISCHER: Subconjunctivale Iridektomie. Klin. Mbl. Augenheilk. **74**, 169 (1925). — Erfolge mit Cyclodialyse. Ebenda **78**, 74 (1927). — FORONI: Sklerektomie von außen. Ref. ebenda **81**, 573 (1928). — FRIEDENWALD: Interne Sklerotomie. Ref. Zbl. Ophthalm. **19**, 840 (1928). — FUCHS: Iridektomie. Ebenda **8**, 94 (1921).

GALETSKI-OLIN: Iridencleisis, Iridotasis, Sklerotomie und Trepanation. Klin. Mbl. Augenheilk. **68**, 139 (1922). — GALLENGA: Entfernung der Linse bei Hydrophthalmus. Zbl. Ophthalm. **9**, 291 (1922). — GALLOIS: Sklerekto-Iridektomie. Ref. ebenda **21**, 818 (1929). — GIFFORD: Peripheral iridotomy in the treatment of glaucoma. Jber. Ophthalm. **7**, 182 (1921). — CURRANS periphere Iridektomie. Amer. J. Ophthalm. **7**, 346. Zbl. Ophthalm. **13**, 231 (1924). — Miszellen über Glaukom. Ref. ebenda **15**, 590 (1925). — Adrenalin. Ebenda **20**, 481 (1929). — Iridencleisis. Ebenda **20**, 848 (1928). — GILBERT: Glaukomoperationen. Z. Augenheilk. **43**, 345 (1920). — GIMENEZ: Trepanation. Ref. Zbl. Ophthalm. **14**, 654 (1927). — GJESSING: Iridencleisis. Ebenda **8**, 93 (1921). — Filtrationsnarbe nach HOLTHS Operation. Ref.

ebenda 12, 461 (1923). — Iridotomie usw. nach HOLTH. Ref. ebenda 16, 413 (1925). — Iridencleisis nach HOLTH. Acta ophthalm. 5, 149 (1927). — GNEUSS: Erfolge der Glaukomtherapie. Klinik Erlangen. Diss. Erlangen 1922. — GÖRLITZ: Trepanation bei Hydrophthalmus. Klin. Mbl. Augenheilk. 73, 778 (1924). — GOLDENBURG: Iridotasis. Amer. J. Ophthalm. 6, 353. Ref. Zbl. Ophthalm. 10, 460 (1923). — Iridotasis gegen Glaukom. Ref. ebenda 19, 840 (1928). — GOLDZIEHER: Iritis glaucomatosa. Arch. Augenheilk. 40, 99 (1899). — GOLOWIN: Zur Verstärkung der Sklerotomia anterior. Klin. Mbl. Augenheilk. 74, 737 (1925). — Historische Notiz zur Verstärkung der Sklerotomia anterior. Jber. Ophthalm. 15, 828 (1925). — Zu LAGRANGE: Operation von MAKLAKOFF. Klin. Mbl. Augenheilk. 77, 158 (1926). — Sklerektomie nach SZYMANSKI. Ref. ebenda 81, 573 (1927). — GOSLICH: Vorbereitung von Glaukomoperationen. Z. Augenheilk. 56, 40 (1925). — GRADLE: Drainage der V. K. Ref. Zbl. Ophthalm. 19, 841 (1927). — Cyclodialyse. Ref. ebenda 3, 44 (1929). — GREEN: Iridectomy with incision in glaucoma. Amer. J. Ophthalm. 9, 342. Zbl. Ophthalm. 17, 131 (1926). — GROES: Subconjunctivale Iridektomie. Acta ophthalm. 3, 69 (1925). — v. GRÓSZ: Cyclodialyse bei Linsensubluxation. Klin. Mbl. Augenheilk. 71, 485 (1923). — Indikation zur Cyclodialyse. Sitzgsber. Ophth. Ges. Heidelberg 1924. — Wandlungen in der Lehre der Glaukomoperation. Ref. Zbl. Ophthalm. 16, 231 (1925). — Trepanation oder Cyclodialyse. Sitzgsber. Ophth. Ges. Heidelberg 1928. — Trepanation. Z. Augenheilk. 43, 377 (1928). — Wiederholte Operationen an Glaukomaugen. Ref. Klin. Mbl. Augenheilk. 81, 400 (1928). — GRUNERT: Dauererfolge nach ELLIOTscher Trepanation. Ebenda 68, 392 (1922). — Trepanation. Z. Augenheilk. 65, 371 (1928). — GRZEDIELSKI: Abreißung der Descemet bei Cyclodialyse. Ref. Zbl. Ophthalm. 19, 73 (1928). — GUIRAT: Behandlung des Glaukoms. Ebenda 4, 150 (1920). — GUNNUFSEN: Operative Behandlung des primären Glaukoms. Klin. Mbl. Augenheilk. 57, 283 (1916).

HAGEN: Postoperative Chorioidalablösungen. Klin. Mbl. Augenheilk. 66, 161 (1921). — HOLTHS tangentiale Sklerektomie. Zbl. Ophthalm. 8, 396 (1921). — HAISST: Dauererfolge nach Iridektomie und Trepanation. Tübingen. Klin. Mbl. Augenheilk. 69, 351 (1922). — HALASZ: Cyclodialyse bei sekundärem Glaukom nach Linsenluxation. Ebenda 74, 523 (1925). — HAMBURGER: Zu STOCK: Iritis. Ebenda 82, 236 (1929). — HANDMANN: Sklerocorneotomie. Ebenda 73, 39 (1924). — HANSSEN: Katarakt nach Glaukomiridektomie. Z. Augenheilk. 69, 348 (1929). — HARRISON-BUTLER: Le trépan dans le glaucome chronique. Annales d'Ocul. 87, 51 (1924). — HARTMANN: Trigeminusdurchschneidungen usw. Ref. Zbl. Ophthalm. 13, 302 (1924). — HEINE: Cyclodialyse. Klin. Mbl. Augenheilk. 65, 2 (1920). — Cyclodialyse. Ebenda 67, 470 (1921). — HEINONEN: Geschichte eines Glaukomauges. Zbl. Ophthalm. 5, 169 (1921). — HENDERSON: Besonderer Fall von Glaukom. Brit. J. Ophthalm. 12, 74 (1928). Zbl. Ophthalm. 19, 654 (1928). — HENSEN: Linsenextraktion bei glaukomatösen Zuständen. Klin. Mbl. Augenheilk. 71, 742 (1923). — HEPBURN: 140 Trepanationen. Zbl. Ophthalm. 7, 396 (1921). — HERBERT: Irisprolapse operation. Ref. ebenda 5, 170 (1920). — Spätresultate bei Glaukom. Brit. J. Ophthalm. 1921, 417. — After treatment of small sclerotomy. Jber. Ophthalm. 7, 305 (1922). — Wide Iris-prolapse operation. Ref. Zbl. Ophthalm. 8, 95 (1923). — The operation treatment of Glaucoma. London: Baillère, Tindall & Cox 1923. Ref. ELSCHNIG, Zbl. Ophthalm. 12, 353 (1924). — Irisinclusion operation. Ref. Zbl. Ophthalm. 18, 551 (1926). — HERTEL: Iridektomie. Ref. ebenda 8, 92 (1921). — HEUSER: Operation nach LAGRANGE. Z. Augenheilk. 66, 475 (1924). — HILDESHEIMER: Zu v. GRÓSZ: Trepanation. Sitzgsber. Ophth. Ges. Heidelberg 1928. — HILGE: Trepanation. Diss. Bonn 1921. — HOLTH: Sklerektomie. Acta ophthalm. 3, 62 (1925). — Iridencleisis bei Buphthalmus. Klin. Mbl. Augenheilk. 79, 620 (1927). Zbl. Ophthalm. 19, 591 (1928). — HUDSON: Trepanation bei kongenitaler Aniridie. Trans. ophthalm. Soc. N. K. 41, 274 (1921).

IKONOMOPOULOS: Iridencleisis nach HOLTH. Klin. Mbl. Augenheilk. 77, 669 (1926). — ILLIG, HEINRICH: Über die in der Zeit vom Oktober 1912 bis Oktober 1918 in der

U.-A.-Kl. in München beobachteten Fälle von primärem Glaukom. Jber. Ophthalm. **5**, 564 (1921). — IUDIN: Cyclodialyse bei absolutem Glaukom. Ref. Zbl. Ophthalm. **18**, 7 (1927). — Die verschiedenen Operationen bei Glaukom. Ebenda **20**, 847 (1928); **18**, 7 (1927).

JACQUEAU u. LEMOINE: Akutes Glaukom (maligne). Zbl. Ophthalm. **4**, 501 (1921). — JAENSCH: Glaukomoperationen. Jber. Ophthalm. 74 (ELSCHNIG). — Verhalten der parazentrischen Skotome bei Glaukom (Operation). Klin. Mbl. Augenheilk. **77**, 339 (1926). — JERVEY: Sklero-post-iridectomy. Amer. J. Ophthalm. **11**, 7 (1928). Ref. Zbl. Ophthalm. **19**, 775. — JESS: Therapie des grauen und grünen Stars. Fortschr. Ther. **1928**, Mai. — JESE: Cyclodialyse. Ref. Zbl. Ophthalm. **20**, 70 (1928). — JUNÈS: Druckherabsetzung durch Glaskörperabsaugung. Zbl. Ophthalm. 8, 96 (1921). — JUNGFER: Dauererfolge, besonders nach Iridektomie. Diss. Breslau 1921.

KAPPIS: Chirurgie des Sympathicus. Ref. Zbl. Ophthalm. **14**, 82 (1924). — KAPUCZINSKI: Trepanation. Ref. ebenda **17**, 34 (1926). — KARELUS: Hintere Sklerotomie nach WICHERKIEWICZ. Rev. gén. Ophthalm. **35**, 289 (1921). — KASAS: Zur Technik der Irido-Sklerotomie bei Glaukom. Zbl. Ophthalm. **18**, 820 (1927). — KIEP: Trepanationsfälle. Ref. ebenda **19**, 775 (1927). — KNAPP: Hypotonie nach Trepanation. Ref. ebenda **3**, 171 (1920). — Frühdiscission. Z. Augenheilk. **48**, 19 (1922). — KOSTER: Glaukomoperation bei stark beschränktem Gesichtsfelde. Zeitschr. f. Augenheilk. **43**, 333 (1920). — KRAEMER: Zu MÜLLER: Depressio ciliaris. Ref. Zbl. Ophthalm. **15**, 812 (1924). — KREUTZFELD: Cyclodialyse. Klin. Mbl. Augenheilk. **73**, 777 (1924). — KRÜCKMANN: Operative Behandlung des Glaukoms. Berlin: Karger 1925).

LACROIX: Sklerektomie bei Glaukom durch Linsenluxation. Internat. Ophthalm.-Kongr. Amsterdam 1929. — LAGRANGE: Druckerhöhende und herabsetzende Operationen. Ref. Zbl. Ophthalm. **3**, 77 (1920). — Glaukom. Chirurgische Behandlung. Zit Jber. Ophthalm. **1922**, 183. — Behandlung des infantilen Glaukoms. Ref. Zbl. Ophthalm **16**, 772 (1925). Soc. franç. Ophthalm. **1925**. — Operation von MAKLAKOFF. Klin. Mbl. Ophthalm. **76**, 617 (1926). — Behandlung des Glaukoms. Operation. Ref. Zbl. Ophthalm. **19**, 839 (1927). — LAGRANGE u. BARON: Dauerresultate der Sklerotomie. Arch. d'Ophthalm. **40**, 15. Ref. Zbl. Ophthalm. **10**, 241 (1923). — LAUBER: Zur Verhütung des malignen Glaukoms. Klin. Mbl. Augenheilk. **70**, 246 (1923). — Operation nach SZYMANSKI. Diskussion. Internat. Ophthalm.-Kongr. Amsterdam 1929. — LÉNHARD: Cyclodialyse. Klin. Mbl. Augenheilk. **83**, 73 (1929). — LEOZ: Schwere Zufälle bei der Iridektomie. Jber. Ophthalm. **9**, 349 (1922). — LERICHE: Sympathikectomie. Zb. Ophthalm. **3**, 477 (1920). — LIEBERMANN: Trepanation. Ref. ebenda **3**, 527 (1920). — Indikationen zur Trepanation. Klin. Mbl. Augenheilk. **68**, 614 (1922). — LOBEL: Verhütung der Spätinfektion. Ref. Zbl. Ophthalm. **13**, 397 (1924). — LODDONI: Cyclodialyse. Ebenda **17**, 553 (1926). — LÖHLEIN: Glaukomtherapie. Ref. ebenda **22**, 1 (1929). — LÖWENSTEIN: Fisteloperation. Klin. Mbl. Augenheilk. **70**, 541 (1923). — Transfixion. Z. Augenheilk. **67**, 68 (1929). — LUEDDE: Wahl der Operation bei Glaukom. Amer. J. Ophthalm. **7**, 353 (1924). Zbl. Ophthalm. **13**, 231 (1924). — LUNDSGAARD: Hornhautschnitt von außen. Acta ophthalm. **6**, 64 (1928).

MAGGIORE: Experimentelles zum Mechanismus der Wirkung der Sklerotomia antiperforante. Ann. Oftalm. **56**, 1643 (1928). — MAJEWSKI: Behandlung des Glaucoma simplex. Ref. Zbl. Ophthalm. **15**, 118 (1924). — MANES: Cyclodialyse. Ref. Klin. Mbl. Augenheilk. **83**, 142 (1929). — MANULESCU: Cyclodialyse. Ref. Zbl. Ophthalm. **13**, 143 (1924). — MARBAIX: 35 Fälle von Sklerektoiridektomie. Annales d'Ocul. **157**, 368 (1920). — DI MARZIO: Mechanismus der Operationswirkung. Boll. Ocul. **5**, 740 (1926). — Zbl. Ophthalm. **18**, 288 (1928). — MAUKSCH: Bösartiger Verlauf nach Cyclodialyse. Z. Augenheilk. **52**, 167 (1924). — Neues Verfahren zur Sklerotomie. Ebenda **67**, 313 (1929). — MAYOU: Juveniles Glaukom. Ref. Zbl. Ophthalm. **21**, 794 (1929). — MEESMANN: Therapie des grünen Stars. Klin. Wschr. **1928**, 825. —

MEHNER: Komplikationen der Glaukomoperation. Klin. Mbl. Augenheilk. **70**, 491 (1923). — MELANOWSKI: Entzündung nach LAGRANGES Operation. Ref. Zbl. Ophthalm. **16**, 730 (1926). — Bindehautschnitt bei LAGRANGEscher Operation. Ref. Klin. Mbl. Augenheilk. **82**, 573 (1929). — MENACHO: Iridektomie und Prognose bei Glaukom. Zbl. Ophthalm. **7**, 136 (1921). — Iridektomie als Verhütungsmittel bei Glaukom. Ebenda **9**, 530 (1922). — Zur Erhöhung der Wirksamkeit der Iridektomie beim Glaukom. Jber. Ophthalm. **8**, 41 (1922). — MEYERHOF: Grundlagen zur Behandlung der Hypertonie des Auges. Klin. Mbl. Augenheilk. **82**, 547 (1929). — MICHAIL: Augenfisteln bei Glaukom. Zbl. Ophthalm. **8** (1922). — Cyclodialyse. Ebenda **10**, 242 (1922). — MICHELSEN: Glaukom und Glaukomoperationen. Klin. Mbl. Augenheilk. **79**, 811 (1927). — MORATAL: Trepanation. Ebenda **82**, 861 (1929). — MORAX: Resultate der Iridektomie in der Privatpraxis. Annales d'Ocul. **158**, 500. Zbl. Ophthalm. **7**, 304 (1921). — Postoperative Blutungen. Arch. d'Ophthalm. **46**, 431 (1929). — Spätinfektion. Internat. Ophthalm.-Kongr. Amsterdam 1929. — MORAX u. FOURRIÈRE: Resultate der Iridektomie in der Spitalpraxis. Ref. Zbl. Ophthalm. **6**, 357 (1921). — MOSCARDI: Ref. Klin. Mbl. Augenheilk. **83**, 134 (1929). — MÜLLER: Depresso ciliaris. Ref. Zbl. Ophthalm. ebenda **15**, 512 (1924). — MURSIN: Trepanation. Ref. ebenda **15**, 123 (1924).

ODINZEFF: Trepanation. Zbl. Ophthalm. **10**, 528 (1922). — ORLOFF: Zur Technik der ELLIOTschen Operation. Ebenda **18**, 550; **19**, 774 (1927). — ORLOV: Sklerektomie nach BETTRÉMIEUX. Ref. ebenda **14**, 73 (1924). — OSTROUMOFF: Trepanation nach ELLIOT. Ref. ebenda **10**, 528 (1922).

PARKER: Behandlung des Glaucoma simplex. Jber. Ophthalm. **1918**, 338. — PATTON: Management of buphthalmus. Ref. Zbl. Ophthalm. **17**, 130 (1925). — PESME et PARINAUD: L'oulectomie. Arch. d'Ophthalm. **42**, 289. Zbl. Ophthalm. **15**, 412 (1925). — PETER: Glaukomoperationen. Amer. J. Ophthalm. **12**, 242 (1929). — PICK: Glaucoma malignum. Z. Augenheilk. **48**, 290 (1922). — PILLAT: Iridektomie. Zbl. Ophthalm. **8**, 94 (1921). — Fistulierende Augen. Klin. Mbl. Augenheilk. **66**, 525 (1921). — HOLTHsche Iridencleisis. Sitzgsber. Ophth. Ges. Heidelberg **1927**. — Fitrationsnarbe. Iridencleisis (HOLTH). Berlin: L. Karger 1928. — PINES: Operation nach SZYMANSKI. Diskussion. Internat. Ophthalm.-Kongr. Amsterdam 1929. — PIONTEK: Expulsive Blutung nach Trepanation. Diss. Königsberg 1921. — POLEV: Wirkung der verschiedenen Operationen bei Glaukom. Ref. Zbl. Ophthalm. **19**, 72 (1928). — POULARD u. LAVAT: Sklerektomie beim infantilen Glaukom. Annales d'Ocul. **162**, 496. Zbl. Ophthalm. **15**, 907 (1925); **16**, 779 (1925). — POULARD et PRIEUR: Glaucome hémorrhagique monoculaire guéri avec retour de la vision après iridectomie antiglaucomateuse. Annales d'Ocul. **87**, 628 (1924). — POYALES: Iridotasis. Ref. Zbl. Ophthalm. **19**, 477 (1927). — PREZIOSI: Galvanokaustik zur Glaukombehandlung. Ref. ebenda **13**, 468 (1924). Internat. Ophthalm.-Kongr. Amsterdam 1929. — PRIESTLEY-SMITH: Sekretionsverminderung bei Glaukom. Internat. med. Congress. London **1913**. — PROKSCH: Ein Fall von transpalpebraler Iridektomie. Klin. Mbl. Augenheilk. **67**, 649 (1911).

RAEDER: Cyclodialyse mit subskleraler Iridencleisis. Acta ophthalm. **6**, 390 (1928). — REESE: Technic of iridectomie done under a conjunctival flap for glaucoma using a broad keratome. Jber. Ophthalm. **12**, 460 (1924). — REIBLE: Glaukomoperationen. Diss. Würzburg 1922. — REIS: Operation nach SZYMANSKI. Diskussion. Internat. Ophthalm.-Kongr. Amsterdam 1929. — REITSCH: Rezidivierende Kammerblutung nach Cyclodialyse. Klin. Mbl. Augenheilk. **70**, 401 (1923). — ROCHON-DUVIGNAUD: Operationsresultate. Annales d'Ocul. **159**, 81. Zbl. Ophthalm. **7** (1922). — RODRIQUEZ: Spätinfektionen bei Fistelbildung. Operationen. Zbl. Ophthalm. **10**, 243 (1922). — ROHNER: Operativum. Statistik. Basel. Ref. ebenda **19**, 773 (1928). — RUIZ: Trepanation. Ref. Klin. Mbl. Augenheilk. **80**, 284 (1927). — RUPPEL: Spätnfektion nach Trepanation. Diss. Marburg 1925. — RUSZKOWSKI: Operation nach LAGRANGE. 88 Fälle. Ref. Zbl. Ophthalm. **15**, 124 (1924).

Sachs: Fortschritte der Glaukombehandlung. Klin. Mbl. Augenheilk. **76**, 746 (1926). — Safar: Iridektomie. Zbl. Ophthalm. 8, 94 (1921). — Basale Iridektomie bei Hochdruck. Z. Augenheilk. **63**, 393 (1927). — Salus: Cyclodialyse. Klin. Mbl. Augenheilk. **64**, 433 (1920). — Sallmann: Verletzung der Descemet bei Glaukomoperation. Z. Augenheilk. **55**, 200 (1925). — Salzer: Operatives. Münch. med. Wschr. **1928**, Nr 18. — Sattler: Trepanation. Zbl. Ophthalm. 8, 93 (1923). — Scardapane: Spätinfektion nach Trepanation. Boll. Ocul. **4**, 866 (1926). Zbl. Ophthalm. **17**, 600 (1927). — Scheerer: Fistulation nach Trepanation bei einem jugendlichen Glaukom. Zit. Jber. Ophthalm. **1922**, 182. — Scheerer: Zu v. Grósz: Trepanation und Cyclodialyse. Sitzgsber. Ophth. Ges. Heidelberg **1928**. — Schieck: Trepanation und Cyclodialyse. Sitzgsber. Heidelberg. **1918**. — Trepanation und Cyclodialyse. Klin. Mbl. Augenheilk. **78**, 79 (1927). — Schiötz: Holths tangentiale Sklerotomie. Acta ophthalm. **3**, 51 (1925). — Schmidt: Cyclodialyse. Erlangen 1921—26. Klin. Mbl. Augenheilk. **78**, 189 (1927). — Schnaudigel: Ringpinzette für Trepanation. Ebenda **77**, 209 (1926). — Schüller: Spätkomplikation nach Trepanation. Ebenda **73**, 679 (1924). — Schulz: Trepanation. Halle. Ebenda **74**, 771 (1925). — de Schweinitz: Myopie. Cyclodialyse. Amer. J. Ophthalm. **12**, 217 (1929). — Sedan u. René: Große Filtrationsnarbe mit Hypotonie. Zbl. Ophthalm. **11**, 244 (1922). — Seidel: Filtrationsfähigkeit der Trepanationsnarben. Graefes Arch. **104**, 258 (1921). — Serr: Wirkungsweise der Trepanation. Ebenda **113**, 186 (1924). — Sieber: Trepanation. Diss. Leipig 1923. — Siemund: Trepanation. Ref. Klin. Mbl. Augenheilk. **81**, 112 (1928). — Sijpkens: Trepanation. Diss. Utrecht 1924. Ref. ebenda **73**, 566 (1924). — Siwzew: Infektion nach Trepanation. Exitus. Ebenda **74**, 739 (1925). — Snellen: Besonderer Fall von Glaukom. Ref. Zbl. Ophthalm. **13**, 64 (1924). — Spital: Filtrationsfähigkeit der Trepanationsnarbe. Graefes Arch. **107**, 92 (1921). — Spizzi: Glaukomoperationen. Ref. Klin. Mbl. Augenheilk. **70**, 800 (1922). — Spormann: Operative Behandlung des infantilen Glaukoms. Diss. Halle 1923. — Stein: Spätresultate der Cyclodialyse. Klin. Mbl. Augenheilk. **82**, 524 (1929). — Steinert: Trepanation. Leipziger Klinik. Ebenda **66**, 924 (1921). — Stephanson: Operation for Glaucoma. Amer. J. Ophthalm. 8, 681 (1925). — Stock: Operative Glaukombehandlung. Klin. Mbl. Augenheilk. **81**, 690 (1928). — Stoutenborough: Cyclodialyse bei Kaninchenaugen. Amer. J. Ophthalm. **10**, 260. Zbl. Ophthalm. **18**, 550 (1927). — Strebel, J.: Iridodialyse et glaucome. Ref. Klin. Mbl. Augenheilk. **72**, 590. Annales d'Ocul. **87** (1924). — Suker: Improved technic for Iridectomy for glaucoma. Jber. Ophthalm. **16**, 913. — Sypkens: Trepanation. Fluorescinprobe. Klin. Mbl. Augenheilk. **73**, 566 (1924). — Szafnicki: Sklerektomie. Ref. Zbl. Ophthalm. **21**, 819 (1929). — v. Szily: Erfolge der verschiedenen Glaukomoperationen. Klin. Mbl. **82**, 528 (1928). — Szymanski: Demi-Elliot. Ref. Zbl. Ophthalm. **19**, 841 (1927). Internat. Ophthalm.-Kongr. Amsterdam 1929.

Terrien: Diagnose und Behandlung des infantilen Glaukoms. Ref. Zbl. Ophthalm. **15**, 907 (1925). — Frühzeitige Intervention bei infantilem Glaukom. Ref. ebenda **17**, 452 (1926). — Terson: Iridotomie préparatoire. Ref. Klin. Mbl. Augenheilk. **69**, 553 (1922). — Teulières: Fistel nach Lagrange. Internat. Ophthalm.-Kongr. Amsterdam 1929. — Teulières u. Pesme: Fisteloperationen bei Glaukom. Ref. Zbl. Ophthalm. **6**, 301 (1921). — Ticho: Trepanation. Klin. Mbl. Augenheilk. **68**, 624 (1922). — Tieri: Glaukomprophylaxe. Ref. Zbl. Ophthalm. **17**, 563 (1927). — Tooke: The filtration angle as concerned in iridectomy for the relief of non-inflammatory glaucoma. Jber. Ophthalm. **15**, 631 (1924). — Torok: Iridectomie in glaucoma: A new technique. Ebenda **11**, 477 (1923). — Tresling: Ergehen der Glaukomoperierten. Zbl. Ophthalm. **6**, 257 (1921).

Uhthoff: Neuere Glaukomoperationen. Klin. Mbl. Augenheilk. **67**, 293 (1921). — Ulrich: Trepanation. Z. Augenheilk. **44**, 329 (1929). — Indikation zur Glaukomoperation. Ebenda **48**, 209 (1922). — Urrets Zavalia: Trepanation mit dem Galvanokauter. Ref. Zbl. Ophthalm. **17**, 131 (1926).

VASEK: HOLTHS Fisteloperation. Ref. Zbl. Ophthalm. **14**, 396 (1924). — VELTER u. DUVERGER: Operation nach LAGRANGE. Internat. Ophthalm.-Kongr. Amsterdam 1929. — VERHOEFF: Cycletomy, a new operation for glaucoma. Jber. Ophthalm. **14**, 72 (1924). — Iridotasis, improved method, and after iridectomy. Ebenda **13**, 232 (1924). — VILLARD: Behandlung der Spätinfektion nach ELLIOT. Arch. d'Ophthalm. **46**, 431 (1929). — VIONDI: Chirurgische Behandlung des Glaukoms. Zbl. Ophthalm. **22**, 423 (1929). — VOLLARO: Technique et résultats de la sclérectomie de LAGRANGE dans le traitement du glaucome chronique simple. Annales d'Ocul. **87**, 630 (1924). Zbl. Ophthalm. **9**, 245 (1923).

WASSUTINSKY: Basale Iridektomie. Z. Augenheilk. **68**, 310 (1929). — WEEKERS: Dauernde Drainage des Glaskörpers bei Glaukom. Arch. d'Ophthalm. **39**, 279 (1922). — WEILL: Sklerektomie. Internat. Ophthalm.-Kongr. Amsterdam 1929. — WEISENBERG: Cyclodialyse. Z. Augenheilk. **48**, 289 (1922). — WESSELY: Physiologische und anatomische Grundlagen der neueren Glaukomoperationen. Zbl. Ophthalm. **8**, 90 (1921). — Wahl der Operation bei chronischem Glaukom. Klin. Mbl. Augenheilk. **78**, 80 (1927). — Zu v. GRÓSZ: Trepanation. Ophthalm. Ges. Heidelberg **1928**. — WHITACKER: Operation von LAGRANGE. Amer. J. Ophthalm. **10**, 124 (1927). — WICHERKIEWICZ: Glaucoma simplex. Ätiologie und Therapie. Zbl. Ophthalm. **1**, 80 (1914). — WICHMANN: Operation. Klin. Mbl. Augenheilk. **78**, 43 (1927). — WIEGMANN: Glaukomverhütung durch Irisprolaps. Ebenda **82**, 247 (1929). — WILDER: Iridotasis. Ref. Zbl. Ophthalm. **11**, 245 (1923). — WILMER: Operationsresultate bei Glaukom. Ref. Zbl. Ophthalm. **20**, 415 (1927). — WITSCHKE: Fistelnde Skleralnarben. Klin. Mbl. Augenheilk. **70**, 402 (1923). — WOLLENBERG: Hinterkammerblutung nach Trepanation. Ebenda **77**, 195 (1926). — Zu AXENFELD: Sclerotomia posterior. Ebenda **80**, 94 (1928). — WOODRUFF: Druckerniedrigung durch tiefe Iridektomie. Zbl. Ophthalm. **19**, 312 (1926). — WOODS: Brüchigkeit der Iris bei Iridektomie. Ebenda 8, 41 (1921).— Akutes Glaukom. Ebenda **14**, 71 (1924).

YOSHIDA: Akuter Glaukomanfall nach Cyclodialyse. Amer. J. Ophthalm. **6**, 356 (1923). — YOUNG: Scleroktomie außerhalb der V. K. Ref. Zbl. Ophthalm. **15**, 125 (1924). — Doppelte Sclerectomie. Ebenda **21**, 659 (1929).

ZIRM: Weiteres über den vorderen äußeren Lederhautschnitt bei Glaukom. Klin. Mbl. Augenheilk. **82**, 93 (1929).

# Namenverzeichnis.

Die schrägen Zahlen verweisen auf die Literaturverzeichnisse.

# Sachverzeichnis.